VOM WASSER
84. BAND · 1995

© VCH Verlagsgesellschaft mbH, D-69451 Weinheim (Bundesrepublik Deutschland), 1995

Vertrieb:

VCH, Postfach 10 11 61, D-69451 Weinheim (Bundesrepublik Deutschland)

Schweiz: VCH, Postfach, CH-4020 Basel (Schweiz)

United Kingdom und Irland: VCH (UK) Ltd., 8 Wellington Court, Cambridge CB1 1HZ (England)

USA und Canada: VCH, 220 East 23rd Street, New York, NY 10010-4606 (USA)

Japan: VCH, Eikow Building, 10-9 Hongo 1-chome, Bunkyo-ku, Tokyo 113 (Japan)

ISBN 3-527-28677-2   ISSN 0083-6915

VOM WASSER

Herausgegeben von der
Fachgruppe Wasserchemie
in der
Gesellschaft Deutscher Chemiker

vertreten durch

Klaus Haberer
gemeinsam mit
Brigitte Hamburger
Martin Jekel
Paul Koppe
Sibylle Schmidt
als Redaktionskollegium

84. Band · April 1995

© VCH Verlagsgesellschaft mbH, D-69451 Weinheim (Federal Republic of Germany), 1995

Gedruckt auf säurefreiem und chlorfrei gebleichtem Papier.

Alle Rechte, insbesondere die der Übersetzung in andere Sprachen, vorbehalten. Kein Teil dieses Bandes darf ohne schriftliche Genehmigung des Verlages in irgendeiner Form − durch Photokopie, Mikroverfilmung oder irgendein anderes Verfahren − reproduziert oder in eine von Maschinen, insbesondere Datenverarbeitungsmaschinen, verwendbare Sprache übertragen oder übersetzt werden. Die Wiedergabe von Warenbezeichnungen, Handelsnamen oder sonstigen Kennzeichen in diesem Band berechtigt nicht zu der Annahme, daß diese von jedermann frei benutzt werden dürfen. Vielmehr kann es sich auch dann um eingetragene Warenzeichen oder sonstige gesetzlich geschützte Kennzeichen handeln, wenn sie nicht eigens als solche markiert sind.

All rights reserved (including those of translation into other languages). No part of this volume may be reproduced in any form − by photoprint, microfilm, or any other means − nor transmitted or translated into a machine language without written permission from the publishers. Registered names, trademarks, etc. used in this volume, even when not specifically marked as such, are not to be considered unprotected by law.

Satz und Druck: Druckhaus Diesbach, D-69469 Weinheim
Buchbinder: Wilh. Osswald + Co., Großbuchbinderei, D-67433 Neustadt.
Printed in the Federal Republic of Germany

Vorwort

In dem vorliegenden Band 84 findet sich der zweite Teil der wichtigsten wissenschaftlichen Beiträge, die auf der Jahrestagung 1994 der Fachgruppe Wasserchemie vorgetragen oder als Poster präsentiert wurden. Weiterhin wurden auch in diesen Band einige weitere wissenschaftliche Arbeiten aus dem weiten Gebiet der Wasserchemie aufgenommen.

Wie Band 83 enthält dieser Band wiederum 34 wissenschaftliche Beiträge. Zwischen den Jahrestagungen wurden somit in den beiden Bänden innerhalb Jahresfrist insgesamt 68 Beiträge veröffentlicht. In welchem Band ein Beitrag der Jahrestagung erscheinen wird, hängt einerseits davon ab, wann das Manuskript eingereicht wurde, zum anderen vom maximalen Umfang der Bände, der die aufzunehmende Anzahl an Beiträgen begrenzt. Wichtig ist aber auch die erforderliche Bearbeitungsdauer durch das Redaktionskollegium nach dem Eingang des Manuskripts und hierfür ist entscheidend, wie sorgfältig und wissenschaftlich korrekt das Manuskript ausgearbeitet wurde und inwieweit die Autorenrichtlinien, die in jedem Band abgedruckt sind, befolgt wurden. Deshalb ergeht die Bitte an die Autoren, stets die neuesten Autorenrichtlinien sorgfältig zu beachten. Wichtig ist vor allem die richtige Verwendung von Größen und Einheiten entsprechend den DIN- und ISO-Normen sowie die korrekte Zitierweise im Literaturverzeichnis. Hier hat sich ab dem nächsten Band etwas verändert: Sämtliche Titel englischer Arbeiten werden in „Vom Wasser" sofort (bis auf die Anfangsbuchstaben) klein geschrieben, unabhängig davon, ob es sich um einen Buchtitel oder einen Zeitschriftenbeitrag handelt.

Der Dank des Redaktionskollegium gilt allen Autoren, die sich mit ihrem Manuskript große Mühe gemacht haben, weiterhin allen Referees, die ihre sachverständige Meinung zu Inhalt und Form der begutachteten Arbeiten uns kurzfristig mitteilten. Wir werden uns weiterhin bemühen, die Bände möglichst rasch herauszubringen, und planen die beiden nach der Fachgruppentagung erscheinenden Bände möglichst kurzzeitig aufeinander folgen zu lassen, in einem Abstand von höchstens 4 Monaten, um diejenigen Kollegen, deren Arbeiten im ersten Band nicht mehr aufgenommen werden konnten, nicht so sehr zu enttäuschen.

Es ergeht nochmals der Aufruf an alle Kollegen, die zu den Jahrestagungen einen Beitrag geliefert haben, ihre Manuskripte möglichst bald dem Redaktionskollegium einzureichen. Nur so kann der Zeitraum bis zur Veröffentlichung herabgesetzt und die Aktualität der Beiträge in „Vom Wasser" gewährleistet werden.

Wiesbaden, im Februar 1995   Für das Redaktionskollegium
Prof. Dr. Klaus Haberer

Heinrich Sontheimer zum Gedenken

Als sich die Nachricht verbreitete, daß Prof. Dr. Heinrich Sontheimer am 30. August 1994 kurz vor seinem 72. Geburtstag an den Folgen einer Operation verstorben war, reagierten die Wasserfachleute mit tiefer Betroffenheit, seine Freunde mit Erschütterung. Heinrich Sontheimer gehörte zu den großen Persönlichkeiten des Wasserfaches. Er genoß im In- und Ausland als wissenschaftliche Kapazität größtes Ansehen. Sein Lehrstuhl für Wasserchemie am Engler-Bunte-Institut der Universität Karlsruhe zusammen mit der DVGW-Forschungsstelle war in Forschung, Lehre, Analytik und technischer Beratung bei den Problemen des Gewässerschutzes und der Wasseraufbereitung nicht nur weithin bekannt, sondern auch eine Institution, die Maßstäbe schuf.

Heinrich Sontheimer wurde am 9. September 1922 in Gernsbach bei Baden-Baden geboren. Nach dem Abitur im Jahre 1941 stand er bis Kriegsende im Wehrdienst und begann 1946 mit dem Chemiestudium an der TH Karlsruhe. Schon 1950 schloß er seine Dissertation ab, der eine 2jährige Assistentenzeit am Institut für Chemische Technik der TH Karlsruhe folgte. 1952 trat er in die Firma Lurgi/Frankfurt ein, wo er sich mit der Anwendung von Aktivkohle in verschiedenen Bereichen befaßte. Die umfangreichen Erfahrungen mit der Aktivkohle und seine dementsprechenden Kenntnisse haben ihn auch später immer wieder veranlaßt, Einsatz und Wirkungsweise der Aktivkohle in der Wasseraufbereitung zu untersuchen und zu beschreiben. In der Firma entstand unter seiner Leitung eine Abteilung für Wasser-, Abwasser- und Schlammaufbereitung. Er war an der Planung und dem Bau von zahlreichen Anlagen zu Trink- und Betriebswassergewinnung, aber auch von kommunalen und industriellen Abwasserbehandlungsanlagen beteiligt. Aus dieser Tätigkeit resultierten seine ausgezeichneten wassertechnologischen Kenntnisse, so daß er dann mit seiner Person beide Gebiete, die Wasserchemie und die Wassertechnologie, beherrschte.

1965 erhielt er den Ruf auf den Lehrstuhl für Wasserchemie der Universität Karlsruhe, auf dem er als Nachfolger von Prof. Holluta 20 Jahre bis zu seiner Emeritierung im Jahre 1987 wirkte. Die erfolgreiche und stürmische Entwicklung der Wasserchemie als eigenständiges Fachgebiet unter den Aspekten der Umweltbelastung und des Umweltschutzes in den 60er und 70er Jahren ist mit Heinrich Sontheimer und seinen Arbeiten aufs engste verknüpft.

Wasseranalytisch sind als Beispiele die Gruppen- und Summenparameter DOC (dissolved organic carbon), COD (chemical oxygen demand) und AOX (adsorbable organic halogen) zu nennen, die in seinem Institut erarbeitet wurden. Sie sind heute unverzichtbare und maßgebende Beurteilungsgrößen der Wasserbeschaffenheit in aller Welt. Gleiches gilt für die Verfahren zur Erfassung der Halogenkohlenwasserstoffe.

Wenn man die Entwicklung der Trinkwasseraufbereitung am Rhein in ihrer Historie überblickt, so hat bei einer solchen Rückschau das Wirken von Heinrich Sontheimer einen besonderen Stellenwert. Er hat die bedeutendsten Beiträge zu den einzelnen Aufbereitungstechniken geleistet; nach diesen Erkenntnissen wurde bei zahlreichen Wasserwerken am Rhein die Wasseraufbereitung zu Trinkwasser gestaltet. Auch die Gütekriterien im Rheineinzugsgebiet beruhen auf den Arbeiten von Heinrich Sontheimer. Die hierfür notwendigen Parameter sind so ausgewählt, daß sie aus der Sicht der Trinkwasserversorgung am Rhein für die Beurteilung der Gewässerqualität charakteristisch sind.

Diese wenigen Beispiele beleuchten seine praxisorientierte Forschungsrichtung.

Trotz aller Fortschritte bei der Trinkwasseraufbereitung hat Heinrich Sontheimer in Wort und Schrift immer wieder gemahnt, daß eine erfolgreiche Wasseraufbereitung keinesfalls das Hauptziel sein darf. Stets hat er die unbedingte Priorität der Ursachenvermeidung bei Gewässerbelastungen in den Vordergrund gestellt.

Heinrich Sontheimer hat aber auch seine Verpflichtungen als Hochschullehrer in der Lehre sehr ernst genommen. Viele seiner Schüler sind heute in leitenden Stellungen der Wasserversorgung oder als Hochschullehrer tätig.

Seine Bücher, wie z. B. das Lehrbuch „Wasserchemie für Ingenieure" und das Buch über „Adsorptionsverfahren zur Wasserreinigung" (in englischer Ausgabe unter dem Titel „Activated Carbon for Water Treatment") haben weite Verbreitung gefunden. Das von ihm nach dem Sandoz-Unfall initiierte umfangreiche Forschungsvorhaben zur Sicherheit der Trinkwassergewinnung aus Rheinuferfiltrat hat er zusammenfassend in dem Buch „Trinkwasser aus dem Rhein?" behandelt. Insgesamt sind seine Arbeiten in über 30 Bänden der Institutsschriftenreihe und in über 200 Veröffentlichungen enthalten.

Mit seiner Emeritierung gab Heinrich Sontheimer seine wissenschaftliche Arbeit keineswegs auf. Er gründete 1987 die „Forschungsgruppe Sontheimer", die sich mit Problemen der Wassergüte, Wasseraufbereitung und Wasserverteilung befaßte. Die ungestörte, pflichtfreie Tätigkeit ohne äußere Zwänge war für ihn ein schon lange gehegter Wunsch.

Verständlicherweise waren die Erfahrungen und der Sachverstand von Heinrich Sontheimer in vielen Fachgremien gefragt. Unter Verzicht auf eine längere Auflistung sei hier die Fachgruppe Wasserchemie in der Gesellschaft Deutscher Chemiker genannt, der er sich als Naturwissenschaftler und Wasserchemiker eng verbunden fühlte, die er mit Rat und Tat unterstützte und in deren Vorstand er als langjähriges Mitglied die Geschicke der Wasserchemie mitbestimmte.

Heinrich Sontheimer war allen Ehrungen abhold. Mit seinen Leistungen konnte er es aber nicht verhindern, daß entsprechende Ehrungen ihm zuteil wurden. Die „American Water Works Association" ernannte ihn 1983 zum ersten nichtamerikanischen Ehrenmitglied. Die niederländischen Wasserwerke zeichneten ihn mit dem „Rheinpreis" aus, der TÜV-Rheinland verlieh ihm im Jahre 1986 den Rheinlandpreis für Umweltschutz. Mit einiger Überredungskunst gelang es 1989, ihn auch zur Annahme der Ehrenmitgliedschaft in der Fachgruppe Wasserchemie zu bewegen.

Heinrich Sontheimer hat sich in seinem Berufsleben nicht geschont; ohne Rückschläge und schwierige Phasen ist auch sein Leben nicht abgelaufen. Manchmal hat er es auch sich selbst und seinen Kollegen nicht leicht gemacht, wenn um den richtigen Weg mit den erstrebenswerten Zielen gerungen wurde und unterschiedliche Ansichten aufeinander prallten. Hatte man aber eine gemeinsame Zielsetzung gefunden, so konnte man sich auf ihn absolut verlassen und mit seinem vollen Einsatz rechnen. Auch seine Freundschaft war keine sofortige Selbstverständlichkeit; sie trat erst nach einer Phase des gegenseitigen Verstehens ein. Wer ihn aber zum Freund gewonnen hatte, dem stand er in guten und schlechten Zeiten unbeirrt zur Seite.

Wer ihn kannte, wird seine Charakterstärke mit einer einmal gewonnenen Überzeugung, seine feste Verankerung im christlichen Glauben, seine persönliche Bescheidenheit und seine Familientreue erfahren haben, nicht zu vergessen die Gastfreundschaft in entspannender Runde im Hause Sontheimer gemeinsam mit seiner geschätzten Gattin.

Heinrich Sontheimer wird uns fehlen. Aber es gilt das Wort von Horaz: „Non omnis moriar multaque pars mei vitabit libitinam (Nein – ich sterbe nicht ganz, über das Grab hinaus bleibt Euch vieles von mir)."

Die Fachgruppe Wasserchemie wird Heinrich Sontheimer in dankbarer Erinnerung behalten und ihm ein ehrendes Gedenken bewahren.

Prof. Dr. Karl-Ernst Quentin
Ehrenvorsitzender der Fachgruppe Wasserchemie
in der Gesellschaft Deutscher Chemiker

Inhalt/Contents

Christine Sauer und *Karl Heinrich Lieser*: Bestimmung und Speziation von etwa 20 Spurenelementen in Rohwässern der Trinkwasseraufbereitung — 1

Danuta Bodzek und *Beata Janoszka*: Bestimmung von polycyclischen aromatischen Kohlenwasserstoffen und deren Derivaten in Klärschlammproben in Oberschlesien (Polen) — 19

Kurt Pilchowski und *Monika Vesela*: Adsorption leichtflüchtiger Chlorkohlenwasserstoffe aus Modellabwässern mit WOFATIT-Adsorberpolymeren — 35

Christian Zwiener, Ludwig Weil und *Reinhard Nießner*: UV- und UV/Ozon-Abbau von Triazinherbiziden in einer Pilotanlage – Bestimmung von Ratenkonstanten und Quantenausbeuten der UV-Photolyse — 47

Christoph Randt, Jürgen Klein und *Wolfgang Merz*: Analytische Bestimmung von Nitrilotriessigsäure (NTA), Ethylendinitrilotetraessigsäure (EDTA) und Diethylentrinitrilopentaessigsäure (DTPA) in Abwasser mit HPLC — 61

Birgit Kuhlmann, Barbara Kaczmrczyk und *Uwe Schöttler*: Untersuchungen zum Verhalten von Phenol und Chlorphenolen unter wechselnden Redoxbedingungen — 69

Thomas Bendt, Bernd Pehl, Rolf Pullmann und *Claus Henning Rolfs*: Möglichkeiten und Grenzen des on-line-Monitoring von Phosphor in Kläranlagen — 79

Gudrun Preuß, Ninette Zullei-Seibert, Benedikt Graß, Frank Heimlich und *Jürgen Nolte*: Untersuchungen zur Stabilität und zum mikrobiellen Abbau von Bromoxynil im Oberflächen- und Grundwasser — 89

Michael Cuno, Bodo Weigert, Joachim Behrendt und *Udo Wiesmann*: Biologischer Abbau von Öl/Wasser-Emulsionen und polycyclischen aromatischen Kohlenwasserstoffen (PAK) — 105

Ulrich Gohlke, Andreas Otto und *Gunter Kießig*: Reinigung von Bergbauwässern des Erzgebirges durch Fällung und Flockung — 117

Karl-Werner Schramm, Christian Klimm, Bernhard Henkelmann und *Antonius Kettrup*: Untersuchungen von polychlorierten Dibenzo-p-dioxinen und Dibenzofuranen (PCDD/F) in zeitlich vergleichbaren Schlämmen verschiedener Prozeßstufen einer kommunalen Kläranlage — 131

Maria Wiegand-Rosinus, Hans-Helmut Grollius, Eckhardt Gerlizki und *Ursula Obst*: Überprüfung einer kommunalen Abwasserreinigung mit enzymatischen Aktivitätstests in vivo und chemischen Begleitparametern — 143

Georg Haiber und *Heinz-Friedrich Schöler*: Synthese und Verwendung von Sulfoniumsalzen als Alkylierungsmittel für acide Verbindungen   155

Harald Rahm und *Horst Overath*: Untersuchungen zur Entfernung von Schwermetallspuren aus Rohwasser für die Trinkwasseraufbereitung mit einem chelatbildenden Ionenaustauscher   163

Jürgen Fillibeck, Barbara Raffius, Ruprecht Schleyer und *Jürgen Hammer*: Trichloressigsäure (TCA) im Regenwasser – Ergebnisse und Vergleich zweier analytischer Verfahren   181

Cornelia Heese, Claudia Meinicke und *Eckhard Worch*: Neue Erkenntnisse über den Einfluß der Adsorbenskorngröße auf das Adsorptionsgleichgewicht   197

Hubert Hellmann: Photochemisch ausgelöste Veränderungen an Schadensölen. Ergebnisse der IR- und Fluoreszenzspektroskopie   207

Axel Matthiessen: Die Bestimmung der Redoxkapazität von Huminstoffen in Abhängigkeit vom pH-Wert   229

Gesa Burwig, Eckhard Worch und *Heinrich Sontheimer*[†]: Eine neue Methode zur Berechnung des Adsorptionsverhaltens von organischen Spurenstoffen in Gemischen   237

Wolfgang Heinrich Höll: Elution von Schwermetallen aus kontaminierten Feststoffen   251

Hans-Jürgen Buschmann: Die selektive Abtrennung von Farbstoffen und Schwermetallen aus Abwässern der Textilveredlungsindustrie   263

Klaus Nick und *Heinz Friedrich Schöler*: Photoabbau von Herbiziden in Wasser durch UV-Strahlung aus Hg-Niederdruck-Strahlern, Teil I: Triazine   271

Roland Jacob Willem Meesters, Friedhelm Forge und *Horst Friedrich Schröder*: Das Verhalten von Atrazin und Simazin im Trinkwasseraufbereitungsprozeß mittels Ozon und Ozon/UV   287

Heike Petzoldt, Wido Schmidt, Beate Hambsch und *Peter Werner*: Einfluß der Vorozonung von Uferfiltrat auf das Wiederverkeimungspotential und die Bildung von Desinfektionsnebenprodukten beim Einsatz von Chlor   301

Ingrid Bauer, Karl-Heinz Bauer und *Manfred Krieter*: Gefährdung des Grundwassers durch saure Niederschläge – Untersuchungen im Einzugsgebiet eines Trinkwasser-Flachstollens des Wiesbadener Hochtaunus. Teil III: Ganglinienanalysen   313

Reiner Enders und *Martin Jekel*: Entfernbarkeit von Antimon(V) aus Rauchgaswaschwässern   325

Peter Keim, Marc Güggi und *Urban Gruntz*: AOX-Ringversuch Schweizer Chemiefirmen und Gewässerschutzämter ... 339

Michael Koch und *Norbert Klaas*: Bestimmung von BTXE und LHKW in Wasser – Ergebnisse eines Ringversuchs zur Analytischen Qualitätssicherung ... 347

Regina Wilkesmann, Claus Schlett und *Hans-Peter Thier*: Bestimmung von Geruchsstoffen in Wasser nach Anreicherung mit Festphasenextraktion und CLSA im Ultraspurenbereich ... 357

Bärbel Bastian, Klaus Haberer und *Thomas P. Knepper*: Untersuchungen zur Wasserwerks- und Trinkwassergängigkeit von aromatischen Sulfonsäuren ... 369

Harald Schäfer, Martina Siedler, Wolfgang Beisker, Kurt Müller und *Christian E. W. Steinberg*: Die Verwendung der Durchflußzytometrie zur ataxonomischen Charakterisierung von Phytoplankton ... 379

Ulrich Borchers, Bodo Peters, Horst Overath und *Detlev Schumacher*: Leistungen und Grenzen von Simulationsrechnungen zur Beschreibung und Qualifizierung des PBSM-Transports durch die ungesättigte Zone zur Grundwasseroberfläche ... 391

Telse Friccius, Christoph Schulte, Uwe Ensenbach, Peter Seel und *Roland Nagel*: Der Embryotest mit dem Zebrabärbling – eine neue Möglichkeit zur Prüfung und Bewertung der Toxizität von Abwasserproben ... 407

Heinz Seidel, Jelka Ondruschka, Peter Kuschk und *Ulrich Stottmeister*: Einfluß des Schwefelgehaltes von Sedimenten auf die Mobilisierung von Schwermetallen durch bakterielle Laugung ... 419

Richtlinien für die Autoren der Schriftenreihe VOM WASSER ... 431

Register ... 441

Vorabdruck neuer „Deutscher Einheitsverfahren zur Wasser-, Abwasser- und Schlammuntersuchung" ... D1

  DIN EN 1622: *Geruch und Geschmack von Trinkwasser – Quantitatives Verfahren – Verfahren zur Bestimmung der Geruchs- und Geschmacksschwellenwerte* ... D3

Contents/Inhalt

Christine Sauer and *Karl Heinrich Lieser*: Determination and Speciation of about 20 Trace Elements in the Raw Waters Used for Drinking Water Preparation from Rhine Water and Groundwater — 1

Danuta Bodzek and *Beata Janoszka*: Determination of Polycyclic Aromatic Hydrocarbons and their Derivatives in Sewage Sludges in Upper Silesia — 19

Kurt Pilchowski and *Monika Vesela*: Adsorption of Volatile Chlorinated Hydrocarbons from Synthetic Wastewaters by WOFATIT Polymeric Adsorbents — 35

Christian Zwiener, Ludwig Weil and *Reinhard Nießner*: UV- and UV/Ozone Degradation of Triazine Herbicides in a Pilot Plant – Estimation of UV-Photolysis Rate Constants and Quantum Yields — 47

Christoph Randt, Jürgen Klein and *Wolfgang Merz*: Analysis of Nitrilotriacetic Acid (NTA), Ethylenedinitrilotetraacetic Acid (EDTA) and Diethylenenitrilopentaacetic Acid (DTPA) in Waste Water by HPLC — 61

Birgit Kuhlmann, Barbara Kaczmrczyk and *Uwe Schöttler*: Influence of Different Redox Conditions on the Biotransformation of Phenol and Monochlorophenols — 69

Thomas Bendt, Bernd Pehl, Rolf Pullmann and *Claus Henning Rolfs*: Capabilities and Limitations on Phosphorus on-line Monitoring in Sewage Treatment Plants — 79

Gudrun Preuß, Ninette Zullei-Seibert, Benedikt Graß, Frank Heimlich and *Jürgen Nolte*: Persistence and Biodegradation of Bromoxynil in Surface Water and Ground Water — 89

Michael Cuno, Bodo Weigert, Joachim Behrendt and *Udo Wiesmann*: Biodegradation of Oil/Water-Emulsions and Polycyclic Aromatic Hydrocarbons (PAH) — 105

Ulrich Gohlke, Andreas Otto and *Gunter Kießig*: Treatment of Mining-Wastewaters of the Erzgebirge by Precipitation and Flocculation — 117

Karl-Werner Schramm, Christian Klimm, Bernhard Henkelmann and *Antonius Kettrup*: Investigations on Polychlorinated Dibenzo-p-dioxins and Dibenzofurans (PCDD/F) of Different Sludge Types in a Municipal Waste Water Treatment Plant — 131

Maria Wiegand-Rosinus, Hans-Helmut Grollius, Eckhardt Gerlizki and *Ursula Obst*: Investigation of Municipal Waste Water Treatment with Enzymatic Activity Tests in vivo — 143

Georg Haiber and *Heinz-Friedrich Schöler*: Synthesis and Application of Sulfonium Salts as Alkylation Reagents for Acidic Compounds ... 155

Harald Rahm and *Horst Overath*: Studies on Removing Trace Metal Contaminations in Drinking Water Treatment Using a Chelating Ion Exchange Resin ... 163

Jürgen Fillibeck, Barbara Raffius, Ruprecht Schleyer and *Jürgen Hammer*: Trichloroacetic Acid (TCA) in Rain Water – Results and Comparison of Two Analytical Methods ... 181

Cornelia Heese, Claudia Meinicke and *Eckhard Worch*: On the Influence of Adsorbent Particle Size on the Adsorption Equilibrium ... 197

Hubert Hellmann: Photochemically Induced Transformations of Spillt Oils in the Environment. Analysis by IR Spectroscopy and Fluorescence Spectroscopy ... 207

Axel Matthiessen: Determining the Redox Capacity of Humic Substances as a Function of pH ... 229

Gesa Burwig, Eckhard Worch and *Heinrich Sontheimer*[†]: A New Method for Calculation of Trace Organic Compounds Adsorption Behaviour in Mixtures ... 237

Wolfgang Heinrich Höll: Elution of Heavy Metals from Contaminated Solids ... 251

Hans-Jürgen Buschmann: The selective Removal of Dye stuffs and Heavy Metal Ions from Waste Waters of the Textile Industry ... 263

Klaus Nick and *Heinz Friedrich Schöler*: Photochemical Degradation of Herbicides by UV-radiation Generated by Hg Low-pressure Arcs (Part I, Triazines) ... 271

Roland Jacob Willem Meesters, Friedhelm Forge and *Horst Friedrich Schröder*: The Fate of Atrazine and Simazine in the Drinking Water Treatment Process Using Ozone and Ozone/UV ... 287

Heike Petzoldt, Wido Schmidt, Beate Hambsch and *Peter Werner*: Influence of Preozonation of Bank Filtrate on the Bacterial Regrowth Potential and the Formation of Disinfection By-products by Chlorination ... 301

Ingrid Bauer, Karl-Heinz Bauer and *Manfred Krieter*: Endangering of the Groundwater by Acid Rain – Investigations in the Catchment Area of a Drinking-Water Gallery of the Wiesbadener Hochtaunus. Part III: Evaluation of Time Series ... 313

Reiner Enders and *Martin Jekel*: Removal of Antimony(V) from Flue Gas Scrubbing Solutions ... 325

Peter Keim, Marc Güggi and *Urban Gruntz*: AOX Inter-laboratory Testing Carried out by Swiss Chemical Companies and Water Protection Authorities ... 339

Michael Koch and *Norbert Klaas*: Determination of BTXE and Volatile Halogenated Hydrocarbons in Water – Results of an Interlaboratory Test for Analytical Quality Control ... 347

Regina Wilkesmann, Claus Schlett and *Hans-Peter Thier*: Determination of Ultra Traces of Odours in Water after Solid Phase Extraction and CLSA ... 357

Bärbel Bastian, Klaus Haberer and *Thomas P. Knepper*: Investigations on the Adsorption and Degradation of Aromatic Sulfonic Acids ... 369

Harald Schäfer, Martina Siedler, Wolfgang Beisker, Kurt Müller and *Christian E. W. Steinberg*: Flow Cytometry Applied to Ataxonomic Assessment of Phytoplankton ... 379

Ulrich Borchers, Bodo Peters, Horst Overath and *Detlev Schumacher*: Efficiency and Limits of Computer Simulations to Describe and Quantify the Pesticide Transport through the Unsaturated Zone to the Groundwater Surface ... 391

Telse Friccius, Christoph Schulte, Uwe Ensenbach, Peter Seel and *Roland Nagel*: An Embryo Test Using the Zebrafish – a new Possibility of Testing and Evaluating the Toxicity of Industrial Waste Waters ... 407

Heinz Seidel, Jelka Ondruschka, Peter Kuschk and *Ulrich Stottmeister*: Influence of the Sulphur Content in Sediments on the Mobilization of Heavy Metals by Bacterial Leaching ... 419

Notice to Authors of VOM WASSER ... 431

Index ... 441

Prepublication of New Standard Methods for the Examination of Water, Waste Water and Sludge ... D 1

pr EN 1622: *Odour and flavour in waters – Quantitative method – Method for the determination of threshold odour and flavour numbers* ... D 3

Bestimmung und Speziation von etwa 20 Spurenelementen in Rohwässern der Trinkwasseraufbereitung

Determination and Speciation of about 20 Trace Elements in the Raw Waters Used for Drinking Water Preparation

Christine Sauer und *Karl Heinrich Lieser**

Schlagworte

Spurenelementbestimmung, Speziation, Trinkwasser, Rohwasser, Rheinwasser, Grundwasser

Summary

A combined procedure is applied for the determination and speciation of trace elements in raw waters used for preparation of drinking water from Rhine water and from groundwater. The speciation scheme comprises size fractionation by filtration and ultrafiltration, treatment with acid to mobilize the trace elements bound in suspended matter and treatment with exchangers and sorbents to identify the species in solution. The trace elements are determined in parallel – as far as the detection limits allow – by several methods: inverse voltammetry, electrothermal atomic absorption spectrometry, atomic emission spectrometry with excitation in an inductively coupled plasma, total reflexion X-ray fluorescence. The following elements are investigated: Ag, Al, As, Ba, Ca, Cd, Co, Cr, Cu, Fe, Hg, K, Mg, Mn, Na, Ni, Pb, Sn, Zn. The distribution of the elements in the fractions: molecular dispersion, fine dispersion (colloidal), mobilizable by acid on suspended matter and non-mobilizable in suspended matter is determined and the chemical forms in which the elements are present are ascertained and discussed.

Zusammenfassung

Für die Bestimmung und die Speziation von Spurenelementen in Rohwässern der Trinkwasseraufbereitung aus mit Rheinwasser angereichertem Grundwasser wird ein kombiniertes Verfahren angewendet. Das Speziationsschema umfaßt eine Größenfraktionierung durch Filtration und Ultrafiltration, die Behandlung mit Säure zur Mobilisierung der im Schwebstoff gebundenen Spurenelemente und die Behandlung mit Austauschern und Sorbentien zur Identifizierung der Spezies. Die Spurenelemente werden – soweit die Nachweisgrenzen dies erlauben – mit Hilfe mehrerer Methoden parallel bestimmt: Inversvoltammetrie, elektrothermale Atomabsorptionsspektrometrie, Atomemissionsspektrometrie mit Anregung im induktiv gekoppelten Plasma, Totalreflexions-Röntgenfluoreszenzanalyse. Untersucht werden die Elemente: Ag, Al, As, Ba, Ca, Cd, Co, Cr, Cu, Fe, Hg, K, Mg, Mn, Na, Ni, Pb, Sn, Zn. Die Verteilung der Elemente auf die Fraktionen: molekulardispers, fein-dispers (kolloidal), durch Säure mobilisierbar im Schwebstoff und nicht mobilisierbar im Schwebstoff wird bestimmt; die chemischen Formen, in denen die Elemente vorliegen, werden diskutiert.

---

* Dr.-Ing. Christine Sauer und Prof. Dr. rer. nat. Karl Heinrich Lieser, Fachbereich Chemie, Eduard-Zintl-Institut, Technische Hochschule Darmstadt, D-64289 Darmstadt.

1 Einführung

In einer vorausgehenden Arbeit sind die Möglichkeiten für die Speziation von Spurenelementen in Wasser, Speziationsschemata sowie die Entwicklung eines kombinierten Verfahrens für die Bestimmung und Speziation von etwa 20 Spurenelementen in Wasser beschrieben [1].

In dieser Arbeit wird über die Bestimmung und Speziation von etwa 20 Spurenelementen mit Hilfe dieses Verfahrens in zwei Rohwässern berichtet, die für die Gewinnung von Anreicherungswasser aus Rheinwasser und für die Trinkwasseraufbereitung aus angereichertem Grundwasser dienen.

2 Experimenteller Teil

Die Proben wurden an zwei verschiedenen Stellen des Wasserwerks Wiesbaden-Schierstein entnommen. Die Probenahmestellen sind aus Bild 1 ersichtlich, und die Proben werden im folgenden kurz als Probe „Rheinwasser" und Probe „Grundwasser" bezeichnet. Die allgemeinen Daten für diese Proben sind in Tabelle 1 zusammengestellt.

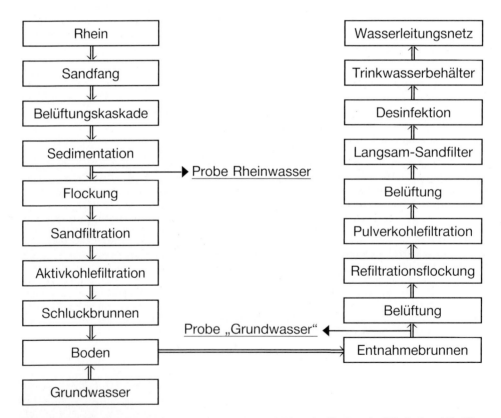

Bild 1. Probenahmestellen im Wasserwerk Wiesbaden-Schierstein (Stadtwerke Wiesbaden AG, Wassergewinnung Wiesbaden-Schierstein, ESWE-Wasser 3, 1984).

Tabelle 1. Allgemeine Daten für die Proben „Rheinwasser" und „Grundwasser".

	Probe „Rheinwasser"	Probe „Grundwasser"
Entnahmezeit	26.04.88, 10.30 Uhr	29.06.87, 9.00 Uhr
Beschaffenheit	farblos, klar	farblos, klar
Temperatur	13 °C	12 °C
Eh-Wert	160 ± 15 mV	280 ± 15 mV
pH-Wert	$6,5 \pm 0,1$	$6,2 \pm 0,1$
Carbonatgehalt	207 ± 8 mg/l	
Verbrauch an KMnO$_4$	32 ± 2 mg/l org. Substanz	–
gelöster org. Kohlenstoff (DOC)	$3,8 \pm 2,5$ mg/l	–
Huminsäuren	$1,0 \pm 0,1$ mg/l	–

Je 10 l Wasser wurden in 2 l Polyethylenflaschen gefüllt und in einer Kühlbox in das Institut transportiert. Dort wurde sofort mit der Filtration der Proben begonnen. Alle benutzten Gefäße wurden vor ihrer Verwendung mit Säure und Milli-Q-Wasser gespült, dann mit verdünnter Säure gefüllt, nach Stehen über Nacht nochmals mit Milli-Q-Wasser gespült und – falls erforderlich – mit einer Lösung konditioniert, die 2 g/l einer Mischung aus Na-, Ca- und Mg-Salzen enthielt.

Das Schema für die Bestimmung und die Speziation der Spurenelemente ist in Bild 2 aufgezeichnet. Die einzelnen Schritte der Untersuchungen sind in der vorausgehenden Arbeit beschrieben [1]. Die Verteilung der Elemente auf die Fraktionen „molekulardispers", „fein-dispers (kolloidal)", „mobilisierbar im Schwebstoff" und „nicht mobilisierbar im Schwebstoff" ergab sich durch Filtration (0,45 µm), Ultrafiltration (2 nm) und Behandlung mit Säure (pH 1,5). Elektrochemisch labile Spezies wurden durch Inversvoltammetrie ermittelt. Als Bestimmungsmethoden wurden eingesetzt: Inversvoltammetrie (IV), elektrothermale Atomabsorptionsspektrometrie (ET-AAS), Atomemissionsspektrometrie mit Anregung im induktiv gekoppelten Plasma (ICP-AES) und Totalreflexions-Röntgenfluoreszenzanalyse (TRFA). Soweit die Nachweisgrenzen dies zuließen, wurden die Bestimmungsmethoden parallel angewendet. Die Anionenkonzentrationen wurden in den filtrierten Proben (Membranfilter, 0,45 µm Porendurchmesser) mit Hilfe der Ionenchromatographie bestimmt.

3 Ergebnisse und Diskussion

Die Ergebnisse für die wichtigsten Elemente Ag, Al, As, Cd, Co, Cr, Cu, Fe, Hg, Mn, Ni, Pb, Sn, Zn sind in den Tabellen 2 und 3 zusammengestellt. Die Ergebnisse der Anionenbestimmung und der Bestimmung der Kationen von Ba, Ca, K, Mg und Na sind in Tabelle 4 aufgeführt.

Einige Elemente konnten mit mehreren Methoden bestimmt werden [1]. Dabei war die Übereinstimmung im Rahmen der Fehlergrenzen gut – mit Ausnahme der Werte für die

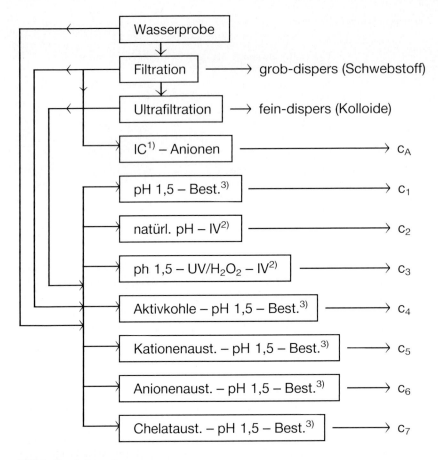

Bild 2. Speziationsschema
1) Ionenchromatographie
2) Inversvoltammetrie
3) Konzentrationsbestimmungen parallel mit elektrothermaler Atomabsorptionsspektrometrie (ET-AAS), Atomemissionsspektrometrie mit Anregung im induktiv gekoppelten Plasma (ICP-AES), Inversvoltammetrie (IV) und Totalreflexions-Röntgenfluoreszenzanalyse (TRFA) (s. auch Ref. (1)).

Gesamtkonzentration c_1 in den nicht filtrierten Proben. Hier lagen die Ergebnisse der TRFA-Messungen zum Teil signifikant höher als diejenigen der AAS-Messungen.

Sofern die Elemente mit beiden Methoden bestimmt werden konnten, ergaben sich zwischen den Ergebnissen mit TRFA und AAS folgende Unterschiede:

a) für die Rheinwasserprobe: Al: Faktor 2,5; Cu: +45%; Fe: +17%; Mn: +58%; Ni: +45%; Zn: +20%;
b) für die Grundwasserprobe: Co: +57%; Cu: +61%; Mn: Faktor 2,3; Ni: Faktor 2,7.

Diese Unterschiede sind darauf zurückzuführen, daß die Anteile, die in Form von Schwebstoffen vorliegen, auch nach dem Ansäuern auf pH 1,5 durch die AAS nicht oder

Tabelle 2. Spurenelementkonzentrationen in den Fraktionen des Rohwassers der Rheinwasseraufbereitung in µg/l (vgl. Bild 1; NF = nicht filtriert, F = filtriert, UF = ultrafiltriert – Mittelwerte aus mindestens 3 Bestimmungen).

Fraktion		Ag	Al	As	Cd	Co	Cr	Cu
NF:	c_1	0,49±0,03	31,8±8,2	3,46±0,13	0,12±0,03	1,16±0,12	0,56±0,06	9,75±1,32
	c_2	–	–	–	0,08±0,04	0,25±0,12	0,10±0,08	7,02±0,69
	c_4	0,44±0,07	20,4±5,2	2,29±0,04	<0,02	0,46±0,08	0,29±0,06	1,75±1,03
	c_5	0,47±0,37	23,6±1,3	3,49±0,67	<0,02	0,45±0,06	0,64±0,11	6,77±4,10
	c_6	0,33±0,02	31,5±4,8	3,11±0,10	0,07±0,02	0,81±0,11	0,57±0,06	7,13±0,64
	c_7	0,06±0,01	26,1±0,4	3,52±0,15	0,07±0,03	0,31±0,13	0,54±0,37	1,90±0,39
F:	c_1	0,47±0,03	5,5±0,2	3,27±0,42	0,12±0,04	0,88±0,58	0,39±0,04	9,53±0,37
	c_2	–	–	–	0,04±0,01	0,27±0,13	<0,10	5,19±1,60
	c_4	0,05±0,02	4,7±0,3	3,18±0,43	<0,02	0,62±0,17	0,28±0,03	0,81±0,44
	c_5	0,32±0,19	0,7±0,4	2,61±0,09	<0,02	0,49±0,24	0,45±0,12	2,26±0,82
	c_6	0,36±0,02	2,7±0,5	2,90±0,09	0,11±0,03	<0,05	0,10±0,03	0,87±0,31
	c_7	0,35±0,02	6,6±0,3	3,21±0,23	0,06±0,02	0,11±0,05	0,26±0,05	2,03±1,55
UF:	c_1	0,40±0,04	5,1±0,1	3,38±0,24	0,09±0,03	0,41±0,16	0,30±0,06	2,71±0,77
	c_2	–	–	–	<0,02	0,23±0,10	<0,10	0,76±0,24
	c_4	0,34±0,19	4,7±0,5	2,03±1,52	<0,02	<0,05	0,26±0,01	1,79±1,18
	c_5	0,38±0,12	2,9±1,6	3,23±0,48	<0,02	0,49±0,23	0,37±0,09	1,15±0,91
	c_6	0,38±0,06	3,2±0,3	3,46±0,61	<0,02	<0,05	0,22±0,02	1,56±0,18
	c_7	0,37±0,07	3,3±1,9	2,77±0,01	<0,02	<0,05	0,29±0,02	1,44±0,98

Fraktion		Fe	Hg	Mn	Ni	Pb	Sn	Zn
NF:	c_1	85,8±19,9	<0,01	28,4±1,8	3,04±0,81	<0,1	8,77±3,39	9,07±1,40
	c_2	–	–	<0,5	0,53±0,07	<0,1	<0,5	5,45±1,69
	c_4	48,4± 6,2	<0,01	23,0±5,3	2,35±0,96	<0,1	8,79±1,27	5,20±1,23
	c_5	76,5±16,4	<0,01	26,2±6,0	2,65±0,89	<0,1	7,26±1,88	7,93±0,67
	c_6	24,2± 2,8	<0,01	20,2±6,5	2,53±0,76	<0,1	7,09±1,23	5,92±0,98
	c_7	31,0± 0,8	<0,01	23,2±0,4	1,62±0,62	<0,1	6,51±0,15	6,26±2,36
F:	c_1	30,7±11,6	<0,01	19,3±2,8	2,04±0,18	<0,1	8,28±1,09	8,75±1,46
	c_2	–	–	<0,5	0,45±0,18	<0,1	<0,5	2,80±0,16
	c_4	14,0± 2,6	<0,01	3,3±0,9	1,71±0,62	<0,1	8,01±0,28	7,52±0,89
	c_5	8,1± 2,6	<0,01	9,1±1,6	0,84±0,71	<0,1	7,33±1,21	6,87±2,62
	c_6	8,9± 2,6	<0,01	2,3±1,4	1,56±0,54	<0,1	4,37±2,50	6,34±0,75
	c_7	15,5± 2,9	<0,01	8,4±2,5	0,97±0,28	<0,1	5,85±0,88	8,13±0,61
UF:	c_1	8,9± 0,2	<0,01	<1,0	1,54±0,27	<0,1	5,34±0,94	1,55±1,12
	c_2	–	–	<0,5	0,79±0,24	<0,1	<0,5	1,38±0,50
	c_4	5,2± 1,9	<0,01	<1,0	0,93±0,18	<0,1	4,51±1,49	1,09±0,97
	c_5	5,3± 2,0	<0,01	<1,0	0,72±0,66	<0,1	4,85±2,03	1,03±0,25
	c_6	<0,5	<0,01	<1,0	1,09±0,17	<0,1	3,39±1,16	1,30±0,95
	c_7	<0,5	<0,01	<1,0	0,2	<0,1	3,16±0,81	1,03±0,82

Tabelle 3. Spurenelementkonzentrationen in den Fraktionen des Rohwassers der Grundwasseraufbereitung in µg/l (vgl. Bild 1; NF = nicht filtriert, F = filtriert, UF = ultrafiltriert – Mittelwerte aus mindestens 3 Bestimmungen).

Fraktion		Ag	Al	As	Cd	Co	Cr	Cu
NF:	c_1	0,074±0,020	4,01±2,80	2,31±0,18	0,252±0,052	1,10±0,22	0,102±0,007	34,90±2,35
	c_2	–	–	–	<0,02	0,09±0,04	0,098±0,014	21,36±2,17
	c_4	0,073±0,006	1,50±0,47	2,25±0,28	0,066±0,031	0,46±0,03	0,082±0,061	26,50±1,06
	c_5	0,059±0,022	2,19±1,23	0,56±0,20	0,081±0,045	0,53±0,02	0,091±0,030	29,53±3,77
	c_6	0,073±0,016	0,97±0,03	1,68±0,33	0,156±0,028	0,24±0,10	0,083±0,027	21,89±3,38
	c_7	0,072±0,006	2,22±1,77	0,24±0,15	0,179±0,049	0,38±0,04	0,099± 0,004	10,04±1,20
F:	c_1	0,025±0,005	3,38±1,23	1,59±0,50	0,240±0,044	0,65±0,13	0,091±0,016	32,23±2,02
	c_2	–	–	–	<0,02	0,32±0,11	0,084±0,004	13,62±2,68
	c_4	0,025±0,007	1,48±0,13	1,58±0,29	0,240±0,100	0,33±0,15	0,088±0,025	23,46±3,49
	c_5	0,009±0,005	1,14±0,08	0,41±0,32	0,021±0,017	0,39±0,04	0,088±0,005	14,43±6,37
	c_6	0,025±0,008	1,33±0,35	1,25±0,06	0,145±0,057	0,57±0,08	0,075±0,007	19,23±2,76
	c_7	0,020±0,001	1,26±0,17	1,64±0,21	0,135±0,011	0,36±0,09	0,084±0,018	8,06±3,43
UF:	c_1	0,021±0,006	3,08±0,35	1,14±0,54	0,114±0,079	0,48±0,12	0,040±0,008	22,54±0,73
	c_2	–	–	–	0,014±0,012	0,06±0,04	0,033±0,021	11,97±1,59
	c_4	0,018±0,013	2,79±0,33	1,11±0,35	0,086±0,062	<0,05	0,029±0,013	14,48±1,28
	c_5	0,015±0,005	1,59±0,70	0,50±0,31	0,098±0,058	0,39±0,16	0,039±0,007	15,71±2,89
	c_6	0,017±0,007	2,34±0,21	1,02±0,22	0,082±0,034	<0,05	0,042±0,005	14,94±0,80
	c_7	0,015±0,005	2,45±0,97	1,05±0,50	0,089±0,040	<0,05	0,035±0,010	9,80±0,83

Fraktion		Fe	Hg	Mn	Ni	Pb	Sn	Zn
NF:	c_1	195,7±2,0	0,332±0,079	85,1±1,0	4,01±0,83	0,66±0,15	5,49±1,72	12,43±0,30
	c_2	–	–	<0,5	1,45±0,30	0,14±0,11	<0,5	1,38±1,01
	c_4	148,7±1,9	0,194±0,063	76,9±1,7	3,21±0,78	0,51±0,13	4,87±0,27	12,10±1,75
	c_5	164,6±5,0	0,154±0,039	72,5±1,7	1,89±0,14	0,47±0,04	2,47±0,47	8,70±0,41
	c_6	132,6±2,6	0,245±0,028	75,0±1,3	3,51±0,45	0,58±0,23	4,63±0,15	9,34±0,44
	c_7	134,1±3,2	0,127±0,057	71,2±0,8	2,67±0,37	0,54±0,12	5,00±1,15	5,89±1,11
F:	c_1	20,4±3,4	0,309±0,076	75,8±0,3	3,64±0,61	0,47±0,16	5,37±1,41	6,73±0,39
	c_2	–	–	<0,5	1,09±0,31	0,22±0,14	<0,5	0,48±0,09
	c_4	10,5±2,0	0,187±0,052	74,8±0,3	2,82±0,49	0,26±0,11	2,93±1,88	5,84±0,58
	c_5	2,5±0,7	0,267±0,081	22,3±0,4	0,87±0,41	0,19±0,11	2,21±1,62	3,66±0,24
	c_6	7,5±0,8	0,252±0,088	73,8±0,7	2,73±0,84	0,38±0,18	4,27±1,07	4,31±1,71
	c_7	6,6±1,6	0,270±0,071	74,7±1,9	3,14±0,10	0,26±0,05	3,42±0,59	2,06±0,39
UF:	c_1	3,0±1,6	0,210±0,021	74,8±1,1	2,11±0,33	0,33±0,08	2,77±0,28	5,40±0,06
	c_2	–	–	<0,5	1,62±0,07	0,29±0,14	<0,5	4,40±0,68
	c_4	1,2±0,1	0,202±0,065	74,2±0,1	2,03±0,10	0,22±0,09	1,53±0,83	4,70±0,82
	c_5	1,3±0,3	0,186±0,105	74,9±1,6	1,35±0,09	0,11±0,09	0,49±0,17	4,45±0,16
	c_6	1,0±0,3	0,187±0,039	73,4±3,1	1,87±0,05	0,28±0,11	1,36±0,28	5,32±1,22
	c_7	2,4±0,6	0,182±0,095	72,0±1,2	1,81±1,22	0,31±0,06	3,24±0,47	3,94±1,76

Tabelle 4. Konzentrationen der Anionen sowie der Kationen Ba, Ca, K, Mg und Na in den Rohwässern in mg/l (Mittelwerte von jeweils 3 Bestimmungen).

	Probe „Rheinwasser"	Probe „Grundwasser"
Cl^-	122,1 ±0,2	99,6 ±0,2
NO_3^-	6,5 ±0,1	3,8 ±0,1
HPO_4^{2-}	<0,1	<0,1
SO_4^{2-}	58,6 ±0,5	85,2 ±0,3
Ba^{2+}	0,063±0,007	0,068±0,004
Ca^{2+}	59,9 ±4,3	80,2 ±0,9
K^+	7,42 ±1,62	4,44 ±0,32
Mg^{2+}	12,8 ±0,2	12,3 ±0,1
Na^+	61,3 ±1,6	63,8 ±1,6

nur unvollständig erfaßt werden, wie bereits früher festgestellt wurde [2]. Vor allem der hohe Unterschied in dem Wert für Al in der Rheinwasserprobe spricht für diese Erklärung, da dieses Element hauptsächlich in Form von suspendierten Tonmineralen, d. h. als Schwebstoff vorliegt. Nach der Filtration wurden mit der AAS nur noch etwa 17% des Al-Wertes vor der Filtration gefunden, wie Tabelle 2 zeigt.

Vergleicht man die Spurenelementkonzentrationen in den beiden Proben „Rheinwasser" und „Grundwasser", so ergeben sich für viele Elemente signifikante Unterschiede. So sind die Gesamtkonzentrationen an Ag, Al und Cr in der Probe „Rheinwasser" um nahezu eine Größenordnung höher, während die Konzentrationen an Cd, Cu, Fe, Hg, Mn und Pb in der Probe „Rheinwasser" deutlich niedriger sind. Dies gilt vor allem für die Konzentration an Hg, die in der Probe „Rheinwasser" um etwa den Faktor 30 geringer ist. Man kann somit nicht davon ausgehen, daß die Kontamination mit Spurenelementen im Rheinwasser höher ist als im Grundwasser.

Hinsichtlich der Speziation der einzelnen Elemente erhält man die gewünschten Informationen aus den Werten der Konzentrationsbestimmungen und den Differenzen dieser Werte. (Da verschiedene Eigenschaften bestimmt werden, die sich nicht immer gegenseitig ausschließen, ist nicht zu erwarten, daß die Summe der Prozentwerte 100 beträgt.)

Aluminium

In der Probe „Rheinwasser" wurde Al überwiegend in der grob-dispersen Fraktion (Schwebstoff) gefunden (>90%), und zwar hauptsächlich in nicht-mobilisierbarer Form (>60%). Aus dem nicht-filtrierten Wasser wurde Al nur in geringem Umfang an Aktivkohle und an den Austauschern gebunden (jeweils etwa 20% an Aktivkohle, am Kationenaustauscher und am Chelataustauscher). Aus diesen Befunden muß man schließen, daß Al überwiegend in Form von Alumosilikaten und Aluminiumoxidhydrat vorlag. Die Ergebnisse stimmen weitgehend mit Literaturangaben über die Speziation von Al in Wasser überein [3 bis 5].

In der Probe „Grundwasser" war die Konzentration an Al so niedrig, daß sie nur mit Hilfe der AAS bestimmt werden konnte. Da mit dieser Methode der nicht-mobilisierbare

Anteil an Al nicht erfaßt wird, wurde eine weitere Probe aufgeschlossen, um die Gesamtkonzentration an Al zu ermitteln. Diese ergab sich zu 23+3 µg/l. Daraus folgt, daß etwa 80% des Al in nicht-mobilisierbarer Form vorlagen. Der Rest war überwiegend molekular-dispers. Nach Ultrafiltration wurde dieser Anteil zu je etwa 80 bis 90 % an Aktivkohle und an den Austauschern sorbiert. Dabei handelt es sich wahrscheinlich um Huminsäurekomplexe des Al, die sehr stabil sind [3, 6, 7].

Arsen

In der Probe „Rheinwasser" lag As zu etwa 90% molekular-dispers vor. Nach Ultrafiltration wurden etwa 40% des vorhandenen As an Aktivkohle sorbiert und etwa 20% am Chelataustauscher, während weniger als 5% am Kationenaustauscher gebunden wurden. Daraus muß man schließen, daß As überwiegend in Form organischer Verbindungen vorlag. Dieser Befund ist verschieden von Berichten in der Literatur im Hinblick auf die Speziation von As in Süßwasser, in denen als Hauptbestandteil Arsenat gefunden wurde [8 bis 14].

In der Probe „Grundwasser" lag As zu etwa 40% molekular-dispers vor und zu jeweils etwa 20% fein-dispers (kolloidal) und mobilisierbar sowie nicht mobilisierbar im Schwebstoff. Nach Ultrafiltration wurden etwa 60% des vorhandenen As am Kationenaustauscher gebunden und je etwa 10% am Anionenaustauscher und am Chelataustauscher, während der Anteil, der an Aktivkohle gebunden wurde, klein war (<3%). Damit unterschied sich die Speziation von As in der Probe „Grundwasser" deutlich von der Speziation in der Probe „Rheinwasser".

Barium

In der Probe „Rheinwasser" lag Ba erwartungsgemäß praktisch vollständig (>95%) molekular-dispers vor und nur ein sehr geringer Anteil ($\approx$3%) fein-dispers. Nach Ultrafiltration wurde Ba praktisch quantitativ am Kationenaustauscher gebunden (>95%).

In der Probe „Grundwasser" waren die Ergebnisse ähnlich: $\approx$90% lagen molekular-dispers vor und ein geringer Anteil ($\approx$7%) mobilisierbar im Schwebstoff. Da das Löslichkeitsprodukt von $BaSO_4$ geringfügig überschritten wurde, kann es sich hierbei um $BaSO_4$ handeln. Nach Ultrafiltration wurden etwa 60% am Kationenaustauscher gebunden und etwa 10% an Aktivkohle. Man kann daraus schließen, daß neben freien Kationen auch organische Komplexverbindungen vorlagen, die weder am Kationenaustauscher noch am Anionenaustauscher gebunden wurden.

Blei

In der Probe „Rheinwasser" lag die Konzentration an Pb unter der Nachweisgrenze der Inversvoltammetrie, so daß hinsichtlich der Speziation keine Aussagen möglich waren.

In der Probe „Grundwasser" lag die Konzentration unter der Nachweisgrenze der TRFA, so daß der nicht mobilisierbare Anteil ebenfalls nicht bestimmbar war. Das restliche Blei war zu etwa 50% molekular-dispers, zu etwa 20% fein-dispers (kolloidal) und zu etwa 30% mobilisierbar im Schwebstoff gebunden. Nach Ultrafiltration erwies sich das vorhandene Pb zu etwa 90% als elektrochemisch labil, etwa 30% wurden an Aktivkohle gebunden, etwa 70% am Kationenaustauscher, etwa 15% am Anionenaustauscher und etwa 5% am Chelataustauscher. Bei dem elektrochemisch labilen Anteil kann es sich nicht um Huminsäurekomplexe handeln, da diese in der Literatur als sehr stabil beschrieben werden [6, 15 bis 17]. Pb^{2+}-Ionen sollten in starkem Maße am Chelataustauscher gebunden werden [18]. Da dies nicht der Fall war, kommen nur molekular-disperse elektrochemisch labile Verbindungen von Pb in Frage, die gegenüber der Bindung am Chelataustauscher stabil sind.

In diesem Zusammenhang ist es bemerkenswert, daß bezüglich der Speziation von Pb sehr unterschiedliche Angaben in der Literatur vorliegen. So wurde z. B. in Flußwasser kein oder sehr wenig elektrochemisch labiles Pb gefunden [17, 19], während andererseits in Meerwasser überwiegend elektrochemisch labile, aber gegenüber Chelex-100 stabile Blei-Spezies beobachtet wurden [20]. Für verschiedene Leitungswässer wurden sehr unterschiedliche Ergebnisse erhalten [21]. Uneinheitlich waren auch die Befunde hinsichtlich des Verhältnisses von Pb im Schwebstoff zu gelöstem Pb [22 bis 25]. Berücksichtigt man das Eh-pH-Diagramm für Pb [26], so sollte in dem Rohwasser der Grundwasseraufbereitung $PbSO_4$ die vorherrschende Spezies sein.

Cadmium

In der Probe „Rheinwasser" lag Cd zu etwa 75% molekular-dispers und zu etwa 25% feindispers (kolloidal) vor. Der nicht mobilisierbare Anteil im Schwebstoff konnte wegen Überlagerung mit den Linien von Ar und K nicht durch TRFA bestimmt werden; er ist deshalb nicht berücksichtigt. Nach Filtration erwiesen sich etwa 30 % des vorhandenen Cd als elektrochemisch labil, je etwa 80% wurden an Aktivkohle sorbiert und am Kationenaustauscher gebunden, etwa 10% am Anionenaustauscher und etwa 50% am Chelataustauscher. Der hohe Anteil, der an Aktivkohle gebunden wurde, spricht dafür, daß auch organische Verbindungen von Cd und ggf. auch Kolloide vorlagen.

In der Probe „Grundwasser" lagen je ca. 50% des Cd molekular-dispers und fein-dispers (kolloidal) vor, ein geringer Anteil ($\approx 5\%$) mobilisierbar im Schwebstoff. Nach Filtration wurden etwa 90% des vorhandenen Cd am Kationenaustauscher gebunden und je etwa 40% am Anionenaustauscher und am Chelataustauscher, während keine merkliche Sorption an Aktivkohle festgestellt wurde. Die wichtigsten Spezies sind somit stabile, kationische, anorganische Verbindungen, die zum Teil molekular-dispers, zum Teil kolloidal vorliegen.

Zur Speziation von Cd in Wasser gibt es zahlreiche Veröffentlichungen: In australischen Flußwasserproben wurden etwa 80% des Cd in gelöster ionischer Form gefunden [22], im Rheinwasser auch anionische Spezies [17], in skandinavischen Fluß- und Seewasserproben mit zunehmendem pH-Wert eine Komplexbildung von Cd mit organischen Komponenten [27]. Andererseits wurde in Flußwasser kein voltammetrisch bestimmbarer elektrochemisch labiler Anteil beobachtet [17, 19]. Zur Stabilität von Huminsäurekomplexen von Cd gibt es in der Literatur widersprüchliche Angaben [6, 15, 17]. Zwischen berechneten Werten für die Verteilung von Cd [26] und experimentellen Daten [17, 19 und diese Arbeit] besteht eine große Diskrepanz.

Calcium

In den Proben „Rheinwasser" und „Grundwasser" lag Ca jeweils zu etwa 90 % molekulardispers und zu etwa 10 % im Schwebstoff vor, letztere in der Probe „Rheinwasser" in nicht mobilisierbarer und in der Probe „Grundwasser" in mobilisierbarer Form. Nach Ultrafiltration wurde das vorhandene Ca erwartungsgemäß überwiegend am Kationenaustauscher gebunden, an den anderen Austauschern und an Aktivkohle praktisch nicht. Die geringe Komplexbildung am Chelataustauscher beruht auf dem niedrigen Verteilungskoeffizienten des Austauschers für Ca^{2+}-Ionen [18].

In der Literatur gibt es keine Hinweise auf die Bildung stabiler Komplexe von Ca mit Wasserinhaltsstoffen [6, 15, 28], so daß man davon ausgehen kann, daß Ca in Lösung nahezu ausschließlich in Form von Ca^{2+}-Ionen vorliegt.

Chrom

In der Probe „Rheinwasser" lag Cr zu etwa 55% molekular-dispers, zu etwa 15% feindispers (kolloidal) und zu etwa 30% mobilisierbar in Schwebstoff vor. Der Anteil an nicht mobilisierbarem Cr im Schwebstoff konnte wegen der geringen Konzentration nicht durch TRFA bestimmt werden; er ist deshalb nicht berücksichtigt. Nach Ultrafiltration wurden von dem vorhandenen Cr etwa 15% an Aktivkohle gebunden und etwa 30% am Anionenaustauscher. Vom Kationenaustauscher wurden keine meßbaren Mengen Cr festgehalten. Der Anteil, der am Chelataustauscher fixiert wurde, war sehr klein (<5%). Die Konzentration an elektrochemisch labilem Cr lag unter der Nachweisgrenze von 0,1 g/l, was einem Anteil von 33% entspricht. Cr^{3+}-Ionen können praktisch ausgeschlossen werden, da keine meßbaren Mengen Cr am Kationenaustauscher festgehalten wurden. Dagegen zeigt die Fixierung am Anionenaustauscher das Vorhandensein von Chromat oder anionischen Spezies von Cr(III) an.

In der Probe „Grundwasser" war Cr zu etwa 40% molekular-dispers, zu etwa 50% feindispers (kolloidal) und zu etwa 10% mobilisierbar im Schwebstoff. Auch in dieser Probe konnte der Anteil an nicht mobilisierbarem Cr im Schwebstoff wegen der niedrigen Konzentration durch TRFA nicht bestimmt werden. Nach Filtration erwiesen sich etwa 90% des vorhandenen Cr als elektrochemisch labil, während etwa 20% am Anionenaustauscher und <5% am Kationenaustauscher gebunden wurden. Bei dem elektrochemischen Verfahren werden sowohl Cr(III) als auch Cr(VI) als Diethylentriaminpentaessigsäurekomplex an der Elektrode abgeschieden [1], so daß eine Unterscheidung zwischen diesen beiden Oxidationsstufen nicht möglich ist. Da nur etwa 20% am Anionenaustauscher festgehalten wurden, muß man schließen, daß neben Chromat noch weitere Chromverbindungen in molekular-disperser oder fein-disperser (kolloidaler) Form vorlagen.

In den meisten Untersuchungen über die Speziation von Cr wurde Cr(VI) als dominierende Spezies gefunden [29 bis 31], in anderen Arbeiten stark variierende Anteile von Cr(III) und Cr(VI) und teilweise beträchtliche Anteile, die stabil an organische Bestandteile gebunden waren [32, 33]. In diesem Zusammenhang ist der Hinweis wichtig, daß es auch anionische Cr(III)-Komplexe und Chrom-organische Verbindungen gibt [34, 35].

Cobalt

In der Probe „Rheinwasser" lag Co zu je etwa 35 % molekular-dispers und fein-dispers (kolloidal) vor, zu etwa 20% mobilisierbar und zu etwa 10% nicht mobilisierbar im Schwebstoff. Nach der Filtration erwiesen sich etwa 30% des vorhandenen Co als elektrochemisch labil, etwa 30% wurden an Aktivkohle gebunden, etwa 45% am Kationenaustauscher, etwa 95% am Anionenaustauscher und etwa 90% am Chelataustauscher. Daraus muß man schließen, daß anionische Spezies vorherrschen, im Einklang mit der Tatsache, daß Co unter den gegebenen Bedingungen Chloro- und Carbonatokomplexe bildet [35, 36]. Daneben lagen auch kationische Formen und Verbindungen des Co mit organischen Wasserinhaltsstoffen vor.

In der Probe „Grundwasser" waren etwa 30% des Co molekular-dispers, etwa 10% fein-dispers (kolloidal), etwa 25% mobilisierbar und etwa 35% nicht mobilisierbar im Schwebstoff. In dem nicht filtrierten Wasser erwiesen sich etwa 45% als elektrochemisch labil, etwa 60% wurden an Aktivkohle gebunden, etwa 80% am Anionenaustauscher, etwa 50% am Kationenaustauscher und etwa 65% am Chelataustauscher. Die Verhältnisse waren somit ähnlich wie in der Probe „Rheinwasser".

Zur Speziation von Co gibt es nur wenige Veröffentlichungen. Neben dem Hexaquo-Ion werden Chloro- und Carbonatokomplexe und instabile Huminsäurekomplexe diskutiert [15, 35, 36].

Eisen

In der Probe „Rheinwasser" wurde nur wenig molekular-disperses Fe gefunden ($<10\%$), etwa 20% in fein-disperser Form (kolloidal), etwa 55% mobilisierbar und etwa 15% nicht mobilisierbar im Schwebstoff. Bei Verwendung des nicht filtrierten Wassers wurden etwa 45% des vorhandenen Fe an Aktivkohle gebunden, etwa 10% am Kationenaustauscher, etwa 70% am Anionenaustauscher und etwa 65% am Chelataustauscher. Der überwiegende Anteil an Fe lag damit Säure-mobilisierbar im Schwebstoff vor, wobei es sich wahrscheinlich vorwiegend um Eisen(III)-hydroxid handelte. Die verhältnismäßig hohen Anteile, die am Anionenaustauscher und an Aktivkohle gebunden wurden, sprechen für das Vorliegen organischer Komplexe des Fe neben Eisen(III)-hydroxid. Da bei dem gegebenen pH-Wert der Rohwässer von 6,2 bis 6,5 und einem Redoxpotential von 280 bzw. 160 mV Eisen(II) instabil ist, wurden keine Versuche zur Bestimmung dieser Oxidationsstufe durchgeführt.

In der Probe „Grundwasser" lagen etwa 10% des Fe fein-dispers (kolloidal), etwa 90% mobilisierbar und $<5\%$ nicht mobilisierbar im Schwebstoff vor. Der Anteil an molekular-dispersem Fe war $<2\%$. Für das nicht filtrierte Wasser ergaben sich folgende Werte: Etwa 25% wurden an Aktivkohle gebunden, etwa 15% am Kationenaustauscher und je etwa 30% am Anionenaustauscher und am Chelataustaucher. Auch in diesem Wasser lag somit der überwiegende Anteil an Fe Säure-mobilisierbar im Schwebstoff vor (vorwiegend Eisen(III)-hydroxid). Die geringen Anteile, die am Anionenaustauscher und an Aktivkohle gebunden wurden, zeigen an, daß die Verteilung der übrigen Spezies anders war als in der Probe „Rheinwasser". Aus der Tatsache, daß nur etwa 30% am Chelataustauscher festgehalten wurden, folgt, daß Fe in diesen Spezies verhältnismäßig fest gebunden war.

In der Literatur wird die Bildung sehr stabiler Eisen-Huminsäure-Komplexe beschrieben, die negativ geladen und häufig an Schwebstoffen oder an Kolloiden sorbiert sind

[6, 15, 26, 35]. Fe^{3-}-Ionen werden vom Chelataustauscher praktisch quantitativ abgetrennt [18]. In allen Arbeiten wurde Fe in natürlichen Wässern überwiegend als Eisen(III)-hydroxid oder Eisen-Huminsäure-Komplex gefunden, was mit den Ergebnissen der vorliegenden Untersuchung übereinstimmt.

Kalium

In der Probe „Rheinwasser" lag K zu etwa 90% molekular-dispers vor und zu jeweils etwa 5% fein-dispers (kolloidal) und nicht mobilisierbar im Schwebstoff. Nach Ultrafiltration wurde das vorhandene K erwartungsgemäß nahezu vollständig (90%) am Kationenaustauscher gebunden. Die Tatsache, daß K auch zu etwa 45% an Aktivkohle und zu etwa 20% am Anionenaustauscher fixiert wurde, zeigt an, daß es zum Teil mit organischen Bestandteilen assoziiert war.

In der Probe „Grundwasser" lagen die Verhältnisse sehr ähnlich wie in der Probe „Rheinwasser". Etwa 85% wurden in der molekular-dispersen Fraktion gefunden, etwa 15% in der fein-dispersen Fraktion (kolloidal) und <5% mobilisierbar im Schwebstoff. Nach Ultrafiltration wurden von dem vorhandenen K etwa 95% am Kationenaustauscher gebunden, etwa 15% am Anionenaustauscher, etwa 10% an Aktivkohle und keine meßbaren Anteile am Chelataustauscher. Dazu ist zu bemerken, daß der Verteilungskoeffizient von K am Chelataustauscher sehr niedrig ist [18].

Kupfer

In der Probe „Rheinwasser" lagen etwa 20 % des Cu molekular-dispers vor, etwa 50% fein-dispers (kolloidal) und etwa 30 % nicht mobilisierbar im Schwebstoff. Der Anteil an mobilisierbarem Cu im Schwebstoff war sehr klein (<2%). Nach Filtration erwiesen sich etwa 55% des vorhandenen Cu als elektrochemisch labil, etwa 90% wurden an Aktivkohle gebunden, etwa 75% am Kationenaustauscher, etwa 90% am Anionenaustauscher und etwa 80% am Chelataustauscher. Aus dem elektrochemisch labilen Anteil sowie aus der Bindung am Kationenaustauscher und am Chelataustauscher folgt, daß der überwiegende Anteil an Cu in Form labiler kationischer Spezies vorlag. Da der Chelataustauscher Cu^{2+}-Ionen praktisch quantitativ bindet [18], folgt, daß auch andere Cu-Spezies vorlagen. Aus der Bindung an Aktivkohle und am Anionenaustauscher ist zu schließen, daß es sich hierbei um stabile, negativ geladene Huminsäurekomplexe handelt, in Übereinstimmung mit den Beobachtungen anderer Autoren [6, 15, 17, 37].

Für die Probe „Grundwasser" ergaben sich ähnliche Werte: Etwa 40% des Cu lagen molekular-dispers vor, etwa 15% fein-dispers (kolloidal), etwa 5% mobilisierbar und etwa 40% nicht mobilisierbar im Schwebstoff. Nach Ultrafiltration erwiesen sich etwa 55% des vorhandenen Cu als elektrochemisch labil, etwa 35% wurden an Aktivkohle gebunden, etwa 30% am Kationenaustauscher, etwa 35% am Anionenaustauscher und etwa 65% am Chelataustauscher. Die Ergebnisse führen qualitativ zu den gleichen Schlußfolgerungen wie im Falle der Probe „Rheinwasser".

In der Literatur wird über sehr stark variierende Anteile von kationischen Spezies des Cu in Flußwasser berichtet [6, 17, 22, 38]. In Meerwasser und in Ästuarien wurden neben dem an Schwebstoff sorbierten Cu verschiedene organische und anorganische Kupferkomplexe als die wichtigsten Spezies gefunden [20, 23, 37, 39]. Es ist auch bekannt, daß Cu in starkem Umfang an anorganischen Schwebstoffen sorbiert oder in diesen okkludiert wird [23, 24, 40]. Diese Befunde stimmen mit den Ergebnissen der vorliegenden Untersuchung überein.

Magnesium

In der Probe „Rheinwasser" waren etwa 80% des Mg molekular-dispers, etwa 15 % fein-dispers (kolloidal) und etwa 5% mobilisierbar im Schwebstoff. Nach Ultrafiltration wurden erwartungsgemäß praktisch 100 % des vorhandenen Mg am Kationenaustauscher fixiert. Etwa 7% wurden an Aktivkohle sorbiert, was auf eine labile Bindung eines kleinen Anteils an organische Bestandteile des Wassers zurückzuführen ist.

In der Probe „Grundwasser" lagen etwa 95% des Mg molekular-dispers vor und etwa 5% mobilisierbar im Schwebstoff. Nach Ultrafiltration wurden etwa 95% im Kationenaustauscher gebunden, aber keine meßbaren Anteile an Aktivkohle.

Die Ergebnisse liefern keinen Hinweis auf die Bildung stabiler Huminsäurekomplexe des Mg, die in der Literatur beschrieben [6], aber von anderen Autoren [15] nicht bestätigt wurden.

Mangan

In der Probe „Rheinwasser" wurde Mn zu je etwa 40% in der fein-dispersen (kolloidalen) Fraktion und nicht mobilisierbar im Schwebstoff gefunden und zu etwa 20% mobilisierbar im Schwebstoff. Dies läßt auf einen erheblichen Anteil an Manganoxidhydrat schließen, vor allem im Schwebstoff. Nach Filtration wurden etwa 85% des vorhandenen Mn an Aktivkohle sorbiert, etwa 50% wurden am Kationenaustauscher gebunden, etwa 90% am Anionenaustauscher und etwa 55% am Chelataustauscher. Der elektrochemisch labile Anteil lag unter der Nachweisgrenze. Aus dem Verhalten gegenüber Aktivkohle und den Austauschern folgt, daß ein wesentlicher Teil des in der fein-dispersen Fraktion gefundenen Mn in Form von labilen Huminsäurekomplexen vorhanden war.

In der Probe „Grundwasser" lagen etwa 40% des Mn molekular-dispers vor, etwa 5% mobilisierbar und etwa 55% nicht mobilisierbar im Schwebstoff. In der fein-dispersen (kolloidalen) Fraktion war dagegen sehr wenig Mn ($<2\%$). Im Unterschied zu der Probe „Rheinwasser" war somit ein verhältnismäßig großer Anteil des Mn molekular-dispers. Nach Ultrafiltration wurden von dem vorhandenen Mn etwa 70% am Kationenaustauscher gebunden und nur sehr kleine Anteile am Anionenaustauscher und an der Aktivkohle (jeweils $<2\%$). Am Chelataustauscher wurde nur sehr wenig Mn fixiert, in Übereinstimmung mit dem niedrigen Verteilungskoeffizienten von Mn^{2+}-Ionen an diesem Austauscher [18]. Der elektrochemisch labile Anteil lag unter der Nachweisgrenze. Aus den Ergebnissen folgt, daß in der Probe „Grundwasser" neben Manganoxidhydrat ein erheblicher Teil des Mn in Form von Mn^{2+}-Ionen vorlag, im Unterschied zur Probe „Rheinwasser".

Die Ergebnisse stimmen weitgehend mit bisherigen Befunden zur Speziation des Mn überein. Als häufigste Spezies wurden Mn^{2+}-Ionen und inerte Verbindungen im Schwebstoff angegeben [10, 28, 35, 36, 41 bis 46]. Die Komplexverbindungen mit organischen Wasserbestandteilen werden als wenig stabil beschrieben [6, 15, 41].

Natrium

In den Proben „Rheinwasser" und „Grundwasser" lag Na erwartungsgemäß kationisch vor und zwar jeweils zu etwa 90% molekular-dispers und zu etwa 10% mobilisierbar im Schwebstoff.

Nickel

In der Probe „Rheinwasser" ergab sich folgende Verteilung des Ni: etwa 35% molekular-dispers, etwa 10% fein-dispers (kolloidal), etwa 30% nicht mobilisierbar und etwa 25% mobilisierbar im Schwebstoff. Nach Ultrafiltration erwiesen sich 50% des vorhandenen Ni als elektrochemisch labil, etwa 40% wurden an Aktivkohle sorbiert, etwa 50% am Kationenaustauscher gebunden, etwa 30% am Anionenaustauscher und etwa 90% am Chelataustauscher. Bei der molekular-dispersen Fraktion des Ni handelt es sich somit überwiegend um freie Kationen und Komplexe geringer Stabilität.

In der Probe „Grundwasser" lag Ni zu etwa 20% molekular-dispers vor, zu etwa 15% fein-dispers (kolloidal), zu etwa 60% nicht mobilisierbar und zu etwa 5% mobilisierbar im Schwebstoff. Die Verteilung war somit nicht grundsätzlich verschieden von derjenigen in der Probe „Rheinwasser". Bei Verwendung der nicht filtrierten Probe erwiesen sich etwa 35% des Ni als elektrochemisch labil, etwa 20% wurden an Aktivkohle sorbiert, etwa 50% am Kationenaustauscher, etwa 10% am Anionenaustauscher und etwa 35% am Chelataustauscher. Diese Probe enthielt somit einen geringeren Anteil an labilen Spezies.

In der Literatur werden die Huminsäurekomplexe des Ni als verhältnismäßig stabil beschrieben [6, 47]. Rechnungen zur Speziation des Ni ergaben, daß es überwiegend als Ni^{2+}-Ion und in Form labiler Komplexe vorliegen sollte [10, 35, 36, 48].

Quecksilber

In der Probe „Rheinwasser" war eine Speziation des Hg wegen der geringen Konzentration (<0,01 µg/l) nicht möglich.

In der Probe „Grundwasser" lag Hg zu etwa 65% molekular-dispers vor, zu etwa 30% fein-dispers (kolloidal) und zu etwa 5% mobilisierbar im Schwebstoff. Der nicht mobilisierbare Anteil konnte wegen der geringen Konzentration nicht ermittelt werden und ist deshalb nicht berücksichtigt. Nach Ultrafiltration wurden etwa 15% des vorhandenen Hg an Aktivkohle sorbiert, je etwa 10% am Kationenaustauscher und am Anionenaustauscher gebunden und etwa 30% am Chelataustauscher. Die geringe Abtrennung des Hg an Aktivkohle und an den Austauschern läßt darauf schließen, daß Hg überwiegend als stabiles $HgCl_2$ vorlag.

Die in der Literatur beschriebene starke Sorption von Hg an Aktivkohle und anderen Sorbentien [15, 40, 49 bis 53] wurde nicht beobachtet. In diesem Zusammenhang ist allerdings zu berücksichtigen, daß in vielen Fällen wegen der geringen Hg Konzentrationen in natürlichen, nicht stark belasteten Wässern die Wasserproben zur Konzentrationserhöhung vor der Durchführung der Experimente zusätzlich mit Hg Standardlösungen versetzt wurden [54 bis 60], so daß die damit erzielten Ergebnisse nicht mit den vorliegenden verglichen werden können.

Silber

In der Probe „Rheinwasser" lag Ag zu etwa 80% molekular-dispers, zu etwa 15% feindispers (kolloidal) und zu etwa 5% mobilisierbar im Schwebstoff vor. Da eine Bestimmung des nicht mobilisierbaren Anteils im Schwebstoff mittels TRFA nicht möglich war, ist dieser Anteil nicht berücksichtigt. Nach Filtration wurden etwa 90% des vorhandenen Ag an Aktivkohle sorbiert, etwa 30% am Kationenaustauscher und jeweils etwa 25% am Anionenaustauscher und am Chelataustauscher. Daraus folgt, daß Ag überwiegend an organischen Bestandteilen des Wassers gebunden war. Das Löslichkeitsprodukt von AgCl wurde nicht überschritten.

In der Probe „Grundwasser" waren nur etwa 30% des Ag in der molekular-dispersen Fraktion, etwa 5% waren fein-dispers (kolloidal) und etwa 65% mobilisierbar im Schwebstoff. Auch in dieser Probe konnte der nicht mobilisierbare Anteil an Ag nicht mit der TRFA bestimmt werden und ist deshalb nicht berücksichtigt. Bei Verwendung der nicht filtrierten Probe wurden etwa 20% des Ag am Kationenaustauscher gebunden und jeweils nur sehr kleine Anteile (<2%) an Aktivkohle und an den anderen Austauschern. Die Probe „Grundwasser" zeigte somit eine andere Verteilung als die Probe „Rheinwasser", insbesondere war der organisch gebundene Anteil wesentlich geringer. Der größte Anteil lag in einer stabilen, nicht näher charakterisierbaren Form vor, die mit keinem der verwendeten Austauscher und Sorbentien in größerem Umfang abgetrennt wurde.

Zink

In der Probe „Rheinwasser" lagen etwa 15% des Zn molekular-dispers vor, etwa 65% fein-dispers (kolloidal), etwa 5% mobilisierbar und etwa 15% nicht mobilisierbar im Schwebstoff. Nach Filtration erwiesen sich von dem vorhandenen Zn etwa 30% als elektrochemisch labil, etwa 15% wurden an Aktivkohle sorbiert, etwa 20% am Kationenaustauscher gebunden, etwa 30% am Anionenaustauscher und etwa 10% am Chelataustauscher. Bei dem fein-dispersen Anteil kann es sich um basisches Zinkcarbonat handeln, das zusammen mit Eisenhydroxid, Manganoxidhydrat und basischem Kupfercarbonat in dieser Fraktion auftritt. Dafür spricht auch das Verhalten gegenüber Aktivkohle und den Austauschern.

In der Probe „Grundwasser" wurden etwa 30% des Zn in der molekular-dispersen Fraktion gefunden, etwa 10% waren fein-dispers, etwa 40% mobilisierbar und etwa 10% nicht mobilisierbar im Schwebstoff. Bei Verwendung des nicht filtrierten Wassers erwiesen sich etwa 10% als elektrochemisch labil, etwa 3% wurden an Aktivkohle sorbiert, etwa 30% am Kationenaustauscher, etwa 25% am Anionenaustauscher und etwa 50% am Chelataustauscher. Bei dem verhältnismäßig hohen Anteil an Zn im Schwebstoff handelte es sich wahrscheinlich um Zinkcarbonat bzw. basisches Zinkcarbonat, das an Tonmineralen oder an Eisenhydroxid sorbiert war. Da nur geringe Anteile elektrochemisch labil waren und am Kationenaustauscher gebunden wurden, kommen Zn^{2+}-Ionen nicht als die vorherrschende Spezies in Frage. Gegen einen hohen Anteil an Zn^{2+}-Ionen spricht auch die nur etwa 50%ige Abtrennung am Chelataustauscher, der einen hohen Verteilungskoeffizienten für Zn^{2+}-Ionen aufweist [18].

Die Ergebnisse stimmen mit bisherigen Befunden für natürliche Wässer gut überein. Neben geringen Anteilen an Zn^{2+}-Ionen wurden meist erhebliche Anteile an stabilen bzw.

nicht dialysierbaren Zinkverbindungen gefunden [17, 19, 22]. Zink-Huminsäure-Komplexe sind verhältnismäßig labil und haben keine große Bedeutung für die Zinkspeziation [15, 17].

Zinn

In der Probe „Rheinwasser" lagen etwa 60% des Sn molekular-dispers vor, etwa 35% fein-dispers (kolloidal) und etwa 5% mobilisierbar im Schwebstoff. Da der nicht mobilisierbare Anteil wegen der niedrigen Konzentration an Sn nicht durch TRFA bestimmt werden konnte, ist er nicht berücksichtigt. Nach Ultrafiltration wurden von dem vorhandenen Sn etwa 15% an Aktivkohle sorbiert, etwa 10% am Kationenaustauscher gebunden, etwa 35% am Anionenaustauscher und etwa 40% am Chelataustauscher. Der elektrochemisch labile Anteil lag unter der Nachweisgrenze. Somit lag Sn nicht in wesentlichem Umfang kationisch oder als labiler Komplex vor. Die verhältnismäßig geringe Sorption an Aktivkohle weist außerdem darauf hin, daß keine hohen Anteile an organischen Zinnverbindungen oder an stabilen Zinn-Huminsäure-Komplexen vorhanden waren. Die Bindung am Anionenaustauscher und am Chelataustauscher läßt erkennen, daß merkliche Anteile in einer anionischen Form vorlagen, die weniger stabil ist als der Chelatkomplex. Dabei könnte es sich z. B. um Chlorokomplexe handeln.

In der Probe „Grundwasser" war Sn zu je etwa 50% molekular-dispers und fein-dispers (kolloidal) verteilt, während der mobilisierbare Anteil im Schwebstoff weniger als 2% betrug. Ebenso wie in der Probe „Rheinwasser" konnte der nicht mobilisierbare Anteil im Schwebstoff nicht mittels TRFA bestimmt werden. Nach Ultrafiltration wurden von dem vorhandenen Sn etwa 15% an Aktivkohle gebunden, etwa 80% am Kationenaustauscher und etwa 50% am Anionenaustauscher. Am Chelataustauscher wurden keine meßbaren Mengen Sn festgehalten. Der elektrochemisch labile Anteil lag auch hier unter der Nachweisgrenze. Hinsichtlich organischer Zinnverbindungen und stabiler Zinn-Huminsäure-Komplexe gilt das gleiche wie für die Probe „Rheinwasser". Aus den experimentellen Ergebnissen folgt, daß Sn überwiegend in Form verhältnismäßig stabiler, positiv geladener Verbindungen vorlag.

Bezüglich der Zinnspeziation in Wasser findet man nur Angaben für organische Zinnverbindungen in stark belasteten Wässern [61 bis 66].

Danksagung

Herrn Prof. Dr. K. Haberer, ESWE-Institut für Wasserforschung und Wassertechnologie GmbH in Wiesbaden-Schierstein, danken wir für die Überlassung der Wasserproben.

Literatur

[1] Sauer, Ch. u. Lieser, K. H.: Vom Wasser *83*, 23–41 (1994).
[2] Lieser, K. H., Sondermeyer, S. u. Kliemchen. A.: Fresenius Z. Anal. Chem. *312*, 520 (1982).
[3] Campbell, P. G. C., Bisson, M., Bougie, R., Tessier, A., Villeneuve, J. P.: Anal. Chem. *55*, 2246 (1983).
[4] Liator, M. J.: Geochim. Cosmochim. Acta *51*, 1258 (1987).

[5] Miller, J. R. u. Andelman, J. B.: Wat. Res. *21*, 999 (1987).
[6] Giesy, J. P. u. Alberts, J. J.: The Interaction of Metals with Organic Constitutes of Surface Waters, EPRI-EA 3392, Electric Power Research Institute, Palo Alto 1984.
[7] Weber jr., W. J., Voice, T. C. u. Jodellah, A.: J. Amer. Water Works Assoc. *75*, 612 (1983).
[8] Amankwah, S. A. u. Fasching, J. L.: Talanta *32*, 111 (1985).
[9] Haswell, S. J., O'Neill, P. O. u. Bancroft, K. C. C.: Talanta *32*, 69 (1985).
[10] Matthess, G.: The Properties of Groundwater, J. Wiley, New York 1982.
[11] Mok, W. W., Riley, J. A. u. Wai, C. M.: Wat. Res. *22*, 769 (1988).
[12] Mok, W. W., Shah, N. K. u. Wai, C. M.: Anal. Chem. *58*, 110 (1986).
[13] Patterson, J. W.: Wastewater Treatment Technology, Ann Arbor Science, Ann Arbor 1975.
[14] Tye, C. T., Haswell, S. J., O'Neill, P. O. u. Bancroft, K. C. C.: Anal. Chim. Acta *169*, 195 (1985).
[15] Boggs, S. u. Livermore, D.: Humic Substances in Natural Waters and their Complexation with Trace Metals and Radionuclides: A Review, Argonne Nat. Lab., Argonne, USA, 1985.
[16] Salomons, W. u. Förstner, U.: Metals in the Hydrocycle, Springer-Verlag, Berlin 1984.
[17] Sondermeyer-Knoop, S.,: Dissertation, T.H. Darmstadt 1984.
[18] Burba, P., Dyck, W. u. Lieser, K. H.: Vom Wasser *54*, 227 (1980).
[19] Morrison, G. M. P. u. Florence, T. M.: Anal. Chim. Acta *209*, 97, (1988).
[20] Batley, G. E. u. Florence, T. M.: Anal. Lett. *9*, 379 (1976).
[21] de Mora, S. J., Harrison, R. M. u. Wilson, S. J.: Wat. Res. *21*, 83 (1987).
[22] Hart, B. T. u. Davies, S. H. R.: Austr. J. Mar. Freshwater Res. *28*, 105 (1977).
[23] Valenta, P., Duursma, E. K., Merks, A. G. A., Rützel, H. u. Nürnberg, W.: Sci. Tot. Environ. *53*, 41 (1986).
[24] Aualiitia, T. U. u. Pickering, W. F.: Water, Air, Soil Pollut. *35*, 171 (1987).
[25] Glück-Macholdt, C. u. Lieser, K. H.: Vom Wasser *69*, 183 (1987).
[26] Hermann, R. u. Neumann-Mahlkau, P.: Sci. Tot. Environ. *43*, 1 (1985).
[27] Werner, J.: Sci. Tot. Environ. *62*, 281 (1987).
[28] Sondermeyer, S., Diplomarbeit, T.H. Darmstadt 1979.
[29] Hiraide, M. u. Mizuike, A.: Fresenius Z. Anal. Chem. *335*, 924 (1989).
[30] Mullins, T. L.: Anal. Chim. Acta *165*, 97 (1984).
[31] Osaki, S., Osaki, T., Hirashima, N. u. Takashima, Y.: Talanta *30*, 523 (1983).
[32] Ahern, F., Eckert, J. M., Payne, N. C. u. Williams, K. L.: Anal. Chim. Acta *175*, 147 (1985).
[33] Vos, G.: Fresenius Z. Anal. Chem. *320*, 556 (1985).
[34] Harzdorf, A. C.: Intern. J. Environ. Anal. Chem. *29*, 249 (1987).
[35] Florence, T. M.: Talanta *29*, 345 (1982).
[36] Förstner, U. u. Wittmann, G. T. W.: Metal Pollution in the Aquatic Environment, Springer-Verlag, Berlin 1981.
[37] Zhang, M. u. Florence, T. M.: Anal. Chim. Acta *197*, 137 (1987).
[38] Miwa, T., Murakami, M. u. Mizuike, A.: Anal. Chim. Acta *219*, 1 (1989).
[39] van den Berg, C. M. G., Buckley, P. J. M., Huang, Z. Q. u. Nimm, M.: Estuarine, Coastal, Shelf Sci. *22*, 479 (1986).
[40] Lieser, K. H., Burba, P., Calmano, W., Dyck, W., Heuss, E. u. Sondermeyer, S.: Mikrochim. Acta *1980*, 445.
[41] Chiswell, B. u. Mokhatar, M. B.: Talanta *33*, 669 (1986).
[42] Corsini, A., Wade, G., Wan, C. C. u. Prasad, S.: Can. J. Chem. *65*, 915 (1987).
[43] Kumar, A.: Indian J. Chem. *24A*, 8 (1985).
[44] Minear, R. A. u. Keith, L. H., (Eds.); Water Analysis, Vol. 1, Academic Press, New York 1982.
[45] Smock, L. A. u. Kuenzler, E. J.: Wat. Res. *17*, 1287 (1983).
[46] Stumm, W. u. Morgan, J. M.: Aquatic Chemistry, Wiley, New York 1970.
[47] van den Berg, C. M. G.: Anal. Proc. *21*, 359 (1984).

[48] Batley, G. E. u. Matousek, J. P.: Anal. Chem. *49*, 2031 (1977).
[49] Huang, C. P. u. Blankenship, D. W.: Wat. Res. *18*, 37 (1984).
[50] Meyer, U.: Dissertation, T.H. Darmstadt 1989.
[51] Thanabalasingam, P. u. Pickering, W. F.: Environ. Pollut. Ser. B *9*, 267 (1985).
[52] Frimmel, F. H. u. Geywitz, J.: Fresenius Z. Anal. Chem. *316*, 582 (1983).
[53] Merian, E., (Hrsg.): Metalle in der Umwelt, Verlag Chemie, Weinheim 1984.
[54] Cappon, C. J.: LC-GC *5*, 400 (1987).
[55] Cappon, C. J.: LC-GC *6*, 584 (1988).
[56] Inoue, S., Hoshi, S. u. Matsubana, M.: Talanta *32*, 44 (1985).
[57] Langseth, W.: Anal. Chim. Acta *185*, 249 (1986).
[58] Langseth, W.: Fresenius Z. Anal. Chem. *325*, 267 (1986).
[59] Langseth, W.: J. Chromatogr. *438*, 414 (1988).
[60] Pinstock, H. u. Umland, F.: Fresenius Z. Anal. Chem. *320*, 237 (1985).
[61] Dierks, W. M. R., van Mol, W. E., van Cleuvenbergen, R. J. A. u. Adams, F. C.: Fresenius Z. Anal. Chem. *335*, 769 (1986).
[62] Donard, O. F. X., Rapsomanikis, S. u. Weber, J. H.: Anal. Chem. *58*, 772 (1986).
[63] Burns, D. T., Hariott, M. u. Glockling, F.: Fresenius Z. Anal. Chem. *327*, 701 (1987).
[64] Chamsaz, M., Khasawneh, I. M. u. Winefordner, J. D.: Talanta *35*, 519 (1988).
[65] D'Ulivo, A.: Talanta *35*, 499 (1988).
[66] Ferri, T., Cardarelli, E. u. Petronio, B. M.: Talanta *36*, 513 (1989).

Determination of polycyclic aromatic Hydrocarbons and their Derivatives in Sewage Sludges in Upper Silesia

Bestimmung von polycyclischen aromatischen Kohlenwasserstoffen und deren Derivaten in Klärschlammproben in Oberschlesien (Polen)

Danuta Bodzek and *Beata Janoszka**

Key Words

sewage sludges, extraction of organic matter, separation, capillary gas chromatography, gas chromatography – mass spectrometry

Zusammenfassung

Ein Analysenverfahren für polycyclische aromatische Kohlenwasserstoffe (PAH) und deren Derivate im Klärschlamm einer ausgewählten Abwasserreinigungsanlage in Oberschlesien wurde erarbeitet. Das Verfahren umfaßt den Extraktionsprozeß der organischen Substanz aus Klärschlamm sowie die Trennung des vorhandenen Extraktes in Gruppen der Inhaltsstoffe von ähnlicher Polarität. Zwei Trennungsmethoden wurden verglichen – die Adsorptionschromatographie (LSC) und die Festphasenextraktion (SPE). Die qualitative Analyse geschah mittels GC-MS und die quantitative mittels Kapillar-GC-Technik. Das ermittelte Verfahren führte zur Identifizierung von 17 PAHs und ein paar ihrer Derivate mit verschiedenen funktionellen Gruppen. Die höchste Konzentration wurde ermittelt für PAHs mit 3 und 4 Ringen im Molekül. Ergebnisse der quantitativen Auswertung der PAHs, die mittels LSC- oder SPE-Technik isoliert wurden, sind miteinander vergleichbar.

Summary

The procedure for the analysis of polycyclic aromatic hydrocarbons (PAH) and their derivatives in sewage sludges from a chosen sewage treatment plant in Upper Silesia has been elaborated. The procedure comprises organic matter extraction from sewage sludges, the separation of obtained extracts into groups of compounds by either LSC (liquid – solid chromatography) or SPE (solid phase extraction), identification of constituents by GC-MS and quantitative determination by capillary GC. The procedure led to the identification of 17 PAHs and several derivatives containing different functional groups. The highest concentrations were found for PAHs with 3 and 4 aromatic rings in the molecule. Similar amounts were found for PAHs separated by SPE and LSC methods.

1 Introduction

The utilisation of sewage sludges, a by-product of waste water treatment, is a serious problem for many sewage-treatment plants. New trends in their utilization are being searched for because of steadily growing amounts of the product. Such utilisation, however, involves the pollution of the environment with all toxins present in sediments. That is why it is essential to determine the level of sewage sludge contamination with toxic organic substances including PAHs and their derivatives.

---

* Dr. hab. D. Bodzek Professor, Dipl. Chem. B. Janoszka, Silesian Medical Academy, Faculty of Medicine, Department of Chemistry, PL 41-808 Zabrze, Jordana Str. 19.

Heterogeneous composition of sewage sludge makes the analysis difficult. The analysis of PAHs and their derivatives must be preceded by purification and extraction stages carried out in various ways [1–5]. The extracts obtained from sediments are subjected to further procedures in order to isolate PAHs' concentrates from other extracted compounds.

The paper [6] is a review on cleaning, extraction and preliminary separation methods of PAHs' concentrates before their determination.

In recent years, there have been initated intensive studies in western European countries on PAHs' determination in sewage sludges and their influence on pollution of soils and cultivations fertilized with these sludges. There are no known literature data concerning Polish research work in this field. Growing problems with sludge utilization make it necessary to start analytical works of this kind. It is an essential problem especially in the Upper Silesia region where, as one can expect, the sludge PAHs content will be considerably high and, what is more important, the amounts of these sludges in this region are the largest.

The aim of this work was to elaborate the most favourable methods for isolation, separation, identification and quantitative determination of PAHs and their derivatives in sludges.

2 Experimental

2.1 Materials

The object of the investigations was a sample of sewage sludge collected in a sludge drying bed in one of the sewage-treatment plants in Upper Silesia. The plant treats both municipal and industrial waste waters (including coal-mine wastes) and it is a typical biological treatment plant in this region.

The collected sewage samples were stored at 5 °C, with no fresh air access, but with a valve, which enabled fermentation gasses to leave them. The storing period was not longer than 7–10 days.

Methodology, and especially extract separation procedures, were checked on a standard mixture, the composition of which is shown in Table 1. The components of the mixture were selected in such way that all aromatic hydrocarbons with different numbers of aromatic rings in a molecule and different degrees of condensation were represented. Compounds containing typical functional groups were selected from PAHs' derivatives. Saturated hydrocarbons were represented by compounds with a wide range of molecular weights. The standard substances were selected with reference to our previous works on PAHs determination in airborne particulate matter [13, 14] and investigation on sewage sludge composition carried out outside Poland [2, 3, 5, 7, 8]. The mass fractions of the standard mixture composition was following: 13.6 % – aliphatic hydrocarbons, 40.9 % – PAHs, 45.5 % – oxygen and nitrogen PAHs' derivatives.

2.2 Methods, results

The diagram of the method is shown in figure 1.

Table 1. Composition of the standard mixture.

Hydrocarbon	Formula	M	PAH's Derivative	Formula	M
1	2	3	4	5	6
Tetradecane	$C_{14}H_{30}$	198			
Eicosane	$C_{20}H_{42}$	244			
Octacosane	$C_{28}H_{58}$	394			
Naphthalene		128	1,5-dihydroxy naphthalene		160
Anthracene		178	Carbazole		167
Pyrene		202	Acridine		179
Chrysene		228	9-fluorenone		180
			9-hydroxy-phenanthrene		194
Perylene		252	4-hydroxy acridine		195
			Xanthone		196

Table 1. Composition of the standard mixture.

Hydrocarbon	Formula	M	PAH's Derivative	Formula	M
1	2	3	4	5	6
Benzo(a)pyrene		252	Anthraquinone		208
Benzo(e)pyrene		252	1,8-dihydroxy antraquinone		240
Dibenzo(a,h)anthracene		278			
Coronene		300	1-nitropyrene		247

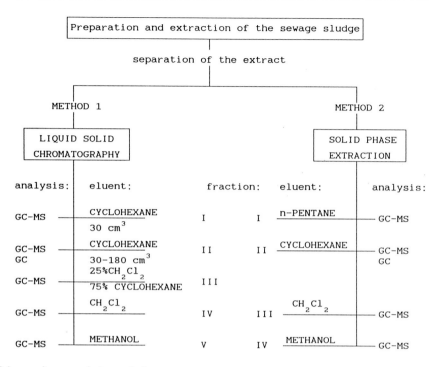

Fig. 1. Scheme of sewage sludge analysis.

2.2.1 Extraction of organic matter

In this stage, the procedures were undertaken to select a method of extraction and the type of solvent. The processing of the sludges with magnetic stirrer with the use of water-miscible solvents (methanol, DMF, acetone, piridine) and immiscible ones (DMSO, dioxane, cyclohexane, toluene, dichloromethane) was investigated. The tests were conducted with and without use of ultrasonic treatment. Centrifuged sewage sludge contained 80 % of H_2O and sludges dried in darkness at room temperature were examined. The rate of recovery of extracted substances was checked by addition of known amount of standard PAHs (anthracene, pyrene, chrysene) to the extracted sewage sludges. The extraction process control was based upon absorbance value measurement in the UV range and extract mass determination after evaporation to dryness of solvent. The results, described in details elsewere [15], led to the conclusion that dimethylformamide was the most effective solvent. Further experiments were carried out on centrifuged wet sludges as there were no differences between the effectiveness of extraction of wet and pre-dried sludges. Besides, the stage of drying and powdering of the dried sludges is not convenient.

The specification of extraction conditions with dimethylformamide included temperature and extraction time optimization. Figure 2 shows the dependence of the mass and absorbance of the extract on the temperature. The significant influence of temperature on process effectiveness is visible. For further experiments, however, the temperature of 30 °C was chosen in order to eliminate possible degradation of PAHs and their derivatives which might take place at higher temperature. Figure 3 presents the dependence of extract mass and absorbance value (taken at two wave lengths) on extraction time. It was assumed that the optimum extraction time should be about 10 hours (5 hours twice, with a fresh portion of solvent).

On the basis of the above results, the following extraction procedure was established: 10 g sewage sludge (centrifuged to 80 % water content) was inserted to a 150 cm^3 conical flask, DMF (60 cm^3) was added and the sludge was extracted for 5 hours while stirring with a magnetic stirrer. The process was carried out in an incubator at a stable temperature of

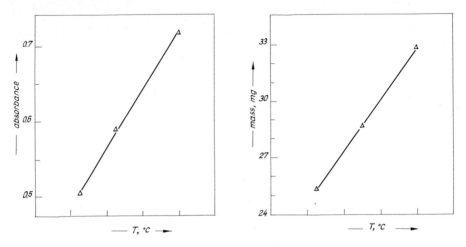

Fig. 2. Dependence of a) absorbance and b) mass of the DMF-extracts on the temperature.

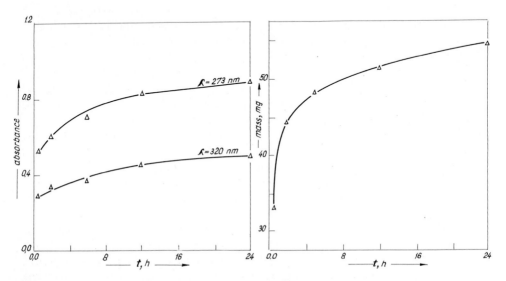

Fig. 3. Dependence of a) absorbance and b) mass of the DMF-extract on the extraction time.

30 °C. The extraction was repeated under the same conditions with a fresh portion of DMF. The extracts were separated from the sediment by centrifuging, filtrated through a filter paper. The solvent of the extracts was evaporated to dryness on a rotary vacum evaporator at temperature not higher than 30 °C and finally they were weighed.

The extraction process was repeated several times. The yield of extracts was about 6 % of dry sewage sludge.

2.2.2 Extract separation into compound groups of similar chemical character

Column chromatography is one of the oldest and simplest methods of purification and separation of extracts containing PAHs. Various packings and eluents are used, the review of which is presented, among others, in the papers [16, 17]. Recently, PAHs and their derivatives separation by solid phase extraction method has been introduced [18]. So far, this method has been used for water, oil and soil samples [19]. This work presents the comparison of two separation methods of raw extracts: the first one – adsorption column chromatography on silica gel (LSC); the other one – solid phase extraction technique (SPE).

LSC separation conditions:
   A glass, column 20 cm × 1.5 cm was used. Macherey-Nagel silica gel, 70 – 270 mesh and 10 % water content, was used as a packing. The gel was pre-roasted for 16 hours at 500 °C, inactivated with redistilled water when stirring on a rotary evaporator for about half an hour.
   The hydrated gel was kept under cyclohexane for 24 hours and than the suspension was inserted into the column. The separated samples, approx. 20 mg of standard mixture or approx. 80 mg of raw extract was inserted in the form of solution with cyclohexane into the top of the column. The extraction was performed in turn with the use of cyclohexane, a mixture of cyclohexane (75 %) and dichloromethane (25 %), and than dichloromethane and methanol. All solvents were analytically pure. During chromatography 3 ml portions of eluents were collected for UV spectra. Elution with a given solvent was carried out till the absorbance decrease considerably (to the base line). Figure 4 presents the diagram of standard mixture elution. With reference to this diagram, the volumes of successive eluents were selected in such a way that the separation of hydrocarbons from the rest of constituents was possible. This required the use of about 180 cm^3 of cyclohexane, about 100 cm^3 of cyclohexane/dichloromethane mixture, about 200 cm^3 of dichloromethane and about 100 cm^3 of methanol. The eluents of similar absorption spectra were collected and weighed after the solvent had been evaporated.

SPE separation conditions:
   Disposable 3 ml Bakerbond columns containing 500 mg of silica gel were used. The columns were connected to Baker SPE-10 system which enables the separation under reduced pressure. The columns were conditioned by washing with pentane. The samples in the amount of about 1 mg (standard mixture) and about 10 mg (raw extract) were dissolved in pentane (1 ml) and inserted into the column. The elution was carried out in turn with pentane (3 ml), cyclohexane (9 ml), dichloromethane (12 ml) and methanol (6 ml). The solvents were evaporated from the eluents and the residue was weighed.

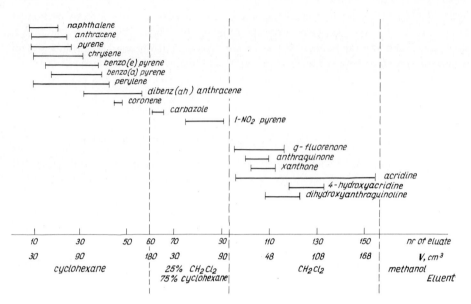

Fig. 4. Diagram of the standard mixture elution from a glass column with silica gel bed (10 % H₂O).

2.2.3 Qualitative – quantitative determination by GC and GC-MS techniques GC conditions

The Shimadzu gas chromatograph (Model GC-14A) with FID detector, was equipped with a non-polar phase PTE^{TM}5 Supelco capillary column (30 m × 32 mm, 1 µm film thickness). The temperature programme was the following: 100 °C (2 min.), heating 15 °C/min. to 180 °C, 6 °C/min. to 300 °C, conditioning at 300 °C for 20 min. Quantitative measurements were carried out on the basis of pre-determined calibration curves and by coinjection of a standard (2,2'-dinaphthyl).

GC-MS conditions:

The gas chromatograph (see above) was equipped with Hewlett-Packard Ultra 2 capillary column (25 m × 0.25 mm, 0.25 µm film thickness). The temperature programme for PAHs containing samples was the following: 60 °C (3 min.), heating 25 °C/min. to 220 °C, 4 °C/min. to 300 °C, conditioning at 300 °C for 30 minutes; the temperature programme for PAHs' derivatives containing samples: heating 5 °C/min. to 135 °C and than 2 °C/min. to temperature 185 °C and again 5 °C/min. to 280 °C, conditioning at 280 °C for 5 minutes.

The gas chromatograph was coupled with a Shimadzu mass detector (Model QP-2000) whose working conditions were following: ion source EI, 70 eV, source temperature 300 °C, injector 270 °C, interface 300 °C. Mass spectra for the successive chromatogram peaks were recorded and then compared with spectra of standard substances in the computer library. Retention times of identitied compounds were compared with standards retention times taken under identical conditions.

3 Results and Discussion

Separation and identification of the standard mixture constituents

Figures 5 and 6 present GC chromatograms of fractions obtained as a result of separation by LSC technique of standard mixture. It could be observed that elution of standard hydrocarbons was complete. All the hydrocarbons present in the mixture were eluted with cyclohexane and identified by GC-MS technique in fractions I and II.

Non-hydrocarbon compounds containing nitrogen in molecule were eluted with cyclohexane/dichloromethane mixture and identified in fraction III. In the subsequent fraction, eluted with dichloromethane, oxygen compounds were grouped. The methanol frac-

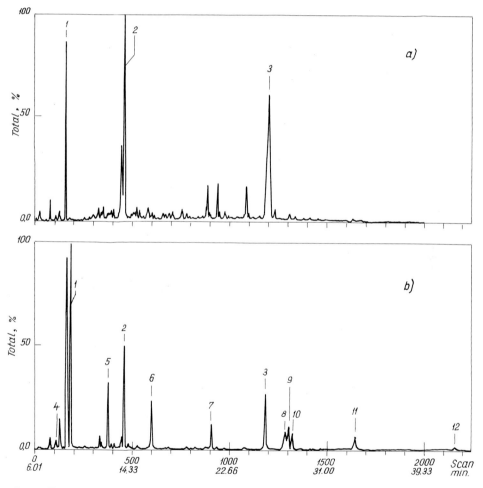

Fig. 5. Chromatograms of cyclohexane fractions separated by LSC-method from the standard mixture. a) fraction I b) fraction II.
1. tetradecane, 2. eicosane, 3. octacosane, 4. naphthalene, 5. anthracene, 6. pyrene, 7. chrysene, 8. benzo(e)pyrene, 9. benzo(a)pyrene, 10. perylene, 11. dibenzo(ah)anthracene, 12. coronene.

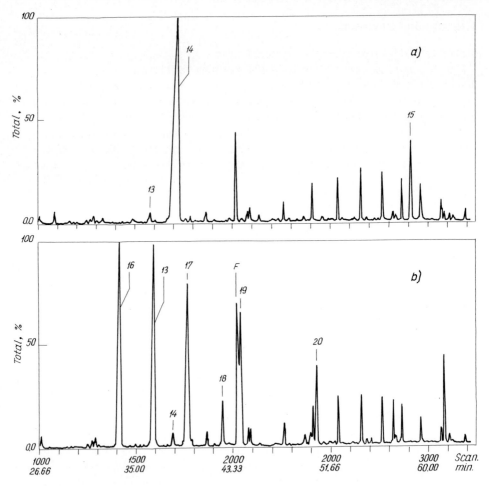

Fig. 6. Chromatograms of fractions separated by LSC-method from the standard mixture. a) fraction III (75 % cyclohexane, 25 % CH_2Cl_2), b) fraction IV (CH_2Cl_2).
13. acridine, 14. carbozole, 15. 1-NO_2pyrene, 16. 9-fluorenone, 17. xanthone, 18. 4-hydroxyacridine, 19. anthraquinone, 20. 1,8-dihydroxyanthraquinone.

tion was not found to contain any substances except for trace quantity of 9-fluorenone. 1.5-dihydroxynaphthalene and 9-phentanthrenol were not identified in neither of the fractions. Similar results were obtained when the standard mixture was separated by the SPE technique. In this case it turned out that all mixture standards were detected.

Table 2 comprises numbers of fractions in which standard substances, separated by both techniques, were identified.

PAHs recovery from standard mixture was determined by the capillary gas chromatography technique. Inner standard (2,2'-dinaphtyl) and calibration curve methods were used for measurements. Table 3 contains the results.

Table 2. Results of GC-MS analysis of standard mixture separated by the LSC and SPE methods.

Fraction	Eluent	The List of Identified Standards LSC + GC-MS	Eluent	SPE + GC-MS
I	cyclohexane	paraffins	pentane	paraffins, trace of naphthalene anthracene and pyrene
II	cyclohexane	all PAH's	cyclohexane	all PAH's
III	cyclohexane (75 %) dichloro-methylene (25 %)	carbazole, NO_2-pyrene acridine	dichloro-methylene	carbazole, 9-fluorenone, xanthone, anthraquinone, 9-hydroxy-phenanthrene, 1.8-dihydroxy-anthraquinone, 1-NO_2 pyrene
IV	dichloro-methylene	9-fluorene, anthraquinone, xanthone, acridine, 4-hydroxyacridine, 1.8-dihydroxy-anthraquinone	methanol	acridine, 1.5-dihydroxy-naphthalene, 4-hydroxyacridine
V	methanol	trace of 9-fluorenone 1.5-dihydroxynaphthalene 9-hydroxyphenanthrene	not detected	

Table 3. Recovery (in %) of PAH's standards (the mass of introduced substances is 100 %).

| Hydrocarbons | Method of analysis | |
	LSC + GC*	SPE + GC*
anthracene	94.1	84.2
pyrene	87.2	82.0
chrysene	67.9	75.5
benzo(e)pyrene	86.5	84.3
benzo(a)pyrene	76.2	75.5
dibenz(ah)anthracene	81.5	69.6

* = Quantitative analysis was performed by GC-technique (calibration curve method)

It could be observed from the data in tables 2 and 3, that separation of the standard mixture in both analytical procedures was correct so both methods could be applied to separate raw extracts from sewage sludges.

Separation and identification of raw extract constituents.

Figures 7 and 8 show GC-MS chromatograms of fractions obtained as a result of raw extract separation by SPE technique. Very similar chromatographic peak arrangements were obtained for the LSC separation fraction of the same extract. Table 4 contains

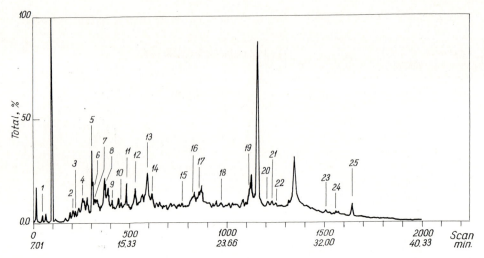

Fig. 7. Chromatogram of cyclohexane fraction separated by SPE-method from sewage sludge extract.
1. naphthalene, 2. fluorene, 3. PAH (M=182) dimethyl derivatives of bifenyl, 4. PAH (M=180) methylfluorene, 5. phenanthrene, 6. anthracene, 7. PAH (M=194)-dimethyl, fluorene, 8. PAH (M=192) methylanthracene or methylphenanthrene, 9. PAH (M=204)-dihydrofluoranthene, 10. PAH (M=206)-dimethylphenanthrene, 11. fluoranthene, 12. pyrene, 13. benzo(a)fluorene, 14. benzo(b)fluorene, 15. benzo(ghi)fluoranthene, 16. benzo(a)anthracene, 17. chrysene, 18. PAH (M=254)-dihydrobenzo(a)pyrene, 19. benzo(k)fluoranthene, 20. benzo(e)pyrene, 21. benzo(a)pyrene, 22. perylene, 23. dibenzo(a, h)anthracene, 24. indeno(1,2,3-c,d)pyrene, 25. benzo(ghi)perylene.

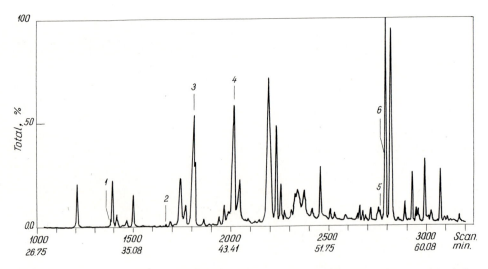

Fig. 8. Chromatogram of dichloromethane fraction separated by SPE-method from sewage sludge extract.
1. 9-fluorenone, 2. carbazole, 3. xanthone, 4. antraquinone, 5. NO_2-PAH(M=247) – NO_2-fluoranthene, 6. derivative of PAH(M=230)-benzo(b)fluorenone.

Table 4. GC-MS results of qualitative sewage sludge extract determination.

PAH*	M^+	R_t min	PAH derivatives	M^+	R_t min	Frak-tion
naphthalene	128	7,71	carbazole	167	37,81	
fluorene	166	10,43	9-fluorenone	180	33,01	
phenanthrene	178	12,05	xanthone	196	38,88	III
anthracene	178	12,11	anthraquinone	208	43,60	LSC
fluoranthene	202	15,13	1-NO$_2$ pyrene	247	58,43	and
pyrene	202	15,90	dihydroxyanthraquinone	240	50,21	III
benzo(a)fluorene	216	17,11	NO$_2$-fluoranthene$^{(P)}$	247	54,18	SPE
benzo(o)fluorene	216	17,50	dihydro-, dimethyl-			
benzo(a)anthracene	228	20,78	naphthalenedione$^{(P)}$	218	56,26	
chrysene	228	26,15				
benzo(k)fluoranthene	252	27,35	quinoline	129	37,93	
benzo(e)pyrene	252	27,56	hydroxyacridine	195	42,21	
benzo(a)pyrene	252	27,90	anthrone or fluorenone	194	42,56	IV
perylene	252	33,10	methyl$^{(P)}$			LSC
indeno(1,2,3-cd)pyrene	276	34,53	methylanthrone or	222	43,96	IV
benzo(ghi)perylene	276	33,25	methylphenanthrenone$^{(P)}$			SPE
dibenz(ah)anthracene	278		methylanthraquinone$^{(P)}$	222	49,48	
also methyl- and dimethyl PAH's derivatives						

* = All PAHs were identified in fractions II (LSC and SPE)
(P) = the compound probably occure

identification results of extraction constituents. About 30 separated compounds, including 17 PAHs, were detected by GC-MS technique in examined sludge. From among PAHs, hydrocarbons having 2 to 5 rings in a molecule were identified. Apart from PAHs, oxygen compounds with carbonyl group (xanthone, 9-flourenone, anthraquinones) and hydroxyl groups (dihydroxy-anthraquinone) were found. Nitrogen compounds identified in the extract contained nitrogen in the ring (carbazole, quinoline, hydroxyacridine) or nitro groups (NO$_2$-fluoranthene, 1-NO$_2$-pyrene). PAHs in fraction II were determinated quantitatively. Determination results of 12 dominant PAHs (in kg of dry sludge mass) are shown in figure 9. Shaded areas deal with results obtained for the extract separated by the SPE technique.

Lined areas deal with the LSC technique results. One can be notice, that compatibility of the results is satisfactory.

4 Conclusions

The analytical procedure for polycyclic aromatic hydrocarbons and their derivatives analysis in sewage sludges from a chosen sewage-treatment plant in Upper Silesia has been elaborated. The procedure comprises the stage of organic matter extraction from sewage

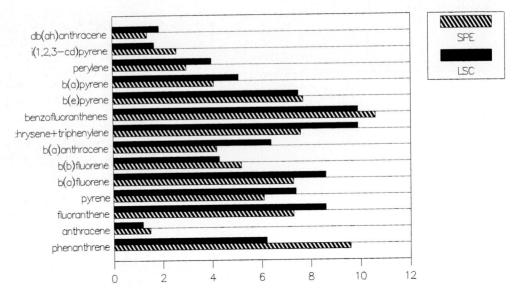

Fig. 9. Diagram of the average concentration of different PAHs in sewage sludge from Upper Silesia in mg/kg of the dry mass.

sludges, the separation of obtained extract into groups of compounds similar in their chemical character, identification of individual constituents by GC-MS technique and quantitative determination by capillary GC.

Extraction process investigations led to the conclusion that dimethylformamide is the most efficient extraction solvent. The procedure was carried out at 30 °C using a magnetic stirrer. The extraction time was set on 10 hours (5 hours twice) with a fresh solvent portion. Extract separation was carried out by two methods and obtained results were compared. The first one was the separation by adsorption column chromatography technique (LSC) on silica gel with 10 % water. The other was solid phase extraction (SPE). In both cases similar set of eluents was used.

Separation conditions for both methods were selected by preseparation of the standard mixture. The results in both methods were satisfactory. Taking into account considerable separation time shortening in the case of SPE and minimal solvents consumption in this process, this separation method should be recommended for further use.

GC-MS analysis carried out for fractions from both methods led to the identification of 17 PAHs and several derivatives containing different functional groups. The number of aromatic rings in identified compounds was from 2 to 5. The presence of methyl, dimethyl and ethyl derivatives of anthracene, phenanthrene and fluorene were found. Twelve dominant PAHs were determined quantitatively by capillary GC technique, using calibration curves. The highest concentration levels were found for benzofluoranthenes, chrysene (determinated together with triphenylene), fluoranthene and benzo/a/fluorene. Their contents were 8–10 mg per kg of dry mass. The quantitative determination for PAHs separated by SPE and LSC methods were similar.

References

[1] Hellmann, H.: Analysis of Surface Waters, S. 120–138. Ellis Horwood Limited Publ., New York 1987.
[2] Grimmer, G., Böhnke, H. u. Borwitzky, H.: Gas chromatographische Profilanalyse der polycyclischen aromatischen Kohlenwasserstoffe in Klärschlammproben. Fresenius Z. Anal. Chem. *289*, 91–95 (1978).
[3] Hagenmaier, H. u. Jäger, W.: Neuere Ergebnisse der Bestimmung polycyclischer aromatischer Kohlenwasserstoffe in Trinkwasser-, Schlamm- und Sedimentproben mittels Hochdruckflüssigkeitschromatographie. Vom Wasser *53*, 9–25 (1979).
[4] Alberti, J. u. Plöger, E.: Organische Schadstoffe im Klärschlamm. Gas, Wasser, Abwasser *85*, 483–498 (1986).
[5] Plöger, E. u. Reupert, R.: Bestimmung von PAKs in Wasser, Sedimenten, Schlamm und Abfall mit Hilfe der HPLC. Gas, Wasser, Abwasser *88*, 136–167 (1986).
[6] Janoszka, B., Bąkowski, W. u. Bodzek, D.: Występowanie i oznaczanie wielopierścieniowych węglowodorów aromatycznych w osadach ściekowych., Ochrona Środowiska *1–2*, 39–44 (1993).
[7] Grimmer, G., Hilge, G. u. Niemitz, W.: Vergleich der polycyclischen aromatischen Kohlenwasserstoffe-Profile von Klärschlammproben aus 25 Kläranlagen. Vom Wasser *54*, 255–272 (1980).
[8] Friege, H. u. a.: Belastung von Klärschlämmen mit organischen Schadstoffen – Untersuchungsergebnisse und Konsequenzen. Vom Wasser *73*, 413–427 (1989).
[9] Witte, H. u. Langenohl, T.: Untersuchungen zum Eintrag von organischen Schadstoffen in Boden und Pflanze durch die landwirtschaftliche Klärschlammverwertung. Korr. Abw. *5*, 440–448 (1988) u. Korr. Abw. *6*, 570–581 (1988).
[10] Markard, C.: Organische Stoffe in Klärschlämmen – eine Gefahr für die Nahrungskette. Korr. Abw. *5*, 449–455 u. Korr. Abw. *6*, 582–586 (1988).
[11] Wild, S. R., Berrow, M. L. u. Jones, K. C.: The persistence of polynuclear aromatic hydrocarbons (PAHs) in sewage sludge amended agricultural soils. Environ. Pollut. *72*, 141–157 (1991).
[12] Wild, S. R. u. Jones, K. C.: Polynuclear aromatic hydrocarbon uptake by carrots grown in sludge – amended soil. J. Environ. Qual. *21*, 217–225 (1992).
[13] Bodzek, D., Luks-Betlej, K. u. Warzecha, L.: Research on the determination of toxic organic compounds in airborne particulate matter in Upper Silesia. Polish J. Environ. Studies 2:2, 13–22 (1993).
[14] Bodzek, D., Tyrpień, K. u. Warzecha, L.: Identification of oxygen derivatives of polycyclic aromatic hydrocarbons in airborne particulate matter of Upper Silesia (Poland). Intern. J. Environ. Anal. Chem. *52*, 75–85 (1993).
[15] Bąkowski, W. u. Janoszka, B.: Isolation of polynuclear aromatic hydrocarbons from sewage sludges by the use of extraction method. Polish J. Environ. Studies 2:3, 5–7 (1993).
[16] Warzecha, L. u. a.: Wstępny rozdzial mieszanin WWA i heterozwiązków techniką chromatografii cieczowej na różnych wypelnieniach. Chemia Anal. *33*, 327–333 (1988).
[17] Luks-Betlej, K. u. a.: Rozdial wielopierścieniowych węglowodorów aromatycznych metodą cieczowej chromatografii kolumnowej na różnych wypelnieniach. Archiwum Ochrony Środowiska *1–2*, 33–51 (1989).
[18] Kiciński, H. G., Adamek, S. u. Kettrup, A.: Trace enrichment and HPLC analysis of polycyclic aromatic hydrocarbons in environmental samples, using solid phase extraction in connection with UV/VIS diode – array and fluorescence detection. Chromatographia *28*, 3–4, 203–208 (1989).
[19] Kiciński, H. G., Adamek, S. u. Kettrup, A.: Festphasenextraction und Bestimmung von PAKs aus Boden- und Ölproben. GIT Fachr. Lab. *12*, 1225–1227 (1989).

Adsorption leichtflüchtiger Chlorkohlenwasserstoffe aus Modellabwässern mit WOFATIT-Adsorberpolymeren

Adsorption of Volatile Chlorinated Hydrocarbons from Synthetic Wastewaters by WOFATIT Polymeric Adsorbents

Kurt Pilchowski und *Monika Vesela**

Schlagwörter

Abwasserreinigung, Adsorberpolymere, Adsorption, leichtflüchtige Chlorkohlenwasserstoffe, Wofatite

Summary

The adsorption of volatile chlorinated hydrocarbons from synthetic wastewater on non-polar and polar polymeric organic adsorbents (Wofatit EP 60, EP 61, EP 62, EP 63, Y 59) has been studied, and kinetic, equilibria and dynamic data have been determined. It was found that the nonpolar microporous polymeric adsorbent Wofatit EP 63 is distinguished by excellent adsorption properties. In particular, the polymeric adsorbent Wofatit EP 63 shows a very high adsorption capacity and good adsorption kinetics at medium and high adsorptive concentrations.

Zusammenfassung

Die Kinetik, die Gleichgewichte und die Dynamik der Adsorption von leichtflüchtigen Chlorkohlenwasserstoffen aus Modellabwässern mit unpolaren und polaren Wofatit-Adsorberpolymeren (EP 60, EP 61, EP 62, EP 63, Y 59) wurden untersucht. Dabei hat sich gezeigt, daß das unpolare, mikroporöse Wofatit EP 63 hervorragende Adsorptionseigenschaften besitzt. Es weist insbesondere bei mittleren und hohen Adsorptivkonzentrationen eine sehr große Adsorptionskapazität und eine gute Adsorptionskinetik auf.

1 Einleitung und Literaturübersicht

Leichtflüchtige chlorierte Kohlenwasserstoffe (LCKW) finden aufgrund ihrer spezifischen Eigenschaften (z. B. hohe Fettlöslichkeit, leichte Flüchtigkeit und Nichtbrennbarkeit) breite Anwendung in vielen Bereichen von Industrie, Gewerbe, Landwirtschaft und Haushalt. Sie werden vor allem zur Extraktion von Fetten, Aromastoffen und Arzneimitteln, als Treibmittel zur Verschäumung, als Entfettungsmittel von Metall- und Kunststoffteilen, zum Entfetten von Leder und Wolle sowie zur chemischen Reinigung von Textilien genutzt [1] und gelangen dabei in die Abluft und das Abwasser.

Die LCKW sind chemisch relativ stabil und werden daher unter umweltrelevanten Bedingungen nur schwer und unvollständig abgebaut [2]. Einige dieser Stoffe werden auch

---

* Doz. Dr. K. Pilchowski, Dipl-Chem. M. Vesela, Martin-Luther-Universität Halle-Wittenberg, Fachbereich Chemie/Standort Merseburg, Institut für Analytik und Umweltchemie, Geusaer Straße, D-06217 Merseburg.

als toxisch und kanzerogen angesehen [3]. Deshalb ist es zwingend geboten, eine weitere Emission der LCKW zu verhindern und bereits emittierte LCKW möglichst vollständig aus den kontaminierten Umweltmedien zu eliminieren.

Zur Entfernung von LCKW aus dem Abwasser werden neben der oxidativen Zersetzung mit Ozon und UV-Bestrahlung [4] vor allem Ausblasverfahren (Gas- oder Dampfstrippen) [5, 6, 7], die Adsorption mit Aktivkohlen [6, 7, 8, 9, 10, 11], die Kombination von Stripp- und Adsorptionsverfahren [6, 7] und Permeationsverfahren [12] unter Rückgewinnung der LCKW genutzt.

Für geringe LCKW-Konzentrationen haben sich hauptsächlich Aktivkohle-Adsorptionsverfahren durchgesetzt. Hiermit lassen sich die gesetzlich geforderten Grenzwerte gut erreichen; außerdem können die abgetrennten LCKW zurückgewonnen werden. Die Aktivkohlen weisen aber auch Nachteile auf. So verfügen sie über keine einheitliche Struktur, besitzen funktionelle Gruppen und zeigen vielfach einen irreversiblen Kapazitätsabfall mit zunehmender Zyklenzahl. Sie sind zum Teil mechanisch nicht ausreichend stabil und sehr aufwendig zu regenerieren.

Deshalb wird weltweit nach verbesserten Adsorbentien gesucht. In den letzten Jahren wurden neue inerte, polymere Adsorbentien, die Adsorberharze bzw. Adsorberpolymere (das sind poröse Copolymere ohne funktionelle Gruppen), entwickelt [13, 14, 15]. Erwähnt seien z. B. die Amberlite XAD-Harze von *Rohm* und *Haas* [16], die Wofatit-Adsorberpolymere von der Chemie GmbH Bitterfeld-Wolfen [17], die Sorbathene-Harze von der Dow Chemical Company [18] und die Macronet-Adsorberpolymere von der Purolite GmbH [19].

In der Literatur wurden bereits einige Untersuchungen zur Adsorbierbarkeit von chlorierten C_1- und C_2-Kohlenwasserstoffen an polymeren Adsorbentien veröffentlicht [20 bis 24]. Dabei wurde festgestellt, daß die Adsorberpolymere eine hohe LCKW-Aufnahme aufweisen. Eine erste Verfahrensentwicklung zur adsorptiven Entfernung von 1,2-Dichlorethan aus dem Prozeßabwasser einer Vinylchlorid-Syntheseanlage mit einem XAD-4-Harz wurde bereits von *Dummer* und *Schmidhammer* [25] beschrieben.

2 Experimenteller Teil

Die Adsorption (Kinetik, Gleichgewicht und Dynamik) der LCKW aus wäßrigen Lösungen (Modellabwässer) wurde an den unbehandelten Wofatit-Adsorberpolymeren EP 60, EP 61, EP 62, EP 63 sowie Y 59 im Batch-Verfahren durch Rühr- oder Schüttelversuche bzw. im Durchflußverfahren in einem thermostatierten Festbettadsorber (Länge 500 mm, Innendurchmesser 11 mm) untersucht. Die Konzentration der LCKW wurde dabei gaschromatographisch mit Hilfe der statischen Headspace-Technik bestimmt. Die charakteristischen Kenndaten der eingesetzten Wofatit-Adsorberpolymere sind in Tabelle 1 und die Eigenschaften der untersuchten LCKW in Tabelle 2 zusammengestellt.

Der Wassergehalt der Wofatit-Adsorberpolymere wurde gravimetrisch nach 5stündigem Trocknen bei 120 °C bestimmt. Von diesen getrockneten Produkten wurden die scheinbaren und wahren Dichten pyknometrisch bei 20 °C mit Quecksilber bzw. Helium ermittelt. Daraus ergeben sich das Kornvolumen als Kehrwert der scheinbaren Dichte, das Gerüstvolumen als Kehrwert der wahren Dichte und das Gesamtporenvolumen als Differenz zwischen Korn- und Gerüstvolumen. Das Makro- und Mesoporenvolumen wurde mit Hilfe

Tabelle 1. Eigenschaften der verwendeten Wofatit-Adsorberpolymere.

Eigenschaften	EP 60	EP 61	EP 62	Y 59	EP 63
Polymergerüst	Ethylstyren-Divinylbenzen-Copolymerisat		Acrylsäureester-Divinylbenzen-Copolymerisat		Styren-Divinylbenzen-Copolymerisat nachvernetzt
Vernetzungsgrad (%)	60		50		
Polarität	unpolar		polar		unpolar, hydrophil
Wassergehalt* (Ma. −%)	40−50	25−35	40−50	50−60	35−45
Korngröße (mm)	0,3−1,2		0,3−1,2		0,3−1,0
Schüttdichte (g/cm^3)	0,40	0,50	0,40	0,40	0,50
scheinbare Dichte (g/cm^3)	0,585	0,795	0,625	0,500	0,714
scheinbare Dichte** (g/cm^3)	0,570	0,750	0,610	0,475	0,650
wahre Dichte (g/cm^3)	1,070	1,072	1,085	1,079	1,140
wahre Dichte** (g/cm^3)	1,008	1,018	1,024	1,034	1,138
Kornvolumen (cm^3/g)	1,709	1,258	1,600	2,000	1,400
Kornvolumen** (cm^3/g)	1,754	1,333	1,639	2,105	1,538
Gerüstvolumen (cm^3/g)	0,935	0,933	0,922	0,927	0,877
Gerüstvolumen** (cm^3/g)	0,992	0,982	0,977	0,967	0,879
Gesamtporenvolumen (cm^3/g)	0,774	0,325	0,678	1,073	0,523
Gesamtporenvolumen** (cm^3/g)	0,762	0,351	0,662	1,138	0,659
Porosität (%)	45	28	43	52	36
Makroporenvolumen (cm^3/g) ($r_p > 100$ nm)	0,070	0,013	0,046	0,14	0,0075
Mesoporenvolumen (cm^3/g) ($5 < r_p < 100$ nm)	0,70	0,30	0,60	0,86	0,25
mittlerer Porendurchmesser (nm)	40	20	35	55	10
spezifische Oberfläche (m^2/g)	380	490	360	490	1400
Adsorptionskapazität für Benzoesäure (mmol/cm^3)	≥ 0,30	≥ 0,65	≥ 0,25	≥ 0,30	≥ 1,6

* Wasserfreie oder ausgetrocknete Produkte können durch Quellen in hydrophilen Lösungsmitteln, z. B. Methanol oder Aceton, und Auswaschen mit Wasser wieder hydrophiliert werden; EP 63 bleibt auch nach dem Trocknen hydrophil.
** Werte für wassergequollene Adsorberpolymere.

eines Quecksilber-Porosimeters und die spezifische Oberfläche aus volumetrischen Messungen der Stickstoffadsorption nach der BET-Methode bestimmt.

Zur Charakterisierung der Porenstruktur im wassergequollenen Zustand wurden die scheinbaren und wahren Dichten pyknometrisch auch mit Wasser bestimmt. Daraus ergeben sich die in Tabelle 1 mit zwei Sternen (**) gekennzeichneten Porengrößenwerte.

3 Ergebnisse und Diskussion

Zur Einschätzung der Adsorptionsfähigkeit von Wofatit-Adsorberpolymeren gegenüber LCKW wurde zuerst die Kinetik der Adsorption von 1,2-Dichlorethan aus Wasser unter-

Tabelle 2. Eigenschaften der untersuchten LCKW.

LCKW	Siedepunkt °C	Wasserlöslichkeit bei 20 °C g/l	Dichte bei 20 °C g/cm^3
1,1-Dichlorethan	57,5	5,5	1,176
1,2-Dichlorethan	82,9	8,7	1,252
1,1,1-Trichlorethan	73,9	0,3–0,5	1,349
1,1,2-Trichlorethan	113,2	4,5	1,441
1,1,2,2-Tetrachlorethan	145,5	2,9	1,597
Monochlorethen (Vinylchlorid)	–13,9	1,2	0,00278
1,1-Dichlorethen	31,6	2,1	1,213
1,2-Dichlorethen	48,5	5,5	1,256
Trichlorethen	85,2	1,1	1,465
Tetrachlorethen	120,0	0,15	1,623

sucht und Adsorptionsisothermen aufgenommen. Dabei wurden einerseits aus den erhaltenen Beladungs-Zeit-Kurven die Halbwertszeiten bestimmt und daraus effektive Koeffizienten der Oberflächendiffusion D_{eff} nach dem Modell von *Suzuki* und *Kawazoe* unter Verwendung der nichtlinearen *Freundlich*-Isotherme berechnet [26]. Im Bild 1 sind die Ergebnisse dargestellt. Es ist ersichtlich, daß die Wofatite EP 60 und Y 59, die vorzugsweise große Mesoporen aufweisen, etwas schneller adsorbieren als das Mikroporen enthaltende Wofatit EP 63.

Um die maximale Beladung der Adsorberpolymere zu ermitteln, wurden andererseits die Adsorptionsisothermen bestimmt. Sie sind im Bild 2 dargestellt. Daraus geht hervor, daß sich die Beladung der Adsorberpolymere entsprechend ihrer spezifischen Oberfläche abstuft, wobei aber die unpolaren Adsorberpolymere etwas besser adsorbieren als die polaren Produkte. Dabei weist das unpolare, mikroporöse Adsorberpolymere Wofatit EP 63 mit Abstand die größte Adsorptionskapazität auf.

Wir konnten weiterhin feststellen, daß sich die experimentell ermittelten Adsorptionsisothermen durch die *Freundlich*-, *Langmuir*- und *Langmuir-Freundlich*-Gleichung beschreiben lassen.

Diese vergleichenden Untersuchungen zeigten, daß von den Wofatit-Adsorberpolymeren insbesondere das nachvernetzte Wofatit EP 63 eine sehr hohe Adsorptionskapazität und eine gute Adsorptionskinetik gegenüber 1,2-Dichlorethan aufweist. Für alle weiteren Adsorptionsuntersuchungen wurde deshalb nur noch das neuartige, mikroporöse Wofatit EP 63 eingesetzt.

Die Adsorption verschiedener chlorierter C_2-Kohlenwasserstoffe (s. Tab. 2) aus Wasser am Wofatit EP 63 wurde im Batch- und Säulen-Verfahren untersucht. In den Bildern 3 und 4 sind die erhaltenen kinetischen Kurven der Adsorption für die gesättigten und ungesättigten LCKW dargestellt. Daraus ist ersichtlich, daß die Adsorptionsprozesse für die einzelnen LCKW relativ schnell verlaufen und das annähernde Adsorptionsgleichgewicht bereits nach 30–60 min erreicht wird. Die berechneten Koeffizienten der Oberflä-

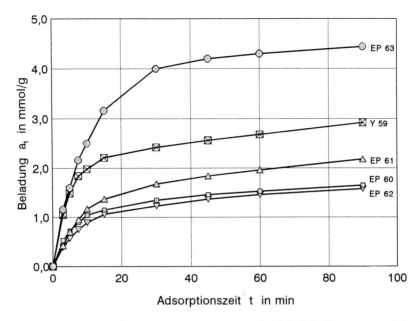

Bild 1. Kinetik der Adsorption von 1,2-Dichlorethan aus Wasser an Wofatit-Adsorberpolymeren bei 23 °C. Ausgangskonzentration: 17,5 mmol/l.

Wofatit	EP 63	Y 59	EP 61	EP 60	EP 62
$10^8 \cdot D_{eff}$, cm²/s	3,2	5,5	3,5	6,0	4,0

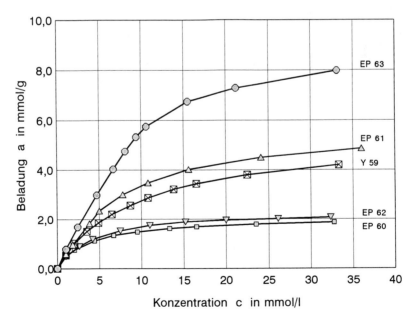

Bild 2. Isothermen der Adsorption von 1,2-Dichlorethan aus Wasser an Wofatit-Adsorberpolymeren bei 23 °C.

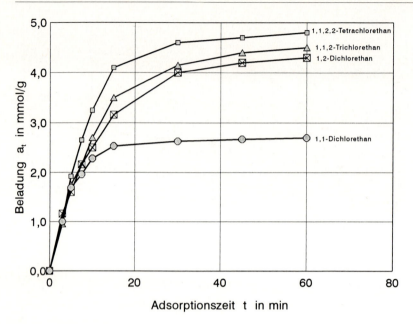

Bild 3. Kinetik der Adsorption von gesättigten LCKW aus Wasser an Wofatit EP 63 bei 23 °C. Ausgangskonzentration: 15,0 mmol/l.
Daraus Oberflächendiffussionskoeffizienten D_{eff} in 10^{-8} cm²/s für 1,1,2,2-Tetrachlorethan: 2,0; 1,1,2-Trichlorethan: 2,3; 1,2-Dichlorethan: 3,0; 1,1-Dichlorethan 3,5.

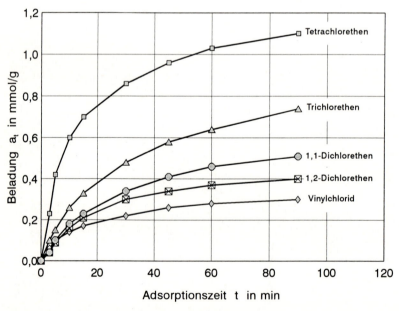

Bild 4. Kinetik der Adsorption von ungesättigten LCKW aus Wasser an Wofatit EP 63 bei 23 °C. Ausgangskonzentration: 0,80 mmol/l.
Daraus Oberflächendiffussionseffizienten D_{eff} in 10^{-8} cm²/s für Tetrachlorethen: 3,5; Trichlorethen: 4,0; 1,1-Dichlorethen: 4,6; 1,2-Dichlorethen: 4,5; Vinylchlorid: 5,0.

chendiffusion zeigen, daß die Geschwindigkeit der Adsorptionsprozesse mit ansteigendem Chlorgehalt im Molekül etwas kleiner wird. Sie sind für die ungesättigten LCKW nur geringfügig größer als für die analogen gesättigten Verbindungen.

Die erhaltenen Adsorptionsisothermen sind für die gesättigten und ungesättigten LCKW in den Bildern 5 und 6 dargestellt. Die Bilder zeigen, daß die Beladungen sowohl bei den gesättigten als auch bei den ungesättigten LCKW mit steigendem Chlorgehalt im Molekül ansteigen, ohne jedoch einen Sättigungswert zu erreichen. Höhere Konzentrationsbereiche konnten aber aufgrund der geringen Wasserlöslichkeit, insbesondere der ungesättigten LCKW, nicht untersucht werden. Betrachtet man aber die Beladungen bei vergleichbaren LCKW-Konzentrationen, so ist festzustellen, daß sich die Beladungen für die gesättigten LCKW und für die entsprechenden ungesättigten Verbindungen nur wenig unterscheiden. Alle experimentell ermittelten Adsorptionsisothermen lassen sich ebenfalls durch die *Freundlich-, Langmuir-* und *Langmuir-Freundlich-*Gleichungen beschreiben.

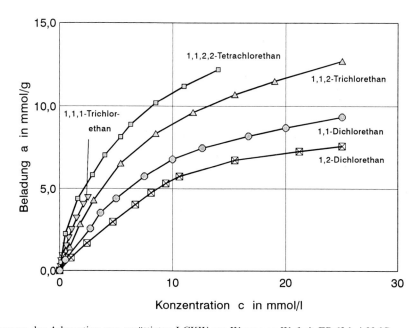

Bild 5. Isothermen der Adsorption von gesättigten LCKW aus Wasser an Wofatit EP 63 bei 23 °C.

Zur Überprüfung der Trennleistung des neuartigen Wofatit-Adsorberpolymeren EP 63 wurde auch das Adsorptionsverhalten im Festbettadsorber untersucht. Die erhaltenen Durchbruchskurven sind für die gesättigten und ungesättigten LCKW in den Bildern 7 und 8 dargestellt. Wie daraus hervorgeht, steigen die Durchbruchs- und Sättigungszeiten – damit auch die daraus berechenbaren nutzbaren Durchbruchs- und die Sättigungskapazitäten (s. Tab. 3) – mit steigendem Chlorgehalt im Molekül an. Sie sind für die gesättigten LCKW aufgrund der viel höheren Ausgangskonzentration auch viel größer als für die ungesättigten LCKW.

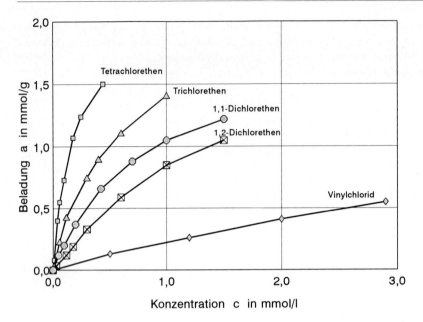

Bild 6. Isothermen der Adsorption von ungesättigten LCKW aus Wasser an Wofatit EP 63 bei 23 °C.

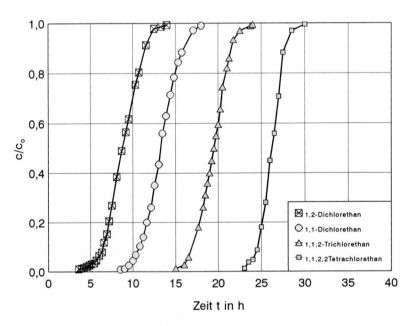

Bild 7. Durchbruchskurven der adsorptiven Abtrennung von gesättigten LCKW aus Wasser mit Wofatit EP 63 bei 23 °C. Ausgangskonzentration: 8,0 mmol/l. Volumenstrom: 0,6 l/h. Adsorbensmasse: 12 g. Betthöhe: 40 cm.

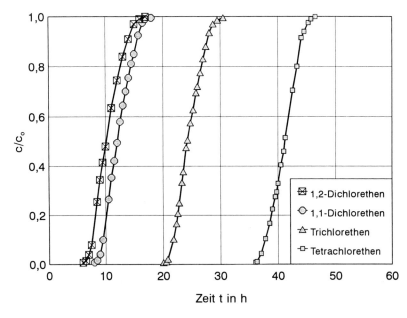

Bild 8. Durchbruchskurven der adsorptiven Abtrennung von ungesättigten LCKW aus Wasser mit Wofatit EP 63 bei 23 °C. Ausgangskonzentration: 0,65 mmol/l. Versuchsbedingungen wie bei Bild 7.

Tabelle 3. Parameter der adsorptiven LCKW-Abtrennung mit dem Adsorberpolymeren Wofatit EP 63 bei 23 °C.

Adsorptiv	t_{Db} h	$t_{Sä}$ h	Q_{Db} mmol/g	$Q_{Sä}$ mmol/g
Gesättigte LCKW:		$c_O = 8,0$ mmol/l		
1,2-Dichlorethan	3,5	13,5	1,4	4,75
1,1-Dichlorethan	8,5	18,0	3,4	6,25
1,1,2-Trichlorethan	14,5	23,5	5,8	8,25
1,1,2,2-Tetrachlorethan	23,0	30,0	9,2	10,0
Ungesättigte LCKW:		$c_O = 0,65$ mmol/l		
1,2-Dichlorethen	6,5	16,0	0,25	0,65
1,1-Dichlorethen	8,0	18,0	0,30	0,85
Trichlorethen	20,0	30,5	0,78	1,15
Tetrachlorethen	36,0	46,5	1,37	1,75

Weiterhin konnten wir feststellen, daß sich die ermittelten Durchbruchskurven gut mit dem kombinierten Film-Oberflächendiffusions-Modell von *Miura-Hashimoto* unter Verwendung der ermittelten Oberflächendiffusionskoeffizienten und der *Freundlich*- bzw. *Langmuir*-Isothermen beschreiben lassen.

Danksagung

Wir danken dem Bereich Ionenaustauscher der Chemie GmbH Bitterfeld-Wolfen für die Überlassung der Wofatit-Adsorberpolymere und dem Ministerium für Wissenschaft und Forschung des Landes Sachsen-Anhalt für die finanzielle Förderung des Forschungsvorhabens.

Literatur

[1] Bollmacher, H. u. Schneider, H. W.: Halogenierte organische Verbindungen. Umwelt *19*, 528–530 (1989).

[2] Erzmann, M. u. Pöpel, H. J.: Möglichkeiten und Grenzen der biologischen Elimination von chlorierten Lösemitteln aus Abwasser. Gewässerschutz-Wasser-Abwasser *125*, 210–244 (1991).

[3] Laib, R. J.: Mutagenität und Kanzerogenität leichtflüchtiger halogenierter Verbindungen. VDI Berichte 745, 713–730 (1989).

[4] Leitzke, O.: Mit Ozon und UV-Licht gegen Schadstoffe. Entsorgungstechnik 11/12, 14–16 (1992).

[5] Haberer, K. u. Schredelseker, F.: Austrag organischer Spuren aus dem Wasser mit technischen Belüftungsanlagen. Gas-Wasserfach, Wasser-Abwasser *126*, 483–486 (1985).

[6] Baldauf, G.: Removal of volatile halogenated hydrocarbons by stripping and/or activated carbon adsorption. Water Supply *3*, 187–196 (1985).

[7] Dvorak, B. I., Lawler, D. F., Speitel, G. E., Jones, D. L. u. Boadway, D. A.: Selecting among physical/chemical processes for removing synthetic organics from water. Water Environ. Res. *65*, 827–838 (1993).

[8] Baldauf, G. u. Zimmer, G.: Adsorptive Entfernung leichtflüchtiger Halogenkohlenwasserstoffe bei der Wasseraufbereitung. Vom Wasser *66*, 21–31 (1986).

[9] Hörner, G. u. Sontheimer, H.: Adsorption von Chlorkohlenwasserstoffen an Aktivkohle und deren Regeneration durch thermische Desorption. Vom Wasser *66*, 177–196 (1986).

[10] Baldauf, G., Menz, Ch., Walther, J.-L., Roller, M. u. Bland, R.: Aktivkohleadsorption zur Entfernung von chlorierten Kohlenwasserstoffen durch schichtweise Aufwärtsfiltration. Vom Wasser *72*, 31–54 (1989).

[11] Bächle, A.: Entfernung von leichtflüchtigen Chlorkohlenwasserstoffen in Aktivkohlefilteranlagen. Gas-Wasserfach, Wasser-Abwasser *131*, 66–73 (1990).

[12] Lipski, C. u. Cote, P.: The use of pervaporation for the removal of organic contaminants from water. Environ. Prog. *9*, 254–261 (1990).

[13] Schaaf, R., Frölich, P., Häupke, K. u. Schwachula, G.: Adsorberpolymere – selektive und regenerierbare Adsorbentien für die Wertstoffrückgewinnung. Plaste und Kautschuk *31*, 326–329 (1984).

[14] Pilchowski, K. u. Hellmig, R.: Wofatit adsorber resins and adsorber polymers – selective adsorbents. Preprints of the workshop III of Central Institute of Physical Chemistry/Academy of Science of GDR „Adsorption in Microporous Adsorbents", vol. 3, p. 80–85, Berlin 1987.

[15] Ferraro, J. F.: Polymerische Adsorber. Techn. Mitteilungen *80*, Heft 6 (1987) und Haus der Technik, Vortragsveröffentlichung 518, 40–44 (1988).

[16] Feeney, E. C.: Removal of organic materials from wastewaters with polymeric adsorbents. In: Ion Exchange for Pollution Control; Calmon, C. u. Gold, H., Eds.; CRC Press: Boca Raton, FL, vol. II, chapter 4, p. 29–34, 1979.

[17] WOFATIT-Information: Wofatit-Adsorberpolymere. Werbeschrift der Chemie AG Bitterfeld-Wolfen, Bitterfeld 1993.

[18] SORBATHENE-Harz – Eine Neuentwicklung der Dow Europe S. A. Firmenschrift der Dow Chemical Comp.

[19] PUROLITE-Ionenaustauscher: Adsorberpolymere Macronet MN 100 und Macronet MN 200. Produktinformation der Purolite (Deutschland) GmbH, Ratingen 1994.

[20] Radeke, K.-H., Noack, M., Jung, R., Themm, G., Altmann, H. u. Brünnig, R.: Adsorption von Dichlormethan an Aktivkohlen und Adsorberharzen. Chem. Techn. *42*, 23–27 (1990).

[21] Radeke, K.-H., Junge, H., Seidel, A., Marutovskiy, R. M., Podlesnjuk, V. V. u. Sluger, E. S.: Adsorption in Wasser gelöster organischer Stoffe an synthetischen Adsorberpolymeren. Chem. Techn. *42*, 335–338 (1990).

[22] Browne, T. E. u. Cohen, Y.: Aqueous-phase adsorption of trichlorethene and chloroform onto polymeric resins and activated carbon. Ind. Eng. Chem. Res. *29*, 1338–1345, 2402 (1990).

[23] Knothe, M. u. Miersch, I.: Die Abtrennung von Solvensresten aus wäßriger Phase durch Adsorberpolymere. Chem. Techn. *43*, 8–10 (1991).

[24] Pilchowski, K.: Adsorptive Abtrennung chlorierter C_2-Kohlenwasserstoffe aus Wässern. Gewässerschutz-Wasser-Abwasser *125*, 245–266 (1991).

[25] Dummer, G. u. Schmidhammer, L.: Neues Verfahren zur Entfernung von aliphatischen Chlorkohlenwasserstoffen aus Abwässern mittels Adsorberharzen. Chem.-Ing.-Tech. *56*, 242–243 (1984).

[26] Suzuki, M. u. Kawazoe, K.: Concentration decay in a batch adsorption tank – Freundlich isotherm with surface diffusion kinetics. Seisan-Kenkyu *26*, 275–277 (1974).

UV- und UV/Ozon-Abbau von Triazinherbiziden in einer Pilotanlage – Bestimmung von Ratenkonstanten und Quantenausbeuten der UV-Photolyse

UV- and UV/Ozone Degradation of Triazine Herbicides in a Pilot Plant – Estimation of UV-Photolysis Rate Constants and Quantum Yields

Christian Zwiener, Ludwig Weil und *Reinhard Nießner**

Schlagwörter

Atrazin, Triazine, UV-Photolyse, UV/Ozon-Oxidationsverfahren, Trinkwasserbehandlung, Pilotanlage, Quantenausbeuten, Abbau-Kinetik.

Summary

The rate constants for the UV-photolysis of atrazine, deethylatrazine and deethyl-deisopropylatrazine (dealkylatrazine) were measured in a pilot plant for drinking water treatment (k_{obs} = 0,31; 0,13 und 0,02 s^{-1} at a 80 W/l UV-C-radiant power). The photolysis rate constants could also be calculated relative to that of atrazine, if the spectral energy output of the UV-lamp in relative units, the quantum yields of degradation of the herbicides and the UV-spectra are known. The measured data agree well with the calculated values. After application of UV/ozone (80 W/l radiant power and 38 mg/l ozone dose rate) the rate constant for atrazine degradation (k_{obs} = 0,30 s^{-1}) was not improved. However, the rate constants for deethylatrazine (k_{obs} = 0,23 s^{-1}) and dealkylatrazine (k_{obs} = 0,12 s$_{-1}$) were enhanced. The quantum yields of UV-degradation were estimated for some triazine derivatives with atrazine (Φ = 0,05) as reference compound ($\Phi_{Atraton}$ = 0,038; $\Phi_{Terbumeton}$ = 0,039; $\Phi_{Ametryn}$ = 0,073; $\Phi_{Terbutryn}$ = 0,079; $\Phi_{Trietazin}$ = 0,073) by measuring the degradation rate constants in the pilot plant.

Zusammenfassung

In einer Pilotanlage zur Trinkwasseraufbereitung wurden für Atrazin, Desethylatrazin und Desethyl-desisopropylatrazin (Desalkylatrazin) die UV-Photolyseraten bestimmt (k_{obs} = 0,31; 0,13 und 0,02 s^{-1} bei 80 W/l UV-C-Leistung). Mit der Kenntnis der relativen spektralen Energieverteilung des polychromatischen UV-Strahlers, der Quantenausbeuten für den Abbau und der UV-Spektren ließen sich die Photolyseraten relativ zu Atrazin mit guter Übereinstimmung zu den experimentellen Daten berechnen. Nach Anwendung von UV/Ozon (80 W/l UV-Leistung und 38 mg/l Ozondosis) wurde die Ratenkonstante des Abbaus von Atrazin (k_{obs} = 0,30 s^{-1}) nicht beeinflußt, die von Desethylatrazin (k_{obs} = 0,23 s^{-1}) und von Desalkylatrazin (k_{obs} = 0,12 s^{-1}) deutlich erhöht. Mit Atrazin als Referenzsubstanz (Φ = 0,05) wurden für weitere Triazinderivate die Quantenausbeuten für den UV-Abbau (Φ_{Atraon} = 0,038; $\Phi_{Terbumeton}$ = 0,039; $\Phi_{Ametryn}$ = 0,073; $\Phi_{Terbutryn}$ = 0,079; $\Phi_{Trietazin}$ = 0,073) nach Messung der Ratenkonstanten in der Pilotanlage bestimmt.

---

* Dipl.-Chem. C. Zwiener, Dr. L. Weil, o. Prof. Dr. R. Nießner, Lehrstuhl für Hydrogeologie, Hydrochemie und Umweltanalytik der Technischen Universität München, Marchioninistr. 17, D-81377 München.

1 Einleitung

Auf dem Gebiet der ehemaligen Bundesrepublik Deutschland werden jährlich etwa 30000 t Pflanzenschutzmittel (PSM) in der Landwirtschaft verwendet. Durch ihre Anwendung bedingt, sind Rückstände dieser PSM in Böden wie auch in Oberflächen- und Grundwässern nachweisbar [1, 2]. Der von der Trinkwasserverordnung vorgegebene Grenzwert (0,1 µg/l für die Einzelsubstanz, 0,5 µg/l für die Summe der PSM) wird in vielen Fällen überschritten. In diesem Zusammenhang ist wohl Atrazin als prominentester Vertreter der PSM zu nennen, die im Grundwasser gefunden werden. Die Verwendung solcher Quellen zur Trinkwassergewinnung erfordert somit eine Vorbehandlung, welche die Schadstoffbelastung minimieren sollte.

Konventionelle Wasseraufbereitungstechniken verwenden Aktivkohleadsorber zur Entfernung von PSM [3]. Nachteile dieses Verfahrens sind die mit zunehmender Beladung des Adsorbens sich kontinuierlich ändernde Aktivität, die ständig nötige Kontrolle auf Durchbruch der PSM durch den Adsorber und das in großen Mengen anfallende Adsorbermaterial, das als Sondermüll behandelt werden muß.

Großes Interesse finden deshalb die sogenannten „fortschrittlichen Oxidationsverfahren" (advanced oxidation process, AOP [4]) als alternative Verfahren zur Entfernung von PSM. Im AOP werden mit Hilfe von UV-Licht und O_3, UV und H_2O_2 oder O_3 und H_2O_2 Hydroxylradikale erzeugt. Hydroxylradikale sind sehr reaktive Spezies und spielen die zentrale Rolle bei oxidativen Abbauprozessen von PSM unter Anwendung der AOPs.

Im Vergleich der verschiedenen Techniken erwies sich die Kombination von UV und O_3 als sehr effektives Verfahren zum Abbau verschiedener PSM [5]. In dieser Arbeit wurde die UV-Photolyse und der UV/Ozon-Abbau des Triazinherbizids Atrazin und seiner Metaboliten Desethylatrazin und Desethyldesisopropylatrazin (Desalkylatrazin) bei variierten UV-Leistungen und Ozondosen in einer Pilotanlage zur Trinkwasseraufbereitung untersucht (Strukturformeln der Triazinderivate siehe Bild 1). Die Versuche wurden mit Trinkwasser (zusätzlich mit Triazinen kontaminiert) aus dem Raum München unter praxisrelevanten Bedingungen untersucht. Die gemessenen und die berechneten Ratenkonstanten für die UV-Photolyse wurden für Desethyl- und Desalkylatrazin verglichen, wobei Atrazin als Referenzsubstanz verwendet wurde. Für weitere Triazinherbizide konnten die Quantenausbeuten bestimmt werden.

Theoretische Betrachtungen zur UV-Photolyse:

Die UV-Photolyse von PSM in verdünnten wäßrigen Lösungen verläuft nach einer Reaktion erster Ordnung (Gl. 1) [6, 7].

$$\frac{d[P]}{dt} = k \cdot [P] \tag{1}$$

[P] Konzentration des PSM
k beobachtete Geschwindigkeitskonstante.

Unter der Voraussetzung, daß die Lichtabsorption des betrachteten Systems nur durch das PSM bewirkt wird und die Bedingung der verschwindenden Lichtabsorption gilt, kann k nach Gl. 2 ausgedrückt werden. Der Ausdruck gilt für polychromatische Bestrahlung,

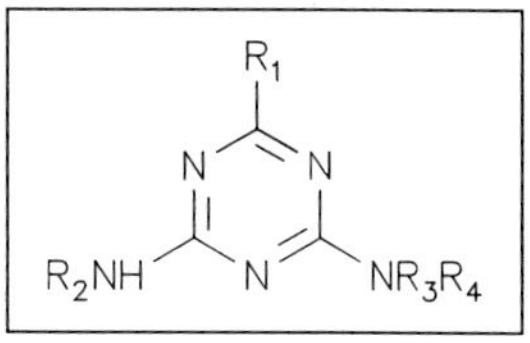

Bild 1. Strukturformeln der untersuchten Triazinderivate.

PSM	R_1	R_2	R_3	R_4
Atrazin	-Cl	$-C_2H_5$	$-i-C_3H_7$	-H
Desethylatrazin	-Cl	-H	$-i-C_3H_7$	-H
Desalkylatrazin	-Cl	-H	-H	-H
Atraton	$-OCH_3$	$-C_2H_5$	$-i-C_3H_7$	-H
Ametryn	$-SCH_3$	$-C_2H_5$	$-i-C_3H_7$	-H
Terbumeton	$-OCH_3$	$-C_2H_5$	$-t-C_4H_9$	-H
Terbutryn	$-SCH_3$	$-C_2H_5$	$-t-C_4H_9$	-H
Trietazin	-Cl	$-C_2H_5$	$-C_2H_5$	$-C_2H_5$

wenn die summarische Quantenausbeute als unabhängig von der Wellenlänge betrachtet werden kann. Dies ist für die UV-Anregung eines mehratomigen Moleküls innerhalb einer Absorptionsbande in kondensierter Phase gegeben [8].

$$k = 2{,}303 \cdot l \cdot \Phi \cdot \sum_\lambda (\varepsilon_\lambda \cdot I_\lambda) \qquad (2)$$

l UV-Eindringtiefe
Φ summarische Quantenausbeute
I_λ Bestrahlungsintensität der Wellenlänge λ
ε_λ Extinktionskoeffizient bei λ.

Aus Gl. (2) wird deutlich, daß der UV-Abbau eines PSM dann berechnet werden kann, wenn die Quantenausbeute Φ, die spektrale Energieverteilung des UV-Strahlers und das Absorptionsspektrum des PSM im entsprechenden Medium bekannt sind. Die Summe $\Sigma(\varepsilon_\lambda \cdot I_\lambda)$ ist damit ein Maß für die vom PSM absorbierte Lichtintensität und kann bei gleicher polychromatischer Bestrahlungsquelle als Absorptionscharakteristikum für ein PSM dienen. Auf diese Weise können die Absorptionscharakteristiken verschiedener Pestizide miteinander verglichen werden.

Weiterhin läßt sich mit Hilfe einer Referenzsubstanz (Index: ref; Quantenausbeute u. Absorptionsspektrum bekannt) die Quantenausbeute für den UV-Abbau eines Analyten (Index: A) bei polychromatischer Bestrahlung bestimmen (Gl. 3). Zur Berechnung ist lediglich die Kenntnis der spektralen Energieverteilung des Strahlers in relativen Einheiten (I_λ in %) notwendig, die aus den Herstellerangaben erhalten wird. Die aktinometrische Messung der Bestrahlungsintensität über den gesamten Wellenlängenbereich eines polychromatischen Strahlers ist mit erheblichen Schwierigkeiten verbunden und kann so durch

Verwendung einer Referenz umgangen werden. Nach Einsetzen der gemessenen Geschwindigkeitskonstanten für den UV-Abbau beider Substanzen (Referenz und Analyt) läßt sich Gl. (3) nach der Quantenausbeute des Analyten Φ_A auflösen.

$$\frac{k_A}{k_{ref}} = \frac{\Phi_A \cdot \sum_\lambda (I_\lambda \cdot \varepsilon_{\lambda_A})}{\Phi_{ref} \cdot \sum_\lambda (I_\lambda \cdot \varepsilon_{\lambda_{ref}})} \tag{3}$$

Theoretische Betrachtungen zum UV/Ozon-Abbau:

Bei der photolytischen Oxidation von PSM mit UV/Ozon tragen hauptsächlich drei Prozesse (PO) zum Abbau bei: Direkte UV-Photolyse (PO_1), direkte Reaktionen des Ozons mit dem PSM (PO_2) und photolytische Oxidation mit Hilfe von *in situ* erzeugten Radikalen (PO_3). Nach *Peyton* et al. [9] kann der Abbau in einem von Ozon durchströmten Batchreaktor quantitativ durch Linearkombination der drei Terme beschrieben werden, welche die drei Prozesse PO_1-PO_3 repräsentieren (Gl. 4).

$$\frac{d[P]}{dt} = k_P\, I_\lambda^a\, [P]^b + k_o\, [O_3]_l^c\, [P]^d + k_u\, I_\lambda^e\, D^f\, [P]^g \tag{4}$$

I_λ Bestrahlungsintensität
$[O_3]_l$ Ozonkonzentration in der Flüssigphase
D   Ozondosis im Gasstrom
k   Ratenkonstanten der UV-Photolyse (k_p), der Ozonreaktion (k_o) und der photolytischen Oxidation (k_u)
a-g   repräsentieren die Reaktionsordnungen.

Der Abbau eines PSM durch PO_1 und PO_2 kann in separaten Experimenten auch für die hier verwendete Pilotanlage ermittelt werden, der Abbau durch PO_3 hingegen nur im Zusammenhang mit den Prozessen PO_1 und PO_2. Nur bei Kenntnis der Abbaueffizienzen von PO_1 und PO_2 kann diejenige von PO_3 aus dem Gesamteffekt ermittelt werden.

2 Experimenteller Teil

2.1 UV/Ozon-Pilotanlage

Die UV- und UV/Ozon-Abbauversuche wurden in der Pilotanlage SWO 70/UV (Wedeco Umwelttechnologie, Herford) durchgeführt. Ein Blockschaltbild der Pilotanlage ist in Bild 2 dargestellt. Das Kernstück der Anlage ist der annulare UV-Reaktor mit einem Quecksilbermitteldruckstrahler als UV-Lichtquelle. Eine Pumpe sorgt für einen konstanten Rücklaufstrom, der mit Ozon (aus dem Ozongenerator) beladen und anschließend durch zwei Behälter, zur Ozonabsorption und zur Sauerstoffentgasung, geführt wird. Dieser mit Ozon beladene Rücklaufstrom wird am Zulauf der Anlage mit dem Rohwasser vermischt und gelangt anschließend in den UV-Reaktor. Die technischen Betriebsdaten der Pilotanlage sind in Tabelle 1 zusammengefaßt. Die Abbauversuche wurden im Batchbetrieb durchgeführt (kein Zu- u. Ablauf, Rücklauf bei 1,5 m³/h). Dazu wurde die Pilotan-

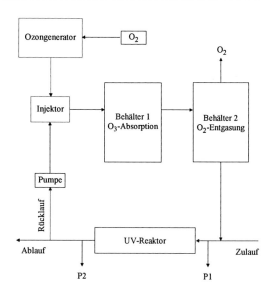

Bild 2. Blockschaltbild der Pilotanlage SWO 70/UV. − P1: Probenahmehahn vor, P2: Probenahmehahn nach dem UV-Reaktor.

Tabelle 1. Betriebstechnische Daten der Pilotanlage SWO 70/UV[1].

	Betriebsdaten
Quecksilbermitteldruckstrahler, Typ[2]	UVH 4122
Elektrische Leistung	4000 W
UV-C-Strahlungsleistung	400 W
UV-C-Leistung je Reaktorvolumen	100 W/l
UV-Reaktorvolumen	4 l
Bestrahlte Schichtdicke	2 cm
In den Rücklauf injizierte Ozondosis	0...38 mg/l
Rücklauf	1,5 m³/h
Systemdruck	5 hPa

[1] Wedeco Umwelttechnologie (Herford)
[2] Heraeus (Hanau)

lage mit Leitungswasser aus dem Raum München beschickt (pH = 7,8; $c(HCO_3^-)$ = 4 mmol/l; $c(NO_3^-)$ = 0,065 mmol/l; DOC (gelöster organischer Kohlenstoff) = 0,2 mg/l, berechnet als C). Die Pestizide wurden in methanolischer Lösung dem Anlagenwasser zudosiert (Methanol/Wasser Vol. < 10^{-5}) und im Kreislaufbetrieb (ohne UV u. UV/Ozon) homogen verteilt (Pestizidkonzentration in der Anlage 10 µg/l). Der Methanolgehalt hatte keinen Einfluß auf die Abbauraten, wie in Kontrollexperimenten festgestellt wurde. Zur Probenahme wurde $Na_2S_2O_3$ als Reduktionsmittel für überschüssiges Ozon und gebildetes Wasserstoffperoxid in den Probenahmeflaschen vorgelegt (1 g/l), wenn mit UV/Ozon gearbeitet wurde. Die Probenahme erfolgte direkt vor (P1) und nach (P2) dem UV-Reaktor, um die Abbaueffizienz genau eines UV-Reaktordurchlaufs zu beschreiben. Die Abbaueffizienz wird durch das Konzentrationsverhältnis C/C_0 beschrieben, wobei C die

Konzentration von P2 und C_0 diejenige an P1 ist. Für 3 unabhängige Versuchsansätze in der Pilotanlage wurde eine relative Standardabweichung von 8% für C/C_0 bestimmt.

2.2 Chemikalien

Die verwendeten Pestizide wurden aus dem „Pestanal"-Programm von Riedel de Haën (Seelze) und $Na_2S_2O_3$ der Reinheit p. a. von Merck (Darmstadt) bezogen. Methyl-atrazin (2-Chlor-N-methyl-N'-isopropyl-1,3,5-triazin-4,6-diamin), hier als interne Standardverbindung für die gaschromatographische Bestimmung verwendet, wurde von *Weller* [10] synthetisiert. Die Lösemittel Methanol und Aceton der Reinheit „Distol grade" (Fisons, bezogen über Müller, Fridolfing) und Acetonitril „HPLC-grade" (Baker) wurden ohne vorherige Reinigung verwendet.

2.3 Standardlösungen

Die Triazinherbizide und ihre Metaboliten wurden in Methanol gelöst (1 g/l) und aus diesen Stammlösungen die weiteren Standardlösungen durch entsprechende Verdünnung hergestellt.

2.4 Probenextraktion und Anreicherung

Die Extraktion und Anreicherung der wäßrigen Pestizidproben der UV-Abbauversuche wurde mit Hilfe der Festphasenextraktion durchgeführt. Dazu wurden 20 ml Probenvolumen über 1 g C_{18}-Material (40 µm, 60 Å, Baker, Deventer, NL) mit einem Fluß von 3 ml/min angereichert. Nach Trocknung der Festphase über einem Stickstoffstrom wurde mit 2 Volumina von je 2 ml Aceton eluiert und anschließend die organische Phase unter einem leichten Stickstoffstrom zur Trockne gebracht. Der Rückstand wurde in 0,5 ml Aceton gelöst, das Methyl-atrazin (50 µg/l) als internen Standard zur quantitativen Bestimmung enthielt. Die Wiederfindungsraten waren für alle untersuchten Pestizide größer als (80 ± 5%) (n = 4).

2.5 Analytik

2.5.1 HRGC/NPD

Die Trennung und Bestimmung der Triazinherbizide erfolgte mit hochauflösender Gaschromatographie (HRGC; HP 5890 A GC, Hewlett Packard) mit Stickstoff-Phosphorselektivem Detektor (NPD) über eine DB 5 Kapillartrennsäule (J & W Scientific, 30 m × 0,32 mm, Filmdicke 0,25 µm). Die Injektortemperatur betrug 240 °C, die Detektortemperatur 280 °C und die Ofentemperatur wurde in 3 Rampen temperaturprogrammiert erhöht (50 °C, 1 min isotherm, mit 30 °C/min auf 160 °C, mit 4 °C/min auf 200 °C, mit 30 °C/min auf 280 °C, 5 min isotherm).

2.5.2 UV/VIS

UV/VIS Absorptionsspektren wurden mit dem Einstrahlphotometer DU-600 (Beckmann) in 1-cm-Quarzglasküvetten (Hellma, Müllheim) aufgenommen. Die Pestizide wurden hierfür in Wasser/Acetonitril (Volumenverhältnis 80/20) gelöst. Die erhaltenen Daten konnten zur Berechnung der absorbierten Lichtintensität mit Hilfe eines Tabellenkalkulationsprogramms auf einem PC weiterbearbeitet werden.

3 Ergebnisse und Diskussion

3.1 UV-Photolyse – Berechnung der Ratenkonstanten

Bild 3 stellt die spektrale Energieverteilung der Emission des verwendeten UVH-Strahlers in relativen Einheiten (Angabe in %) dar, wie aus den Herstellerdaten (Heraeus, Hanau) zu ersehen ist. Der dargestellte Wellenlängenbereich deckt sich mit dem für die UV-Absorption der Pestizide relevanten Bereich. Um eine einheitliche Datenbasis zu erhalten, wurden die relativen Intensitäten zwischen 200 und 340 nm in 5 nm Intervallen aufsummiert und die Summe auf 1 normiert. Die so erhaltenen dimensionslosen, normierten relativen Intensitäten I(rel.) konnten zur Berechnung der Summe $\Sigma(\varepsilon_\lambda \cdot I_\lambda)$ aus Gl. 2 herangezogen werden. In Bild 4 sind die wellenlängenabhängigen Absorptionskoeffizienten ε für Atrazin, Desethylatrazin und Desalkylatrazin aufgetragen. Das Produkt aus ε und I(rel.), aufgetragen gegen die Wellenlänge, ist proportional zur absorbierten Lichtintensität durch das betreffende PSM (Bild 5). Die Fläche unter den Kurven in Bild 5 geht als Faktor in die Ratenkonstante ein, mit der die UV-Photolyse erfolgt. Die Anteile, die von Atrazin, Desethylatrazin und Desalkylatrazin aus dem Emissionsspektrum des UV-Strahlers absorbiert werden, zeigen in der genannten Reihenfolge eine deutlich abnehmende Tendenz.

Zur Berechnung der Ratenkonstanten k_{ber} nach Gl. 2 werden die Quantenausbeuten für Atrazin, Desethylatrazin und Desalkylatrazin aus [11] verwendet (Tab. 2). Durch Normierung der Ratenkonstanten k_{ber} auf den Wert von Atrazin (k'_{ber}(Atrazin) = 1) wird die

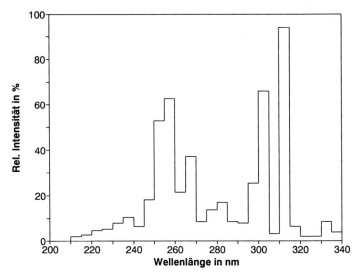

Bild 3. Spektrale Energieverteilung der Emission des Strahlers UVH 4122.

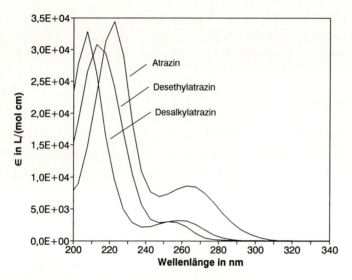

Bild 4. Absorptionskoeffizienten von Triazinderivaten, aufgetragen gegen die Wellenlänge.

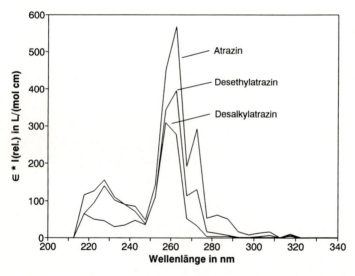

Bild 5. Produkt aus dem Absorptionskoeffizienten ε und der normierten relativen Strahlerintensität I(rel.) als Absorptionscharakteristikum eines Triazins in Abhängigkeit von der Wellenlänge.

willkürlich gewählte Normierung der relativen Strahlerintensitäten I(rel.) eliminiert, wodurch ein Vergleich mit den experimentell bestimmten, ebenso auf Atrazin normierten k'_{obs} möglich wird. Wie in Tabelle 2 ausgeführt, zeigen die berechneten und die experimentell bestimmten Ratenkonstanten gute Übereinstimmung. Eine Abschätzung des UV-Abbaus von PSM in der Pilotanlage durch polychromatische Bestrahlung ist somit möglich.

Tabelle 2. Charakteristische Größen zur Berechnung der auf Atrazin normierten Ratenkonstanten k'_{ber} und Vergleich mit experimentell bestimmten normierten k'_{obs} (80 W/l Strahlungsleistung).

PSM	Φ [11] (Abbau)	$\Sigma(\varepsilon \cdot I(rel.))$ in l mol^{-1} cm^{-1}	$\Phi \cdot \Sigma$ in l mol^{-1} cm^{-1}	k'_{ber}	k'_{obs}
Atrazin	0,050	4737	237	1,00	1,00
Desethylatrazin	0,059	1839	109	0,46	0,42
Desalkylatrazin	0,018	1125	20	0,08	0,05

3.2 UV-Photolyse in der Pilotanlage

Die Konzentrationsverhältnisse C/C_0 nach einem UV-Reaktordurchlauf wurden für verschiedene UV-Leistungen in der Pilotanlage SWO 70/UV gemessen. Wie aus den obigen Ausführungen zu erwarten war, werden für Atrazin, Desethylatrazin und Desalkylatrazin in der genannten Reihenfolge zunehmende Konzentrationsverhältnisse (geringerer Abbau) bei gleicher UV-Leistung gefunden. Mit zunehmender UV-Leistung werden abnehmende Konzentrationsverhältnisse gemessen, also zunehmender Abbau festgestellt (Bild 6). Tabelle 3 zeigt die in der Pilotanlage gemessenen Ratenkonstanten k_{obs} und die auf den Wert von Atrazin normierten Ratenkonstanten (k'_{obs}) für verschiedene UV-Leistungen. Die normierten Ratenkonstanten von Desethyl- und Desalkylatrazin werden mit abnehmender UV-Leistung größer. Eine Erklärung findet sich in der veränderten spektralen Energieverteilung des UV-Strahlers bei kleineren elektrischen Eingangsleistungen. Die berechneten Ratenkonstanten k'_{ber} aus Tabelle 2 zeigen die beste Übereinstimmung mit den gemessenen k'_{obs} bei der höchsten angewandten UV-Leistung (80 W/l), da auch die zur Berechnung zugrunde gelegte spektrale Energieverteilung bei höchster Strahlerleistung (100 W/l) aufgezeichnet wurde.

3.3 UV/Ozon-Photooxidation

Der Einfluß der UV/Ozon-Anwendung auf den Abbau der Triazine wird in Bild 7 gezeigt. Bei der höchsten UV-Leistung (80 W/l) werden zunehmende Ozondosen (mg/l zudosiertes Ozon in Wasser) auf die wäßrige Pestizidlösung angewandt. Dabei konnten nur für Desethyl- und Desalkylatrazin abnehmende Konzentrationsverhältnisse beobachtet werden, nicht für Atrazin. Als Erklärung dafür kann der innere Filtereffekt des Ozons herangezogen werden, wodurch die Strahlungsintensität in der wäßrigen Phase genau in dem für die UV-Photolyse von Atrazin relevanten Spektralbereich stark vermindert wird. Der Filtereffekt des Ozons im Spektralbereich von 200 bis 340 nm wurde für eine mittlere Schichtdicke von 1 cm für die Ozonkonzentrationen 5, 10 und 15 mg/l (0,10; 0,21 und 0,31 mmol/l) berechnet (Abnahme der ΣI(rel.) mit zunehmender Ozonkonzentration). Die absorbierte Strahlungsintensität und die Ratenkonstanten von Atrazin werden durch den inneren Filtereffekt auf 60 % (5 mg/l Ozon), 37 % (10 mg/l Ozon) und 24 % (15 mg/l Ozon) reduziert (Tab. 4). Diese reduzierten Ratenkonstanten sind nur zu Beginn der UV-Bestrahlung (direkt am UV-Reaktorzulauf) gültig. Mit zunehmender Bestrahlungszeit (abnehmender Ozonkonzentration) werden diese wieder ihrem Ausgangswert angenähert,

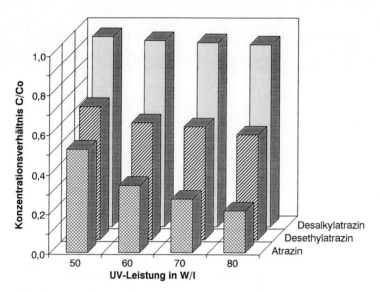

Bild 6. UV-Abbau von Triazinen in der Pilotanlage bei variierter UV-Leistung. − $C_0 = 10$ µg/l.

Tabelle 3. In der Pilotanlage gemessene (k_{obs}) und auf den Wert von Atrazin normierte Ratenkonstanten (k'_{obs}) für verschiedene UV-Leistungen.

PSM	k_{obs} in s^{-1} (k'_{obs}) bestimmt bei der UV-Leistung in W/l			
	50	60	70	80
Atrazin	0,13 (1,00)	0,22 (1,00)	0,26 (1,00)	0,31 (1,00)
Desethylatrazin	0,08 (0,61)	0,10 (0,49)	0,11 (0,43)	0,13 (0,42)
Desalkylatrazin	0,01 (0,06)	0,01 (0,06)	0,02 (0,06)	0,02 (0,05)

da die Ozonkonzentration durch UV-Photolyse nach einer Reaktion pseudo-erster Ordnung verringert [12] und damit auch der innere Filtereffekt entsprechend abgeschwächt wird. Bei Anwendung von UV/Ozon (PO$_1$-PO$_3$) wirken somit zwei gegensätzliche Mechanismen auf den PSM-Abbau: Verringerung der UV-Photolyse (PO$_1$) durch den inneren Filtereffekt des Ozons und Erhöhung der UV-Oxidation (PO$_3$) durch radikalische Prozesse, initiiert durch OH-Radikale. Die direkte Reaktion des Ozons mit dem PSM (PO$_2$) kann während der kurzen Zeit (5 s) eines UV-Reaktordurchlaufs vernachlässigt werden. Desalkylatrazin wird kaum durch UV-Licht (PO$_1$) abgebaut, somit zeigt auch der innere Filtereffekt des Ozons keinen Einfluß auf den reinen UV-Abbau (PO$_1$). Die Abbauraten von Desalkylatrazin werden deshalb durch UV/Ozon (PO$_1$−PO$_3$) am stärksten erhöht, im Vergleich zu Atrazin und Desethylatrazin. In Tabelle 5 ist dies anhand der normierten Ratenkonstanten ersichtlich. Trotz dieser Tatsache beobachtet man für Atrazin die insgesamt höchste Abbaurate, gefolgt von Desethylatrazin und Desalkylatrazin, wie auch für

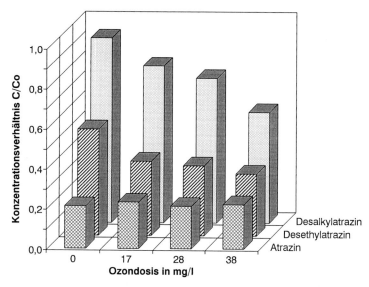

Bild 7. UV/Ozon-Abbau von Triazinen in der Pilotanlage bei variierter Ozondosis und 80 W/l UV-Leistung. − $C_0 = 10$ µg/l.

Tabelle 4. Auswirkungen des inneren Filtereffektes von Ozon auf die normierte Strahlungsintensität I'(rel.), bezogen auf den Wert von Trinkwasser (I(rel.)$_{TW}$ = 1) im UV-Reaktor nach 1 cm, die von Atrazin absorbierte Strahlungsintensität $\Sigma(\varepsilon \cdot I(rel.))$ und auf die Ratenkonstante k'$_{ber}$, normiert auf den Wert von Trinkwasser (TW).

	$\Sigma(I'(rel.))$	$\Sigma(\varepsilon \cdot I(rel.))$ in l mol^{-1} cm^{-1}	k'$_{ber}$
Trinkwaser (TW)	1,00	4737	1,00
TW + 5 mg/l O$_3$	0,76	2831	0,60
TW + 10 mg/l O$_3$	0,62	1767	0,37
TW + 15 mg/l O$_3$	0,54	1154	0,24

die UV-Photolyse (PO$_1$) festgestellt wurde. Damit wird deutlich, daß die UV-Photolyse (PO$_1$) einen wesentlichen Beitrag zum Gesamtabbau (UV/Ozon-Oxidation, PO$_1$−PO$_3$) leistet. An dieser Stelle muß nochmals darauf hingewiesen werden, daß die UV/Ozon-Oxidation bei Anwesenheit von 4 mmol/l HCO$_3^-$ als OH-Radikalfänger durchgeführt wurde. Da der OH-Radikalfänger HCO$_3^-$ in 10^{5}fach höherer Konzentration vorliegt, als das abzubauende PSM (0,05 µmol/l Atrazin; 0,07 µmol/l Desalkylatrazin), spielen Konkurrenzreaktionen des Radikalfängers eine dominierende Rolle, zumal sie mit hohen Reaktionsgeschwindigkeiten [13] ablaufen. Weiterhin muß erwähnt werden, daß auch der Abbau von Atrazin durch Anwendung von UV/O$_3$ gesteigert werden kann. Eigene Arbeiten zeigen dies an einer UV/O$_3$-Großanlage bei verschiedenen Betriebsbedingungen [14].

Tabelle 5. In der Pilotanlage gemessene (k_{obs}) und auf den Wert von Atrazin normierte Ratenkonstanten (k'_{obs}) für verschiedene Ozondosen.

PSM	k_{obs} in s^{-1} (k'_{obs}) bestimmt bei der Ozondosis in mg/l			
	0	17	28	38
Atrazin	0,31 (1,00)	0,29 (1,00)	0,31 (1,00)	0,30 (1,00)
Desethylatrazin	0,13 (0,42)	0,20 (0,68)	0,21 (0,67)	0,23 (0,77)
Desalkylatrazin	0,02 (0,05)	0,05 (0,17)	0,07 (0,21)	0,12 (0,39)

3.4 Bestimmung von Quantenausbeuten weiterer Triazinherbizide

Für die Triazinderivate Atraton, Ametryn, Terbumeton, Terbutryn und Trietazin (Strukturformeln in Bild 1) wurden, nach Bestimmung der Ratenkonstanten der UV-Photolyse in der Pilotanlage, die Quantenausbeuten des UV-Abbaus bestimmt (nach Gl. 3, mit Atrazin als Referenzsubstanz). Wie in Tabelle 6 dargestellt, werden von den verschiedenen Triazinen unterschiedlich hohe Anteile des Strahlerspektrums absorbiert ($\Sigma(\varepsilon \cdot I$ (rel.)). Deutlich wird der Einfluß des Substituenten in 2-Stellung (R_1 in Bild 1), vergleicht man die Summen $\Sigma(\varepsilon \cdot I(rel.))$ für Atrazin ($R_1 = Cl$), Atraton ($R_1 = OCH_3$) und Ametryn ($R_1 = SCH_3$) in Tabelle 4. Nach Berechnung der Quantenausbeuten Φ_{ber} werden für Triazinderivate mit einer CH_3O-Gruppe (Atraton, Terbumeton) kleinere, für solche mit einer CH_3S-Gruppe (Ametryn, Terbutryn) größere Quantenausbeuten als für Atrazin (Cl-Atom) gefunden. Da der Primärschritt der Atrazinphotolyse über die Spaltung der C-Cl-Bindung in 2-Stellung des Triazinrings erfolgt, wird ein Einfluß der Art der funktionellen Gruppe an dieser Position auf die UV-Photolyse und damit auf die Quantenausbeute erwartet. Weiterhin ist aber auch ein Einfluß der Art der Substituenten R_2, R_3 und R_4 (siehe Bild 1) auf die Quantenausbeute zu verzeichnen (vgl. Φ von Atrazin, Desethylatrazin, Desalkylatrazin und Trietazin), der nicht näher zugeordnet werden kann.

Tabelle 6. Experimentell bestimmte, normierte Ratenkonstanten k'_{obs}, die vom PSM absorbierte Strahlungsintensität $\Sigma(\varepsilon \cdot I(rel.))$ und die ermittelten Quantenausbeuten Φ_{ber} für den Abbau verschiedener Pestizide.

PSM	k'_{obs}	$\Sigma(\varepsilon \cdot I(rel.))$ in l mol^{-1} cm^{-1}	Φ_{ber} (Abbau)
Atrazin[1]	1,00	4737	0,050
Atraton	0,17	1062	0,038
Terbumeton	0,19	1169	0,039
Ametryn	1,35	4398	0,073
Terbutryn	1,28	3854	0,079
Trietazin	0,99	3220	0,073

[1] Referenzsubstanz

4 Zusammenfassung

In einer Pilotanlage wurden für Atrazin, Desethylatrazin und Desalkylatrazin in der genannten Reihenfolge abnehmende UV-Photolyseraten gefunden. Mit der Kenntnis der relativen spektralen Energieverteilung des polychromatischen UV-Strahlers, der Quantenausbeuten für den Abbau und der UV-Spektren ließen sich die Photolyseraten für die genannten Triazinderivate relativ zu Atrazin berechnen und zeigen gute Übereinstimmung mit den gemessenen. Bei Anwendung von UV/Ozon werden die Ratenkonstanten von Desalkylatrazin erheblich erhöht, die von Atrazin bleiben nahezu unverändert. Dies kann mit dem inneren Filtereffekt von Ozon erklärt werden, durch den der durch UV-Licht dominierte Abbau von Atrazin verringert wird.

Nach Messung der Ratenkonstanten in der Pilotanlage konnten für weitere Triazinderivate die Quantenausbeuten für den UV-Abbau bestimmt werden, mit Atrazin als Referenzsubstanz.

Danksagung

Wir danken dem Bundesministerium für Forschung und Technologie (Projekt 02-WT 9146/0) für die finanzielle Unterstützung des Projektes. Weiterhin danken wir T. Bayer und A. Herzog für die Durchführung der praktischen Arbeiten an der Pilotanlage und am GC/NPD im Rahmen eines Forschungspraktikums.

Literatur

[1] Battista, M., Di Corcia, A. u. Marchetti, M.: Extraction and isolation of triazine herbicides from water and vegetables by a double trap tandem system. Anal. Chem. *61*, 935–939 (1989).
[2] Schneider, R. J., Weil, L. u. Nießner, R.: Screening and monitoring of herbicides behaviour in soils by enzyme immunoassays. Intern. J. Environ. Anal. Chem. *46*, 129–140 (1992).
[3] Kurz, R.: Pflanzenschutzmittel im Grundwasser. Vorkommen und Beseitigung durch Aufbereitungsverfahren. WAR *55*, 193–228 (1991).
[4] Glaze, W. H., Kang, J. W. u. Chapin, D. H.: The chemistry of water treatment processes involving ozone, hydrogen peroxide and ultraviolet irradiation. Ozone Sci. Engng. *9*, 335–342 (1987).
[5] Prados, M., Paillard, H. u. Roche, P.: Hydroxyl-radical oxidation processes for the elimination of triazine from natural water, Proc. Int. Symp. Ozone-Oxidation Meth. Water Wastewater Treat. I.2.1–16, Int. Ozone Assoc., Berlin 1993.
[6] Becker, H. G. O.: Einführung in die Photochemie, 2. Aufl., 121–124, Thieme, Stuttgart 1983.
[7] Zepp, R. G.: Quantum yields for reaction of pollutants in dilute aqueous solution. Environ. Sci. Technol. *12*, 327–328 (1978).
[8] Calvert, J. G. u. Pitts jr., J. N.: Photochemistry, 659–660. Wiley & Sons, New York 1966.
[9] Peyton, G. R. u. a.: Destruction of pollutants in water with ozone in combination with ultraviolet radiation. 1. General principles and oxidation of tetrachloroethylene. Environ. Sci. Technol. *16*, 448–453 (1982).
[10] Weller, M. G.: Strukturelle und kinetische Untersuchungen zur Entwicklung und Optimierung von Hapten-Enzymimmunoassays (ELISAs) am Beispiel der Bestimmung von Triazinherbiziden. Dissertation, Technische Universität München, 256–271, 1992.

[11] Nick, K. u. a.: Degradation of some triazine herbicides by UV radiation such as used in the UV disinfection of drinking water. J. Water SRT–Aqua *41*, 82–87 (1992).
[12] Guittonneau, S. u. a.: Oxidation of parachloronitrobenzene in dilute aqueous solution by O_3 + UV and H_2O_2 + UV: A comparative study. Ozone Sci. Engng. *12*, 73–94 (1990).
[13] Buxton, G. V. u. a.: Critical review of rate constants for reactions of hydrated electrons, hydrogen atoms and hydroxyl radicals ($\cdot OH/\cdot O^-$) in aqueous solution. J. Phys. Chem. Ref. Data *17*, 513–886 (1988).
[14] Zwiener, C., Weil, L. u. Nießner, R.: Atrazine and parathion-methyl removal by UV and UV/O_3 in drinking water treatment. Intern. J. Environ. Anal. Chem. (im Druck).

Analytische Bestimmung von Nitrilotriessigsäure (NTA), Ethylendinitrilotetraessigsäure (EDTA) und Diethylentrinitrilopentaessigsäure (DTPA) in Abwasser mit HPLC

Analysis of Nitrilotriacetic Acid (NTA), Ethylenedinitrilotetraacetic Acid (EDTA) and Diethylenenitrilopentaacetic Acid (DTPA) in Waste Water by HPLC

Christoph Randt, Jürgen Klein und *Wolfgang Merz**

Schlagwörter

Abwasser, Komplexbildner, Flüssigchromatographie (HPLC)

Summary

The chelating agents NTA, EDTA and DTPA can be detected readily, selectively and with great sensitivity by HPLC. Stable iron(III)-complexes are formed which are separated by ion-pair chromatography and detected with a UV detector at 260 nm. The detection limit is 0,1 mg/l in waste water with an injection volume of 25 µl, and 0,01 mg/l in surface water with an injection volume of 150 µl. The advantage of this method if compared with others, e.g. polarography and gas chromatography, is that sample pretreatment is not necessary, which saves time and money.

Zusammenfassung

Die Komplexbildner NTA, EDTA und DTPA können in Abwasser rasch, empfindlich und selektiv mit HPLC analysiert werden. Hierzu werden Eisen(III)-Komplexe hoher Stabilität gebildet, mit Ionenpaar-Chromatographie getrennt und mit einem UV-Detektor bei 260 nm nachgewiesen. Die Nachweisgrenzen betragen in Abwasser 0,1 mg/l bei einem Injektionsvolumen von 25 µl und in Oberflächenwasser 0,01 mg/l bei 150 µl Injektionsvolumen. Im Vergleich zur Polarographie und zur Gaschromatographie, die als alternative Bestimmungsmethoden in Frage kommen, ist keine Probenvorbereitung erforderlich. Dadurch können Zeit und Kosten gespart werden.

1 Einleitung

Nitrilotriessigsäure (NTA), Ethylendinitrilotetraessigsäure (EDTA) und Diethylentrinitrilopentaessigsäure (DTPA) sowie deren Salze werden als Chelatbildner für Metallionen vielfach technisch eingesetzt. Sie werden beispielsweise bei der Papier- und Zellstoffherstellung, in der Galvanotechnik, der Textilveredelung oder der Lederherstellung verwendet und dort zur Komplexierung von Metallen bzw. zur Wasserenthärtung angewendet. Dadurch gelangen sie teilweise ins Abwasser und schließlich in den Vorfluter, sofern sie nicht in Kläranlagen abgebaut werden. Als „umweltrelevante Stoffgruppe" finden sie auf diese Weise außerordentlich starke Beachtung, obwohl ihre in Wasser auftretenden Kon-

---

* Dr. C. Randt, J. Klein und Dr. W. Merz, BASF Aktiengesellschaft, Labor für Umweltanalytik, D-67056 Ludwigshafen.

zentrationen weit unterhalb der Toxizitätsschwellen liegen und EDTA in vielen Ländern in Form des Ca-Komplexes sogar als Lebensmittelzusatzstoff zugelassen ist.

NTA ist leicht biologisch abbaubar und wird in Kläranlagen praktisch vollständig aus dem Abwasser entfernt. Dagegen ist EDTA schlecht eliminierbar und selbst an Aktivkohle kaum adsorbierbar [1, 2, 4], DTPA gilt hinsichtlich der Eliminierbarkeit in Kläranlagen als etwas weniger problematisch [3].

Von großem Interesse ist ein einfaches, rasch durchführbares und nachweisstarkes Analysenverfahren zum Nachweis dieser Verbindungen. Es muß im Spurenbereich einsetzbar sein und in komplexen Matrices wie Abwasser im Rahmen einer routinemäßigen Emissionsüberwachung durchgeführt werden können. Hierfür prädestiniert sind folglich chromatographische Techniken: Gaschromatographie (GC) und hochauflösende Flüssigchromatographie (HPLC).

Mit der Gaschromatographie ist eine nachweisstarke und sichere Identifizierung der Komplexbildner möglich [5]. Das Verfahren ist in Trink-, Oberflächen- und Abwasser einsetzbar. Die Durchführung erfordert allerdings erheblichen manuellen Aufwand bei der Probenvorbereitung. Zur Registrierung und Auswertung komplexer Chromatogramme, die bei Abwässern unvermeidlich sind, ist der Einsatz einer GC-MS und somit eines relativ teuren Analysengerätes vorteilhaft [5].

Bei Einsatz der Polarographie ist vor allem in komplexen Matrices mit einer Vielzahl von Störungen zu rechnen. Daher ist eine Probenvorbereitung mit Ionenaustauschern und Auswertung mit Standardaddition erforderlich [6].

Wesentlich rascher und einfacher als die polarographische oder die gaschromatographische Bestimmung ist der Nachweis mit Flüssigchromatographie. In der vorliegenden Arbeit wird das flüssigchromatographische Verfahren vorgestellt und über seine Anwendung in Abwasser und Oberflächenwasser berichtet.

2 Ergebnisse und Diskussion

2.1 Prinzip der flüssigchromatographischen Bestimmung

Der Nachweis mit Flüssigchromatographie beruht auf der Bildung eines Eisen(III)komplexes hoher Stabilität, der flüssigchromatographisch getrennt und mit einem UV-Detektor detektiert werden kann („Vorsäulenderivatisierung"). Enthält die Probe unlösliche Bestandteile, ist eine Filtration erforderlich, andernfalls ist eine Probenvorbereitung nicht notwendig.

Wird als stationäre Phase ein Anionenaustauscher eingesetzt, wird ein unspezifischer Peak am Anfang des Chromatogramms erhalten, der durch den Eisen-Überschuß hervorgerufen wird. Dieser Peak überlagert den Peak des NTA vollständig. Die Bestimmung von NTA ist mit einem Anionenaustauscher in der Matrix „Abwasser" im angestrebten Konzentrationsbereich bis 0,1 mg/l nicht möglich, während der Nachweis von EDTA und DTPA keine Probleme bereitet [5].

Eine Alternative stellt die Ionenpaar-Chromatographie dar. NTA, EDTA und DTPA lassen sich als Eisenkomplexe an einer Umkehrphase in Gegenwart von Tetrabutylammonium-Kationen auch in komplexen Matrices nachweisen.

2.2 Trennbedingungen bei der flüssigchromatographischen Bestimmung

Die Trennung erfolgt an einer Umkehrphase („RP 18, endcapped") in salpetersaurer Lösung. Als Ionenpaar-Reagens hat sich eine Mischung von Tetrabutylammoniumhydroxid und Tetrabutylammoniumhydrogensulfat bewährt. Bei Registrierung der Absorption von 260 nm wird auch unter diesen Bedingungen ein breiter Peak am Anfang des Chromatogramms erhalten, der durch das überschüssige Eisen hervorgerufen wird. Die Retentionszeit für NTA ist jedoch ausreichend, um eine Abtrennung von diesem unspezifischen Signal zu erzielen. Der NTA-Peak läßt sich jedoch vor allem im niedrigen Konzentrationsbereich besser auswerten, wenn der „Eisenpeak" gar nicht auftaucht. Zur Entfernung nicht umgesetzten Eisens ist es möglich, einen Mikromembransuppressor (Kationenaustauscher) zu verwenden. Üblicherweise dient er bei der Bestimmung von Anionen (mit Natriumcarbonat als Laufmittel) dazu, Natriumionen des Eluenten gegen Protonen der Suppressorlösung auszutauschen. Dadurch wird eine Verringerung der Grundleitfähigkeit des Eluenten erzielt. Er eignet sich bei der Trennung der Komplexbildner aber auch, um den Eisen-Überschuß vor der Detektion aus dem Laufmittel zu entfernen.

Bild 1 zeigt ein Chromatogramm einer Testlösung ohne, Bild 2 mit Einsatz des Mikromembransuppressors. Bild 3 stellt ein Chromatogramm eines dotierten Abwassers dar, wiederum nach Entfernung des Eisens mit dem Mikromembransuppressor. Die Trennbedingungen sind in der nachfolgenden Übersicht zusammengestellt.

stationäre Phase:	„RP 18, endcapped", 250 mm × 4 mm Teilchendurchmesser 5 µm
mobile Phase:	A: 0,5 mmol/l Salpetersäure 2,5 mmol/l Tetrabutylammoniumhydroxid 7,5 mmol/l Tetrabutylammoniumhydrogensulfat B: Methanol
Gradient:	100% A über 12 Minuten, dann linear auf 100% B in 0,5 Minuten, dann 100% B über 2,5 Minuten, schließlich wieder auf 100% A in 0,5 Minuten
Vorbehandlung:	1 ml der Probe wird mit 50 µl einer Eisen(III)-nitrat-Lösung (37 mmol/l) versetzt und 20 Minuten bei 60 °C inkubiert
Injektionsvolumen:	25 µl bei Abwasser, 150 µl bei Oberflächenwasser
Flußrate:	1 ml/min
Detektion:	UV 260 nm nach Entfernung des Eisen(III)überschusses mit EDTA (100 mg/l) über einen Mikromembransuppressor

2.3 Störungen durch Matrixeinflüsse

Organische Stoffe stören in der Regel nicht, da bei einer Wellenlänge von 260 nm detektiert wird. Anorganische Anionen – vor allem Chlorid und Phosphat – können Minderbefunde vortäuschen. Der Einfluß verschiedener Anionen auf die Analytik von NTA, EDTA und DTPA ist in den Bildern 4 bis 6 dargestellt. Am wenigsten durch Salze beeinflußt wird die Bestimmung von DTPA, am stärksten die von NTA, wobei sich Phosphat und Chlorid jeweils stärker auswirken als Sulfat und Nitrat.

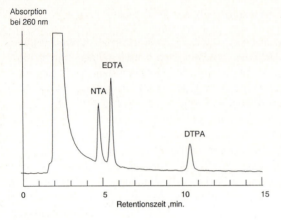

Bild 1. Trennung von NTA, EDTA und DTPA mit HPLC, *ohne* Einsatz des Suppressors zur Abtrennung des Eisenüberschusses. Trennbedingungen wie im Text beschrieben. Testlösung, Konzentration je 1 mg/l.

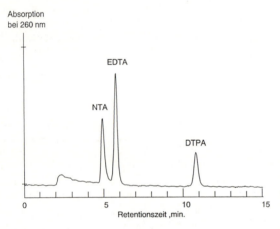

Bild 2. Trennung von NTA, EDTA und DTPA mit HPLC, *mit* Einsatz des Suppressors zur Abtrennung des Eisenüberschusses, weitere Trennbedingungen wie im Text beschrieben. Testlösung, Konzentration je 1 mg/l.

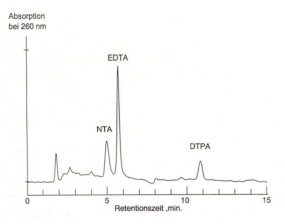

Bild 3. Trennung von NTA, EDTA und DTPA mit HPLC, wie in Bild 2. Abwasser, dotiert mit NTA, DTPA (je 0,2 mg/l) und EDTA (0,5 mg/l).

Analytische Bestimmung von Nitrilotriessigsäure (NTA)

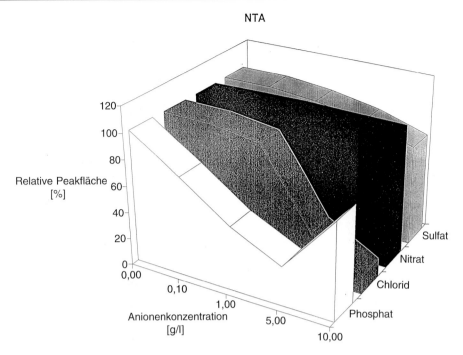

Bild 4. Einfluß von Salzen auf die flüssigchromatographische Bestimmung von NTA.

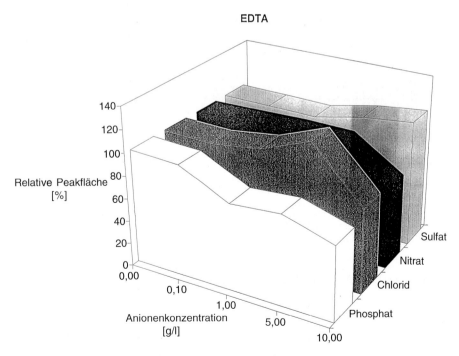

Bild 5. Einfluß von Salzen auf die flüssigchromatographische Bestimmung von EDTA.

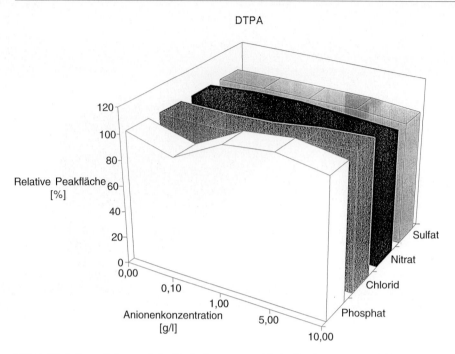

Bild 6. Einfluß von Salzen auf die flüssigchromatographische Bestimmung von DTPA.

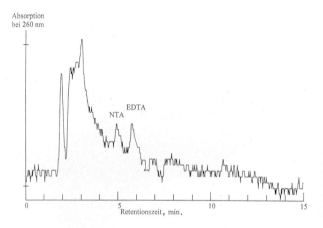

Bild 7. Trennung von NTA, EDTA und DTPA in Rheinwasser. Trennbedingungen wie in Bild 2.

2.4 Nachweis der Komplexbildner in Oberflächenwasser

Das Verfahren wurde für die Anwendung in Abwasser entwickelt und optimiert, eignet sich aber auch zur Bestimmung in Oberflächenwasser. Ein exemplarisches Chromatogramm zeigt Bild 7. In der undotierten Probe (Rhein, km 427) waren NTA, EDTA und DTPA nicht nachweisbar. Die Aufstockung mit 10 µg/l, die in Bild 8 dargestellt ist, ergibt

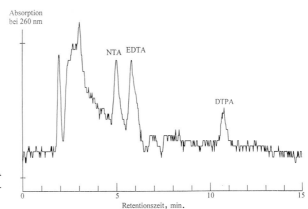

Bild 8. Trennung von NTA, EDTA und DTPA in Rheinwasser, aufgestockt mit je 10 µg/l.

dagegen ein auswertbares Chromatogramm. Daraus muß man folgern, daß die Konzentrationen der Komplexbildner in der undotierten Probe unter 10 µg/l lagen, was mit früheren Untersuchungen aus den Jahren 1989–1991 übereinstimmt [7].

Literatur

[1] Brauch, H.-J. u. Schullerer, S.: Verhalten von Ethylendiamintetraacetat (EDTA) und Nitrilotriacetat (NTA) bei der Trinkwasseraufbereitung. Vom Wasser 69, 155–164 (1987).

[2] Nusch, E.-A., Eschke, K.-K. u. Kornatzki, K.-H.: Die Entwicklung der NTA- und EDTA-Konzentrationen im Ruhrwasser und daraus gewonnenem Trinkwasser. Korrespondenz Abwasser 38, 944–949 (1991).

[3] Nispel, F., Baumann W. u. Hardes, G.: Abbauversuche an DTPA in Modellkläranlagen. Korrespondenz Abwasser 37, 707–709 (1990).

[4] Sigrist, H., Alder, A., Gujer, W. u. Giger, W.: Verhalten der organischen Komplexbildner NTA und EDTA in Belebungsanlagen. Gas-Wasser-Abwasser 68, 101–109 (1988).

[5] Randt, C., Wittlinger, R. u. Merz, W.: Analysis of Nitrilotriacetic acid (NTA), Ethylenediaminetetraacetic Acid (EDTA) and Diethylenetriaminepentaacetic Acid (DTPA) in Water, Particulary Waste-water. Fresenius J. Anal. Chem. 346, 728–731 (1993).

[6] Deutsche Einheitsverfahren zur Wasser-, Abwasser- und Schlammuntersuchung; Einzelkomponenten; Gruppe P; Bestimmung von Ethylendinitrilotetraessigsäure (EDTA) und Nitrilotriessigsäure (NTA) mittels Polarographie (P5). DIN 38 413 Teil 5 (Okt. 1990).

[7] Brauch H.-J., Fleig, M. u. Haberer, K.: Vorkommen wichtiger organischer Mikroverunreinigungen im Rhein unter Berücksichtigung des Zusammenhangs von Einzelstoffanalytik und Summenparametern sowie der Trinkwasserrelevanz.
Abschlußbericht des DVGW Technologiezentrums Wasser; im Auftrag der Internationalen Kommission zum Schutze des Rheins gegen Verunreinigung, der Deutschen Kommission zum Schutze des Rheins, der Arbeitsgemeinschaft Rhein-Wasserwerke und der Arbeitsgemeinschaft Bodensee-Rhein, Seite 112 ff. (1994).

Untersuchungen zum Verhalten von Phenol und Chlorphenolen unter wechselnden Redoxbedingungen

Influence of Different Redox Conditions on the Biotransformation of Phenol and Monochlorophenols

Birgit Kuhlmann, Barbara Kaczmarczyk und *Uwe Schöttler**

Schlagwörter

Uferfiltration, Untergrundpassage, Abbau, Redoxbereich, Phenol, Monochlorphenole

Summary

Changing redox conditions strongly affect the behaviour of organic substances during bank filtration and underground passage. The rate and extent of microbial degradation processes are especially influenced by the presence or absence of suitable electron acceptors. The behaviour of phenol and monochlorophenols was studied in a laboratory-scale pilot plant, where anaerobic underground conditions were simulated in laboratory filter columns. These were filled with natural underground materials and operated with a natural anaerobic ground water. Phenol was degraded after a lag-phase in all experiments. The duration of the lag-phase was influenced by experimental conditions such as substrate concentration, filter material and adaptation of the filters. The present results indicate that monochlorophenols are more persistent than phenol in the model system.

Zusammenfassung

Ein wesentlicher Faktor, der das Verhalten organischer Wasserinhaltsstoffe bei der Uferfiltration und der Untergrundpassage prägt, ist das Redoxmilieu. Besonders die mikrobiellen Abbauvorgänge werden entscheidend beeinflußt durch die – je nach Redoxbereich unterschiedlichen – zur Verfügung stehenden Elektronenakzeptoren. Das Stoffverhalten von Phenol und Monochlorphenolen in einem sulfatreduzierenden Untergrundbereich wurde an Laborfiltersäulen untersucht, die mit natürlichen Untergrundmaterialien gefüllt waren und mit einem natürlichen anaeroben Grundwasser betrieben wurden. Weitere Einflußgrößen wie die Konzentration, das Filtermaterial und die Vorbelastung der Filter wurden in Dosierversuchen gezielt variiert. Phenol wurde in allen Versuchsserien in den Filtern vollständig abgebaut, wobei der Einfluß der verschiedenen Randbedingungen sich vor allem in der Länge der Adaptationsphase zeigte. Für Monochlorphenole hingegen konnte in den bisherigen Untersuchungen nur eine geringe Konzentrationsverminderung beobachtet werden.

---

* LM-Chem. B. Kuhlmann, B. Kaczmarczyk, Dr. U. Schöttler, Institut für Wasserforschung GmbH Dortmund, Zum Kellerbach 46, D-58239 Schwerte.

Einleitung

Bei der Infiltration von Oberflächenwasser in den Untergrund haben mikrobielle Abbauprozesse einen wesentlichen Anteil an der Verminderung organischer Belastungen. Neben aeroben Umsetzungen, die vor allem im oberen Infiltrationsbereich ablaufen, kommen im weiteren Verlauf von Uferfiltrationsstrecken und Untergrundpassagen zunehmend auch anaerobe Prozesse zum Tragen. Die Sukzession der mikrobiell bedingten Redoxprozesse ist in Bild 1 dargestellt.

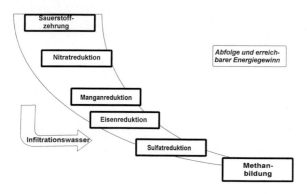

Bild 1. Abfolge biogener Redoxprozesse im Untergrund.

Dies führt zu einem gegenüber aeroben Bereichen vollständig veränderten chemischen und biologischen Milieu. Die Anwesenheit der je nach Redoxbereich unterschiedlichen Elektronenakzeptoren – vom Nitrat über Mangan, Eisen und Sulfat bis zum Kohlendioxid bei der Methanbildung – bedingt eine in Art und Umfang veränderte mikrobielle Abbauleistung.

Diese Verhältnisse können sich als limitierend für einen Abbau erweisen; sie können aber auch effektivere Umsetzungsreaktionen bewirken. Ein typisches Beispiel für letzteres sind einige halogenierte aromatische Verbindungen, die im Aeroben weitgehend persistent sind, in vielen anaeroben Umweltkompartimenten dagegen dehalogeniert und so einem weiteren Abbau zugänglich gemacht werden [1, 2]. Ebenso werden eine Reihe von leichtflüchtigen chlorierten Kohlenwasserstoffen unter anaeroben Bedingungen besser umgesetzt [3]. Andererseits können aber auch Stoffe, die im Aeroben schnell abgebaut werden, sich in einem anaeroben Milieu als mikrobiell nur wenig angreifbar erweisen.

Um potentielle Eintragspfade ins Grundwasser sowie stoffspezifische Risiken zu erkennen, ist es daher notwendig, das Verhalten von umweltrelevanten Stoffen auch in anaeroben Bereichen beurteilen zu können.

Da eine gezielte Untersuchung dieser Prozesse in natürlichen Systemen nur selten möglich ist, wurden anaerobe Untergrundbereiche mit Hilfe einer halbtechnischen Versuchsanlage weitgehend naturgetreu nachgebildet und der Abbau organischer Spurenstoffe unter verschiedenen Randbedingungen getestet. NTA, das aerob im allgemeinen gut abbaubar ist, wurde in diesem Modellsystem unter sulfatreduzierenden Bedingungen in weitaus geringerem Maße umgesetzt [4]. Ein Abbau von Phenoxycarbonsäuren konnte nur in Anwesenheit von Sauerstoff als Elektronenakzeptor beobachtet werden [5].

Im folgenden sollen Ergebnisse von Untersuchungen an Phenol und Monochlorphenolen dargestellt werden. Diese Verbindungen waren zum einen von Interesse, weil es sich um Substanzen handelt, die häufig in Oberflächengewässern als Schadstoffe auftreten und nicht ins Grundwasser gelangen sollen. Zum anderen sind sie auch Metabolite beim Abbau von Phenoxycarbonsäuren, so daß sich die Untersuchungen inhaltlich an die obengenannte Arbeit anschlossen. Außerdem konnte der Einfluß der Halogensubstituierung auf das Stoffverhalten beobachtet sowie isomerenspezifische Unterschiede erfaßt werden.

Versuchsanlage

Die Versuchsanlage besteht aus Laborfiltersäulen, die mit natürlichen Untergrundmaterialien befüllt sind. Die Glassäulen (1 m × 0,22 m i. D.) werden von unten nach oben mit einer konstanten Filtergeschwindigkeit (0,5 cm/h) betrieben. Über den apparativen Aufbau sowie die Betriebsbedingungen wurde bereits detailliert berichtet [6].

In Dosierversuchen wird das Stoffverhalten unter kontrollierten, reproduzierbaren Randbedingungen getestet. Durch die Verwendung verschiedener natürlicher Grundwässer zum Betrieb der Anlage kann die gewünschte Redoxsituation (aerob, nitrat- bzw. sulfatreduzierend) eingestellt werden.

Der Schwerpunkt der Untersuchungen lag dabei auf der Simulation eines sulfatreduzierenden Milieus. Das hierzu verwendete Grundwasser stammt aus einer anaeroben Uferfiltrationsstrecke des Ruhrstausees Hengsen im Wassergewinnungsgelände der Dortmunder Stadtwerke AG. Typisch für seine chemische Beschaffenheit sind hohe Eisen-, Mangan- sowie Ammoniumgehalte und sehr geringe Sulfatkonzentrationen. Nitrat und Nitrit können nur in Einzelfällen nachgewiesen werden.

Versuchsbedingungen

Die Laborfiltersäulen wurden vor jeder Dosierung mehrere Wochen konditioniert, bis sich stabile hydraulische, chemische und biologische Verhältnisse ausgebildet hatten. Die Dosierung der Modellstoffe erfolgte kontinuierlich über mehrere Wochen.

Neben den Redoxbedingungen wurden als weitere Einflußfaktoren die Filtermaterialien, die Dosierkonzentration und die Vorbelastung der Filter schrittweise verändert.

Als Filtermaterialien dienten ein unbelasteter Rheinsand, wie er zur Füllung von Langsamfiltern der Dortmunder Stadtwerke AG verwendet wird, und ein Ruhrkies, der etwa 10 % Feinanteile enthält.

Die Dosierkonzentration der Testsubstanzen wurde zwischen 100 und 500 µg/l variiert.

Weiterhin wurden Filter mit unterschiedlicher Vorbelastung verwendet, also solche, die bereits in einer früheren Dosierserie eingesetzt worden waren (im folgenden als vorbelastete Filter bezeichnet), und solche, die bis zu dem jeweiligen Beginn einer Dosierung nur mit Grundwasser betrieben wurden.

Die Variation der Versuchsbedingungen ist in der Tabelle 1 aufgeführt.

Besonders intensiv und unter verschiedenen Randbedingungen wurde das Verhalten von Phenol untersucht.

Tabelle 1. Variation der Versuchsbedingungen.

Filter-material	Testsubstanz in µg/l Phenol	Testsubstanz in µg/l 2-Chlor-phenol	Testsubstanz in µg/l 3-Chlor-phenol	Testsubstanz in µg/l 4-Chlor-phenol	Redox-bereich*	Zeit in Wochen	vorbe-lastet
Sand	100				s	**	nein
	100				s	**	ja
	200				s	**	ja
	400				s	**	ja
	100				a	**	nein
	100				n	**	ja
		500			s	2	nein
			100		s	4	nein
				100	s	3	nein
Kies	100				s	**	ja
	400				s	**	nein
	100				a	**	nein
	100				n	**	ja
		500			s	2	nein
			100		s	4	nein
				100	s	3	nein

* s = sulfatreduzierend, n = nitratreduzierend, a = aerob
** Versuche wurden abgebrochen, wenn die Testsubstanz vollständig abgebaut wurde (max. 16 Tage)

Analytik

Anaerobes Grundwasser stellt für die organische Spurenanalytik eine sehr schwierige Matrix dar. Bei Zutritt auch nur geringer Mengen Sauerstoff fallen Eisen- und Manganverbindungen aus, die eine reproduzierbare Probenaufbereitung in vielen Fällen unmöglich machen. Es mußte daher für jede einzelne Substanz das geeignete Analysenverfahren erprobt und abgesichert werden.

Phenol und 4-Chlorphenol konnten in den gewählten Dosierkonzentrationen nach DIN 38 409-H16-1 ‚Phenol-Index ohne Destillation mit Farbstoffextraktion' (4-Chlorphenol) und -H16-2 ‚Phenol-Index nach Destillation mit Farbstoffextraktion' (Phenol) ausreichend genau und reproduzierbar nachgewiesen werden [7]. Bei der Methode handelt es sich um eine Summenbestimmung, bei der alle bzw. alle wasserdampfflüchtigen, oxidativ kupplungsfähigen Substanzen erfaßt werden. Parallel zu der Bestimmung der Konzentration in den Filterabläufen wurde daher jeweils immer das unbelastete Grundwasser mitgemessen, so daß eine eventuell auftretende Basisbelastung durch andere kupplungsfähige Substanzen ausgeschlossen oder aber in die Auswertung der Ergebnisse einbezogen werden konnte. Da bei der Bestimmung von 4-Chlorphenol auch das als Abbauprodukt möglicherweise auftretende Phenol miterfaßt werden würde, wurden diese Proben stichprobenartig mit GC-MS-Untersuchungen überprüft.

2-Chlorphenol und 3-Chlorphenol wurden nach einer EPA-Methode auf Cyclohexyl-Kartuschen angereichert und mit Acetonitril eluiert [8].

Die Bestimmung von 2-Chlorphenol erfolgte durch HPLC mit einem Diodenarray-Detektor bei 230 und 280 nm. 3-Chlorphenol wurde nach einer gaschromatischen Trennung auf einer 30 m DB5-Säule mit einem massenselektiven Detektor im Single-Ion-Modus bestimmt.

Ergebnisse

Bei der Dosierung eines organischen Stoffes auf einen Versuchsfilter lassen sich in der Regel zwei Phasen deutlich unterscheiden. Die Konzentration der Testsubstanz steigt nach Beginn der Dosierung im Filterablauf an, erreicht ein Maximum und sinkt dann entweder ab oder bleibt auf etwa dem gleichen Niveau.

Die erste Phase ist dabei bestimmt von Sorptionsprozessen, die in Abhängigkeit von den stoffspezifischen Eigenschaften und dem Filtermaterial unterschiedlich stark ausgeprägt sind. Der weitere Verlauf charakterisiert das Abbauverhalten eines Stoffes. In den meisten Fällen ist eine mikrobielle Adaptation erforderlich, damit die Testsubstanz umgesetzt werden kann.

Phenol und seine monochlorierten Derivate zeigten in allen Versuchen eine hohe Mobilität und wurden durch Sorption nicht oder nur wenig in den Filtern zurückgehalten. Deutliche Unterschiede zeigten sich allerdings im Abbauverhalten.

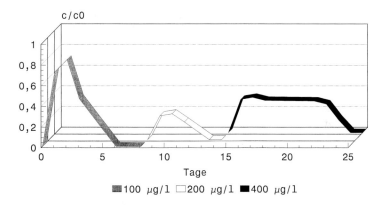

Bild 2. Relative Konzentration von Phenol in einem anaeroben Sandfilter bei unterschiedlichen Dosierkonzentrationen (100, 200, 400 µg/l).

In Bild 2 ist der Konzentrationsverlauf in Form der relativen Konzentrationen (Ablauf/Zulauf) für ein vorbelastetes Sandfilter dargestellt, das zunächst mit 100 µg/l Phenol beaufschlagt wurde. Schon am folgenden Tag konnte im Filterablauf fast die Konzentration gemessen werden, die der Dosierung entsprach. Nach einem nur geringen weiteren Anstieg nahm die Phenolkonzentration im weiteren Verlauf kontinuierlich ab, und 6 Tage nach Dosierbeginn konnte im Filterablauf kein Phenol mehr nachgewiesen werden (< 10 µg/l). Bei einer Erhöhung der Dosierung auf 200 µg/l stieg der Phenolgehalt im Filterablauf zunächst wieder an, erreichte aber nur ca. ein Drittel der dosierten Konzentration. Nach 5 Tagen wurde auch die höhere Belastung vollständig umgesetzt. Bei einer weiteren Verdoppelung der Dosierkonzentration auf 400 µg/l konnte ein Teil ebenfalls direkt abgebaut werden; ein Abbau bis unter die Nachweisgrenze erfolgte aber erst nach 10 Tagen.

Der Konzentrationsverlauf läßt darauf schließen, daß zunächst eine mikrobielle Adaptation erforderlich war. Die dann vorhandene Abbauaktivität reichte aber nicht aus, höhere Konzentration umzusetzen, sondern hierzu war eine erneute Anpassung notwendig.

Bei den Untersuchungen mit Phenol beeinflußten die verschiedenen Randbedingungen vor allem die Dauer der Adaptations-Phase (Bild 3).

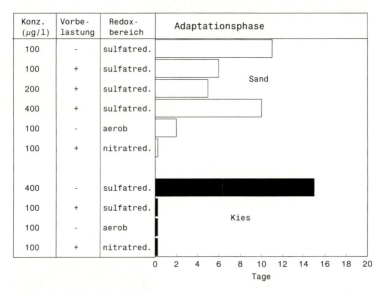

Bild 3. Einfluß der Versuchsbedingungen auf die Länge der Adaptationsphase.

Bei einem Sandfilter, der bis zu diesem Zeitpunkt nur mit anaerobem Grundwasser betrieben wurde, war die Zeit, die verstrich, bis 100 µg/l Phenol umgesetzt wurden, fast doppelt so lang wie bei einem bereits vorbelasteten, ansonsten aber unter gleichen Bedingungen betriebenen Filter. Noch deutlicher zeigte sich dieser Effekt bei einem nicht vorbelasteten Kiesfilter, der zusätzlich auch noch mit höheren Konzentrationen (400 µg/l) beaufschlagt wurde: Phenol wurde hier erst nach 15 Tagen vollständig abgebaut, während bei einer Konzentration von 100 µg/l und einem vorbelasteten Kiesfilter keine zeitliche Verzögerung des Abbaus beobachtet wurde.

Unter aeroben Bedingungen setzte in den Kiesfiltern sofort, in den Sandfiltern nach sehr kurzer Zeit der Phenolabbau ein. Eine Umstellung auf nitratreduzierte Verhältnisse führte nicht zu einer Veränderung der Abbauraten.

Bild 3 läßt auch erkennen, daß in dem Kies, der einen höheren Gehalt an organischem Material enthält, Abbauprozesse insgesamt schneller einsetzten.

Ein vollständig anderes Stoffverhalten konnte bei der Dosierung von Monochlorphenolen beobachtet werden. In Versuchen, in denen jeweils ein Isomer auf nicht vorbelastete Kies- und Sandfilter dosiert wurde, konnte im Dosierzeitraum von maximal 4 Wochen eine nur geringe Konzentrationsverminderung der Testsubstanzen beobachtet werden. Als Beispiele für diese Versuche sind in den Bildern 4 und 5 die Konzentrationsverläufe für ein Sandfilter, das mit 100 µg/l 4-Chlorphenol, und ein Kiesfilter, das mit 500 µg/l 2-Chlorphenol beaufschlagt wurde, im Vergleich zum unsubstituierten Phenol dargestellt. Die Filter waren nicht vorbelastet. Die Testsubstanzen wurden zunächst in den Filtern zurückgehalten. Im weiteren Verlauf nahm die Phenolkonzentration in den Filterabläufen ab, und nach 11 bzw. 15 Tagen wurde Phenol vollständig umgesetzt. In den mit Chlorphenolen dosierten Filtern hingegen ließ sich nur eine geringe Konzentrationsverminderung erkennen. Es traten zwar analytisch- und systembedingte Schwankungen auf; ein Trend, der auf eine mikrobielle Anpassung hinweisen würde, deutete sich aber nicht an. Ähnliche Resultate lieferte auch eine vorläufige Auswertung der Dosierversuche mit 3-Chlorphenol.

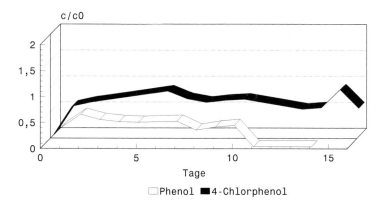

Bild 4. Relative Konzentration von Phenol und 4-Chlorphenol in zwei anaeroben Sandfiltern (100 µg/l Phenol, 100 µg/l 4-Chlorphenol).

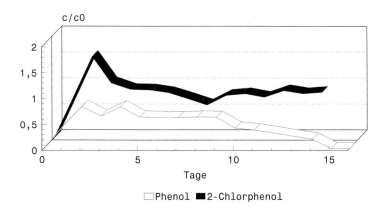

Bild 5. Relative Konzentration von Phenol und 2-Chlorphenol in zwei anaeroben Kiesfiltern (400 µg/l Phenol, 500 µg/l 2-Chlorpenol).

Diskussion

Phenol und Monochlorphenole als gut wasserlösliche Substanzen werden in den Filtern nur wenig sorbiert. Auch in anderen Untersuchungen wird auf die hohe Mobilität der Verbindungen hingewiesen, Sorptionseffekte spielen daher bei der Verminderung von Phenol- und Chlorphenolbelastungen nur eine untergeordnete Rolle [9, 10].

Eine Konzentrationsverminderung kann im Untergrund also nur durch mikrobiellen Abbau erfolgen. Die Ergebnisse der hier beschriebenen Arbeiten lassen darauf schließen, daß diese Prozesse beim Vorliegen geeigneter Randbedingungen eine ausreichende Verminderung von Phenol gewährleisten können. Zum Phenolabbau war unter anaeroben Bedingungen eine mikrobielle Adaptation notwendig, die je nach Randbedingungen eine unterschiedlich lange Zeitspanne in Anspruch nahm. Welche Mechanismen dem zugrunde liegen, also zum Beispiel Wachstum phenolabbauender Spezies oder Enzyminduktion, kann aus den vorliegenden Untersuchungen nicht geschlossen werden.

Ein Abbau von Mono- und Polychlorphenolen wurde vor allem in mikrobiell sehr aktiven Systemen wie Sedimenten, Klärschlämmen oder Müllsickerwässern unter sulfatreduzierenden oder methanogenen Bedingungen beobachtet [11–15]. Eine Dehalogenierung, die die Voraussetzung für einen weiteren Abbau ist, findet dabei bevorzugt am Ortho-Isomer statt. Ein Abbau wurde zum Teil erst nach mehreren Monaten beobachtet, so daß davon auszugehen ist, daß sich die mikrobielle Adaptation nur langsam vollzog. In den hier geschilderten Untersuchungen mit kürzeren Zeiten und einem weniger aktiven Millieu konnte weder ein Abbau der Monochlorphenole noch isomerenspezifische Unterschiede im Stoffverhalten beobachtet werden. Der Vergleich mit dem unsubstituierten Phenol zeigt deutlich, daß die Einführung eines Chlor-Substituenten zu einer schlechteren biologischen Abbaubarkeit führt.

Danksagung

Das Vorhaben wurde mit Mitteln der Deutschen Forschungsgemeinschaft (Scho 337/4) gefördert.

Für die Durchführung der HPLC- und GC-MS-Untersuchungen danken wir Herrn Dr. W. Liesegang, Herrn W. Lenhart und Herrn U. Willme.

Literatur

[1] Suflita, J. M. u. a.: Dehalogenation: A novel pathway for anaerobic biodegradation of haloaromatic compounds. Science *216*, 2527–2531 (1982).

[2] Kuhn, E. P. u. Suflita, J. M.: Dehalogenation of pesticides by anaerobic microorganisms in soil and groundwater – a review. in: Soil Science Society of America and American Society of Agronomy (Hrsg.): Reactions and movements of organic chemicals in soils. SSSA Special Publication no. *22*, 111–180 (1989).

[3] Bouwer, E. J. u. McCarty, P: Transformation of 1- and 2-carbon halogenated aliphatic organic compounds under methanogenic conditions. Appl. Environ. Microbiol. *45*, 1286–1294 (1983).

[4] Kuhlmann, B., Bernhardt, M. u. Schöttler, U.: Verhalten und Auswirkungen von NTA bei der Uferfiltration. Veröffentlichungen des Instituts für Wasserforschung GmbH Dortmund und der Dortmunder Stadtwerke AG Nr. 40, Dortmund 1990.

[5] Kuhlmann, B., Kaczmarzyk, B. u. Schöttler, U.: Behaviour of phenoxyacetic acids during underground passage with different redox zones. Int. J. Environ. Anal. Chem. (im Druck).
[6] Kuhlmann, B. u. Schöttler, U.: Untersuchung von Abbauvorgängen in anaeroben Infiltrationsbereichen mit Hilfe einer halbtechnischen Versuchsanlage. Vom Wasser *80*, 137–146 (1993).
[7] DIN 38 409, Teil 16, Deutsche Einheitsverfahren zur Wasser-, Abwasser- und Schlammuntersuchung, DEV, Bestimmung des Phenolindex (1994).
[8] Environmental Protection Agency: Controlled Laboratory Programm Quick Turnaround Methods 604 – Analytical Method for Phenols, US EPA.
[9] Rump, H. H. u. Scholz, B.: Abbauverhalten von chlorierten Phenolen im Übergangsbereich zwischen gesättigter und ungesättigter Bodenzone. BMFT-Abschlußbericht Forschungsprojekt 339025A. Taunusstein 1989.
[10] Zullei, N.: Behaviour of disinfectants (chlorophenols) during underground passage. The Science of the Total Environment *21*, 215–220 (1981).
[11] Häggblom, M. M., Rivera, M. D. u. Young, L. Y.: Influence of alternative electron acceptors on the anaerobic biodegradation of chlorinated phenols. Appl. Environ. Microbiol. *59*, 1162–1167 (1993).
[12] Hrudey, S. E. u. a.: Anaerobic biodegradation of monochlorophenols. Environ. Technol. Letters *8*, 65–76 (1987).
[13] Tiedje, J. M., Boyd, S. A. u. Fathepure, B. Z.: Anaerobic degradation of chlorinated hydrocarbons. J. Ind. Microbiol. *27*, 117–127 (1993).
[14] Häggblom, M. M. u. Young, L. Y.: Chlorophenol degradation coupled to sulfate reduction. Appl. Environ. Microbiol. *56*, 3255–3260 (1990).
[15] Suflita, J. N. u. Miller, G. D.: Microbial metabolism of chlorophenolic compounds in ground water aquifers. Environ. Toxicol. Chem. *4*, 751–758 (1985).

Möglichkeiten und Grenzen des on-line-Monitoring von Phosphor in Kläranlagen

Capabilities and Limitations on Phosphorus on-line Monitoring in Sewage Treatment Plants

Thomas Bendt, Bernd Pehl, Rolf Pullmann und *Claus Henning Rolfs**

Schlagwörter

On-line Messung, DIN-Methoden, Klärwerksanalytik, Phosphor, Abwasserbehandlung

Summary

The on-line monitoring of phosphorus in a municipal sewage-plant was checked by laboratory DIN-methods. It was observed that the on-line measured values of o-PO_4-P coincide very well with those obtained by DIN analysis. There was no observed correlation, however, with the parameter total-P. The ratio of total-P to o-PO_4-P varied over a wide range. Further investigations indicate that after leaving the biological reactor there are considerable amounts of polymeric phosphates in the cleared sewage. The source of these polymeric phosphates may be deceased bacteria.

The costs for precipitation chemicals may be reduced and unnecessary water salt load may be avoided through the application of an on-line monitor for total-P.

Zusammenfassung

In einem kommunalen Klärwerk wurde die on-line Phosphormessung durch Laboruntersuchungen nach DIN überprüft. Es wurde festgestellt, daß die on-line ermittelten o-PO_4-Werte recht gut mit den o-PO_4-Analysen nach DIN übereinstimmen. Zwischen dem Zielparameter Gesamt-P und dem on-line gemessenen o-PO_4-P war allerdings keine Korrelation zu erkennen. Das Verhältnis Gesamt-P zu o-PO_4-P zeichnet sich durch starke Schwankungen aus.

Weitergehende Untersuchungen zeigen, daß nach der biologischen Stufe nicht unerhebliche Mengen an polymeren Phosphaten im gereinigten Abwasser vorhanden sind. Als Quelle werden abgestorbene Bakterienzellen vermutet.

Durch den Einsatz eines on-line Meßgerätes für Gesamt-P können Fällmittelkosten gesenkt und die unnötige Aufsalzung der Gewässer vermieden werden.

1 Einleitung

In zunehmendem Maße werden die zur Betriebssteuerung notwendigen Abwasserparameter in Kläranlagen durch on-line Messungen gewonnen. Die zeitnahe Meßwerterfassung und die Möglichkeit der direkten Nutzung der erzeugten Meßwerte zur Steuerung des Abwasserreinigungsprozesses sind bestechende Vorteile dieser Technik. Alle klärtechnisch wichtigen Parameter wie NH_4-N, NO_3-N, PO_4-P, TOC oder CSB und BSB können derzeit mit hinreichender Präzision und vertretbarem technischen Aufwand on-line bestimmt werden.

---

* T.-Eng. T. Bendt, Dipl.-Chem. Dr. B. Pehl, Dipl.-Ing. R. Pullmann, Dipl.-Chem. Dr. C. H. Rolfs. Chem.-biol. Laboratorien, Stadtverwaltung Düsseldorf, Amt 67/9, Auf dem Draap 15, D-40200 Düsseldorf.

Allerdings liegt der Teufel im Detail. Am Beispiel der Phosphatmessung in einem kommunalen Klärwerk wird aufgezeigt, daß die wirklichen Verhältnisse im Abwasserstrom oftmals nur unzureichend wiedergegeben werden. Eine intensive Betreuung der Geräte durch geschultes Laborpersonal und eine abgestimmte prozeßbegleitende Laboranalytik mit DIN-Methoden sind unverzichtbar. Voraussetzung für eine sichere Aussage zum Phosphorgehalt mit Hilfe eines on-line Meßgerätes ist ein konstantes Verhältnis von Gesamt-P zum PO_4-P. Im Idealfall soll im Kläranlagen-Ablauf sämtlicher Phosphor als ortho-Phosphat vorliegen; in der Realität allerdings wird ein streuendes Verhältnis von Gesamt-P zu ortho-PO_4-P zwischen 1 und > 2 gefunden.

Überwachungswert ist Gesamt-P [1], für das ein Grenzwert von 2 mg/l bei Anlagen von 1200 bis 6000 kg/d BSB_5 (roh) bzw. 1 mg/l bei größeren Klärwerken festgesetzt wurde [2]. Als Konsequenz muß die P-Fällung auf einen Zielwert von in der Regel < 0,25 mg/l ortho-PO_4-P eingestellt werden, was zu einem hohen Fällmittelverbrauch mit entsprechend hohen Kosten und einer verstärkten Aufsalzung des Vorfluters führt.

2 Phosphorverbindungen in der Abwasserbehandlung

Phosphorverbindungen sind ein wichtiger und ubiquitärer Bestandteil unserer Umwelt. Während als Minerale ausschließlich Verbindungen der Orthophosphorsäure wie z. B. Apatit und Phosphorit gefunden werden, ist das Vorkommen von Phosphorverbindungen in der belebten Natur sehr vielfältig. Organische Phosphorverbindungen nehmen eine zentrale Stellung in der Regulierung des Bau- und Energiestoffwechsels von Prokaryonten und Eukaryonten ein. Im kommunalen Schmutzwasser aus Haushalt, Gewerbe und Industrie werden gelöste wie ungelöste anorganische und organische Phosphorverbindungen gefunden, und zwar aus den Teilströmen Spül- und Putzwässer, Waschlaugen, Kühlwässer, sanitäre Schmutzwässer einschließlich Harn und Fäzes [3]. Die mittlere Konzentration der Phosphorverbindungen im Zulauf kommunaler Kläranlagen liegt derzeit bei 7–12 mg/l Gesamt-P. In der Vorklärung werden 20–30 % der Phosphorfracht eliminiert. Vom belebten Schlamm werden 15–30 % der gelösten Phosphorverbindungen aufgenommen. Durch gezielte Maßnahmen zur biologischen P-Aufnahme kann die Eliminationsrate auf über 80 % gesteigert werden [4].

In den Bakterienzellen wird der Phosphor in Form von Granula als Polyphosphat gespeichert und dient als Energiereserve. In den Granula sind die Polyphosphate überwiegend an Magnesium und Calcium gebunden [5]. Unter anaeroben Bedingungen wie z. B. längere Aufenthaltszeiten in der Nachklärung wird von den Bakterien unter Energiegewinn ortho-Phosphat freigesetzt.

Um die gesetzlich vorgeschriebenen Grenzwerte am Ablauf der Kläranlage einzuhalten [2], muß die biologische P-Elimination durch chemische Fällung mit Eisen- oder Aluminiumsalzen und gegebenenfalls durch eine Filtration oder Mikrosiebung unterstützt werden. Das Fällmittel muß aus physikalischen Gründen im Überschuß zugegeben werden. Laut ATV-Arbeitsblatt A 202 [6] sollte das molare Verhältnis (ß) bei der Simultanfällung etwa 1,5 betragen, während für die Flockungsfiltration ein ß-Wert von > 2 einzustellen ist.

Zur Steuerung der gesamten P-Elimination sollte eine on-line Messung installiert werden.

3 Untersuchungsergebnisse der Phosphor-Analytik in einem kommunalen Klärwerk

In dem hier beschriebenen kommunalen Klärwerk wird die on-line Messung durch intensive Laborkontrollen begleitet. Mit der derzeit zur Verfügung stehenden Technik ist on-line lediglich die Bestimmung von ortho-Phosphat möglich.

Die Ergebnisse der Vergleichsmessungen sind in Tabelle 1 zusammengestellt. Es fällt auf, daß sowohl im Ultrafiltrat als auch im Vergleich zur Probe aus dem parallel zur on-line Messung betriebenen Dauerprobenehmer Differenzen zwischen o-PO_4-P und Gesamt-P auftreten. Bild 1 zeigt, daß eine für die Praxis hinreichende Korrelation zwischen dem on-line gemessenen und dem nach DIN bestimmten o-PO_4-P besteht. Dagegen läßt sich zwischen der Zielgröße Gesamt-P und dem gemessenen o-PO_4-P keine befriedigende Korrelation erkennen (Bild 2). Um die Ursachen für die starke Streuung des Gesamt-P/o-PO_4-P-Verhältnisses zu ergründen, wurden umfangreiche Untersuchungen in den verschiedenen Stufen des Klärwerkes durchgeführt.

Tabelle 1. Messungen zur Vergleichbarkeit von Phosphorbestimmungen. Kommunales Klärwerk, Ablauf der Nachklärung.

Messung Nr.	Meßwert on-line-Messung Phosphat-Phosphor in mg/l	Meßwert Überlauf UF Phosphat-Phosphor in mg/l	Meßwert aus der Mischprobe Gesamt-Phosphor in mg/l
1	0,6	0,4	0,6
2	0,5	0,3	0,5
3	0,6	0,5	2,2
4	0,6	0,4	1,4
5	1,0	0,9	1,2
6	0,4	0,3	0,9
7	0,0	0,2	0,5
8	0,3	0,2	0,8
9	0,0	0,1	0,3
10	0,1	0,1	0,3
11	0,2	0,2	0,7
12	0,1	0,1	0,3
13	0,2	0,2	0,4
14	0,6	0,6	1,1
15	0,0	0,1	0,4
Mittelwert	0,3	0,3	0,8
Standardabweichung	0,3	0,2	0,5
Maximum	1,0	0,9	2,2
Minimum	0,0	0,1	0,3
Anzahl der Werte	15	15	15

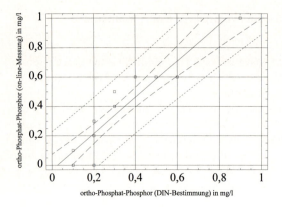

Bild 1. Lineare Regressionsanalyse on line/DIN, o-PO_4-P/o-PO_4-P.

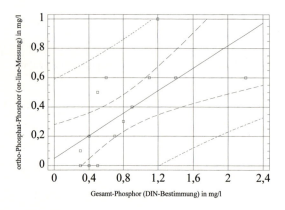

Bild 2. Lineare Regressionsanalyse on line/DIN, o-PO_4-P/Gesamt-P.

3.1 Untersuchungen auf Phosphonsäuren

Phosphonate sind in Kläranlagen schlecht eliminierbar, weil sie weder biologisch abgebaut werden noch sich chemisch ausfällen lassen. Es wurden deshalb vor allem im Klärwerks-Zulauf aber auch im Ablauf der Vorklärung, der Nachklärung und der Filtration Untersuchungen zum Vorkommen dieser Substanzen angestellt.

Die gebräuchlichsten Phosphonate sind 1-Hydroxyethan-1,1-diphosphonat (HEDP), Amino-tri-methylenphosphonat (ATMP), Ethylendiamin-tetramethylenphosphonat (EDMP) und 2-Phosphonobutan-1,2,4-tricarbonsäure (PBTC). Zur Analyse wurde die Ionenchromatografie mit Nachsäulenderivatisierung eingesetzt. Als Grundlage diente ein bei der Firma Henkel entwickeltes Analysenverfahren [7] mit HEDP und ATMP als Standardsubstanzen. Wegen der für die Untersuchung notwendigen hohen Empfindlichkeit des spektrometrischen Detektors sind starke Pulsationen der Basislinie unvermeidbar, so daß die Nachweisgrenze bei 1 mg/l Phosphonat, entsprechend 0,3 mg/l P liegt.

Es wurden weder im Zulauf noch in den anderen Klärwerksstufen Phosphonate gefunden. Wie die Bilder 3a und 3b zeigen, lag der gelöste Phosphor im Zulauf unter den gewählten Analysenbedingungen im wesentlichen als Dihydrogenphosphat vor.

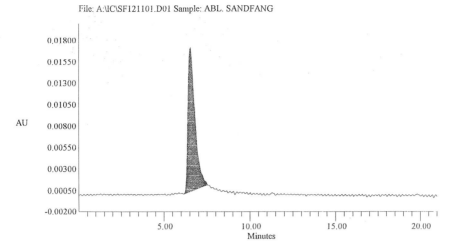

Bild 3a. Phosphonatuntersuchung im Klärwerks-Zulauf, Originalprobe.

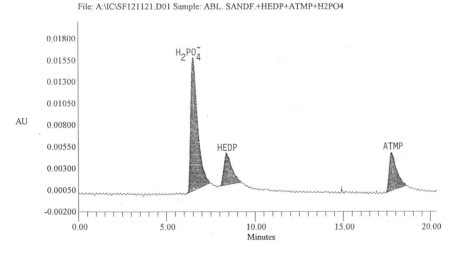

Bild 3b. Phosphonatuntersuchung im Klärwerks-Zulauf, aufgestockte Probe.

3.2 Weitergehende Differenzierung der Phosphorverbindungen in den verschiedenen Klärwerksstufen

Um die in der Nachklärung und am Ablauf der Filtration auftretenden Phosphorverbindungen zu charakterisieren, wurde das Wasser auf Polyphosphate analysiert. Nach Trinh und Schnabel sind Polyphosphate mit einem mittleren Polymerisationsgrad > 5 mit PVP bei pH 8 als Polyelektrolyt komplex ausfällbar [8]. Die jeweiligen Proben wurden in zwei Teilproben aufgeteilt. Eine Teilprobe wurde unfiltriert nach Aufschluß auf Gesamt-P untersucht. Die zweite Teilprobe wurde durch ein 0,2 µm Membranfilter gegeben und wiederum geteilt. Der eine Teil des Filtrates wurde auf pH 8 eingestellt und mit Polyvinyl-4-hexylpyridiniumbromid (PVP) als Fällmittel für Polyphosphate versetzt, nochmals über ein 0,2 µm Membranfilter filtriert und auf Gesamt-P untersucht. Im zweiten Teil des Filtrates wurden nochmals Gesamt-P und o-PO$_4$-P bestimmt.

Die durchschnittlichen Ergebnisse aus 5 Untersuchungen sind in Bild 4 dargestellt.

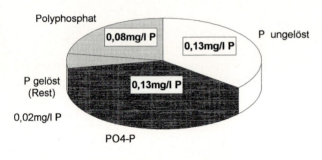

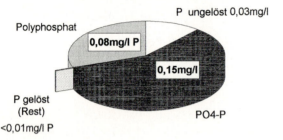

Bild 4. Phosphorverbindungen im Ablauf der Nachklärung (oben) und der Filtration (unten).

Sowohl im Ablauf der Nachklärung als auch nach der Filtration liegt ein erheblicher Anteil des Phosphors als Polyphosphat oder ungelöst vor. Das Verhältnis Gesamt-P zu o-PO$_4$-P beträgt 2,8 (Nachklärung) bzw. 1,7 (Filtration).

Mit derselben Methode wurden auch das Abwasser im Klärwerkszulauf und nach der mechanischen Reinigung in der Vorklärung untersucht. In der gelösten Fraktion konnten hier keine Polyphosphate nachgewiesen werden.

3.3 Untersuchungen zum Verhalten des belebten Schlammes

Nachdem weder die Ionenchromatografie noch die Fällung mit PVP Hinweise auf komplexe Phosphorverbindungen oder Polyphosphate im Rohabwasser erbracht haben, muß das Auftreten von Polyphosphaten in der Nachklärung auf interne Prozesse zurückgeführt werden. Zunächst wurde deshalb das Rücklösungsverhalten des belebten Schlammes unter anaeroben Bedingungen untersucht. Dazu wurde frischer belebter Schlamm ohne Belüftung und ohne Rühren über 24 Stunden stehen gelassen und in Abständen beprobt. Die Ergebnisse sind in Bild 5 dargestellt. Erwartungsgemäß wird in der Hauptsache o-PO$_4$-P freigesetzt. Polyphosphat war kaum meßbar.

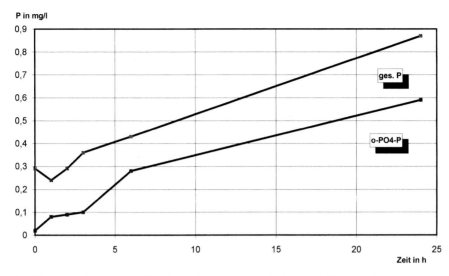

Bild 5. Rücklösungsverhalten von Phosphorverbindungen aus belebtem Schlamm unter anaeroben Bedingungen.

In einem zweiten Versuch wurde der Einfluß der mechanischen Belastung durch die Belüftungstechnik im Klärwerk nachgestellt. Dafür wurde eine frische Belebtschlammprobe geteilt und zwei verschiedenen Belüftungsmethoden ausgesetzt. Eine Teilprobe wurde feinblasig mit Preßluft über eine Fritte, die andere durch Rühren mit einem Ankerrührer (600 U/min) belüftet. Nach 12 Stunden wurde das abfiltrierte Schlammwasser den Phosphoruntersuchungen unterzogen. Die Ergebnisse zeigt Bild 6. Durch die erhöhte mechanische Belastung beim Rühren mit dem Ankerrührer werden offensichtlich mehr Bakterienzellen zerstört, was zu einer verstärkten Freisetzung von Polyphosphaten führt.

4 Diskussion

On-line Analysatoren werden zunehmend eine zentrale Rolle bei der Steuerung von Kläranlagen spielen. Um sinnvolle Ergebnisse zu erhalten und damit kostensparend die Kläranlage betreiben zu können, ist die richtige Auswahl der Meßparameter und die Betreuung der Geräte durch erfahrenes Laborpersonal von großer Wichtigkeit. In den veröffentlichten Erfahrungsberichten finden die chemisch-physikalischen und biologischen Vorgänge in der Kläranlage nicht immer die notwendige Beachtung [9]. Unsere Untersuchungen haben ergeben, daß am Ablauf eines kommunalen Klärwerks erhebliche Unterschiede zwischen dem Zielparameter Gesamt-P und dem on-line gemessenen Parameter o-PO_4-P auftreten. Eine Korrelation ist nicht erkennbar, so daß der Mangel nicht durch die einfache Einstellung eines Faktors behoben werden kann. Die Ursache liegt im Auftreten nicht näher zu definierender polymerer Phosphorverbindungen, die mit PVP als Polyelektrolytkomplex ausfällbar sind. Als Quelle dieser Verbindungen wurde der belebte

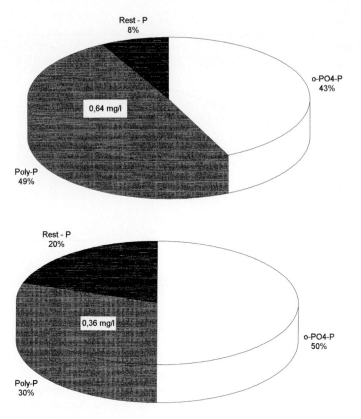

Bild 6. Phosphorverbindungen im Schlammwasser nach mechanischer Belüftung durch Rühren mit einem Ankerrührer (oben) und nach feinblasiger Druckluftbelüftung (unten).

Schlamm ermittelt. Wahrscheinlich werden durch die Belüfterkreisel und andere mechanische Belastungen verstärkt Bakterienzellen unter Freisetzung polymerer Phosphate zerstört.

Die jährlichen Kosten für Fällmittel betragen in Großklärwerken ca. 0,5 Mio. DM. Ein erheblicher Anteil könnte eingespart werden, wenn nicht ein Schwankungsfaktor von > 4 für den Phosphorgehalt zu berücksichtigen wäre. In bestehenden Kläranlagen läßt sich die technisch und biologisch bedingte Freisetzung polymerer Phosphorverbindungen nur durch erhebliche bauliche Maßnahmen verringern. Eine einfachere Lösung des Problems kann durch die Anwendung einer on-line Gesamt-P-Messung erreicht werden.

Literatur

[1] Bestimmung von Gesamtphosphat nach Aufschluß, DIN 38405-D11-4, Deutsche Einheitsverfahren zur Wasser-, Abwasser- und Schlammuntersuchung, Weinheim.

[2] Allgemeine Rahmen-Verwaltungsvorschrift über Mindestanforderungen an das Einleiten von Abwasser in Gewässer – Rahmen-Abwasser VwV vom 25. November 1992 – Bundesanzeiger *44* Nr. 233 b (1992).

[3] Koppe, P. u. Stozek, A.: Kommunales Abwasser 3. Auflage, Essen 1993.

[4] Wolf, P. u. Telgmann, U.: Ergebnisse großtechnischer Versuche zur biologischen Phosphorelimination. Gas-Wasserfach Wasser-Abwasser *132*, 572–578 (1991).

[5] Gebhardt, W.: Biologische Phosphorelimination in Forschung und Praxis (Bericht von den 7. Karlsruher Flockungstagen). WAP 1/94, 26–28.

[6] ATV Regelwerk Abwasser-Abfall, Arbeitsblatt A 202: Verfahren zur Elimination von Phosphor im Abwasser, St. Augustin 1990.

[7] Vaeth, F., Sladek, P. u. Kenar, K.: Ionenchromatographie von Polyphosphaten und Phosphonaten. Fresenius Z. Anal. Chem. *329*, 584–589 (1987).

[8] Trinh, C. K. u. Schnabel, W.: Quantitative Bestimmung des Polyphosphatgehaltes im belebten Schlamm von Klärwerken. Gas-Wasserfach Wasser-Abwaser *134*, 423–427 (1993).

[9] Kolb, M., Klampt, W. u. Müller, F.: Erfahrungen mit on-line Analysatoren auf einer Kläranlage. Korr. Abw. *40*, 1640–1643 (1993).

Untersuchungen zur Stabilität und zum mikrobiellen Abbau von Bromoxynil im Oberflächen- und Grundwasser

Persistence and Biodegradation of Bromoxynil in Surface Water and Ground Water

Gudrun Preuß*, Ninette Zullei-Seibert*, Benedikt Graß**, Frank Heimlich** und
Jürgen Nolte**

Schlagwörter

Herbizide, Bromoxynil, pK-Werte, Wasser, Abbau, Batch-Kulturen, Bioaktivität

Summary

Bromoxynil (3,5-dibromo-4-hydroxybenzonitrile) is used as its salts or esters in combination with other herbicides for weed control. The photochemical behaviour of bromoxynil and similar herbicides and the biodegradation of bromoxynil in water under different conditions were investigated. The pK-value of bromoxynil was 4.5. The herbicide was stable for more than 4 weeks in surface water with pH-values of 2.6 and 8. Photolysis of Bromofenoxim started after 3 hours.

Biodegradation of bromoxynil was investigated in batch cultures under aerobic and anaerobic conditions at 8 °C and 20 °C. The cultures consisted of 2 l basal salt medium and 400 ml ground water or surface water. The final bromoxynil concentration in the cultures was 1 mg/l. The concentration of bromoxynil, DOC, NO_3 and SO_4, and the esterase activity were determined during a period of 32 days. Biodegradation occurred only under anaerobic, nitratereducing conditions after 11–28 days. The degradation rate was more than 99 %. The readily degradable compound acetate delayed the decomposition of the herbicide. In spite of a sufficiently high bioactivity, no degradation of bromoxynil could be found under aerobic conditions within 4 weeks. The results indicated an inhibition of bioactivity in water at high concentrations of bromoxynil.

Zusammenfassung

Es wurden das photochemische Verhalten von Bromoxynil und verwandter Verbindungen sowie der mikrobielle Abbau dieses Herbizides im Wasser unter verschiedenen Milieubedingungen untersucht. Der pK-Wert von Bromoxynil war 4,5. Bei pH-Werten von 2, 6 und 8 blieb Bromoxynil länger als 4 Wochen photochemisch und hydrolytisch stabil, während die Hydrolyse von Bromfenoxim bereits nach 2,5 Stunden einsetzte.

Der mikrobielle Abbau von Bromoxynil wurde in Batch-Kulturen bei 8 °C und 20 °C unter aeroben und anaeroben Bedingungen untersucht. 2 l Basalmedium wurden mit 400 ml Oberflächen- oder Grundwasser angeimpft. Die Endkonzentration von Bromoxynil in den Ansätzen betrug 1 mg/l. Über einen Zeitraum von 32 Tagen wurden die Bromoxynilkonzentration, die Bioaktivität (Esterase) sowie der DOC-, NO_3- und SO_4-Gehalt gemessen. Ein mikrobieller Abbau von Bromoxynil konnte nur unter anaeroben, nitratreduzierten Bedingungen festgestellt werden. Die Konzentration sank innerhalb von 11 bis 28 Tagen um 99 %. Die Zugabe von Acetat als leicht verwertbare Kohlenstoffquelle verzögerte den Abbau. In aeroben Kulturen blieb die Bromoxynilkonzentration trotz ausreichend hoher Bioaktivität konstant. Bei den eingesetzten, hohen Bromoxynilkonzentrationen konnte eine Verminderung der Bioaktivität im Wasser nachgewiesen werden.

---

* Dr. G. Preuß, Dipl.-Ing. N. Zullei-Seibert, Institut für Wasserforschung GmbH Dortmund, Zum Kellerbach 46, D-58239 Schwerte.
** Dipl.-Chem. B. Graß, Dipl.-Chem. F. Heimlich, Dr. J. Nolte, Institut für Spektrochemie u. angewandte Spektroskopie, Bunsen-Kirchoff-Str. 11, D-44139 Dortmund.

1 Einleitung

Bromoxynil (3,5-Dibromo-4-hydroxybenzonitril) wird in Kombination mit anderen Pestiziden wie Ioxynil oder Mecoprop als Salz oder Esterverbindung in der Landwirtschaft, vor allem beim Mais- und Futterpflanzenanbau appliziert. Seit dem Verbot von Atrazin wird eine vermehrte Anwendung von Bromoxynil als Ersatzstoff erwartet. Vereinzelte Befunde aus der Wasserwerkspraxis weisen bereits auf einen möglichen Eintrag dieser Substanz in Oberflächenwasser und Grundwasser hin [1, 2]. Zusätzlich gelangt Bromoxynil als photolytisches Abbauprodukt des Herbizids Bromfenoxim in die Umwelt [3].

Aufgrund seiner toxischen Wirkung auf Wasserorganismen wie Algen, Daphnien und Fische [4, 5, 6] kommt dem Eintrag von Bromoxynil in Gewässer eine ökotoxikologische Relevanz zu. Zur Wirkung dieses Herbizides auf Mikroorganismen, deren Aktivitäten und damit auf den Stoffkreislauf in natürlichen Systemen liegen bisher jedoch kaum Untersuchungen vor [7]. Einige wenige Arbeiten weisen auf eine Reduzierung der Pilz- und Bakteriendichte und der enzymatischen Aktivitäten im Boden durch Bromoxynil hin [8, 9].

Im Boden beträgt die Halbwertzeit von Bromoxynil zwischen 3 Tagen und 2 Wochen [7, 10, 11]. Die wesentliche Reduzierung von Bromoxynil im Freiland ist auf mikrobielle Abbauprozesse zurückzuführen [12], die naturgemäß durch die jeweiligen Milieufaktoren und die Bodenbeschaffenheit bestimmt sind. So lassen Laboruntersuchungen eine deutliche Abhängigkeit des Bromoxynilabbaus zur Temperatur und zum jeweiligen Feuchtegehalt des Bodens erkennen [11, 13, 14].

Untersuchungen zum Bromoxynilabbau mit Kulturen von *Flavobacterium sp.* sowie mit gereinigter Pentachlorphenol-Hydrolase zeigten die Freisetzung von Cyanid, Bromid und 3,5-Dibrom-4-Hydroxyquinon als erste Abbauprodukte [12]. Diese Umsetzung des Bromoxynils ermöglicht im weiteren die Spaltung des aromatischen Ringes. Als weitere Metabolite wurden 3,5-Dibrom-4-Hydroxybenzamid sowie 3,5-Dibrom-4-Hydroxybenzoesäure analysiert [15, 16]. *Klebsiella ozaenae* (*K. pneumoniea*) kann aus der toxischen Cyanidgruppe des Bromoxynils Ammonium abspalten und als alleinige N-Quelle verwerten [15, 17].

Darüber hinaus gibt es kaum Arbeiten, die sich mit Wechselwirkungen zwischen Bromoxynil und der natürlichen mikrobiellen Besiedlung des Wassers befassen. Es ist anzunehmen, daß in Gewässern der Abbau von Bromoxynil und seiner Metabolite von dem Gehalt an Sauerstoff, alternativen Elektronenakzeptoren sowie verwertbaren Kohlenstoffverbindungen bestimmt wird. Die Konzentrationen dieser Wasserinhaltsstoffe unterliegen gerade bei den Versickerungsprozessen bei der Grundwasserneubildung, künstlichen Infiltration und Uferfiltration einem starken Wandel. Im Zuge des mikrobiellen Abbaus organischer Verbindungen werden sukzessiv nacheinander die Elektronenakzeptoren Sauerstoff, Nitrat, Eisen, Mangan und Sulfat reduziert (Bild 1). Von daher treten je nach Menge des abbaubaren Kohlenstoffes nitrat- oder sulfatreduzierende Verhältnisse in Sickerwässern und Uferfiltraten recht häufig auf.

Mit diesen Veränderungen geht ein drastischer Wechsel sowohl der Redoxverhältnisse [18, 19] als auch der mikrobiellen Beschaffenheit des Wassers einher [20, 21]. Untersuchungen zum Abbau von NTA zeigen die Bedeutung dieser Redoxbedingungen für den biologischen Abbau von Schadstoffen während der Infiltration und Untergrundpassage des Wassers [22].

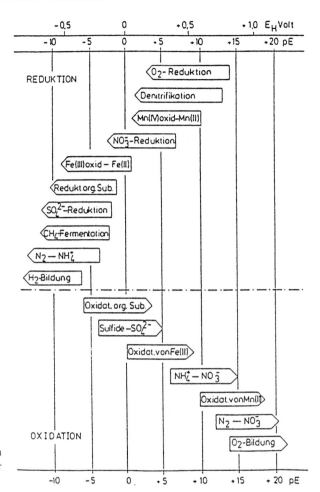

Bild 1. Redoxzonen beim Abbau organischer Substanz im Wasser (aus [19]).

Im Rahmen eines vom Umweltbundesamt geförderten Verbundprojektes*[)] wird der mikrobielle Abbau von Bromoxynil bei der Versickerung von Wasser unter verschiedenen Milieubedingungen sowie das photochemische Verhalten dieses Herbizids und verwandter Verbindungen untersucht. Die Ergebnisse sollen zu einer Abschätzung des Gefährdungspotentials von Bromoxynil oder der beim Abbau entstehenden Verbindungen für Grund- und Oberflächenwässer beitragen.

---

*[)] FE-Projekt Wasser 10202216, PBSM-Verbundprojekt: „Verhalten von Pflanzenbehandlungsmitteln in Sicker- und Grundwasser unter definierten Randbedingungen".

2 Experimentelles

2.1 Stabilitätstest

Bestimmung der pK-Werte:

Für die Bestimmung der pK-Werte von Bromoxynil, Bromfenoxim und Bromoxyniloctanoat wurde die jeweilige Stammlösung (0,5 g/l in Methanol) 1:200 mit bidestilliertem Wasser verdünnt. Dabei wurden pH-Werte zwischen 2 und 12 durch Zugabe entsprechender Volumina mit HCl bzw. NaOH eingestellt. Vom pH-Wert abhängige Änderungen in den Absorptionsspektren wurden mit Hilfe der UV-Spektroskopie verfolgt.

Bestimmung der Langzeitstabilität:

Zur Bestimmung des Hydrolyse- bzw. Photolyseeinflusses wurden zwei Probenserien mit bidestilliertem Wasser hergestellt, von denen eine unter Lichtausschluß gelagert, die andere im Tagesrhythmus dem Sonnenlicht im Labor ausgesetzt wurde. Die Lösungen wurden in Parallelansätzen auf pH 2 und pH 6 eingestellt. Die Tageslichtserie wurde mit Oberflächenwasser und einem pH-Wert von 8 wiederholt.

Einfluß direkter UV-Bestrahlung:

Eine wäßrige Bromoxynillösung wurde in 15 cm Abstand von einer Hg-Lampe direkter UV-Bestrahlung ausgesetzt. Die Photolyse wurde über 3 Stunden sequenziell verfolgt.

Verwendete Geräte und Chemikalien:

- UV/VIS-Spektrometer, Modell 8450 A (Fa. Hewlett-Packard), Messung im Spektralbereich 200–500 nm mit Quarzküvetten (1 cm),
- pH-Meter, Modell 643-1 (Fa. Knick),
- pH-Mikroelektrode Modell U-402-M3 (Fa. Ingold),
- UV/VIS Hg-Lampe, Modell ST 42 (Fa. Heraeus),
- Pestizidstandards (Fa. Promochem),
- Methanol zur Rückstandsanalytik (Fa. Baker),
- Standard-Pufferlösungen (Fa. Merck).

2.2 Abbauversuche

Die mikrobiologischen Untersuchungen zum Bromoxynilabbau erfolgten mit Batch-Kulturen unter aeroben und anaeroben Versuchsbedingungen [23]. Die Kulturen wurden modifiziert nach dem MITI-Test [24] mit 1 mg/l Bromoxynil als einzige C-Quelle angesetzt. Angeimpft wurde mit Oberflächen- oder Grundwasser aus dem Grundwasseranreicherungsgelände „Insel Hengsen" der Dortmunder Stadtwerke AG in Schwerte an der Ruhr. Vergleichend wurden Kulturen untersucht, die zusätzlich mit 100 mg/l Acetat als leicht abbaubarer C-Quelle angereichert wurden.

Basalmedium:

Lösung a	21,75 g K_2HPO_4, 8,5 g KH_2PO_4, 44,6 g $Na_2HPO_4 \cdot 12$ H_2O, 1,7 g NH_4Cl, 1000 ml bidestilliertes Wasser, pH 7,2
Lösung b	22,5 g $MgSO_4 \cdot 7\ H_2O$, 1000 ml bidestilliertes Wasser
Lösung c	27,5 g $CaCl_2$, 1000 ml bidestilliertes Wasser
Lösung d	0,25 g $FeCl_3$, 1000 ml bidestilliertes Wasser
Lösung e	1,65 g $NaNO_3$, 1000 ml bidestilliertes Wasser

Je 3 ml der autoklavierten Lösungen a, b, c und d sowie 10 ml der ebenfalls autoklavierten Lösung e wurden zusammengegeben und auf 900 ml mit sterilem bidestilliertem Wasser aufgefüllt. 1,8 l dieser Lösung wurden in dunkle Flaschen gefüllt, 200 ml Bromoxynil-Stammlösung (12 mg/l in sterilem bidestilliertem Wasser) und 400 ml Oberflächen- oder Grundwasser hinzugefügt. Das Gesamtvolumen der Kulturansätze betrug somit 2,4 l. Für die anaerobe Inkubation wurden die Kulturen mit Paraffin überschichtet. Die Inkubation erfolgte über 32 Tage bei der jeweiligen in-situ Temperatur, d. h. bei 8 °C für Grundwasser und 20 °C für Oberflächenwasser.

Über den gesamten Versuchszeitraum wurden Messungen zur Biomasse, zur Bioaktivität sowie zu chemischen Kenngrößen durchgeführt.

Bromoxynil-Extraktion:

Die Konzentration des Bromoxynils wurde gaschromatographisch nach Festphasenextraktion bestimmt. 100 ml Probe wurden mit 200 µl konzentrierter HCl angesäuert und 2 µl Fenoprop (Fa. Sigma) als interner Standard hinzugegeben. Die Proben wurden auf SPE-18 Kartuschen (1 g, Fa. Baker) konzentriert, unter N_2 getrocknet und mit zweimal 2 ml Methanol extrahiert. Das Eluat wurde unter N_2 bei 30 °C auf ein Volumen von 50 bis 100 µl eingeengt und auf 1 ml mit Methanol aufgefüllt.

Gaschromatographie:

- Hewlett Packard Series II 5890 Gaschromatograph, ^{63}Ni ECD
- Silica-Säule (DB5, 30 m · 0,25 mm ID · 1,0 µm Schichtdicke)
- Helium als Trägergas, 0,9 bar
- Temperaturprogramm: 50 °C für 1 min, von 50 °C auf 270 °C mit 10 °C/min und 270 °C für 17 min
- Detektor 320 °C
- Kaltaufgabesystem, Starttemperatur: 50 °C für 45 s von 50 °C auf 270 °C mit 12 °C/min und 270 °C für 2,5 min
- Einspritzvolumen 5 µl
- Chemikalien: Fa. Merck, Reinheitsgrad für Gaschromatographie

Bestimmung des DOC, NO_3- und SO_4-Gehaltes:

Der DOC-Gehalt der Proben wurde nach Filtration mit einem Shimadzu TOC-5000 nach DIN 38409 H3 bestimmt. Nitrat und Sulfat wurden ionenchromatographisch nach DIN 38405 D19 quantifiziert.

Bestimmung der Bakterienzahlen:

Die Bestimmung der Bakterienzahlen als Anzahl der Kolonien bildenden Einheiten (KBE) erfolgte durch Ausspateln verschiedener Verdünnungen auf einem oligotrophen P-Agar [25] und auf Bromoxynil-Agar. Der P-Agar setzte sich zusammen aus 1 g Pepton, 0,1 g Glucose, 0,1 g K_2HPO_4, 0,02 g $FeSO_4 \cdot 7 H_2O$, 15 g Agar und 1000 ml Leitungswasser (pH 7,2). Für die Herstellung des Bromoxynil-Agars wurden nach dem Autoklavieren und Abkühlen des Agars zusätzlich 1 mg/l Bromoxynil hinzugegeben.

Bestimmung der Bioaktivität (Esterase):

Als Summenparameter für die Bioaktivität wurde die Hydrolyse von Fluorescein-di-acetat (FDA) durch Esterasen bestimmt [26]. 20 µl FDA-Lösung (20 mg/10 ml Aceton, lagerbar bei −18 °C) wurden zu 3 ml Probe und 0,5 ml Hepes-Puffer (pH 7,5) zugegeben. Die Proben wurden unter sterilen Bedingungen 90 min im Dunkeln bei 20 °C inkubiert. Das enzymatische Hydrolyseprodukt Fluorescein wurde fluorescenzspektroskopisch quantifiziert (Perkin-Elmer LC 50, Wellenlängen 480 nm Exikation und 505 nm Emission).

3 Ergebnisse

3.1 pK-Werte

Die pK-Werte von Bromoxynil und Bromfenoxim betrugen 4,5 bzw. 6,1. Für Bromoxyniloctanoat konnte kein pK-Wert angegeben werden, da es kein acides Proton besitzt. Das Molekül dissoziiert irreversibel zu Bromoxynil und dem entsprechenden Esterrest, der je nach pH-Wert als neutrales Molekül oder Anion vorliegt.

3.2 Langzeitstabilität

In den Stabilitätstests unter Tageslicht zeichnete sich Bromoxynil im Vergleich zu Bromfenoxim und den Estern durch eine wesentlich größere Stabilität aus. Es konnte unabhängig von pH-Wert und biologischen Einflüssen des Oberflächenwassers mindestens vier Wochen als unzersetztes Molekül unter Laborbedingungen und pH-Werten von 2, 6 und 8 verfolgt werden (Bild 2).

In dem Versuchsansatz mit harter UV-Bestrahlung durch eine Hg-Lampe war eine Zersetzung des Bromoxynils schon nach wenigen Minuten meßbar. Die Lebensdauer von Bromoxynil hing überwiegend von der Intensität des UV-Lichtes ab (Bild 3).

Bromoxyniloctanoat hydrolysierte spontan mit einer Halbwertszeit von 4 Tagen im Oberflächenwasser (Tab. 1, Bild 4).

Bromfenoxim erwies sich in den Langzeitversuchen mit Tageslicht als photolytisch extrem instabil. Nach 60 Stunden lagen in Oberflächenwasser bereits 50 % der Ausgangssubstanz als Bromoxynil vor. Im Dunkeln blieb Bromfenoxim bei pH 6 relativ stabil. Der Zersetzungsprozeß wird durch die routinemäßige Stabilisierung der Wasserproben mit Mineralsäuren jedoch deutlich beschleunigt (Bild 5).

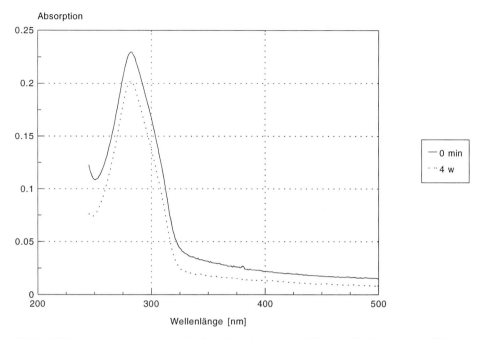

Bild 2. UV-Spektren von Bromoxynil sofort (0 min) und nach 4 Wochen (4 w) unter Tageslicht.

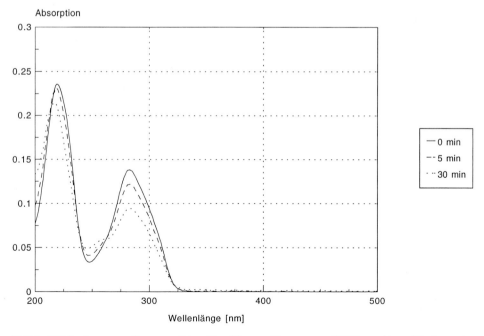

Bild 3. UV-Spektren von Bromoxynil in tridestilliertem Wasser unter UV-Bestrahlung (Hg-Lampe).

Tabelle 1. Halbwertzeiten von Bromfenoxim und Bromoxyniloctanoat, gemessen als Bromoxynilbildung.

	Bromoxynil-bildung	Oberflächenwasser pH 8	bidest. Wasser pH 6
Bromfenoxim	10 %	10 Stunden	<4 Stunden
	50 %	60 Stunden	6 Stunden
	90 %	1–4 Tage	72 Stunden
Bromoxyniloctanoat	10 %	24 Stunden	1–4 Wochen
	50 %	100 Stunden	1–4 Monate
	90 %	> 10 Stunden	–

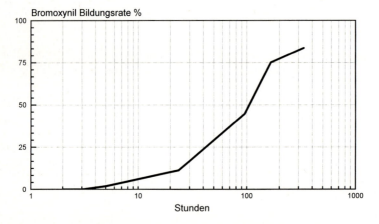

Oberflächenwasser pH-Wert = 7,5 ; Absorption bei 282 nm

Bild 4. Bildung von Bromoxynil aus Bromoxyniloctanoat.

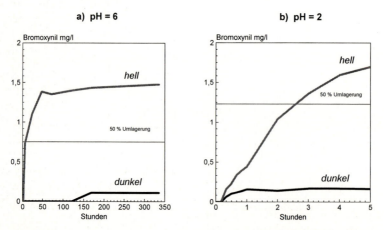

Bild 5. Bildung von Bromoxynil aus Bromfenoxim bei Tageslicht (hell) und abgedunkelt (dunkel).

3.3 Mikrobieller Abbau von Bromoxynil

In Kulturen mit Oberflächen- und Grundwasser konnte unter den gewählten Versuchsbedingungen ein mikrobieller Abbau von Bromoxynil nur unter anaeroben Verhältnissen nachgewiesen werden. In anaeroben Kulturen mit Oberflächenwasser setzte die Konzentrationsverminderung bereits nach 11 Tagen ein. Nach 21 Tagen waren 99 % des Herbizids abgebaut. Unter anaeroben Grundwasserbedingungen begann der Bromoxynilabbau nach 15 Tagen (Bild 6).

Die Zugabe von Acetat als leicht verwertbare C-Quelle verzögerte den mikrobiellen Bromoxynil-Abbau um 2 bis 3 Tage. Nach 25 bis 28 Tagen war auch in diesen Ansätzen mehr als 99 % des Bromoxynils abgebaut. Wie die Abnahme der DOC-Konzentration zeigte, wurde Bromoxynil erst nach dem Verbrauch des Acetats verwertet (Bild 7). Nitrat wurde als alternativer Elektronenakzeptor vollständig verbraucht, während die Sulfatkonzentration über die gesamte Versuchsdauer konstant blieb (Bild 7).

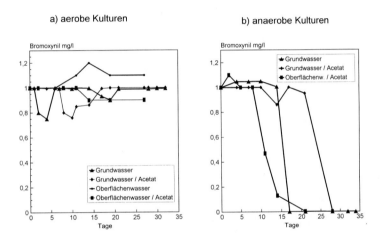

Bild 6. Bromoxynilkonzentrationen in aeroben und anaeroben Batch-Kulturen mit Oberflächen- und Grundwasser.

In allen Ansätzen sank die DOC-Konzentration entsprechend der Zunahme der Esteraseaktivität als FDA-Umsatz (Bild 7).

Unter aeroben Bedingungen konnte trotz eines Anstieges der Bioaktivität weder in Ansätzen mit Oberflächenwasser noch in solchen mit Grundwasser ein biologischer Abbau von Bromoxynil innerhalb des Versuchszeitraumes nachgewiesen werden (Bild 6).

Die Ergebnisse deuten darauf hin, daß Bromoxynil unter natürlichen, oxischen Bedingungen im Wasser längere Zeit persistent sein kann, während unter anaeroben, nitratreduzierenden Bedingungen ein biololgischer Abbau stattfindet.

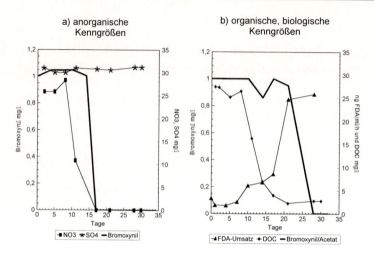

Bild 7. Anaerobe Batch-Kultur mit Grundwasser und Acetat.

3.4 Hemmeffekte auf die Bakterienbesiedlung

Die Esteraseaktivität als Indikator für die allgemeine Bioaktivität lag in den Versuchsansätzen mit Bromoxynil zum Teil erheblich niedriger als in den Kulturen ohne Herbizid. Besonders deutlich wurde dieser Effekt in den aeroben Versuchsansätzen, in denen kein Bromoxynilabbau über die Versuchsdauer stattfand (Bild 8). In diesen Ansätzen lag der FDA-Umsatz (ng FDA/ml/h) am Versuchsende bei nur ca. 42 % der unbelasteten Kontrollpopulationen. Die Enzymaktivitäten wurden je nach Ansatz um 28,9 % im Grundwasser bis 95,5 % im Oberflächenwasser gehemmt (Tab. 2).

In anaeroben Versuchsansätzen konnte die Verminderung der Bioaktivität durch Bromoxynil nicht so deutlich nachgewiesen werden (Bild 9). Einerseits führt der Herbizidabbau in diesen Kulturen zu einem Anstieg des Wachstums und der Enzymaktivitäten spezialisierter Mikroorganismen. Andererseits nimmt aufgrund des mikrobiellen Abbaus die Bromoxynilkonzentration entsprechend ab und somit auch der Effekt auf sensible Bakterien.

Tabelle 2. Hemmeffekt von Bromoxynil auf die Esterase-Aktivität (Angaben als ng FDA/ml/h).

	Tage	Oberflächenwasser unbelastet	mit Bromoxynil	Hemmung in %	Grundwasser unbelastet	mit Bromoxynil	Hemmung in %
aerobe Kulturen	28	92,01	4,11	95,53	45,08	26,92	40,28
	32	95,81	40,55	57,68	87,75	36,97	57,87
anaerobe Kulturen	21	21,61	12,42	42,53	36,39	25,89	28,85
	28	28,99	18,09	37,60	16,25	24,73	–

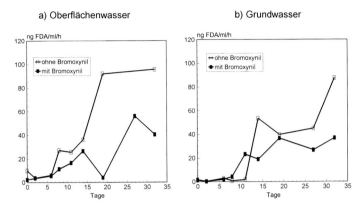

Bild 8. Esterase-Aktivität (FDA-Umsatz) in aeroben Kulturen mit und ohne Bromoxynil.

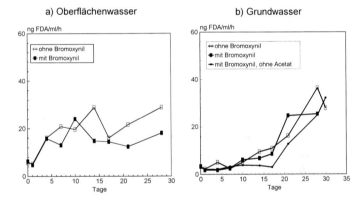

Bild 9. Esterase-Aktivität (FDA-Umsatz) in anaeroben Kulturen mit und ohne Bromoxynil.

Bei der Bestimmung der Bakterienzahlen zeigte sich eine Verminderung des Kolonienwachstums auf Festmedien durch Bromoxynil-Zugabe im Agar (Bild 10). Die Anzahl der auf diesem Bromoxynil-Agar wachsenden Bakterienkolonien lag im Schnitt um 1 bis 2 Zehnerpotenzen niedriger als die Zahlen auf dem unbelasteten P-Agar.

Der Anteil der auf Bromoxynil-Agar wachsenden Bakterien lag bei den Kulturen, die über den gesamten Versuchszeitraum mit Bromoxynil belastet waren, nicht signifikant über dem bei unbelasteten Kontrollkulturen. Eine Adaptation der Bakterienpopulationen an Bromoxynil über die Zeit war mittels der Koloniezahlen also nicht eindeutig nachweisbar. Auch auf unbelasteten P-Agar wurden keine deutlichen Unterschiede in der Bakteriendichte für Kulturen mit und ohne Bromoxynil festgestellt (Bild 11). Die Koloniezahlen lagen nach einem Anstieg der Biomasse über die ersten 10 bis 14 Tage zwischen 10^3 und 10^4 KBE/ml innerhalb der methodisch bedingten Schwankungsbreite.

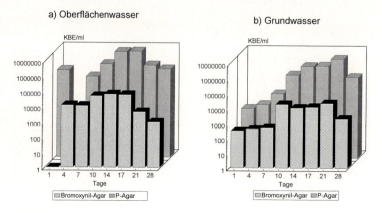

Bild 10. Bakterienwachstum auf Festmedien mit Bromoxynil (Bromoxynil-Agar) und ohne Bromoxynil (P-Agar).

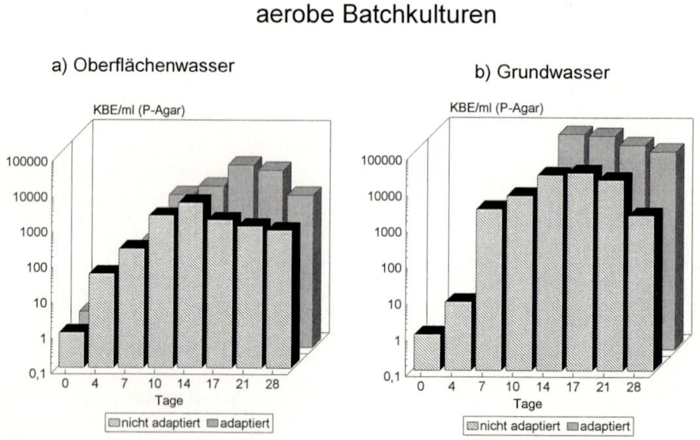

Bild 11. Bakteriendichte in Batch-Kulturen mit Bromoxynil (adaptiert) und ohne Bromoxynil (nicht adaptiert).

Diskussion

4.1 Stabilität von Bromoxynil im Wasser

Die Konzentrationsverminderung von Herbiziden im Freiland ist abhängig von einer Reihe von Faktoren, die die Hydrolyse und den biologischen Abbau bestimmen. Bromoxynil und verwandte Substanzen unterliegen in unterschiedlichem Ausmaß photolytischen und hydrolytischen Prozessen. Die häufig angewandten Esterverbindungen Bromoxyniloctanoat und Bromoxynilbutyrat hydrolisieren in Gewässern relativ schnell zu Bromoxynil

[27, 28, 29]. Die Halbwertzeiten können vom Gehalt an Huminsäuren und Salzen im Wasser beeinflußt werden [30, 31].

Die pK-Werte für Bromoxynil und Bromfenoxim betragen 4,5 und 6,1. Bei pH-Werten zwischen 2 und 8 bleibt Bromoxynil in biologisch aktivem Oberflächenwasser länger als einen Monat stabil. Somit ist die Möglichkeit eines Eintrages in Oberflächengewässer und ins Grundwasser gegeben.

Dagegen erweisen sich die Esterverbindungen Bromoxyniloctanoat und -butyrat als hydrolytisch und Bromfenoxim vorwiegend als photolytisch extrem instabil. Bei Bromfenoxim setzt die Photolyse unter Laborbedingungen bereits nach 3 Stunden ein. Bromoxynil gelangt demnach außer über die direkte Applikation auch über photo- und hydrolytische Spaltung verwandter Wirkstoffe in die Umwelt. Bei der analytischen Bestimmung von Bromoxynil ist somit zu beachten, daß der Meßwert aus Bromoxynil selbst und aus den Zersetzungsanteilen von Bromfenoxim, Bromoxyniloctanoat und Bromoxynilbutyrat zusammengesetzt sein kann (Bild 12).

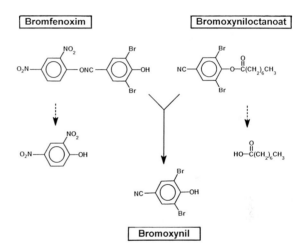

Bild 12. Herkunft von Bromoxynil in Umweltproben.

4.2 Mikrobieller Abbau von Bromoxynil

Im Wasser liegen die Bakteriendichte und Bioaktivität meist deutlich niedriger als im Boden. Von daher ist bei einem Eintrag von Herbiziden in Gewässer, vor allem ins Grundwasser, ein langsamerer biologischer Abbau zu erwarten als in Böden. Die Ergebnisse zeigen, daß Bromoxynil unter den angewandten Versuchsbedingungen sowohl im Grundwasser als auch im Oberflächenwasser nur unter anaeroben, nitratreduzierenden Bedingungen mikrobiell abgebaut wird. Nach 15–21 Tagen im Oberflächenwasser und 17–28 Tagen im Grundwasser beträgt in diesen Fällen die verbleibende Restkonzentration unter 1 %. Die Verzögerung des Bromoxynilabbaus durch die Zugabe von Acetat zeigt, daß der mikrobielle Abbau im Wasser von dem Angebot anderer Kohlenstoffquellen beeinflußt wird. Arbeiten von anderen Autoren beschreiben einen solchen Effekt für den

Bromoxynilabbau im Boden. So führt ein relativ hoher Anteil organischer Substanzen (> 15 %) im Boden zu einer Verlangsamung des Abbaus von Bromoxynil im Vergleich zu sandigem Boden mit geringerem organischen Anteil [17, 32, 33].

4.3 Hemmeffekte

Ein hemmender Effekt durch Bromoxynil auf die autochthone Mikroflora im Wasser ist anzunehmen. Die Esterase-Aktivität eignet sich aufgrund ihrer Unspezifität gut als Summenparameter für die allgemeine Bioaktivität. Mit ihr werden gleichermaßen proteolytische, lipolytische und saccharolytische Enzymaktivitäten von Bakterien und anderen Mikroorganismen erfaßt. Die Ergebnisse zeigen eine Reduzierung der Esteraseaktivitäten in Ansätzen mit Bromoxynil um 28,8 bis 95,5 %. Auf Festmedien wird darüber hinaus eine Verminderung des Koloniewachstums bei der Zugabe von Bromoxynil deutlich. Eine Adaption der Kulturen mit Bromoxynil, die durch vermehrtes Wachstum auf Bromoxynil-Agar ersichtlich wäre, kann im Vergleich zu Kontrollkulturen nicht eindeutig nachgewiesen werden. Auch liegt die Bakteriendichte in beiden Kulturansätzen in einer vergleichbaren Größenordnung.

Die Konzentration von Bromoxynil liegt in den Testansätzen mit 1 mg/l zwar in einem für derartige Versuche üblichen Rahmen – im Vergleich zu den in der Umwelt meßbaren Konzentrationen allerdings relativ hoch. In Flußwasser wurden mit der jahreszeitlich begrenzten Anwendung von Bromoxynil Spitzenwerte bis zu 113 ng/l gemessen [1]. Bei einem Auftrag von 15 kg/ha beträgt die Konzentration im Boden durchschnittlich ca. 25 mg/kg [11].

4.4 Schlußfolgerungen

Bei dem Nachweis von Bromoxynil in Umweltproben ist zu beachten, daß der Meßwert einen Summenparameter aus Bromoxynil, Bromoxynilestern und Bromfenoxim darstellen kann. Letzteres ist aufgrund der raschen, pH-abhängigen Hydrolyse und der photolytischen Prozesse letztendlich nicht nachweisbar.

Da unter anaeroben Bedingungen innerhalb des Versuchszeitraumes von 4 Wochen trotz hoher Bioaktivität keine Konzentrationsverminderung erfolgte, ist anzunehmen, daß Bromoxynil in Oberflächengewässern nur langsam abgebaut wird und damit über Infiltrationsprozesse ein Eintrag in grundwasserführende Schichten möglich ist. Auch chemisch bleibt dieses Herbizid im anaeroben Wasser über längere Zeit stabil. Nitratreduzierende Verhältnisse, die bei der Uferfiltration und der Versickerung von Oberflächenwasser in den Untergrund häufig anzutreffen sind, unterstützen dagegen einen mikrobiellen Abbau dieses Herbizids.

Eine Verminderung der mikrobiellen Aktivitäten im Wasser durch hohe Bromoxynilkonzentrationen (1 mg/l) ist nachweisbar. Bisherige Befunde im Oberflächenwasser oder Boden liegen jedoch deutlich unter dieser Konzentration. Dennoch ist ein Einfluß des Herbizides auf das mikrobielle Artenspektrum und auf Mineralisationsprozesse nicht auszuschließen.

Da die Übertragung von Laborversuchen zum Abbauverhalten von Pflanzenbehandlungsmitteln auf Feldbedingungen nur eingeschränkt möglich ist, sollen in weiterführenden Untersuchungen an halbtechnischen Versuchsanlagen die bisherigen Ergebnisse unter naturnahen Versuchsbedingungen überprüft werden.

Danksagung

Die dieser Veröffentlichung zugrundeliegenden Arbeiten wurden mit finanzieller Unterstützung des Umweltbundesamtes durchgeführt. Die Verantwortung für den Inhalt liegt jedoch allein bei den Autoren. Dem UBA wird für die finanzielle Unterstützung gedankt. Wir danken außerdem E. Ziemann für die Ausführung der Laborarbeiten sowie R. Kokoschka für die Durchführung der DOC- und Nitratbestimmungen.

Literatur

[1] Muir, C. G. u. Grift, N. P.: Herbicides levels in rivers draining two prairie acricultural watersheds. J. Environ. Sci. Heath. 22, 259–284 (1987).
[2] Zullei-Seibert, N.: Grundlagen und Kriterien für die Durchführung von Sanierungsplänen bei Überschreitung der Grenzwerte für Pflanzenbehandlungs- und Schädlingsbekämpfungsmittel (PSM). UBA Forschungsbericht Wasserwirtschaft 92–102 02 662, Berlin 1993.
[3] Molla, M. T. O., Schilling, M., Nolte, J. u. Klockow, D.: Studies on the photolytical behaviour of bromofenoxim in the atmosphere. Intern. J. Environ. Analyt. Chem. (in Druck).
[4] Fletcher, W. W. u. Smith, J. E.: The growth of bacteria, fungi and algae in the presence of 2:5 dihalogeno-4-hydroxybenzonitriles with comparative data for substituted aryloxyalkanecarbocylic acides. Proc. 7 th. Weed Control. Conf., 20–24 (1964).
[5] Grue, C. u. a.: Potential impacts of agricultural chemicals on waterfowl and other wildlife inhabiting wetlands: An evaluation of research needs and approaches. In: Transactions, 51st North American Wildlife and Natural Resources Conference, S. 357–383. Wildlife Management Institute, Washington D. C. 1986.
[6] Weed Science Society of America: Herbicide Handbook. 5. Aufl., Champaign, II. 1993.
[7] Domsch, K. H.: Pesticide im Boden: Mikrobieller Abbau und Nebenwirkungen auf Mikroorganismen, 1. Auflage, Seite 273–274, Verlag Chemie, Weinheim 1992.
[8] Kristufek, V. u. Blumauerova, M.: The herbicide Labuctril 25 reducts the number of actinomycetes in forest soil. Folia Microbiol. 28, 237–239 (1983).
[9] Fayez, M., Emam, N. F. u. Makboul, H. E.: Interactions of the herbicides bromoxynil and Afalon S with *Azospirillum* and growth of maize. Z. Pfl. Ernähr. Bodenkde 146, 741–751 (1983).
[10] Fear, S., in: Kearney, P. C. u. Kaufmann, D. D.: Herbicides – chemistry, degradation and mode of action. Band 2, 582–587, Dekker Inc., New York 1976.
[11] Smith, A. E.: Degradation of bromoxynil in Regina heavy clay. Weed Res. 11, 276–282 (1971).
[12] Topp, E., Xun, L. u. Orser, C. S.: Biodegradation of the herbicide bromoxynil (3,5-dibromo-4-hydroxybenzonitrile) by purified pentachlorophenol hydrolase and whole cells of *Flavobacterium sp.* strain ATCC 39723 is accompanied by cyanogenesis. Appl. Environm. Microbiol. 58, 502–505 (1992).
[13] Brown, D. F. u. a.: Herbicides residues from winter wheat plots: Effect of tillage and crop management. J. Environ. Qual. 14, 521–532 (1985).
[14] Smith, A. E.: Soil persistence studies with bromoxynil, propanil and [^{14}C] Dicamba in herbicidal mixtures. Weed Res. 24, 291–295 (1984).
[15] Stalker, D. M., Malvj, L. D. u. McBrigge, K. E.: Purification and properties of a nitrilase specific for the herbicide bromoxynil and corresponding nucleotide sequence analysis of the bxn gene. J. Biol. Chem. 263, 6310–6314 (1988).
[16] Smith, A. E. u. Cullimore, D. R.: The in vitro degradation of the herbicide bromoxynil. Can. J. Microbiol. 20, 773–776 (1974).
[17] Golovleva, L. A. u. a.: Decomposition of the herbicide bromoxynil in soil and in bacterial cultures. Folia Microbiol. 53, 491–499 (1988).

[18] Schulte-Ebbert, U. u. Willme, U.: Veränderung hydrochemischer Grundwassermilieus durch definierte Grundwasserbewirtschaftung im Wasserwerk Hengsen der Dortmunder Stadtwerke AG. Vom Wasser 79, 167–180 (1992).

[19] Schwoerbel, J.: Einführung in die Limnologie, 3. Aufl., Fischer-Verlag, Stuttgart 1977.

[20] Preuß, G. u. Nehrkorn A.: Mikrobielle Sukzession bei der Uferfiltration – Veränderungen in Dichte und Verteilung verschiedener Bakteriengruppen. Z. dt. geol. Ges. *139*, 575–586 (1988).

[21] Preuß, G.: Untersuchungen zu mikrobiellen Sukzessionen bei der Infiltration von Oberflächenwasser in den Untergrund. Dissertation, Fachbereich 2 der Universität Bremen 1991.

[22] Kuhlmann, B. u. Schöttler, U.: Behaviour and effects of NTA during anaerobic bankfiltration. Chemosphere *24*, 1217–1224 (1992).

[23] Preuß, G., Zullei-Seibert, N., Heimlich, F. u. Nolte, J.: Microbial degradation of the herbicide bromoxynil in batch cultures under groundwater conditions. Intern. J. Environ. Anal. Chem. *54*, 1–7 (1994).

[24] OECD (Organisation for Economic Co-operation and Development): Guidlines for testing of chemicals, Section 3, 302 C, OECD, Paris 1981.

[25] Kölbel-Boelke, J., Tiemken, B. u. Nehrkorn, A.: Microbial communities in the saturated groundwater environment: I. Methods of isolation and characterization of heterotrophic bacteria. Microb. Ecol. *16*, 17–29 (1988).

[26] Obst, U. u. Holzapfel-Pschorn, A.: Enzymatische Tests für die Wasseranalytik, S. 42–44. Oldenbourg Verlag, München 1988.

[27] Nolte, J., Heimlich, F., Zullei-Seibert, N. u. Preuß, G.: Investigations in the stability of bromofenoxim, bromoxynil, bromoxyniloctanoate, ioxynil, chloroxynil, and mecoprop in water. Fresenius J. Anal. Chem. (in Druck).

[28] Collins, R. F.: Perfusion studies with bromoxynil octanoate in soil. Pestic. Sci. *4*, 181–192 (1973).

[29] Muir, D. C. G.: Dissipation and transformations in water and sediments. In: Grover, R. u. Cessna, A. J.: Environmental Chemistry of Herbicides, Band *2*, 71–72, CRS Press 1991.

[30] Kochany, J., Choudhry, G. G. u. Webster, G. B. B.: Soil organic matter chemistry II. Effects of soil fulvic acids on the environmental photodecomposition of bromoxynil (3,5-dibromo-4-hydroxybenzonitrile) herbicide in water. Intern. J. Environ. Anal. Chem. *10*, 395–406 (1990).

[31] Kochany, J. u. Choudhry, G. G.: Photochemistry of halogenated benzene derivates. Part XII. Effects of sodium nitrite on the environmental phototransformation of bromoxynil (3,5-dibromo-4-hydroxybenzonitrile) herbicide in water. The photoincorporation of nitrite ions into bromoxynil. Toxical. Environ. Chem. *27*, 225–239 (1990).

[32] Ingram, D. H. u. Pullin, E. M.: Persistence of bromoxynil in three soil types. Pestic. Sci. *5*, 287–291 (1974).

[33] Cullimore, D. R. u. Kohout, M.: Isolation of a bacterial degrader of the herbicide bromoxynil from a Saskatchewan soil. Can. J. Microbiol. *20*, 1449–1452 (1974).

Biologischer Abbau von Öl/Wasser-Emulsionen und polycyclischen aromatischen Kohlenwasserstoffen (PAK)

Biodegradation of Oil/Water-Emulsions and Polycyclic Aromatic Hydrocarbons (PAH)

Michael Cuno, Bodo Weigert, Joachim Behrendt und *Udo Wiesmann**

Schlagwörter

Dodecan, Acenaphthen, Anthracen, Benz(k)fluoranthen, Öl/Wasser-Emulsion, Kinetik, Stofftransport, Emulgator

Summary

The investigation presented deals with the biodegradation of defined dodecane/water-emulsions and polycyclic aromatic hydrocarbons that are dissolved in the oil-phase. It is shown that the size of the oil droplet has no influence on the biodegradation of the oil in the presence of an emulsifier. Kinetic data for the biodegradation of dodecane are given. PAH and dodecane are transformed simultaneously, due to coupled transport of the lipophilic phase. The small amount of residual benz(k)fluoranthene remains mainly in the biomass fraction.

Zusammenfassung

Die Untersuchung befaßt sich mit dem biologischen Abbau von definierten Dodecan/Wasser-Emulsionen und polycyclischen aromatischen Kohlenwasserstoffen (PAK), die zunächst in der Ölphase gelöst werden. Es wird gezeigt, daß die Öltröpfchenverteilung bei Zusatz eines Emulgators keinen Einfluß auf den biologischen Umsatz hat. Kinetische Daten für den biologischen Abbau von Dodecan werden vorgestellt. Die PAK werden gleichzeitig mit dem Dodecan biologisch transformiert. Dies wird durch die Annahme eines gemeinsamen Stofftransportes der lipophilen Phase erklärt. Das zu einem kleinen Anteil nicht umgesetzte Benz(k)fluoranthen befindet sich fast vollständig in der Biomasse.

1 Einleitung

Ölhaltige Abwässer stellen eine Gefährdung für die Oberflächengewässer dar. Selbst nach einer Schwerkraftabscheidung ist der Ölgehalt oft noch weit größer, als der molekularen Löslichkeit von Öl in Wasser entspricht, weil das Öl emulgiert vorliegen kann. Wesentlich problematischer hingegen sind häufig die in dem Öl gelösten Schadstoffe, z. B. die polycyclischen aromatischen Kohlenwasserstoffe, die hier beispielhaft als zusätzliche Schadstoffkomponente im Öl betrachtet werden. Ölhaltige Abwässer fallen vielfach an; die folgende Tabelle führt einige Industriebereiche und die Mindestanforderungen nach § 7a WHG auf.

---

* Dipl.-Ing. M. Cuno, Dr.-Ing. B. Weigert, Dr.-Ing. J. Behrendt, Prof. Dr.-Ing. U. Wiesmann, Technische Universität Berlin, Institut für Verfahrenstechnik, Sekr. MA 5–7, Straße des 17. Juni 135, D-10623 Berlin.

Tabelle 1. Mindestanforderungen für Direkteinleiter nach § 7a WHG [1].

Abwasserherkunft	Quelle	CSB mg/l	KW mg/l	PAK mg/l
Steinkohleaufarbeitung	Rahmen-Abwasser VwV Anhang 16	100	–	–
Mischabwässer	Rahmen-Abwasser VwV Anhang 22	2500	–	–
Herstellung von KW	Rahmen-Abwasser VwV Anhang 36	120	2	–
Metallbearbeitung, -verarbeitung	Rahmen-Abwasser VwV Anhang 40	400	10	–
Erdölverarbeitung	Rahmen-Abwasser VwV Anhang 45	80	2	–
Fahrzeugwaschwässer	Rahmen-Abwasser VwV Anhang 49	–	20	–
Eisen- und Stählerzeugung	24. Abwasser VwV	100	10	–
Steinkohleverkokung	46. Abwasser VwV	300 g/t	–	–

Die leere Spalte in der Tabelle 1 soll darauf hinweisen, daß Problemstoffe wie z. B. PAK, die oft den wesentlichen Anteil des mutagenen und cancerogenen Potentials verursachen, nicht in den entsprechenden Verwaltungsvorschriften aufgeführt sind.

Weitere Beispiele für mineralölhaltige und PAK-haltige Abwässer können z. B. kontaminierte Grundwässer, Deponiesickerwässer und Bodenwaschwässer sein.

Die biologische Behandlung mineralölhaltiger Abwässer, auch in der Verfahrenskombination physikalische Vorbehandlung durch Schwerkraftabscheidung und evtl. Koaleszenzabscheidung, ist eine kostengünstige Verfahrensweise. Jedoch ist der Mechanismus der Ölaufnahme und die Kinetik des Umsatzes noch nicht hinreichend geklärt. Die biologische Behandlung wird darüber hinaus fragwürdig, wenn z. B. die im Öl gelösten PAK nicht abgebaut werden. Deshalb ist in dieser Arbeit der biologische Umsatz von Dodecan/Wasser-Emulsionen mit bekannter Öltröpfchenverteilung untersucht worden, in denen zusätzlich PAK enthalten waren. Dabei wurden die PAK Acenaphthen (Ac), Anthracen (An) und Benz(k)fluoranthen (BkF) eingesetzt. Deren Strukturformeln und molekulare Löslichkeit in Wasser bei 25 °C sind in Bild 1 dargestellt. Auffällig ist, daß die Substrate alle nahezu nicht wasserlöslich sind. Ziel der Arbeit ist es, den Mechanismus und die Kinetik des biologischen Abbaus von Öl/Wasser-Emulsionen sowie der darin gelösten PAK zu ermitteln.

2 Methoden

Aus einer kontinuierlich betriebenen Laborkläranlage wird eine leistungsfähige chemoorganoheterotrophe Mischkultur zur Verfügung gestellt, die durch den Abbau eines stark kontaminierten Öls an ein weites organisches Schadstoffspektrum adaptiert ist. Das Abwaser wurde mit einem Mopwringer von einer Öllinse abgeschöpft, die auf dem Grundwasserspiegel unterhalb des Geländes einer ehemaligen Altöl aufarbeitenden Berliner Firma schwimmt. Eine ausführliche Beschreibung der Laborkläranlage befindet sich an anderer Stelle [5].

Als Modellsubstanz für ein Mineralöl wird Dodecan gewählt. Es werden unter Zuhilfenahme des handelsüblichen Emulgators Eumulgin ET5 der Fa. Henkel stabile Emulsionen

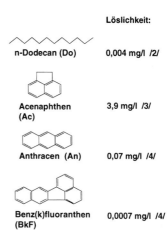

Bild 1. Untersuchte Stoffe sowie deren Löslichkeit in Wasser bei 25 °C.

hergestellt. Dies erfolgt mit Hilfe eines Rotor-Stator-Rührers bei definiertem Energieeintrag durch Variation der Drehzahl zwischen 2000 und 13 000 min^{-1}, wobei stabile Öltröpfchengrößenverteilungen mit einer mittleren Öltröpfchengröße zwischen 1 µm (n = 13 000 min^{-1}) und 15 µm (n = 2000 min^{-1}) entstehen. Es können so Emulsionen mit unterschiedlicher Öltröpfchengrößenverteilung hergestellt und die Relevanz der Tröpfchengröße auf die Kinetik des biologischen Abbaus untersucht werden. In Bild 2 ist die Öltröpfchengrößenverteilung bei n = 10 000 min^{-1} dargestellt. In diesem Fall liegen die Öltröpfchen in der Größenordnung der Bakterien vor. In dieser Arbeit wird, wenn nicht anders erwähnt, immer mit dieser Öltröpfchengrößenverteilung gearbeitet.

Zur Untersuchung der Frage, ob eine Kopplung des Öl- und des PAK-Abbaus vorliegt, werden die PAK in Dodecan vor der Emulgierung gelöst. Dieses erfolgt sowohl in einem kontinuierlich betriebenen Chemostaten ohne Biomassezuführung als auch in Batch-Ver-

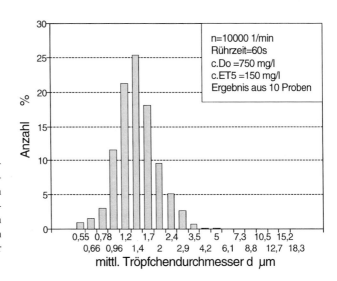

Bild 2. Öltröpfchengrößenverteilung einer Dodecan/Wasser-Emulsion mit einer Dodecankonzentration (c.Do) von 750 mg/l und einer Emulgatorkonzentration (c.Et5) von 150 mg/l, hergestellt in einem Rotor-Stator-System mit einer Drehzahl von 10 000 min^{-1}.

suchen. Das Verfahrensschema des Chemostaten ist in Bild 3 dargestellt. Zu allen Versuchen werden Adsorptions- und Desorptionsphänomene systematisch untersucht und berücksichtigt.

Die Analytik erfolgt nach einer flüssig/flüssig-Extraktion mit Toluol. Dazu werden 5 ml Probe in ein 20 ml head-space-vial überführt und mit 1 g $MgSO_4$ und 1 ml konz. H_2SO_4 zur Emulsionsspaltung versehen und anschließend mit 10 ml Toluol auf einem Schüttler (HS 500, Fa. Ströhlein) bei einer Frequenz von 250 min^{-1} extrahiert. Dabei werden die in der Öl- und Wasserphase vorliegenden PAK zusammen mit den an der Biomasse adsorbierten bzw. von den Mikroorganismen aufgenommenen PAK erfaßt. Die Analyse von Dodecan als Modellöl wird mittels Gaschromatographie, die Quantifizierung der PAK mit Hochdruckflüssigkeitschromatographie durchgeführt. Die einzelnen Analysebedingungen können den zwei folgenden Tabellen entnommen werden.

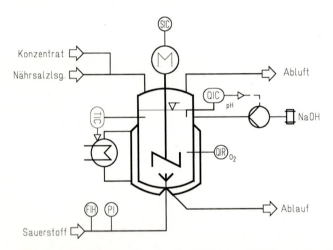

Bild 3. Schema des Chemostaten ohne Bakterienrückführung. Der Zulauf des Chemostaten besteht aus einer konzentrierten Dodecan/Wasser-Emulsion unter Zusatz von 20 Massenprozent Emulgator bezogen auf die Dodecanmenge, die mit einer Nährsalzlösung verdünnt wird, so daß sich eine Dodecanzulaufkonzentration von 750 mg/l ergibt. Die Verweilzeit im vollständig durchmischten Reaktor wurde zwischen 2 und 40 h eingestellt. Die Belüftung erfolgt durch einen Belüftungsring mit technischem Sauerstoff, die Sauerstoffkonzentration wird mit einer Sauerstoffsonde kontrolliert. Der 3 Liter große Reaktorinhalt ist temperiert (30 °C) und pH-geregelt bei einem pH-Wert von 7,5. Als Rühraggregat dient ein 6-blättriger Scheibenrührer mit einer geregelten Drehzahl von 300 min^{-1}.

3 Ergebnisse und Diskussion

3.1 Biologischer Abbau von Dodecan unter Zusatz eines Emulgators

In Bild 4 sind zeitgleich Dodecan/Wasser-Emulsionen mit unterschiedlicher Tropfengrößenverteilung im Hinblick auf die Proteinkonzentration untersucht worden.

Bei gleicher Biomassestartkonzentration kann keine Abhängigkeit des Proteinverlaufes (Maß für Bildung und Zerfall der Biomasse) von der Öltröpfchengrößenverteilung nachge-

Tabelle 2. Geräte- und Analyseparameter bei der Bestimmung der PAK mit der HPLC.

Multiwellenlängendetektor	Rapid Scan, Barspec
HPLC-Pumpe	SP 8800, Spectra Physics
Fluoreszenzdetektor	RF 551, Shimadzu
Entgaser	ERC 3612, Erma, CR
Autosampler	Marathon, Spark
Trennsäule	RP18 (Nucleosil-120-5C18, 250·8·4, ERC)
Fließmittel	Methanol/Wasser – 80/20, isokratisch
Probevolumen	20 µl
Fließrate	1 ml/min
Exitations-Emissionswellenlänge von Acenaphthen	295 nm 333 nm
Exitations-Emissionswellenlänge von Anthracen	245 nm 397 nm
Exitations-Emissionswellenlänge von Benz(k)fluoranthen	302 nm 431 nm

Tabelle 3. Geräte- und Analyseparameter bei der Bestimmung von Dodecan mit der GC.

Gaschromatograph	Hewlett Packard 5890 mit Autoinjector und FID
Injektionsvolumen	1 µl
Säule	Fused-Silicia-Trennsäule (SE-54-DF-0,25, Fa. Machery-Nagel)
Split	splitless
Säulenvordruck	100 kPa
Trägergasflow	30 ml/min
Injektortemperatur	300 °C
Detektortemperatur	300 °C
Temperaturprogramm	Start: 110 °C, 1,8 min; Gradient: 50 °C/min; Ende: 300 °C

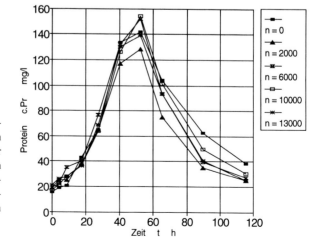

Bild 4. Dargestellt sind die „Bakterienkonzentrationen", gemessen als Lowry-Protein (c.Pr), über der Versuchszeit bei unterschiedlich großen Tropfengrößenverteilungen. Die Startsubstratkonzentration beträgt 375 mg/l Dodecan und 75 mg/l Emulgator.

wiesen werden. Die Biomasse ist auch bei größeren Tropfen immer ausreichend mit Substrat versorgt. Dies gilt auch, wenn das Dodecan ohne vorherige Emulgierung nur auf die Oberfläche der Suspension pipettiert wird (n = 0). Auch wenn die Biomassestartkonzentration deutlich erhöht wird, verändert sich dieses Resultat nicht. Es gibt also keine Substratlimitierung auch bei relativ großen Öltropfen. Damit wird es unvorstellbar, daß das molekular gelöste Dodecan das einzige Substrat ist, weil der Annahme eines Stofftransports des Dodecans von der Ölphase in die wäßrige Phase bei der gegebenen Löslichkeit von Dodecan in Wasser von nur 4 µg/l (vgl. Bild 1) einen unrealistisch hohen Stoffübergangskoeffizienten erforderlich machen würde. Deshalb wird hier von einem Dircktkontakt zwischen Biomasse und Öltröpfchen und einer Ölfilmbildung auf der Zelloberfläche ausgegangen. Öltröpfchen-Biomassenagglomerate können auch durch mikroskopische Aufnahmen bestätigt werden.

In einem weiteren Versuch wurde der Frage nachgegangen, ob es zu einer Substratlimitierung der Biomasse bei gleichen Versuchsbedingungen wie zuvor kommen kann, wenn die Biomassestartkonzentration erhöht wird (Bild 5). Die Frage kann eindeutig beantwortet werden: Auch bei hohen Biomassenstartkonzentrationen ist es für den Substratumsatz und das korrelierende Biomassewachstum vollkommen gleichgültig, ob das Dodecan zuvor emulgiert wird oder nicht. Die vorgegebene Öltröpfchenverteilung ist ohne Bedeutung.

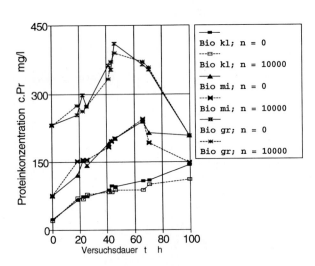

Bild 5. Dargestellt sind die „Bakterienkonzentrationen", gemessen als Lowry-Protein (c.Pr), über der Versuchszeit. Es wurden Versuche bei drei verschiedenen Proteinstartkonzentrationen unternommen, bei kleinen (Bio kl), mittleren (Bio mi) und hohen (Bio gr).

Ein Chemostat wurde mit einer Zulaufkonzentration von 750 mg/l Dodecan betrieben und es wurden bei vorgegebener Verweilzeit jeweils stationäre Verhältnisse abgewartet. Die Bestimmung der Biomassekonzentration erfolgte durch Proteinmessung. Die Verweilzeiten wurden schrittweise verkürzt, bis es zur Auswaschung der Biomasse kam. Im folgenden wird gezeigt, daß die erhaltenen Meßdaten einem kinetischen Ansatz nach Monod (siehe Gl. 1) genügen:

$$\mu = \frac{\mu_{max} c_S}{K_S + c_S} \tag{1}$$

mit μ spezifische Wachstumsrate,
     μ_{max} maximale Wachstumsrate,
     c_S Dodecankonzentration und
     K_S Sättigungskoeffizient.

Berücksichtigt man beim Biomasseumsatz auch den Biomassezerfall, der aus endogener Atmung und Lysis besteht, so folgt für die Biomassebildungsgeschwindigkeit

$$r_B = (\mu - k_d)c_B \tag{2}$$

mit r_B Biomassebildungsgeschwindigkeit,
     c_B Biomassekonzentration,
     k_d Biomassezerfallskoeffizient

und für die Substratumsatzgeschwindigkeit

$$r_S = \frac{\mu c_B}{Y_{B/S}} \tag{3}$$

mit r_S Substratumsatzgeschwindigkeit und
     $Y_{B/S}$ Ertragskoeffizient.

Es ist dann mit Hilfe der Substrat- und Biomassebilanz möglich, eine explizite Lösung für die Substrat- und Biomassekonzentration im Reaktor zu finden:

$$c_B = \frac{c_{SO} - c_S}{t_V \mu} Y_{B/S} \tag{4}$$

mit c_{SO} Substratzulaufkonzentration,
     t_V Verweilzeit und

$$c_S = \frac{K_S(k_d t_V + 1)}{(\mu_{max} - k_d)t_V - 1} \tag{5}$$

In Bild 6 erkennt man, daß die Meßergebnisse mit Gl. (4) und Gl. (5) beschrieben werden können. Durch Koeffizientenanpassung ergeben sich folgende kinetische Koeffizienten:

μ_{max} = 0,77 h^{-1},
$Y_{B/S}$ = 0,68 gPr/gDo,
K_S = 351 mg/l Do und
k_d = 0,054 h^{-1}.

Die maximale Wachstumsrate ist für eine chemoorganoheterotrophe Population erstaunlich hoch, der Ertragskoeffizient Biomasse/Substrat liegt an der oberen Grenze des in der Literatur angegebenen Bereichs von 0,7–1 g oTS/g Alkan [6]. Zusammenfassend läßt sich sagen, daß der Umsatz der Dodecanemulsion durch einen kinetischen Ansatz nach Monod darstellbar ist.

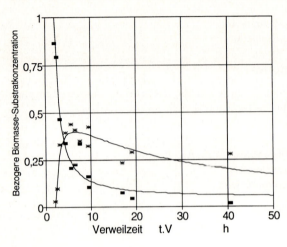

Bild 6. Aufgetragen sind die jeweils auf die Dodecanzulaufkonzentration bezogenen Biomassekonzentrationen gemessen als Lowry-Protein und die Dodecankonzentrationen, die sich bei jeweils stationären Verhältnissen in einem Chemostaten (vgl. Bild 3) ergaben. Durch Koeffizientenanpassung ist unter der Annahme eines kinetischen Ansatzes nach Monod die durchgezogene Substrat- und Biomassekurve berechnet worden.

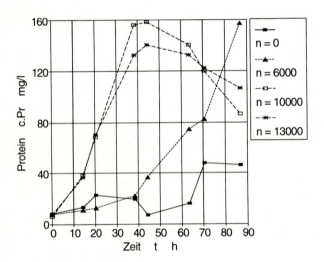

Bild 7. Dargestellt sind die „Bakterienkonzentrationen", gemessen als Lowry-Protein (c.Pr), über der Versuchszeit bei unterschiedlich großen Tropfengrößenverteilungen.

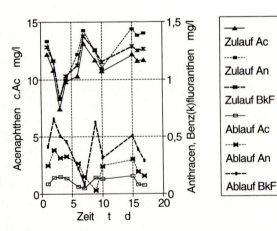

Bild 8. Ganglinien von Acenaphthen (Ac), Anthracen (An) und Benz(k)fluoranthen (BkF) vom Zulauf und Ablauf eines Chemostaten bei einer Verweilzeit von 40 h.

3.2 Biologischer Abbau von Dodecan ohne Zusatz eines Emulgators

Es gibt bei Versuchen ohne Zusatz eines Emulgators eine deutliche Abhängigkeit der Wachstumsgeschwindigkeit von der Anfangsgrößenverteilung der Öltropfen (Bild 7). Während für Öltröpfchen zwischen 1 und 2 µm kein nennenswerter Unterschied im zeitlichen Proteinzuwachs zu verzeichnen ist, gibt es bei größeren Öltröpfchen (n = 6000 min^{-1}; 4 µm) ein deutlich späteres Biomassewachstum. Pipettiert man das Dodecan lediglich auf die Oberfläche des Kultivierungsgefäßes, ist während der gesamten Versuchszeit kein nennenswerter Proteingewinn zu beobachten. Dieses liegt an der mangelnden Verfügbarkeit des Öls für die Bakterien. Für produzierte Bioemulgatoren muß offenbar eine große Tröpfchenoberfläche durch einen hinreichenden Energieeintrag zur Verfügung gestellt werden, was bei Zugabe synthetischer Emulgatoren nicht erforderlich war. Die Menge beziehungsweise Wirksamkeit der produzierten Bioemulgatoren reichte während der Versuchszeit von 90 Stunden nicht aus, um das auf die Oberfläche pipettierte Dodecan bioverfügbar zu machen und in Protein umzusetzen.

3.3 Biologischer Abbau von Dodecan und PAK im Chemostaten

In Bild 8 ist ein Versuch aus dem Betrieb eines Chemostaten mit einer Verweilzeit von 40 Stunden dargestellt, der mit Dodecan und den drei PAK Acenaphthen, Anthracen und dem fünfkernigen Benz(k)fluoranthen beschickt wurde.

Nach Separierung der Biomasse im Ablauf kann eine Umsetzung von Acenaphthen von nahezu 90%, Anthracen von 70% und Benz(k)fluoranthen von 60% gemessen werden, der restliche Anteil dieser PAK wird im wesentlichen an der Biomasse adsorbiert.

Das Hauptinteresse beim biologischen Abbau gilt den höherkernigen PAK, da hier das wesentliche mutagene und cancerogene Potential liegt und eine Transformation oder ein Abbau durch Reinkulturen noch nicht nachgewiesen werden konnte.

3.4 Biologischer Abbau von Dodecan und PAK in der Batchkultur

Wenn in einer kontinuierlich betriebenen Anlage ein Umsatz von PAK beobachtet werden kann, sollte dies auch in einem Batch-Versuch möglich sein (vgl. Bild 9 u. 10). Auffällig ist der gleichzeitige Umsatz des Dodecans und der PAK. Die aufeinander bezogenen Umsatzgeschwindigkeiten sind in etwa gleich. Es gilt:

$$\frac{r_{PAK}}{r_{Do}} = \frac{r_{Ac}}{r_{Do}} = \frac{r_{An}}{r_{Do}} = \frac{r_{BkF}}{r_{Do}} = \text{konstant} \qquad (6)$$

mit r als Umsatzgeschwindigkeit.

Dieser gekoppelte Umsatz von PAK und Dodecan ist dadurch zu erklären, daß ein gemeinsamer Stofftransport des Öls und der PAK zu oder in die Bakterien dorthin erfolgt, wo die entscheidenden Enzyme sitzen und die Substrate umgesetzt werden. Der gemeinsame Stofftransport der lipophilen Phase führt unter der Voraussetzung, daß die erforderlichen Enzyme vorhanden sind, zu einem gleichzeitigen Stoffumsatz. Der simultane Umsatz von Pyren in einer Hexadecan/Wasser-Emulsion ohne Zusatz eines Emulgators wurde von *Kniebusch* et al. beschrieben [7].

Alle Ergebnisse wurden durch zeitgleich vorgenommene Blindversuche mit abgetöteter Biomasse abgesichert. Am überzeugendsten ist jedoch ein Blindversuch mit aktiver, je-

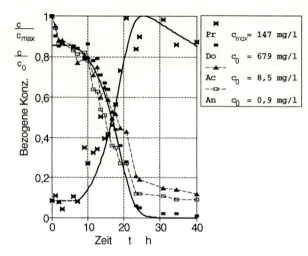

Bild 9. Proteinverlauf (Pr) und Substrate Dodecan (Do), Acenaphthen (Ac) und Anthracen (An) in einem Batchreaktor. Die Proteinkonzentration ist auf die maximal erreichte Konzentration c_{max}, die Substrate sind auf die jeweilige Startkonzentration c_0 bezogen worden.

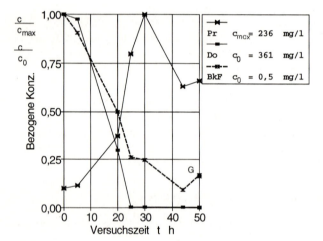

Bild 10. Proteinverlauf (Pr) und Substrate Dodecan (Do) und Benz(k)fluoranthen (BkF) in einem Batchreaktor. Die Proteinkonzentration ist auf die maximal erreichte Konzentration c_{max}, die Substrate sind auf die jeweilige Startkonzentration c_0 bezogen worden. Das große G in der Abbildung steht für Gesamtextraktion, also für eine komplette analytische Erfassung des Reaktorinhaltes und der Reaktorwandung, um möglicherweise an der Wandung adsorbierte Stoffe zu erfassen.

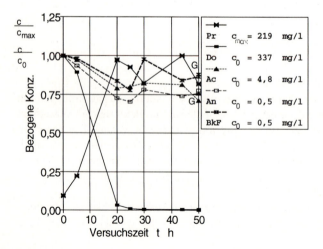

Bild 11. Blindversuch zum Abbau von Dodecan und PAK mit einer nicht an den PAK-Abbau adaptierten Mischpopulation. Darstellung des Proteinverlaufs (Pr) und der Substrate Dodecan (Do) Acenaphthen (Ac) und Anthracen (An) und Benz(k)fluoranthen (BkF) in einem Batchreaktor.

doch nicht an den PAK-Abbau adaptierter Mischpopulation (Bild 11). Während Dodecan vollständig umgesetzt wird, beträgt der Abbau der PAK maximal 25%.

3.5 Verbleib des Benz(k)fluoranthens

Führt man einen Abbauversuch mit Dodecan und Benz(k)fluoranthen in einem geschlossenen Inkubierungsgefäß durch, so kann man zu Versuchsende ermitteln, wo sich das nicht abgebaute oder transformierte Benz(k)fluoranthen befindet (Bild 12). Das restliche Benz(k)fluoranthen ist überwiegend an der Biomasse, kaum an der Wandung des Gefäßes und nahezu nicht in der wäßrigen Lösung nachweisbar.

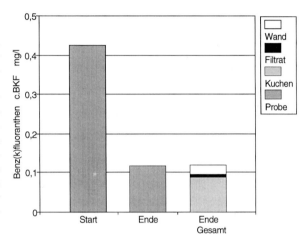

Bild 12. Benz(k)fluoranthenkonzentrationen (c.BkF), zu Beginn und Ende eines biologischen Abbauversuchs, dem zusätzlich Dodecan und Emulgator zugefügt wurde. Zu Versuchsende ist zusätzlich der Reaktorinhalt durch ein Glasfaserfilter filtriert worden. Der Filterkuchen, in dem sich nahezu das gesamte Protein befand, und das Filtrat sind analysiert worden. Zusätzlich ist das leere Extraktionsgefäß extrahiert worden, um das an der Wandung adsorbierte BkF zu ermitteln.

4 Schlußfolgerungen

Im einzelnen wurden folgende Ergebnisse erzielt:

1. Die Tropfengrößenverteilung einer mit einem synthetischen Emulgator stabilisierten Dodecan/Wasser-Emulsion hat keinen Einfluß auf die Abbaugeschwindigkeit einer bakteriellen Mischkultur. Ein alleiniger Stofftransport von Dodecan über die wäßrige Phase ist ausgeschlossen. Direktkontakte zwischen Biomasse und Öltropfen ermöglichen einen direkten Zugang des Öls in die Biomasse.
2. Dies gilt auch bei Emulsionen ohne synthetischen Emulgator, die bei den hohen Drehzahlen von n = 10 000 und 13 000 min^{-1} hergestellt werden; bei kleineren Drehzahlen und größeren Öltropfen verläuft der Abbau jedoch wesentlich langsamer. Die von den Bakterien produzierten Biotenside können offenbar die Funktion der synthetischen nur zum Teil übernehmen, da sie in Menge und Wirksamkeit nicht ausreichen, das Substrat während der Versuchszeit zu verstoffwechseln.
3. Der Abbau von emulgiertem und stabilisiertem Dodecan in einem Chemostaten läßt sich mit Hilfe einer Monod-Kinetik beschreiben. Die Ermittlung einer maximalen Wachstumsrate von $\mu_{max} = 18,5\ d^{-1}$ zeigt, daß ein biologischer Ölabbau ausgesprochen schnell erfolgen kann.

4. Werden die PAK Acenaphthen, Anthracen und Benz(k)fluoranthen vor der Emulgierung in Dodecan gelöst und anschließend einer Mischkultur zugeführt, die bereits an den Abbau von Öl und PAK adaptiert war, so werden die PAK mit gleicher relativer Geschwindigkeit abgebaut oder transformiert wie das Dodecan. Dies ist besonders deutlich im Batch-Versuch zu erkennen. Der PAK-Abbau scheint daher an den Dodecan-Abbau gekoppelt zu sein, sofern die Bakterien alle dazu erforderlichen Enzyme synthetisieren können. Unter diesen Bedingungen ist die PAK-Umsatzgeschwindigkeit genau wie die Dodecanumsatzgeschwindigkeit nur von dem gemeinsamen Transport des Dodecans und der in den Dodecantropfen gelösten PAK in die Bakterienzelle abhängig.

5 Literatur

[1] Zitzelsberger, W. (bearb.): Das neue Wasserrecht für die betriebliche Praxis, WEKA Fachverlage GmbH, Augsburg, Grundwerk – 1981.

[2] McAuliffe, C.: Solubility in Water of Paraffin, Cycloparaffin, Olefin, Acetylene, Cycloolefin and Aromatic Hydrocarbons, J. Phys. Chem. *70*, 1267–1275 (1966).

[3] Macay, D. u. Shiu W. Y.: A critical Review of Henry's Law Constants for Chemicals of Environmental Interest, J. Phys. Chem. *10*, 1175–1199 (1981).

[4] Pearlman, R. S., Yaslkowsky, S. H. u. Banerjee, S.: Water Solubilities of Polynuclear Aromatic and Heteroaromatic Compounds, J. Phys. Chem., *13*, 555–562 (1984).

[5] Cuno, M., Weigert, B. u. Wiesmann, U.: Biologischer Abbau von polycyclischen aromatischen Kohlenwasserstoffen (PAK) in Öl/Wasser-Emulsionen, Schriftenreihe Biologische Abwasserreinigung des Sonderforschungsbereiches 193 an der TU Berlin, Bd. 4, 109–122, 1994.

[6] Schlegel, H. G.: Allgemeine Mikrobiologie, 6. überarbeitete Auflage; Thieme Verlag, Stuttgart-New-York 1985.

[7] Kniebusch, M. M., Hildebrandt-Möller, A. u. Wilderer, P. A.: Biologischer Abbau von polyzyclischen aromatischen Kohlenwasserstoffen mit einem Menbran-Biofilm-System, Schriftenreihe Biologische Abwasserreinigung des Sonderforschungsbereiches 193 an derr TU Berlin, Bd. 4, 123–134, 1994.

Das Projekt wird im Rahmen der Sonderforschungsbereiches 193 „Biologische Behandlung industrieller und gewerblicher Abwässer" von der DFG in dankenswerter Weise gefördert.

Reinigung von Bergbauwässern des Erzgebirges durch Fällung und Flockung

Treatment of Mining-Wastewaters of the Erzgebirge by Precipitation and Flocculation

Ulrich Gohlke*, Andreas Otto* und *Gunter Kießig**

Schlagwörter

Bergbauwässer, Fällung, Flockung, Uranabtrennung, Amidoximcopolymere, Komplexbildung, Wasserreinigungsverfahren

Summary

Leachates and flooding waters from the former uranium mines of the Wismut contain uranium, radium and arsenate compounds which have to be removed before discharging into surface waters. The separation of radium and arsenate can be carried out by well known precipitation methods. Until now the uranium compounds were immobilized by an unspecific sedimentation process using inorganic precipitants. This process has the disadvantage that it yields large sludge volumes. A new process for the stepwise separation of the mentioned contaminants has been developed. The separation of uranium proceeds by complex formation with a novel polymer containing amidoxime and hydroxamic acid groups.

This novel polyampholyte is soluble in the acidic and basic pH-region but forms voluminous aggregates in the neutral pH-range. This results in an inclusion flocculation process including complexation of water contaminants.

The determination of parameters influencing the fixation of uranium is described. The resulting radioactive sludge can be split into polymer and a concentrated uranium salt solution. The polymer can be fed back into the process. Tests of the new process in 1 m^3/h-scale are successful. The requested limits for discharge into surface waters were implemented.

Zusammenfassung

Haldensickerwasser und Flutungswasser des ehemaligen Uranerzbergbaues der Wismut enthalten Uran-, Radium- und Arsenverbindungen, die vor dem Einleiten in Oberflächengewässer weitestgehend abzutrennen sind. Während für die Radium- und Arsenabtrennung bekannte Fällverfahren genutzt werden können, ist die unspezifische Uranfixierung durch anorganische Fällmittel wegen der Entstehung großer Schlammvolumina unbefriedigend. Es wird ein neues synergistisch wirkendes Verfahren zur kombinierten Abtrennung der genannten Schadstoffe vorgestellt. Die Uransalzabtrennung erfolgt durch Komplexbindung an ein neues Polymer mit Amidoxim- und Hydroxamsäuregruppen. Das Polymer ist im Sauren und Basischen löslich und bildet im Neutralbereich voluminöse Aggregate, die eine Einschlußflockung und Komplexierung von Wasserinhaltsstoffen bewirken.

Die Untersuchung von Einflußparametern auf die Uranfixierung wird beschrieben. Aus dem resultierenden radioaktiven Schlamm ist ein Polymerrecycling möglich. Das Uran fällt

---

* Dr. Ulrich Gohlke, FhG-Institut für Angewandte Polymerforschung, D-14513 Teltow, Kantstr. 55.
 Dr. Andreas Otto, HeGo Biotec GmbH, D-14513 Teltow, Uhlandstr. 16.
 Dr. Gunter Kießig, Wismut GmbH, D-09117 Chemnitz, Jagdschänkenstr. 29.

dabei in Lösung an, die nach vorhandener Aufbereitungstechnologie weiterverarbeitbar ist. Auswaschungen der Uranylsalze aus dem Schlamm erfolgen nur im pH-Bereich < 3 und > 10.

Der Test des neuen Verfahrens im 1 m^3/h-Maßstab verlief erfolgreich. Die geforderten Einleitwerte für die o. g. Schadstoffe wurden sicher eingehalten.

Einleitung

In Sachsen und Thüringen wurde bereits seit dem frühen Mittelalter Erzbergbau mit z. T. hoher lokaler Intensität betrieben. Dabei gelangten große Mengen von Bergbauabraum mit überdurchschnittlich hohem Gehalt an natürlichen Radionukliden in die Biosphäre. Noch weit stärkere Eingriffe in das Ökosystem ergaben sich durch den 1945 bis 1990 durch die Sowjetunion (SDAG Wismut) aufgenommenen und erst 1990 eingestellten Uranerzbergbau. Gemeinsam mit den mittelalterlichen Gruben gelten ca. 240 km^2 in Sachsen, Thüringen und Sachsen-Anhalt als Altlastenverdachtsflächen [1]. Gefahren können sowohl von den eigentlichen Aufbereitungsbetrieben als auch von den Schächten und Halden „tauben Gesteins" ausgehen. Den Wasserpfad belasten Haldensickerwässer und Flutungswässer der Gruben mit Uran- und Arsengehalten im mg-Bereich und Radium mit > 400 mBq/l.

Aus der regionaltypisch höheren Grundbelastung der Oberflächenwässer in Bergbaugebieten, verglichen mit denen in Norddeutschland, ist abzuschätzen, daß Abreicherungen der Bergbauwässer bis auf Uran- und Arsengehalte < 0,1 mg/l und Radiumgehalte < 100 mBq/l keine zusätzliche Umweltbelastung in diesen Gebieten hervorrufen.

Der Uranaufbereitungsprozeß beinhaltet bereits die Abtrennung aus Wässern. Dabei werden Uransalze als Hydroxide im basischen Medium gefällt. Restverunreinigungen werden durch *unspezifische* Mitfällungen mit relativ großem Chemikalieneinsatz (Ca(OH)$_2$, Eisensalze) abgetrennt. Der Schlammanfall bei derartigen Abtrennungen ist groß. Deshalb sind solche Verfahren nur vertretbar, wenn geeignete Deponieflächen zur Verfügung stehen. Eine *spezifische* Bindung von Uranylsalzen an Verbindungen mit Amidoxim- und Hydroxamsäure-Strukturen ist aus Arbeiten von *Schwochau* et al. [2], aus Arbeiten japanischer Autoren [3] und aus älteren Patentschriften [4] bekannt.

Diese Untersuchungen hatten die Urangewinnung aus Meerwasser zum Ziel und wurden mit dem vernetzten makroporösen Poly(acrylamidoxim)-Austauscherharz „Duolite ES 346" der Fa. Duolite International (Dia Prosim), Frankreich, oder mit modifiziertem Polyacrylnitril in Form von Fasern [5] oder Gewebe durchgeführt. Dabei zeigte sich, daß Polyacrylamidoxim, anders als andere Komplexbildner für Uranylsalze (vgl. [2]), auch im Meerwasser mit pH-Werten um 8,1–8,3 wirksam die zumeist als Tricarbonatouranylat vorliegende Verbindung umzukomplexieren vermag. Nach *Schwochau* und Mitarbeiter erfolgt eine Ligandensubstitution:

$$[UO_2(CO_3)_3]^{4-} + (Acrylamidoxim)_n < \;=\; > [UO_2(Acrylamidoxim)_n]^{2+} + 3CO_3^{2-} \quad (1)$$

Dabei agiert das Amidoxim als einzähniger neutraler Ligand, der über den Oxim-Sauerstoff an das Uran gebunden ist [2]. Amidoxim- und Hydroxamsäurestrukturen enthaltende Polymere wurden von uns erstmalig zur Behandlung von Bergbauabwasser eingesetzt.

Polymeraggregat GoPur® 3000

Im Rahmen von Untersuchungen zu aggregierenden Polymeren wurde von uns Polyacrylnitril mit Hydroxylamin vollständig umgesetzt. Die Reaktion erfolgt in wäßriger Polyacrylnitril-Suspension unter Rühren bei 80 °C durch Umsetzung mit Hydroxylamin bei pH = 7. Die Reaktionsdauer beträgt 60 Minuten. Das als weißes Pulver anfallende Reaktionsprodukt wird sorgfältig gewaschen [6]. IR-spektroskopisch, ^{13}C-NMR-spektrometrisch und titrimetrisch nachweisbar, entsteht ein Polymer mit der in Bild 1 dargestellten Struktur, wobei bei Hydroxylaminüberschuß im wesentlichen Amidoximstrukturen, bei Äquivalenz der Reaktanten oder bei höheren Salzkonzentrationen im Reaktionssystem verstärkt Hydroxamsäurestrukturen entstehen [7]. Das nach den zur Herstellung verwendeten Ausgangskomponenten PAN-HYA genannte Polymer ist inzwischen kommerziell verfügbar und trägt den Produktnamen „GoPur® 3000". Es wird von der HeGo Biotec GmbH, Teltow vertrieben. Das Handelsprodukt besitzt ca. 60 Mol-% Amidoxim-Gruppen und ca. 40 Mol-% Hydroxamsäurestrukturanteile.

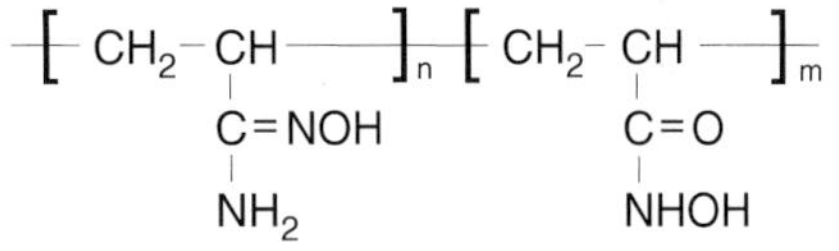

$$\left[\begin{array}{c} CH_2-CH \\ | \\ C=NOH \\ | \\ NH_2 \end{array}\right]_n \left[\begin{array}{c} CH_2-CH \\ | \\ C=O \\ | \\ NHOH \end{array}\right]_m$$

Amidoxim-gruppe (ca. 60 Mol-%)   Hydroxamsäure-gruppe (ca. 40 Mol-%)

Bild 1. Strukturformel des Polymeraggregates PAN-HYA.

Das Verhalten des Polymers ist gekennzeichnet durch eine Aggregation der Polymermoleküle, die durch Lichtstreuungsuntersuchungen an Lösungen nachweislich zu Molekülmassen $>10^9$ U führt [8]. Die Aggregation bewirkt eine Unlöslichkeit des Polymers im pH-Bereich 4–11. Dieser Bereich wird durch polyvalente Ionen wie Sulfat im Sauren und Erdalkaliionen im Basischen noch erweitert. In verdünnten monofunktionellen Säuren oder Laugen ist das Polymer löslich. Dieses Eigenschaftsbild des Polymers ist in Bild 2 schematisch dargestellt. Aus saurer oder basischer Lösung kann das GoPur® 3000 für die Wasserreinigung eingesetzt werden. Das bewirkt die Ausbildung von Polymerflocken, die suspendierte Wasserinhaltsstoffe umhüllen, elektrochemisch entladen und mit ihnen gemeinsam sedimentieren (Einschlußflockung). Metallionen werden bei dieser Aggregation komplexchemisch gebunden (Bild 3).

Die Metallbindung an das Polymer erfolgt spezifisch. Die Selektivitätsreihe lautet:

$$Fe^{3+} > Cu^{2+} > UO_2^{2+} > Zn^{2+} \approx Cd^{2+} > Ni^{2+} \gg Ca^{2+}$$

Die Komplexierung gibt sich optisch durch eine elutionsstabile Färbung der Flocken zu erkennen. Als Feststoff wurden die in Tabelle 1 zusammengestellten Komplexe isoliert.

Die koordinativen Metallbindungen werden je nach pH-Wert von ionischen Bindungsanteilen überlagert. Die Bindungseffektivität der Metalle läßt selektive Abtrennungen bestimmter Metallionen zu. Alkalimetallionen werden nicht erkennbar, Erdalkalimetallionen deutlich weniger effektiv als Schwermetallionen gebunden.

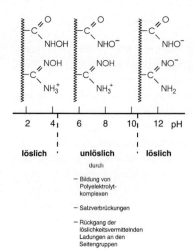

Bild 2. Eigenschaften des GoPur® 3000.

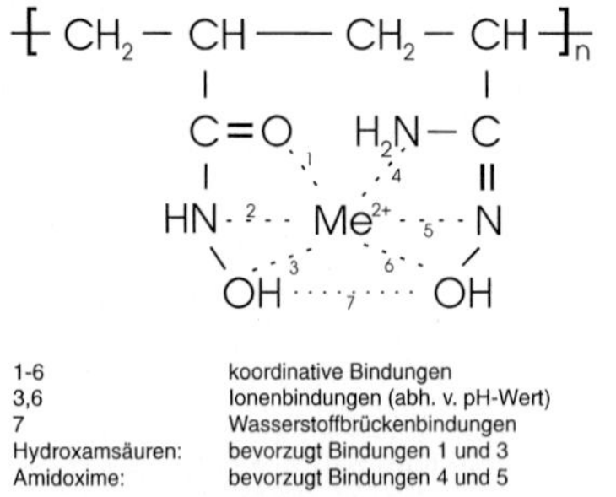

$$+CH_2-CH-CH_2-CH+_n$$

1-6	koordinative Bindungen
3,6	Ionenbindungen (abh. v. pH-Wert)
7	Wasserstoffbrückenbindungen
Hydroxamsäuren:	bevorzugt Bindungen 1 und 3
Amidoxime:	bevorzugt Bindungen 4 und 5

Bild 3. Metallionenbindung an das Polymeraggregat GoPur® 3000.

Tabelle 1. Färbung von GoPur® 3000-Metallkomplexen.

Metallion	Farbe des Komplexfeststoffes
–	farblos
Zn^{2+}	gelb
Ni^{2+}	gelb-grün
Cu^{2+}	dunkelgrün
Co^{2+}	braun
UO_2^{2+}	rot-orange
Cr^{3+}	gelb-grün
Fe^{3+}	braun-rot

Untersuchungen zum Einsatz von GoPur® 3000 für die Abtrennung von Uranverbindungen aus Bergbauwässern

Die einleitend geschilderte, in [1] detailliert beschriebene Situation hat die Wismut GmbH veranlaßt, Pilotversuche zur Reinigung von Haldensicker- und Flutungswasser im Rahmen des BMFT-Förderprojektes 02-WA-91738 durchführen zu lassen.

Unter anderem wurden Untersuchungen zum Einsatz von GoPur® 3000 für die Abtrennung von Uranverbindungen aus Bergbauwässern beauftragt. Diese Untersuchungen wurden an Originalwässern im Laboratorium vorgenommen.

Die verwendeten Haldensickerwässer mit pH-Werten von 7,8–7,9 (Schlema) hatten Urangehalte um 3 mg/l, Arsengehalte um 0,5 mg/l, CSB-Werte zwischen 3 und 5 mg/l O_2 und einen Trockenrückstand von ca. 5 g/l. Die aus dem Auer Revier stammenden Flutungswässer (pH = 7,5) enthielten ca. 2 mg/l U, 2,6 mg/l As, CSB-Werte um 66 mg/l O_2 und mit Trockenrückständen um 2,5 g/l deutlich weniger Neutralsalz.

Die Uranbestimmung erfolgte durch Spektralphotometrie nach Komplexierung mit Arsenazo-(III) in einer modifizierten Verfahrensweise nach *Burba* [9]. Die so bestimmten Urangehalte stimmen in Bereich 0,1–0,5 mg/l gut mit den durch ICP ermittelten Meßwerten überein. Für die Versuche wurde das GoPur® 3000 als 1%ige Lösung in N/10 Salzsäure oder als 1%ige Lösung in N/10 Natronlauge verwendet. Die Polymerlösung wurde jeweils unter zügigem Eintropfen zu der mit 600 U/min gerührten Wasserprobe dosiert. Danach wurde noch 10 min. unter unveränderten Bedingungen gerührt. An die intensive Durchmischung schließt sich eine 10minütige Aggregationsphase mit 25 U/min und die Sedimentation an.

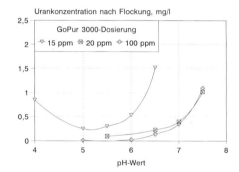

Bild 4. Uranabtrennung aus Haldensickerwasser; pH-Abhängigkeit. Versuchsparameter: 600 U/min, 20 °C, Dosierung aus saurer Lösung. Urangehalt im Sickerwasser: 2,95 mg/l.

Bei den detaillierten Untersuchungen wurden folgende Ergebnisse erhalten:

1. Die Urankomplexierung mit GoPur® 3000 erfolgt bevorzugt bei pH-Werten <6. Diese Aussage gilt sowohl für die untersuchten Haldensickerwässer als auch für Flutungswässer. Bild 4 zeigt, daß das Minimum bei der Bestimmung des Resturangehaltes im Haldensickerwasser unabhängig von der dosierten GoPur® 3000-Konzentration auftritt.
2. Für die sichere Abtrennung von Uranylionen im mg-Bereich muß eine gewisse Mindestmenge an GoPur® 3000 als Flocke in dem Reaktionsvolumen verteilt werden. Dieses Flockenvolumen wird erreicht, wenn ca. 20 mg GoPur® 3000 pro Liter dosiert werden (vgl. Bild 5). Die Beladungskapazität des Polymeraggregates ist damit noch

nicht erreicht. Anhand der Ergebnisse aus Bild 6 ist nachweisbar, daß der GoPur® 3000/Uranylion-Komplex (GoPur®-3000-Schlamm) erneut in Haldensickerwasser mit einem pH-Wert von 5,5 zur Uranabtrennung eingesetzt werden kann. Aus diesem Versuch läßt sich eine Beladungskapazität von 600 mg Uran pro Gramm GoPur® 3000 errechnen.

3. Die Urankomplexierung erfolgt in einer Heterogenreaktion an die GoPur®-Flocke, die besonders deutlich bei Niedrigdosierung des GoPur® 3000 zeitdeterminiert abläuft (Bild 7). Eine intensive Durchmischung wirkt sich positiv auf die Uranfixierung aus $(G > 2500\ s^{-1})$. Für die Aggregation und Ausbildung von großen, sedimentationsfähigen Flocken ist anschließend 10 Minuten langsam zu durchmischen, bevor die Sedimen-

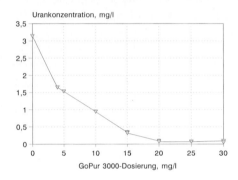

Bild 5. Abhängigkeit der Uranabtrennung von der Konzentration des GoPur® 3000. Versuchsparameter: pH 5,5; 600 U/min; 20 °C, Dosierung aus saurer GoPur® 3000-Lösung.

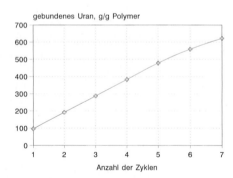

Bild 6. Mehrfacheinsatz von GoPur® 3000-Schlamm zur Abtrennung von Uran aus Sickerwasser. Versuchsparameter: Schlamm aus der Fällung mit 20 ppm $BaCl_2$/25 ppm GoPur® 3000 pH 5,5, 20 min, 600 U/min, Urangehalt im Sickerwasser 2,53 mg/l.

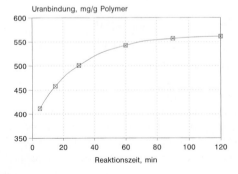

Bild 7. Kinetik der Uranbindung an GoPur® 3000. Versuchsparamter: 5 ppm GoPur® 3000. Urangehalt: 3 mg/l. pH 5,5, 600 U/min, 20 °C.

tation erfolgt. Die Flockenbildung kann durch Dosierung von 1 ppm eines anionischen Polyacrylamids als Flockungshilfsmittel unterstützt werden.
4. Die Radiumkonzentration in den Bergbauwässern ist vom Gewichtsanteil her so gering, daß die Konzentrationsangabe in Strahlungseinheiten erfolgt und eine chemische Eliminierung nur durch Mitfällung erfolgen kann. Zweckmäßigerweise wird als Radiumhomologes Barium gefällt und das Radium dabei mit aus dem Wasser eliminiert. Als Anion bietet sich das im Bergbauwasser vorhandene Sulfat an. Von Bariumsulfatfällungen ist bekannt, daß sich häufig Schwierigkeiten bei der Abtrennung aus Wasser ergeben [10]. Untersuchungen zum Einfluß einer vorgeschalteten Bariumsulfatfällung auf die Uranabtrennung mit GoPur® 3000 sowie auf die Transparenz und Flotationsfähigkeit von GoPur® 3000/BaSO$_4$-Schlamm zeigen eine unproblematische Abtrennung an. Damit ergibt sich hier eine vorteilhafte Kombination der Radium-Bariumfällung mit der Flockung und Komplexbildung von Uran durch das GoPur® 3000.
5. Eisenionen werden bevorzugt durch GoPur® 3000 gebunden. In Anwesenheit von Eisen-(II)- oder Eisen-(III)-Salzen im Bergbauwasser wird deshalb bei unveränderten eingangs genannten Reaktionsbedingungen (Durchmischung, Reaktionsdauer) zur Erreichung bestimmter Uranabtrennungen eine höhere GoPur®-3000-Dosierung erforderlich (Bild 8). Es ist aber zu erwarten, daß sich bei Verlängerung der Reaktionszeit eine bessere Auslastung der Metallbindungskapazität der GoPur®-3000-Flocke einstellt. Damit kann die Effektivität der Uranabtrennung in Gegenwart von Eisenionen verbessert werden.

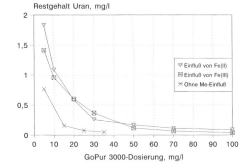

Bild 8. Einfluß von Eisensalzen auf die Uranabtrennung mit GoPur® 3000. Ausgangskonzentrationen: Fe-(II)-ionen: 10 mg/l, Fe-(III)-ionen: 11 mg/l, Uran: 3,76 mg/l.

6. Salzbelastungen bis zu 10 g/l lassen noch ohne Erhöhung der GoPur®-Dosierung eine sichere Uranabtrennung zu, wenn der pH-Bereich eingehalten wird (Ausschluß von Carbonaten). Mit weiter zunehmenden Salzgehalten verschlechtern sich die Abtrennergebnisse. Um eine konstante Uranabtrennung zu erreichen, muß dann die GoPur®-3000-Zugabemenge erhöht werden.
7. Versuche unter gezieltem Zusatz von Lignin bzw. Huminsäure zeigen, daß diese Stoffe keine Beeinträchtigung der Abtrennergebnisse bewirken. Derartige Stoffe können als Abbauprodukte des Bauholzes in Flutungswasser auftreten.
8. Untersuchungen zur Beeinflussung der Uranabtrennung durch die Temperatur wurden an Flutungswasser durchgeführt. Über den Temperaturbereich 7–40 °C hinweg wurden keine signifikanten Unterschiede der Ergebnisse festgestellt.
9. Das GoPur® 3000 kann sowohl aus alkalischer, als auch aus saurer Lösung für die Abtrennung verwendet werden.

Kleintechnische Verfahrenserprobung

Ausgehend von den Laborergebnissen zur Uranabtrennung mit GoPur® 3000 und ihrer Kopplung mit der Bariumsulfatfällung sowie unter Verwendung der zur Arsenatabtrennung bekannten Eisensalzfällung [11] wurde ein Verfahrensablauf zur Reinigung der Bergbauwässer erarbeitet. Das in Bild 9 dargestellte Verfahrensschema wurde unter Verwendung der Kompakt-Wasserreinigungsanlage Typ DHU-001 der Fa. Herbst Umwelttechnik GmbH, Berlin, technisch in den 1 m^3/h-Maßstab umgesetzt.

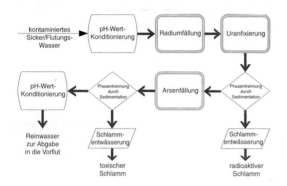

Bild 9. FhG-Verfahren zur Reinigung von radioaktiv kontaminierten Bergbauwässern.

Die komplette Reinigungsanlage ist in zwei Arbeitscontainern, die sowohl Sommer- als auch Winterbetrieb gewährleisten, installiert. Sie ist in zwei Reinigungsstränge geteilt, die wahlweise Sedimentation oder Flotation als Trennschrift für eine Fest-Flüssig-Trennung zulassen. Die Funktionsgruppen sind jeweils

- Pufferbehälter
- chemisch-physikalische Reinigung
- Phasentrennung
- Schlammverdichtung.

Die Gesamtanlage ist steuerungstechnisch so ausgelegt, daß ein automatischer Betrieb gewährleistet ist.

Überwacht werden die Volumenströme, der pH-Wert, die Leitfähigkeit und die Transparenz.

Die Behälter sowie der Schrägklärer und die Flotationsanlage sind aus Polypropylen gefertigt.

In der kleintechnischen Anlage wurde die Behandlung der Bergbauwässer in der in Bild 10 detailliert dargestellten Abfolge und unter Verwendung der angegebenen Hilfsmittel durchgeführt. Das Verfahren wurde patentiert [12].

Die Untersuchungen zur Abreicherung von Bergbauabwasser wurden mit der Aufgabe der verfahrenstechnischen Optimierung über je einen Monat für Haldensickerwasser im August/September 1992 in Schlema und für Flutungswasser im Februar 1993 ebenfalls in Schlema durchgeführt. Die Ergebnisse zeigen die Bilder 11 und 12. Bei der Sickerwasserabreicherung wurden 0,1 mg/l für Uran- und Arsenverbindungen und 100 mBq/l für die Radiumsalzabtrennung erreicht. Die Einzelwerte streuen. Das ist sowohl auf eine Fahrweise der Anlage in 2

Reinigung von Bergbauwässern des Erzgebirges durch Fällung und Flockung

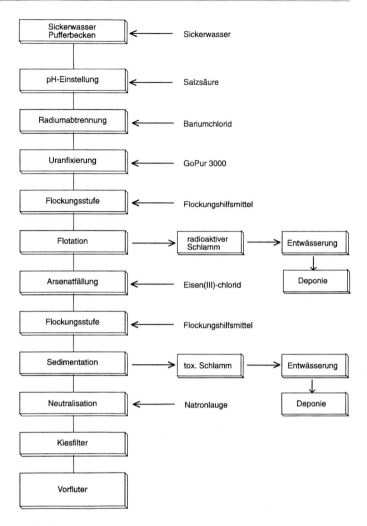

Bild 10. Kleintechnische Versuchsanlage zur Bergbauwasserreinigung.

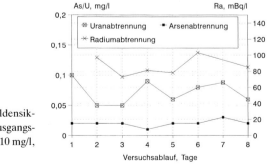

Bild 11. Ergebnisse der Reinigung von Haldensickerwasser nach dem FhG-Verfahren. Ausgangswerte: Uran: 2,06–3,43 mg/l, Arsen: 0,04–0,10 mg/l, Radium: 240–628 mBq/l.

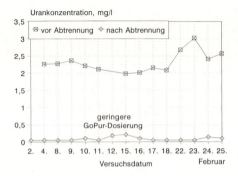

Bild 12. Uranabtrennung aus Flutungswasser mit GoPur® 3000.

Schichten pro Tag als auch auf Witterungseinflüsse, die die Sickerwasserzusammensetzung änderten, zurückzuführen. Die Arsenabtrennungen sind hier wenig aussagekräftig, da die Arsenbelastung im Versuchszeitraum bereits unter 0,1 mg/l lag. Über einen längeren Zeitraum wurde die Uranabreicherung an Flutungswasser untersucht. Die angestrebte Konzentration im gereinigten Wasser konnte auch bei der Behandlung des durch organische Wasserinhaltsstoffe stärker belasteten Wassers bei extremen Witterungsbedingungen sicher eingehalten werden. Der in der Mitte der Versuchsperiode durchgeführte Versuch, die GoPur®-3000-Dosierung von 20 auf 15 mg/l zurückzufahren, führte zu einem Anstieg der Uranrestkonzentration auf 0,2 mg/l. Dabei wird die Beladungskapazität des GoPur® 3000 nicht annähernd erreicht (vgl. Bild 7). Das zeigt, daß bei kontinuierlichem Betrieb Reserven für eine Optimierung des Verfahrens bestehen. Arsengehalte im Flutungswasser um 4 mg/l wurden hier durch den Eisen-(III)-Salz-Fällungsschritt im Verfahren sicher auf 0,1 mg/l abgereichert.

Das Verfahren wird z. Z. zur Reinigung der Flutungswässer der Grube Pöhla-Tellerhäuser eingesetzt.

Untersuchungen an Abprodukt-Schlämmen des Verfahrens

Die Masse der Abprodukte des Verfahrens ergibt sich aus den dosierten Trennmitteln und fixiertem Wasser (Hydrate, adsorbiertes Wasser). Da die Hauptfracht der Bergbauwässer aus anorganischen wasserlöslichen Salzen besteht, trägt sie nur mit der Konzentration der abzureichernden Komponente (Uran, Arsensalze) zu dem Abprodukt bei. Läßt man die technologisch beeinflußbare Menge des am Abprodukt gebundenen Wassers außer Acht, so ergeben sich die in der Tabelle 2 aufgelisteten Feststoffgehalte.

Die Aufrundungen der Feststoffgehalte (Tab. 2) stellen in Rechnung, daß bei den Schadstofffrachten die Oxidationsstufen und bei den Fällungsreagenzien die Anionen nicht berücksichtigt wurden.

Mit einer Abprodukttrockenstoffmenge von < 100 g/m³ besitzt das FhG-Verfahren zur Schadstoff-Abtrennung aus Bergbauwässern deutliche Vorteile gegenüber der Fällung mit anorganischen Fällmitteln, bei denen bei unspezifischer Uranabtrennung wesentlich größere Abproduktmengen entstehen.

Aus dem Schlamm mit den radioaktiven Schadstoffen läßt sich das GoPur® 3000 zurückgewinnen. Die prinzipielle Verfahrensweise dazu ist in Bild 13 dargestellt. Sie basiert auf

Tabelle 2. Feststoffgehalte pro Kubikmeter Bergbauwasser.

Abprodukt	dosierte Chemikalien	abgehende Schadstoffe	gebildete Feststoffe
radioakt. Schlamm	20 g $BaCl_2$ 20 g GoPur® 3000	Ra $\ll$ 0,1 g U ca. 3 g	$\approx$ 50 g
Arsenatschlamm	20 g $FeCl_3$	As ca. 3 g	$\approx$ 30 g
Summe			$\approx$ 80 g/m^3

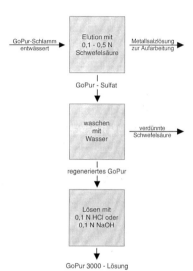

Bild 13. Recycling von GoPur® 3000 aus Schlamm.

Bild 14. Uranbilanz nach „Carbonat-Recycling" aus Bariumsulfat/GoPur®-Schlamm. Elutionsmittel: 1 mol. Na_2CO_3-Lösung. Ausgangsurangehalt = 3,54 mg/l Uran (100%).

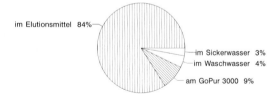

der Tatsache [13], daß das GoPur® 3000 in Schwefelsäure unlöslich ist. Mit verdünnter Schwefelsäure läßt sich aus dem Schlamm das Uranylion als Sulfat mobilisieren und nach der technisch bekannten sauren Aufbereitungstechnologie zu dem Handelsprodukt „yellow cake" verarbeiten. Der schwefelsaure Schlamm muß mit verdünnter Natronlauge neutral gewaschen werden. In verdünnter Salzsäure kann dann das GoPur® 3000 wieder gelöst und erneut eingesetzt werden. Als Reststoff verbleibt das Radium-/Bariumsulfat, das zu deponieren ist.

Bild 14 zeigt das Ergebnis der Abtrennung des Uransalzes durch Umkomplexierung mit Carbonat. Sie wird in Umkehrung des Reaktionsschemas (1) bei Carbonatüberschuß möglich. Auch auf diesem Weg gelingt dann die GoPur®-3000-Regenerierung.

Nach DIN 38 414, Teil 4 wurden an dem radioaktiven Schlamm Elutionsversuche durchgeführt. Sie zeigen, daß dabei keine Uranfreisetzung aus dem Schlamm erfolgt. Darüber hinaus wurden Elutionsversuche mit Wässern unterschiedlicher pH-Werte durchgeführt. Bild 15 zeigt die Ergebnisse. Im pH-Bereich 4–9 sind danach keine Uranylsalzelutionen zu erwarten, außerhalb dieses Bereiches werden Uran und Polymer remobilisiert.

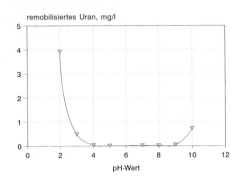

Bild 15. Uranremobilisierung aus Schlämmen aus Bariumsulfat und GoPur® 3000 in Abhängigkeit von dem pH-Wert der Waschwässer. Versuchsparameter: Elutions-Vol.: 1 l Wasser/1 kg Schlamm, Elutions-Zeit 1 h, 20 °C.

Die Arbeit wurde als Auftrag für die Wismut GmbH durch das vom BMFT geförderte Projekt 02-WA-91738 durchgeführt.

Literatur

[1] Hähne, R.: Optionen und erste Lösungen zur Verwahrung von Altlasten des sächsisch-thüringischen Uranerzbergbaues. In: Jessberger (Hrsg.) Sicherung von Altlasten, S. 77–83, Balkema, Rotterdam, 1993.

[2] Schwochau, K., Astheimer, L., Schenk, H.-J. u. Witte, E. G.: Probleme und Ergebnisse der Urangewinnung aus Meerwasser. Chem. Ztg. *107*, 177–189 (1983).

[3] Egawa, H. u. Harada, H.: Recovery of Uranium from Seawater. Nippon Kagaku Kaishi 958 (1979).

[4] Völker, T.: DP 1069130 (1960); Fetscher, C.A., USP 3088798 (1963).

[5] Omichi, H., Katakai, A., Sugo, T. u. Ogata, J.: A New Type of Amidoxime-Group Containing Adsorbent for the Recovery of Uranium from Seawater, II. Effect of Grafting of Hydrophilic Monomers. Separation Science and Technology *21*, 299–313 (1986).

[6] Dietrich, K., Gohlke, U., Otto, A., Jobmann, M., Bischoff, C., Wotzka, J., Starke, W., Rother, G. u. Dautzenberg, H.: Acrylamidoxim-Acrylhydroxamsäure-Copolymere, Verfahren zu ihrer Herstellung und ihrer Verwendung, DE 40 16543 C2 vom 18. 5. 1990.

[7] Otto, A.: Synthese von Polyampholyten durch Modifizierung von Polyacrylnitril mit Hydroxylamin. Dissertation an der Akademie der Wissenschaften der DDR, Berlin 1990.

[8] Dautzenberg, H., Gohlke, U., Rother, G., Otto, A. u. Hartmann, J.: Classical light scattering studies on structure formation in polymer solutions. Makromol. Chem., Macromol. Symp. 58, 81–89 (1992).

[9] Burba, P., Cebulc, M. u. Broekaert, I. A. C.: Verbundverfahren (Spektralphotometrie, ICP-OES, RFA) zur Bestimmung von Uranspuren in natürlichen Wässern. Fresenius Z. Analyt. Chem. *18*, 1–11 (1984).

[10] Müller, G. O.: Lehrbuch der angewandten Chemie Bd. III Quantitativ anorganisches Praktikum. S. 445, 448, Hirzel-Verlag Leipzig 1981.

[11] Jekel, M. u. van Dyck-Jekel, H.: Spezifische Entfernung von anorganischen Spurenstoffen bei der Trinkwasseraufbereitung. DVGW Schriftenreihe Wasser *62*, S. 33–41, Eschborn 1989.

[12] Gohlke, U., Otto, A. u. Seidel, D.: Verfahren zur Reinigung von Bergbauwässern. DP 43 22 663.9 vom 29. 4. 1993.

[13] Gohlke, U., Bischoff, C., Otto, A. u. Jobmann, M.: Verfahren zur Aufbereitung von Schwermetallsalzen und Primärflockungsmittel enthaltenden Wasserschlämmen. DD 295 335 vom 20. 6. 90.

Untersuchungen von polychlorierten Dibenzo-p-dioxinen und Dibenzofuranen (PCDD/F) in zeitlich vergleichbaren Schlämmen verschiedener Prozeßstufen einer kommunalen Kläranlage

Investigations on Polychlorinated Dibenzo-p-dioxins and Dibenzofurans (PCDD/F) of Different Sludge Types in a Municipal Waste Water Treatment Plant

Karl-Werner Schramm, Christian Klimm, Bernhard Henkelmann und *Antonius Kettrup**

Schlagwörter

PCDD/F, Klärschlamm, kommunale Kläranlage, Prozeßstufen, Bilanzierung

Summary

The content of PCDD/F in three different sewage sludge types of a municipal waste water treatment plant was measured over a period of three months. Samples of primary, activated and digested sludge were compared, taking into account the mean residence time of the different treatment procedure steps. Evident differences in PCDD/F concentrations and congener profiles were found for the different sludge types. Primary sludge showed the lowest PCDD/F contamination (I-TEQ), whereas the toxicity of activated and digested sludge increased three- and twofold. For further evaluation weekly PCDD/F mass balances for the examined sewage treatment steps were calculated. A net increase of toxicity could not be determined for anaerobic degradation due to mass reduction during this process. However, the amount of lower chlorinated PCDD/F, increased during the anaerobic digestion. Activated sludge with only 30 percent dry weight of the total amount of sludge accounted for about 50 percent of PCDD/F contamination of the examined water treatment plant.

Zusammenfassung

Die PCDD/F-Gehalte von Roh-, Belebt- und Faulschlammproben einer kommunalen Kläranlage wurden über einen Zeitraum von drei Monaten bestimmt. Die Probenahme erfolgte unter Berücksichtigung der durchschnittlichen Verweildauer der Schlämme in den verschiedenen Prozeßstufen, so daß die zeitliche Zuordnung der einzelnen Schlammarten möglich war. Es konnten erhebliche Unterschiede in der PCDD/F-Belastung der einzelnen Schlammarten nachgewiesen werden. Rohschlamm war unter den untersuchten Schlammarten die am geringsten belastete. Die PCDD/F-Gehalte des Belebtschlamms dagegen verdreifachten, die des Faulschlamms verdoppelten sich im Vergleich zu dem des Rohschlamms. Für eine differenzierte Auswertung der PCDD/F-Abbau- bzw. -Bildungsprozesse in den beprobten Kläranlagenkompartimenten wurden Wochenbilanzen erstellt. Eine signifikante Erhöhung der Toxizitätsäquivalente bei der anaeroben Behandlung konnte unter Berücksichtigung der Massenreduktion während der Faulung nicht berechnet werden. Es wurde jedoch eine Zunahme der niederchlorierten PCDD/F für die Faulungsstufe gefunden. Insgesamt war Belebtschlamm mit nur 30 % Trockenmasseanteil am gesamten Schlammaufkommen für über 50 % der PCDD/F-Belastung der untersuchten Kläranlage verantwortlich.

---

* Dr. K.-W. Schramm, C. Klimm, B. Henkelmann, Prof. Dr. A. Kettrup, GSF-Forschungszentrum für Umwelt und Gesundheit, Institut für Ökologische Chemie, Ingolstädter Landstr. 1, D-85764 Oberschleißheim.

1 Einleitung

Das Auftreten von erhöhten Konzentrationen an polychlorierten Dibenzo-p-dioxinen und Dibenzofuranen (PCDD/F) in Klärschlämmen ist in den letzten Jahren immer wieder in das öffentliche Interesse gerückt. Durch die besonderen physikalischen Eigenschaften der PCDD/F verbleiben 95–98% der PCDD/F-Fracht im Zulauf einer Kläranlage im Kompartiment Klärschlamm [1, 2]. Bei Berücksichtigung aller bekannten PCDD/F-Quellen und Pfade können bisher allerdings nur etwa 60 % der jährlichen Klärschlammbelastung erklärt werden [3]. Eine Erklärung dieses Defizits könnte die biogene Bildung von PCDD/F aus geeigneten Vorstufen in der Kläranlage selbst darstellen.

In vitro konnte von *Wagner* et al. [4] gezeigt werden, daß durch Peroxidasen aus Chlorphenolen PCDD/F entstehen können. Ebenso wurde von *Öberg* et al. [5] die Bildung von ^{13}C-markiertem Octachlordibenzo-p-dioxin aus ^{13}C-markiertem Pentachlorphenol in Belebtschlamm im Labormaßstab gezeigt. Zudem konnte *Öberg* et al. [6] auch Hinweise für die Bildung von PCDD/F während der Kompostierung von Gartenkompost erbringen.

Vor diesem Hintergrund wurde in einer kommunalen Kläranlage Rohschlamm, Belebtschlamm und Faulschlamm über einen Zeitraum von drei Monaten beprobt, um PCDD/F-Bildung bzw. Abbau in den einzelnen Prozeßstufen zu quantifizieren. Zur Interpretation der PCDD/F-Belastung werden die Daten isomerenspezifisch aufgeschlüsselt und auf Verschiebungen im PCDD/F-Pattern hin untersucht.

2 Verfahren

2.1 PCDD/F-Analytik

Die Bestimmung von PCDD/F-Gehalten in einer komplexen Matrix wie Klärschlamm erfordert eine aufwendige Analytik. Dies gilt verstärkt, wenn verschiedene Klärschlammarten über einen längeren Zeitraum auf zum Teil nur geringe Veränderungen der PCDD/F-Belastungen und PCDD/F-Pattern untersucht werden sollen. Es werden deshalb erhöhte Anforderungen an die Probenvorbereitung, den flüssigkeitschromatographischen clean-up und die isomerenspezifische Identifizierung und Quantifizierung der PCDD/F gestellt.

2.1.1 Probenvorbereitung

Alle Schlammproben wurden nach der Probenahme in Glasflaschen bei 4 °C gelagert. Nach einer Lagerzeit von höchstens einer Woche wurden die Proben gefriergetrocknet und durch Mahlen homogenisiert. Die erhaltenen Schlammproben von definiertem Trocknungsgrad und Korngröße wurden bis zur Extraktion in Braunglasflaschen aufbewahrt. Zur Extraktion wurden etwa 30 g der homogenisierten Schlammprobe nach Zugabe von ^{13}C$_{12}$-markierten internen Standards (Tab. 1) 20 h mit Toluol in einer Soxhlet-Apparatur extrahiert.

2.1.2 Clean-up

Zur Reinigung des Rohextraktes wurden folgende flüssigkeitschromatographische Reinigungsschritte durchgeführt: a) Vorreinigung an Kieselgel, b) über eine Aluminiumoxid-

Säule, c) über eine mit Schwefelsäure imprägnierte Kieselgel-Säule und d) eine Nachreinigung an Florisil (Bild 1). Die Probe wurde nach Zugabe des Ausbeutestandards auf ein Endvolumen von 20 µl im N_2-Strom abgeblasen.

Tabelle 1. Verwendete $^{13}C_{12}$-markierte interne PCDD/F-Standards und zugegebene Menge je Analyse.

PCDD-Standards	Menge pg	PCDF-Standards	Menge pg
2,3,7,8-TCDD	2000	2,3,7,8-TCDF	2000
1,2,3,7,8-PeCDD	4000	1,2,3,7,8-PeCDF	4000
		2,3,4,7,8-PeCDF	4000
1,2,3,4,7,8-HxCDD	4000	1,2,3,4,7,8-HxCDF	4000
1,2,3,6,7,8-HxCDD	4000	1,2,3,6,7,8-HxCDF	4000
		1,2,3,7,8,9-HxCDF	4000
		2,3,4,6,7,8-HxCDF	4000
1,2,3,4,6,7,8-HpCDD	8000	1,2,3,4,6,7,8-HpCDF	8000
		1,2,3,4,7,8,9-HpCDF	8000
OCDD	8000	OCDF	40000

2.1.3 Identifizierung und Quantifizierung

Die PCDD/F wurden über HRGC-HRMS identifiziert. Für jede Isomerengruppe wurden jeweils die beiden intensivsten Massen des Molekül-Isotopenclusters der nativen und ^{13}C-markierten PCDD/F vermessen. Zur isomerenspezifischen Detektion wurde eine Kapillarsäule Rt_x-2330 verwendet (Tab. 2), die Bestimmung der hepta- und octachlorierten Kongenere wurde an einer DB 5-MS (Tab. 3) vorgenommen.

2.1.4 Qualitätssicherung

Die ermittelten Analysenblindwerte lagen alle unterhalb der Nachweisgrenzen für die Matrix Klärschlamm. Alle Wiederfindungsraten überschritten den in der Klärschlammverordnung [7] geforderten Wert von 40% für OCDD/F und 70% für alle übrigen Kongenere. Für die Bestimmung der Nachweisgrenzen wurde ein Signal/Rausch-Verhältnis von mindestens 3:1 zugrundegelegt. Die Nachweisgrenzen der einzelnen Kongenere für die Matrix Faulschlamm betrugen zwischen 30 pg/kg Trockenmasse (TM) (2,3,7,8-TCDD) und 6 ng/kg TM (OCDF) bei einer Probeneinwaage von 30 g. Die Dreifachbestimmung einer Faulschlammprobe ergab für die 2,3,7,8-Kongenere eine mittlere relative Standardabweichung der Meßwerte von 5,5%. Da die Meßwertstreuung in unterschiedlichen Probenserien möglicherweise höher liegt, wurden Schlammproben, die miteinander verglichen werden sollten, in gemeinsamen Probenserien aufgearbeitet.

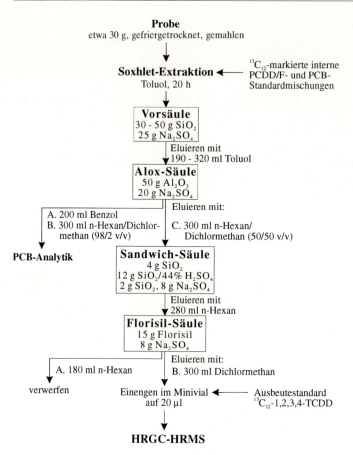

Bild 1. Schematische Darstellung der PCDD/F-Probenaufarbeitung.

Tabelle 2. Geräteparameter für die isomerenspezifische PCDD/F-Detektion.

GC:	Typ: HP 5890 Series II Säule: RT_x-2330, 60 m, 0,25 mm ID, 0,1 µm Filmdicke (Restek) Temperaturprogramm: 50 °C, 3 min, 25 °C/min, 180 °C, 2 °C/min, 260 °C, 30 min Trägergas: Helium, Vordruck 24 psi Injektor Kaltaufgabesystem KAS 3 (Gerstel) Temperaturprogramm-Injektor: 120 °C, 12 °C/s, 280 °C, 10 min Injektion: 1 µl splitlos, 1,5 min, Split 60 ml/min
MS:	Typ: MAT 95 (Finnigan) Ionisation: EI, 70 eV, 260 °C Auflösung: 10 000 Detektion: MID-Modus mit 4 FC 43-Molekülfragmenten

Tabelle 3. Geräteparameter für die Detektion der HpCDF, OCDF und OCDD.

GC:	Typ: Varian 3400
	Säule: DB-5, 60 m, 0,25 mm ID, 0,1 µm Filmdicke (J+W)
	Temperaturprogramm: 130 °C, 2 min., 15 °C/min., 180 °C, 5 °C/min, 280 °C, 15 min
	Trägergas: Helium, Vordruck 23 psi
	Injektortemprratur: 280 °C
	Injektion: 1 µl splitlos, 2 min, Split 50 ml/min
MS:	Typ: 8230 (Finnigan)
	Ionisation: EI, 70 eV, 260 °C
	Auflösung: 500
	Detektion: MID-Modus mit FC 43-Molekülfragment

2.2 Die untersuchte Kläranlage

Die beprobte kommunale Kläranlage im Nordosten Bayerns ist für insgesamt 80 000 Einwohner ausgelegt. Etwa zwei Drittel der eingeleiteten Abwässer stammen aus der umliegenden Textilindustrie.

2.2.1 Aufbau der untersuchten Kläranlage

Die sehr übersichtliche Kläranlage besteht im wesentlichen aus Grobrechen, Sandfang, einem Vorklärbecken, zwei parallel betriebenen Belebungsbecken und einem Nachklärbecken. Der sich im Nachklärbecken absetzende Belebtschlamm wird wieder in die Belebtschlammbecken zurückgepumpt (Rücklaufschlamm). Überschüssiger Belebtschlamm (Überschußschlamm) wird zur Verbesserung der Absetzbarkeit dem Vorklärbecken zugeführt. Das Roh-/Belebtschlammgemisch des Vorklärbeckens wird in zwei in Reihe geschaltete Faultürme gepumpt und dort unter anaeroben Bedingungen bei 32–35 °C vergärt (Bild 2).

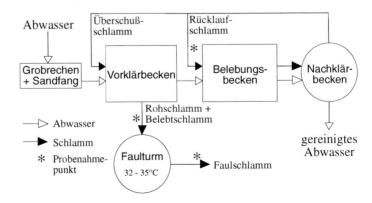

Bild 2. Skizze der Abwasser- und Schlammflüsse der untersuchten Kläranlage.

2.2.2 Probenahme

Um eventuelle Bildungs- oder Abbauprozesse in den verschiedenen Prozeßstufen der untersuchten Kläranlage quantifizieren zu können, wurden Rohschlamm, Belebtschlamm und Faulschlamm über einen Zeitraum von 12 Wochen (30. 9.–14. 12. 1993) beprobt (Bild 2). Die Probenahme des Roh-/Belebtschlammgemisches des Vorklärbeckens wurde täglich an der Pumpleitung zum Faulturm vorgenommen. Die Tagesstichproben einer Woche wurden zu Wochensammelproben vereinigt. Belebtschlammproben wurden ebenfalls täglich am Rücklaufschlamm-Einlaß des Belebtschlammbeckens genommen und zu Wochensammelproben vereinigt. Faulschlamm wurde aufgrund seiner höheren Homogenität nur wöchentlich beprobt.

2.3 Auswertung

2.3.1 Bilanzierung der anaeroben Schlammbehandlung

Zur Berechnung der prozentualen Veränderungen der PCDD/F-Konzentrationen im Klärschlamm während der anaeroben Behandlung wurden folgende vereinfachende Annahmen getroffen:

1 Im Faulturm findet nur eine geringe Durchmischung der eingepumpten Roh-/Belebtschlamm-Chargen statt. Für die Bilanzierung wird ein fester Verweilzeitbereich von 5 bis 7 Wochen angenommen, d. h. die vom Kläranlagenbetreiber angegebene mittlere Verweilzeit von (6 ± 1) Wochen.

2 Die Massenreduktion des Faulschlamms durch die Bildung von Methan und Kohlenstoffdioxid während der anaeroben Behandlung beträgt während des gesamten Beprobungszeitraumes 40 %.

Annahme 1 entspricht sicher nicht den tatsächlichen Verhältnissen im Faulturm. So weist der nivellierende Effekt der Schlammfaulung (geringe Schwankungen der PCDD/F-Gehalte im Faulschlamm bei recht unterschiedlichen PCDD/F-Gehalten im Roh-/Belebtschlamm) sehr wohl auf eine Durchmischung im Faulbehälter hin. Dieser Fehler dürfte sich aber bei Bilanzierungen von Großanlagen nicht vermeiden lassen. Eine Vermischung von frisch eingepumptem Roh-/Belebtschlamm und ausgefaultem Schlamm im Faulturm ist allerdings ausgeschlossen, da die beiden Faultürme in Reihe betrieben werden.

Die Massenreduktion von etwa 40 % während der Faulung in Annahme 2 ist ein gut abgesicherter Erfahrungswert der Kläranlagenbetreiber. Mit Berücksichtigung der genannten Annahmen wurden die prozentualen Änderungen der Gehalte einzelner PCDD/F-Kongenere während der anaeroben Behandlung $\Delta P_{RBS/FS}$ nach folgender Gleichung berechnet:

$$\Delta P_{RBS/FS} = \left(\frac{C_{RBS}}{\overline{C_{FS}}} - 1{,}4 \right) \cdot 100 \,\% \qquad (1)$$

C_{RBS} Gehalt eines PCDD/F-Kongeners im Roh-/Belebtschlamm einer Wochencharge

$\overline{C_{FS}}$ Gehalt eines PCDD/F-Kongeners im Faulschlamm. Mittelwert aus 3 Messungen nach 5, 6 und 7 Wochen Verweilzeit im Faulturm.

2.3.2 Vergleich von Roh- und Belebtschlamm

Für Belebtschlamm wurde vom Kläranlagenbetreiber eine durchschnittliche Verweilzeit von 1 Woche angegeben. Zur Ermittlung von Veränderungen der PCDD/F-Konzentrationen während des Belebungsprozesses $\Delta P_{RS/BS}$ wurden Rohschlamm-Sammelproben einer Woche mit Belebtschlamm-Sammelproben der folgenden Woche verglichen. Die PCDD/F-Gehalte im Rohschlamm wurden rechnerisch durch Abzug des Belebtschlamm-Anteils der gleichen Woche erhalten. Der Belebtschlamm-Anteil im Roh-/Belebtschlamm wurde durch Auswertung der Betriebsbücher der Kläranlage erhalten; er beträgt durchschnittlich 30 %. Es wird folgende Gleichung angewendet:

$$\Delta P_{RS/BS} = \left(\frac{C'_{BS}}{C_{RBS} - 0,3 \cdot C_{BS}} - 1 \right) \cdot 100 \% \qquad (2)$$

C_{RBS} Gehalt eines PCDD/F-Kongeners im Rohschlamm/Belebtschlamm einer Wochencharge

C_{BS} Gehalt eines PCDD/F-Kongeners im Belebtschlamm einer Charge der gleichen Woche

C'_{BS} Gehalt eines PCDD/F-Kongeners im Belebtschlamm einer Charge der folgenden Woche

3 Ergebnisse und Diskussion

3.1 Typische PCDD/F-Belastungen der untersuchten Klärschlämme

In den beprobten Schlammarten traten PCDD/F-Belastungen von 13 bis 50 ng Internationale Toxitätsäquivalente (I-TEQ) je kg Trockenmasse (TM) auf. Alle untersuchten Schlammassen zeigten das typische Klärschlamm-Homologenmuster, unterschieden sich jedoch stark in ihren PCDD/F-Gehalten (Bild 3). So wies das Roh-/Belebtschlammgemisch des Vorklärbeckens mit durchschnittlich 17 ng I-TEQ/kg TM die niedrigste PCDD/F-Belastung auf (Beobachtungszeitraum 6 Wochen, 6 Wochensammelproben aus 26 Stichproben). Die PCDD/F-Belastung des reinen Rohschlamms wurde rechnerisch mit Hilfe der Betriebsdaten des Kläranlagenbetreibers und den Einzelergebnissen der Roh-/Belebtschlamm- und Belebtschlammproben ermittelt und lag noch wesentlich niedriger. Bei Abzug des wöchentlichen Belebtschlammanteils von 30 % TM wurden nur noch 8 ng I-TEQ je kg TM für den reinen Rohschlamm erhalten.

Deutlich höhere PCDD/F-Belastungen als die Rohschlammproben wies der untersuchte Faulschlamm auf. Hier wurden im Mittel 24 ng I-TEQ je kg TM gemessen (Beobachtungszeitraum 10 Wochen, 10 Stichproben). Die Meßwerte der Faulschlammproben zeigten über den gesamten Beobachtungszeitraum die geringsten Schwankungen. Die mit durchschnittlich 28 ng I-TEQ je kg TM höchsten PCDD/F-Gehalte konnten im Belebtschlamm beobachtet werden (Beobachtungszeitraum 6 Wochen, 6 Wochensammelproben aus 24 Stichproben). In dieser Schlammsorte trat aber auch die größte Streuung der Einzelmeßwerte auf. Auffällig war das im Vergleich zum Faulschlamm verschobene Verhältnis der höherchlorierten PCDD/F-Homologen. Während die HpCDD- und OCDD-Konzentratio-

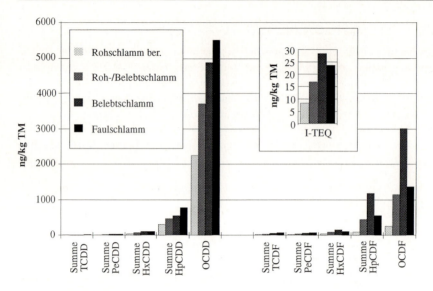

Bild 3. PCDD/F-Gehalte und -Homologenmuster der untersuchten Schlammsorten.

nen im Belebtschlamm etwas niederiger als im Faulschlamm waren, konnten im Mittel doppelt so hohe HpCDF- und OCDF-Gehalte im Belebtschlamm gefunden werden.

3.2 Anstieg der PCDD/F-Gehalte während der anaeroben Schlammbehandlung

Die Auswertung der PCDD/F-Analysen von 6 Roh-/Belebtschlamm-Mischproben und 10 Faulschlamm-Stichproben nach Gleichung 1 lieferte stark streuende Ergebnisse (Bild 4). Tendenziell war mit 90 bis 100% der größte Konzentrationsanstieg bei den TCDD/F und PeCDD/F zu erkennen. Diese Ergebnisse decken sich mit denen von *Hengstmann* et al. [8], der ebenfalls eine Tendenz zum stärkeren Anstieg der niederchlorierten PCDD bei der anaeroben Schlammbehandlung fand. Ursache dieses Anstiegs könnten Dechlorierungsprozesse unter den reduktiven Bedingungen der Schlammfaulung darstellen. Eine deutliche Abnahme von höherchlorierten PCDD/F oder eine Veränderung der PCDD/F-Patterns konnte allerdings nicht beobachtet werden. Bei Berücksichtigung der Massenreduktion durch die Ausgasung von Methan und Kohlenstoffdioxid erhöhte sich die Gesamttoxizität des Faulschlammes bei der anaeroben Behandlung nur um durchschnittlich 8%.

3.3 Anstieg der PCDD/F-Gehalte in zeitlich vergleichbaren Chargen von Roh- und Belebtschlamm

Beim Vergleich der Rohschlamm- und Belebtschlamm-Wochenchargen war in allen Fällen ein starker Anstieg der PCDD/F-Gehalte zu erkennen. Eine Auswertung nach Gleichung 2 ergab bei ebenfalls stark streuenden Ergebnissen teilweise erhebliche Steigerungsraten (Bild 5). Die mit über 1000% größten durchschnittlichen prozentualen Zunahmen waren für die HpCDF und OCDF zu verzeichnen. Bei den PCDD wiesen die TCDD mit über

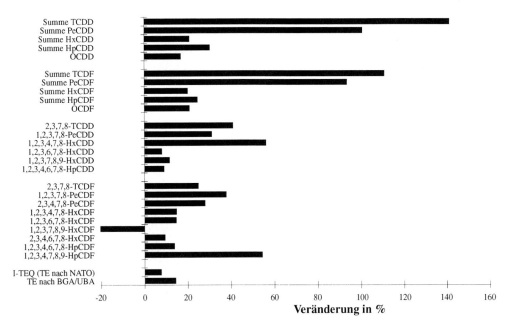

Bild 4. Prozentuale Veränderung der PCDD/F-Gehalte während der Schlammfaulung.

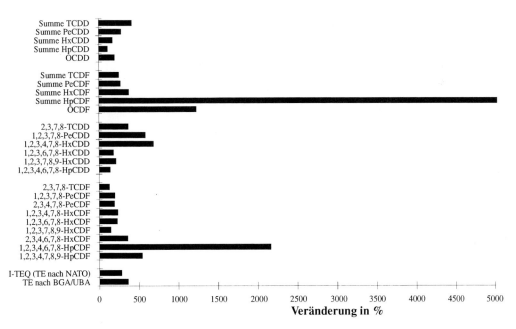

Bild 5. Prozentuale Zunahme der PCDD/F-Gehalte beim Vergleich von Rohschlamm ber. und Belebtschlamm.

400% und die PeCDD mit 385% die höchsten Steigerungsraten auf. Alle 2,3,7,8-Kongenere zeigten durchschnittliche Zunahmen von teilweise weit über 100%.

Dementsprechend stieg auch der I-TEQ um durchschnittlich 281%. Die im Vergleich zum Rohschlamm wesentlich erhöhten PCDD/F-Gehalte im Belebtschlamm werden vermutlich durch die Kreisführung des Belebtschlamms verursacht. Dadurch ist eine Anreicherung der PCDD/F im Schlamm möglich. Denkbar wäre auch eine erhöhte Wasserlöslichkeit der PCDD/F durch oberflächenaktive Substanzen wie Detergenzien. Werden diese im Belebungsbecken zum größten Teil abgebaut, könnten die nun freien PCDD/F an Belebtschlammflocken gebunden werden. Diese Vermutungen wurden durch die Bestimmung der polychlorierten Biphenyle (PCB) in Roh- und Belebtschlammproben bestätigt. Auch für PCB konnten wie schon bei *Emmrich* et al. [9] im Vergleich zum Rohschlamm deutlich erhöhte Gehalte im Belebtschlamm gefunden werden.

Eine biogene Bildung von PCDD/F aus geeigneten Vorläufersubstanzen während der Belebung ist ebenfalls möglich, da Belebtschlamm hohe Peroxidaseaktivitäten aufweist.

3.4 Anteile von Roh- und Belebtschlamm an der PCDD/F-Belastung der untersuchten Kläranlage

In der untersuchten Kläranlage war Belebtschlamm bei nur 30% Trockenmasseanteil am gesamten Schlammaufkommen für über 50% der PCDD/F-Gesamtbelastung des Klärschlammes verantwortlich (Bild 6). Durch eine separate Konditionierung von Roh- und Belebtschlamm könnte dieser Anreicherungseffekt zur Minimierung der PCDD/F-Gehalte im Klärschlamm ausgenützt werden. Die Hauptfraktion Rohschlamm kann hinsichtlich der PCDD/F-Belastung zur landwirtschaftlichen Klärschlammverwertung genutzt werden. Eine deutlich verringerte Schlammenge muß wie bisher deponiert oder thermisch behandelt werden.

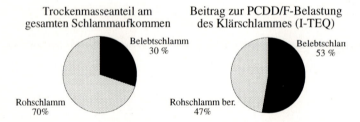

Bild 6. Anteil des Belebtschlammes am gesamten Schlammaufkommen und an der PCDD/F-Belastung der untersuchten Kläranlage.

4 Danksagung

Wir danken Herrn Kruck vom Landeswasserwirtschaftsamt Bayern und Herrn Schmidt vom Wasserwirtschaftsamt Hof für die Vermittlung der Käranlage, Herrn Strobel, Vorsitzender des Abwasserzweckverbandes Selbitztal und Herrn Böhm, Leiter des Tiefbauamts Naila, für die Genehmigung der Untersuchung und Herrn Hoffmann, Herrn Peter und anderen Mitarbeitern der Kläranlage Selbitztal für die Beratung und Durchführung der Probenahmen.

Literatur

[1] Näf, C., Broman, D., Ishag, R. u. Zebühr, Y.: PCDDs and PCDFs in water, sludge and air samples from various levels in a waste water treatment plant with respect to composition changes and total flux. Chemosphere *20*, 1503–1510 (1990).

[2] Horstmann, M.: Untersuchungen zu nicht-industriellen PCDD/F-Quellen in einem kommunalen Entwässerungssystem. Diss., Univ. Bayreuth 1994.

[3] Gihr, R. et al.: Die Herkunft von polychlorierten Dibenzo-p-dioxinen (PCDD) und Dibenzofuranen (PCDF) bei der Grundbelastung von kommunalen Klärschlämmen. Korr. Abw. *38*, 802–805 (1991).

[4] Wagner, H.-C., Schramm, K.-W. u. Hutzinger, O.: Biogenes polychloriertes Dioxin aus Trichlorphenol. Z. Umweltchem. Ökotox. *2*, 63–65 (1990).

[5] Öberg, L.G., Andersson, R. u. Rappe, C.: De novo formation of hepta- and octachlorodibenzo-p-dioxins from pentachlorophenol in municipal sewage sludge. In: Dioxin '92, Vol. 9, ISBN 951-801-933-9, S. 351–354, Helsinki 1992.

[6] Öberg, L.G., Wågman, N., Andersson, R. u. Rappe, C.: De novo formation of PCDD/Fs in compost and sewage sludge. In: Dioxin '93, Vol. 11, ISBN 3-85457-129-1, 297–302 (1993).

[7] Klärschlammverordnung (AbfKlärV) vom 15. 04. 1992, Bundesgesetzblatt, Teil I, 912–934 (1992).

[8] Hengstmann, R. et al.: Untersuchungen zur Auffindung von Kontaminationspfaden von polychlorierten Dibenzo-p-dioxinen und polychlorierten Dibenzofuranen in einer Industriekleinstadt. Gewässerschutz, Wasser, Abwasser *136*, 245–275 (1992).

[9] Emmrich, M., Neumann, H. u. Rüden, H.: Das Verhalten Polychlorierter Biphenyle (PCB) in Kläranlagen. II. Mitteilung: Eine Bilanzierung der Kläranlage Ruhleben in Berlin. Zbl. Bakt. Hyg. B. *186*, 220–232 (1988).

Überprüfung einer kommunalen Abwasserreinigung mit enzymatischen Aktivitätstests in vivo und chemischen Begleitparametern

Investigation of Municipal Waste Water Treatment with Enzymatic Activity Tests in vivo

Maria Wiegand-Rosinus, Hans-Helmut Grollius, Eckhardt Gerlizki und *Ursula Obst**

Schlagwörter

Enzym-Aktivitäten, Kläranlage, biologische Reinigung, Teilströme, Indirekteinleiter, Prozeßstufen, Vorfluter

Summary

The quality of the purification process in the municipal waste water treatment plant in Mainz has been studied using chemical, physical and biochemical methods (enzymatic activities in vivo and DNA-measurement). The investigation was performed in the processing steps of the treatment plant and in split flows from indirect industrial polluters and the influx trail in the receiving water.

Examination of the split flows proved that biological degradation of the substances of the sewage begins directly at the influent into the sewer pipe system. In some influents, inhibition of enzymatic activitites could also be measured at this stage.

The different processing steps of the waste water treatment plant can be characterized by the activities of esterases, alanine-aminopeptidases and β-glucosidases. The β-glucosidases are of special interest because increasing activities of these enzymes in the activated sludge tank may indicate a high sludge age. Detectable enzyme activities in the outlet of the waste water treatment plant are an indicator of residual biologically degradable substances.

The influence of the output of the waste water treatment plant into in the receiving Rhein river depends on the input load of the waster water treatment plant, as could be expected.

Zusammenfassung

Die Reinigungsleistung der kommunalen Kläranlage der Stadt Mainz wurde mit chemisch-physikalischen und biochemischen Methoden (Enzymaktivitäten in vivo und DNS-Bestimmung) sowohl in den einzelnen Prozeßstufen der Kläranlage als auch in den Teilströmen von industriellen Indirekteinleitungen und der Einleitungsfahne in den Vorfluter überprüft.

Wie die Untersuchungen der Teilströme zeigen, beginnt der biologische Abbau der Abwasserinhaltsstoffe schon im Rohabwasser in der Einleitung ins Kanalsystem. Bei einigen Proben konnten hier auch schon Hemmungen der Enzymaktivitäten nachgewiesen werden.

Die einzelnen Prozeßstufen der Kläranlage lassen sich an Hand der Aktivitäten von Esterasen, Alanin-Aminopeptidasen und β-Glucosidasen charakterisieren. Die β-Glucosidasen sind von besonderer Bedeutung, da eine Aktivitätserhöhung dieser Enzyme im Belebungsbecken augenscheinlich auf ein hohes Schlammalter hindeutet. Nachweisbare Enzym-Aktivitäten im Ablauf der Kläranlage zeigen an, daß selbst im Ablauf noch biologisch abbaubare Substanzen vorhanden waren. Der Einfluß der Kläranlageneinleitung auf den Vorfluter Rhein war erwartungsgemäß abhängig von der Zulauffracht.

---

* Dr. M. Wiegand-Rosinus, H.-H. Grollius, E. Gerlizki und Dr. U. Obst, WFM Wasserforschung Mainz GmbH, Rheinallee 41, D-55118 Mainz.

1 Einleitung

In biologisch arbeitenden Kläranlagen wird die Fähigkeit von Mikroorganismen zum Abbau von organischen und anorganischen Substanzen zum Schutz des Vorfluters ausgenutzt. Eine optimale Reinigung kann nur dann erfolgen, wenn für die Mikroorganismen optimale Bedingungen vorhanden sind, d. h. es muß eine Mikroorganismenpopulation vorhanden sein, die zum Abbau der ins Abwasser gelangenden Stoffe befähigt ist. Dies wird dann problematisch, wenn

- die Zusammensetzung des Abwassers starken Schwankungen unterliegt (Mikroorganismen sind zwar zur Adaptation fähig, diese bedarf aber einer gewissen Zeit),
- ungünstige Milieubedingungen, wie niedrige Temperaturen und sehr hohe pH-Werte vorliegen oder auch zu geringe Konzentrationen an Abwasserinhaltsstoffen, die den Organismen als Nahrungsquelle dienen,
- mikrobizide Hemmstoffe, wie z. B. Desinfektionsmittel und Schwermetalle in die Kläranlage gelangen.

Die Reinigungsleistung auch einer biologisch arbeitenden Kläranlage wird derzeit hauptsächlich mit chemischen Parametern überwacht. Als einziger biologischer Parameter wird der BSB_5 bestimmt, der aber keine Aussage über den Stoffwechselaktivitätsgrad der Mikroorganismenpopulation zuläßt. Die von der Stoffwechselaktivität abhängige Reinigungsleistung einer Mikroorganismenpopulation kann jedoch mit Hilfe der Bestimmung enzymatischer Aktivitäten in vivo beurteilt werden [1, 2].

In den durchgeführten Untersuchungen wurde die Reinigungsleistung der kommunalen Kläranlage der Stadt Mainz mit chemisch-physikalischen und biochemischen Methoden überprüft, und zwar in den Teilströmen von Indirekteinleitern und den einzelnen Prozeßstufen der Kläranlage, um eine Auswirkung verschiedener Abwasserinhaltsstoffe auf den Kläranlagenbetrieb ermitteln zu können. Mit der Untersuchung der Einleitungsfahne der Kläranlage im Rhein sollte der Einfluß des gereinigten Abwassers auf den Vorfluter festgestellt werden.

2 Material und Methoden

2.1 Biochemische Parameter

Enzymatische Aktivitäten: Esterasen, Alanin-Aminopeptidasen, β-Glucosidasen, photometrische Bestimmung [3]; Dioden-Array-Photometer, Milton Roy
Biomasse: DNS-Bestimmung mit Bisbenzimid, fluorimetrische Messung [4]; Spektralfluorimeter, Perkin Elmer
Hemmung der Enzymaktivitäten: Konzentrations-Wirkungsbeziehungen durch Verdünnungsreihen mit linearen Verdünnungsstufen [5] (Probenanteil 100 %, 80 %, 60 %, 50 %, 25 %); automatische Pipettierstation, Mark 5, Biermann
Biologischer Sauerstoffbedarf: BSB_5 nach DIN 38 409 H 51

2.2 Physikalischer Parameter

Temperatur, pH-Wert; WTW pH-Meßgerät pH 196, Leitfähigkeit; WTW LF91, Meßfühler WTW KLE 1/T
Trockensubstanz nach DIN 38 409 H 1

2.3 Chemische Parameter

Ammonium nach DIN 38 406 E 5
Nitrit nach DIN 38 405 D 10
Nitrat nach DIN 38 405 D 9
Phosphat nach DIN 38 405 D 11–4
adsorbierbare organische Halogenverbindungen: AOX nach DIN 38 409 H 14; Meßgerät LHG Euroglas
chemischer Sauerstoffbedarf: CSB nach DIN 38 409 H 41

3 Ergebnisse

Die Untersuchungen der kommunalen Kläranlage der Stadt Mainz gliedern sich in drei Schwerpunkte:

1. Teilstromuntersuchungen von industriellen Indirekteinleitungen
2. Charakterisierung der Kläranlagenprozeßstufen
3. Einfluß des Kläranlagenauslaufs auf den Vorfluter Rhein

Als biochemische Parameter wurden neben der Biomassebestimmung folgende Enzymaktivitäten erfaßt:

Esterasen-Aktivitäten als allgemeiner Enzymparameter, Alanin-Aminopeptidasen-Aktivitäten als Enzym des Proteinabbaus und β-Glucosidasen als Enzym, das im Organismus dann durch ein Substrat induziert wird, wenn leichtverwertbare Kohlenstoffquellen nicht zur Verfügung stehen. Begleitend dazu wurden die in der Abwasserkontrolle üblichen chemischen und physikalischen Parameter bestimmt (siehe Abschn. 2).

3.1 Ergebnisse von Teilstromuntersuchungen

Die kommunale Kläranlage Mainz reinigt nicht nur häusliches Abwasser, sondern auch einen hohen Anteil an Industriemischabwasser. Um Befürchtungen nachzugehen, daß diese Industrieabwässer einen negativen Einfluß auf die Reinigungsleistung der Kläranlage haben können, wurden Proben von sieben Industrieindirekteinleitern unterschiedlicher Produktionszweige untersucht: eine Papierfabrik, drei Firmen mit chemischen Mischabwässern, zwei Galvanikbetriebe, ein Kosmetikbetrieb, ein Krankenhaus und als Vergleich dazu ein Mischabwassereinleiter. Das Mischabwasser enthält auch Anteile aus chemischen und biologischen Laboratorien. Die Proben wurden in den einzelnen Betrieben direkt an der Einleitungsstelle ins Abwassersystem genommen.
Neben der Bestimmung der enzymatischen Aktivitäten wurden im Rahmen des Projektes begleitend folgende Parameter bestimmt: pH-Wert, Leitfähigkeit, Gesamtphosphat,

Ammonium-Stickstoff, Nitrit, Nitrat, AOX und bei den Galvanikabwässern auch Schwermetalle wie Chrom, Kupfer, Nickel, Zink und Silber. Zur Bewertung der Meßergebnisse stehen weitere von Dritten erfaßte Parameter wie CSB, BSB_5 und TOC zur Verfügung. Die bisherigen Untersuchungen zeigen, daß neben einzelnen Einleitungsspitzen die vorgegebenen Richtwerte der chemischen Parameter in den Indirekteinleitungen eingehalten werden. Die chemische Zusammensetzung des Rohabwassers differierte von einem Betrieb zum anderen. Die höchsten AOX-Werte wurden in einem Krankenhausteilstrom mit 1150 mg/l gemessen, die niedrigsten in einem Chemiemischabwasser mit 165 mg/l. Die BSB_5-Werte lagen zwischen 22 mg/l beim Mischabwasser und 1320 mg/l bei einem Abwasser des Kosmetikbetriebs. Der kleinste CSB-Wert von 5 mg/l konnte in einem Chemiemischabwasser festgestellt werden, die höchsten Werte von 3780 mg/l in einem Mischabwasser eines anderen Chemiebetriebs. Die produktionsbedingten Schwankungen in den einzelnen Betrieben spiegeln sich in den unterschiedlichen Konzentrationen an Abwasserinhaltsstoffen an den beiden Probenahmeterminen wider, die zeitlich ca. drei Monate auseinander lagen. In einem Galvanikbetrieb wurden z. B. einmal 716 mg/l an AOX nachgewiesen, das zweite Mal aber nur 183 mg/l. Der BSB_5-Wert des oben erwähnten Kosmetikbetriebs betrug bei der zweiten Beprobung 452 mg/l. Auch bei den CSB-Werten wurden solche Schwankungen festgestellt.

Bedingt durch die unterschiedliche Zusammensetzung der Abwasserinhaltsstoffe variierten auch die enzymatischen Aktivitäten sehr stark von Betrieb zu Betrieb (Bild 1). Die Ergebnisse zeigen, daß schon direkt am Beginn der Einleitung ins Abwasserrohrnetz ein Abbau von Abwasserinhaltsstoffen stattfand, d. h. dort waren schon aktive Mikroorganismen vorhanden. Auffällig sind die sehr niedrigen Aktivitäten im Rohabwasser der Galvanikbetriebe, wobei jedoch vielfach keine Hemmung der mikrobiellen Enzymaktivitäten festgestellt wurde.

Bei der Teilstrombeprobung wurden auch mittels Verdünnungsreihen Konzentrations-Wirkungsbeziehungen erfaßt, die eine mögliche Hemmung der abbauenden Organismen bzw. deren Enzyme erkennen lassen. Eine deutliche Hemmung von β-Glucosidasen-Aktivitäten konnte bei dem Kosmetikbetrieb und dem Chemieabwasser 2 festgestellt werden. Die Peptidasen waren ebenfalls im Kosmetikbetrieb und in dem Chemieabwasser 3

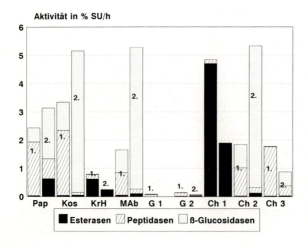

Bild 1. Enzymaktivitäten in vivo von Abwasseruntersuchungen industrieller Indirekteinleiter. 1. und 2.: Probenahme 01.–03. 06. 1993 und 21. 09.–29. 09. 1993; Pap: Papierherstellung, Kos: Kosmetikbetrieb, KrH: Krankenhaus, MAb: Mischabwasser, G 1, G 2: Galvanikbetrieb 1 bzw. 2, Ch 1, 2, 3: Chemie-Mischabwasser 1, 2 bzw. 3.

gehemmt, während die Esterasen im Chemieabwasser 1 gehemmt waren. Trotz der unterschiedlichen Zusammensetzung der Rohabwässer der einzelnen Betriebe konnten die Hemmeffekte vielfach an beiden Probenahmeterminen ermittelt werden.

3.2 Charakterisierung der Kläranlagenprozeßstufen

In Bild 2 ist die kommunale Kläranlage Mainz mit ihren einzelnen Prozeßstufen skizziert. Eingetragen sind die 6 Probenahmestellen, die systematisch beprobt wurden: Zulauf I (hoher Anteil an Industriemischabwasser), Zulauf II (hauptsächlich häusliche Abwässer), Sammelablauf der Vorklärbecken, Zulauf zum Belebungsbecken (nach Fe III-Dosierung, mit Rücklaufschlamm), Ablauf des Belebungsbeckens (= Zulauf zum Nachklärbecken) und Gesamtablauf der Kläranlage (nach dem Nachklärbecken).

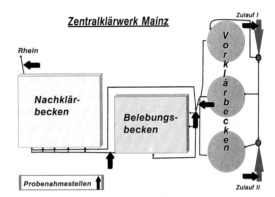

Bild 2. Schema der Reinigungsbecken des Zentralklärwerks der Stadt Mainz mit den Probenahmestellen.

Zur Charakterisierung der Kläranlagenprozeßstufen erfolgte die Probenahme unter Berücksichtigung der jeweiligen Verweilzeit in den einzelnen Stufen. D. h. die Proben wurden jeweils an einem Tag in entsprechenden zeitlichen Abständen genommen.

Die chemischen Parameter wie CSB und Gesamt-Phosphat waren im Zulauf I höher als im Zulauf II; der CSB-Wert betrug im Zulauf I ca. 880 mg/l, im Zulauf II dagegen 580 mg/l, der Phosphat-Gehalt lag bei 7,6 bzw. 5,0 mg/l. Der AOX-Wert lag in beiden Zuläufen um 200 mg/l. Die im Vorklärbecken stattfindende Reinigung schlug sich in einer Verringerung dieser drei Parameter nieder. Die signifikante Erhöhung der gemessenen Werte im Zulauf zum Belebungsbecken war bedingt durch die Rückführung eines Teils des Belebtschlammes. Die Werte im Gesamtablauf lassen eine Verminderung des AOX um 83%, des CSB und des Phosphats um 93% erkennen.

An diesem Probenahmetag waren die enzymatischen Aktivitäten im Zulauf I etwas höher als im Zulauf II analog zur höheren Abwasserbelastung (Bild 3). Wie erwartet, stiegen die Aktivitäten bedingt durch den Rücklaufschlamm im Zulauf zum Belebungsbecken an. Die höchsten Aktivitäten von Esterasen und Peptidasen waren im Ablauf des Belebungsbeckens zu messen. Der Gesamtablauf der Kläranlage wies oft nur noch geringe Aktivitäten dieser Enzyme auf. Die Peptidasen-Aktivitäten waren an diesem Probenahmetag außergewöhnlich hoch.

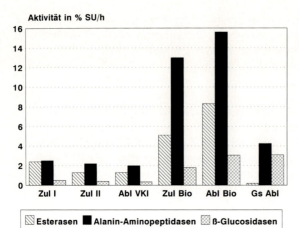

Bild 3. Enzymatische Aktivitäten in den einzelnen Prozeßstufen der Kläranlage. Zul I: Zulauf I (Industriemischabwasser), Zul II: Zulauf II: (häusliches Abwasser), Abl VKl: Ablauf der Vorklärbecken, Zul Bio: Zulauf des Belebungsbeckens, Abl Bio: Ablauf des Belebungsbeckens, Gs Abl: Gesamtablauf der Kläranlage.

Neben dem Abbau von C-haltigen Abwasserinhaltsstoffen dient die Kläranlage auch dem biologischen Abbau der Ammonium-Fracht.

Im Belebungsbecken findet sowohl ein Nitrat- als auch ein Ammonium-Abbau statt. Die Anlage ist so geschaltet, daß in der ersten Kaskade Nitrat über Nitrit zu molekularem Stickstoff abgebaut wird. In der zweiten bis fünften Kaskade findet die Ammonium-Oxidation statt. Im Nachklärbecken ist eine weitere Denitrifikation nachgeschaltet. Die Ammonium-Stickstoff-Konzentration nahm von 39 mg/l im Zulauf I auf 17 mg/l im Gesamtablauf ab. Nitrit- und Nitrat-Konzentrationen aber sind im Gesamtablauf höher als in den Zuläufen zur Kläranlage.

Die biologische Abbauleistung, die zum größten Teil im Belebungsbecken stattfindet, wird ganz allgemein durch die hohen Aktivitäten an Esterasen und Peptidasen angezeigt, wobei die Peptidasen den Einweißabbau charakterisieren. Eine direkte Messung des Abbaus von anorganischen Stickstoffverbindungen kann mit den hier gemessenen Enzymaktivitäten nicht verfolgt werden.

3.3 Einfluß der Kläranlageneinleitung auf den Vorfluter

Die im Ablauf der Kläranlage nachgewiesenen biologisch noch abbaubaren Stoffe sowie aktive Mikroorganismen gelangen in den Vorfluter. Um den Einfluß auf die Biozönose des Rheins feststellen zu können, mußte zunächst der Verlauf der Einleitungsfahne ermittelt werden. Dazu wurde das gereinigte Abwasser mittels Uranin gekennzeichnet. Ca. 25 Minuten nach Zusatz des Uranins zum Gesamtablauf war an der Einleitungsstelle im Fluß die Färbung zu erkennen. Visuell konnte deutlich ermittelt werden, daß die Einleitungsfahne etwa 10 Meter breit direkt am linken Rheinufer entlang verläuft. Vom Ufer und von einem begleitenden Boot aus wurden Proben in der markierten Zone rheinabwärts über eine Strecke von ca. 2,5 km genommen, deren Gehalt an Uranin photometrisch bestimmt wurde, ebenso wie die enzymatischen Aktivitäten von Esterasen, Peptidasen und β-Glucosidasen. An der Einleitungsstelle, Rheinkilometer 504,2, war die höchste Konzentration an Uranin festzustellen, ca. 100 m weiter flußabwärts lag schon eine erhebliche

Verdünnung vor (Bild 4). Die Schwankungen in den ermittelten Konzentrationen an Uranin spiegeln die ungleichmäßige Verdünnung des gereinigten Abwassers mit dem Rheinwasser wieder. Es konnten regelrechte Uraninwolken beobachtet werden. Die in den gleichen Proben gemessenen Enzymaktivitäten vermitteln ein entsprechendes Bild. Bei den Untersuchung des Einflusses der Kläranlageneinleitung auf den Vorfluter muß außerdem beachtet werden, daß die Zuflußmenge zur Kläranlage und damit auch die Abflußmenge nicht gleichmäßig über 24 Stunden verteilt ist. Dies kann sich gegebenenfalls auf die Abbauleistung auswirken und damit auch auf die Konzentrationen an Inhaltsstoffen und die Enzymaktivitäten, die durch die Einleitung in den Rhein gelangen.

In Bild 5 ist die stündliche Zuflußmenge an den Wochentagen von Montag bis Samstag dargestellt. Zwischen 4 und 7 Uhr bzw. am Samstag zwischen 5 und 8 Uhr ist der Gesamtzufluß zur Kläranlage am geringsten. Danach steigt er schnell auf die fast dreifache Menge an. Zwischen 10 bzw. 11 und 22 Uhr ist in dieser Woche ein Plateau bei ungefähr 2300 m³/h erreicht.

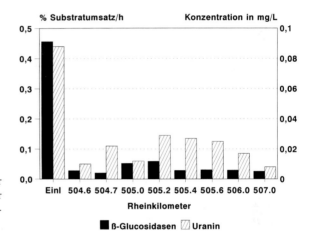

Bild 4. β-Glucosidasen-Aktivitäten und Uranin-Konzentration von der Einleitungsstelle im Rhein und der Einleitungsfahne. Einl.: Einleitungsstelle im Rhein.

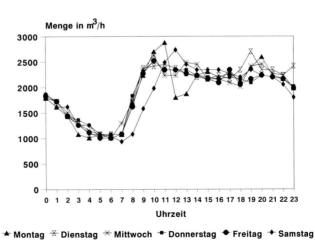

Bild 5. Zulaufmengen der Kläranlage an den einzelnen Wochentagen.

Bei einer Probenahmeserie über 21 Stunden wurde der Gesamtablauf, das Rheinwasser bei Kilometer 504,2, kurz vor der Kläranlageneinleitung, die Einleitung selbst und Rheinwasser aus der Einleitungsfahne untersucht. In Bild 6 sind von den gemessenen Parametern die β-Glucosidasen-Aktivitäten dargestellt.

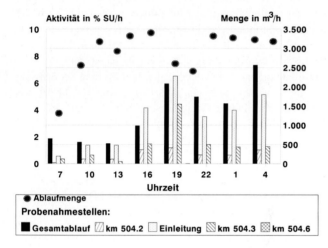

Bild 6. Einfluß des Kläranlagenablaufs auf den Vorfluter. Tagesverlauf der β-Glucosidasen-Aktivitäten und Ablaufmenge des gereinigten Abwassers am 05./06. 10. 93.

Auch in den enzymatischen Aktivitäten des Gesamtablaufs läßt sich ein Tagesgang feststellen. Die gemessenen Aktivitäten steigen nach 13 Uhr auf den dreifachen Wert an, nehmen nach 19 Uhr wieder etwas ab, um nach 1 Uhr deutlich anzusteigen. Im Rheinwasser vor der Einleitung ist ein ähnlicher Tagesgang zu beobachten, nur sind hier die Aktivitäten wesentlich geringer. An der Einleitungsstelle ist der Einfluß des gereinigten Abwassers deutlich zu erkennen. Die β-Glucosidasen-Aktivität ist um das 4- bis 6fache höher als im Rhein vor der Einleitung. In der Einleitungsfahne wird der Eintrag zwar deutlich verdünnt, nach fast 400 Metern ist aber immer noch eine höhere Aktivität als im Rhein vor der Einleitung festzustellen. Den gleichen Tagesgang im Gesamtablauf der Kläranlage mit erhöhten Werten um 19 und 4 Uhr zeigen auch die Aktivitäten von Esterasen und Peptidasen, ebenso die Biomassebestimmung und die CSB-Werte. Die Auswirkung dieser Parameter auf den Vorfluter ist aber nicht so signifikant. An der Einleitungsstelle sind die Werte zwar höher als im Rhein vor der Einleitung, aber schon knapp 100 Meter danach entsprechen sie der Gesamtbelastung des Flusses.

4 Diskussion

Bisher wird neben physikalischen und chemischen Parametern als einziger biologischer Parameter der biologische Sauerstoffverbrauch (BSB_5) zur Überprüfung der Reinigungsleistung von Kläranlagen herangezogen. Keiner dieser Parameter ermöglicht aber eine Aussage über den physiologischen Zustand der an der Reinigung beteiligten Organismen. Die von der Stoffwechselaktivität abhängige Reinigungsleistung einer Mikroorganismenpopulation kann jedoch mit Hilfe der Bestimmung enzymatischer Aktivitäten in vivo beurteilt werden.

In den dargestellten Untersuchungen wurde die Reinigungsleistung der kommunalen Kläranlage Mainz mit physikalisch-chemischen und biochemischen Methoden überprüft. Der Weg des Abwassers wurde beginnend bei der Einleitung ins Kanalsystem über die Prozeßstufen der Kläranlage bis zur Einleitungsfahne im Vorfluter verfolgt.

4.1 Teilstromuntersuchungen

Sowohl die chemischen Parameter als auch die Aktivitäten der Esterasen, Alanin-Aminopeptidasen und β-Glucosidasen differieren bei den acht untersuchten Indirekteinleitungen erheblich. Dies ist auf die unterschiedlichen Produktionszweige, die natürlich auch unterschiedlich zusammengesetztes Abwasser erzeugen, und auf die Schwankungen in der Produktion des einzelnen Betriebes, aufgrund der variablen Produktpalette zurückzuführen. Bei den Untersuchungen der Teilströme wurde deutlich, daß schon direkt an der Einleitungsstelle in das kommunale Abwasserrohrnetz ein mikrobieller Abbau von Inhaltsstoffen stattfindet. Die auffällig niedrigen Enzymaktivitäten im Rohabwasser der beiden Galvanikbetriebe waren nicht allein auf eine Hemmung der Mikroorganismen zurückzuführen, sondern waren vor allem durch den Mangel an verwertbaren Kohlenstoffquellen bedingt. Dies verdeutlichen die sehr niedrigen gemessenen TOC-Werte. Der reproduzierbare Nachweis von Enzymhemmungen in einzelnen Rohabwässern, der nicht mit auffälligen Werten der physikalischen oder chemischen Parameter einhergeht, deutet darauf hin, daß in dem jeweiligen Abwasser konstant Substanzen vorhanden sind, die mit den gemessenen chemischen Parametern nicht erfaßt wurden, die aber eine negative biologische Wirkung auszuüben vermögen. Eine Aussage, um welche Stoffgruppen es sich handelt, ist derzeit noch nicht möglich. Für weitere Untersuchungen sollen aber auch solche Teilströme ausgewählt werden, bei denen ein relativ hoher Anteil z. B. an Desinfektionsmitteln zu erwarten ist.

4.2 Prozeßstufen der Kläranlage

Die 1993 veröffentlichten Ergebnisse zur Charakterisierung der einzelnen Prozeßstufen der Kläranlage [6], konnten mit den Untersuchungen im Jahr 1994, die neben den enzymatischen Aktivitäten und der Biomasse auch chemische Parameter erfaßte, bestätigt und ergänzt werden. Die enzymatischen Aktivitäten in den beiden Zuläufen der Kläranlage (Zulauf I: hoher Industriemischabwasseranteil; Zulauf II: vorwiegend häusliche Abwässer) sind unterschiedlich und schwanken je nach eingetragener Fracht. Im Vorklärbecken werden nicht nur physikalisch die schweren Partikel abgeschieden, sondern auch Abwasserinhaltsstoffe biologisch abgebaut.

Wesentlich höhere Aktivitäten werden allerdings bedingt durch die Schlammrückführung in dem Zulauf zum Belebungsbecken gefunden. 10fach höhere Aktivitäten an Esterasen und Alanin-Aminopeptidasen als in den Zuläufen und im Vorklärbecken werden erwartungsgemäß im Ablauf des Belebungsbeckens gemessen. Im Nachklärbecken sind ebenfalls enzymatische Aktivitäten nachzuweisen, die in der Größenordnung der Aktivitäten im Vorklärbecken liegen. Im Ablauf der Kläranlage werden nur noch geringe Peptidasen- und oftmals keine Esterasen-Aktivitäten mehr festgestellt; dies zeigt an, daß z. B. der Eiweißabbau weitgehend abgeschlossen ist.

Der Nachweis der β-Glucosidasen-Aktivitäten spielt eine besondere Rolle. β-Glucosidasen sind induzierbare Enzyme, die dann von den Mikroorganismen gebildet werden, wenn keine leicht abbaubaren Kohlenstoffquellen als Nahrung zur Verfügung stehen. Im Belebungsbecken einer Kläranlage kann sich z. B. bedingt durch Erhöhung der Schlammrückfuhrmenge das Verhältnis von leicht verwertbaren und damit energetisch günstigeren Kohlenstoffquellen zu schwerer verwertbaren Kohlenstoffquellen so verschieben, daß die β-Glucosidasen-Aktivitäten deutlich erhöht sind. Somit deutet eine temporäre Erhöhung der β-Glucosidasen-Aktivitäten im Belebungsbecken auf ein hohes Schlammalter hin. Im Nachklärbecken und auch im Ablauf der Kläranlage wurden oftmals höhere Werte als im Belebungsbecken gemessen. Dies zeigt an, daß sich im Abwasser noch Kohlenstoffquellen befinden, die biologisch abbaubar sind. Dies korreliert mit den BSB_5-Werten, die meist zwischen 5 und 10 mg/l liegen und damit der Einleitungsgenehmigung voll genügen.

4.3 Einfluß des Kläranlagenauslaufs auf den Vorfluter

Die Markierung des Kläranlagenauslaufs mit Hilfe von Uranin zeigte, daß die Abwasserfahne direkt am linken Rheinufer ca. 10 Meter breit verläuft und daß eine Durchmischung langsam und ungleichmäßig stattfindet. Die Beprobung der Einleitungsfahne kann also vom Ufer aus erfolgen.

Die Abwassermenge, die in die Kläranlage gelangt, unterliegt einem Tagesgang, wobei die geringsten Zulaufmengen an Arbeitstagen zwischen 4 und 7 Uhr liegen. Dann steigen sie schnell an und erreichen um 10 Uhr ein Plateau. Nach 22 Uhr nimmt der Eintrag in die Kläranlage ab. Da die Ablaufmenge der Zulaufmenge entspricht, ist im Ablauf ebenfalls ein Tagesgang zu erwarten. In Bild 6 sind die Ablaufmengen des Probenahmetags dargestellt, an dem die Untersuchungen über 21 Stunden durchgeführt wurden. Die im Ablauf der Kläranlage gemessenen Aktivitäten an Esterasen, Alanin-Aminopeptidasen und β-Glucosidasen sowie die Biomasse und die CSB-Werte lassen ebenfalls einen Tagesgang erkennen. Die Werte im Ablauf steigen aber erst um 13 Uhr an. Im Laufe des Vormittags kommt also ein sehr gut gereinigtes Abwasser mit nur wenig abbaubaren Stoffen und damit auch geringen Enzymaktivitäten in den Vorfluter. Mit steigendem Kläranlagenzufluß und damit kürzeren Verweilzeiten in den Prozeßstufen wird die Reinigungsleistung etwas verringert, die Nährstoffe im Ablauf steigen an und damit auch die Enzymaktivitäten. Parallel dazu verändern sich auch die Enzymaktivitäten an der Einleitungsstelle im Rhein; d. h. die Auswirkung der Kläranlage auf den Vorfluter ist abhängig von der Fracht, die in die Kläranlage gelangt.

Die β-Glucosidasen-Aktivitäten im Rhein vor der Einleitung der Mainzer Kläranlage zeigten den gleichen Tagesverlauf, wahrscheinlich bedingt durch Kläranlageneinleitungen in den Fluß oberhalb von Mainz. Die Werte sind nur wesentlich niedriger und dadurch die beobachteten Effekte abgeschwächt. Die Enzym-Aktivitäten werden durch die Einleitung von aktiver Biomasse aus der Kläranlage erhöht. Esterasen und Peptidasen werden aber sehr schnell verdünnt und damit deren Aktivität der des Rheinwassers angeglichen. β-Glucosidasen-Aktivitäten konnten aber in der Einleitungsfahne über eine Strecke von 400 m nachgewiesen werden. D. h. es gelangen noch Kohlenstoffquellen in den Vorfluter, die biologisch abbaubar sind. Dies wird auch durch die festgestellten BSB_5-Werte belegt. Die β-Glucosidasen charakterisieren somit die Einleitung einer kommunalen Kläranlage, wenn ein genügend hoher Rest-BSB in der Einleitung nachzuweisen ist.

Die Bestimmung von enzymatischen Aktivitäten in vivo, die in den dargestellten Untersuchungen eingesetzt wurden, vermögen nicht den Abbau einzelner Substanzen oder

Substanzgruppen wie z. B. den Ammonium-Abbau zu verfolgen. Sie liefern aber eine biologische Kontrolle von Rohabwässern, eine Kontrolle der Abbauaktivität der beteiligten mikrobiellen Biozönose und zeigen Störungen dieser Abbauaktivität durch Hemmstoffe an. Dies kann helfen eine Kläranlage vor Störungen zu bewahren. Für den Vorfluter ist die Erfassung von noch biologisch abbaubaren Restsubstanzen von Bedeutung. Mit geringem apparativen Aufwand und kurzer Reaktionszeit ist es möglich, ein großes Probenaufkommen zu bearbeiten und schnell Ergebnisse zu erzielen.

Literatur

[1] Wiegand-Rosinus, M. u. Obst, U.: Enzymatische Aktivitäten als biologische Parameter der Gewässerkontrolle. Vom Wasser *80*, 212–219 (1993).

[2] Weßler, A. u. Obst, U.: Charakterisierung und Eingrenzung von Wasserinhaltsstoffen, die die biologische Selbstreinigung hemmen. Vom Wasser *82*, 107–116 (1994).

[3] Obst, U. u. Holzapfel-Pschorn, A.: Enzymatische Tests für die Wasseranalytik, R. Oldenbourg Verlag München 1988.

[4] Holzapfel-Pschorn, A. u. Obst, U.: Fluoreszenzspektroskopische DNS-Bestimmung als Biomasseparameter in Oberflächenwässern, Grundwässern und Proben aus der Wasseraufbereitung. Vom Wasser *67*, 185–193 (1986).

[5] Schmitt-Biegel, B. u. Obst, U.: Hemmung der mikrobiellen Reinigungsleistung im Rhein und rheinbeeinflußten Grundwasser. Vom Wasser *73*, 315–322 (1989).

[6] Wiegand-Rosinus, M., Grollius, H.-H. u. Obst, U.: Charakterisierung von Prozeßstufen und Teilströmen einer Kläranlage mittels enzymatischer Aktivitätsbestimmungen in vivo. Vom Wasser *83*, 314–321 (1994).

Synthese und Verwendung von Sulfoniumsalzen als Alkylierungsmittel für acide Verbindungen

Synthesis and Application of Sulfonium Salts as Alkylation Reagents for Acidic Compounds

Georg Haiber und *Heinz-Friedrich Schöler**

Schlagwörter

Sulfoniumsalze, Veresterungen, Chlorphenoxyalkancarbonsäuren, GC/MS

Summary

Triethylsulfonium hydroxide (TESH), Tripropylsulfonium hydroxide (TPSH) Tributylsulfonium hydroxide (TBSH), Methyldibutylsulfonium hydroxide (MDBSH) and Methyldioctylsulfonium hydroxide (MDOSH) were synthesized and characterized by MS and ^{1}H-NMR. The extent to which these salts are suitable for use as alkylation reagents for analytes with acidic functions was tested. Therefore eight chlorophenoxycarboxylic acids (CLPA) Mecoprop, MCPA, Dichlorprop, 2,4-D, Fenoprop, 2,4,5-T, MCPB, 2,4-DB were converted into esters by flash heater alkylation within the hot injection block. High esterification yields were obtained (70–100%) in the case of Triethylsulfoniumhydroxide (TESH), Tripropylsulfoniumhydroxide (TPSH) and Tributylsulfoniumhydroxide (TBSH). Sulfonium salts therefore represent a non-toxic reagent class compared to other derivatization reagents, are easy to handle and to store and give pure derivatization products in reasonable yields. Furthermore the use of TPSH and TBSH ensures a good chromatographic separation using non-polar columns.

Zusammenfassung

Triethylsulfoniumhydroxid (TESH), Tripropylsulfoniumhydroxid (TPSH) Tributylsulfoniumhydroxid, Methyldibutylsulfoniumhydroxid und Methyldioctylsulfoniumhydroxid wurden synthetisiert und mittels MS und ^{1}H-NMR charakterisiert. Es wurde geprüft, ob und inwieweit sich diese Salze als Alkylierungsmittel für Verbindungen mit aciden Funktionen eignen. Hierzu wurden die acht wichtigsten Chlorphenoxyalkancarbonsäuren (CLPA) Mecoprop, MCPA, Dichlorprop, 2,4-D, Fenoprop, 2,4,5-T, MCPB und 2,4-DB mit verschiedenen Sulfoniumsalzen zusammen im heißen GC-Injektorblock umgesetzt und die Veresterungsausbeuten bestimmt. Dabei ergaben sich im Falle von Triethylsulfoniumhydroxid (TESH), Tripropylsulfoniumhydroxid (TPSH) und Tributylsulfoniumhydroxid (TBSH) für einige CLPA hohe Veresterungsausbeuten (70 bis 100%). Damit steht eine Stoffklasse zur Verfügung, die im Vergleich zu anderen Derivatisierungsreagenzien wenig toxisch, leicht zu handhaben und zu lagern ist und darüber hinaus saubere Derivatisierungsprodukte in annehmbaren Ausbeuten liefert. Der Einsatz von TPSH und TBSH erlaubt außerdem eine bessere chromatographische Auftrennung bei der Verwendung von unpolaren Säulen.

---

* Dipl.-Chem. G. Haiber, Prof. Dr. H. F. Schöler, Institut für Sedimentforschung, Im Neuenheimer Feld 236, D-69120 Heidelberg, Germany.

1 Einleitung

Für den Nachweis von Chlorphenoxyalkancarbonsäuren wurden verschiedene Analytikkonzepte entwickelt. In der Wasseranalytik hat sich die Festphasenextraktion nach Ansäuern der Probe durchgesetzt [1]. Je nach Meßtechnik bieten sich verschiedene Derivatisierungsmöglichkeiten an, halogenhaltige Alkohole [2, 3] und Pentafluorbenzylbromid [4–10] für die ECD-Detektion, sowie methylesterbildende Reagenzien wie H_2SO_4/MeOH [1], BF_3/MeOH [11–14], Diazomethan [12–20], Tetrabutylammoniumbromid (TBA)/CH_3I [21, 22], Trimethylaniliniumhydroxid (TMAH) [23], Trimethylsulfoniumhydroxid (TMSH) [24] und Chlorameisensäureester [25] für die GC/MS-Detektion. Als neue Derivatisierungsmöglichkeit wurden folgende Sulfoniumsalze im Hinblick auf ihre Veresterungsausbeute nach Pyrolyse im Injektorblock getestet.

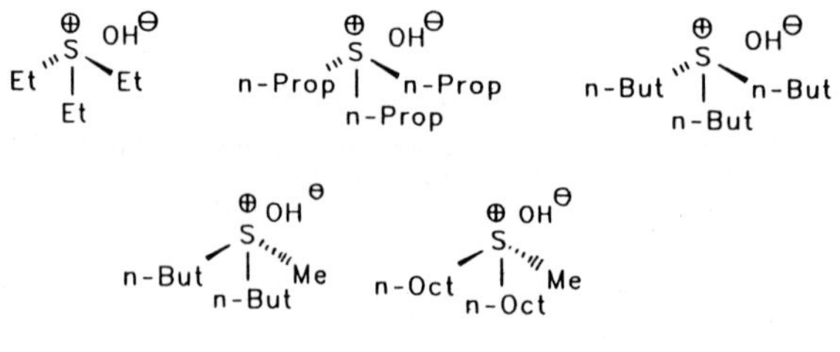

Bild 1. Strukturen der untersuchten Sulfoniumsalze.

Der alternative Derivatisierungsschritt zu den Ethyl-, Propyl- und Butylestern über die Chlorameisensäureester ist wegen erheblicher zusätzlicher Säulenbelastungen (Bildung von Pyridiniumsalzen) nicht unproblematisch.

2 Experimentelles

2.1 Darstellung und Eigenschaften der Sulfoniumsalze

Die Sulfoniumsalze werden analog einer Vorschrift von *Best* und *Everett* [26] dargestellt. Dabei werden je 50 mmol der entsprechenden Dialkylsulfide in je 50 ml MeOH gelöst und 250 mmol des entsprechenden Alkyliodids zugegeben und unter Rückfluß gekocht. Nach Verdampfen des Lösemittels bleibt ein mit Iod verunreinigtes braunrotes Öl zurück.

Reaktionsdauer, Ausbeute und Charakterisierung der Sulfoniumsalze:

Triethylsulfoniumiodid: 16 h; 84%; (PCI) m/z 246 (M); 217; 185; 156; Quellentemp.: 140 °C; δ^1H (90 MHz, $CDCl_3$, ext. Std.) = 1,54 (t,3H); 3,75 (qu,2H)
Tripropylsulfoniumiodid: 3 d; 81%; (PCI) m/z 288 (M); 245; 213; 170; Quellentemp: 130 °C; δ^1H (90 MHz, $CDCl_3$, ext. Std.) = 1,75 (t,3H); 1,91 (m,2H); 3,79 (t,2H)
Tributylsulfoniumiodid: 7 d; 74%; (PCI) m/z 330 (M); 273; 241; Quellentemp: 120 °C; δ^1H (90 MHz, $CDCl_3$, ext. Std.) = 0,98 (t,3H); 1,54 (m,6H); 1,8 (m,6H) 3,74 (t,2H)
Methyldibutylsulfoniumiodid: 16 h; 88%; (EI) m/z 127; 142; δ^1H (90 MHz, $CDCl_3$, ext. Std.) = 0,85 (t, 3H); 1,41 (m,2H); 1,68 (m,2H) 3,13 (s,3H)

Methyldioctylsulfoniumiodid: 3 d; 82%; (EI) m/z 145; 160; 258; δ^1H (90 MHz, CDCl$_3$, ext. Std.) = 0,82 (t,3H); 3,24 (s,3H)
Geräte: ^{1}H-Spektren (300 MHz): GE Qe 300. Massenspektren: Finnigan 3200; EI, 70 eV, PCI; CH$_4$ 0,7 torr

Die so erhaltenen Substanzen werden nach *Schulte* und *Weber* [27] mit Hilfe eines stark basischen Ionenaustauschers zum Hydroxid umgesetzt. Es werden methanolische Lösungen erhalten, die im Kühlschrank mehrere Monate haltbar sind.

2.2 Verwendete Chemikalien und Standardlösungen

Die methanolische CLPA-Standardlösung enthält folgende Carbonsäuren:

Mecoprop, MCPA, Dichlorprop, 2,4-D, Fenoprop, 2,4,5-T, MCPB, 2,4-DB.

Sowohl die Carbonsäuren als auch die Methylester wurden von der Fa. Dr. Ehrenstorfer, Augsburg bezogen. Die verwendeten Lösemittel sind Produkte der Fa. Baker, Groß-Gerau. Die Chemikalien wurden mit Ausnahme des Ionenaustauschers (Amberlyst A26, Fa. Merck, Darmstadt) von der Fa. Aldrich, Steinheim bezogen. Ethyl-, Propyl- und Butylester der Chlorphenoxyalkancarbonsäuren (CLPA) werden nach einem Verfahren von *Butz* und *Stan* dargestellt [26]. 10 µl eines 10 mg/l CLPA-Standards werden dabei im Stickstoffstrom zur Trockne eingedampft und mit folgenden Reaktionslösungen versetzt:

Reaktionslösung 1 für Ethylester: Acetonitril-Ethanol-Wasser-Pyridin (5:2:2:1) + 7 µl Chlorameisensäureethylester.
Reaktionslösung 2 für Propylester: Acetonitril-Propanol-Wasser-Pyridin (3:2:4:1) + 7 µl Chlorameisensäurepropylester.
Reaktionslösung 3 für Butylester: Acetonitril-Butanol-Wasser-Pyridin (2:2:6:1) + 7 µl Chlorameisensäurebutylester.

Die Ester werden unter CO_2-Entwicklung rasch gebildet. Nach Abblasen des Lösemittels wird mit Ethylacetat eine 1 mg/l-Lösung bereitet, die als externer Standard zur Quantifizierung dient.

2.3 Bestimmung der Veresterungsausbeuten

500 µl einer methanolischen CLPA-Standardlösung (1 mg/l) werden mit 100 µl der jeweiligen methanolischen Sulfoniumsalzlösung versetzt und durch Abblasen auf ein Aliquot von 500 µl gebracht. 1 µl der Lösung wird in den GC-Injektor injiziert.
Verwendetes Gerät: GC Modell 9611 Varian, MS, Finnigan-MAT 5100, Quadrupol, EI 70 eV, direkte Kopplung, full-scan-Modus, m/z 50–300
Temperaturprogramm: 70 °C/1 min, mit 30 °C/min auf 220 °C, mit 5 °C/min auf 280 °C.

Tabelle 1. Arbeitsbedingungen des GC.

Trägergas	Helium	2,5 ml/mi	
Injektor	SSL-Injektor, splitlos	1 µl	
Vorsäule	Phenyl-Sil, desaktiviert	1 m	0,32 mm ID
Säule	DB 5	30 m	0,25 ID, 0,25 µm

3 Ergebnisse und Diskussion

Mit allen getesteten Sulfoniumsalzen fanden im heißen Injektorblock Umsetzungen zum Ester statt. Der Reaktionsmechanismus verläuft analog der Methylierung mit TMSH [24]. Unter Wasserabspaltung entsteht ein Ionenpaar, das sich im heißen Injektorblock unter Bildung des Esters und des entsprechenden flüchtigen Sulfids zersetzt.

Tabelle 2. Thermische Veresterungsausbeuten der CLPA mit TESH, TPSH, TBSH, MDBSH und MDOSH.

	TESH [%]	TPSH	TBSH	MDBSH	MSOSH
Mecoprop	83 ± 11 (242)	147 ± 11 (169)	187 ± 12	58 ± 5 (228)	35 ± 5 (228)
MCPA	44 ± 8 (228)	68 ± 4 (242)	75 ± 6 (256)	35 ± 14 (214)	30 ± 3 (214)
Dichlor-prop	58 ± 13 (189)	108 ± 8 (189)	112 ± 11 (162)	29 ± 2 (248)	17 ± 2 (248)
2.4-D	42 ± 13 (248)	49 ± 9 (262)	40 ± 4 (185)	38 ± 7 (234)	27 ± 3 (234)
Fenoprop	60 ± 4 (196)	105 ± 8 (223)	75 ± 7 (196)	60 ± 4 (196)	44 ± 6 (196)
2.4.5-T	45 ± 9 (282)	45 ± 8 (296)	35 ± 6 (219)	36 ± 2 (223)	28 ± 3 (223)
MCPB	64 ± 8 (115)	69 ± 4 (87)	53 ± 6 (87)	68 ± 3 (101)	30 ± 12 (101)
2.4-DB	63 ± 5 (162)	55 ± 2 (87)	37 ± 2 (87)	56 ± 15 (101)	16 ± 2 (101)

Die in Klammern gesetzten Werte bedeuten die Massen (m/z), über die quantifiziert wurde. Alle angegebenen Prozentangaben sind Mittelwerte aus jeweils fünf Messungen.

Die Tabelle 2 zeigt, daß bei der Reaktion mit TPSH mit Ausnahme von 2,4,5-T und 2,4-D die Veresterungsausbeuten größer als 55% sind. Die sehr hohen Ausbeuten bei der Reaktion von Mecoprop mit TPSH und TBSH sind vermutlich auf den Referenzstandard zurückzuführen. Mecoprop reagiert nicht quantitativ mit dem entsprechenden Chlorameisensäurepropyl- bzw. -butylester. Die Ausbeuteschwankungen könnten mit dem einfachen Injektorsystem zusammenhängen. Die Methylierungsausbeuten beim Einsatz der gemischt alkylierten Sulfoniumsalze MDBSH und MDOSH schwanken im Falle von MDBSH von 29 bis 68%. Zufriedenstellende Ausbeuten von knapp 60 bis 68% werden lediglich mit Mecoprop, Fenoprop, MCPB und 2,4-DB erreicht. Die im Vergleich zu den symmetrisch substituierten Sulfoniumsalzen geringeren Ausbeuten lassen sich mit der Bildung der Butyl- und Octylester erklären, die in Konkurrenzreaktionen entstehen.

Synthese und Verwendung von Sulfoniumsalzen als Alkylierungsmittel 159

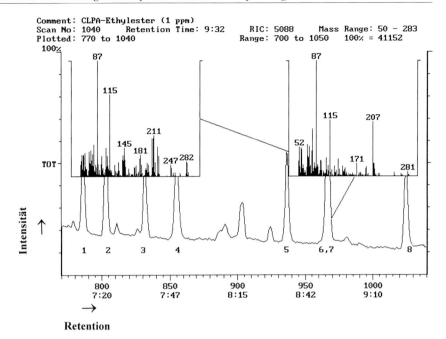

Bild 2. Chromatogramm der Ethylester der CLPA.
Die einzelnen Peaks werden folgenden Verbindungen zugeordnet: Ethylester: 1 = Mecoprop; 2 = MCPA; 3 = Dichlorprop; 4 = 2,4-D; 5 = Fenoprop; 6 = 2,4,5-T; 7 = MCPB; 8 = 2,4-DB.

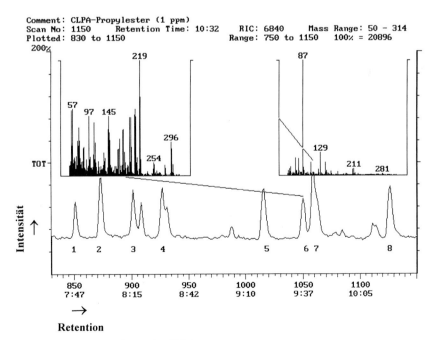

Bild 3. Chromatogramm der Propylester der CLPA.
Propylester: 1 = Mecoprop; 2 = MCPA; 3 = Dichlorprop; 4 = 2,4-D; 5 = Fenoprop; 6 = 2,4,5-T; 7 = MCPB; 8 = 2,4-DB.

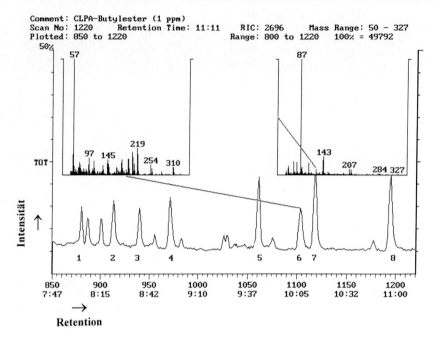

Bild 4. Chromatogramm der Butylester der CLPA.
Butylester: 1 = Mecoprop; 2 = MCPA; 3 = Dichlorprop; 4 = 2,4-D; 5 = Fenoprop; 6 = 2,4,5-T; 7 = MCPB; 8 = 2,4-DB.

Die Bilder 2 bis 4 zeigen, daß sich die CLPA-Propyl- und CLPA-Butylester auf unpolaren Säulen (30 m DB 5) besser trennen lassen als die analogen Methyl- und Ethylester. Dies wird bei 2,4-DB und 2,4,5-T deutlich, die im Falle des Ethylesters gleichzeitig eluieren, jedoch im Falle der Propylester gut getrennt werden können.

4 Ausblick

Die gemischt substituierten Sulfoniumsalze könnten bei der Anreicherung von Pestiziden mit aciden Funktionen als Ionenpaarreagenzien eingesetzt werden. Die Bestimmung solcher Pestizide ließe sich durch die Doppelfunktion der Sulfoniumsalze (Anreicherungs- und Derivatisierungsreagenz) vereinfachen. Zudem könnte aus neutraler Lösung extrahiert werden. Diese Möglichkeit wird in naher Zukunft an Hand der CLPA getestet. Eine Stabilisierung und Erhöhung der Veresterungsausbeute ließe sich mit der Verwendung eines PTV erreichen.

Literatur

[1] DIN 38407: Deutsche Einheitsverfahren zur Wasser-, Abwasser- und Schlammuntersuchung; gemeinsam erfaßbare Stoffgruppen (Gruppe F; F14), Bestimmung von Phenoxyalkancarbonsäuren mittels Gaschromatographie und massenspektrometrischer Detektion nach Fest-Flüssig-Extraktion und Derivatisierung. DEV-Entwurf.

[2] Renberg, L.: Ion exchange technique for the determination of chlorophenols and phenoxy acids in organic tissue, soil and water. Anal. Chem. *46/3*, 459–461 (1974).

[3] Adolfsson-Erici, M. u. Renberg, L.: Gas chromatographic determination of phenoxy acetic acids and phenoxy propionic acids as their 2,2,2-trifluormethylesters. Chemosphere *23/7*, 845–854 (1991).

[4] Anonymous: Chlorophenoxy acidic herbicides, trichlorobenzoic acid, chlorophenols, triazines and glyphosate in water. Her Majesty's Stationary Office London 1986.

[5] Lee, H. B. et al.: Chemical derivatization analysis of pesticide residues, part XI: An improved method for the determination and confirmation of acidic herbicides in water. Assoc. Off. Anal. Chem. *69*, 557–560 (1986).

[6] Kawahara, F. K.: Microdetermination of pentafluorobenzylester derivatives of organic acids by means of electron capture gas chromatography. Anal. Chem. *40/13*, 2073–2075 (1968).

[7] De Beer, J., van Peteghem, C. u. Heyndrickx, A.: Comparative study of the gas liquid chromatographic behaviour of pentafluorobenzylesters and the methylesters of 10 chlorophenoxy alkyl acids. J. Chromatogr. *157*, 97–110 (1978).

[8] Cline, R. E. et al.: Gas chromatographic and spectral properties of pentafluorobenzyl derivatives of 2,4-dichlorophenoxy acetic acid and phenolic pesticides and metabolites. J. Chromatogr. Sci. *28*, 167–172 (1990).

[9] Peldszus, S., Gerhard, G. u. Schöler, H. F.: Nachweis von Chlorphenoxyalkancarbonsäuren in gering belasteten Wässern nach Flüssig/Flüssig-Extraktion. Vom Wasser *75*, 35–45 (1990).

[10] Tsukioka, T. u. Murakami, T.: Capillary gas chromatographic-mass spectrometric determination of acid herbicides in soils and sediments. J. Chromatogr. *469*, 351–359 (1989).

[11] Siltanen, H. u. Mutanen, R.: Formation of derivatives of chlorophenoxy acids and some other herbicides. Chromatographia *20*, 685–688 (1985).

[12] Sell, C. R. u. Maitlen, J. C.: Procedure for the determination of residues of (2,4-dichlorophenoxy)acetic acid in dermal exposure pads, hand rinses, urine, and perspiration from agricultural workers exposed to the herbicide. J. Agric. Food Chem. *31*, 572–575 (1983).

[13] Suprock, J. F., Vinopal, J. H. u. Smith, W.: Extraction of four chlorophenoxy acid herbicides and picloram from surface wipes. Bull. Environ. Contam. Toxicol. *46*, 392–396 (1991).

[14] Baim, M. A. u. Hill, H. H.: Determination of 2,4-dichlorophenoxy acetic acid in soils by capillary gas chromatography with ion-mobility detection. J. Chromatogr. *279*, 631–642 (1983).

[15] Bruns, G. W., Nelson, S. u. Erickson, D. G.: Determination of MCPA, bromoxynil, 2,4-D, trifluralin, triallate, picloram and diclofop-methyl in soil by GC-MS using selected ion monitoring. J. Assoc. Off. Anal. Chem. *74/3*, 550–554 (1991).

[16] Schlett, C.: Gaschromatographische Bestimmung polarer Pflanzenschutzmittel in Trink- und Rohwässern. Z. Wasser-Abwasserforschung 23, 32–35 (1990).

[17] Ngan, F. u. Ikesaki, T.: Determination of nine herbicides in water and soil by gas chromatography using an electron-capture detector. J. Chromatogr. *537*, 385–395 (1991).

[18] Hodgeson, J., Collins, J. u. Bashe, W.: Determination of acid herbicides in aqueous samples by liquid-solid disk extraction and capillary gas chromatography. J. Chromatogr. *659*, 395–401 (1994).

[19] Nolte, J., Mayer, H., Khalifa, M. A. u. Linscheid, M.: GC/MS of methylated phenoxy alkanoic acid herbicides. Sci. Total Environ. *132*, 141–146 (1993).

[20] Hajslova, J. et al.: Analysis of chlorophenoxy acids and other acidic contaminants in food crops. Sci. Total Environ. *132*, 259–274 (1993).

[21] Cotterill, E. G.: Determination of acid and hydroxybenzonitrile herbicide residues in soil by gas-liquid chromatography after ion-pair alkylation. Analyst *107*, 76–81 (1982).

[22] Hopper, M. L.: Methylation of chlorophenoxy acid herbicides and pentachlorophenol residues in foods using ion-pair alkylation. J. Agric. Food Chem. *35*, 265–269 (1987).

[23] Brondz, I., Olsen, I.: Intra-injector formation of methylesters from phenoxy acid pesticides. J. Chromatogr. *598*, 309–312 (1992).

[24] Färber, H., Peldszus, S. u. Schöler, H. F.: Gaschromatographische Bestimmung von aciden Pestiziden in Wasser nach Methylierung mit Trimethylsulfoniumhydroxid. Vom Wasser *76*, 13–20 (1991).

[25] Butz, S. u. Stan, H. J.: Determination of chlorophenoxy and other acidic herbicide residues in ground water by capillary gas chromatography of their alkyl esters formed by rapid derivatization using various chloroformates. J. Chromatogr. *643*, 227–238 (1993).

[26] Bost, R. W. u. Everett, J. E.: The synthesis of certain higher alkyl sulfonium salts and related compounds. J. Am. Chem. Soc. *62*, 1752–1754 (1940).

[27] Schulte, E. u. Weber, K.: Schnelle Herstellung der Fettsäuremethylester aus Fetten mit Trimethylsulfoniumhydroxid oder Natriummethylat. Fat Sci. Technol. *91/5*, 181–183 (1989).

Untersuchungen zur Entfernung von Schwermetallspuren aus Rohwasser für die Trinkwasseraufbereitung mit einem chelatbildenden Ionenaustauscher

Studies on Removing Trace Metal Contaminations in Drinking Water Treatment Using a Chelating Ion Exchange Resin

Harald Rahm und *Horst Overath**

Schlagwörter

chelatbildende Kationenaustauscher, Chelatharze, Schwermetalle, Nickel, Trinkwasseraufbereitung, Grundwasser

Summary

In recent years increasing concentrations of trace metals such as nickel, lead, cobalt, and cadmium have been found in groundwater. In the near future some drinking water plants may not be able to meet the requirements of the German drinking-water regulations without further treatment. After preliminary experiments on the suitability of various ion-exchange resins for the removal of nickel from groundwater, systematic studies followed on the properties of a chelating cation-exchange resin that is commonly used for cleaning heavy metal-containing wastewater. The experimental conditions took into account that in contrast to wastewater treatment, large amounts of groundwater containing relatively low concentrations of heavy metals had to be treated. Special attention was paid to the limit values of the German drinking-water regulations. An empirical model was developed from the data obtained and used to calculate breakthrough-curves of resin columns depending on raw water quality and operating conditions.

Zusammenfassung

In den letzten Jahren sind in zunehmender Zahl Fälle bekannt geworden, in denen die Konzentration von Spurenmetallen, wie Nickel, Blei, Cobalt und Cadmium etc. in oberflächennahen Grundwässern stark angestiegen ist, so daß in naher Zukunft einzelne Wasserversorgungsunternehmen die Grenzwerte der deutschen Trinkwasserverordnung nicht mehr ohne geeignete Aufbereitungsmaßnahmen einhalten können. Nachdem in einer ersten Versuchsreihe verschiedene Ionenaustauscher auf ihre Eignung für die Entfernung von Nickel aus Grundwasser geprüft worden waren, folgte eine systematische Untersuchung der Leistungsfähigkeit eines ausgewählten chelatbildenden Kationenaustauschers, der sich als besonders gut geeignet erwiesen hatte und bereits in technischem Maßstab zur Reinigung schwermetallhaltiger Abwässer eingesetzt wird. Die Randbedingungen der Versuche berücksichtigten, daß in der Trinkwasseraufbereitung im Gegensatz zur Abwasserbehandlung große Wassermengen mit relativ niedrigen Schwermetallkonzentrationen behandelt werden müssen. Mit den Ergebnissen der Versuche wurde ein empirisches Modell entwickelt, mit welchem die Berechnung der Durchbruchskurven von Austauschersäulen in Abhängigkeit von der Rohwasserbeschaffenheit und den Betriebsbedingungen möglich ist.

---

* Dr. H. Rahm, Dr. H. Overath, Rheinisch-Westfälisches Institut für Wasserchemie und Wassertechnologie (IWW), Institut an der Gerhard-Mercator-Universität-GH-Duisburg, Moritzstr. 26, D-47576 Mülheim a. d. Ruhr.

1 Einleitung

In den letzten Jahren werden verstärkt unerwünschte Metalle in Zuflüssen von Talsperren und Seen, vereinzelt jedoch auch in (bevorzugt oberflächennahen) Grundwässern beobachtet [1, 2, 3, 4, 5]. Zu nennen sind insbesondere Aluminium, Nickel, Cobalt, Blei und Cadmium. Für ihr Auftreten gibt es hauptsächlich anthropogene Ursachen. Da die Grenzwerte der Trinkwasserverordnung [6] für diese Metalle – soweit festgelegt – sehr niedrig sind, sind manche Versorgungsunternehmen gezwungen, ihr Trinkwasser mit unbelastetem Wasser zu mischen. Andere müssen nach Verfahren Ausschau halten, mit Hilfe derer diese Metalle sicher aus dem Wasser entfernt werden können.

Das für die Aufbereitung von Trinkwasser geeignete verfahrenstechnische Instrumentarium befindet sich erst in der Entwicklung [7], da hier – im Vergleich zur Schwermetallentfernung aus Abwässern – die Ausgangskonzentration der unerwünschten Metalle vergleichsweise niedrig ist und die aufzubereitenden Wassermengen vergleichsweise sehr groß sind. Mit der vorliegenden Arbeit wird erstmals ein Ionenaustauschverfahren vorgestellt, mit Hilfe dessen es möglich ist, unter den oben genannten Bedingungen Schwermetalle aus Rohwässern für die Gewinnung von Trinkwasser zu entfernen. Die dabei erreichten Restkonzentrationen liegen im Sinne des Minimierungsgebotes der Trinkwasserverordnung unterhalb von einem Zehntel des für das jeweilige Schwermetall gültigen Grenzwertes.

2 Vorkommen von Schwermetallen im Grundwasser

2.1 Herkunft und Verteilung der Schwermetalle

Schwermetalle sind natürliche Bestandteile unserer Umwelt und kommen in vielen Ökosystemen als Spurenstoffe vor. Da einige Schwermetalle aber bereits in kleinen Mengen für den Menschen schädlich sind, gebührt ihrer Anwesenheit in der Nahrungskette und besonders im Trinkwasser besondere Aufmerksamkeit. Obwohl bei einer Aufstellung der Quellen von Schwermetallen in Böden die natürlichen Gehalte von Gesteinen und Erzen an erster Stelle zu nennen sind, ist zu bedenken, daß durch Bergbau, Verarbeitung und industrielle Verwertung in den letzten Jahrzehnten große Mengen Schwermetalle aus abgeschirmten Lagerstätten entnommen und durch verschiedene Prozesse in der Biosphäre verteilt worden sind [8]. Aus diesem Grund ist der (natürliche) Oberboden überall dort als Metallquelle besonders zu beachten, wo Schwermetalle über Jahrzehnte durch Ausbringung von Klärschlamm auf landwirtschaftlich genutzten Flächen, durch Industrieemissionen und durch verkehrsbedingte Belastungen im Boden akkumuliert wurden. Weiterhin kommen Deponien, Abraumhalden und Altlasten als zusätzliche Metallquellen in Frage. Durch verschiedene Mobilisierungsprozesse können die Schwermetalle von dort aus über die Pflanzen in die Nahrungskette und in das Grundwasser gelangen [8, 9, 10, 11, 12]. Hierzu zählen

- die Bodenversauerung durch sauren Regen,
- die Bodenversauerung durch landwirtschaftliche Nutzung und
- der Nitrateintrag in reduzierte Grundwasserleiter.

Als Hauptursache der Bodenversauerung ist der sog. saure Regen zu nennen. Durch die verstärkte Nutzung fossiler Brennstoffe im Zuge der industriellen Expansion ist die Menge der emittierten Säurebildner NO_x und SO_2 insbesondere seit dem 2. Weltkrieg drastisch angestiegen und der pH-Wert des Niederschlages in der Bundesrepublik Deutschland im Mittel um etwa eine pH-Einheit unter den natürlichen Wert gesunken. Obwohl die SO_2-Emission in den letzten Jahren in den alten Ländern der Bundesrepublik Deutschland stark zurückgegangen ist, wird weiterhin besonders in Waldgebieten eine z. T. erhebliche Metallmobilisierung durch saure Depositionen beobachtet. Der Austrag von Schwermetallen mit dem Sickerwasser und zum Teil auch der Eintrag in oberflächennahes Grundwasser sind vielerorts nachgewiesen [1, 4, 5, 8, 10, 11, 13, 14]. Der Versauerung von Waldböden, aber auch von intensiv landwirtschaftlich genutzten Kulturböden kann häufig nur durch eine konsequente Kalkung begegnet werden.

Die Mobilisierung von Schwermetallen wird auch beobachtet, wenn Nitrat aus intensiver landwirtschaftlicher Bodennutzung in sauerstofffreie Bereiche des Grundwasserleiters gelangt. Hierbei wird in einem biologischen Redoxprozeß Pyrit durch Nitrat oxidiert. Dabei werden neben Eisen auch mit diesem vergesellschaftete Schwermetalle, wie z. B. Zink, Cobalt, Nickel und Cadmium mobilisiert [2, 3].

3 Chelatbildende Kationenaustauscher

Chelatbildende Kationenaustauscher sind Kunstharzionenaustauscher in Form kleiner Kugeln mit einem Durchmesser von ca. 0,5 mm. Das Grundgerüst der chelatbildenden Austauscher besteht meist aus einem makroporösen Copolymerisat aus Polystyrol und Divinylbenzol, an das die chelatbildenden Ankergruppen gebunden sind. Je nach Art der funktionellen Gruppe weisen die Harze hohe Selektivitäten für bestimmte Metalle auf [15, 16, 17].

Für die Entfernung von Schwermetallen aus wässrigen Lösungen in Gegenwart hoher Calciumkonzentrationen eignen sich Harze mit Iminodiacetatgruppen besonders gut (Bild 1). Sie sind auch dann noch in der Lage, Schwermetalle zu entfernen, wenn sie in der Calciumform eingesetzt werden.

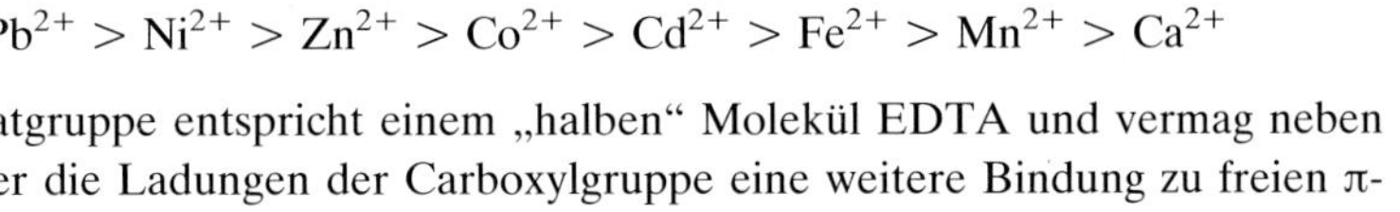

$$R - CH_2 - N \begin{array}{c} CH_2COO^- \\ CH_2COO^- \end{array} + Me^{2+} \rightleftharpoons R - CH_2 - N \begin{array}{c} CH_2COO \\ CH_2COO \end{array} Me$$

Bild 1. Prinzip der Komplexierung zweiwertiger Schwermetalle an Iminodiacetatharzen.

Die Selektivitätsreihe für Iminodiacetatharze wird von *Calmon* wie folgt angegeben [16]:

$$Cu^{2+} > Pb^{2+} > Ni^{2+} > Zn^{2+} > Co^{2+} > Cd^{2+} > Fe^{2+} > Mn^{2+} > Ca^{2+}$$

Die Iminodiacetatgruppe entspricht einem „halben" Molekül EDTA und vermag neben den Bindungen über die Ladungen der Carboxylgruppe eine weitere Bindung zu freien π-Orbitalen von Ionen der Nebengruppenmetalle über das freie Elektronenpaar des Stickstoffs auszubilden. Die freien Elektronenpaare des Sauerstoffs sind ebenfalls potentielle Donoren. Die Iminodiacetatgruppe kann als dreizähniger Ligand betrachtet werden, so daß eine zusätzliche Stabilisierung des Komplexes durch den Chelateffekt erreicht wird.

In einer Reihe von Veröffentlichungen, die sich mit der Beschreibung des Austausches von Schwermetallen auch an chelatbildenden Harzen beschäftigen, werden die Filmdiffusion und die Korndiffusion als reaktionsgeschwindigkeitsbestimmende Schritte des Austausches diskutiert. Trotz verschiedener Methoden kommen die Autoren zu dem Ergebnis, daß bei hohen Ausgangskonzentrationen von 2 – 10 g/l Schwermetall die Korndiffusion die Geschwindigkeit des Austausches kontrolliert. Für niedrigere Ausgangskonzentrationen wird ein zunehmender Einfluß der Filmdiffusion postuliert [18, 19, 20, 21]. In neueren Arbeiten wird bei der Betrachtung der Kinetik des Austausches speziell an chelatbildenden Harzen von reaktionsgekoppelten Systemen ausgegangen [22].

4 Aufgabenstellung

Bisher wurden chelatbildende Ionenaustauscher nur für die Reinigung schwermetallhaltiger Abwässer eingesetzt. Die vorliegende Arbeit beschäftigt sich erstmals systematisch mit dem Einsatz dieser Ionenaustauscher im Bereich der Trinkwasseraufbereitung unter ganz anderen Rahmenbedingungen. Hier sind zu nennen:

- Die Ausgangskonzentration der zu entfernenden Schwermetalle ist in der Regel deutlich niedriger.
- Das Reinigungsziel ist deutlich höher (in der Regel werden Restkonzentrationen von einem Zehntel des für das jeweilige Metall geltenden Grenzwertes der Trinkwasserverordnung angestrebt, um dem Minimierungsgebot zu entsprechen).
- Die zu behandelnden Wassermengen sind wesentlich größer.

Die prinzipielle Eignung von Iminodiacetatharzen zur Entfernung von z. B. Nickel aus einem Grundwasser wurde in einem ersten Schritt in einer vergleichenden Untersuchung verschiedener Kationenaustauscher an einem konkreten Schadensfall nachgewiesen [23, 24]. Nickel in einer Konzentration zwischen 35 und 100 µg/l konnte in einer Säule mit dem Iminodiacetatharz Lewatit TP 207 [25] in der Calciumform bei einer spezifischen Belastung von 12 Bettvolumina/Stunde über eine Laufzeit von mehr als einem Jahr nahezu quantitativ entfernt werden, ohne die Härte des Wassers herabzusetzen. Auch bei höheren spezifischen Belastungen des Harzes wurden beachtliche Erfolge erzielt. Aus diesem Grund wurden mit einer Versuchsanlage im kleintechnischen Maßstab die Leistung und Grenzen dieses Iminodiacetatharzes für die Trinkwasseraufbereitung systematisch untersucht. Es galt festzustellen,

- wie die Parameter der Rohwasserbeschaffenheit (z. B. Ausgangskonzentration der Schwermetalle, Konzentrationen anderer Wasserinhaltsstoffe wie Calcium, pH-Wert) und die Betriebsbedingungen (z. B. Filtergeschwindigkeit, spezifische Belastung, Korngröße des Harzes) die Leistung des Austauschers beeinflussen und
- ob sich die Abhängigkeit der Leistung des Austauschers von diesen Einflußgrößen unter den Bedingungen der Trinkwasseraufbereitung mit in der Literatur vorhandenen Modellen beschreiben läßt oder ob ein eigenes Modell entwickelt werden muß.

5 Experimenteller Teil

Sämtliche Versuche wurden mit dem Iminodiacetatharz Lewatit TP 207 [25] durchgeführt. Das Harz wurde vor der Beladung gesiebt und in die Calcium-Form überführt. Bild 2 zeigt eine der vier parallel betriebenen Versuchssäulen. Jede Säule bestand aus fünf mit Harz gefüllten Abschnitten, so daß das Wasser in einer Säule nach fünf verschiedenen Schütthöhen beprobt werden konnte.

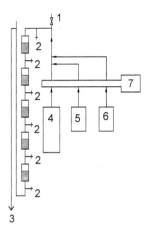

Bild 2. Versuchsanlage (1: Blasenabscheider; 2: Probenahmestelle; 3: Ablauf; 4: Permeat bzw. Trinkwasser; 5: Schwermetallstammlösung; 6: Calciumstammlösung; 7: Schlauchpumpe).

Als Grundlage für das eingesetzte Rohwasser wurde entweder das Permeat einer Umkehrosmoseanlage oder das Trinkwasser der Stadt Mülheim verwendet. Es wurde mit Schlauchpumpen einem Vorratsbehälter entnommen, mit den entsprechenden Ionen in der gewünschten Menge dotiert und nach einem Blasenabscheider auf die Versuchssäule gefördert.

Tabelle 1 faßt die wichtigsten Abmessungen einer Versuchssäule, die Betriebsbedingungen sowie die Konzentrationsbereiche der zugesetzten Rohwasserinhaltsstoffe zusammen.

Tabelle 1. Abmessungen der Versuchsanlage, Betriebsbedingungen und Konzentrationen wichtiger Rohwasserinhaltsstoffe im Überblick.

Säulendurchmesser	d_i	15,5	mm
Harzvolumen[1]	V_H	ca. 60	ml
Schütthöhe[1]	$S(H)$	ca. 30	cm
Korngröße des Harzes[2]	d_K	0,40–1,25	mm
Filtergeschwindigkeit	v_F	14–42	m/h
Volumenstrom	Q	46–136	ml/min
spezifische Belastung	B_{sp}	47–700	BV/h
Schwermetallkonzentration			
einzelnes Metall	$\beta(Me^{2+})$	7–212	µg/l
Summe aller komplexierbaren Metall	$c(SM^{2+})$	1,3–8,2	µmol/l
Calciumkonzentrationen	$\beta(Ca^{2+})$	0–179	mg/l

[1] Bestimmung in der Ca-Form
[2] Bestimmung in der H-Form

Sie bewegten sich im Rahmen dessen, was in belasteten Rohwässern der Wasserversorgung beobachtet wird bzw. zu befürchten ist. Alle Größen waren so aufeinander abgestimmt, daß nach Laufzeiten von 1 bis 6 Wochen ein Durchbruch der interessierenden Schwermetalle an der unteren Probenahmestelle einer Versuchssäule erwartet werden konnte.

Die Probenahme erfolgte nach Beginn der Beladung im Abstand von einigen Stunden, gegen Ende im Abstand von einigen Tagen. Um den Beladungsvorgang während der Probenahme möglichst wenig zu stören, wurden jeweils zunächst der Ablauf und dann die höher liegenden Probenahmestellen beprobt.

6 Ergebnisse und Modellierung

6.1 Durchbruchskurven und Konzentrationsprofile

Bild 3 zeigt für alle 5 Probenahmestellen einer Säule die Zunahme der Konzentration β des zu entfernenden Metalls (Target[1], im vorliegenden Fall Nickel) bezogen auf seine Konzentration im Zulauf β_0 (normierte Konzentration) mit zunehmender Laufzeit t. Bild 4 zeigt für eine Laufzeit von t = 2d desselben Versuches die Abhängigkeit der normierten Konzentration β/β_0 von der Schütthöhe des Harzes S (H).

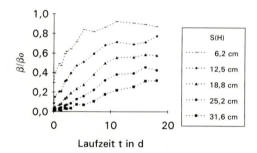

Bild 3. Durchbruch von Nickel an den 5 Probenahmestellen im Harzbett in Abhängigkeit von der Laufzeit t (Randbedingungen: $\beta_0(Ni^{2+})$ = 66 µg/l; $c(SM^{2+})$ = 3,95 µmol/l; $\beta(Ca^{2+})$ = 47 mg/l; pH = 7,5; v_F = 30 m/h; d_K = 0,63–0,80 mm).

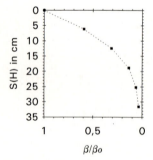

Bild 4. Konzentrationsprofil im Harzbett nach einer Laufzeit von 2 Tagen (Randbedingungen: siehe Bild 3).

---

[1] Als Target wird im folgenden jeweils das Schwermetall aus dem Metallgemisch bezeichnet, dessen Entfernung betrachtet werden soll.

6.2 Empirisches Modell für die mathematische Beschreibung der Durchbruchskurven

Zunächst wurde versucht, den Durchbruch der Schwermetalle mit verschiedenartigen Ansätzen zu beschreiben, die sich in der Literatur für die Berechnung von Durchbruchskurven von Filtern finden [26]. Ausgewählt wurde a) ein Modell, das auf der Gleichgewichtstheorie beruht und von *Tondeur* [27] auf Ionenaustauschvorgänge angewandt wird, b) ein Modell, das auf der Bodentheorie basiert und von *Höll* [28] auf Austauschvorgänge an dem auch in dieser Arbeit verwendeten Harz angewandt wird und c) ein Nichtgleichgewichtsmodell, das auch Film- und Korndiffusionsprozesse berücksichtigt [29]. Der beobachtete Durchbruch und seine Abhängigkeit von den untersuchten Randbedingungen konnte jedoch mit keinem der Modelle hinreichend genau beschrieben werden. Aus diesem Grund wurde das im folgenden dargestellte, empirische Modell entwickelt, das auf der Auswertung einer Vielzahl von Durchbruchskurven und Konzentrationsprofilen beruht, die unter verschiedenen Randbedingungen aufgenommen wurden. Der größte Teil der Versuche wurde mit Nickel als Target durchgeführt.

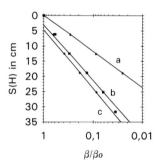

Bild 5. Beschreibung der Abhängigkeit des Konzentrationsverhältnisses log β/β_0 von der Schütthöhe S (H) mit Hilfe einer linearen Regression für unterschiedliche Laufzeiten: a) t = 0,05 d, b) t = 2 d, c) t = 3 d (Randbedingungen: siehe Bild 3).

Bild 5 zeigt, daß sich das Konzentrationsprofil in der Säule für ein Target nach einer bestimmten Laufzeit t sehr gut mit einer Geradengleichung beschreiben läßt, wenn die Schütthöhe S (H) nicht gegen die normierte Konzentration β/β_0 (wie in Bild 3), sondern gegen log β/β_0 aufgetragen wird (Gleichung (1)):

$$\log \frac{\beta}{\beta_0} = m \cdot S(H) + b \qquad (1)$$

Der Regressionskoeffizient m beschreibt die Veränderung des Logarithmus der normierten Konzentration β/β_0 mit der Schütthöhe S (H). Da der Zahlenwert für das Konzentrationsverhältnis mit steigender Schütthöhe abnimmt, ergibt sich für die Steigung m stets ein Wert mit negativem Vorzeichen. Der Achsenabschnitt b beschreibt den Schnittpunkt der Geraden mit der log β/β_0-Achse. Diese Größe ist physikalisch nicht sinnvoll, da aus ihr eine Konzentration $\beta \geq \beta_0$ im Zulauf der Säule resultiert. Durch Auflösen von Gleichung (1) nach S (H) ergibt sich für $\beta/\beta_0 = 1$ der Achsenabschnitt der Geraden auf der S (H)-Achse, der im folgenden als b* bezeichnet wird (Gleichung (2)) und die scheinbar erschöpfte Harzmenge wiedergibt.

$$b^* = S\,(H)_{\beta/\beta_0 = 1} = -\frac{b}{m} \tag{2}$$

Trägt man den Logarithmus des Absolutwertes der Steigung m gegen die Laufzeit t auf, so kann – wie Bild 6 zeigt – dieser Zusammenhang sehr gut mit einer Geradengleichung beschrieben werden (Gleichung (3)). Das gleiche gilt – wie Bild 7 zeigt – für die Abhängigkeit des Achsenabschnittes b* von der Laufzeit t (Gleichung (4)). Die Gerade muß durch den Koordinatenursprung gehen, da bei einer Laufzeit von t = 0 das Harz nicht erschöpft sein kann.

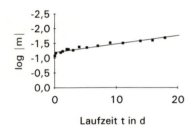

Bild 6. Veränderung der Steigung m der Konzentrationsprofile in Abhängigkeit von der Laufzeit t (Randbedingungen: siehe Bild 3).

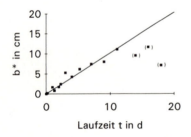

Bild 7. Veränderung des Schnittpunktes b* der Konzentrationsprofile mit der S (H)-Achse in Abhängigkeit von der Laufzeit t (Randbedingungen: siehe Bild 3).

$$\log |m| = p \cdot t + q \tag{3}$$

$$b^* = n \cdot t \tag{4}$$

p, q, n Regressionskoeffizienten

Die Gleichungen (3) und (4) liefern eine mathematisch hinreichende Beschreibung der Veränderung der Konzentrationsprofile mit der Laufzeit t. Setzt man diese Gleichungen in Gleichung (1) ein, läßt sich die normierte Konzentration β/β_0 in Abhängigkeit von der Schütthöhe des Harzes S(H) und der Laufzeit t für diejenigen Versuchsbedingungen berechnen, für die die Koeffizienten p, q und n ermittelt wurden (Gleichung (5)).

$$\log \frac{\beta}{\beta_0} = [n \cdot t - S(H)] \cdot 10^{(p \cdot t + q)} \tag{5}$$

6.3 Einfluß von Randbedingungen auf die Durchbruchskurven

Um den Einfluß der Rohwasserbeschaffenheit und der Betriebsbedingungen auf das Durchbruchsverhalten eines bestimmten Metalls (Target) beschreiben zu können, wurden folgende Parameter variiert:

- die Konzentration des zu entfernenden Schwermetalls (z. B. Nickel),
- die Calciumkonzentration,
- die Konzentration aller vom Harz entfernbaren Schwermetalle (dosiert wurden Nickel, Blei, Cadmium, Kupfer und Cobalt),
- die Filtergeschwindigkeit und
- die Korngröße des Harzes.

Diese Einflußfaktoren wurden über eine multiple Regression mit den Regressionskoeffizienten p, q und n der Gleichung (5) verknüpft. Außerdem wurden die Unterschiede im pH-Wert des Rohwassers berücksichtigt, die sich aus der unterschiedlichen Pufferkapazität von Permeat und Trinkwasser und den verschieden sauren Metallstammlösungen ergaben. Mit den so empirisch ermittelten Gleichungen (6) – (8) für die Koeffizienten p, q und n läßt sich nun mit Gleichung (5) nach Vorgabe von Werten für die Rohwasserbeschaffenheit (Calciumkonzentration, Konzentration des zu entfernenden Schwermetalls und der anderen entfernbaren Schwermetalle, pH-Wert) und den Betriebsbedingungen (Filtergeschwindigkeit, Schütthöhe und Korndurchmesser des Harzes) eine Durchbruchskurve für das Targetmetall berechnen.

$$p = -1{,}2E-04 \cdot \beta(Ca) - 5{,}1E-04 \cdot c(Me)^4 - 5{,}1E-02 \cdot \sqrt{c(SM)} \\ -7{,}8E-05 \cdot v_F^{1{,}8} - 4{,}5E-02 \cdot d_K + 2{,}0E-02 \cdot pH \quad (6)$$

$$q = 0{,}73 - 1{,}7E-03 \cdot \beta(Ca) + 0{,}11 \cdot \sqrt[5]{c(Me)} + \\ 6{,}9E-03 \cdot c(SM) - 0{,}33 \cdot \sqrt[4]{v_F} - 0{,}57 \cdot d_K - 0{,}10 \cdot pH \quad (7)$$

$$n = 3{,}2E-03 \cdot \beta(Ca) + 7{,}2E-04 \cdot c(Me)^5 + 2{,}2 \cdot \log c(SM) \\ + 0{,}24 \cdot \sqrt{v_F} - 0{,}25 \cdot pH \quad (8)$$

Werden die mit den Gleichungen (6) – (8) berechneten Koeffizienten p, q und n den allein auf der Grundlage des in Bild 3 beschriebenen Versuches und mit den Gleichungen (3) und (4) berechneten Koeffizienten gegenübergestellt (Tabelle 2, Spalten a und b), so

Tabelle 2. Mit dem Modell (Spalte a) und allein auf der Grundlage des in Bild 3 beschriebenen Versuches (Spalte b) ermittelte Koeffizienten p, q und n.

	a	b
p	− 0,026	− 0,028
q	− 1,14	− 1,19
n	0,90	1,02

erkennt man eine gute Übereinstimmung. Diese Bewertung wird zusätzlich durch Bild 8 gestützt, in dem die bereits in Bild 3 dargestellten Meßpunkte mit dem nach dem Modell berechneten Durchbruch verglichen werden.

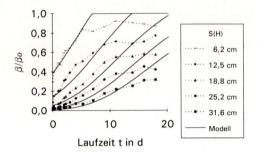

Bild 8. Gemessene und mit dem Modell berechnete Durchbruchskurven für den in Bild 3 beschriebenen Versuch.

Im folgenden soll anhand von Versuchsergebnissen gezeigt werden, wie sich die Rohwasserbeschaffenheit und unterschiedliche Betriebsbedingungen auf das Durchbruchsverhalten von Nickel auswirken. Den gemessenen Durchbruchskurven werden jeweils die im Modell berechneten Durchbruchskurven gegenübergestellt. Die Versuche wurden in der Regel bei einem Durchbruch von $\beta/\beta_0 = 0{,}3-0{,}4$ an der unteren Probenahmestelle abgebrochen, da bei einem Einsatz des Harzes in der Trinkwasseraufbereitung nur der Beginn des Durchbruches praxisrelevant ist.

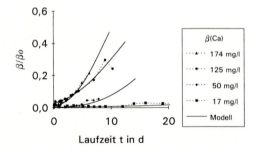

Bild 9. Abhängigkeit des Durchbruchverhaltens von Nickel von der Calciumkonzentration im Rohwasser (Randbedingungen: $\beta_0(Ni^{2+}) = 81-140$ µg/l, $c_0(SM^{2+}) = 2{,}1-2{,}8$ µmol/l, $v_F = 29-30$ m/h, $d_K = 0{,}63-0{,}80$ mm; pH = 5,3–7,4, S (H) = 29,8–31,5 cm).

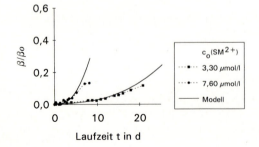

Bild 10. Abhängigkeit des Durchbruchverhaltens von Nickel bei Anwesenheit anderer Schwermetalle (SM), hier Kupfer, Cobalt, Cadmium und Blei, in zwei unterschiedlichen Konzentrationen (Randbedingungen: $\beta_0(Ni^{2+}) = 133$ µg/l, $\beta(Ca^{2+}) = 48-50$ mg/l, $v_F = 29-30$ m/h, $d_K = 0{,}40-0{,}63$ mm; pH = 7,7–8,0, S (H) = 24,6–26,5 cm).

So zeigt Bild 9 das Durchbruchsverhalten von Nickel bei unterschiedlichen Calciumkonzentrationen im Rohwasser. Deutlich ist zu erkennen, daß bei zunehmender Calciumkonzentration die Entfernungsleistung des Harzes für Nickel abnimmt. Bild 10 zeigt das Durchbruchsverhalten von 133 µg/l Nickel für zwei unterschiedliche Konzentrationen anderer, im Rohwasser befindlicher und mit dem Harz entfernbarer Schwermetalle (hier Kupfer, Cobalt, Cadmium und Blei). Erwartungsgemäß ist die Entfernungsleistung des Harzes für das Targetion Nickel umso schlechter, je höher die Konzentration anderer, aus hygienischer Sicht meist nicht störender Metalle im Rohwasser ist. Hier sind vor allem die Metalle Kupfer und Zink zu nennen, die z. B. in Grundwässern in der Regel auch im µg/l-Bereich vorliegen. Bild 11 zeigt die erwartete Abhängigkeit der Entfernungsleistung des Harzes von der Filtergeschwindigkeit: Bei gleicher Schütthöhe des Harzes erfolgt der Durchbruch von Nickel umso früher, je höher die Filtergeschwindigkeit ist. Bild 12 zeigt die Abhängigkeit der Durchbruchskurven von der Korngröße des eingesetzten Harzmaterials. Je kleiner der Korndurchmesser ist, desto größer ist erwartungsgemäß die Entfernungsleistung des Harzes unter sonst gleichen Randbedingungen.

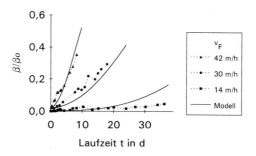

Bild 11. Abhängigkeit des Durchbruchverhaltens von Nickel von der Filtergeschwindigkeit (Randbedingungen: $\beta_0(Ni^{2+})$ = 120–153 µg/l, $c_0(SM^{2+})$ = 2,94–3,21 µmol/l, $\beta(Ca^{2+})$ = 45–51 mg/l, d_K = 0,63–0,80 mm; pH = 7,5–7,9, S (H) = 30,1–30,8 cm).

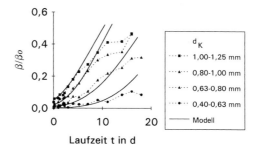

Bild 12. Abhängigkeit des Durchbruchverhaltens von Nickel von der Korngröße des Harzes (Randbedingungen: $\beta_0(Ni^{2+})$ = 66–81 µg/l, $c_0(SM^{2+})$ = 4,0–4,7 µmol/l, $\beta(Ca^{2+})$ = 46–47 mg/l, v_F = 29–30 m/h, pH = 7,5, S (H) = 31,3–32,3 cm).

6.4 Selektivität des Harzes

Die in der Literatur beschriebenen Unterschiede in der Selektivität des Harzes gegenüber den Schwermetallen, die sich aus der Beschreibung von Gleichgewichten ableiten, werden bei der Beladung des Harzes mit hohen Filtergeschwindigkeiten von kinetischen Effekten überlagert. Bei den oben beschriebenen Versuchen mit Nickel, Cobalt und Kupfer konnten keine selektivitätsbedingten Unterschiede im Durchbruchsverhalten beobachtet werden. Hingegen wurden Cadmium und Blei vom Harz in hier nicht gezeigten Versuchen [26] deutlich schlechter aufgenommen als die vorgenannten Metalle. Somit ergab sich folgende Selektivitätsreihe:

$$Cu^{2+} \cong Ni^{2+} \cong Co^{2+} > Pb^{2+} > Cd^{2+} > Ca^{2+}$$

Die relativ schlechte Aufnahme von Blei, die im Widerspruch zur üblicherweise in der Literatur angegebenen Selektivitätsreihe steht [16], kann auf die Bildung von Chlorokomplexen zurückgeführt werden, die sich ungünstig auf die Geschwindigkeit des Austausches auswirken. Die Selektivitätsunterschiede zwischen den einzelnen Schwermetallen werden von dem entwickelten Modell durch empirisch ermittelte Faktoren berücksichtigt, mit denen die Ausgangskonzentration des Targets zu multiplizieren ist. Aus Versuchen mit Rohwasser, das alle 5 genannten Schwermetalle enthielt, ergab sich für Blei der Faktor 5 und für Cadmium der Faktor 8. Dabei ist zu berücksichtigen, daß die eingesetzten Cadmiumkonzentrationen um den Faktor 10 niedriger lagen als die Ausgangskonzentrationen der übrigen Schwermetalle, da die Cadmiumkonzentrationen von Grundwässern in der Regel unter 10 µg/l liegen.

7 Diskussion

Die qualitative Betrachtung der ermittelten Durchbruchskurven führte zu folgenden Schlußfolgerungen:

Aus der hohen Geschwindigkeit des Austausches in den ersten Tagen der Beladung und dem Übergang zu einer sehr viel langsameren Kinetik bei einer Beladung von 5 bis 10 % der nutzbaren Kapazität des Harzes folgt, daß die Bindung der Schwermetalle zunächst primär an der Oberfläche der Harzkörner erfolgt. Aufgrund der niedrigen Ausgangskonzentration der Schwermetalle in den eingesetzten Rohwässern ist die Austauschkapazität der Kornoberfläche im Verhältnis zur Fracht der dem Harz angebotenen Schwermetallionen so groß, daß die Geschwindigkeit der Konzentrationsabnahme zu Beginn der Beladung über mehrere Tage im wesentlichen von der Filmdiffusion und der Anzahl der Ankergruppen an der Kornoberfläche bestimmt wird. Diese Kinetik kann mit ausreichender Genauigkeit durch Gleichung (1) beschrieben werden. Mit zunehmender Beladung der Kornoberfläche wird die Korndiffusion zum geschwindigkeitsbestimmenden Schritt. Die Konzentration des Targets im Ablauf erreichte deshalb bei keinem der Versuche die Konzentration im Zulauf. Die Durchbruchskurven bildeten zunächst ein Plateau bei einem deutlich tiefer liegenden Wert aus. Dies bedeutet, daß sich ein Gleichgewicht zwischen der Zahl der an der Oberfläche neu komplexierten Schwermetallionen und der Zahl der ins Korninnere diffundierenden Ionen ausbildet. Dieser Vorgang wird – wie Bild 8 zeigt – von dem empirischen Modell nicht erfaßt. Die entsprechende Harzmenge wird als vollständig erschöpft angenommen (siehe auch Bild 5), so daß für Konzentrationen im Ablauf von $\beta/\beta_0 > 0{,}5$ zu hohe Durchbrüche berechnet werden.

Die beobachteten Abhängigkeiten der Durchbruchskurven von den variierten Randbedingungen bestätigen die Überlegungen zur Kinetik des Austausches: Eine Zunahme der Calciumkonzentration im aufzubereitenden Wasser verlangsamt die Komplexierungsreaktion an der Kornoberfläche, da bei einer Betrachtung des Austausches nach dem Massenwirkungsgesetz die Calciumkonzentration auf der Seite der gewünschten Produkte eingeht.

Außerdem wird die Diffusion der freigesetzten Calciumionen in Richtung der freien Lösung durch ein niedrigeres Konzentrationsgefälle verzögert. Mit einer Zunahme der Konzentration der Schwermetalle in der Lösung wird die Oberfläche des Harzes schneller beladen und somit tritt der Übergang zur korndiffusionskontrollierten Kinetik schneller ein. Die Anwesenheit weiterer komplexierbarer Metalle in der Lösung bewirkt eine Konkurrenz um die Ankergruppen an der Kornoberfläche und forciert somit ebenfalls den Übergang zur korndiffusionskontrollierten Kinetik. Eine höhere Filtergeschwindigkeit verkürzt bei konstanter Schütthöhe die Aufenthaltszeit des Wassers im Harzbett und somit die Zeit, die für den Austausch zur Verfügung steht. Zwar nimmt die Filmdicke mit steigender Filtergeschwindigkeit ab, doch zeigt der Einfluß der Filtergeschwindigkeit auf den Durchbruch des Targets, daß sich die verringerte Kontaktzeit stärker auswirkt und zu einem rascheren Durchbruch führt. – Der Einsatz von Harz kleinerer Korngröße erhöht die zur Verfügung stehende freie Oberfläche und ermöglicht so eine verbesserte Entfernungsleistung.

Versuche haben gezeigt, daß eine Unterbrechung der Beladung zu einem Konzentrationsausgleich im Korn führt. Durch die freiwerdenden Plätze an der Oberfläche des Korns wird die Entfernungsleistung bei Wiederaufnahme des Betriebs zunächst besser als sie bei Abbruch der Beladung war; sie erreicht aber schneller wieder den Zustand der korndiffusionskontrollierten Reaktionskinetik. Die Durchbruchskurve bildet erneut ein Plateau aus, jetzt aber auf höherem Niveau.

Andere Autoren [18, 19, 20, 21] kommen in ihren Arbeiten zur Kinetik chelatbildender Austauscher zu dem Schluß, daß die Korndiffusion der geschwindigkeitsbestimmende Schritt des Austausches ist. Dies liegt daran, daß üblicherweise von weitaus höheren Schwermetallkonzentrationen in der flüssigen Phase ausgegangen wird. Außerdem sind die eingesetzten Harzmengen in bezug auf die eingesetzten Flüssigkeitsvolumina sehr viel größer. Die Kapazität an der Oberfläche der Harzkörner ist unter diesen Versuchsbedingungen in der Regel augenblicklich erschöpft. Für niedrige Metallkonzentrationen im Rohwasser wird in der Regel ein Einfluß der Filmdiffusion postuliert. Mit der vorliegenden Arbeit konnte gezeigt werden, daß bei niedrigen Ausgangskonzentrationen primär die Beladung der Kornoberfläche für die Praxis relevant ist. Unter den beschriebenen Versuchsbedingungen bleibt ein Großteil der Kapazität im Inneren des Harzkornes ungenutzt.

8 Perspektiven für den Einsatz von chelatbildenden Kationenaustauschern in der Trinkwasseraufbereitung

Die vorliegende Arbeit zeigt, daß chelatbildende Kationenaustauscher grundsätzlich geeignet sind, aus Wässern, die zur Trinkwassergewinnung genutzt werden sollen, auch dann Schwermetalle sicher zu entfernen, wenn sie in niedriger Ausgangskonzentration vorliegen. Dabei kann die spezifische Belastung deutlich höher sein als dies beim Einsatz dieser Harze in der Abwasserreinigung üblich ist. Dies hat zur Folge, daß das benötigte Anlagenvolumen sehr klein ist.

Mit dem entwickelten empirischen Modell ist es möglich, die Durchbruchskurven für eine geplante Aufbereitungsanlage nach der Analyse des Rohwassers zu berechnen. Tabelle 3 zeigt das Ergebnis einer solchen Berechnung für ein fiktives Rohwasser und zwei große Wasserwerke mit unterschiedlicher Aufbereitungsleistung.

Tabelle 3. Dimensionierung einer Anlage zur Entfernung von Schwermetallen für zwei Wasserwerke mit unterschiedlicher Aufbereitungsleistung mit dem empirischen Modell ($v_F = 30$ m/h, $B_{sp} = 30$ BV/h, $d_K = 0,5$ mm, $\beta(Ca) = 50$ mg/l, pH = 7,0).

	Aufbereitungsleistung in Mio m³/a	
	1,0	2,5
Anzahl der empfohlenen Straßen à 2 Kolonnen à 1 m³ Harz (incl. 1 Straße in Regenerierstellung)	5	11
entfernte Menge an Schwermetall in kg/a bei folgenden Ausgangskonzentrationen im Rohwassser		
$\beta_0(Ni) = 60$ µg/l	60	150
$\beta_0(Co) = 50$ µg/l	50	125
$\beta_0(Cu) = 50$ µg/l	50	125
Anzahl der zu regenerierenden Kolonnen pro Jahr	17,5	44

Es wird empfohlen, die Anlage in Straßen mit jeweils zwei hintereinandergeschalteten Kolonnen zu betreiben, die jeweils nur 1 m³ Harz enthalten. Diese Anordnung hat den Vorteil, daß die erste Kolonne einer Straße bis zu einem Durchbruch von $\beta/\beta_0 = 0,2-0,3$ betrieben werden kann und damit die Kapazität des Harzes besser ausgenutzt wird. Die zweite Kolonne dient zur Feinreinigung. Ist die erste Kolonne erschöpft, wird sie regeneriert und die vormals zweite Kolonne tritt an ihre Stelle (Bild 13).

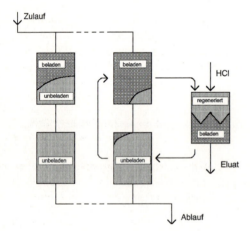

Bild 13. Schema einer Anlage zur Aufbereitung von Trinkwasser mit chelatbildenden Ionenaustauschern.

Vor dem Einsatz von chelatbildenden Austauschern im technischen Maßstab müssen die Fragen der Regeneration des Harzes und der Entsorgung der Schwermetalle geklärt werden.

Zur Dekomplexierung der Schwermetalle ist zunächst der Einsatz von 2 Bettvolumina 5–10 %iger Salzsäure nötig. Man erhält ein Eluat, das neben einem Schwermetallgehalt von ca. 3–5 g/l etwa 18 g/l Calciumchlorid enthält. Im Anschluß daran müssen die Säurereste aus dem Harzbett mit etwa 4 Bettvolumina Spülwasser entfernt und das Harz mit 100 kg/m^3 Calciumhydroxid in die Calciumform überführt werden.

Bei der Entwicklung eines Entsorgungskonzeptes müssen jeweils vorliegende Möglichkeiten berücksichtigt werden. Beispielsweise kann erwogen werden, die Aufbereitung des Harzes einer Kolonne nicht im Wasserwerk selbst durchzuführen, um dort die Handhabung von Salzsäure und konzentrierten Schwermetallösungen zu umgehen.

9 Schlußbetrachtung

Mit dem Einsatz von chelatbildenden Austauschern in der Trinkwasseraufbereitung wurde zum ersten Mal ein Verfahren angewandt, das es ermöglicht, Schwermetalle selektiv und mit hohem Wirkungsgrad aus kontaminierten Grundwässern zu entfernen, ohne die übrigen Parameter des Wassers wesentlich zu verändern. Das im Rahmen dieser Arbeit entwickelte empirische Modell ermöglicht eine Dimensionierung von Aufbereitungsanlagen unter Berücksichtigung der jeweils gegebenen Rohwasserbeschaffenheit.

Bei einem anderen Verfahren, das bereits im technischen Maßstab zur Entfernung von Nickel aus Grundwasser realisiert wurde, wird außerdem die Gesamt- und Karbonathärte entfernt, was von Vorteil, aber auch nachteilig sein kann [30].

Durch die hohe Kapazität von chelatbildenden Harzen benötigen entsprechende Anlagen ein vergleichsweise geringes Bauvolumen, allerdings müssen noch Fragen bezüglich der Regenerierung der Harze und der Entsorgung der Regenerate gelöst werden. Hier gilt es, Erfahrungen der Abwasserfachleute, die diese Harze seit vielen Jahren erfolgreich einsetzen, zu nutzen.

Den Autoren ist es ein besonderes Bedürfnis, Herrn Privatdozent Dr. W. Höll für die stetige Diskussionsbereitschaft herzlich zu danken.

Literatur

[1] Nusch, E.: Versauerung und Aluminiumtoxizität des Wassers der Fürwiggetalsperre. In: Probleme der öffentlichen Wasserversorgung mit metallischen Spurenstoffen. IWW-Schriftenreihe Bd. 5, S. 63–87, Mülheim 1991.

[2] Kölle, W. u. a.: Denitrifikation in einem reduzierten Grundwasserleiter. Vom Wasser *61*, 125–147 (1983).

[3] Kölle, W.: Mobilisierung von Nickel und anderen Schwermetallen im Grundwasserleiter als Folge der Oxidation reduzierter Metallverbindungen durch Nitrat. In: Probleme der öffentlichen Wasserversorgung mit metallischen Spurenstoffen, IWW-Schriftenreihe Bd. 5, S. 124–140, Mülheim 1991.

[4] Benecke, P.: Mobilisierung von Metallionen in Waldböden und ihre Aussickerung ins Grundwasser als Folge der Bodenversauerung. In: Probleme der öffentlichen Wasserversorgung mit metallischen Spurenstoffen. IWW-Schriftenreihe Bd. 5, S. 88–111, Mülheim 1991.

[5] Lahl, U.: Grundwasserversauerung in der Bielefelder Senne. 1. IWW-Fachkolloquium „Probleme der Einzeltrinkwasserversorgung". Mülheim 1990.

[6] BGA: Bekanntmachung der Neufassung der Trinkwasserversorgung vom 5. Dez. 1990. BGBl., Jg. 1990 Teil 1, S. 2612–2629.
[7] Jekel, M. u. van Dyck-Jekel, H.: Spezifische Entfernung von anorganischen Spurenstoffen bei der Trinkwasseraufbereitung. DVGW-Schriftenreihe Wasser Nr. 62, Eschborn 1989.
[8] Rat von Sachverständigen für Umweltfragen: Umweltprobleme der Landwirtschaft (Sondergutachten). Verlag Kohlhammer, Stuttgart 1985.
[9] Blume, H.-P. (Hersg.): Handbuch des Bodenschutzes. Ecomed-Verlag, Landsberg/Lech 1990.
[10] Bundesminister für Umwelt, Naturschutz und Reaktorsicherheit: Schutz des Bodens und wasserführender Schichten gegen Verschmutzung aus Flächenquellen. Referat WA/1, Bonn 1988.
[11] Mattheß, G.: Kontamination der Deckschichten durch Deposition aus der Luft. DVGW-Schriftenreihe Wasser Nr. 58, S. 225–237, Eschborn 1988.
[12] Wieting, J. u. Hamm, A.: Einfluß der luftverfrachteten Schadstoffe auf Boden und Grundwasser – Möglichkeiten der Schadensreduzierung. Schriftenreihe des Instituts für Wassergefährdende Stoffe (IWS) Bd. 3, IWS, Berlin 1987.
[13] Krieter, M. u. Haberer, K.: Gefährdung des Grundwassers durch Saure Niederschläge. Vom Wasser *64*, 119–142 (1985).
[14] Krieter, M.: Gefährdung der Trinkwasserversorgung in der Bundesrepublik Deutschland durch „Saure Niederschläge". DVWG-Schriftenreihe Wasser Nr. 57, Eschborn 1988.
[15] Hering, R.: Chelatbildende Ionenaustauscher. Akademie Verlag, Berlin 1967.
[16] Calmon, C.: Specific and chelat exchangers: New functional polymeres for water and wastewater treatment. J. Am. Water Works Assoc. *73*, 652–656 (1981).
[17] Hudson, M. J.: Coordination chemistry of selective-ion exchange resins. In: Rodrigues, A. E. (Hrsg.): Ion Exchange: Science and technology. NATO ASI Series E, 1986.
[18] Varon, A. u. Rieman, W.: Kinetics of ion exchange in a chelating resin. Journal of Physical Chemistry *68*, 2716 (1964).
[19] Ashurst, K. G.: Thermodynamic aspects of chelating ion exchange resins. In: Naden, D. u. Streat, M. (Hersg.): Ion Exchange Technology, Ellis Horwood Limited, Chichester 1984.
[20] Melling, J. u. West, D. W.: A comparative study of some chelating ion exchange resins for applications in hydrometallurgy. In: Naden, D. u. Streat, M. (Hersg.): Ion Exchange Technology, Ellis Horwood Limited, Chichester 1984.
[21] Feng, W. u. Hoh, Y.: Kinetic Examination of Copper Adsorption on Chelating Resins. Cimme Annual Convention, Taipei 1985.
[22] Helfferich, F. u. Hwang, Y.: Ion Exchange Kinetics. In: Dorfner, K.: Ion Exchangers. Walter de Gruyter Verlag, Berlin 1991.
[23] Rahm, H. u. Overath, H.: Einsatz von chelatbildenden Kationenaustauschern. In: Probleme der öffentlichen Wasserversorgung mit metallischen Spurenstoffen. IWW-Schriftenreihe Bd. 5, S. 206–222. Mülheim 1991.
[24] Rahm, H.: Entfernung von Schwermetallen aus Grundwasser mit chelatbildenden Ionenaustauschern, Diplomarbeit am IWW-Institut an der Universität-GH-Duisburg 1990.
[25] Bayer AG: Lewatit TP 207, Produktinformation 5-7000, 1986.
[26] Rahm, H.: Untersuchungen zur Entfernung von Schwermetallen aus Rohwasser für die Trinkwassergewinnung mit Hilfe eines chelatbildenden Kationenaustauschers. Dissertation an der Gerhard-Mercator-Universität-GH-Duisburg 1994. In: Dissertationen aus dem IWW. IWW-Schriftenreihe Bd. 9. Mülheim 1994.
[27] Tondeur, D. u. Bailly, M.: Design methods for ion exchange processes based on the „Equilibrium Theory". In: Rodrigues, A. E. (Hersg.): Ion Exchange: Science and Technology. NATO ASI Series E, 1986.
[28] Höll, W., Horst, J. u. Franzreb, M.: Application of the surface complex formation model to the prediction of ion exchange column behaviour. In: New Developments in Ion Exchange – Proceedings of the International Conference on ion Exchange. Kodansha Ltd. Tokyo 1991.

[29] Zimmer, G.: Untersuchungen zur Adsorption organischer Spurenstoffe aus natürlichen Wässern. Dissertation an der TU Karlsruhe, Fakultät Chemieingenieurwesen, Karlsruhe 1988.
[30] Stetter, D. u. Overath, H.: Entfernung von Nickel aus Grundwasser im technischen Maßstab zur Trinkwassergewinnung. Veröffentlichung in Vorbereitung.

Trichloressigsäure (TCA) im Regenwasser – Ergebnisse und Vergleich zweier analytischer Verfahren

Trichloroacetic Acid (TCA) in Rain Water – Results and Comparison of Two Analytical Methods

Jürgen Fillibeck, Barbara Raffius, Ruprecht Schleyer und *Jürgen Hammer**

Schlagwörter

Trichloressigsäure, sekundärer Luftschadstoff, Regenwasser, Analytik, Decarboxylierung, Derivatisierung, Gaschromatographie

Summary

Trichloroacetic acid (TCA) is no longer in use as a herbicide, and is a secondary air pollutant formed photochemically from C_2-chlorocarbons in the atmosphere. The latter source is the reason for ubiquitious TCA-concentrations of up to some µg/l in rainwater. TCA in the atmosphere contributes to forest decline and can – via rain water and soil percolate – reach vulnerable aquifers. Over a period of more than one year 140 rainwater samples from nine remote sites in Germany were analyzed for TCA using two methods in parallel: after thermal decarboxylation, TCA was measured as trichloromethane with headspace gaschromatography and after derivatisation with diazomethane as trichloroacetic acid methylester gaschromatographically. The results of the two methods agree acceptably. Possible causes for differences and the advantages and disadvantages of both methods are discussed. TCA-concentrations in rainwater are significantly higher in spruce forest than in beech woods, and the lowest concentrations are found in open-land precipitation. A continual decrease of TCA-concentrations in rainwater is observable since 1988, with distinct peaks in the spring/summer period.

Zusammenfassung

Trichloressigsäure (TCA) ist zum einen ein heute nicht mehr eingesetzter Herbizidwirkstoff, zum anderen ein aus C_2-Chlorkohlenwasserstoffen photochemisch gebildeter sekundärer Luftschadstoff. Letzteres ist die Ursache für ubiquitäre TCA-Konzentrationen bis zu einigen µg/l im Regenwasser. TCA in der Atmosphäre trägt zu den Waldschäden bei und kann über den Pfad Regenwasser-Bodensickerwasser schlecht geschützte Grundwässer erreichen. Über einen Zeitraum von mehr als einem Jahr wurde TCA in 140 Regenwasserproben von neun quellenfernen Standorten mittels zweier analytischer Verfahren parallel bestimmt: Zum einen nach thermischer Decarboxylierung als Trichlormethan mit der Headspace-Gaschromatographie, zum anderen nach Derivatisierung mit Diazomethan gaschromatographisch als Trichloressigsäuremethylester. Die Ergebnisse beider Verfahren stimmen annehmbar überein. Die möglichen Ursachen für Abweichungen sowie die Vor- und Nachteile beider Verfahren werden diskutiert. TCA-Konzentrationen im Regenwasser sind im Fichtenwald deutlich höher als im Buchenwald, im Freilandniederschlag sind sie am geringsten. Seit 1988 nehmen die TCA-Konzentrationen kontinuierlich ab mit deutlichen Maxima jeweils im Zeitraum Frühling-Sommer.

---

* LM-Chem. J. Fillibeck, Dipl.-Chem. B. Raffius, Dr. habil. R. Schleyer und Dipl.-Geol. J. Hammer, Umweltbundesamt, Institut für Wasser-, Boden- und Lufthygiene, Postfach 1468, D-63204 Langen. Korrespondenz an R. Schleyer

1 Einleitung

Trichloressigsäure (TCA) bzw. deren Natriumsalz (Natriumtrichloracetat) ist ein in der Vergangenheit benutzter Wirkstoff der Pflanzenbehandlungs- und Schädlingsbekämpfungsmittel (PBSM), dessen herbizide Wirkung seit den 40er Jahren bekannt ist [1, 2]. Die ubiquitäre Verbreitung von TCA im Regenwasser ist aber nicht eine Folge der früheren Ausbringung als Herbizid, sondern beruht auf der photochemischen Oxidation von in die Atmosphäre emittierten C_2-Chlorkohlenwasserstoffen (1,1,1-Trichlorethan, Trichlorethen, Tetrachlorethen) [3]. Die Photooxidation von Tetrachlorethen zu Trichloressigsäure ist bereits seit 150 Jahren bekannt [4, 5] (Zitate aus [6]). Aufgrund der Emissionsmengen von C_2-Chlorkohlenwasserstoffen in die Atmosphäre schätzen *Frank* et al. [6] die jährlich in der Troposphäre Westdeutschlands gebildete TCA-Menge auf rund 60 000 t. Das ist etwa das Doppelte der durch die Landwirtschaft in Westdeutschland ausgebrachten Menge an PBSM (33 200 t im Jahr 1990 [7]).

TCA ist als sekundärer Luftschadstoff Mitverursacher der neuartigen Waldschäden [6, 8 bis 20] und kann über den Pfad Regenwasser-Bodensickerwasser schlecht geschützte Grundwässer in Konzentrationen über dem Trinkwassergrenzwert für PBSM (0,1 µg/l) erreichen [21 bis 28]. Insbesondere vor dem Hintergrund einer möglichen Gefährdung dieser wichtigsten Trinkwasserressource laufen am Institut für Wasser-, Boden- und Lufthygiene bereits seit einigen Jahren Untersuchungen von Regen-, Bodensicker- und Grundwasser auf organische Luftschadstoffe (Nitrophenole, PBSM, halogenierte Carbonsäuren) [22 bis 27].

In einer früheren Phase der Forschungsarbeiten (1988 bis 1991) wurde TCA ausschließlich als Trichlormethan nach thermischer Decarboxylierung mit der Headspace-Gaschromatographie bestimmt [16, 24, 29]. Um noch weitere halogenierte Essigsäuren (Mono- und Dichloressigsäure, bromierte Carbonsäuren, halogenierte Propionsäuren) zu erfassen, wird TCA seit 1993 parallel dazu zusätzlich nach Derivatisierung mit Diazomethan als Trichloressigsäuremethylester gaschromatographisch bestimmt [16, 21, 30, 31]. Von 140 Regenwasserproben liegen unterdessen mit beiden Verfahren ermittelte TCA-Konzentrationen vor, so daß diese miteinander verglichen und die Vor- und Nachteile beider Verfahren diskutiert werden können. Ferner werden die Ergebnisse der äußerst umfangreichen Meßserie präsentiert, ihre Konzentrationsbereiche und zeitliche Entwicklung ebenso wie regionale Unterschiede.

2 Meßstationen und Probenahme

An neun Meßstationen in Hessen, Thüringen und Baden-Württemberg (Bild 1, Tab. 1), die keine unmittelbare Beeinflussung durch andere Emissionsquellen wie Altlasten, Industrie oder Landwirtschaft zeigen, wird regelmäßig Regenwasser beprobt. Die Meßstationen liegen in bewaldeten Mittelgebirgslandschaften luvseitig in Höhenlagen zwischen 300 und 900 m. Eine Ausnahme hiervon bildet die Station Mörfelden, die sich in einem Waldgebiet des Rhein-Main-Ballungsraums in einer Höhenlage von etwa 100 m befindet. Jede der Meßstationen ist zweigeteilt, in eine Bestandsmeßfläche (bei 4 Stationen Fichte, bei 2 Stationen Buche, bei 2 Stationen Mischwald) und eine nahegelegene Freilandmeßfläche (Tab. 1).

Trichloressigsäure (TCA) im Regenwasser

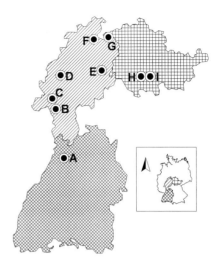

Bild 1. Lageplan der neun Meßstationen in Hessen, Thüringen und Baden-Württemberg. Zur Identifikation der Meßstationen vgl. Tab. 1.

Tabelle 1. Zusammenstellung von Informationen zu den Meßstationen (vgl. Bild 1) sowie deren mittlere TCA-Konzentrationen im Regenwasser (Mittelwert aus beiden Verfahren).

Abk. Bild 1	Name der Meßstation	Lage der Meßstation	Höhe über NN	Bestockung	Mittlere (maximale) TCA-Konzentration [ng/l] im Regenwasser (März 1993 – Mai 1994)		Verhältnis (Mittelwerte) Bestand zu Freiland
					Bestand	Freiland	
A	Schönau	Südlicher Odenwald	300 m	Mischwald	301 (815)	167 (464)	1,80
B	Mörfelden	Rhein-Main-Gebiet	100 m	Mischwald	199 (373)	204 (425)	0,98
C	Königstein	Taunus	500 m	Fichte	698 (1462)	186 (538)	3,75
D	Krofdorf	Krofdorfer Forst (N Gießen)	300 m	Buche	274 (558)	209 (385)	1,31
E	Grebenau	Mittelhessen (E Alsfeld)	400 m	Fichte	581 (1073)	195 (393)	2,98
F	Zierenberg	10 km NW Kassel	500 m	Buche	305 (694)	276 (468)	1,11
G	Witzenhausen	Kaufunger Wald	600 m	Fichte	847 (2204)	192 (395)	4,41
H	Oberhof	Thüringer Wald	900 m	Fichte	796 (1745)	208 (332)	3,83
I	Vessertal	Thüringer Wald	800 m	Buche	255 (493)	197 (338)	1,29

Die Regensammler bestehen aus Aluminiumflaschen mit einem aufgesetzten Edelstahltrichter (Durchmesser 25 cm, Oberkante 1 m über Gelände). Der Trichter ist mit einem Edelstahlnetz (Maschenweite 1 mm) abgedeckt, um Nadeln, Blätter, Vogelkot oder andere grobe Verunreinigungen fernzuhalten, und im Ablauf mit einem Pfropfen aus Glaswolle versehen als Filter gegen partikelgebundene Stoffdeposition. Der Glaswollepfropfen wird bei jeder Probenahme erneuert. Die Aluminiumflasche steht in einer Isolierung aus Polystyrol als grobe Isolierung gegen starke Temperaturschwankungen und ist mit einem

Überlauf aus einem Stück Teflonschlauch versehen. Bei der zweimonatigen Probenahme werden Mischproben aus mehreren, über die Meßfläche verteilten Regensammlern gebildet (Bestand 7, Freiland 3).

Für die Bestimmung der TCA mit der Headspace-Gaschromatographie werden von der Mischprobe direkt im Gelände 6,8 ml in ausgeheizte (2 Stunden bei 120 °C) Rollrandflaschen („Headspace-Gläschen", 13,6 ml Volumen) pipettiert und mit einem teflonbeschichteten Silikonseptum verschlossen. Entsprechende Tests haben gezeigt, daß die Umgebungsluft bei der Abfüllung praktisch frei von leichtflüchtigen chlorierten Kohlenwasserstoffen (LCKW) ist; deshalb wird auf ihre Beprobung in einem gesonderten Gläschen zur Bestimmung eines Blindwertes verzichtet. Bis zur Messung lagern die Proben in einem trocknungsmittelfreien Exsikkator bei 4 °C. Unter diesen Bedingungen sind die Proben etwa 3 bis 4 Wochen haltbar.

Für die Bestimmung der TCA als Trichloressigsäuremethylester wird eine braune 250-ml-Enghalsstandflasche aus Glas mit Glasdeckelstopfen luftfrei abgefüllt und bis zur möglichst umgehenden Weiterverarbeitung bei 4 °C im Kühlschrank bzw. Kühlraum gelagert.

3 Analytik

3.1 Bestimmung von Trichloressigsäure als Trichlormethan nach thermischer Decarboxylierung

3.1.1 Chemikalien

Für die Herstellung der Stammlösung werden Trichlormethan z. A. (Merck, Darmstadt) und Trichloressigsäure z. A. (Baker, Groß-Gerau) in Ethanol Rotipuran (Roth, Karlsruhe) gelöst. Daraus werden die verschiedenen Bezugslösungen in abgekochtem Leitungswasser angesetzt.

3.1.2 Gaschromatographie

Die quantitative Bestimmung von TCA bzw. deren Decarboxylierungsprodukt Trichlormethan erfolgt in Anlehnung an die DIN 38407 (Teil 5) für LCKW [32] sowie an verschiedene Veröffentlichungen [16, 24, 29] mittels der Headspace-Kapillargaschromatographie mit Elektroneneinfangdedektor (ECD). Die gaschromatographischen Parameter sind in Tabelle 4 zusammengestellt.

Bis zur Einstellung des optimalen Verteilungsgleichgewichts zwischen wäßriger Phase und Gasphase werden die Proben 1,5 h konstant bei 65 °C gehalten. Aus der Gasphase wird ein Aliquot in den Gaschromatographen injiziert (erste Injektion, Bild 2 B) und das in der Probe vorhandene Trichlormethan anhand eines externen Standards quantifiziert (Bild 2 A). Die Proben werden weitere 70,5 h (gesamt 72 h) konstant bei 65 °C gehalten, wobei TCA vollständig zu Trichlormethan decarboxyliert. Danach erfolgt eine zweite Injektion (Bild 2 C). Aus der Differenz der Trichlormethan-Konzentrationen zwischen zweiter und erster Injektion, multipliziert mit dem Umrechnungsfaktor 1,369 (M TCA : M Trichlormethan = 163,4 : 119,4), wird die in der Probe gelöste TCA-Konzentration errechnet. Die Bestimmungsgrenze von Trichlormethan liegt bei 5 bis 10 ng/l, in Abhängigkeit von dem Detektor-Response.

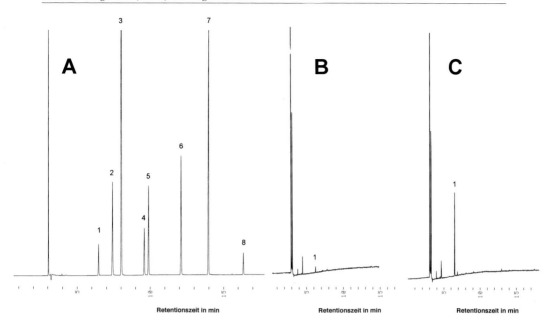

Bild 2. ECD-Chromatogramme zur Bestimmung von TCA mit der Headspace-Gaschromatographie nach thermischer Decarboxylierung zu Trichlormethan (Geräteparameter vgl. Tab. 4).
A: LCKW-Bezugslösung (jeweils 300 ng/l): Trichlormethan (1), 1,1,1 Trichlorethan (2), Tetrachlormethan (3), Trichlorethen (4), Bromdichlormethan (5), Bromtrichlormethan (6), Tetrachlorethen (7), Tribrommethan (8).
B: Erste Injektion einer Regenwasserprobe nach 1.5 h bei 65 °C. Trichlormethan (1) = 26 ng/l (Meßstation Königstein-Bestand vom Juli 1994).
C: Zweite Injektion derselben Regenwasserprobe nach 72 h bei 65 °C. Trichlormethan (1) = 783 ng/l, entsprechend (783 ng/l − 26 ng/l) · 1.369 = 1036 ng/l Trichloressigsäure.

3.1.3 Auswertung und Wiederfindung

Als Auswerteeinheit dient ein Integrator Merck Hitachi D-2000. Die Quantifizierung erfolgt über die Peakhöhe einer 3-Punktkalibrierung. Die Wiederfindung liegt in Abhängigkeit von der Konzentration der Bezugslösung zwischen 92 und 100 % (Tab. 2).

Tabelle 2. Headspace-Verfahren: Mittlere Wiederfindungsraten von TCA und deren Standardabweichung in Abhängigkeit von der Konzentration (n = 8, jeweils).

Sollwert Trichlormethan	Mittlere Wiederfindung	
ng/l	ng/l	%
10	9,2 ± 0,7	92 ± 7,6
100	94 ± 6,6	94 ± 7,0
1 000	956 ± 29,6	96 ± 3,1
2 500	2 512 ± 91,5	100 ± 3,6

3.1.4 Mögliche Fehlerquellen

Eine mögliche Fehlerquelle sind Undichtigkeiten des Rollrandflaschenverschlusses. Diese können gerade während der Decarboxylierungszeit zu Verlusten an Trichlormethan und damit zu einem zu niedrigen TCA-Gehalt führen. Darüber hinaus gilt es, das Probenvolumen (6,8 ml) möglichst genau zu pipettieren sowie besonders sorgfältig beim Herstellen der Verdünnungen aus der Stammlösung zu arbeiten, da ein Verschleppen von Trichlormethan gerade im Bereich zwischen 10 und 100 ng/l zu beachtlichen Fehlern führt.

3.2 Bestimmung von TCA als Trichloressigsäuremethylester nach Derivatisierung mit Diazomethan

3.2.1 Chemikalien

Trichloressigsäure z. A. (Baker, Groß-Gerau), Trichloressigsäuremethylester (Aldrich, Steinheim), tert.-Butylmethylether zur Rückstandsanalyse, Natriumchlorid p. A., Schwefelsäure 92–96 % und Tetrachlorethen reinst (Merck, Darmstadt) sowie abgekochtes Wasser zur Herstellung von Trichloressigsäurelösungen. Die Herstellung der etherischen Diazomethanlösung erfolgt nach einer Vorschrift von Fa. Merck [33]; die Lösung ist etwa 2 Wochen haltbar: Diazald (Aldrich, Steinheim), Diethylether zur org. Rückstandsanalyse (Baker, Groß-Gerau), Ethanol p. a., Kaliumhydroxid (Merck, Darmstadt).

3.2.2 Extraktion, Derivatisierung und Gaschromatographie

Das Verfahren zur Bestimmung von TCA nach Derivatisierung zu Trichloressigsäuremethylester wurde in Anlehnung an verschiedene Veröffentlichungen erarbeitet [16, 21, 30, 31] und den speziellen Erfordernissen des Forschungsvorhabens angepaßt. 200 ml der Regenwasserprobe werden in einem Schütteltrichter unter Zugabe von 30 g Natriumchlorid im schwefelsauren Milieu (pH = 1) zweimal mit jeweils 10 ml tert.-Butylmethylether 20 min auf einer Schüttelmaschine extrahiert. Die vereinigten Extrakte werden am Rotationsverdampfer bei 36 °C und 450 hPa auf etwa 1 ml eingeengt (Aufkonzentrierungsfaktor 200). Anschließend wird die TCA durch Zugabe von etwa 300 µl einer frisch bereiteten Diazomethanlösung bei Raumtemperatur zum Methylester derivatisiert. Nach Verflüchtigung des überschüssigen Reaktionsgases (45 min bei Raumtemperatur im Abzug) wird 1 ml der Methylesterprobe in eine 2-ml-Ampulle abgefüllt, das Restvolumen bestimmt und nach Zugabe von 5 µl eines Tetrachlorethenstandards in tert.-Butylmethylether (1 mg/l) sofort in den Gaschromatographen injiziert. Die Detektion erfolgt über ein ECD-Signal. Die gaschromatographischen Parameter zeigt Tabelle 4.

3.2.3 Auswertung und Wiederfindung

Die Quantifizierung erfolgt über den externen Standard Trichloressigsäuremethylester (in 6 unterschiedlichen Konzentrationen) und zusätzlich über den internen „Injektionsstandard" Tetrachlorethen (Bild 3 A). Dieser interne „Injektionsstandard" wird zur Korrektur des Fehlers verwendet, der durch das geringfügig schwankende Injektionsvolumen des tert.-Butylmethylether-Extraktes bei der Autosampler-Aufgabe entsteht. Auf den üblicherweise verwendeten internen Standard 2,2-Dichlorpropionsäure wurde verzichtet, weil

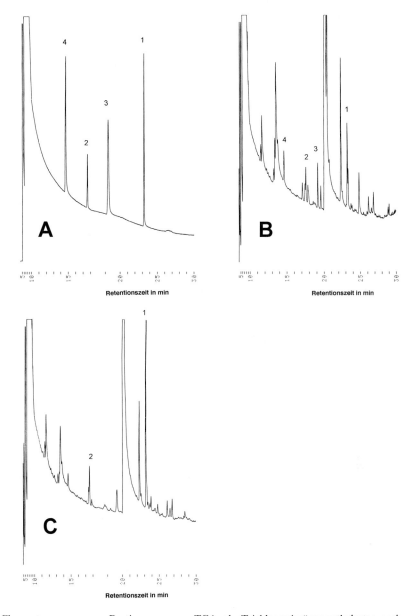

Bild 3. ECD-Chromatogramme zur Bestimmung von TCA als Trichloressigsäuremethylester nach Derivatisierung mit Diazomethan (Geräteparameter vgl. Tab. 4).
A: Standard von chlorierten Essigsäuremethylestern in tert.-Butylmethylether: (1) Trichloressigsäuremethylester (128.7 µg/l), (2) interner Injektionsstandard Tetrachlorethen (5 µg/l), (3) Dichloressigsäuremethylester (128.7 µg/l), (4) Monochloressigsäuremethylester (594 µg/l).
B: Dotiertes Leitungswasser: (1) Trichloressigsäure (417 ng/l), (2) interner Injektionsstandard Tetrachlorethen, (3) Dichloressigsäure (395 ng/l), (4) Monochloressigsäure (2630 ng/l).
C: Regenwasserprobe (Meßstation Witzenhausen-Bestand vom Juli 1994): (1) Trichloressigsäure (1643 ng/l), (2) interner Injektionsstandard Tetrachlorethen.

in dotierten Leitungswasserproben kein zufriedenstellend reproduzierbarer Koeffizient zwischen den berechneten Mengen an 2,2-Dichlorpropionsäure und TCA erkennbar war. Stattdessen wurden jeweils sieben Proben zusammen mit einem mit 417 ng/l TCA dotierten Leitungswasser aufgearbeitet (Bild 3 B).

Die Bestimmungsgrenze für TCA in Regenwässern beträgt 35 ng/l (Bild 3 C). Die mittlere Wiederfindungsrate schwankt bei den jeweils zehn je Probennahmekampagne dotierten Leitungswässern (417 ng/l) zwischen 75% und 98% (Mittelwert 85,4%). Die Standardabweichung der Wiederfindungsrate liegt bei diesen Proben zwischen 4,3% und 5,2% (Mittelwert 4,7%). Die Wiederfindungsrate einer speziellen Testreihe (Tab. 3) ist über einen Konzentrationsbereich von 250 bis 1000 ng/l recht konstant (95 bis 99%), die Standardabweichung der Wiederfindungsrate nimmt allerdings bei kleinen Konzentrationen zu.

Tabelle 3. Derivatisierungs-Verfahren: Mittlere Wiederfindungsraten von TCA und deren Standardabweichung in Abhängigkeit von der Konzentration (n = 4, jeweils).

Sollwert Trichloressigsäure ng/l	Mittlere Wiederfindung	
	ng/l	%
250	247 ± 32,5	99 ± 13
500	472 ± 13,4	94 ± 2,7
1 000	952 ± 28,5	95 ± 2,9

3.2.4 Mögliche Fehlerquellen

Bezugslösungen mit TCA-Konzentrationen unterhalb 400 ng/l zeigen nach etwa vier Wochen eine Abnahme der TCA-Konzentrationen, auch wenn sie bei 4 °C im dunkeln gelagert werden. Die Proben sind folglich nur begrenzt lagerfähig und müssen nach der Probenahme möglichst umgehend aufgearbeitet werden. Beim schonend kontrollierten Einengen der Extrakte mit dem Rotationsverdampfer ist auf Druckkonstanz zu achten. Ein zu hoher Unterdruck kann zur Verflüchtigung von TCA führen.

4 Vergleich beider Verfahren

Für den Vergleich beider Verfahren stehen TCA-Konzentrationen von 140 Regenwasserproben zur Verfügung. Die Regenwässer stammen von acht, im Zwei-Monats-Abstand durchgeführten Probenahmen (März 1993 bis Mai 1994). Jede Probenahme umfaßt 18 Regenwasserproben, jeweils zwei Proben (Freiland, Bestand) von neun Meßstationen. Wegen zu geringer Regenmengen bzw. Probenverlustes ist die Probenanzahl um vier gegenüber der höchstmöglichen Anzahl (144) vermindert. Bei allen 140 Proben liegen die TCA-Konzentrationen beider Bestimmungsverfahren oberhalb der Nachweisgrenzen.

Tabelle 4. Zusammenstellung der gaschromatographischen Parameter beider Verfahren.

	Headspace-Verfahren (Decarboxylierung)	Derivatisierungs-Verfahren
GC-System	Carlo Erba Fractovap 2900	Siemens Sichromat 2
Probengeber	Headspace (HS 250)	Dani (ALS 3940)
Volumen Probengefäß	13,6 ml	2 ml
Probenvolumen	6,8 ml	1 ml
Äquilibrierung	1,5 h bei 65 °C (LCKW) 72 h bei 65 °C (TCA)	–
Injektionsvolumen	200 µl	2 µl
Nadeltemperatur	70 °C	–
Vorsäule	–	FS-Phe – Sil ret. Gap 10 m × 0,32
Kapillarsäule	Permabond SE–54 – DF – 0,35 25 m × 0,25 ID	Permabond SE–54 – DF – 1,00 25 m × 0,32 mm ID
Split/Injektortemperatur	1:60 bei 175 °C	1:20 bei 250 °C Split/splitlos
Trägergas	$N_2/1{,}7 \cdot 10^5$ Pa	$N_2/0{,}6 \cdot 10^5$ Pa
Detektor	ECD HT 40/300 °C	ECD Siemens/300 °C
Spülgas	$N_2/2{,}0 \cdot 10^5$ Pa 30 ml/min	$N_2/2{,}0 \cdot 10^5$ Pa 30 ml/min
Temperaturprogramm	5 min bei 30 °C 3 °C/min → 42 °C 10 °C/min → 150 °C 2 min bei 150 °C	10 min bei 40 °C 5 °C/min → 150 °C 5 min bei 150 °C 20 °C/min → 200 °C
Auswerteeinheit	Hitachi D-2000 (Merck)	Hitachi D-2000 (Merck)

Bild 4 A zeigt die Ergebnisse beider Verfahren im direkten Vergleich. Wegen des Konzentrationsbereichs über mehrere Größenordnungen sind die Achsen logarithmisch (Basis 10) skaliert. Den einzelnen Probenahmekampagnen sind unterschiedliche Symbole zugeordnet. Der überwiegende Anteil der Punkte liegt im Bereich der Winkelhalbierenden des Diagramms, die Ergebnisse beider Verfahren stimmen hier recht gut überein. Eine Reihe von Punkten zeigen jedoch voneinander abweichende TCA-Konzentrationen. Die Symbole machen deutlich, daß es einzelne Probenahmekampagnen sind, bei denen die mit beiden Verfahren bestimmten TCA-Konzentrationen systematisch voneinander abweichen. So zeigt insbesondere die Probenahmekampagne vom Juli 1993 durchweg höhere TCA-Konzentrationen bei dem Headspace-Verfahren (Decarboxylierung) bzw. niedrigere bei dem Derivatisierungs-Verfahren; bei der Probenahmekampagne vom November 1993 ist es genau umgekehrt. Diese beiden Probenahmekampagnen zeichnen sich deshalb auch durch besonders niedrige Korrelationskoeffizienten aus, die vom Juli 1993 sogar durch den niedrigsten ($r = 0{,}88$). Eine nahezu perfekte Übereinstimmung wurde bei der Probenahmekampagne vom März 1994 erzielt ($r = 0{,}99$).

Bereits Bild 4 A macht einen Zusammenhang zwischen TCA-Konzentration und Abweichung in der Art deutlich, daß die Übereinstimmung zwischen beiden Verfahren mit steigender TCA-Konzentration zunimmt. Noch deutlicher wird dieser Zusammenhang, wenn die Abweichung zwischen beiden Verfahren mittels des Verhältnisses quantifiziert und gegen die Konzentration aufgetragen wird (Bild 4 B). Dieses Verhältnis ist 1, wenn beide Verfahren dasselbe Ergebnis liefern. Eine logarithmische Klassierung (Basis 2) stellt die Gleichbehandlung der über und unter eins liegenden Verhältniswerte sicher. Auf der Abszisse ist der Mittelwert aus den TCA-Konzentrationen beider Verfahren aufgetragen, weil die Abweichungen nicht zwingend auf eines der beiden Verfahren zurückzuführen sind, wobei wegen der logarithmischen Klassierung der Mittelwert aus den Logarithmen (Basis 10) gebildet wurde. Bild 4 B macht deutlich, daß die größten Abweichungen im Konzentrationsbereich < 200 ng/l zu beobachten sind. Die bereits oben genannten Probenahmekampagnen (Juli 1993, November 1993) bilden klare Punktwolken oberhalb bzw. unterhalb der Ideallinie.

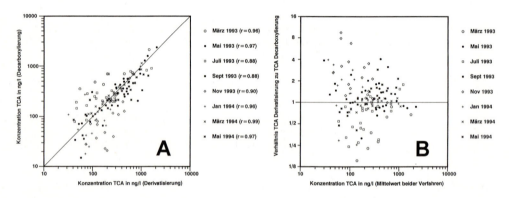

Bild 4. Vergleich beider Verfahren zur Bestimmung von TCA, in Abhängigkeit von den acht Probenahmekampagnen.
A: TCA-Konzentration Derivatisierungs-Verfahren gegen TCA-Konzentration Decarboxylierungs-Verfahren (Headspace).
B: Mittelwert der TCA-Konzentrationen aus beiden Verfahren gegen das Verhältnis.

Die Häufigkeitsverteilung der Quotienten zwischen beiden Verfahren (Bild 5) zeigt, daß über die Hälfte der Wertepaare (75 von 140) in die Klasse mit einer sehr guten Übereinstimmung zwischen beiden Verfahren fallen. Hier liegen sogar sämtliche Proben der Probenahmekampagne mit der besten Übereinstimmung (März 1994). Die Verteilung insgesamt ist symmetrisch, es gibt keinen ausgeprägten systematisch nach oben oder nach unten abweichenden Trend.

Zur Ursachenfindung für die Abweichungen der mit den beiden Verfahren ermittelten TCA-Konzentrationen wurden die Auswertungen nicht nur in Abhängigkeit von den Probenahmekampagnen (vgl. Bild 4 und 5), sondern auch in Abhängigkeit von den Bestandsarten (Fichte, Buche, Mischwald, Freiland) und von den Meßstationen durchgeführt. Hierbei sind jedoch keine Zusammenhänge erkennbar, so daß neben den üblicher-

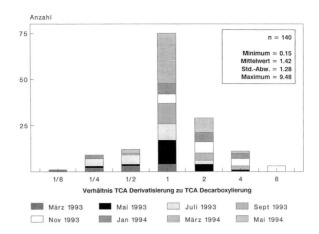

Bild 5. Häufigkeitsverteilung und statistische Parameter des Verhältnisses der TCA-Konzentrationen beider Verfahren, unterteilt in die acht Probenahmekampagnen.

weise zu erwartenden Abweichungen bei der Anwendung zweier Meßverfahren offensichtlich die Behandlung der Proben im Labor nach den einzelnen Probenahmekampagnen die wesentlichen Ursachen für die Abweichungen beinhaltet. Der höhere Zeitaufwand des Derivatisierungs-Verfahrens hat eine insgesamt längere Lagerzeit der Proben zur Folge. Die letzten Proben einer Probenahmekampagne werden deshalb in der Regel erst 3 bis 4 Wochen nach Abschluß der Messungen mit dem Headspace-Verfahren bearbeitet. In dieser Zeit kann trotz Kühlung und Lagerung im dunkeln ein Abbau der TCA stattfinden. Wäre dies jedoch die einzig mögliche Ursache für die Abweichungen, müßten die TCA-Konzentrationen bei dem Derivatisierungs-Verfahren systematisch niedriger sein. Eine weitere Ursache für niedrigere TCA-Konzentrationen kann auch eine personalbedingte (z. B. Urlaub, Krankheit) spätere Bearbeitung einer Probengruppe sein (z. B. Juli 1993). Zu hohe TCA-Konzentrationen würden berechnet, wenn in den Bezugslösungen geringere Konzentrationen als angenommen vorhanden wären. Eine solche Fehlerquelle wäre vorrangig bei dem Headspace-Verfahren zu erwarten, da hier mit dem leichtflüchtigen Trichlormethan gearbeitet wird. Nicht auszuschließen ist schließlich, daß bei dem Headspace-Verfahren auch andere Substanzen als TCA bei Erwärmung Trichlormethan abspalten, was zu scheinbar höheren TCA-Konzentrationen führen würde.

5 Ergebnisse

Da nicht zu entscheiden ist, welches der beiden Verfahren die »bessere« bzw. die »richtigere« TCA-Konzentration liefert, und da die Ergebnisse beider Verfahren annehmbar übereinstimmen, wurde für die Darstellung von Ergebnissen jeweils der Mittelwert aus den Logarithmen (Basis 10) der beiden Meßwerte gebildet. Bild 6 zeigt die Häufigkeitsverteilung der 140 TCA-Konzentrationen im Regenwasser, unterteilt in Freiland und die drei Bestandarten (Fichte, Buche, Mischwald). In Tabelle 1 sind die mittleren und maximalen TCA-Konzentrationen der einzelnen Meßstationen zusammengestellt.

Die mittlere TCA-Konzentration aller 140 Meßwerte beträgt 328 ng/l, die höchste im Zeitraum März 1993 bis Mai 1994 gemessene TCA-Konzentration beträgt 2204 ng/l (Meß-

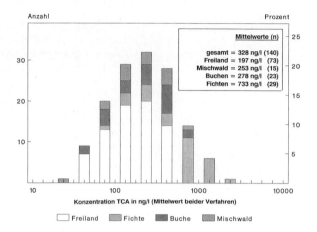

Bild 6. Häufigkeitsverteilung und Mittelwerte der zwischen Januar 1993 und Mai 1994 im Regenwasser gemessenen TCA-Konzentrationen (Mittelwert aus beiden Verfahren), unterteilt in Freiland und verschiedene Bestandarten.

station Witzenhausen). TCA-Konzentrationen über 1 µg/l werden ausschließlich im Fichtenbestand gemessen (Bild 6), im Regenwasser von Fichtenbestand ist deshalb auch die mittlere TCA-Konzentration mit 733 ng/l am höchsten. Die TCA-Konzentrationen im Regenwasser von Buchenbestand (278 ng/l) und Mischwaldbestand (253 ng/l) entsprechen sich in etwa. Eigentlich würde man im Regenwasser von Mischwald eine zwischen Fichten- und Buchenbestand liegende mittlere TCA-Konzentration erwarten. Die hier beprobten beiden Mischwälder sind allerdings sehr dünn bestockt; einzelne Regensammler erfassen deshalb interzeptionsfreien Niederschlag, so daß die mittlere TCA-Konzentration im Mischwald-Niederschlag nahe an die des Freilandniederschlags heranreicht. Im Freilandniederschlag ist mit 197 ng/l die geringste mittlere TCA-Konzentration zu beobachten (Bild 6). Trotz deutlicher regionaler und geographischer Unterschiede bei den neun Meßstationen (Höhenlage, Abstand zu möglichen Emittenten wie Autobahnen, Ballungsräumen usw.) deckt die mittlere TCA-Konzentration im Freilandniederschlag einen erstaunlich engen Konzentrationsbereich ab (167–276 ng/l) (Tab. 1). Auch die Maximalwerte im Freilandniederschlag unterscheiden sich nur wenig (332 bis 538 ng/l) (Tab. 1).

Die im Fichtenbestand zu beobachtenden, im Mittel um Faktor 3,72 (2,98 bis 4,41) höheren TCA-Konzentrationen im Regenwasser (Tab. 1) sind durch Sorption lipophiler LCKW in der Wachsschicht von Fichtennadeln auch in Trockenperioden oder bei Nebelereignissen zu erklären, wo eine zusätzliche Metabolisierung zu TCA stattfindet [13, 16, 18 bis 20, 29]. Bei Regenereignissen wird diese abgewaschen, was zu entsprechend erhöhten TCA-Konzentrationen im Interzeptions-Niederschlag führt. Die gegenüber dem Freilandniederschlag erhöhten TCA-Konzentrationen im Interzeptions-Niederschlag von Buchenbestand (Faktor 1,11 bis 1,31, Tab. 1) sind ein Indiz für vergleichbare Prozesse an Laubbäumen. U. a. wegen des jährlichen Blattverlustes sind diese jedoch deutlich geringer wirksam.

Von früheren Forschungsarbeiten [24] liegen bei drei Meßstationen (Königstein, Grebenau, Witzenhausen) TCA-Konzentrationen im Regenwasser aus den Jahren 1988 bis 1991 vor. Die Proben wurden an denselben Regensammlern genommen und mit demselben Gaschromatographen gemessen wie die 140 Proben des aktuellen Meßzeitraums 1993 bis 1994. Für einen Vergleich beider Meßreihen werden ausschließlich die mit dem Headspace-Verfahren (Decarboxylierung) ermittelten TCA-Konzentrationen herangezogen, weil bei der älteren Meßreihe nur dieses Verfahren angewandt wurde. Bild 7 zeigt die zeitliche Entwicklung der TCA-Konzentrationen im Bestandsniederschlag der Meßstation Witzenhausen (Fichte). Die Zeitreihe zeigt ausgeprägte TCA-Spitzenkonzentrationen in der wärmeren Jahreszeit sowie einen kontinuierlichen Rückgang der TCA-Konzentrationen. Während 1989 noch Spitzenkonzentrationen von TCA über 6 µg/l gemessen wurden, liegen diese 1993 im Bereich von 2 µg/l. Dies könnte Ausdruck einer zunehmenden Wirksamkeit emissionsmindernder Maßnahmen beim Umgang mit LCKW sein (Bundes-Immissionsschutzgesetz). Das Auftreten erhöhter TCA-Konzentrationen jeweils in der warmen Jahreszeit ist Ausdruck einer erhöhten photochemischen Aktivität in der Troposphäre.

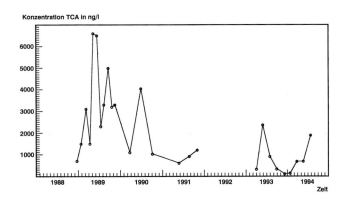

Bild 7. Zeitliche Entwicklung der TCA-Konzentrationen (Headspace-Verfahren) im Bestandniederschlag der Meßstation Witzenhausen von 1988 bis 1994.

6 Schlußfolgerungen

Trichloressigsäure ist ein sekundärer, ubiquitär vorkommender Luftschadstoff, der im Regenwasser gelöst das Grundwasser erreichen kann und zu den neuartigen Waldschäden beiträgt. Obwohl in den letzten Jahren ein Rückgang der TCA-Konzentrationen im Regenwasser zu beobachten ist, liegen die mittleren TCA-Konzentrationen (197 ng/l im Freiland, 733 ng/l im Fichtenbestand) immer noch über dem Trinkwassergrenzwert für PBSM (Einzelsubstanz: 0,1 µg/l). Eine mittlere TCA-Konzentration von 1 µg/l im Regenwasser ergibt bei 837 mm mittlerem Niederschlag [34] eine jährliche Deposition von 208 t TCA in Westdeutschland (Fläche 248 708 km^2). Das ist sehr viel weniger als die eingangs genannten, in der Troposphäre Westdeutschlands gebildeten 60 000 t TCA. Würden diese vollständig im Regenwasser gelöst, resultierten mittlere TCA-Konzentrationen von 300 µg/l. Offensichtlich gelangen nur geringe Anteile über den Pfad der nassen Deposition auf und in den Boden.

Eine langfristige Beobachtung der TCA-Konzentrationen in der Luft und im Regenwasser erscheint trotzdem wünschenswert. Entsprechende Meßnetze (Luft, Deposition) sollten zukünftig neben anderen ausgewählten organischen Parametern auch TCA berücksichtigen. Zur Analytik bieten sich die beiden vorgestellten Verfahren an. Die Vorteile des Headspace-Verfahrens liegen in dem geringen Probenvolumen (< 10 ml), der hohen Nachweisempfindlichkeit sowie dem vergleichsweise geringen Zeit- und Laboraufwand. Hinzu kommt, daß eine Reihe von LCKW mitbestimmt werden können (vgl. Bild 2 A). Der Vorteil des Derivatisierungs-Verfahrens besteht darin, daß andere halogenierte Carbonsäuren (Mono- und Dichloressigsäure, bromierte Essigsäuren u. a.) parallel mitbestimmt werden können (vgl. Bild 3). Das Verfahren der Wahl hängt deshalb von der Fragestellung und der Zielsetzung ab.

Dank

Die Autoren danken der Hessischen Forstlichen Versuchsanstalt (Hann. Münden), der Thüringer Forsteinrichtungs- und Versuchsanstalt (Gotha) und der Landesanstalt für Umwelt Baden-Württemberg (Karlsruhe) für die Nutzungserlaubnis der Meßflächen, Heinz Schiege und Dr. Jürgen Reußwig für ihre kreativen Anregungen sowie Elmar Utesch, Friedrich Neumann und Brigitte Lawrenz für ihre Mitarbeit im Labor.

Literatur

[1] Kolbe, A. u. Schütte, R.: Über das Verhalten von Trichloressigsäure in Pflanzen und Böden. Nachrichtenblatt für den Pflanzenschutz in der DDR, *36 (6)*, 117–119 (1982).

[2] Maier-Bode, H.: Herbizide und ihre Rückstände, 1. Aufl., S. 479. Verlag Eugen Ulmer, Stuttgart 1971.

[3] Gay, B. W., Hanst, P. L., Bulfalini, J. J. u. Noonan, R. C.: Atmospheric oxidation of chlorinated ethylenes. Environ. Sci. Technol., *10*, 58–67 (1976).

[4] Kolbe, H.: Beiträge zur Kenntnis der gepaarten Verbindungen. Ann. Chem., *54*, 145–188 (1845).

[5] Schott, C. u. Schuhmacher, H. J.: Die photochemische Chlorierung und die durch Chlor sensibilisierte photochemische Oxidation von Tetrachloräthylen. Z. Physikal. Chem., *49*, 107–125 (1941).

[6] Frank, H., Vincon, A. u. Reiss, J.: Montane Baumschäden durch das Herbizid Trichloressigsäure – Symptome und mögliche Ursachen. UWSF – Z. Umweltchem. Ökotox., *2 (4)*, 208–215 (1990).

[7] UBA (Umweltbundesamt): Daten zur Umwelt 1992/93, S. 688. Erich Schmidt Verlag, Berlin 1994.

[8] Frank. H.: Trichloressigsäure im Boden: eine Ursache neuartiger Waldschäden. Nachr. Chem. Techn. Lab., *36*, 889 (1988).

[9] Frank, H.: Neuartige Waldschäden und luftgetragene Chlorkohlenwasserstoffe. UWSF – Z. Umweltchem. Ökotox., *1*, 7–11 (1989).

[10] Frank, H.: Airborne chlorocarbons, photooxidants, and forest decline. Ambio, *20 (1)*, 13–18 (1991).

[11] Frank, H. u. Frank, W.: Ursachen für „Neuartige Baumschäden"? Photoaktivierung luftgetragener Chlorkohlenwasserstoffe. Nachr. Chem. Tech. Lab., *34 (1)*, 15–20 (1986).

[12] Frank, H. u. Frank, W.: Photochemical activation of chloroethenes leading to destruction of photosynthetic pigments. Experientia, *42*, 1267–1269 (1986).

[13] Frank, H. u. Frank, W.: Uptake of airborne tetrachloroethene by spruce needles. Environ. Sci. Technol., *23 (3)*, 365–367 (1989).

[14] Frank, H., Frank, W. u. Thiel, D.: C_1- and C_2-halocarbons in soil-air of forests. Atmosph. Environm., *23 (6)*, 1333–1335 (1989).

[15] Frank, H., Vital, J. u. Frank, W.: Oxidation of airborne C_2-chlorocarbons to trichloroacetic and dichloroacetic acid. Fresenius Z. Anal. Chem., *333*, 713 (1989).
[16] Frank, H., Vincon, A., Reiss, J. u. Scholl, H.: Trichloroacetic acid in the foliage of forest trees. J. High Res. Chromat., *13*, 733–736 (1990).
[17] Frank, W. u. Frank, H.: Concentrations of airborne C_1- and C_2-halocarbons in forest areas in West Germany: results of three campaigns in 1986, 1987 and 1988. Atmosph. Environm., *24A (7)*, 1735–1739 (1990).
[18] Frank, H., Scholl, H., Sutinen, S. u. Norokorpi, Y.: Trichloroacetic acid in conifer needles in Finland. Ann. Bot. Fennici, *29*, 263–267 (1992).
[19] Frank, H., Scholl, H., Renschen, D., Rether, B., Laouedj, A. u. Norokorpi, Y.: Haloacetic acids, phytotoxic secondary air pollutants. ESPR – Environ. Sci. & Pollut. Res., *1 (1)*, 4–14 (1994).
[20] Juuti, S., Hirvonen, A., Tarhanen, J., Holopainen, J. K. u. Ruuskanen, J.: Trichloroacetic acid in pine needles in the vicinity of a pulp mill. Chemosphere, *26 (10)*, 1859–1868 (1993).
[21] Artho, A., Grob, K. u. Giger, P.: Trichloressigsäure in Oberflächen-, Grund- und Trinkwässern. Mitt. Gebiete Lebensm. Hyg., *82*, 487–491 (1991).
[22] Renner, I. u. Mühlhausen, D.: Immissionsbelastungen – Konsequenzen für die Grundwasserqualität. Untersuchungen zu halogenorganischen Verbindungen hinsichtlich ihres Pfades vom Regen in das Grundwasser. VDI Berichte, *745*, 483–495 (1989).
[23] Renner, I., Schleyer, R. u. Mühlhausen, D.: Gefährdung der Grundwasserqualität durch anthropogene organische Luftverunreinigungen. VDI Berichte, *837*, 705–727 (1990).
[24] Schleyer, R., Renner, I. u. Mühlhausen, D.: Beeinflussung der Grundwasserqualität durch luftgetragene organische Schadstoffe. – WaBoLu-Hefte, *5/1991*, S. 96 (1991).
[25] Schleyer, R.: Gefährdung der Grundwasserqualität durch Deposition atmosphärischer organischer Schadstoffe. DVGW-Schriftenreihe Wasser, Nr. 73, S. 75–90. Eschborn 1992.
[26] Schleyer, R., Hammer, J. u. Fillibeck, J.: The effect of airborne organic substances on groundwater quality in Germany. IAHS Publ., *220*, 73–80 (1994).
[27] Schleyer, R., Fillibeck, J., Hammer, J. u. Raffius, B.: Auswirkungen organischer Luftschadstoffe auf die Qualität des Grundwassers. In: Matschullat, J. u. Müller, G. (Hrsg.): Geowissenschaften und Umwelt, 1. Aufl., S. 105–114. Springer Verlag, Heidelberg 1994.
[28] Schöler, H. F., Nick, K. u. Clemens, M.: Die Belastung der Niederschläge des Rhein-Sieg-Gebietes mit polaren organischen Verbindungen. In: Klima- und Umweltforschung der Universität Bonn, S. 174–179, Bornemann-Verlag, Bonn 1991.
[29] Plümacher, J. u. Renner, I.: Determination of volatile chlorinated hydrocarbons and trichloroacetic acid in conifer needles by headspace gas-chromatography. Fresenius J. Anal. Chem., *347*, 129–135 (1993).
[30] Lahl, U., Stachel, B., Schröer, W. u. Zeschmar, B.: Bestimmung halogenorganischer Säuren in Wasserproben. Z. Wasser Abwasser Forsch., *17*, 45–49 (1984).
[31] Clemens, M. und Schöler, H. F.: Determination of halogenated acetic acids and 2,2-dichloropropionic acid in water samples. Fresenius J. Anal. Chem., *344*, 47–49 (1992).
[32] Deutsche Einheitsverfahren zur Wasser-, Abwasser- und Schlammuntersuchung (DEV F7), Bestimmung von leichtflüchtigen Halogenkohlenwasserstoffen LHKW durch gaschromatographische Dampfraumanalyse. DEV 26. Lieferung, S. 21, 1992; DIN 38407 Teil 5.
[33] E. Merck AG: N-[Tolylsulfonyl-(4)]-N-methylnitrosamid zur Herstellung von Diazomethan. Merck-Drucksache Nr. 7/230/4.5/266, Darmstadt.
[34] Liebscher, H.-J.: Der Kreislauf des Wassers. In: Abwassertechnische Vereinigung e. V. (Hrsg.): Lehr- und Handbuch der Abwassertechnik, 3. Aufl., 36–62, Verlag Wilhelm Ernst & Sohn, Berlin, München 1982.

Neue Erkenntnisse über den Einfluß der Adsorbenskorngröße auf das Adsorptionsgleichgewicht

On the Influence of Adsorbent Particle Size on the Adsorption Equilibrium

Cornelia Heese*, Claudia Meinicke* und *Eckhard Worch***

Schlagwörter

Adsorption, Adsorbens, Adsorptionsgleichgewichte, Aktivkohle, Adsorptionsisothermen

Summary

The use of powdered activated carbon is often recommended for adsorption isotherm measurements, because it is assumed that the adsorbent particle size has no influence on the equilibrium, but on the kinetics of adsorption. In this study, systematic investigations were made on the fractions of activated carbon with different particle size. It could be shown that there are significant differences in loading capacity between the fractions. The loading capacity increases with decreasing particle size. This effect was shown to be caused by changes in the carbon texture.

Zusammenfassung

Für Adsorptionsisothermenmessungen wird häufig die Verwendung pulverisierter Aktivkohle empfohlen. Dabei wird angenommen, daß durch die Verringerung der Korngröße die Einstellung des Gleichgewichts beschleunigt, die Lage desselben jedoch nicht verändert wird. Systematische Untersuchungen an verschiedenen Kornfraktionen einer Aktivkohle zeigten jedoch deutliche Beladungsunterschiede zwischen den einzelnen Fraktionen, wobei die Beladungskapazität mit Verringerung der Korngröße zunimmt. Es konnte nachgewiesen werden, daß diese Unterschiede auf Veränderungen der Adsorbenstextur zurückzuführen sind.

1 Einleitung

Adsorptionsverfahren zur Abtrennung organischer Inhaltsstoffe finden in der Wasserreinigung eine breite Anwendung. Für die Auslegung und den optimalen Betrieb von Adsorptionsanlagen sind Kenntnisse über die Gleichgewichtsdaten erforderlich. Adsorptionsgleichgewichte werden üblicherweise als Adsorptionsisothermen dargestellt. Die Messung von Adsorptionsisothermen und ihre Beschreibung mit Hilfe von Isothermengleichungen bilden die Grundlage für die Bewertung der Adsorbierbarkeit von Wasserinhaltsstoffen und für die Beurteilung der Kapazität von Adsorbentien. Gleichzeitig ist die Kenntnis der Adsorptionsisothermen eine wesentliche Voraussetzung für die Modellierung

---

* Dipl.-Chem. Cornelia Heese, Dipl.-Chem. Claudia Meinicke, Martin-Luther-Universität Halle-Wittenberg, Institut für Analytik und Umweltchemie, Geusaer Straße, D-06217 Merseburg.
** Prof. Dr. Eckhard Worch, Technische Universität Dresden, Institut für Wasserchemie und chemische Wassertechnologie, Mommsenstraße 13, D-01062 Dresden.

von Filterdurchbruchskurven. Insofern kommt der exakten Bestimmung der Gleichgewichtsdaten eine besondere Bedeutung zu. Da die zur Gleichgewichtseinstellung benötigte Zeit infolge der langsamen Diffusionsprozesse oft sehr lang ist und mehrere Tage bis Wochen betragen kann, wird häufig empfohlen, die Aktivkohle bei den Isothermenmessungen in pulverisierter Form einzusetzen. Dabei wird von der Annahme ausgegangen, daß eine Verringerung der Korngröße des Adsorbens zwar die Einstellung des Gleichgewichts beschleunigt, die Lage desselben aber nicht verändert. Bei systematischen Untersuchungen zur Adsorption von Modelladsorptiven an verschiedenen Kornfraktionen der Aktivkohle F300 wurden jedoch deutliche Beladungsunterschiede festgestellt. Es lag daher nahe, diesen unerwarteten und den bisherigen Vorstellungen zum Adsorptionsgleichgewicht widersprechenden Korngrößeneinfluß näher zu untersuchen. Die dabei erhaltenen Ergebnisse werden im folgenden vorgestellt und diskutiert.

2 Gleichgewichtsuntersuchungen an verschiedenen Kornfraktionen

Zur Untersuchung des Korngrößeneinflusses auf die Lage von Adsorptionsgleichgewichten wurden Isothermen von Modelladsorptiven an verschiedenen Kornfraktionen der Aktivkohle F300 (Chemviron) gemessen. Als Adsorptive wurden p-Nitrophenol, p-Chlorphenol, Phenol, 2,4-Dinitrophenol und Benzoesäure verwendet. Diese Adsorptive werden häufig zur Charakterisierung der Adsorptionseigenschaften von Aktivkohlen benutzt. Die Aktivkohle wurde in den Fraktionen 0,3...0,6 mm, 0,6...1 mm, 1...1,4 mm, 1,6...2 mm und >2 mm eingesetzt. Die Adsorptionsmessungen erfolgten − wie allgemein üblich − als Rührversuche, wobei der Adsorptivlösung mit bekannter Ausgangskonzentration unterschiedliche Adsorbensmengen zudosiert wurden. Nach Einstellung des Gleichgewichts und Messung der Restkonzentration kann die Adsorbensbeladung aus der Bilanzgleichung

$$q = \frac{V}{m_A}(c_0 - c_{eq}) \tag{1}$$

q − Adsorbensbeladung
V − Lösungsvolumen
m_A − Adsorbensmasse
c_0 − Ausgangskonzenzentration
c_{eq} − Gleichgewichtskonzentration

berechnet werden. Die Adsorptionsmessungen wurden bei einer Temperatur von 25 °C und bei pH 2 durchgeführt. Bei diesem pH-Wert liegen die Adsorptive undissoziiert vor, so daß ein pH-Einfluß auf das Adsorptionsgleichgewicht ausgeschlossen werden kann. Als Konzentrationsmaß wurde für alle Adsorptive der gelöste organische Kohlenstoff (DOC) verwendet. Zur Konzentrationsbestimmung kam der TOC-Analysator DIMATOC 100 der Firma Dimatec zur Anwendung.

Bild 1 zeigt als Beispiel die experimentell bestimmten Isothermen von p-Nitrophenol für die Kornfraktionen 0,3...0,6 mm und >2 mm. Dabei ist deutlich zu erkennen, daß bei der kleineren Korngröße wesentlich höhere Beladungen erreicht werden. Im Bild 2 ist − unter Verzicht auf die Eintragung der experimentellen Punkte − die Abstufung der Isothermenverläufe von p-Nitrophenol für alle untersuchten Kornfraktionen dargestellt.

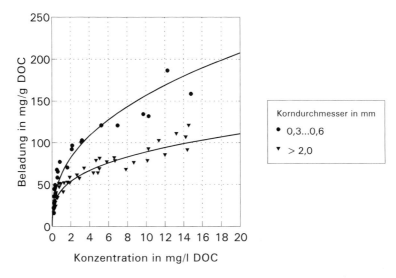

Bild 1. Adsorptionsisothermen von p-Nitrophenol an der Aktivkohle F300 bei zwei verschiedenen Korndurchmessern.

Die Isothermen der anderen Adsorptive zeigen eine ähnliche Korngrößenabhängigkeit. Zum Vergleich sind in Bild 3 für alle Adsorptive die Beladungen bei der Gleichgewichtskonzentration c = 5 mg/l DOC in Abhängigkeit von der mittleren Korngröße dargestellt. Alle gemessenen Isothermen lassen sich mit der FREUNDLICH-Isothermengleichung

$$q = K c^n \qquad (2)$$

q – Gleichgewichtsbeladung
c – Gleichgewichtskonzentration
K, n – Isothermenparameter

beschreiben. Die Isothermenparameter für alle Adsorptive und Kornfraktionen sind in der Tabelle 1 zusammengestellt.

Tabelle 1. Abhängigkeit der *Freundlich*-Parameter K und n von der Korngröße.

Adsorptiv	Korngröße in mm									
	0,3–0,6		0,6–1,0		1,0–1,4		1,6–2,0		>2,0	
	K	n	K	n	K	n	K	n	K	n
Benzoesäure	64,73	0,298	65,61	0,278	65,97	0,234	59,48	0,244	48,21	0,256
2,4-Dinitrophenol	78,49	0,351	73,65	0,372	70,20	0,371	61,86	0,412	54,05	0,383
p-Nitrophenol	61,97	0,404	63,50	0,358	58,76	0,351	51,48	0,337	43,62	0,315
p-Chlorphenol	50,65	0,402	49,10	0,382	55,98	0,315	41,07	0,413	42,19	0,350
Phenol	31,88	0,420	29,91	0,436	29,11	0,388	24,85	0,347	21,73	0,299

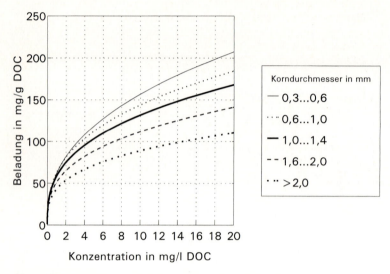

Bild 2. Einfluß des Adsorbenskorndurchmessers auf die Adsorption von p-Nitrophenol an der Aktivkohle F300.

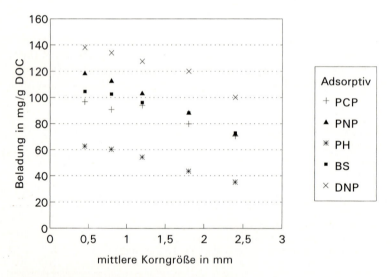

Bild 3. Abhängigkeit der Gleichgewichtsbeladung bei c = 5 mg/l DOC von der mittleren Korngröße für die Adsorptive p-Chlorphenol (PCP), p-Nitrophenol (PNP), 2,4-Dinitrophenol (DNP), Benzoesäure (BS) und Phenol (PH).

Da in der Literatur keine vergleichbaren Aussagen zum Einfluß der Korngröße auf die Lage von Adsorptionsgleichgewichten gefunden wurden, war es notwendig, durch weitere unabhängige Untersuchungen die erhaltenen Ergebnisse zu verifizieren. In diesem Zusammenhang wurden Untersuchungen zu möglichen Einflüssen der Kinetik (Nichterreichen des Gleichgewichtszustandes), zur Modellierung des Durchbruchsverhaltens der Adsorptive mit den korngrößenabhängigen Isothermendaten und zur Textur der unterschiedlichen Kornfraktionen durchgeführt.

3 Untersuchungen zur Kinetik

Da zunächst nicht auszuschließen war, daß die Zeit für die Einstellung des Gleichgewichts insbesondere bei den größeren Kornfraktionen (langsamere Kinetik) nicht ausreicht, wurden die Versuchszeiten von ursprünglich zwei Wochen auf bis zu vier Wochen verlängert. Dabei konnten keine signifikanten Veränderungen in den Isothermendaten festgestellt werden (Bild 4). Es kann damit ausgeschlossen werden, daß die geringeren Beladungskapazitäten der größeren Kornfraktionen auf kinetische Effekte (Nichterreichen des Gleichgewichtszustandes) zurückzuführen sind.

4 Modellierung des Durchbruchverhaltens auf der Basis der Gleichgewichtsdaten

Eine unabhängige Möglichkeit zur Überprüfung der Isothermendaten bietet sich durch einen Vergleich berechneter und experimenteller Filterdurchbruchskurven. Der Verlauf einer Durchbruchskurve wird sowohl durch das Adsorptionsgleichgewicht als auch durch die Adsorptionskinetik bestimmt. Gleichgewicht und Kinetik beeinflussen gemeinsam die Steilheit einer Durchbruchskurve, während die Lage ihres Schwerpunkts relativ zur Zeitachse allein durch das Gleichgewicht festgelegt wird. Die Zeit, die dem Schwerpunkt der

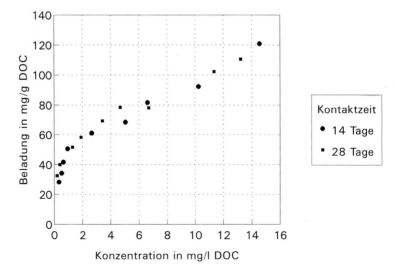

Bild 4. Adsorptionsisothermen von p-Nitrophenol an F300 bei zwei verschiedenen Kontaktzeiten (Fraktion >2 mm).

Durchbruchskurve entspricht, wird auch als stöchiometrische Zeit oder ideale Durchbruchszeit bezeichnet. Die stöchiometrische Zeit t_{st} für eine Durchbruchskurve läßt sich aus den Isothermendaten nach

$$t_{st} = \frac{m_A \, q_0}{\dot{V} \, c_0} \qquad (3)$$

t_{st} – stöchiometrische Zeit
c_0 – Ausgangskonzentration
q_0 – Gleichgewichtsbeladung zu c_0
m_A – Adsorbensmasse
$\dot{V}$ – Volumenstrom

berechnen. Die Berechnung der stöchiometrischen Zeit und der Vergleich mit einer experimentell bestimmten Durchbruchskurve ist somit ein geeignetes Mittel zur unabhängigen Überprüfung der im Rührversuch ermittelten Gleichgewichtsdaten. Es wurde deshalb unter Verwendung eines Laboradsorbers eine Durchbruchskurve von p-Nitrophenol gemessen, wobei die Aktivkohle F300 mit der Kornfraktion >2 mm eingesetzt wurde (Bild 5). Für diese Durchbruchskurve wurden die stöchiometrischen Zeiten unter Verwendung der Isothermendaten der verschiedenen Kornfraktionen berechnet. Im Bild 5 sind die stöchiometrischen Zeiten, berechnet mit den Isothermendaten für die eingesetzte und die kleinste Kornfraktion (0,3...0,6 mm), eingetragen. Es zeigt sich deutlich, daß nur die stöchiometrische Zeit für die eingesetzte Kornfraktion (>2 mm) die gemessene Durchbruchskurve am Schwerpunkt schneidet, d. h. die im Rührversuch ermittelten Gleichge-

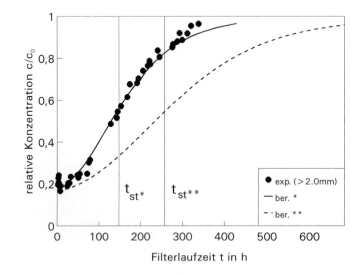

Bild 5. Durchbruchskurven und stöchiometrische Zeiten der Adsorption von p-Nitrophenol, berechnet mit korngrößenabhängigen Gleichgewichtsdaten.
* berechnet mit den Gleichgewichtsdaten für die im Experiment eingesetzte Kornfraktion >2 mm.
** berechnet mit den Gleichgewichtsdaten für die Kornfraktion 0,3...0,6 mm.
Versuchsbedingungen: 5 g Adsorbens F300 (>2 mm), Eingangskonzentration: 10 mg/l DOC, Volumenstrom: 3 l/h.

wichtsdaten für diese Fraktion sind offensichtlich exakt und unterscheiden sich von denen der kleinsten Fraktion. Zum gleichen Ergebnis gelangt man, wenn man die gemessene Durchbruchskurve mit einem Modell nachrechnet, das neben dem Gleichgewicht die Adsorptionskinetik berücksichtigt. Hierfür geeignet ist das LDF-Modell, das sowohl den äußeren Stofftransport (Filmdiffusion) als auch den inneren Stofftransport (Korndiffusion) erfaßt. Dieses Durchbruchskurvenmodell, das sowohl für Einzeladsorptions- als auch für Gemischadsorptionsprozesse anwendbar ist, wurde an anderer Stelle bereits ausführlich beschrieben [1, 2]. Die für die Anwendung des Modells benötigten Stofftransportkoeffizienten wurden in separaten kinetischen Messungen ermittelt. Dabei wurde für die Bestimmung der Stoffübergangskoeffizienten der Filmdiffusion ($k_F a_V$) die Kleinfiltermethode nach [3] verwendet. Die Bestimmung der Stoffübergangskoeffizienten der Korndiffusion ($k_S a_V$) erfolgte durch kinetische Messungen im Rührreaktor und anschließende Auswertung der kinetischen Kurven mit der Stofftransportgleichung für die Korndiffusion [4]. Im Bild 5 sind die Ergebnisse von zwei Modellrechnungen im Vergleich zu der experimentellen Durchbruchskurve dargestellt. In beiden Fällen wurden die kinetischen Parameter für die eingesetzte Kornkohle (>2 mm) verwendet. In der ersten Rechnung wurden die Isothermenparameter der Fraktion >2 mm, bei der zweiten Rechnung die der Fraktion 0,3...0,6 mm verwendet (Tab. 2). Auch hier zeigte sich, daß nur unter Verwendung der Isotherme der eingesetzten Kornfraktion eine zufriedenstellende Nachrechnung der gemessenen Durchbruchskurve möglich ist.

Tabelle 2. Parameter für die Durchbruchskurvenmodellierung; Adsorptiv: p-Nitrophenol (c_0 = 10 mg/l DOC).

Korngröße in mm	Freundlich-Parameter K	n	$k_F a_V$ in s^{-1}	$k_S a_V$ in $10^{-5} s^{-1}$	t_{st} in h
0,3–0,6	61,97	0,404	0,018	0,5	258
>2,0	43,62	0,315	0,018	0,5	148

Die von den Gleichgewichtsuntersuchungen unabhängige Durchbruchskurvenmessung und die Ergebnisse der Modellrechnungen stellen einen weiteren Beweis dafür dar, daß zwischen den Kornfraktionen Unterschiede in den Adsorptionskapazitäten existieren. Daraus ist die auch für die Praxis wichtige Aussage abzuleiten, daß Isothermendaten, die für Adsorberberechnungen verwendet werden sollen, für die gleiche Kornfraktion, die auch im Adsorber zum Einsatz kommt, bestimmt werden müssen.

5 Untersuchungen zur Textur

Da die Unterschiede in den Isothermen der einzelnen Kornfraktionen offensichtlich nicht durch kinetische Effekte vorgetäuscht werden, muß als Grund für die unterschiedlichen Kapazitäten eine Veränderung der Adsorbenstextur angenommen werden. Für die einzelnen Kornfraktionen wurden daher BET-Oberflächen, Mikroporenvolumina und Gesamtporenvolumina nach den in [5] beschriebenen Methoden bestimmt. Tatsächlich nehmen sowohl die Oberflächenwerte als auch die Porenvolumina mit kleiner werdender Korngröße zu (Tab. 3). Daraus muß gefolgert werden, daß beim Aufmahlen der Kohle bis dahin nicht zugängliche Poren freigelegt werden, was zu einer Erhöhung der Adsorbenskapazität führt.

Tabelle 3. Einfluß der Korngröße auf die BET-Oberfläche, das Mikroporenvolumen und das Gesamtporenvolumen.

Korngröße in mm	BET-Oberfläche in m^2/g	Mikroporenvolumen in cm^3/g	Gesamtporenvolumen in cm^3/g
0,3–0,6	1 124	0,344	0,754
0,6–1,0	946	0,315	0,638
1,0–1,4	877	0,286	0,572
1,6–2,0	861	0,283	0,549
>2,0	817	0,263	0,492

Schlußfolgerungen

Die Untersuchungen haben gezeigt, daß eine Veränderung der Adsorbenskorngröße die Lage des Adsorptionsgleichgewichts beeinflussen kann. Dieser zunächst bei Isothermenmessungen festgestellte Befund konnte durch weitere unabhängige Untersuchungen (Texturuntersuchungen, Durchbruchskurvenmessungen) bestätigt werden. Da zu erwarten ist, daß der Korngrößeneffekt auch bei anderen als den hier untersuchten Adsorptiv-Adsorbens-Systemen auftritt, kann für die Praxis die Empfehlung abgeleitet werden, diesen Effekt bei der Durchführung von Isothermenmessungen zu beachten. Nach Möglichkeit sollten Isothermenmessungen nur mit der später zum Einsatz kommenden Kornfraktion durchgeführt werden.

Danksagung

Die Autoren danken dem Bundesministerium für Forschung und Technologie für die Förderung der Untersuchungen zur Optimierung des Aktivkohleeinsatzes in Trinkwasserwerken (BMFT 02 WT 9149/8) und der Deutschen Forschungsgemeinschaft für die Förderung einer Arbeit zu Grundlagen der Kinetik und Dynamik der Adsorption von Wasserinhaltsstoffen im Rahmen des Graduiertenkollegs „Umweltanalytik, Schadstoffeliminierung und Wertstoffrecycling".

Literatur

[1] Worch, E.: Zur Vorausberechnung der Gemischadsorption in Festbettadsorbern. Teil 1: Mathematisches Modell. Chem. Techn. *43*, 111–113 (1991).

[2] Worch, E.: Zur Vorausberechnung der Gemischadsorption in Festbettadsorbern. Teil 2: Anwendung auf experimentell untersuchte Systeme. Chem. Techn. *43*, 221–224 (1991).

[3] Cornel, P. u. Fettig, J.: Bestimmung des äußeren Stoffübergangskoeffizienten in durchströmten Sorbensschüttungen und Aussagen zum kinetischen Verhalten unbekannter Sorptivgemische. Veröff. d. Bereichs f. Wasserchemie d. Universität Karlsruhe (TH) Nr. 20, 63–106 (1982).

[4] Kümmel, R. u. Worch, E.: Adsorption aus wäßrigen Lösungen. S. 117 ff. Deutscher Verlag für Grundstoffindustrie, Leipzig 1990.

[5] Sontheimer, H., Frick, B. R., Fettig, J., Hörner, G., Hubele, C. u. Zimmer, G.: Adsorptionsverfahren zur Wasserreinigung. S. 89 ff. DVGW-Forschungsstelle am Engler-Bunte-Institut der Universität Karlsruhe (TH), 1985.

Photochemisch ausgelöste Veränderungen an Schadensölen. Ergebnisse der IR- und Fluoreszenzspektroskopie

Photochemically Induced Transformations of Spillt Oils in the Environment. Analyses by IR Spectroscopy and Fluorescence Spectroscopy

Hubert Hellmann*

Schlagwörter

Schadensöl, Ölfilm, UV-Strahlung, photochemische Veränderungen, Identifizierung, IR-Spektroskopie, Fluoreszenzspektroskopie, Umweltverhalten

Summary

The identification of oil pollutants requires knowledge about the bio- and photochemical transformations that the oil may have undergone since the spillage or discharge. Refined mineral oil products, tar oils with high contents of polycyclic aromatics, and other mixtures of hydrocarbons are used as examples to present the repertoire of instruments and methods for analysing photochemical transformations, with special reference to IR spectroscopy and fluorescence spectroscopy, in combination with thin-layer chromatography. The oil samples formed thin films either on water or on solid surfaces (glass, silica gel), a few were also dissolved in organic solvents. The results are briefly discussed with respect to processes occuring in the environment (water, soil, air).

Zusammenfassung

Die Identifizierung von Schadensölen setzt Kenntnisse über die möglichen bio- und photochemischen Veränderungen seit dem Zeitpunkt des Auslaufens oder Ausbringens voraus. Am Beispiel von Mineralöl-Raffinaten, der an polycyclischen Aromaten reichen Teeröle und sonstigen Kohlenwasserstoff-Gemische wird das analytische Instrumentarium zur Erfassung der photochemischen Veränderungen, im wesentlichen der Einsatz der IR- und Fluoreszenzspektroskopie, verbunden mit der Dünnschichtchromatographie, geschildert. Die Modellöle befanden sich filmförmig teils auf Wasser-, teils auf festen Oberflächen (Glas, Kieselgel), zum kleinen Teil in organischen Lösungsmitteln. Die sicherlich nur fragmentarischen Ergebnisse werden kurz mit Blick auf die Vorgänge in der Umwelt (Waser, Boden Luft) diskutiert.

1 Einleitung

Mineralöle gelten nach „Internationalen Konventionen zur Verhütung von Meeresverschmutzungen" als persistent. Demgegenüber ist allgemein bekannt, daß – je nach dem Verteilungsgrad des Öles im Wasser oder im Boden – ein bakterieller und/oder photochemischer Angriff erfolgt. Vier Problemkreise nun veranlaßten uns, die Photooxidation in einem Teilaspekt genauer zu untersuchen. Als erstes sei der Komplex der Ölidentifizierung im Hinblick auf den Verursacher („Verursachernachweis") zu nennen. Die schon

---

*Dr. H. Hellmann, Bundesanstalt für Gewässerkunde, Postfach 309, D-56003 Koblenz.

lange bekannten Verfahren der Gaschromatographie und IR-Spektroskopie [1, 2], auch der HPLC-Gruppenanalyse [3] wurden seit geraumer Zeit durch die GC/MS-Untersuchungsmethoden (Molekülpeakmethode, Massenchromatogramme und „Selected Ion Monitoring" SIM) ergänzt [4, 5]. Das letztgenannte SIM-Verfahren hebt u. a. auf die Alkyl-Derivate von polycyclischen Aromaten, z. B. des Fluoranthens ab und auf andere Verbindungen mit terpenoider Struktur und biogener Herkunft. Diese Arbeitsweise erscheint unter fachlichen Gesichtspunkten bestechend und wird von den Autoren als „absolut sicher" bezeichnet [4]. Sieht man zunächst von der Frage ab, ob diese Behauptung statistisch genügend abgesichert wurde, so bilden doch vorerst die möglichen chemischen Veränderungen schwimmender oder auf dem Erdboden/-Strand ausgebreiteter, ja an Vogelfedern haftender Öle unter der Wirkung energiereicher Strahlung ein besonderes Problem. In anderen Fällen versuchte man über die sog. Profilanalyse, d. h. über das Auftreten und die relative Konzentration von Einzelverbindungen in Umweltproben die Herkunft speziell der polycyclischen Aromaten (PAK) zu erkunden. So sollten die in den Sedimenten des Bodensees nachweisbaren PAK „wahrscheinlich ihren Ursprung in Kohleheizungen haben, wobei die Rauchpartikel sowohl direkt auf die Wasseroberfläche fallen als auch über die Zuflüsse eingetragen werden dürften" [6]. Da es sich um luftgetragene Aromaten handelt, die voll der wirkungsvollen UV-Strahlung in der Troposphäre ausgesetzt waren [7], stellt sich auch hier die Frage der möglichen stofflichen Veränderung während des Transportes.

Als dritter Punkt sei angemerkt, daß man bei Gewässer- und Schwebstoffanalysen stets Alkane, jedoch durchaus nicht immer Mineralöl-Aromaten findet [8]. Die größere Wasserlöslichkeit der Aromaten im Vergleich zu den Alkanen kann hier keine Rolle spielen, da sie nur für Verbindungen mit niedrigem Molekulargewicht relevant ist. Schließlich befassen sich zahlreiche Arbeitsgruppen mit dem abiotischen Abbau organischer Stoffe in der Troposphäre (zusammenfassender Bericht zur methodischen Grundlage [9]), der, sofern er über das Ozon läuft, auch des Nachts aktiv ist. Scheinbar im Gegensatz dazu stehen Befunde von *Grob/Grob* [10], z. B. in der Züricher Stadtluft, denen zufolge „innerhalb des von uns untersuchten Sektors der Luftverschmutzung der Löwenanteil als völlig unverändert verdampftes Autobenzin zu deuten ist".

Als vorläufiges Resümee ist festzuhalten: Der Prozeß der Photooxidation setzt in differenzierter Weise an den in verschiedenen Kompartimenten gebundenen Kohlenwasserstoffen an, und er betrifft sicherlich die Einzelverbindungen in unterschiedlichem Ausmaß. Im Rahmen der eigenen Strategie wählten wir aus der Vielzahl der möglichen Anordnungen eine verhältnismäßig einfache, die helfen sollte, vor allem über das Verhalten PAK-reicher Gemische rasch Klarheit zu schaffen. Wenn auch der Schwerpunkt eindeutig auf seiten der Methodik liegt, sollten doch Schlußfolgerungen hinsichtlich des Umweltverhaltens dieser Stoffe ableitbar sein.

2 Versuchs- und Analysentechnik

2.1 Versuchsmodell und Versuchsablauf

Im Zusammenhang mit früheren Untersuchungen haben wir das Verhalten auf dem Wasser schwimmender (Roh-)Öle langfristig verfolgt [11]. Die Ölschichten waren dabei verhältnismäßig dick. In gleichen Versuchsmodellen [12, Bild 5] konnten auch die zeitlichen Veränderungen an Bilgenölen mit Schichtstärken von 4 bis 1000 µm studiert werden [12]. Falls das Verhalten der Alkane und Aromaten getrennt im Blickfeld stehen soll, müssen die beiden Fraktionen vorher chromatographisch getrennt werden. Die über Kiesel-Dünnschichten getrennten Aromatenfraktionen [13], in der Regel bei Zimmertemperatur von öliger Konsistenz, werden in Aceton gelöst und in definierten Mengen (s. u.) in Bechergläsern, 50 ml und Bodenfläche ca. 9,6 cm^2, gegeben. Nach dem Abdampfen des Acetons verbleibt auf dem Boden des Glases ein Film von 10 bis 30 µm Dicke entsprechend 10–30 mg. Diese präparierten Gläser werden im Freien der intensiven sommerlichen Strahlung ausgesetzt. Zum Zeitpunkt Null und zu bestimmten Standzeiten werden von dem Öl IR- sowie Fluoreszenzspektren aufgenommen. Zu diesem Zweck löst man den KW-Film in Cyclohexan und verfährt wie unter 2.2 beschrieben.

Wenn die strukturellen Veränderungen der Probe auf der Glasunterlage ein gewisses Stadium erreicht haben, ist u. U. nur noch ein Teil in Cyclohexan löslich, ein weiterer in CHCl$_3$ und schließlich – nach längerer UV-Einstrahlung – der Hauptanteil nur noch in Aceton oder Methanol.

In einer Variante des Versuchsablaufs wird nach einer bestimmten „Bestrahlungs"dauer die gesamte Probe möglichst quantitativ in Aceton/CHCl$_3$ gelöst. Diesen Extrakt trennt man über Dünnschichten stufenweise in Fraktionen unterschiedlicher Polarität auf.

2.2 Fraktionentrennung und spektroskopische Untersuchungen

Mineralöle – Mitteldestillate, Schmieröle – bestehen bekanntlich überwiegend aus Alkanen. Der Anteil der Aromaten liegt deutlich unter 25 %, in den HD-Ölen sicher unter 5 %. Eine Abtrennung der gesättigten KW vor Beginn der Belichtung hat den Vorteil, daß die sich einstellenden strukturellen Veränderungen ausschließlich die Aromatenfraktion betreffen und dann analytisch im IR-Übersichtsspektrum entsprechend gut nachzuweisen sind. (Bei Fluoreszenzmessungen spielt dieser Gesichtspunkt allerdings keine Rolle.)

Wir trennten die beiden Fraktionen über Dünnschichten aus Kieselgel [13]. Da die Mineralöl-Aromaten hauptsächlich aus homologen Reihen von Alkylbenzolen und -naphthalinen bestehen, dominiert selbst in dieser Aromaten-Fraktion das paraffinische Strukturelement. Im Gegensatz zu den Mineralölen auf der Basis von Erdöl stellen die Steinkohlenteeröle eine hochgradige Mischung von polycyclischen Aromaten dar, in welcher die gesättigten KW völlig fehlen und die noch vorhandenen Alkylketten der Polyaromaten kurz sind [14]. Gleichwohl wurde auch bei diesen die Aromaten-Gruppe über Dünnschichten separiert.

Im Vorgriff auf das Endergebnis sei bemerkt, daß die Photooxidation mehr und mehr zu (Zwischen-)Produkten führt, die nicht mehr in Cyclohexan gelöst werden können. Wir gingen daher zweigleisig vor. Zum einen wurde die Cyclohexan-Phase spektroskopiert mit dem Ziel, die „strahlungsresistenten" Elemente zu erfassen, zum anderen aber auch die polar gewordenen Verbindungen. Für die erforderliche zwei- bis mehrstufige Chromatographie auf Kieselgel-60 Platten (Schichtstärke d = 0,25 mm, auf 10 × 10 cm geschnitten) wird vorgeschlagen, die Alkane mit n-Hexan nach oben abzutrennen und mit CHCl$_3$ sodann die Aromaten darunter abzulegen. Mittels CHCl$_3$/CH$_3$OH (9:1 bis 1:1 Vol) werden die Stoffgruppen zunehmender Polarität anschließend unter diesen fixiert.

Die IR-Spektren der vom Adsorbens wieder abgelösten Stoffe nimmt man lösungsmittelfrei auf KBr-Preßlingen, Durchmesser 13 mm, auf [10][1]. Im Rahmen der Fluoreszenzspektroskopie wird allgemein zwischen Anregungs-, Emissions- und Synchronspektren unterschieden. In [15] ist begründet, daß bei komplex zusammengesetzten KW-Gemischen die Synchronspektren besonders vorteilhaft sind; Anregungs- und Emissionswellenlängen liegen hierbei $\Delta\lambda = 20$ nm auseinander. Beide Wellenlängen werden sodann synchron angehoben[2].

Auf der Grundlage zahlreicher Messungen kann gesagt werden, daß das Fluoranthen als „Leitsubstanz" der gesamten PAK-Gruppe lagestabil bei einer Anregungswellenlänge von 384 nm eine Emissionswellenlänge von 404 nm aufweist und häufig als Einzelpeak aus dem gesamten Spektrum herausragt (Ausnahmen: u. a. Mineralöle!). Zuweilen folgen die anderen fünf Aromaten der deutschen Trinkwasserverordnung bei 403/423 ± 2 nm in einem weiteren Summenpeak, sofern nicht andere Aromaten, wie insbesondere bei den Teerölen, stören.

3 Ergebnisse

3.1 Raffinierte Mineralöle auf Wasser- und festen Oberflächen

In früheren Jahren war das Ablassen der Bilgenöle in Binnen-Wasserstraßen ein ärgerliches Problem (auch heute noch in der freien See), dem man u. a. durch gerichtliche Verfolgung beizukommen suchte. Bei dem chemischen Verursachernachweis ist jedoch zu berücksichtigen, daß eine Schadensprobe von der Wasseroberfläche – aufs Ganze gesehen – nicht mehr die gleiche Zusammensetzung haben kann, wie das Referenzöl aus der Bilge oder dem Tank. In Bild 1 ist ein derartiges Bilgenöl, in einer Schichtstärke von 40 μm auf dem Wasser schwimmend, zum Zeitpunkt 0 und nach 14 Tagen im IR-Übersichtsspektrum dargestellt. Beide Spektren beziehen sich auf das Gesamtöl, d. h. ohne vorherige Fraktionentrennung.

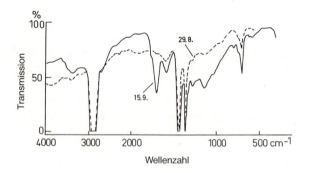

Bild 1. IR-Übersichtsspektren eines schwimmenden Bilgenöles zum Zeitpunkt 0 und nach 14 Tagen. Ölschichtstärke 0,04 mm kap. auf KBr-Preßling wie alle folgenden IR-Spektren.

---

[1] IR-Spektralphotometer 983 G, Firma Perkin-Elmer & Co.
[2] Fluoreszenzspektrophotometer 650-40, Firma Perkin-Elmer & Co.

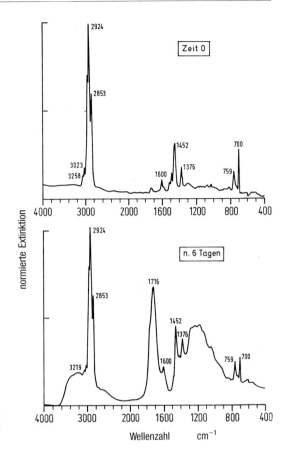

Bild 2. IR-Spektrum eines HD-Motorenöls auf Glasunterlage zur Zeit 0 und nach 6 Tagen. Ölschichtstärke ca. 0,01 mm.

Wesentlich prägnanter sind die Veränderungen, betrachtet man allein die Aromaten – Bild 2. Dort ist ein HD-Motorenöl SAE 15-W40 (1992) zu Beginn des Ausbringens und nach 6 Tagen zu sehen. Der Ölfilm bedeckte nach den Angaben des Kap. 2.1 den Boden eines Becherglases und unterlag der natürlichen sommerlichen Sonneneinstrahlung. In der Abbildung ist die CH_2-Valenz-Schwingungsbande um 2924 cm^{-1} auf „full scale" normiert. Nach 6 Tagen (unteres Spektrum) bemerkt man im Bereich 3000–4000 cm^{-1} eine neue Absorption mit dem Maximum bei 3219, noch auffallender aber ist das Auftreten der C=O-Bande um 1716 und eines Spektren-Untergrundes zwischen 1000 und 1300 cm^{-1}. Die der out-of-plane (o.o.p.) Schwingung der Alkylbenzole zuzuordnende Bande (700 cm^{-1}) ist nach diesen 6 Tagen kleiner geworden, was die Folge der Photooxidation sein dürfte und mit dem Anstieg der vorgenannten Bandenbereiche korrespondiert. Unübersehbar verändern sich mit der Belichtung auch die Strukturen der Synchron-Fluoreszenzspektren. Aus Bild 3 entnimmt man zunächst das Erscheinungsbild der Mitteldestillate allgemein, welches für Heizöl EL und Dieselkraftstoff (DKI u. II) sehr ähnlich ist und sich auch in zwei Jahrzehnten nicht entscheidend geändert hat. Bereits nach 24 Stunden ist der längerwellige Teil (327/347 nm) zu einer Schulter reduziert (Bild 4), und nach nur zwei Tagen hat das Spektrum insgesamt seine originale Form verloren. Die Tatsache, daß hier nun plötzlich eine Raman-Bande des Lösungsmittels auftritt (rechts) besagt, daß die Stoffmenge, die noch in Cyclohexan gelöst werden konnte, sehr gering war. Deswegen mußte die Empfindlichkeit des Gerätes in einem solchen Maße gesteigert werden, daß diese Cyclohexan-Bande für die Messung relevant wurde.

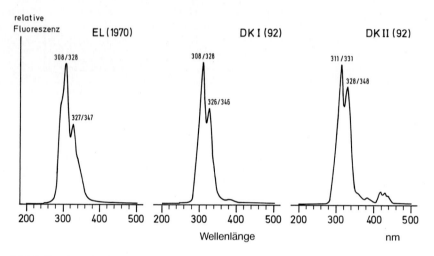

Bild 3. Synchron-Fluoreszenzspektren einiger Mitteldestillate in Cyclohexan. $\Delta\lambda = 20$ nm.

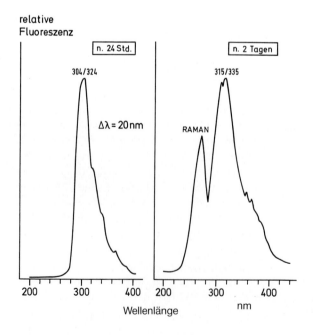

Bild 4. Synchron-Fluoreszenzspektren eines Mitteldestillats nach 24 Stunden und 2 Tagen. Öl auf Glas wie Bild 2.

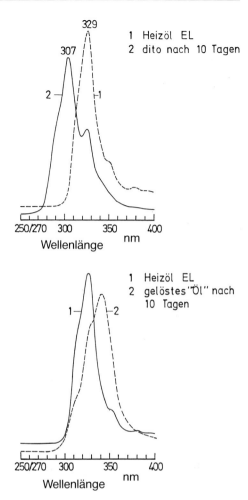

Bild 5. Synchron-Fluoreszenzspektren eines schwimmenden Heizöls EL zur Zeit 0 und nach 10 Tagen (oben) in Cyclohexan. Schichtstärke 0,007 mm. Unten: gelöste Ölbestandteile nach 10 Tagen.

In einem weiteren Versuch wurde Heizöl EL in einer Schichtstärke von etwa 7 µm auf einer Wasseroberfläche ausgebracht. Das Synchronspektrum veränderte sich innerhalb von 10 Tagen gemäß Bild 5 – oben – zum kurzwelligen Bereich, wie schon in Bild 4 zu sehen war. Die unter dem schwimmenden Ölfilm in den Wasserkörper diffundierten und dort mit $CHCl_3$ extrahierbaren (in Cyclohexan unlöslichen) Stoffe zeigen dagegen eine Verschiebung zum längerwelligen Bereich – Bild 5 unten – an.

3.2 Teerextrakt auf festen Oberflächen

Anläßlich einer Gewässerverunreinigung im Stichkanal Salzgitter (Bundeswasserstraße) wurden dem Verfasser teerige Massen neben Ölfilmen von der Wasseroberfläche zur Analyse übergeben. Den extrahierbaren Massenanteil der Feststoffe erkannten wir als Steinkohlenteeröl-artig. Man sieht das an dem charakteristischen IR-Spektrum (Bild 6), in Transmission dargestellt. Ganz links im Bild bei der Wellenzahl 3044 cm^{-1} liegt die typische, isoliert auftretende Absorptionsbande, die typisch für die $\rangle$C-H-Strukturen der Polyaromaten ist. Zwischen 2000 und 1600 cm^{-1} folgen, schwächer ausgeprägt, die sog. Benzolfinger; die Deformationsschwingung der Methylgruppen (1377 cm^{-1}) ist schwach. Es schließen sich die in-plane-Schwingungen der C-H-Gruppen der Aromaten, und ab 880 bis 618 deren o.o.p.-Schwingungen mit sehr großer Intensität an.

Nach 14tägiger Sonneneinwirkung ist das untere IR-Spektrum im Bild 6 kaum noch mit dem Original zu Beginn in Verbindung zu bringen. Einerseits dominieren neue Absorptionen, andererseits fehlen die eigens hervorgehobenen Merkmale bei 3044 und zwischen 880 und 618 cm^{-1}. Allerdings haben sich die paraffinischen Strukturelemente offenbar weitgehend erhalten.

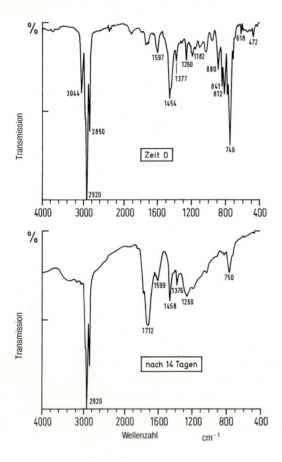

Bild 6. Aromatenfraktion einer teerartigen Gewässerverunreinigung zur Zeit 0 und nach 14 Tagen. Öl auf Glas wie Bild 2.

Zu berücksichtigen ist, daß im IR-Spektrum die gesamte in CHCl$_3$ lösliche Fraktion erscheint, im Gegensatz etwa zum später diskutierten Fall (Bild 10).

Bereits innerhalb von 24 Stunden kann sich das Bild der Aromatenfraktion auch bei den Fluoreszenzspektren signifikant wandeln, wie Bild 7 zeigt. Zunächst, zu Beginn, ist das Synchronspektrum relativ breitbandig, wobei die Einzelfluoreszenz des Fluoranthens her-

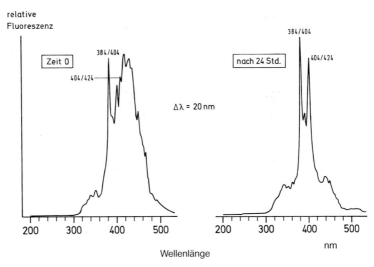

Bild 7. Probe wie in Bild 6 im Synchron-Fluoreszenzspektrum zur Zeit 0 und nach 24 Stunden.

vorragt (384/404) (vergl. auch [15]). Einen Tag später ist der längerwellig absorbierende Anteil der Probe anscheinend so stark oxidiert, daß er nicht mehr in Cyclohexan gelöst werden konnte. Nun dominiert neben dem Fluoranthen-Peak ein Signal, unter dem sich nach dem Stand unserer Kenntnisse die Gruppe der fünf Trinkwasser-Aromaten (Benzfluoranthen bis Benzperylen) verbirgt. Auch diese Spektren scheinen uns mit Blick auf die Praxis, Öle über die Zusammensetzung der PAK-Fraktion zu identifizieren [4, 5], sehr aufschlußreich.

3.3 Teeröl/Mitteldestillat auf festen Oberflächen

Die hier untersuchten Proben gehören zu einer umfangreichen Serie aus Boden und Untergrund, die mit Steinkohlenteeröl und – fallweise Dieselkraftstoff – hochgradig kontaminiert waren. Der Teeröl-Charakter ist (Bild 8 oben) an verschiedenen Stellen des in Extinktion aufgenommenen IR-Spektrums zu erkennen:
der abgesetzten Bande der tertiären aromatisch gebundenen C-H-Gruppe (3045 cm^1), dem geringen Anteil an CH_2/CH_3-Strukturen (2920 cm^{-1}), der besonders starken Extinktion um 1598 und des Bereiches der o.o.p.-Schwingungen, die in dem Maximum bei 746 cm^{-1} gipfeln. Auf diese letzte Extinktion sind alle weiteren Banden der drei Spektren normiert (full scale). Die nach nur zwei Tagen eingetretenen Veränderungen – s. Bildmitte – haben das gesamte Spektrum an den schon genannten Schlüsselstellungen betroffen, durch „Abbau" von Extinktionen und „Aufbau" von Sauerstoff-enthaltenden Regionen. Anzumerken ist dabei die relative Persistenz der als „Norm" dienenden funktionellen Gruppe, deren Extinktion bei 746/752 liegt. Nicht auszuschließen ist freilich, daß es sich um mehrere funktionelle Gruppen handelt. Demgegenüber hat sich, vorbehaltlich eingehender Untersuchungen, nach weiteren zwei Tagen nicht mehr viel getan (unteres Spektrum).
  Die Form einer Ausschnittsvergrößerung bis zum 6. Tag nach Bild 9 kommt zu keinen anderen Resultaten wie zuvor. Demnach laufen die entscheidenden oxidativen Prozesse

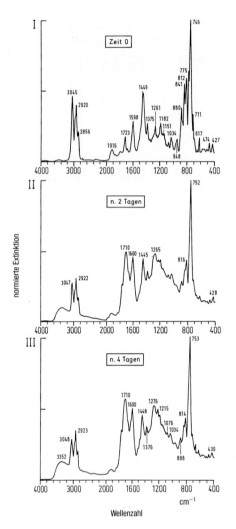

Bild 8. IR-Spektrum eines Steinkohlenteeröles. Veränderungen auf Glas nach 2 und 4 Tagen. Schichtstärke 0,01–0,03 mm.

innerhalb von ein bis zwei Tagen ab. Die schon angesprochenen detaillierteren Untersuchungen vermitteln aber weitere Einblicke in das Geschehen, wie nun Bild 10 belegt. Zunächst wurde die insgesamt 6 Tage lang belichtete Probe bzw. deren Überbleibsel in CHCl$_3$ und Aceton aufgenommen. Dieser Extrakt lieferte nach der fraktionierten mehrstufigen Dünnschichtchromatographie [13] mit CHCl$_3$, Aceton und CHCl$_3$/CH$_3$OH (1:1) sowie CH$_3$OH/2n-NH$_3$ (3:1) die Fraktionen I bis IV. Das IR-Spektrum der Fraktion I ähnelt weitgehend, wenn auch nicht völlig, dem Original. Auffallend die noch recht große Extinktion der CH$_2$-Gruppe (2922 cm^{-1}). Auch die Aceton-Fraktion II fällt durch das große paraffinische Strukturelement auf, daneben sind die auf die Photooxidation zurückgehenden Banden sehr stark vertreten. Die Fraktion III, die mengenmäßig den Hauptanteil stellte, gleicht frappierend, doch durchaus nicht verwunderlich, den bereits in Bild 8 besprochenen Spektren nach 2 bzw. 4 Tagen. Mit dem basisch wirkenden Laufmittel schließlich ließ sich in geringer Menge eine (saure) Fraktion IV gewinnen, die am wenigsten an das Original zur Zeit Null erinnert und u. E. Huminstoff-artige Strukturen enthält.

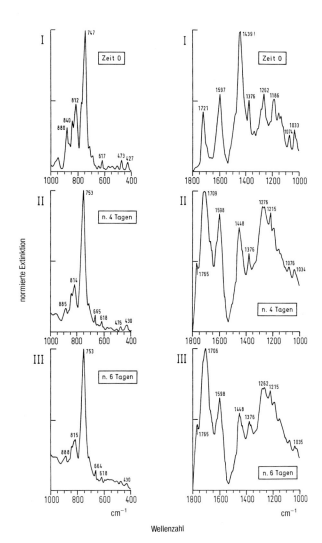

Bild 9. IR-Spektrenausschnitte des Teeröls (Bild 8) zur Zeit 0 und nach 4 und 6 Tagen.

Als Zwischenergebnis läßt sich sagen, daß die UV-Strahlung der Sonne ab 290 nm die Oberfläche des Ölfilms rasch und durchgreifend verändert, wobei Produkte unterschiedlicher Polarität bis hin zu „Huminstoffen" gebildet werden. Die tiefer liegenden Ölschichten werden offenbar „zunächst" von diesem Prozeß abgeschirmt, was bei den dünnen Filmen < 10 µm nicht mehr der Fall ist. Die relative Beständigkeit des paraffinischen Molekülteils ist offenkundig.

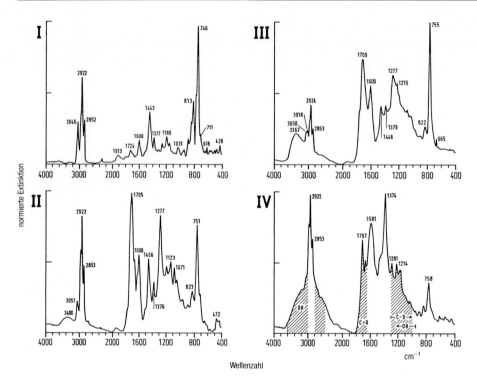

Bild 10. IR-Spektren des Steinkohlenteeröls (Bild 8) nach 6 Tagen. Extrakt chromatographiert auf Kieselgel-Dünnschichten. I mit CHCl₃ als Fließmittel, II mit Aceton, III mit CHCl₃/CH₃OH (1:1), IV mit CH₃OH/2 N NH₃ (3:1).

3.4 Kohlenwasserstoff-Extrakte von Ackerböden auf festen Oberflächen

Im Jahre 1982 analysierten wir eine flächendeckend entnommene Probenserie von Ackerböden des Bayerischen Waldes auf KW, PAK und Schwermetalle (Auszug der Ergebnisse in [16]). Einige Proben waren mit Mineralölen und PAK kontaminiert. Die Aromatenfraktionen von vier auffallenden Extrakten wurden zusammengelegt und dienten für die nun folgenden Untersuchungen nach dem gleichen Muster wie zuvor. In der Originalprobe (Zeitpunkt Null) (Bild 11) unterschieden sich die Proportionen der Banden im IR-Spektrum unübersehbar von denen der Teeröle. Hier dominiert nämlich im Gegensatz zu dort das paraffinische Strukturelement (2921 m^{-1}), dem pinzipiell biogene und mineralölbürtige Verbindungen zugrunde liegen können. Die „Alterungsbande" (1730 cm^{-1}) z. B. deutet auf einen geringen mitgeschleppten biogenen Anteil in Form von Säureestern hin. Nach zwei Tagen Sonnenbestrahlung finden wir die schon angemerkten O₂-enthaltenden Elemente bzw. Bandenbereiche (II). Der nach 14 Tagen resultierende Rückstand wurde in CHCl₃/Aceton, soweit er lösbar war, gelöst. Nach der Chromatographie auf Kieselgel-Dünnschichten erhielten wir die CHCl₃-(III)- und Aceton-Fraktionen (IV). Das IR-Spektrum in III, hier zwar abweichend auf die CH₂-Deformationsschwingung (1460 cm^{-1}) normiert, kann ansonsten aufgrund der Polarität mit dem Original verglichen werden. Bei genauerem Betrachten der Spektren wird man aber eine Reduktion der speziellen aromatischen Strukturen (3000, 1600 cm^{-1}) relativ zu den paraffinischen bemerken. „Oxidative Elemente" sind in dieser Fraktion natürlich nicht zu erwarten; man findet sie jedoch erwartungsgemäß im Spektrum IV. Eine etwas abgewandelte Arbeitsweise führte zu dem Spektrum in Bild 12. Nach 14tägiger Belichtung lieferte der in CHCl$_3$/Aceton gelöste Rückstand zunächst das IR-Spektrum I. Nach der Dünnschicht-Trennung werden die IR-Spektren der CHCl$_3$-(II), Aceton-(III) und der mit CHCl$_3$/CH$_3$OH (1:1) zugänglichen Fraktionen IV erhalten. In allen vier Spektren ist außer den vorherrschenden Extinktionen der CH$_2$/CH$_3$-Valenzschwingungen diejenige des an Aromaten gebundenen Wasserstoffs (757/758 cm^{-1}) gut zu erkennen. Wir werten dies als Hinweis, daß nach 14 Tagen Lichteinfall noch intakte aromatische Ringsysteme existieren müssen, wenn auch nicht bekannt ist, zu welchen Einzelverbindungen sie gehören.

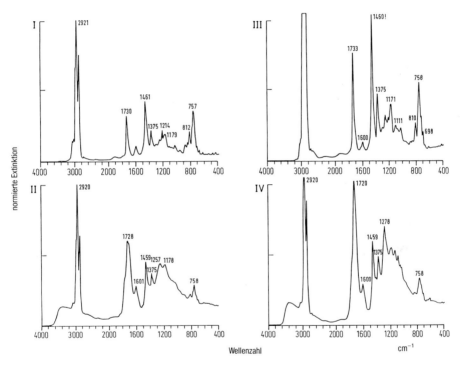

Bild 11. IR-Spektren der Aromatenfraktion von Ackerböden (kontaminiert). I Original, II nach 2 Tagen auf Glasunterlage, III Rückstand nach 14 Tagen auf Kieselgel mit CHCl$_3$ entwickelt, IV dito mit Aceton (2. Stufe) entwickelt.

Die Fluoreszenzspektroskopie weist zusätzlich nach, daß einerseits die bereits in 2 Tagen ablaufenden Veränderungen gravierend sind (Bild 13), sich aber andererseits im Detail von dem Geschehen an und in den Teerölen (Bild 8–10) unterscheiden. Nach zwei Tagen z. B. hat das „Gewicht" der kurzwellig absorbierenden Gruppe (340 nm) gegenüber der Absorption der polycyclischen Aromaten (384 und 404 nm) zugenommen. Wir könnten

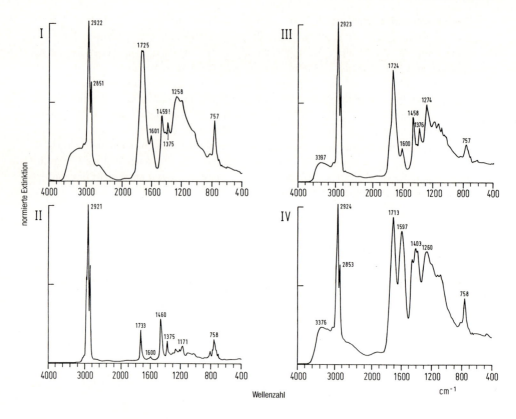

Bild 12. Extrakt wie Bild 11, 14 Tage auf Glas belichtet. I Spektrum des Rückstandes, II Dünnschicht-Trennung auf Kieselgel mit CHCl₃, III dito mit Aceton (2. Stufe), IV dito mit CHCl₃/CH₃OH (1:1) 3. Stufe).

uns denken, daß photochemisch veränderte Verbindungen nun im kurzwelligen Bereich absorbieren. Denkbar ist aber auch ein bevorzugter „Abbau" der polykondensierten Aromaten oberhalb 380 nm Anregungswellenlänge gegenüber den eigentlichen Mineralöl-Aromaten (300–380 nm).

Nach 14 Tagen sieht das über Chromatographie erhaltene Gegenstück zu Bild 12 so aus wie in Bild 14 dargestellt: In I das Originalspektrum zum Beginn, und nach 14 Tagen unter II die über Dünnschichten mit CHCl₃ als Laufmittel erhaltene Fraktion. In dieser letztgenannten fehlt die Fluoranthen-Komponente (384/404 nm). Übrig blieb die Gruppe der 5- und 6-Kern-Aromaten (404/424 nm). Zusätzlich absorbiert ein längerwellig neu erscheinendes Gemisch (453/473 nm). Die mit Aceton über Kieselgel erhältliche Fraktion III ist dann ganz zu längeren Wellen hin orientiert mit Maxima bei 410/430 nm. Mit dem Lösungsmittelgemisch 1:1 (s. oben) verlagert sich auch das Maximum weiter nach 470/490 nm. Es ist mit der auch mit bloßem Auge wahrnehmbaren Vertiefung der Extraktfarbe von hellgelb nach dunkelbraun verbunden.

3.5 Zum Einfluß der Oberfläche

Daß die Dicke eines Ölfilms bei festliegenden konstanten Belichtungsverhältnissen das Ausmaß der chemischen Veränderungen bestimmt, läßt sich leicht belegen, siehe z. B. [12] Bild 5. Ein Blick in die Fachliteratur, auf die wir im nächsten Kapitel kurz eingehen werden, belehrt uns über die Bedeutung auch der speziellen Struktur und Zusammensetzung der Oberfläche als Objektträger. In Bild 15 ist die Extinktion der Aromaten-Fraktion des nur gering mit PAK belasteten Bodenextraktes (vgl. Bild 11) auf Glas und parallel auf Kieselgel-Oberflächen (Dünnschichten F 60) aufgetragen. Während auf Glas die 2–5 µm dünnen Filme nach 2 Tagen schon weitestgehend oxidiert sind, ist dies auf Kieselgel nur in sehr geringem Maße der Fall. Dabei ist allerdings anzunehmen, daß ein erheblicher Teil der Probe in die Dünnschicht eingedrungen war, so daß die Photooxidation gar nicht wirksam werden konnte. Bei dieser Gelegenheit sei auch auf die mögliche Verflüchtigung von Polyaromaten auf Adsorberschichten hingewiesen. Seit längerem ist bekannt, daß Einzelstoffe wie besonders das 3,4-Benzpyren sich in wenigen Stunden verflüchtigen, wobei an eine Sublimation zu denken ist. Im Gemisch vor allem mit Paraffinen jedoch scheint dieser Vorgang, im engeren Rahmen der Analytik zumindest, nur eine sehr geringe Rolle zu spielen. Dieser Aspekt ist bei unseren Modellversuchen über 14 Tage außer acht geblieben.

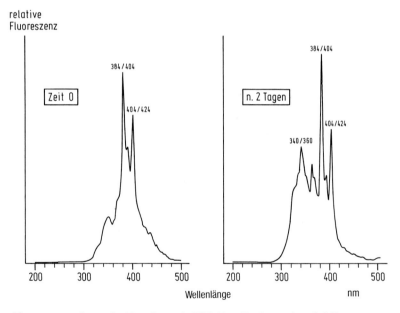

Bild 13. Synchron-Fluoreszenzspektren des Extraktes wie Bild 11 zu Beginn und nach 2 Tagen.

3.6 Abbau von polycyclischen Aromaten in halogenhaltigen Lösungsmitteln

Nicht nur in Gas- oder Filmforum, sondern auch mehr oder weniger molekular gelöst werden KW mit aromatischen Strukturen oxidativ angegriffen, und dies nicht allein in dem

Lösungsmittel Wasser. Im folgenden lag der Schwerpunkt auf dem Verhalten der sechs Aromaten der deutschen Trinkwasserverordnung, gelöst in Chloroform. Als eigentliches Modellgemisch fungierte der schon zitierte Aromatenextrakt von mit PAK und Mineralöl belasteten Böden. Nach 28 Tagen ließen sich die meisten der Einzelaromaten über HPLC praktisch nicht mehr nachweisen (Bild 16). Als relativ persistent erwiesen sich Fluoranthen und 3,4-Benzfluoranthen.

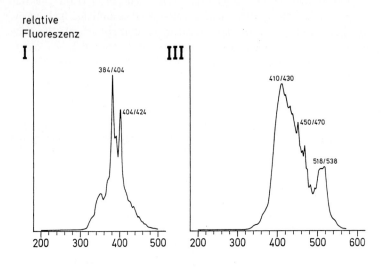

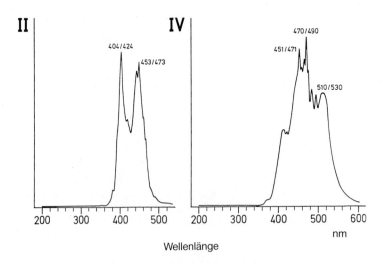

Bild 14. Synchron-Fluoreszenzspektren des Extraktes wie Bild 11 nach 14 Tagen. I zu Beginn, II nach 14 Tagen sowie Dünnschicht-Trennung 1. Stufe mit $CHCl_3$, III dito mit Aceton, IV dito mit $CHCl_3/CH_3OH$ (1:1) (3. Stufe).

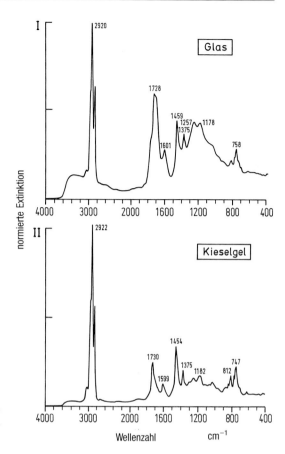

Bild 15. IR-Spektren des Extraktes wie Bild 11 nach 2 Tagen Belichtung auf Glas und Kieselgelschicht.

3.7 Zum Abbau von Alkanen und Hexachlorbenzol auf Oberflächen und in Lösungsmitteln

Zum Vergleich mit den relativ instabilen aromatischen Kohlenwasserstoffen wurden weitere Strukturgruppen untersucht.

Alkane. Diese, aus natürlichem Milieu (Ackerböden) isoliert, ließen nach 14tägiger Sonnenbestrahlung auf Glasunterlage keinerlei Einwirkung, wie etwa eine Einlagerung von Sauerstoff oder die Änderung von Bandenrelationen, erkennen.

Alkane und HCB. Das Gemisch wurde in Chloroform gelöst und als Parallele zu Kap. 3.6 vier Wochen lang der im Labor wirksamen sommerlichen UV-Strahlung ausgesetzt. Im Gegensatz zu dem Ergebnis nach Bild 16 war hier kein photochemischer Angriff nachweisbar.

4 Diskussion

Ruft man sich die eingangs aufgeworfenen Fragen ins Gedächtnis zurück, so zielten diese zum einen auf die Veränderung von KW-**Gemischen auf dem Wasser**, mit Einschränkun-

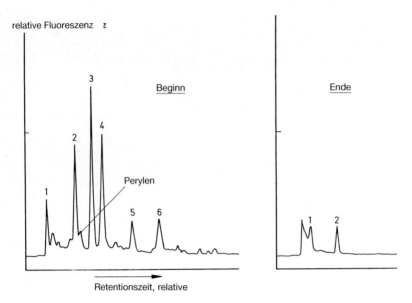

Bild 16. HPLC-Trennung der PAK des Extraktes wie Bild 11. Zu Beginn sowie nach 28 Tagen, gelöst in $CHCl_3$. Normale „Labor-Lichtverhältnisse" 1 Fluoranthen, 2 3,4-Benzofluoranthen, 3 11,12-Benzofluoranthen, 4 3,4-Benzypren, 5 1,12-Benzperylen, 6 Indenopyren.

gen auch auf dem Lande, dort in Form von Ölverschmutzungen an Stränden. Hierbei ist noch zu berücksichtigen, daß nach [17] selbst im Wasser ein nennenswerter Photoabbau an gelösten Verbindungen zu erwarten ist. Zum andern aber wurde die Veränderung **luftgetragener Einzelverbindungen** angesprochen. Dieses letzte Gebiet ist zu vielseitig, komplex und (immer noch) der Erforschung bedürftig, so daß hier nur einige Hinweise zitiert werden können. Immerhin besteht ein grundlegender Unterschied zu unserer Ausgangslage darin, daß es sich dort um Einzelstoffe handelt, die entweder gasförmig, oder an Oberflächen (= Partikel) gebunden vorliegen. In [18] etwa wird ein Test beschrieben, mit dem an Kieselgel adsorbierte Chemikalien mit UV-Licht > 290 nm bestrahlt und das freigesetzte CO_2 gemessen werden. Man erhielt eine Abbau-Reihenfolge von Chemikalien und verglich diese mit den Verhältnissen an natürlichen Oberflächen wie Böden und Sande. Die Übereinstimmung war nicht sehr gut. Dies war auch nicht anders zu erwarten, da der Meßwert u. a. auch von der Eindringtiefe neben dem speziellen Dampfdruck der Testsubstanzen und der Durchlässigkeit der Oberfläche für diffundierende Moleküle abhängt. Immerhin wurden Halbwertszeiten von Stunden bis Tagen gefunden, und selbst für das HCB wurde ein Abbau nachgewiesen.

Ein weiterer wichtiger Ansatz bezieht die Umsetzung der Einzelstoffe mit hochreaktiven Spurengasen wie dem OH-Radikal mit ein [19]. Nach diesem Autor ist „die Erdatmosphäre ein riesiger photochemischer Reaktor". Die „Lebensdauern" betragen bei den gesättigten KW mit Ausnahme des Methans Tage (!), bei den Olefinen Stunden. Polycyclen werden hier nicht genannt. Der Abbau sei bei allen KW sehr ähnlich, nachdem die „nach der primären OH-Reaktion gebildeten Radikale in ihren Folgeprozessen nahezu ausschließlich mit O_2 und NO reagieren".

Nach [20] ist auch für den Abbau aromatischer Kohlenwasserstoffe nur die Reaktion mit OH von Bedeutung. Im Einklang mit unseren Beobachtungen verläuft die Oxidation der Alkylseitenketten langsamer als an den Aromatenkörpern selbst.

Bei einem dritten Modellansatz steht der abiotische Photoabbau in **heterogener Phase** im Mittelpunkt, d. h., daß die organischen Verbindungen teilweise an Feststoffteilchen, Schwebestäubchen, gebunden sind. Man muß wissen, daß derartige Stäube eine Oberfläche besitzen, die ein Mehrfaches der Oberfläche der Erdkugel ausmacht [21]. Relevant sind vor allem die Teilchen mit Durchmessern von 0,01 bis 30 µm.

Die vorrangige Frage gilt dem Problem, ob die staubgebundenen Luftverunreinigungen durch luftchemische, also durch das Sonnenlicht ausgelöste, Prozesse rascher abgebaut werden, als ihr Absinken (nicht abgebaut) mit den Stäuben auf die Erdoberfläche dauert. Das Resümee der in [18] zitierten Veranstaltung besagt immerhin, daß für den Photoabbau an Böden oder in staubhaltiger Atmosphäre noch kein sicheres Urteil möglich ist [22].

In Anlehnung an unsere Versuchsmodelle erscheint interessant, daß z. B. für das Seveso-Gift 2,3,7,8-Tetrachlordibenzodioxin ein schneller photolytischer Abbau auf Glas und Blättern im Sonnenlicht gefunden wurde [23]. Auf die Bemühungen um international akzeptierte Testverfahren sei hingewiesen [24].

Schlußfolgerungen

Aromatische Kohlenwasserstoffe, bekannt als Bestandteil von Mineralölen und Teerölen, können innerhalb von wenigen Stunden photochemisch angegriffen werden, dann nämlich, wenn sie in Form von dünnen Filmen (1–100 µm) auf Wasser oder glatten Feststoff-Oberflächen wie z. B. Glas, intensiver UV-Strahlung ab 290 nm ausgesetzt wurden. In dieser Zeitspanne, aber auch in größeren Zeiträumen von Tagen bis wenigen Wochen, werden die Alkane nicht meßbar oxidiert. Im großen und ganzen unterscheiden sich die durch lange Alkylketten substituierten Benzole und Naphthaline, was die Oxidation des Aromatenkerns anbelangt, nicht wesentlich von den Polyaromaten (PAK) mit gar keiner oder nur kurzen Seitenketten. Einiges deutet aber darauf hin, daß bestimmte Polyaromaten wie das Fluoranthen gegenüber der Photooxidation resistenter sind, als beispielsweise das 3,4-Benzypren.

Man kann sicherlich davon ausgehen, daß bei dickeren Ölschichten (Dicke größer als 100 µm) ein Mantel von oxidierten, nun polaren Stoffen bis hin zu huminstoffähnlichen Strukturen, gebildet wird, der die inneren Zonen vor einer Photooxidation schützt. Beim Verursachernachweis anhand solcher „gealterter" Öle ist dem Analytiker Vorsicht anzuraten. Sofern es nämlich nicht möglich ist, den chemisch veränderten Oberflächenbelag vor der eigentlichen Analyse abzuschälen, wird sich unter Umständen selbst mit der SIM-Methode [5] nicht mehr die volle Identität mit dem Referenzöl feststellen lassen. Wenn es ferner nicht gelingt, diese Veränderungen in einem gewissen Toleranzbereich plausibel zu erklären und für diese Erklärung Akzeptanz zu gewinnen, helfen auch die fortgeschrittensten und hoch-differenzierenden Analysentechniken nicht zum Erfolg. Von den in Kapitel 4 skizzierten Literaturangaben unterscheiden sich die vorstehend beschriebenen Arbeiten schon im Untersuchungsansatz grundsätzlich, da bei ersteren die Vorgänge in der Troposphäre im Mittelpunkt stehen. Auf der anderen Seite liegt eine Fülle von Publikationen vor, die sich mit dem Schicksal schwimmender (Roh-)Öle befassen.

Literatur

[1] Deutsche Gesellschaft für Mineralölwissenschaft und Kohlechemie e. V. (Hrsg.): Analysenschema zur Charakterisierung und Identifizierung von Ölverschmutzungen auf dem Wasser. DGMK-Projekt 4599. Bearbeitet von I. Berthold, M. Erhard, H. Hellmann, H. Menzel, G. Prahm und D. Wagnitz. Hamburg 1973.

[2] Adlard, E. R.: A Review of the methods for the identification of persistent pollutants on seas and beaches. Journ. Inst. Petr. 58, 53–74 (1972).

[3] Murr, J.: Erarbeitung eines raschen und sicheren Analysenverfahrens zur zweifelsfreien Identifikation von Mineralölkontaminationen in Umweltproben (Wasser, Boden), Dissertation TH Aachen, Aachen 1990.

[4] Umweltbundesamt (Hrsg.): Ölopfererfassung an der Deutschen Nordseeküste, Ergebnisse der Ölanalysen sowie Untersuchungen zur Belastung der Deutschen Bucht durch Schiffsmüll. Autorenkollektiv, hier: G. Dahlmann. Texte 29/87, Berlin 1987.

[5] Wong, R., Henry, Ch. u. Overton, E.: Herkunftsbestimmung von Ölverschmutzungen. Hewlett Packard, 2–4 (1993) (Info-Schrift für den Analytiker).

[6] Grimmer, G. u. Böhnke, H.: Untersuchungen von Sedimentkernen des Bodensees. I. Profile der polycyclischen aromatischen Kohlenwasserstoffe. Z. Naturforsch. 32c, 703–711 (1977).

[7] Timpe, H. J.: Light-induced Conversion of Chemicals in Ecological Systems. Kontakte (Darmstadt) 1993, 14–21.

[8] Hellmann, H.: IR-spektroskopische Analyse der Alkane von Böden, Gewässerschwebstoffen und Sedimenten – Differenzierung in Mineralöl und biogene Anteile. Z. Wasser- und Abwasserforsch. 24, 226–232 (1991).

[9] Umweltbundesamt (Hrsg.): Reaktionskonstanten zum abiotischen Abbau von organischen Chemikalien in der Atmosphäre. Bearbeitet von W. Klöpffer und B. Daniel. Texte 51/91, Berlin 1991.

[10] Grob, K. u. Grob, G.: Die Verunreinigung der Zürcher Luft durch organische Stoffe, insbesondere Autobenzin. Neue Zürcher Zeitung von 7. 8. 1972, Beilage Forschung und Technik, 15–18.

[11] Hellmann, H.: Langfristige Untersuchungen zum Verhalten von Rohölen auf Gewässern. Deutsche Gewässerkundl. Mitt. 16, 46–52 (1972).

[12] Hellmann, H. u. Zehle, H.: Unter welchen Voraussetzungen können Mineralöle in Gewässern identifiziert werden? Z. Anal. Chem. 269, 353–356 (1974).

[13] Hellmann, H.: Technik der IR-Spektroskopie bei Nachweis, Identifizierung und quantitativer Bestimmung organischer Stoffgemische in wäßrigem Millieu. Gewässerschutz – Wasser – Abwasser 79, 254–288 (1985).

[14] Römpp, H.: Chemie-Lexikon, Stichwort: Teeröle. Frank ch'sche Verlagsbuchhandlung Stuttgart 1962.

[15] Hellmann, H.: Eignung der Synchron-Fluoreszenzspektroskopie bei der Analyse von kontaminierten aquatischen und terrestrischen Sedimenten. Vom Wasser 80, 89–108 (1993).

[16] Hellmann, H.: Polycyclische aromatische Kohlenwasserstoffe in Acker- und Waldböden und ihr Beitrag zur Gewässerbelastung. Deutsche Gewässerkundl. Mitt. 26, 63–69 (1982).

[17] Sigg, L. u. Stumm, W.: Aquatische Chemie, S. 340. Verlag der Fachvereine. Zürich 1994.

[18] Korte, F.: Die Photomineralisierung von Chemikalien an Feststoffoberflächen. In: Chemikalienabbau in der Atmosphäre. Der Einfluß von Staub im Sonnenlicht. VCI-Fachseminar mit Presse. Frankfurt am Main 16. 7. 1986, s. auch LABO September 1986, S. 9–23.

[19] Wagner, H. G. u. Zeller, R.: Abbau von Kohlenwasserstoffen in der Atmosphäre. Erdöl und Kohle, Erdgas, Petrochemie 37, 212–219 (1984).

[20] Wagner, H. G. u. Zeller, R.: Die Geschwindigkeit des reaktiven Abbaus anthropogener Emissionen in der Atmosphäre. Angew. Chem. 91, 707–718 (1979).

[21] Zetsch, C.: Chemikalienabbau in der Atmosphäre. Der Einfluß von Staub im Sonnenlicht. Wie [18], S. 23–47.

[22] Rohrschneider, L.: Kritische Bewertung der Ergebnisse zum heterogenen Photoabbau von Chemikalien. Wie [18], S. 48–52.
[23] Crosby, D. G., Wong, A. S., Primer, J. R. u. Klingbiel, U. I.: Science *173*, 748 (1971).
[24] Merz, W. u. Neu, H. J.: Das Chemikaliengesetz und geforderte chemisch-physikalische Untersuchungen in wäßrigen Systemen. Vom Wasser *57*, 237 (1981).

Determining the Redox Capacity of Humic Substances as a Function of pH

Die Bestimmung der Redoxkapazität von Huminstoffen in Abhängigkeit vom pH-Wert

Axel Matthiessen*

Keywords

Humic substances, redox reactions, redox capacity, pH

Zusammenfassung

Es wurde eine Methode entwickelt, mit der sich die Redoxkapazität von Huminstoffen (HS) bei unterschiedlichen pH-Werten bestimmen läßt. Als Oxidationsmittel dient Kaliumhexacyanoferrat(III), das nach 24 h Reaktionszeit bei 25 °C photometrisch bestimmt wird. Verschiedene Vorversuche dienen der Optimierung der Methode. Die Ergebnisse, die für eine synthetische Huminsäure erhalten werden, sind gut mit den Werten einer früheren Untersuchung vergleichbar, bei der Redoxtitrationen mit Iod-Lösung durchgeführt wurden. Die quantitativen Unterschiede zwischen beiden Methoden lassen sich auf unterschiedliche Redoxpotentiale der verwendeten Oxidationsmittel zurückführen. Die Untersuchung natürlicher Huminstoffe ergibt deutliche Unterschiede in der pH-Abhängigkeit der Redoxkapazität. Diese Differenzen lassen sich für die Klassifizierung von Huminstoffen nach ihrem Redoxverhalten ausnutzen. Der Vergleich der Redoxkapazitäten von Phenol und natürlichen Huminstoffen zeigt, daß die Oxidation phenolischer Gruppen einen wesentlichen Mechanismus bei der Oxidation von Huminstoffen darstellt.

Summary

Potassium ferricyanide was used to determine the redox capacity of humic substances (HS) as a function of pH. Ferricyanide consumption was measured photometrically after 24 hours reaction time at 25 °C, and the redox capacities were calculated in terms of milliequivalents per gram HS. Experiments with synthetic humic acid yielded results comparable to those obtained earlier with redox titrations; slightly lower values are due to the smaller redox potential of ferricyanide. Natural HS of various origins exhibited different pH dependencies, so that a classification of HS on the basis of their redox properties seems possible. The comparison of phenol with natural HS revealed the oxidation of phenolic functional groups to be the predominant mechanism in the oxidation of humic substances.

1 Introduction

The interaction of humic substances (HS) with heavy metals is not limited to complexation. Several authors have described the reducing properties of HS [1 to 5], including the reduction of Fe(III) to Fe(II), Hg(II) to Hg(0), Mn(IV) to Mn(II), and Sn(IV) to Sn(II).

---

* Dr. Axel Matthiessen, Department of Hygiene and Environmental Medicine, University Kiel, Brunswiker Straße 4, D-24105 Kiel, Germany.

A possible mechanism for the geochemical enrichment of vanadium was proposed by *Szalay* and *Szilagyi* [2]: HS reduce mobile metavanadate (VO_3^-) anions to vanadyl (VO^+) cations, which can be fixed by insoluble HS and lead to a geochemical enrichment factor of 50.000. Not only reduction but also oxidation of low valency metal ions (Cu(I), Sn(II)) by HS has been reported [5, 6]. A number of possible redox reactions between HS and metal ions were summarized by *Szilagyi* [7].

Few efforts have been made to study the quantitative aspects of these reactions. *Meisel* et al. [5] used the oxidation of Sn(II) to determine the chinone content of different HS preparations. Various oxidizing agents were used by *Skogerboe* and *Wilson* [8] to examine the redox capacity of a fulvic acid (FA) derived from soil at different pH levels. The results obtained with the redox pairs Hg(II)/Hg(0), Fe(III)/Fe(II), I_3^-/I^- and I_2/I^- varied and were influenced more by the pH-dependent reactions of the oxidizing agents than by FA. The contradictory results may also be caused by the kinetics of HS oxidation. The evolution of elemental mercury by HS takes several days to be completed [4]. Similar results were obtained with ferricyanide as oxidizing agent [9]. Detailed investigations on the kinetics of HS oxidation revealed at least two different oxidation mechanisms. Besides relatively fast reacting structures in HS a very slowly oxidizable portion was confirmed by redox titrations [9]. Only investigations that take these kinetics into consideration will lead to comparable results at different pH, because the ratio of fast to slow reacting portions of HS may change with pH. Redox titrations with iodine as oxidizing agent were successfully used to determine the redox capacity of a synthetic humic acid at different pH levels [10]. The author wanted to confirm these results with an alternative method using a different oxidizing agent and detection method.

Potassium ferricyanide is a normal oxidizing agent used in organic chemistry [11] especially for the oxidation of phenols [12]. A great advantage of this reagent is that it has a constant redox potential over a wide pH range, between 4 and 11. This makes results at different pH really comparable. Different absorption spectra enable a photometric determination of ferricyanide in the presence of ferrocyanide, and the high complex stability of both will prevent side reactions, such as ligand exchange with HS.

2 Experimental section

All reagents were obtained from Merck and were of analytical grade, if available. The solutions were sparged for at least 30 minutes with nitrogen gas before coming into contact with HS and HS solutions were always handled under nitrogen atmosphere to prevent reactions with oxygen, except during synthetic humic acid preparation, centrifugation and photometric measurements at the end of the preset reaction time. Centrifugation was done in a centrifuge at 4 °C to minimize the reaction velocity of oxidations by air.

The buffer solutions we used were acetic acid/sodium acetate (pH 4, pH 5), disodium hydrogen phosphate/sodium dihydrogen phosphate (pH 6 to pH 8) and ammonia/ammonium chloride (pH 9 to pH 10.5). Stock solutions for buffers were preserved by adding 1 ml chloroform per liter and stored at 4 °C. The pH of every prepared buffer solution was checked with a glass electrode before and after redox reactions. No changes in pH were observed during the reaction.

2.1 Preparation of humic substances

2.1.1 Synthetic humic acid (SHA)

20 g of hydroquinone were suspended in distilled water and the pH adjusted with NaOH to 10.5. For a period of 7 days air was percolated through the solution, afterwards the mixture was neutralized with hydrochloric acid and extracted with ether using a continuous liquid-liquid extractor until no further increase in absorbance was detected. The humic acid was precipitated with hydrochloric acid at pH 1, separated by centrifugation (4000 rpm) and purified by dialysis against distilled water. The product was dried by rotary evaporation (T < 40 °C) and stored in a desiccator.

2.1.2 Natural humic substances

To prevent oxidation and alteration of the humic substances during the extraction procedure, mild extraction conditions were used instead of the standard extraction with NaOH. 2 l polyethylene bottles were filled with 1.5 l sodium pyrophosphate solution (0.2 m, pH 7, 4 °C). The solution was sparged with pure nitrogen gas; 300 g of soil was added and the bottles were agitated with a rotary mixer over night. After sedimentation the supernatants were decanted and cleared by centrifugation (5000 rpm, 30 min). Sodium humates were precipitated by adding acetone and separated by centrifugation (5000 rpm, 30 min, 4 °C). The product was desalted by dialysis against distilled water, dried by rotary evaporation (T < 40 °C) and stored in a desiccator.

2.2 Photometric measurements

Absorbance spectra were recorded with a scanning UV-VIS photometer model 150-20 (Hitachi). A photometer PMQ II (Zeiss) was used for the determination of ferricyanide at 420 nm. The cuvettes were of quarz suprasil (Hellma) 10 mm in length; the reference was an identical cuvette with distilled water.

The calibration curves for ferricyanide at different pH were recorded in the range from 0.02 to 0.625 mmol/l. The resulting regression lines showed good linearity but slightly differing slopes (Tab. 1); therefore calibrations were performed at every pH with freshly prepared buffer solutions.

Table 1. Calibration data for ferricyanide at different pH, absorbance at 420 nm (n = 9).

pH	slope	Intercept	Correlation coeffizient
5.01	1 012	0.002	r = 0.9995
7.00	1 047	0.003	r = 0.9997
12.10	999	0.002	r = 0.9994

Because reactions with HS are slow, the reaction time required to complete oxidation was evaluated. The reaction takes at least 48 hours until no further ferricyanide can be reduced by HS, but during the period from 24 h to 48 h the changes are very small and the reproducibility decreases distinctly (Fig. 1). Therefore a reaction time of 24 h was used for the analytical experiments. Ferricyanide is known to be not completely stable when exposed to light and air. When the absorption of ferricyanide in a buffer solution of extreme pH (12.1) over time was recorded a decrease within 24 h was noted. This decrease was distinctly smaller, but not negligible when the samples were stored under nitrogen gas. Hence it is necessary to use reference solutions of ferricyanide in the same buffer for every analytical experiment. To verify if the absorption spectra of the examined HS change due to oxidation, several spectra were recorded before and after the reaction with ferricyanide. In the range from 500 nm to 700 nm, where ferricyanide does not absorb, no changes in HS absorption spectra occurred. Because HS exhibit unstructured spectra, which may be described as logarithmic functions [13], changed absorbance at a selected wavelength is only possible, when the complete spectrum changes. On the other hand there is no change in the absorption at 420 nm, if the spectrum does not change at higher wavelengths.

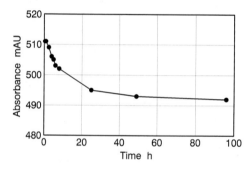

Fig. 1. The decrease in absorption at 420 nm during the reaction of ferricyanide with SHA. pH = 7, reaction temperature 25 °C, storage in the dark under nitrogen gas.

The samples were prepared as followed: a buffer solution of appropriate pH was sparged with nitrogen gas for at least 30 min. The humic substance was accurately weighed in a volumetric flask and dissolved in the buffer solution to obtain a 200 mg/l solution. The reaction vessels were filled with buffer solution and ferricyanide stock solution to get a final concentration of 0.5 mmol/l. Nitrogen gas was bubbled through the solution. HS solution was added, to have a final volume with a HS concentration of 5 mg/l (sol. A; 5 replicates). Reference solutions with 0.5 mmol/l ferricyanide (sol. B; 5 replicates) and 5 mg/l HS (sol. C; 2 replicates) were prepared in the same manner. The vessels were tightly closed, shaken several times and stored for 24 hours at 25 °C in the dark. At the end of the reaction time, the absorbance of the twelve solutions was determined and averaged for the replicates. The decrease in absorption due to the reduction of ferricyanide by HS (ΔA) was calculated as followed:

$$\Delta A = A(B) + A(C) - A(A)$$

A(A, B, C)   Absorbance of solution A, B, C

Using ΔA the amount of reduced ferricyanide was calculated from the calibration curve, and the HS redox capacity at a given pH was calculated in terms of milliequivalents per gram HS.

3 Results and Discussion

3.1 Synthetic Humic Acid

The redox capacity of SHA depends distinctly on the pH. With increasing pH the redox capacity of SHA increases (Fig. 2). This may be due to the dissociation of phenolic functional groups in the SHA, as proposed previously [10]. Phenolate ions have a distinctly lower redox potential than undissociated phenol, and with increasing pH the concentration of phenolate ions increases. Therefore the redox potential of the solution decreases and a larger amount of phenolic components can be oxidized by the reagent.

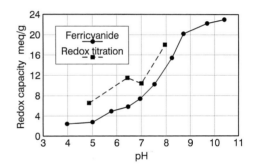

Fig. 2. The redox capacity of SHA at different pH determined by oxidation with ferricyanide compared with results obtained by redox titrations (oxidizing agent: iodine solution) [10].

The measured redox capacities are similar to those obtained by redox titrations except that the results of the titrations are slightly higher (Fig. 2). These differences can be explained by the higher redox potential of iodine solution, compared to ferricyanide. Because HS are heterogenous systems, single molecules differ in their structure and consequently in their redox potential. Hence there are some portions that can be oxidized by iodine but not by ferricyanide. The fact that the results obtained with these two different methods are in such good agreement indicate that both methods are suitable for the determination of HS redox capacity at different pH.

3.2 Natural Humic Substances

The previously developed method was used to determine the redox capacity of natural HS from different sources. The HS were prepared from compost, as a relatively fresh material, from the A_h-layer of a podzol, as a sandy material and from the A_h-layer of a chernozem, as a soil with a high content of silt and clay. The redox capacities of these selected HS preparations are distinctly lower than the redox capacities of SHA. These differences are due to the different composition of SHA. The preparation of SHA starts from a single source, the divalent phenol hydroquinone, whereas in the natural humification process very different substrates are involved, resulting in a distinctly lower concentration of phenolic functional groups, compared with SHA.

Within the group of natural HS distinct differences in the pH dependence of redox capacities are obvious (Fig. 3). While the oxidation of chernozem HS starts at pH 5 and is relatively constant over the examined pH range, the HS from compost does not react in the acidic pH range but exhibits a steep slope in the alkaline region. The podzol HS covers an intermediate range. These differences show that humic substances may be classified according to their redox properties. Further investigations with HS from other sources, like aquatic systems (rivers, lakes, pore waters) and the related sediments yield additional data, that will be useful for distinguishing classes of HS according to their redox properties. These classes can help to detect environmental systems that are of particular interest, in which reactions with contaminants may lead to mobilisation or toxification. A predominant reaction of this kind is the reduction of Hg(II) to elemental mercury. While mercuric ions are fixed as sulfides or complexed by organic matter in the sediment, the reduced form is mobile and escapes into the atmosphere.

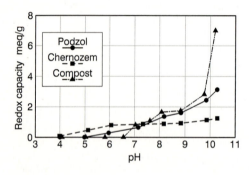

Fig. 3. Redox capacities of natural HS from different sources as function of pH.

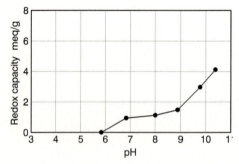

Fig. 4. Redox capacity of phenol as function of pH.

Comparative analysis of the redox capacity of phenol in the selected pH range (Fig. 4) exhibit very similar quantity and dependence on pH, when compared with natural HS. Very similar results were obtained by *Helburn* and *MacCarthy* [14]. Redox titrations of an aquatic humic acid with ferricyanide as oxidizing agent yielded an increasing redox capacity with increasing pH. The only submitted value of 1.73 meq/g at pH 9 is nearly identical to our results obtained with soil HS. The titration curves resemble so closely that of a phenolic mixture titrated in the same way that Helburn and MacCarthy suggest the use of phenolic mixtures as model for the redox behaviour of HS. This is an additional hint at the predominant mechanism in HS oxidation. Redox titrations with iodine solution showed similar parallels between SHA and p-cresol. Additionally it is possible to discriminate two reaction mechanisms that differ in their reaction velocity [10]. Therefore differences between the pH dependent redox reactions of HS may be due to different rations of phenolic groups to other oxidizable groups depending on the starting material and the degree of humification. Further investigations of redox capacities in relation to kinetic and spectroscopic data will yield more information about reactive functional groups and reaction mechanisms in the oxidation of HS.

References

[1] Heintze, S. G. and Mann, P. J. G.: Divalent manganese in soil extracts. Nature *158*, 791–792 (1946).
[2] Szalay, A. and Szilagyi, M.: The Association of vanadium with humic acids. Geochim. Cosmochim. Acta *31*, 1–6 (1967).
[3] Szilagyi, M.: Reduction of Fe^{3+} Ion by humic acid preparations. Soil Sci. *111*, 233–235 (1971).
[4] Alberts, J. J., Schindler, J. E., Miller, R. W. and Nutter, D. E. Jr.: Elemental mercury evolution mediated by humic acid. Science *184*, 895–897 (1974).
[5] Meisel, J., Lakatos, B. and Mady, G.: Study of ion exchange and redox capacity of peat humic substances. Acta Agron. Acad. Sci. Hung. *28*, 75–84 (1979).
[6] Lakatos, B., Tibai, T. and Meisel, J.: EPR Spectra of humic acids and their metal complexes. Geoderma *19*, 319–338 (1977).
[7] Szilagyi, M.: Valency changes of metal ions in the interaction with humic acids. Fuel *53*, 26–28 (1974).
[8] Skogerboe, R. K. and Wilson, S. A.: Reduction of ionic species by fulvic acid. Anal. chem. *53*, 228–232 (1981).
[9] Matthiessen, A.: Kinetic aspects on the oxidation of humic acids. HUMUS-uutiset – Finnish Humus News *3*, 317–322 (1991).
[10] Matthiessen, A.: Evaluating the Redox Capacity and the Redox Potential of Humic Acids by Redox Titrations. In: Senesi, N., Miano, T. M. (Eds.): Humic Substances in the Global Environment and Implications on Human Health, pp. 187–192. Elsevier Science B. V., Amsterdam 1994.
[11] Thyagarayan, B. S.: Oxidations by ferricyanide. Chem. Revs. *58*, 439–460 (1958).
[12] Haynes, C. G., Turner, A. H. and Waters, W. A.: The oxidation of monohydric phenols by alkaline ferricyanide. J. Amer. Chem. Soc. *81*, 2323–2831 (1959).
[13] Freytag, H. E.: Ein Beitrag zur Kenntnis der Huminsäuresynthese. I. Teil: Über die Zerlegung von Huminstoffextrakten mit Hilfe der Diffusion und Zusammenhänge zwischen Kopplungsgrad und Farbtypsteilheit. Albrecht-Thaer-Archiv *5*, 584–603 (1961).
[14] Helburn, R. S. and MacCarthy, P.: Determination of some redox properties of humic acid by alkaline ferricyanide titration. Anal. Chim. Acta *295*, 263–272 (1994).

Eine neue Methode zur Berechnung des Adsorptionsverhaltens von organischen Spurenstoffen in Gemischen

A New Method for Calculation of Trace Organic Compounds Adsorption Behaviour in Mixtures

Gesa Burwig[*], Eckhard Worch*[**] und *Heinrich Sontheimer*[†][***]

Schlagwörter

Adsorption, Aktivkohle, Spurenstoffe, IAS-Theorie, Durchbruchskurven

Summary

Models based on IAS theory are often applied for prediction of the filter behaviour of trace organic compounds. However, the assumptions for application of the IAS theory are not fulfilled in natural water. Errors in predicting breakthrough curves result from its use.

In this paper, a new method for a clear reduction of these errors is presented. The Freundlich parameters of the trace compound are modified by curve fitting until they describe the location of the measured partial trace compound isotherm in the mixture. With these changed parameters, an improved prediction of the behaviour of the trace compound is possible. Two examples are shown for verification.

Zusammenfassung

Für die Vorausberechnung des Filterverhaltens von organischen Spurenstoffen werden häufig Modelle eingesetzt, die auf der IAS-Theorie basieren. Die Bedingungen für die Anwendung der IAS-Theorie sind jedoch in realen Wässern nicht erfüllt. Das führt zu Fehlern bei der Vorausberechnung der Spurenstoffdurchbruchskurven.

In der vorliegenden Arbeit wird eine Methode vorgestellt, mit der diese Fehler deutlich verringert werden können. Die Freundlich-Parameter des Spurenstoffs werden durch eine Anpassungsrechnung so lange variiert, bis sie die Lage der gemessenen partiellen Spurenstoffisotherme in dem konkreten Gemisch beschreiben. Mit diesen veränderten Parametern ist eine verbesserte Vorausberechnung des Spurenstoffverhaltens möglich. Das wird an zwei Modellgemischen demonstriert.

1 Einleitung und Problemstellung

Im Bereich der Trinkwasseraufbereitung werden in zunehmendem Maße Aktivkohlefilter zur Entfernung störender Spurenstoffe eingesetzt. Gemeinsam mit den Spurenstoffen werden an der Aktivkohle auch Bestandteile der im aufzubereitenden Wasser vorhande-

---

[*] Dipl.-Chem. G. Burwig, Martin-Luther-Universität Halle-Wittenberg, Institut für Analytik und Umweltchemie, Geusaer Straße, D-06217 Merseburg.
[**] Prof. Dr. E. Worch, Technische Universität Dresden, Institut für Wasserchemie und chemische Wassertechnologie, Mommsenstr. 13, D-01062 Dresden.
[***] Prof. Dr. H. Sontheimer, Forschungsgruppe Sontheimer am Engler-Bunte-Institut der Universität Karlsruhe, Richard-Willstätter-Allee 5, D-76128 Karlsruhe.

nen organischen Grundbelastung (BOM – background organic matter bzw. NOM – natural organic matter) adsorbiert. Somit konkurrieren im Aktivkohlefilter BOM und Spurenstoffe um die Adsorptionsplätze. Die Modellierung dieser Gemischadsorptionsprozesse gestaltet sich schwierig, da der organische Hintergrund ein Vielstoffsystem unbekannter Zusammensetzung ist und darüber hinaus die Konkurrenz zwischen dem Spurenstoff und den Komponenten des organischen Hintergrunds mit den herkömmlichen Modellen der Gemischadsorption nur unzureichend beschrieben werden kann. In der vorliegenden Arbeit wird ein neues Verfahren zur Berechnung der Spurenstoffadsorption in Anwesenheit organischer Hintergrundkomponenten vorgestellt.

2 Bekannte Berechnungsverfahren und neuer Lösungsansatz

Gemischadsorptionsgleichgewichte werden häufig mit Hilfe der IAS-Theorie [1, 2] beschrieben. Dieses thermodynamische Modell gestattet die Vorausberechnung von Gemischisothermen definierter Adsorptivgemische bei Kenntnis der Einzelisothermenparameter und Konzentrationen der Gemischkomponenten. Durch Einbeziehung der IAS-Theorie in ein Durchbruchskurvenmodell, das zusätzlich die kinetischen Effekte (Film- und Korndiffusion) berücksichtigt, können sowohl die partiellen Durchbruchskurven der Gemischkomponenten als auch die Gesamtdurchbruchskurve des Gemischs berechnet werden. Als hierfür besonders geeignet hat sich das LDF-Modell [3, 4] erwiesen.

Um diese Berechnungsweise auch in der Praxis anwenden zu können, muß das unbekannte Vielstoffsystem BOM zunächst formal in ein bekanntes Gemisch überführt werden. Dies kann mit Hilfe der von *Sontheimer u. a.* entwickelten Adsorptionsanalyse erfolgen [5]. Dabei werden durch Zuordnung abgestufter *Freundlich*-Isothermenparameter fiktive Gemischkomponenten unterschiedlicher Adsorbierbarkeit definiert. Durch eine Anpassungsrechnung unter Verwendung der IAS-Theorie können damit aus einer gemessenen Gesamtisotherme (DOC-Isotherme) die Konzentrationen der fiktiven Gemischkomponenten bestimmt werden. Auf dieser Basis lassen sich dann wie bei einem bekannten Gemischsystem mit Hilfe des LDF-Modells Gemischdurchbruchskurven vorausberechnen. In einer neueren Arbeit [6] werden die Modellgrundlagen sowie die Möglichkeiten und Grenzen der Adsorptionsanalyse ausführlich dargestellt und diskutiert.

Theoretisch sollte sich auf der Basis der IAS-Theorie unter Einbeziehung der Adsorptionsanalyse auch die Spurenstoffadsorption berechnen lassen. Eine einfache Methode hat *Haist-Gulde* [7] vorgeschlagen. Diese basiert auf der Adsorptionsanalyse des BOM-haltigen Wassers und der separat ermittelten Einzelisotherme des Spurenstoffs. Für das Gemisch BOM + Spurenstoff wird aus diesen Daten mit Hilfe der IAS-Theorie die partielle Isotherme des Spurenstoffs im Gemisch vorausberechnet. *Haist-Gulde* schlägt vor, diese Gemischisotherme des Spurenstoffs formal mit der Einzelisothermengleichung nach *Freundlich* zu beschreiben und mit diesen Isothermendaten die Spurenstoffdurchbruchskurve zu berechnen. Die Eignung dieser Näherungsmethode konnte vor allem für sehr gut adsorbierbare Stoffe (Pestizide) nachgewiesen werden.

Günstiger als eine solche Pseudoeinstoffmodellierung ist eine konsequente Gemischadsorptionsberechnung. Diese ist prinzipiell möglich, wenn man bei der Berechnung zu dem Gemisch aus fiktiven Komponenten (Ergebnis der Adsorptionsanalyse) den Spurenstoff, von dem Konzentration und Einzelisothermenparameter bekannt sein müssen, als zusätzliche Komponente hinzufügt und dann mit dem auf der IAS-Theorie basierenden LDF-Modell die Gemischdurchbruchskurve dieses Spurenstoffs berechnet.

In der Praxis führt diese Vorgehensweise allerdings häufig zu unbefriedigenden Ergebnissen. Das ist im wesentlichen auf drei Gründe zurückzuführen:

1. Die IAS-Theorie gilt nur für ideales Verhalten der Adsorptivkomponenten. Diese Bedingung ist in realen Adsorptivgemischen häufig nicht erfüllt. So findet man schon bei definierten Modellgemischen oft mehr oder weniger deutliche Abweichungen zwischen vorausberechneten und experimentell bestimmten Gemischisothermen.
2. Die IAS-Theorie verlangt die Verwendung molarer Konzentrationen. Dagegen läßt sich die auf der IAS-Theorie basierende Adsorptionsanalyse nur unter Verwendung des Summenparameters DOC durchführen. Eine Einbeziehung des Spurenstoffs in das durch Adsorptionsanalyse definierte Gemisch muß dann ebenfalls über den DOC (Umrechnung der Stoffkonzentration in DOC) erfolgen. Aus der Verwendung des DOC resultieren zusätzliche Fehler bei der Gleichgewichtsberechnung, die sich – wegen des Einflusses der Gleichgewichtslage auf den Verlauf der Durchbruchskurve – auch bei der Durchbruchskurvenberechnung für den Spurenstoff bemerkbar machen.
3. Ergebnisse von Adsorptionsanalysen sind mitunter nicht eindeutig. Unterschiedliche Datensätze für die fiktiven Komponenten liefern oft ähnlich gute Anpassungen an die gemessene DOC-Isotherme. Die Spurenstoffberechnung wird aber von den Konzentrationen und Isothermenparametern der fiktiven Komponenten beeinflußt.

Zur Lösung der oben genannten Probleme wird die folgende Vorgehensweise (im folgenden auch TRACER-Modell genannt) vorgeschlagen:

Zunächst wird eine DOC-Gemischisotherme gemessen und der organische Hintergrund in bekannter Weise durch eine Adsorptionsanalyse charakterisiert. Zusätzlich wird die partielle Isotherme des Spurenstoffs für die Adsorption aus dem Gemisch bestimmt. Dies erfolgt durch Zugabe unterschiedlicher Adsorbensmengen zum Gemisch und Verfolgung der sich einstellenden Gleichgewichtskonzentrationen des Spurenstoffs. Die im Ergebnis der Adsorptionsanalyse erhaltenen *Freundlich*-Parameter und Gemischanteile der fiktiven Komponenten dienen dann gemeinsam mit den Meßwerten der partiellen Gemischisotherme des Spurenstoffs als Ausgangswerte für eine Anpassungsrechnung mit Hilfe der IAS-Theorie. Dabei werden die Einzelisothermenparameter des Spurenstoffs bei der Berechnung der partiellen Gemischisotherme solange variiert, bis eine möglichst gute Übereinstimmung zwischen gemessener und mittels IAS-Theorie berechneter Spurenstoffgemischisotherme erreicht ist. Man ermittelt auf diese Weise eine fiktive Einzelisotherme der Spurenstoffkomponente, deren Verwendung bei der IAS-Rechnung die experimentell gefundenen Gleichgewichtswerte am besten wiedergibt. In diese korrigierten *Freundlich*-Parameter des Spurenstoffs sind damit alle aus der IAS-Theorie und der Adsorptionsanalyse resultierenden Fehler für dieses konkrete Gemisch einbezogen. Mit den korrigierten Ausgangsdaten sollte dann auch eine bessere Modellierung des Durchbruchsverhaltens möglich sein.

Für die Durchführung der Anpassungsrechnung und die Ermittlung der korrigierten Einzelisothermenparameter des Spurenstoffs wurde das Computerprogramm TRACER entwickelt.

3 Experimentelles

3.1 Adsorptive und Adsorbens

Ziel der experimentellen Untersuchungen war die Überprüfung der vorgeschlagenen Berechnungsmethode. Um hierbei zu prinzipiellen Aussagen über die Eignung der Methode und zu möglichen Einflüssen auf die Berechnungsergebnisse zu kommen, erschien es sinnvoll, die Untersuchungen zunächst mit genau definierten Modellgemischen durchzuführen. Dabei wurde der organische Hintergrund durch Adsorptive unterschiedlicher Adsorbierbarkeit nachgebildet. Die Adsorptive wurden so ausgewählt, daß sie die für Adsorptionsanalysen typischen Spannbreiten der *Freundlich*-Parameter erfassen. Es wurden zum Teil auch Sulfonsäuren eingesetzt, von denen bekannt ist, daß sie ein ähnliches Adsorptionsverhalten wie Huminstoffe aufweisen. Das nicht adsorbierbare Triethanolamin diente als Modellsubstanz für die in realen Wässern häufig vorhandene nicht adsorbierbare Fraktion des DOC. Als Modellspurenstoffe wurden 4-Chlorphenol (PCP) und Methylenblau (MB) ausgewählt. PCP steht dabei als Modellsubstanz für einen Spurenstoff mit relativ niedriger molarer Masse und mittlerer bis guter Adsorbierbarkeit, während MB einen Spurenstoff mit größerer molarer Masse und sehr guter Adsorbierbarkeit repräsentiert. Die Konzentrationen beider Adsorptive lassen sich in den gewählten Gemischen gut bis in den Spurenbereich hinein bestimmen. Die PCP-Konzentration im Gemisch konnte über AOX-Messungen, die MB-Konzentration spektralphotometrisch bei 665 nm verfolgt werden. In der Tabelle 1 sind die Einzelisothermenparameter der verwendeten Adsorptive zusammengestellt.

Tabelle 1. Einzelisothermenparameter der verwendeten Modellsubstanzen.

Substanz	Freundlich-Parameter			
	Pulverkohle		Kornkohle	
	K	n	K	n
4-Nitrophenol	71,23	0,45	63,14	0,38
4-Chlorphenol	61,51	0,26	55,88	0,26
4-Nitro-2-aminophenol-6-sulfonsäure	43,38	0,36	38,24	0,27
Phenol-4-sulfonsäure	24,59	0,29	23,85	0,23
Methylenblau	121,66	0,14	76,88	0,27
α-Naphthylamin	172,59	0,17	59,31	0,39
Triethanolamin	nicht adsorbierbar			

K-Werte im $(mg\ DOC/g)/(mg\ DOC/l)^n$

Für die Untersuchungen wurden zwei Modellgemische unterschiedlicher Zusammensetzung verwendet. Die Gesamtkonzentrationen lagen bei 17,9 bzw. 15,5 mg/l DOC, das Verhältnis Spurenstoffkonzentration zu Gesamtkonzentration betrug dabei in beiden Fällen etwa 1:100. Diese im Vergleich zu realen Systemen höheren Konzentrationen wurden gewählt, um die Analysenfehler, die eine Bewertung des Berechnungsverfahrens erschweren könnten, zu minimieren. Es kann aber angenommen werden, daß die prinzipiellen Aussagen der Modellrechnungen auch auf Gemische mit niedrigeren Konzentrationen übertragbar sind.

Das Modellgemisch 1 enthielt als Hintergrundkomponenten Triethanolamin (TEA), 4-Nitrophenol (PNP), Phenol-4-sulfonsäure (P4S) und 4-Nitro-2-aminophenol-6-sulfonsäure (NAPS). Als Spurenstoff diente 4-Chlorphenol (PCP). Im Gemisch 2 bildeten Triethanolamin (TEA), Phenol-4-sulfonsäure (P4S), 4-Chlorphenol (PCP) und α-Naphthylamin (NAA) den Hintergrund. Spurenstoff war hier Methylenblau (MB). Die genaue Zusammensetzung der Gemische ist der Tabelle 2 zu entnehmen.

Tabelle 2. Ausgangskonzentrationen der Modellgemische.

Substanz	Gemisch 1 DOC_{ges}: 17,89 mg/l		Substanz	Gemisch 2 DOC_{ges}: 15,50 mg/l	
	c_0 in %	c_0 in mg DOC/l		c_0 in %	c_0 in mg DOC/l
TEA	29,10	5,21	TEA	26,35	4,08
P4S	28,12	5,03	P4S	26,21	4,13
NAPS	28,06	5,02	PCP	26,87	4,16
PNP	13,97	2,50	NAA	19,29	2,99
PCP	0,75	0,13	MB	0,78	0,14

Die Adsorptivlösungen wurden mittels HCl-Zugabe auf pH 2 eingestellt, um mögliche pH-Einflüsse auf die Adsorptionsgleichgewichte (z. B. als Folge der Dissoziation von Adsorptiven) auszuschließen. Als Adsorbens wurde für alle Untersuchungen die Aktivkohle F300 der Firma Chemviron verwendet.

3.2 Versuchsdurchführung

3.2.1 Gleichgewichtsmessungen

Die Isothermenmessungen erfolgten bei konstanter Ausgangskonzentration durch Zugabe unterschiedlicher Mengen von pulverförmiger bzw. gekörnter (Korndurchmesser 0,4...0,5 mm) Aktivkohle zu definierten Volumina der Ausgangslösung. Nach einer Kontaktzeit von 1 bzw. 2 Wochen wurde die Aktivkohle durch Membranfiltration (0,45 µm) abgetrennt. Von jeder Probelösung wurde sowohl die Ausgangs- als auch die Gleichgewichtskonzentration bestimmt. Über die Bilanzgleichung waren so auch die Beladungen zugänglich.

Von allen Modelladsorptiven wurden zunächst Einzelisothermen aufgenommen, die zum einen der Auswahl der Gemischkomponenten dienten und zum anderen für die Auswertung von Einzeldurchbruchskurven benötigt wurden.

Von den beiden Modellgemischen wurden dann jeweils die DOC-Isothermen und die partiellen Gemischisothermen des Spurenstoffs als Grundlage für die Modellierung der Spurenstoffadsorption bestimmt.

Ursprünglich wurde für die Isothermenmessungen pulverisierte Kohle eingesetzt. Da sich aber der von *Heese* u. a. [8] beschriebene Einfluß der Korngröße auf die Lage der Isothermen auch bei den hier eingesetzten Adsorptiven zeigte (vgl. Tab. 1) und – insbesondere beim Gemisch 2 – zu Schwierigkeiten bei der Durchbruchskurvenberechnung führte, wurden später alle Messungen mit Aktivkohle der Körnung, die auch für den Adsorber verwendet wurde, durchgeführt.

3.2.2 Durchbruchskurvenmessungen

Für die Durchbruchskurvenmessungen wurde ein Laboradsorber verwendet, der mit einer Filtergeschwindigkeit von ca. 10 m/h betrieben wurde. Als Adsorbens kam die Aktivkohle F300 der Korngröße 0,4...0,5 mm zum Einsatz. Für alle Adsorptive wurden zunächst Einzeldurchbruchskurven gemessen. Durch eine Anpassungsrechnung mit Hilfe des LDF-Modells konnten daraus die Stofftransportkoeffizienten für die Korndiffusion ermittelt werden, die als Ausgangsdaten für die Gemischdurchbruchskurvenberechnung dienten. Die ebenfalls benötigten Stoffübergangskoeffizienten für die Filmdiffusion wurden nach der *Gnielinski*-Korrelation [9] berechnet.

Für beide Modellgemische wurden jeweils die Durchbruchskurven des Spurenstoffs bei der Gemischadsorption gemessen, auf deren Basis die neue Berechnungsmethode für die Spurenstoffadsorption bewertet werden sollte. Parallel dazu erfolgte die Bestimmung der DOC-Gesamtdurchbruchskurven.

4 Ergebnisse und Diskussion

4.1 Adsorptionsanalysen

Die experimentelle Überprüfung der vorgeschlagenen Methode zur Berechnung der Spurenstoffadsorption erfolgte am Beispiel der beiden im Abschnitt 3.1 beschriebenen Modellgemische, wobei – in Anlehnung an reale Verhältnisse – der organische Hintergrund als

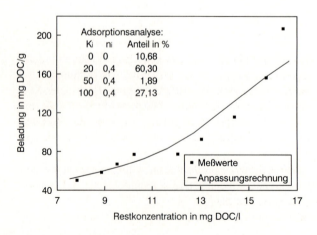

Bild 1. Adsorptionsanalyse des Modellgemischs 1.

unbekannt betrachtet und durch Adsorptionsanalysen charakterisiert wurde. Die Grundlage für die Adsorptionsanalysen bildeten die experimentell bestimmten DOC-Isothermen der Gemische. Durch Zuordnung entsprechender *Freundlich*-Parameter wurden vier fiktive Komponenten unterschiedlicher Adsorbierbarkeit definiert. Unter Verwendung dieser Parametersätze erfolgte eine Anpassungsrechnung mit Hilfe des von *Johannsen* entwickelten Computerprogramms ADSA. Als Ergebnis wurden die Konzentrationsverteilungen der fiktiven Gemischkomponenten erhalten.

Als Beispiel sind im Bild 1 die DOC-Isothermendaten und das Ergebnis der Anpassungsrechnung für das Gemisch 1 dargestellt. Tabelle 3 enthält die Gesamtergebnisse der beiden Adsorptionsanalysen, die als Ausgangsdaten für die Modellierung der Spurenstoffadsorption dienten.

Tabelle 3. Ergebnisse der Adsorptionsanalysen der beiden Modellgemische.

K	n	Gemisch 1 $c_{0\,ber}$ in %	$c_{0\,ber}$ mg DOC/l
0	0	10,68	1,91
20	0,4	60,30	10,79
50	0,4	1,89	0,34
100	0,4	27,13	4,85

K	n	Gemisch 2 $c_{0\,ber}$ in %	$c_{0\,ber}$ mg DOC/l
0	0	28,27	4,38
20	0,4	7,23	1,12
30	0,4	44,79	6,94
50	0,4	19,71	3,06

K-Werte in $(mg\ DOC/g)/(mg\ DOC/l)^n$

4.2 Spurenstoffisothermen

Für die beiden Modellspurenstoffe PCP (im Gemisch 1) und MB (im Gemisch 2) wurden zunächst die sich bei verschiedenen Kohledosierungen einstellenden Gleichgewichtskonzentrationen experimentell bestimmt und in DOC-Konzentrationen umgerechnet. Die Ergebnisse der Messungen sind in den Bildern 2 und 3 dargestellt.

Die ebenfalls dargestellten Ergebnisse einer IAS-Rechnung mit den Adsorptionsanalysendaten und den Originalwerten der Einzelisothermenparameter des jeweiligen Spurenstoffs machen deutlich, daß auf diese Weise die Spurenstoffisothermen bei der Gemischadsorption nicht richtig beschrieben werden können. Besonders im Gemisch 2 treten erhebliche Abweichungen zwischen Rechnung und Experiment auf. Die möglichen Gründe für derartige Abweichungen wurden bereits im Abschnitt 2 diskutiert.

Demgegenüber lassen sich die Meßwerte mit Hilfe einer Anpassungsrechnung mit dem

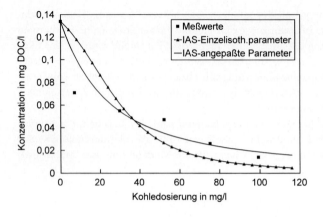

Bild 2. Berechnete und experimentelle Gleichgewichtskonzentrationen in Abhängigkeit von der Adsorbensdosierung für die Adsorption von 4-Chlorphenol aus dem Modellgemisch 1.

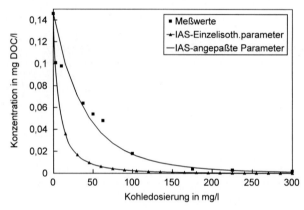

Bild 3. Berechnete und experimentelle Gleichgewichtskonzentrationen in Abhängigkeit von der Adsorbensdosierung für die Adsorption von Methylenblau aus dem Modellgemisch 2.

Tabelle 4. *Freundlich*-Parameter der Spurenstoffisothermen.

	Gemisch 1
	Spurenstoff: 4-Chlorphenol
Einzelisothermenparameter (Kornkohle)	angepaßte Isothermenparameter
n = 0,26	n = 0,69
K = 55,88	K = 112
	Gemisch 2
	Spurenstoff: Methylenblau
Einzelisothermenparameter (Kornkohle)	angepaßte Isothermenparameter
n = 0,27	n = 0,27
K = 76,88	K = 44

K-Werte in $(mg\ DOC/g)/(mg\ DOC/l)^n$

Vom Wasser, *84*, 237–249 (1995)

neu entwickelten TRACER-Programm wesentlich besser beschreiben. Ausgangsdaten für die Anpassungsrechnung sind die Isothermenparameter und Konzentrationen der fiktiven BOM-Komponenten sowie die Ausgangskonzentration des Spurenstoffs. Das TRACER-Programm führt eine wiederholte IAS-Rechnung unter Variation der Isothermenparameter des Spurenstoffs durch und ermittelt die Parameter, mit denen die IAS-Rechnung die beste Beschreibung der gemessenen Spurenstoffkonzentrationen liefert. Wie aus der Gegenüberstellung in der Tabelle 4 hervorgeht, unterscheiden sich die angepaßten Isothermenparameter zum Teil erheblich von den Originalwerten, die aus separaten Einzelisothermenmessungen ermittelt wurden. Durch die Anpassung der Isothermenparameter werden die Fehler, die aus der Anwendung der IAS-Theorie und der Adsorptionsanalyse resultieren, korrigiert.

Der Vergleich der Modellrechnungen zeigt deutlich, daß die neue, auf einer Anpassung beruhende Berechnungsmethode für die Spurenstoffadsorption gegenüber der herkömmlichen Gemischadsorptionsberechnung auf der Basis der Einzelisothermendaten wesentliche Vorteile bietet. Dabei ändert sich der experimentelle Aufwand für die Bestimmung der Ausgangsdaten nur unwesentlich. An die Stelle der sonst notwendigen Einzelisothermenmessung für den Spurenstoff tritt die Bestimmung der Gemischisotherme des Spurenstoffs.

4.3 Durchbruchskurven

Die verbesserte Beschreibung der Gleichgewichtsdaten des Spurenstoffs nach dem neuen Berechnungsverfahren sollte sich auch auf die Qualität der Durchbruchskurvenberechnung auswirken. Zur Überprüfung wurden Durchbruchskurvenmessungen mit beiden Modellgemischen durchgeführt, wobei jeweils sowohl die Spurenstoffdurchbruchskurve als auch die Gesamtdurchbruchskurve (DOC-Durchbruchskurve) gemessen wurden.

Die Modellierung der Durchbruchskurven erfolgte mit dem von *Worch* entwickelten Computerprogramm LDF, dessen theoretische Grundlagen an anderer Stelle ausführlich dargestellt wurden [3, 4]. Das Durchbruchskurvenmodell basiert ebenfalls auf der IAS-Theorie und erlaubt die Berechnung von Gemischdurchbruchskurven, ausgehend von den Eingangskonzentrationen und Einzelisothermenparametern der Gemischkomponenten. Für Gemische aus BOM und Spurenstoff sind die entsprechenden Daten der fiktiven Komponenten und des Spurenstoffs zu verwenden. Daneben werden als Ausgangsdaten die Prozeßgrößen Adsorbensmasse, Volumenstrom und Schüttdichte sowie die Stofftransportkoeffizienten für die Filmdiffusion ($k_F a_V$) und die Korndiffusion ($k_S a_V$) für alle Komponenten benötigt.

Im allgemeinen können bei unbekanntem Hintergrund die Stoffübergangskoeffizienten für die fiktiven Komponenten nur abgeschätzt oder angepaßt werden. Im einfachsten Fall

Tabelle 5. Abgeschätzte Stoffübergangskoeffizienten der Gemischkomponenten in den Modellgemischen 1 und 2.

	$k_F a_V$ in 1/s	$k_S a_V$ in 1/s
Gemisch 1	0,24	0,0002
Gemisch 2	0,21	0,0002

werden dabei für alle Komponenten die gleichen kinetischen Parameter verwendet. Für die hier untersuchten Modellgemische konnten die Stoffübergangskoeffizienten der Modellkomponenten berechnet (Filmdiffusion) bzw. aus Einzeldurchbruchskurvenmessungen bestimmt (Korndiffusion) werden (Abschn. 3.2.2). Aus diesen Daten wurden Mittelwerte gebildet, die bei den Gemischdurchbruchskurvenberechnungen für alle Komponenten verwendet wurden (Tab. 5).

Das LDF-Programm liefert sowohl die Gesamtdurchbruchskurve des Gemischs als auch die Durchbruchskurven aller Gemischkomponenten, also auch des Spurenstoffs. Bild 4 zeigt die gemessene Spurenstoffdurchbruchskurve von PCP im Gemisch 1 im Vergleich zu den Ergebnissen von zwei Modellrechnungen. Bei der ersten Rechnung wurden die Originalparameter der PCP-Einzelisotherme verwendet, bei der zweiten Rechnung die durch die Anpassungsrechnung ermittelten. Es zeigt sich sehr deutlich, daß die Verwendung der nach dem vorgeschlagenen TRACER-Modell korrigierten Isothermenparameter des Spurenstoffs eine wesentlich bessere Beschreibung der experimentellen Durchbruchskurve erlaubt. Noch deutlicher werden die Unterschiede bei der MB-Durchbruchskurve (Bild 5), was nach den Ergebnissen der Gleichgewichtsberechnungen auch zu erwarten war. In diesem Gemisch führt die Verwendung der unkorrigierten Isothermenparameter zu einer völlig falschen Prognose der Gleichgewichtslage und damit auch des Durchbruchsverhaltens.

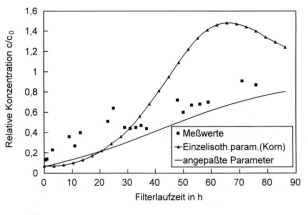

Bild 4. Experimentelle und nach dem LDF-Modell berechnete Spurenstoffdurchbruchskurven (PCP/Modellgemisch 1) – Vergleich der Berechnungsergebnisse für verschiedene Isothermenparametersätze.

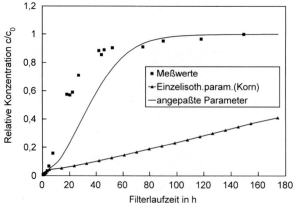

Bild 5. Experimentelle und nach dem LDF-Modell berechnete Spurenstoffdurchbruchskurven (MB/Modellgemisch 2) – Vergleich der Berechnungsergebnisse für verschiedene Isothermenparametersätze.

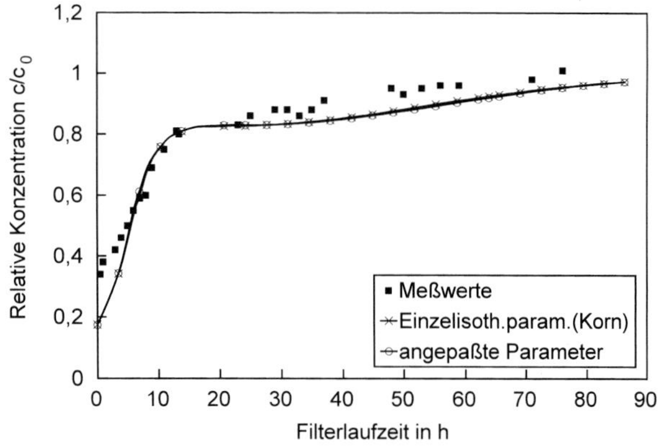

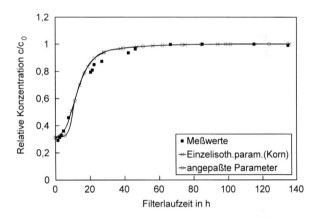

Bild 6. Experimentelle und nach dem LDF-Modell mit verschiedenen Isothermenparametersätzen des Spurenstoffs berechnete Gesamtdurchbruchskurven des Modellgemischs 1.

Bild 7. Experimentelle und nach dem LDF-Modell mit verschiedenen Isothermenparametersätzen des Spurenstoffs berechnete Gesamtdurchbruchskurven des Modellgemischs 2.

Die Bilder 6 und 7 zeigen die experimentellen und berechneten DOC-Durchbruchskurven der beiden Gemische. Hier zeigt sich, daß auf der Basis von Adsorptionsanalysen eine gute Vorausberechnung von Gesamtdurchbruchskurven möglich ist. In beiden Fällen wird der berechnete Durchbruchsverlauf des Gesamtsystems durch die Parameter des in vergleichsweise geringen Konzentrationen vorliegenden Spurenstoffs kaum beeinflußt, so daß beide Modellrechnungen jeweils zu annähernd identischen Ergebnissen führen.

5 Schlußfolgerungen und Ausblick

Anhand von Modelluntersuchungen konnte gezeigt werden, daß das neue TRACER-Modell gegenüber bisherigen Berechnungsverfahren wesentliche Vorteile bei der Beschreibung des Adsorptionsverhaltens von Spurenstoffen in Gemischsystemen mit organischem Hintergrund bietet.

Das Modell baut auf bewährten Berechnungsverfahren auf. So wird der organische Hintergrund mit Hilfe der Adsorptionsanalyse charakterisiert, die Gleichgewichts- und

Durchbruchskurvenberechnungen basieren weiterhin auf der IAS-Theorie. Der wesentliche Unterschied zur herkömmlichen Gemischadsorptionsberechnung besteht darin, daß für den Spurenstoff nicht die Originalparameter der Einzelisotherme verwendet werden, sondern Parameter, die durch Anpassung an eine experimentelle Spurenstoff-Gemischisotherme zu ermitteln sind. Für diese Anpassungsrechnung wurde das ebenfalls auf der IAS-Theorie basierende Programm TRACER entwickelt. Die angepaßten Parameter korrigieren alle aus der Adsorptionsanalyse und der IAS-Theorie resultierenden Fehler. Ihre Verwendung bei Gemischadsorptionsberechnungen (Gleichgewicht, Durchbruchskurven) stellt sicher, daß das Adsorptionsverhalten des Spurenstoffs in dem konkreten Gemischsystem richtig wiedergegeben wird.

Die Vorteile des TRACER-Modells wurden in der vorliegenden Arbeit am Beispiel von Modellsystemen aufgezeigt. Gegenwärtig wird die Anwendbarkeit auf reale Systeme getestet, über die Ergebnisse wird in einer späteren Veröffentlichung berichtet.

Hinzuweisen ist noch auf einen weiteren Aspekt. Das vorgeschlagene Berechnungsverfahren stellt einen Beitrag zur Lösung der Probleme bei der Beschreibung des Gleichgewichts der Spurenstoffadsorption in komplexen Gemischen dar. Problematisch bleibt weiterhin die Ermittlung geeigneter kinetischer Daten für derartige Systeme. Die unabhängige Bestimmung dieser Daten bildet die Voraussetzung für eine echte Vorausberechnung des Durchbruchsverhaltens. Auf diesem Gebiet besteht weiterer Forschungsbedarf.

Danksagung

Die Autoren danken dem BMFT für die Förderung dieser Arbeiten und Herrn Dr. Klaus Johannsen (TU Hamburg-Harburg) für die Überlassung des Computerprogramms ADSA zur Auswertung der Adsorptionsanalysen.

Literatur

[1] Myers, A. L. u. Prausnitz, J. M.: Thermodynamics of mixed-gas adsorption. A. I. Ch. E. Journal *11*, 121–127 (1965).
[2] Radke, C. J. u. Prausitz, J. M.: Thermodynamics of multisolute adsorption from dilute liquid solutions. A. I. Ch. E. Journal *18*, 761–768 (1972).
[3] Worch, E.: Zur Vorausberechnung der Gemischadsorption in Festbettadsorbern. Teil 1: Mathematisches Modell. Chem. Techn. *43*, 111–113 (1991).
[4] Worch, E.: Zur Vorausberechnung der Gemischadsorption in Festbettadsorbern. Teil 2: Anwendung des Berechnungsmodells auf experimentell untersuchte Systeme. Chem. Tech. *43*, 221–224 (1991).
[5] Sontheimer, H., Crittenden, J. C. u. Summers, R. S.: Activated carbon for water treatment, 2. Aufl., S. 193 ff. DVGW-Forschungsstelle am Engler-Bunte-Institut der Universität Karlsruhe 1988.
[6] Johannsen, K. u. Worch, E.: Eine mathematische Methode zur Durchführung von Adsorptionsanalysen. Acta hydrochim. hydrobiol., *22*, 225–230 (1994).
[7] Haist-Gulde, B.: Zur Adsorption von Spurenverunreinigungen aus Oberflächenwässern. Dissertation Universität Karlsruhe (TH) 1991.

[8] Heese, C., Meinicke, C. u. Worch, E.: Neue Erkenntnisse über den Einfluß der Adsorbenskorngröße auf das Adsorptionsgleichgewicht. Vom Wasser, *84*, 197–205 (1995).

[9] Gnielinski, V.: Gleichungen zur Berechnung des Wärme- und Stoffaustausches in durchströmten Kugelschüttungen bei mittleren und großen Peclet-Zahlen. Verfahrenstechnik *12*, 363–367 (1978).

Elution von Schwermetallen aus kontaminierten Feststoffen

Elution of Heavy Metals from Contaminated Solids

Wolfgang Heinrich Höll

Schlagwörter

Kontaminierte Feststoffe, Elution von Schwermetallen, Ionenaustauscher, Schwermetallkomplexe

Summary

Heavy metal-contaminated concrete waste material from a former metallurgical factory was eluted in order to remove the heavy metals and to allow the reuse of the solid material. The initial metal content was to up to 100 g/kg of copper and 65 g/kg of nickel. The treatment consisted of one or two elution cycles with water and/or organic complexing agents. Copper, nickel, and zinc were eluted almost completely with only negligible amounts remaining, whereas the efficiency for lead was lower. The residual contamination of the solid material was very small and should allow its reuse for road construction purposes. Recovery of the heavy metals without selective uptake is most effective if a chelating ion exchange resin with iminodiacetate functional groups is applied. Application of acrylic anion exchangers seems to allow a very selective elimination of copper-bearing species from tartrate complex systems.

Zusammenfassung

Schwermetallbelastetes Abbruchmaterial einer ehemaligen Metallhütte wurde eluiert, um die Schwermetalle zu eliminieren und eine Wiederverwendung der Feststoffe zu ermöglichen. Die Ausgangsgehalte des Materials betrugen bis zu 100 g/kg Kupfer und 65 g/kg Nickel. Das Behandlungskonzept bestand aus einer oder zwei Elutionsstufen mit Wasser und/oder organischen Komplexbildnern. Kupfer, Nickel und Zink wurden bis auf vernachlässigbar kleine Restmengen aus den Feststoffen eluiert, während Blei weniger gut entfernt wurde. Die Restgehalte sollten eine Wiederverwertung als Straßenbauhilfsstoff zulassen. Die Abtrennung der Schwermetalle aus der im Kreislauf geführten Elutionslösung gelang am besten mit einem schwermetallselektiven Austauscherharz mit Iminodiacetatgruppen. Der Einsatz von starkbasischen Anionenaustauschern auf Acrylamidbasis könnte eine selektive Abtrennung kupferhaltiger Tartratkomplexspecies ermöglichen.

1 Einführung

Schwermetallbelastete Feststoffe fallen in Form von kontaminierten Böden, Sedimenten, Verbrennungsaschen, Schlacken, Schlämmen sowie von Abbruchmaterial ehemaliger Industriegebäude teilweise in großen Mengen an. In diesen Feststoffen liegen die Schwermetalle in unterschiedlicher Bindungsform und Mobilität vor [1]. Kontaminierte Böden und

---

* Privatdozent Dr.-Ing. habil. W. H. Höll, Forschungszentrum Karlsruhe; Institut für Technische Chemie, Bereich Wasser- und Geotechnologie, Postfach 3640, D-76201 Karlsruhe.

Feststoffe stellen deshalb ein erhebliches Problem dar, weil bei Kontakt mit Wasser lösliche Komponenten ausgetragen und in die Umgebung oder auch das Grundwasser verfrachtet werden [2, 3]. Im Rahmen von Sanierungsmaßnahmen müssen schwermetallhaltige Feststoffe daher vielfach auf Sondermülldeponien abgelagert werden, wo gewährleistet ist, daß kein Austrag der Schadstoffe an die Umgebung stattfindet. Bei hoher Toxizität muß sogar in Untertage-Deponien eingelagert werden [4]. Der für solchen Sondermüll geeignete Deponieraum ist begrenzt, so daß eine Deponierung mit relativ hohen Kosten in der Größenordnung von gegenwärtig DM 1000/t verbunden ist.

Die Probleme mit der Entsorgung solcher Feststoffe könnten erheblich gemindert werden, wenn die Kontamination mit Schwermetallen wirksam beseitigt werden kann. Im Gegensatz zur Sanierung organisch kontaminierter Feststoffe, z. B. durch Oxidationsverfahren, gibt es jedoch für anorganisch belastete Stoffe bisher nur wenige Verfahrensansätze. Schwermetalle können nicht „vernichtet", sondern lediglich mit geeigneten Elutionsmitteln aus den Feststoffen herausgelöst und über die flüssige in andere, feste Phasen (z. B. Sorbentien) überführt werden, in denen sie dann in konzentrierter Form vorliegen.

Hinsichtlich der Elimination von Schwermetallen aus Feststoffen bestehen in der Hydrometallurgie seit langem vielfältige Erfahrungen [5]. Dort werden Erze z. B. mit Säuren, Ammoniak, Laugen, Komplexbildnern usw. extrahiert. Analoge Ansätze werden auch auf die Dekontamination von Feststoffen angewandt. Ein Verfahrensansatz ist die Elution mit Hilfe von Salzsäure. Dieser wurde am Beispiel der Dekontamination von Flußsedimenten entwickelt und im halbtechnischen Maßstab erprobt [7, 8, 9]. Die anfallende Lösung wird mit Calciumhydroxid stufenweise neutralisiert, um die Carbonate verschiedener Metalle separat abzutrennen. Nachteilig an diesem mit konzentrierter Säure durchzuführenden Verfahren ist neben der hohen Salzbelastung des Abwassers die Tatsache, daß nicht nur die Schwermetalle herausgelöst werden, sondern auch natürliche Carbonate und Tonmineralien aufgelöst werden und nur der reine Sand zurückbleibt. Die Verwirklichung des Verfahrensvorschlags im Pilotmaßstab scheiterte bisher an massiven Korrosionsproblemen beim Umgang mit der konzentrierten Salzsäure.

Im Gegensatz dazu wurde die Verwendung von verdünnter Salzsäure zur In-situ-Reinigung von Cadmium-kontaminiertem Boden erfolgreich angewandt [10, 11]. Bei diesem Verfahren wird das Schwermetall über selektive Kationenaustauscher abgetrennt. Zwar ist zu erwarten, daß auch mit verdünnter Säure Carbonate und Tonminerale zumindest teilweise aufgelöst werden, in dem gegebenen Sanierungsfall war der Untergrund jedoch überwiegend sandig. Das angewandte Konzept kann daher nicht auf beliebige Sanierungsfälle übertragen werden.

Andere Ansätze verwenden starke organische Komplexbildner, um die Schwermetalle aus den Feststoffen herauszulösen, die hier in komplexgebundener Form anfallen [12]. Die Abtrennung aus der Elutionsphase erfolgt mit Hilfe von Kationen- oder Anionenaustauschern. Wegen der u. U. schlechten biologischen Abbaubarkeit der Komplexe muß die Elutionslösung sehr weitgehend aus dem behandelten Material ausgewaschen werden. Die Entsorgung der Regenerate der Ionenaustauscher erfordert weitere Maßnahmen [13]. Auch dieses Verfahren wurde bisher nicht im technischen Maßstab erprobt. Auch EDTA wurde zur Elimination von Blei aus Böden eingesetzt [14]. Nachdem dieser Komplexbildner jedoch in die Liste gefährlicher Stoffe aufgenommen wurde, ist seine Verwendung im Rahmen von Sanierungsmaßnahmen ausgeschlossen. Der Einsatz von weiteren organischen Komplexbildnern, die aus organischen Reststoffen gewinnbar sind, ist derzeit Bestandteil von Forschungsarbeiten, die sich jedoch noch im Laborstadium befinden [15].

Eine Dekontamination ist auch mit Hilfe von schwermetallanreichernden Pflanzen möglich. Allerdings ist diese Art der Sanierung auf die durchwurzelte Zone des Bodens beschränkt, hat also nur einen sehr eng begrenzten Einsatzbereich [16].

2 Behandlungskonzept

Um die Nachteile der bestehenden Verfahrensansätze zu vermeiden, wurde in den vorliegenden Untersuchungen ein Ansatz verfolgt, bei dem folgende Ziele angestrebt werden:

- Möglichst alleinige Herauslösung der Schwermetalle aus den Feststoffen,
- möglichst kleine Zerstörung der Feststoffmatrix, um die Stoffe wiederverwenden zu können (im Falle von Gebäudeabbruch z. B. für Straßenbauzwecke),
- ausschließliche Verwendung umweltfreundlicher, biologisch abbaubarer Elutionsmittel und
- Trennung der Schwermetallkomponenten zwecks Recycling.

Folgendes technisches Konzept wurde untersucht:

- Elution des Abbruchmaterials mit Wasser, um die leichtlöslichen Schwermetallsulfate zu eliminieren, die den Hauptteil der Kontamination ausmachen.
- Behandlung des vor-eluierten Materials mit Tartrat- oder Citratlösungen, um an die Matrix gebundene Schwermetalle zu eluieren.

In beiden Fällen sollte die flüssige Phase nach Passieren einer Ionenaustauscherkolonne zur Abtrennung der Schwermetallspecies zurückgeführt werden.

Tartrat- und Citratlösungen wurden ausgewählt, weil sie biologisch gut abbaubar sind. Daher müssen die an den Feststoffen anhaftenden Restmengen nicht weitestgehend ausgespült werden. Außerdem hatte sich herausgestellt, daß Tartratlösungen eine außerordentlich selektive Abtrennung von Kupfer und anderen Schwermetallen mit Hilfe bestimmter Anionenaustauscherharze ermöglichen [17].

3 Verwendetes Abbruchmaterial

In einer ehemaligen Metallhütte in Baden-Württemberg wurden aus metallhaltigen Abfällen Kupfer und andere Buntmetalle zurückgewonnen. Nach einer thermischen Behandlung, z. B. zum Abbrennen von Kabelumhüllungen, wurden die Metalle in Schwefelsäure gelöst und elektrolytisch wiedergewonnen. Mit Schwermetallen kontaminierte Feststoffe waren z. B. die Schamottesteine des Ofens, Wände und Fußböden der Gebäude und die aus Beton bestehenden Elektrolysebecken. Die wesentlichen Kontaminanten waren Kupfer, Nickel, Zink, Cadmium, Blei und Zinn. Außerdem ist der Untergrund des Fabrikgeländes erheblich kontaminiert [18, 19].

Als die Fabrik in den achtziger Jahren geschlossen wurde, ergaben sich u. a. aus dieser Schwermetallkontamination der Anlagen und Gebäude erhebliche Probleme für Abriß und Entsorgung. Mittlerweile wurden ca. 17 400 Tonnen Abbruchmaterial entsorgt, die zum Teil wiederverwertet, zum Teil auf Bauschuttdeponien und zu einem kleinen Teil in eine Untertagedeponie eingelagert wurden. Holzabfall wurde in einer Verbrennungsanlage für Sondermüll verbrannt. Trotz der Schließung der Fabrik wird weiterhin Grundwasser abgepumpt, aus dem in der noch in Betrieb befindlichen Abwasserbehandlungsanlage Schwermetalle mit Kalk ausgefällt werden.

Kleine Mengen des Abbruchmaterials standen für Versuche zur Elimination von Schwermetallen zur Verfügung, insbesondere aus dem Bereich der ehemaligen Elektrolysebecken. Im Verlauf des langjährigen Betriebs wurde der Verputz dieser Becken an vielen Stellen beschädigt, was zu teilweise massivem Eindringen von Schwefelsäure bzw. Kupfersulfat in den Beton führte. Insbesondere in den Ecken der Behälter fanden sich kräftig blaue und grüne Ausfällungen. Die Bereiche der Gehalte an Kupfer, Nickel, Zink und Blei in den für die Versuche eingesetzten Proben sind in Tabelle 1 zusammengefaßt.

Tabelle 1. Gehalte der Abbruchmaterialproben an Kupfer, Nickel, Blei und Zink.

Metall	Gehalte, g/kg
Kupfer	1,2 – 100
Nickel	6,5 – 65
Blei	0,03 – 0,6
Zink	0,4 – 1,3

Aus den Zahlenwerten wird deutlich, daß Kupfer und Nickel die Hauptkontaminanten bilden. Zink lag in relativ geringen Mengen vor, Blei (und auch Cadmium) waren praktisch unbedeutend. Wegen der stark unterschiedlichen Schwermetallgehalte des Abbruchmaterials auch aus dem gleichen Bereich der Anlagen ist es nicht möglich, bei aufeinanderfolgenden Versuchen reproduzierbare Ergebnisse zu erhalten.

4 Experimentelle Untersuchungen

Das Behandlungskonzept wurde in einer Versuchsanlage erprobt, wie sie schematisch in Bild 1 dargestellt ist. Das zu behandelnde Festmaterial ist in einer ersten Säule aus Edelstahl oder PVC untergebracht, in der es von der Elutionslösung eluiert wird. Diese Lösung passiert danach eine Ionenaustauschersäule, in der die Schwermetalle von der Lösung abgetrennt werden. Die Lösung wird danach in den Vorratsbehälter zurückgeleitet.

In den meisten Versuchen besaß die Säule für den Feststoff einen Innendurchmesser von 5 cm und eine Höhe von 20 cm und enthielt 300 g kontaminierten Feststoff. Größere Säulen mit bis zu 50 kg Fassungsvermögen stehen zur Verfügung, wurden aber bisher nur sporadisch eingesetzt. Die Ionenaustauscher waren in Säulen von 5 bzw. 12 cm Durchmesser und Höhen von 50 cm eingesetzt.

Zur Elution wurden je 10 l Leitungswasser, enthärtetes Wasser, vollentsalztes Wasser, KNa-Tartrat- oder Na-Citratlösungen verwendet. Die Komplexbildnerlösungen hatten Konzentrationen von 10 bis 35 mmol/l und waren mit enthärtetem Wasser angesetzt. Der Volumenstrom der Elutionslösung lag in allen Versuchen zwischen 9 und 10 l/h bei einer Gesamtdauer von 3,5 bis 4 Stunden.

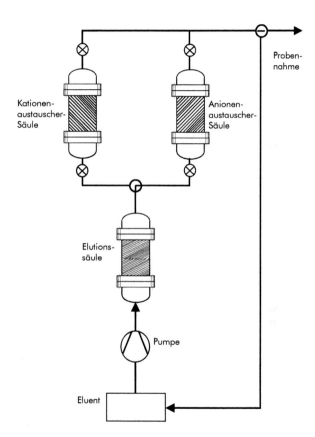

Bild 1. Schematische Darstellung der Versuchsanlagen.

Bei der Elution mit Wasser liegen die Schwermetallspecies im wesentlichen als gelöste Sulfatsalze vor und können daher mit einem Kationenaustauscher eliminiert werden. Als Austauscher wurde das chelatbildende Harz LEWATIT TP 207 ausgewählt, das aufgrund seiner Iminodiacetat-Gruppen Schwermetalle selektiv sorbiert. Der Austauscher wurde entsprechend den Empfehlungen des Herstellers in der sog. Mono-Natriumform eingesetzt, bei dem die Hälfte der Carboxylgruppen dissoziert und durch Natriumionen neutralisiert ist, während die andere Hälfte in der freien Säureform vorliegt. Diese Beladungsform wird dadurch erreicht, daß das Harz in der freien Säureform mit einer Menge an NaOH in Kontakt gebracht, die der halben Austauschkapazität entspricht. Der Vorteil dieser Beladungsform gegenüber der Di-Natriumform besteht darin, daß bei der Sorption von zweiwertigen Schwermetallspecies der pH-Wert nicht alkalisch wird, wodurch es nicht zu Ausfällungen von Schwermetallhydroxiden kommt [20]. In einigen Versuchen wurde das ebenfalls komplexbildende Austauscherharz DUOLITE ES 346 eingesetzt, das Amidoxim-Gruppen als funktionelle Bestandteile enthält [21]. Dieser Austauscher wurde in der protonierten Form nach Behandlung mit Salzsäure eingesetzt.

Nach jedem Versuch wurden die Austauscher regeneriert, um sie für die weiteren Versuche einsetzen und um die Mengen an aufgenommenen Schwermetallen ermitteln zu können. LEWATIT TP 207 wurde mit HCl (1 mol/l) in die freie Säureform überführt und dann mit NaOH in der beschriebenen Weise konditioniert. DUOLITE ES 346 wurde ausschließlich mit HCl (1 mol/l) behandelt.

Im Prinzip können beide Austauscher auch zur Abtrennung von Schwermetallen aus Tartrat- oder Citratlösungen benutzt werden. In früheren Untersuchungen zur Sorption von Tartraten an Anionenaustauschern wurde jedoch festgestellt, daß kupferreiche Kupfertartratspecies sehr selektiv an Anionenaustauschern auf Acrylamidbasis sorbiert werden, während gleichzeitig nur geringe Mengen an Nickelkomplexen und keine Zink- oder Bleikomplexe aufgenommen werden [17]. Aus diesen Gründen wurde in den Versuchen mit Tartratlösungen auch das stark basische Austauscherharz AMBERLITE IRA 958 in Chloridform eingesetzt [22].

In den anfänglichen Versuchsreihen wurde im ersten Behandlungsschritt Wasser und im zweiten Schritt eine KNa-Tartratlösung verwendet. Dabei erfolgte die Abtrennung von Schwermetallkationen in der ersten Stufe mit LEWATIT TP 207 und von Schwermetallkomplexspecies in der zweiten Stufe mit AMBERLITE IRA 958. In den späteren Experimenten wurde jeweils nur in einer Stufe eluiert und die Lösung entweder über den Kationenaustauscher oder den Anionenaustauscher geleitet.

Nach der Elution wurde der verbliebene Feststoff aus der Säule entfernt und mit 0,3 l konzentrierter Salzsäure versetzt, um die verbliebenen Schwermetallanteile zu ermitteln.

Aus allen Lösungen wurden Proben entnommen, in denen die Konzentrationen von Kupfer, Nickel, Zink und Blei durch Atomabsorptionsspektralphotometrie bestimmt wurden.

5 Ergebnisse

Tabelle 2 zeigt beispielhaft die Ergebnisse einer zweistufigen Elution mit enthärtetem Wasser in der ersten und mit 1%iger KNa-Tartrat-Lösung in der zweiten Stufe. Mit Wasser wurden nur etwa 37% des Kupfers mobilisiert und auf dem Kationenaustauscher abgeschieden. Der größere Rest wurde mit der Tartratlösung eluiert und auf dem stark basischen Anionenaustauscher in Form von Komplexanionen sorbiert. Nickel wird von dem Kationenaustauscher relativ gut aus dem Wasser entfernt, wohingegen die von dem Anionenaustauscher sorbierte Menge an Nickeltartratspecies vergleichsweise vernachlässigbar ist. Die Restgehalte des Feststoffs an beiden Metallen sind sehr gering.

Bei entsprechendem Anfangszustand des Feststoffs kann durch eine Behandlung mit Wasser bereits schon praktisch alles Kupfer und Nickel entfernt werden. In der nachgeschalteten Tartratstufe werden nur noch sehr geringe Mengen gefunden.

Elution von Schwermetallen aus kontaminierten Feststoffen

Tabelle 2. Ergebnisse der zweistufigen Elution von 300 g Material. Elutionsmittel: Enthärtetes Wasser (Stufe 1), KNa-Tartrat (Stufe 2). Austauscher: LEWATIT TP 207 (Stufe 1), AMBERLITE IRA 958 (Stufe 2).

		Kupfer, mg	Nickel, mg
Erste Stufe	Sorbiert	8 690	1 310
	Gelöst	23,7	n. best.
Zweite Stufe	Sorbiert	14 000	19,3
	Gelöst	522	79
Restgehalt		5,9	1,7

In den weiteren Versuchen wurde daher nur in einer Stufe eluiert, wobei wahlweise Wasser, KNa-Tartrat- oder Natriumcitratlösungen eingesetzt wurden. Ziel dieser Untersuchungen war es, die Elutionswirkung der drei Lösungen sowie die Sorptionsleistung der verschiedenen Ionenaustauscherharze zu testen. Bild 2 zeigt den Verlauf der Konzentrationen von Kupfer, Nickel, Blei, Zink und Cadmium im Ablauf einer Ionenaustauschersäule. Die zu Beginn der Elution freigesetzte Menge an Schwermetallspecies war in diesem Fall offensichtlich größer als die Aufnahmekapazität des Austauscher. Dies wirkt sich insbesondere auf die Aufnahme von Nickel aus, das aufgrund seiner relativ geringen Affinität zu dem Austauscher in hoher Konzentration im Ablauf enthalten ist. Kupfer wird dagegen sehr weitgehend sorbiert. Zink erscheint in etwa gleicher Größenordnung, während die Konzentrationen an Blei und Cadmium praktisch vernachlässigbar klein sind.

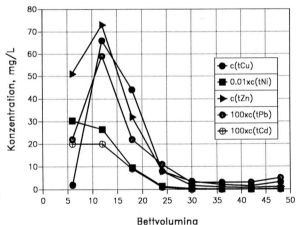

Bild 2. Konzentrationen von Kupfer, Nickel, Zink, Blei und Cadmium im Ablauf eines Versuchs.

Tabelle 3 zeigt Ergebnisse der Elution von je 300 g Material mit den drei Elutionsmitteln. Wegen der unterschiedlichen Zusammensetzung der Ausgangsmaterialien ist ein direkter Vergleich nicht möglich. Außerdem wurde für den Versuch mit Na$_3$-Citrat eine Feststoffprobe mit sehr viel geringeren Gehalten an Schwermetallen verwendet. Dennoch läßt sich erkennen, daß bei Verwendung von Wasser der Restgehalt an Kupfer höher ist als bei der von Komplexbildnern KNa-Tartrat und Natriumcitrat. Bei Nickel ergibt sich eine gleichartige Tendenz. Kupfer, Nickel und Zink werden weitgehend aus dem Feststoff entfernt, Blei dagegen weniger gut. Die Konzentration von Cadmium im ablaufenden Eluat wurde in drei Versuchen ermittelt. Die dabei gefundenen Konzentrationen waren jedoch so klein, daß sie nicht in die Übersicht aufgenommen wurden.

Tabelle 3. Ergebnisse der Elution mit Wasser, KNa-Tartrat und Na_3-Citrat. Austauscherharz: LEWATIT TP 207.

Metall	Menge im Elutionsmittel mg	Menge aus Austauscher mg	Restmenge im Feststoff mg	Gesamtmenge mg
Elutionsmittel: Wasser				
Kupfer	355	18 150	144	18 650
Nickel	1 125	4 368	38,3	5 530
Blei	9,4	28,8	88,7	126
Zink	30	58,8	2	90
Elutionsmittel: KNa-Tartrat				
Kupfer	2 090	3 728	13,2	5 831
Nickel	8 550	2 180	27,3	10 757
Blei	3,5	4,7	5,7	13,9
Zink	230	28	0,8	258,8
Elutionsmittel: Na_3-Citrat				
Kupfer	68,9	312,5	14,9	396,3
Nickel	970	1 002	7,6	197,6
Blei	4,0	4,0	3,4	11,4
Zink	26,7	250	0,7	277,4

Mit Wasser als Elutionsmittel ermöglichte der Austauscher LEWATIT TP 207 stets eine sehr effektive Abtrennung von Kupfer, während die Sorption der anderen Metalle weniger gut war. Dies erklärt sich vor allem daraus, daß Kupferionen am stärksten bevorzugt werden, was sich bei der hohen Gesamtmenge der Schwermetalle und der damit verbundenen vollständigen Ausnutzung der Sorptionskapazität besonders auswirkt. In den Tartrat- und Citratlösungen sind die Metalle unterschiedlich stark komplexgebunden. Wegen der Konkurrenz der Bildung von Komplexen mit Citrat und Tartrat einerseits und mit den Iminodiacetatgruppen des Austauschers andererseits ergeben sich relativ höhere Restgehalte in den Elutionslösungen.

Für das Elutionsmittel Wasser wurden auch einige Versuche durchgeführt, in denen der zweite chelatbildende Austauscher, DUOLITE ES 346, eingesetzt wurde. Dabei wurden wesentlich höhere Restgehalte in der Elutionslösung festgestellt. Dies ist zum einen auf die geringere Austauschkapazität dieses Austauschers zurückzuführen, zum anderen aber auch auf eine geringere Affinität zu den Schwermetallspecies als bei LEWATIT TP 207. Ergebnisse eines Versuchs sind in Tabelle 4 zusammengestellt.

Tabelle 4. Ergebnisse der Elution mit Wasser. Austauscherharz: DUOLITE ES 346.

Metall	Menge im Elutionsmittel mg	Menge im Regenerat mg	Restgehalt mg	Gesamtmenge mg
Kupfer	2 985	2 340	20,0	5 345
Nickel	9 780	80,4	11,7	9 872
Blei	3,0	4,0	1,95	8,95
Zink	190	3,5	0,4	193,9

Die in den ersten Versuchsreihen bestätigte selektive Elimination von Kupfertartratspecies durch den verwendeten Anionenaustauscher ließ sich in weiteren Experimenten nicht nachvollziehen (Tab. 5). Allerdings betrug die Tartratkonzentration nur noch 10 mmol/l gegenüber 1% ($\approx$ 35 mmol/l) im ersten Versuch. Die genauen Ursachen konnten noch nicht aufgeklärt werden.

Tabelle 5. Ergebnisse der Elution mit KNa-Tartrat (10 mmol/l), Austauscherharz: AMBERLITE IRA 958.

Metall	Menge im Elutionsmittel mg	Menge im Regenerat mg	Restgehalt mg	Gesamt mg
Kupfer	10 160	37,7	44,1	10 242
Nickel	16 550	111,5	115,5	16 777
Blei	7,8	2,4	4,7	14,9
Zink	310	2,7	3,0	315,7

In allen Versuchen fand stets auch eine mehr oder weniger starke Auflösung der Feststoffmatrix bzw. eine Ausschwemmung von Feinstpartikeln statt, was prinzipiell nicht verhindert werden kann. Die insgesamt beobachteten Masseverluste beliefen sich teilweise bis zu 60 % der Ausgangsmasse.

6 Folgerungen

Hauptziel der Untersuchungen war es nachzuweisen, daß das in dem konkreten Sanierungsprojekt anfallende Feststoffmaterial mit dem beschriebenen Ansatz soweit gereinigt werden kann, daß es wiederverwendbar ist. Die Verwendbarkeit als Hilfsstoff im Straßenbau ist möglich, wenn ein entsprechender Elutionstest erfüllt ist [23]. Dieser Test sieht vor, daß zwei Feststoffproben von 60 und 140 g Masse einer bestimmten Korngrößenfraktion mit jeweils 2 l destilliertem Wasser für 24 Stunden geschüttelt werden. Die Konzentration im Eluat darf bestimmte Grenzwerte nicht überschreiten. Diese betragen für Blei und Kupfer 0,1 mg/l, für Zink 0,5 mg/l, für Chrom 0,05 mg/l und für Cadmium, 0,005 mg/l. Die Liste enthält keinen Grenzwert für Nickel. Für diesen Test stand aufgrund des erwähnten relativ hohen Massenverlustes jedoch nicht ausreichend Material zur Verfügung. Angesichts der geringen Restgehalte des Feststoffs in allen Versuchen kann aber erwartet werden, daß die geforderten Grenzwerte im Eluat nicht überschritten werden.

Nachdem das verwendete Feststoffmaterial im wesentlichen leicht lösliche Sulfate enthält, erlaubt das vorgestellte Verfahrenskonzept somit eine hinreichende Abtrennung der Schwermetalle. Auf der Grundlage dieser Resultate ist vorgesehen, das Verfahren im technischen Maßstab zu realisieren.

Danksagung

Der Autor dankt den Herren der Firma Trischler und Partner, vor allem den Herren Dr. J. Verspohl und M. Kessel für ihre Kooperationsbereitschaft und insbesondere für die Möglichkeit, Feststoffproben aus kontaminierten Gebäudeteilen und Boden für die Untersuchungen entnehmen zu können.

Literatur

[1] Förstner, U.: Metal speciation in solid wastes, in: Speciation of Metals in Water, Sediment and Soil Systems, Hrsg.: L. Landner, Springer-Verlag, Berlin 1987, 13–41.
[2] Förstner, U.: Umweltschutztechnik, 4. Auflage, Kap. 3.3, Springer-Verlag, Berlin 1992.
[3] Sager, M.: Chemical speciation and environmental mobility of heavy metals in sediments and soils, in: Hazardous Metals in the Environment, Hrsg. M. Stoeppler, Elsevier Science Publishers, Amsterdam 1992, 133–175.
[4] Bundesimmissionsschutzgesetz.
[5] Bautista, R. G.: Hydrometallurgical Process Fundamentals, Plenum, New York, N. Y. 1982.
[6] Förstner, U., Rath, V., Schoer, J. u. Müller, G.: Extraktionsversuche an metallkontaminierten Sedimenten aus dem Neckar und dessen Zuflüssen. Chemiker-Zeitung *105*, 175–181 (1981).
[7] Müller, G.: Chemische Entgiftung: das alternative Konzept zur problemlosen endgültigen Entsorgung Schwermetall-belasteter Baggerschlämme. Chemiker-Zeitung *106*, 289–292 (1982).
[8] Müller, G.: Verfahren zur Dekontamination natürlicher und künstlicher Schlämme. EP 0 072 885, 19. 1. 1982.
[9] Müller, G.: Chemical decontamination of dregged materials, sludges, combustion residues, soils and other materials contaminated with heavy metals, in: Contaminated Soil, Herausgeber: K. Wolf und W. J. van den Brink, Kluver Academic Press Publishers (1988), 1439–1440.
[10] Ried, M.: Cadmium-Elimination aus Böden. wlb ≫ wasser, luft, betrieb ≪ Heft 4, 57–59 (1988).
[11] Woelders, J. A., Urlings, L. G. C. M., u. van der Pijl, O. P.: In-situ remedial action of cadmium-polluted soil by ion exchange, in: Ion Exchange for Industrie (Hrsg. M. Streat), Ellis Horwood Limited Publishers, Chichester 1992, 169–179.
[12] Dehnad, F., Wisser, K. u. Rieck, M.: Zur Remobilisierung von Schwermetallen aus Flußsedimenten durch organische Komplexbildner. 2. Mitt.: Remobilisierung Cu, Pb, Cd, Ni, Zn und Mn durch Versauerung des Gewässers und durch NTA. Z. Wasser-, Abwasser-Forsch. *20*, 114–117 (1987).

[13] Dehnad, F.: Verfahren zur Entfernung von Schwermetallen aus Baggergut und anderen Korngütern unter Kreislaufführung der Prozeßwässer. WasserAbwasser Praxis *1*, 48–50 (1993).

[14] Brown, G. A. u. Elliott, H. A.: Influence of electrolytes on EDTA extraction of Pb from polluted soil. Water, Air, and Soil Pollution *62*, 157–165 (1992).

[15] Fischer, K., Bipp, H.-P., Riemschneider, P., Bieniek, D. u. Kettrup, A.: Entwicklung von Methoden zur Dekontamination schwermetallbelasteter Böden und Altlasten mittels natürlicher, organischer Komplexbildner. BayFORREST, Berichtsheft 2 zum 2. Statusseminar am 20. April 1994 an der TU München, Hrsg. P.A. Wilderer, U. Potzel, V. Rehbein, 1994, 219–224.

[16] Schüttelkopf, H. u. Schmidt, W.: Boden-Pflanzen-Transfer von toxischen Spurenelementen, in: Umweltforschung – Umwelttechnik, Kernforschungszentrum Karlsruhe 1990, 60–66.

[17] Höll, W. H.: Spaltung von Schwermetallkomplexen an Anionenaustauschern. Vom Wasser *77*, 35–45 (1991).

[18] Hettler, A. u. Verspohl, J.: Sanierung der dioxinbelasteten Metallhütte Carl Fahlbusch. TuP Intern *6*, 18–20 (1994).

[19] Trischler & Partner GmbH: Projekt: Sanierung ehemalige Metallhütte C. Fahlbusch, Belastungssituation des Bodens (unveröffentlicht).

[20] BAYER AG, LEWATIT Handbuch, 1977.

[21] DUOLITE: Merkblatt DUOLITE ES 346, o. Jg.

[22] ROHM AND HAAS DEUTSCHLAND: Produktinformation DM - 89 - A - 29, o. Jg.

[23] Verkehrsministerium Baden-Württemberg: Verwaltungsvorschrift des Verkehrsministeriums und des Umweltministeriums über vorläufige Lieferbedingungen für aufbereiteten Straßenaufbruch und Bauschutt zur Verwendung im Straßenbau in Baden-Württemberg. Gemeinsames Amtsblatt des Landes Baden-Württemberg *39*, 1183–1187 (1991).

Die selektive Abtrennung von Farbstoffen und Schwermetallen aus Abwässern der Textilveredlungsindustrie*

The selective Removal of Dye stuffs and Heavy Metal Ions from Waste Waters of the Textile Industry

*Hans-Jürgen Buschmann**

Schlagwörter

Abwasser, Entfärbung, Schwermetalle

Summary

New possibilities for the treatment of waste water from the textile industry are discussed. It is possible to remove dye molecules selectively form the waste water using the macrocyclic ligand Cucurbituril. This compound forms nearly insoluble complexes with most of the dyes examined. The ligand itself is nearly insoluble in aqueous solution, so it can also be used in the solid form in columns through which the coloured solutions are passed. Regeneration of the columns containing cucurbituril and the complexed dye molecules is possible using oxidizing reactions. The selective complexation of heavy metal ions is possible with some crown ethers. Complex formation with ions is not influenced by the presence of alkali- and alkaline earth metal cations. Regeneration of these ligands is possible.

Zusammenfassung

In der vorliegenden Arbeit werden grundsätzlich neue Wege der Abwasserbehandlung von Abwässern aus der Textilveredlungsindustrie dargestellt. Der makrocyclische Ligand Cucurbituril bildet mit einer großen Zahl von Farbstoffen schwerlösliche Farbstoffkomplexe. Die Stärke der gebildeten Komplexe wird durch die chemische Struktur der Farbstoffe beeinflußt. Cucurbituril läßt sich auch als Füllmaterial in Säulen verwenden, da es in Wasser extrem schwer löslich ist. Eine Regenerierung der Säulen ist durch Oxidation der Farbstoffe möglich. Auch Schwermetallionen lassen sich durch die Verwendung von einigen Kronenethern selektiv komplexieren. Die Anwesenheit von Alkali- bzw. Erdalkaliionen beeinflußt die Komplexierung der Schwermetalle nicht. Auch diese Komplexbildner lassen sich einfach regenerieren.

1 Einleitung

Die Industrie und die privaten Haushalte der Bundesrepublik Deutschland haben einen jährlichen Wasserbedarf von ca. 15,5 Mrd. m^3. Davon werden 65 Mio. m^3 im Bereich der Textilveredlungsindustrie verwendet [1]. Dies sind nur 0,4 % des gesamten Wasserbedarfs. Trotz des relativ geringen Wasserbedarfs gibt es besondere Probleme bei der Reinigung der Abwässer aus Textilveredlungsbetrieben, da die Betriebe auf wenige regionale Stand-

---

* Dr. H.-J. Buschmann, Deutsches Textilforschungszentrum Nord-West e. V., Frankenring 2, D-47798 Krefeld.

orte verteilt sind. Außerdem muß berücksichtigt werden, daß Farbstoffe im Abwasser, selbst wenn sie nur in sehr geringen Konzentrationen vorhanden sind, visuell leicht bemerkt werden können, da die in der Textilveredlungsindustrie eingesetzten Farbstoffe sehr hohe Extinktionskoeffizienten besitzen. Die Qualitätsanforderungen an Färbungen bzw. an deren Lichtechtheiten lassen sich zum Teil nur durch Verwendung von Farbstoffen, die komplexgebundene Schwermetallionen enthalten, realisieren. Der Einsatz dieser Farbstoffe führt daher zu einer Belastung der Abwässer durch Schwermetalle [2, 3].

Möglichkeiten zur Reduzierung der Farbigkeit und der Konzentration von Schwermetallen in Abwässern der Textilveredlungsindustrie sind in einer großen Zahl in der Literatur beschrieben worden [4]. Allerdings ist der Einsatz dieser Verfahren nicht immer unproblematisch. So läßt sich zwar die Farbigkeit von Abwässern durch die Verwendung von Flockungs- und Fällungsmitteln reduzieren, gleichzeitig entsteht jedoch ein Schlamm, der vergleichsweise wenig Farbstoffmoleküle enthält und unter Umständen als Sondermüll entsorgt werden muß. Dieses Problem tritt bei einer oxidativen Behandlung farbiger Abwässer nicht auf. Allerdings wird durch die Anwesenheit von Textilhilfsmitteln in vielen Fällen die Menge des Oxidationsmittels, das zur Entfärbung erforderlich ist, so stark erhöht, daß derartige Verfahren ökonomisch nicht mehr realisierbar sind.

Da die Schwermetalle in Abwässern der Textilveredlungsindustrie überwiegend als Farbstoffkomplexe auftreten, ist ihre Entfernung durch eine Hydroxidfällung kaum möglich.

Im folgenden sollen neue Möglichkeiten zur Verringerung der Farbigkeit und der Schwermetallionenkonzentration von Abwässern durch selektive Komplexierung dargestellt werden.

2 Experimentelles

Der Komplexbildner für Farbstoffe (Cucurbituril) wurde, wie in der Literatur beschrieben, synthetisiert [5] und eindeutig charakterisiert [6]. Seine chemische Struktur ist in Bild 1 dargestellt. Alle untersuchten Farbstoffe waren Handelsprodukte. Sie wurden ohne weitere Reinigung verwendet.

Die Konzentration der Farbstoffe betrug bei allen Untersuchungen 0,2 g/l. Um die Konzentration des Komplexbildners Cucurbituril zu variieren, wurden zu den Lösungen

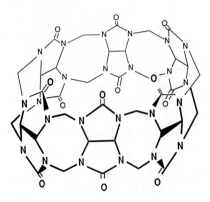

Bild 1. Chemische Struktur des Liganden Cucurbituril.

der Farbstoffe unterschiedliche Volumina einer Lösung des Komplexbildners Cucurbituril in 40%iger Ameisensäure zugesetzt. Anschließend erfolgte die Einstellung der pH-Werte der Lösungen auf einen vorgegebenen Wert mit Hilfe von Tetramethylammoniumhydroxid. Nach Beendigung der Ausfällung der schwerlöslichen Farbstoffkomplexe wurde die Restkonzentration der Farbstoffe in der Lösung spektralphotometrisch im Maximum der Absorption bestimmt. Bezogen auf die Extinktion der reinen Farbstofflösung wird die prozentuale Restfarbigkeit R berechnet.

Da der Ligand Cucurbituril in Wasser extrem schlecht löslich ist, kann er auch aus sauren Lösungen auf Kieselgel durch Zugabe von Wasser niedergeschlagen werden. Es wurde ein Mischungsverhältnis zwischen Kieselgel und Cucurbituril von 6:1 gewählt. Diese Mischung wurde als stationäre Phase in Säulen gefüllt, durch die Farbstofflösungen und auch reale Abwässer der Textilveredlungsindustrie geleitet wurden. Die Restfarbigkeit dieser Lösungen wurde ebenfalls spektralphotometrisch bestimmt.

Zur Regenerierung des Komplexbildners Cucurbituril wurde die Zerstörung der gebundenen Farbstoffe mit Hilfe verschiedener Oxidationsmittel, wie z. B. Peressigsäure (3%ig) und Ozon, untersucht.

Die Konzentrationen von Schwermetallen in den Farbstofflösungen und den entfärbten Lösungen wurden mit Hilfe der Atom-Absorptionsspektroskopie (AAS) bestimmt.

Als Komplexbildner für Schwermetalle wurden Diazakronenether (Kryptofix 21 und 22, Merck) untersucht [7], siehe Bild 2. Um diese Liganden wasserunlöslich zu machen, wurden Poylmere durch Reaktion der Diazakronenether mit α,α'-Dichlorxylol (Janssen) dargestellt [8]. In wäßriger Lösung wurde die Bildung von Schwermetallkomplexen mit den Diazakronenethern durch pH-metrische Titrationen bestimmt [7]. Diese Ergebnisse sind in Tabelle 1 zusammengestellt. Das Komplexierungsvermögen der polymeren Azakronenether wurde mit Hilfe der AAS gemessen. Der prozentuale Restgehalt an Schwermetallen wurde analog zu dem der Farbstoffe berechnet.

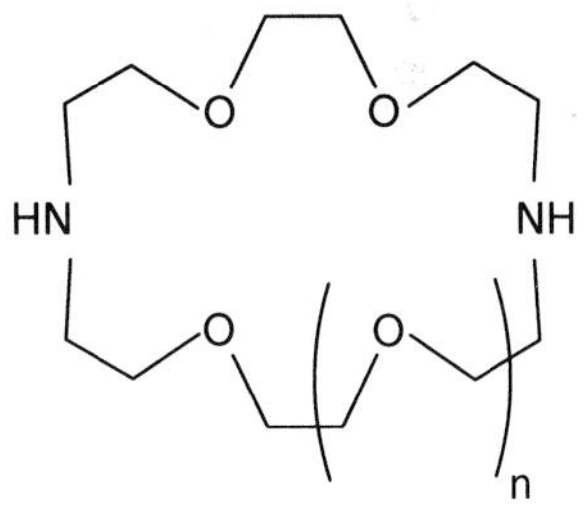

Bild 2. Chemische Struktur von Diazakronenethern.

n = 0 : (21)
n = 1 : (22)

3 Ergebnisse und Diskussion

3.1 Entfernung der Farbstoffe mittels Cucurbituril

Der Ligand Cucurbituril, der in der Lage ist, mit Farbstoffen schwerlösliche Komplexe zu bilden, wird aus leicht zugänglichen Chemikalien, nämlich Harnstoff, Glyoxal und Formaldehyd synthetisiert. Er besitzt einen Hohlraum, in dem ein Farbstoffmolekül bzw. hydrophobe Molekülteile eingelagert werden können, siehe Bild 1. Die gebildeten Farbstoffkomplexe sind mit wenigen Ausnahmen schwerlöslich [9 bis 14], wie dies beispielhaft für den Farbstoff C. I. Acid Red 296 in Bild 3 dargestellt ist. Mit Hilfe des Liganden Cucurbituril ist es bei diesem Farbstoff möglich, mehr als 95% des Farbstoffs durch Komplexierung aus der Lösung zu entfernen. Die Bildung der schwerlöslichen Farbstoffkomplexe erfolgt unabhängig davon, zu welcher Farbstoffklasse die Farbstoffe (wie z. B. Reaktiv-, Direkt-, Säure- und Dispersionsfarbstoffe) gehören. Die Stärke der Komplexierung wird jedoch von der molekularen Struktur der Farbstoffe, vom pH-Wert der Lösungen und z. B. auch von den Konzentrationen an Salzen und Tensiden beeifnlußt. Wie in Bild 4 zu sehen ist, ist es möglich, den Farbstoff C. I. Basic Yellow 96 fast vollständig aus wäßrigen Lösungen als Komplex abzutrennen, wohingegen der Restfarbstoffgehalt im Falle des Farbstoffs C. I. Basic Orange 2 unter gleichen experimentellen Bedingungen nur auf ca. 70% verringert werden kann.

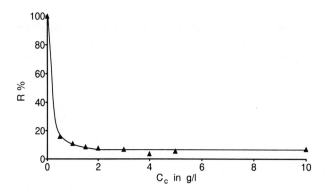

Bild 3. Verringerung der prozentualen Restfarbigkeit von Lösungen des Farbstoffs C. I. Acid Red 296 (0,2 g/l) in Anwesenheit des Komplexbildners Cucurbituril bei einem pH-Wert von 3 und bei einer Temperatur von 25 °C.

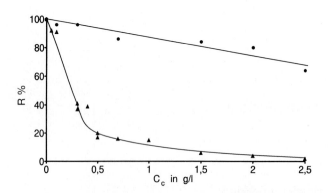

Bild 4. Einfluß der Ligandkonzentration auf die Bildung schwerlöslicher Farbstoffkomplexe von C. I. Basic Yellow 96 (▲) und C. I. Basic Orange 2 (●) mit Cucurbituril bei einer Farbstoffkonzentration von 0,2 g/l, einem pH-Wert von 3 und bei einer Temperatur von 25 °C.

Da der Komplexbildner Cucurbituril schwer löslich ist, besteht auch die Möglichkeit, ihn in fester Form in Säulen einzusetzen. Um einen schnellen Durchfluß der gefärbten Lösungen durch diese mit Cucurbituril gefüllten Säulen zu erzielen, wurde Kieselgel als Trägermaterial für Cucurbituril verwendet. Diese Verfahrensweise ermöglicht die annähernd quantitative Abtrennung aller bisher untersuchten Farbstoffe. Die farbigen Lösungen sind nach dem Passieren der Säulen mit dem Komplexbildner vollständig entfärbt. Spektralphotometrisch ist es möglich, prozentuale Restfarbigkeiten von $<0,1\%$ nachzuweisen. Bisher wurden auf diese Weise mehr als 200 Farbstoffe verschiedener Farbstoffklassen aus wäßrigen Lösungen entfernt. Ebenso wurde eine große Zahl von farbigen Abwasserproben der Textilveredlungsindustrie erfolgreich entfärbt. Die anwesenden Textilhilfsmittel haben die Entfernung der Farbstoffe nicht meßbar beeinträchtigt.

Um durch die Abwasserentfärbung mit Hilfe der Komplexbildung mit Cucurbituril keine neuen Entsorgungsprobleme zu schaffen, wie sie bei der Verwendung von Fällungs- und Flockungsmitteln durch die Entsorgung des gebildeten Schlamms entstehen, wurde auch die oxidative Zerstörung der Farbstoffe in den gebildeten Komplexen mit Cucurbituril untersucht. Durch die Verwendung von Wasserstoffperoxid als Oxidationsmittel gelingt es nur in sehr wenigen Fällen, die komplexierten Farbstoffe zu zerstören. Mit Hilfe von verdünnter Peressigsäure ist es möglich, einige der komplexierten Farbstoffe zu oxidieren [14]. Wird die Peressigsäure in höheren Konzentrationen eingesetzt, dann löst sich der Komplexbildner Cucurbituril in diesem Medium auf. Die Verwendung von Ozon dagegen, ermöglicht die Regenerierung des Komplexbildners Cucurbituril. Durch Ozon werden zwar alle bisher untersuchten Farbstoffmoleküle oxidiert, aber das Cucurbituril wird kaum angegriffen. Das durch die Ozonisierung in den Säulen entfärbte Cucurbituril ist in der Lage, erneut Farbstoffe zu binden [15].

Diese Verfahrensweise ermöglicht es, Farbstoffe selektiv aus Abwässern mit hohen CSB-Frachten abzutrennen oder auch geringe Farbstoffmengen anzureichern, wodurch die Menge des eingesetzten Ozons zur Reduzierung der Farbigkeit erheblich verringert wird.

Die Abtrennung von Farbstoffen, die komplexgebundene Schwermetallionen enthalten, durch Cucurbituril bewirkt auch eine Verringerung der Schwermetallkonzentration im Abwasser [16]. Bei der Regenerierung des Cucurbiturils werden die Schwermetallionen jedoch freigesetzt und gelangen dann ins Abwasser.

3.2 Schwermetallentfernung mittels Diazakronenether

Makrocyclische Komplexbildner wie z. B. Diazakronenether, siehe Bild 2, sind in der Lage, sehr selektiv Komplexe mit verschiedenen Kationen zu bilden [17, 18]. Als Beispiel für diese Klasse von Komplexbildnern sind in Bild 2 zwei Diazakronenether dargestellt. Bei diesen Liganden können sowohl die Ringgröße als auch die Zahl und die Art der Donoratome variiert werden. Die ermittelten Stabilitätskonstanten für die Komplexierung einiger Kationen durch die Liganden (21) und (22) sind in Tabelle 1 angegeben.

Man erkennt deutlich, daß diese Liganden in der Lage sind, Schwermetallionen sogar in Anwesenheit hoher Alkali- bzw. Erdalkaliionenkonzentrationen selektiv zu komplexieren. Darüber hinaus bilden sie auch unterschiedlich stabile Komplexe mit den untersuchten Schwermetallionen, so daß es möglich ist, diese bei der Komplexierung zu trennen.

Auch die polymer gebundenen Diazakronenether (21) und (22) eignen sich zur Bindung von Schwermetallen. Die experimentellen Ergebnisse sind in Tabelle 2 zusammengestellt.

Tabelle 1. Stabilitätskonstanten lg K (K in l/mol) für die Komplexierung einiger Kationen durch die Liganden (21) und (22) in wäßriger Lösung bei 25 °C.

Kation	Ligand (21)	Ligand (22)
Na^+	< 1	< 1
Ca^{2+}	< 1	< 1
Cu^{2+}	5,8	5,6
Ni^{2+}	2,5	2,1
Co^{2+}	3,5	2,8
Cr^{3+}	9,1	9,2

Tabelle 2. Schwermetallionenkonzentration C_M (in mg/l) nach dem Passieren von Säulen mit den polymeren Azakronenethern (21) und (22) bei einer Ausgangskonzentration c_0 (in mg/l).

Kation	c_0	c_m (21)-Polymer	c_m (22)-Polymer
Cu^{2+}	6 350	32	3
Ni^{2+}	5 900	209	1 250
Co^{2+}	5 890	35	5
Cr^{3+}	2 600	27	30

Für alle Untersuchungen wurden die gleichen Mengen der polymeren Komplexbildner verwendet. Beim Vergleich mit den Stabilitätskonstanten in Tabelle 1 findet man eine tendenzielle Übereinstimmung zwischen der Stärke der Komplexbildung der Diazakronenether und der Menge der gebundenen Schwermetallionen durch die polymeren Liganden. Die polymere Bindung der Diazakronenether hat jedoch einen schwächenden Einfluß auf die Komplexierung, da sonst, ausgehend von den Komplexstabilitäten, z. B. wesentlich mehr Chrom(III) als Kupfer(II) gebunden werden müßte.

Die weitere Verringerung der Schwermetallionenkonzentrationen ist durch die Verwendung größerer Mengen der polymeren Diazakronenether möglich. Ihre Regenerierung erfolgt sehr einfach mit Hilfe verdünnter Säurelösungen. Durch die Protonierung der Stickstoffatome der Komplexbildner wird das gebundene Schwermetallion freigesetzt. Wird also in einer Säule nur eine Schwermetallionenart komplexiert, so erhält man bei der Regenerierung eine konzentrierte Lösung des entsprechenden Schwermetallsalzes.

Die Deprotonierung der polymeren Diazakronenether kann mit Lösungen von Natriumhydroxid durchgeführt werden. Im Labor war es bisher möglich, den Prozeß der Komplexierung und Regenerierung unbegrenzt zu wiederholen.

Die dargestellten Verfahren sollen dazu dienen, neue Möglichkeiten zur Entfernung von Farbstoffen und Schwermetallionen darzustellen. Entsprechende Pilotanlagen befinden sich in der Planung bzw. werden gerade realisiert.

Danksagung

Wir danken dem Forschungskuratorium Gesamttextil für die finanzielle Förderung dieses Forschungsvorhabens (AIF-Nr. 8408), die aus Mitteln des Bundeswirtschaftsministeriums über einen Zuschuß der Arbeitsgemeinschaft Industrieller Forschungsvereinigungen (AIF) erfolgte. Unser Dank gilt außerdem Frau Dr. C. Jonas (WEDECO, Herford) für die Durchführung der Ozonisierungsversuche.

Literatur

[1] Informationen des TVI-Verbandes: Wasser/Abwasserenquete, Frankfurt 1992.
[2] Sewekow, U.: Färbereiabwässer – behördliche Anforderungen und Problemlösungen. Melliad Textilber. *70*, 589–596 (1989).
[3] Hoffmann, F.: Möglichkeiten zur Verminderung der Abwasserbelastung in Färbereien. Vortrag auf dem 10. Forum Verfahrenstechnik der Textilveredlung, 20. 3. 1992, Krefeld.
[4] Buschmann, H.-J. u. Schollmeyer, E.: Möglichkeiten der Teilstromentsorgung in der Textilveredlungsindustrie im Hinblick auf die Einhaltung der Werte aus dem 38. Anhang zur Allgemeinen Rahmen-Abwasserverwaltungsvorschrift. Korrespondenz Abwasser *40*, 208–216 (1993).
[5] Behrend, R., Meyer, E. u. Rusche, F.: Über Condensationsprodukte aus Glycoluril und Formaldehyd. Justus Liebigs Ann. Chem. *339*, 1–37 (1905).
[6] Buschmann, H.-J., Cleve, E. u. Schollmeyer, E.: Cucurbituril as a ligand for the complexation of cations in aqueous solutions. Inorg. Chim. Acta *193*, 93–97 (1992).
[7] Buschmann, H.-J., Cleve, E. u. Schollmeyer, E.: in Vorbereitung.
[8] Buschmann, H.-J. u. Schollmeyer, E.: Selektive Abtrennung von Schwermetallkationen aus Färbereiabwässern. Melliand Textilber. *72*, 543–544 (1991).
[9] Buschmann, H.-J., Gardberg, A. u. Schollmeyer, E.: Die Entfärbung von textilem Abwasser durch Bildung von Farbstoffeinschlußverbindungen. Teil 1. Entfernung von Reaktivfarbstoffen und deren Hydrolysaten. Textilveredlung *26*, 153–157 (1991).
[10] Buschmann, H.-J., Rader, D. u. Schollmeyer, E.: Die Entfärbung von textilem Abwasser durch Bildung von Farbstoffeinschlußverbindungen. Teil 2. Entfernung von Direktfarbstoffen. Textilveredlung *26*, 157–160 (1991).
[11] Buschmann, H.-J. u. a.: Die Entfärbung von textilem Abwasser durch die Bildung von Farbstoffeinschlußverbindungen. Teil 3. Einsatz von festem Liganden. Textilveredlung *26*, 160–162 (1991).
[12] Buschmann, H.-J. u. a.: Die Entfärbung von textilem Abwasser durch Bildung von Farbstoffeinschlußverbindungen. Teil 4. Entfernung von Säurefarbstoffen. Textilveredlung *28*, 176–179 (1993).
[13] Buschmann, H.-J. u. a.: Die Entfärbung von textilem Abwasser durch Bildung von Farbstoffeinschlußverbindungen. Teil 5. Einfluß von Textilhilfsmitteln. Textilveredlung *28*, 179–182 (1993).
[14] Buschmann, H.-J. u. Schollmeyer, E.: Die Entfärbung von textilem Abwasser durch Bildung von Farbstoffeinschlußverbindungen. Teil 6. Untersuchungen von industriellen Abwässern und zur Regenerierung des Komplexbildners. Textilveredlung *29*, 58–60 (1994).
[15] Buschmann, H.-J., Schollmeyer, E. u. Jonas, C.: in Vorbereitung.
[16] Buschmann, H.-J. u. Schollmeyer, E.: Verringerung der Konzentration von Schwermetallen in Abwässern von Textilveredlungsbetrieben. Textilveredlung *28*, 182–184 (1993).
[17] Izatt, R. M. u. a.: Thermodynamic and kinetic data for cation-macrocycle interaction. Chem. Rev. *85*, 271–339 (1985).
[18] Izatt, R. M. u. a.: Thermodynamic and kinetic data for cation-macrocycle interaction with cations and anions. Chem. Rev. *91*, 1721–2085 (1991).

Photoabbau von Herbiziden in Wasser durch UV-Strahlung aus Hg-Niederdruck-Strahlern
Teil I: Triazine

Photochemical Degradation of Herbicides in Water by UV-radiation Generated by Hg Low-pressure Arcs (Part I, Triazines)

Klaus Nick* und *Heinz Friedrich Schöler***

Schlagwörter

Herbizide, UV-Abbau, Hg-Niederdrucklampe, Abbauprodukte, Wasserstoffperoxid, Reaktionskinetik

Summary

In this study the relationship between incident ligth generated by low pressure mercury arcs which are used to disinfect drinking water and the resulting degradation of triazine herbicides in aqueous solution was investigated. Fluxes were determined using two different chemical actinometers (kaliumferrioxalate, uridine). The optical path and the initial concentrations were chosen in such a way as to calculate the absorbed quanta with a good approximation while also detecting the photoproducts with sufficient sensivity. The photoproducts could be identified to a great extent. At lower concentrations ($\approx$ 10 µmol/l) the degradation pathway can be characterized mainly by the *hydroxylation* of the triazine ring, which is caused by the photolytic abstraction of chlorine. In the presence of scavengers *photoreductions* take place. At fluxes up to 24 J/m^2 all the investigated herbicides containing halogen with the exception of deethyldeisopropylatrazine are reduced to 10 % of their initial concentration. The degradation rate of atrazine enhanced 6 times by adding excess H_2O_2 (about 100 times above the atrazine concentration). Destruction of the photostable degradation product 2-OH-Atrazin is made possible by H_2O_2 addition.

Zusammenfassung

Diese Arbeit befaßt sich mit der Untersuchung des Zusammenhangs zwischen der Einstrahlung von Licht aus Hg-Niederdrucklampen, wie sie z. B. bei der UV-Desinfektion von Trinkwasser angewendet werden, und dem daraus resultierenden Abbau von Triazin-Herbiziden in wäßriger Lösung. Die Bestrahlungsstärke wurde mit Hilfe von zwei verschiedenen Aktinometersystemen (Kaliumferrioxalat, Uridin) bestimmt. Die Zahl der tatsächlich absorbierten Quanten und die Quantenausbeuten für den Abbau konnte aus den experimentell gewonnenen Daten (Abbauraten) mit guter Näherung berechnet werden.

Der Abbau läuft bei geringen Konzentrationen ($\approx$ 10 µmol/l) im wesentlichen über eine *Hydroxylierung* am Triazinring ab, wobei immer Cl$^-$ oder Cl· abgespalten wird.

Bei Bestrahlungen bis 24 KJ/m^2 wurden alle untersuchten halogenhaltigen Herbizide mit Ausnahme des Desethyldesisopropylatrazins um eine Dekade auf 10 % ihrer Ausgangskonzentration abgebaut.

Der Abbau von Atrazin wird durch den Zusatz von H_2O_2 in ca. 100-fachem molarem Überschuß um das 6-fache beschleunigt. Der Abbau des Photoproduktes 2-OH-Atrazin durch UV-Licht wird durch H_2O_2-Zusatz ermöglicht.

---

* Dr. K. Nick, Wahnbachtalsperrenverband, Abt. Phosphoreliminierungsanlage, Wolkersbach, D-53819 Neunkirchen-Seelscheidt.
** Prof. Dr. H. F. Schöler, Institut für Sedimentforschung, Im Neuenheimer Feld 236, D-69120 Heidelberg.

1 Einleitung

Die Palette der in der Umwelt nachweisbaren Rückstände von Pflanzenbehandlungs- und Schädlingsbekämpfungsmitteln (PBSM) ist immer größer geworden, wobei auch die möglichen Abbauprodukte in Wasser und Boden mittlerweile eingehend berücksichtigt wurden [1]. Die dabei entwickelten Nachweismethoden können angewendet werden, um photochemische Abbaureaktionen von häufig eingesetzten Herbiziden zu studieren, die möglicherweise bei der technischen Anwendung von UV-Strahlung im Bereich der Wasseraufbereitung (Desinfektion [2], Abwasserbehandlung [3 bis 5]) stattfinden. Es muß damit gerechnet werden, daß PBSM zumindest in Konzentrationen vorliegen, die in der Größenordnung des durch die Trinkwasserverordnung gegebenen Grenzwertes von 100 ng/l (erlaubter Gesamtwert von 500 ng/l für mehrere Herbizide) liegen. Bei Einstrahlung von UV-Licht in das Wasser können sie photochemisch reagieren, wobei ein Abbau durchaus erwünscht ist. Dabei muß jedoch grundsätzlich in Erwägung gezogen werden, daß die Folgeprodukte aus biologischer Sicht schädlicher sein können als die Ausgangsprodukte. Im Rahmen eines F- und E-Projektes zum Thema UV-Desinfektion von Trinkwasser wurden daher Mutagenitätstests nach *Ames* mit UV-bestrahlten Herbizidlösungen durchgeführt [2]. Zu einer abschließenden chemischen Beurteilung dieses Themas gelangt man jedoch erst, wenn man die Abbau*kinetik*, d. h. vor allem die erforderliche *Dosis* für eine bestimmte Konzentrationsänderung des Stoffes kennt. Darüber hinaus sollte der qualitative und quantitative Nachweis von Abbauprodukten erfolgen. Im ersten Teil dieser Arbeit wurde der photochemische Abbau von Herbiziden mit der Triazin-Grundstruktur (Bild 1) mit und ohne H_2O_2 in wäßriger Lösung untersucht.

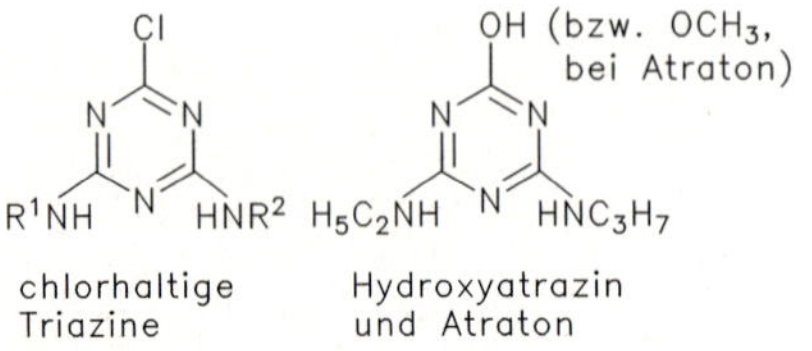

Bild 1. Triazine, Strukturformel.

Nr.	Herbizid	R^1	R^2
1	Simazin	C_2H_5	C_2H_5
2	Atrazin	$i\text{-}C_3H_7$	C_2H_5
3	Propazin	$i\text{-}C_3H_7$	$i\text{-}C_3H_7$
4	Terbutylazin	$i\text{-}C_4H_9$	C_2H_5
5	Desethylatrazin	$i\text{-}C_3H_7$	H
6	Desisopropylatrazin	H	C_2H_5
7	Desethyldesisopropylatrazin	H	H
8	Atraton	$i\text{-}C_3H_7$	C_2H_5
9	2-Hydroxyatrazin	$i\text{-}C_3H_7$	C_2H_5

1.1 Photochemie der Triazine

Die Photochemie der Triazine ist bereits im Hinblick auf ihr Vorkommen in der Umwelt [6 bis 17]), aber auch im Zusammenhang mit einer HPLC-Bestimmung mit UV-Photoderivatisierung [20] untersucht worden. Dabei wurden recht unterschiedliche Ergebnisse bezüglich der Photoprodukte und der zugrundeliegenden Mechanismen gefunden. Dies ist damit zu erklären, daß die Photoreaktionen bei unterschiedlichen Bedingungen untersucht wurden. Beispielsweise beschäftigten sich *Kempny* et al. mit dem Abbau von Atrazin und einigen anderen umweltrelevanten Chemikalien in adsorbiertem Zustand durch Licht mit Wellenlängen ≥290 nm [15, 16]. Als Hauptabbauprodukte von Atrazin wurden hier Desethylatrazin und Desisopropylatrazin gefunden. *Pape* und *Zabik* untersuchten die photochemische Reaktion von Atrazin in Wasser, Methanol und Ethanol bei λ >230 nm und fanden Hydroxy-, Methoxy- und Ethoxyprodukte [17]. Eine mögliche Sensibilisierung der photochemischen Reaktionen von Atrazin durch Huminstoffe in Meerwasser bei Licht aus einer Xenon-Lampe (λ >290 nm) wurde ebenso untersucht [10], wie die farbstoff-sensibilisierte Photooxidation durch Sonnenlicht (mit Riboflavin als Farbstoff), [13]. Im ersten Fall konnte Hydroxyatrazin nachgewiesen werden, im zweiten Fall wurde eine N-Desalkylierung, eine Oxidation an der N-Ethylgruppe und eine Desaminierung beobachtet. Bei Photolyseexperimenten in wäßriger Lösung war also damit zu rechnen, daß als Hauptprodukt die Hydroxytriazine entstehen. Der indirekte Photoabbau von Triazinen durch photolytisch erzeugte OH-Radikale (aus H_2O_2) ist in Grundwasser [19], in Abwasser [3], in Trinkwasser [6] und in Anwesenheit von Hydrogencarbonat und Huminstoffen [20] untersucht worden. Dabei ist bemerkenswert, daß in Trinkwasser keine organischen Abbauprodukte gefunden wurden, in Abwasser oder in Anwesenheit von anderen Inhaltsstoffen hingegen mehrere Abbauprodukte, wie Hydroxytriazin, Desalkyltriazine sowie Hydroxydesalkyltriazine identifiziert werden konnten [3, 20]. Offensichtlich begünstigen andere organische Inhaltsstoffe als Scavenger die Bildung der Nebenprodukte.

2 Grundlagen – Bestimmung der Quantenausbeute

Die Quantenausbeute Φ ist als Maß für die photochemische Wirkung [21] der Faktor, der den Zusammenhang zwischen der Eduktabnahme ΔN und der Zahl der absorbierten Quanten $\Delta Q = Q_0 - Q$ beschreibt:

$$\Delta N = \Phi \cdot \Delta Q \qquad \text{Gl. (1),}$$

Die Zahl der eingestrahlten Quanten Q_0 kann aus der Bestrahlungsstärke mit Hilfe des Zahlenwertes für die Energie eines Quants bei 254 nm berechnet werden.

$$Q_0 = E \cdot A \cdot t / W_q \qquad \text{Gl.(2),}$$

mit $W_q = h \cdot (c/\lambda) = 7.8 \cdot 10^{-19}$ J, bei 254 nm.

Die Abnahme des Eduktes sei durch Gl. (3) beschrieben:

$$-dc/dt = c_0 \cdot k_c \qquad \text{Gl. (3),}$$

$$\text{bzw. mit } c = N/(V \cdot N_A): -dN/dt = N_0 \cdot k_N \qquad \text{Gl. (4),}$$

mit   N: Teilchenzahl
        N_A: Avogadro-Konstante $(6.023 \cdot 10^{23}\ mol^{-1})$
        V: Volumen [l]
        c: Konzentration [mol/l]

wobei k_c und k_N Geschwindigkeitskonstanten sind, die proportional der Quantenflußdichte (dQ/dt)/A im Reaktionsgefäß, dem Absorptionsquerschnitt der Eduktmoleküle und der Quantenausbeute der Abbaureaktion Φ_{Abb} sind. Der Ansatz über eine Differentialgleichung erster Ordnung ist ausreichend, wenn der Exponent im Lambert-Beer-Gesetz $\varepsilon c d$ (s. Anmerkung) kleiner als 0,07 ist. Mit der Näherung

$$\lim(1-e^{-x})_{x\to 0} = x \text{ und } 1-10^{-x} = 1-e^{-2.3x}$$

angewandt auf das Lambert-Beer-Gesetz gilt dann die Proportionalität

$$\frac{Q_0-Q}{Q_0} \sim c, \text{ bzw. } \frac{Q_0-Q}{Q_0} \sim N$$

mit Q_0: Zahl der in die Lösung eingestrahlten Quanten
        Q: Zahl der durch die Lösung eingestrahlten Quanten

innerhalb bestimmter Fehlergrenzen[1] [22], d. h. der Ausdruck -dc/dt ist gemäß Gl. (3) tatsächlich linear abhängig von der Konzentration c (Reaktion erster Ordnung).

Da sich die Zahl der an einem Ort im Reaktionsgefäß vorhandenen Quanten bei geringer Absorption auch bei fortschreitender Reaktion bzw. Konzentrationsveränderung nicht wesentlich ändert, darf (dQ/dt) /A durch die Bestrahlungsstärke ausgedrückt werden. Es gilt also:

$$-dN/dt = N_0 \cdot (E/W_q) \cdot \sigma \cdot \Phi_{Abb.} \qquad \text{Gl. (5)},$$

mit Absorptionsquerschnitt in $[m^2]$,

---

[1] Anmerkung:
Beispielsweise ist der Fehler bei der Berechnung der absorbierten Quanten gemäß

$$\frac{Q_0-Q}{Q_0} = 2.3 \cdot \varepsilon \cdot c \cdot d$$

gegenüber dem Lambert-Beer-Gesetz

$$\frac{Q_0-Q}{Q_0} = 1-10^{\varepsilon c d}$$

mit ε: molarer dekadischer Extinktionskoeffizient $[l \cdot mol^{-1} \cdot cm^{-1}]$
        c: Konzentration [mol/l]
        d: Schichtdicke, opt. Weglänge [cm]

mit $\varepsilon c d <0,07$ kleiner als 8% [2, 22]. Das ergibt für die Transmission Q/Q_0 einen Wert von $10^{-0.07} \approx 85\%$, der nicht unterschritten werden sollte, wenn Gl. (9) zur Berechnung der Quantenausbeute verwendet wird. Der Quantenfluß im Reaktionsgefäß kann sich dann bei einem Totalabbau um maximal 15% ändern. Bei der verwendeten Küvette mit d = 0,5 cm (vgl. Bild 2), molaren Extinktionskoeffizienten bei 254 nm zwischen ca. 3000 und 14000 $l \cdot mol^{-1} \cdot cm^{-1}$ und einer Transmission von 85% entspricht das Herbizidkonzentrationen von ca. 50 µmol/l bis 10 µmol/l. In diesem Bereich sowie auch darunter, kann mit HPLC-UV-Detektion sehr gut ohne Anreicherung gemessen werden (vgl. Kap. 3.3.3).

bzw. die integrierte Form:

$$\ln(N/N_0) = (E/W_q) \cdot \sigma \cdot \Phi_{Abb.} \cdot t \qquad \text{Gl. (6)}.$$

Ersetzt man den Absorptionsquerschnitt durch den dekadischen Extinktionskoeffizienten ε [21] und die Teilchenzahlen N, bzw. N_0 durch Konzentrationen, resultiert:

$$\ln(c/c_0) = -\ln 10 \cdot E \cdot \varepsilon \cdot \Phi_{Abb.} \cdot t/(N_a \cdot W_q) \qquad \text{Gl. (7)}.$$

$$\Rightarrow \lg(c/c_0) = -E \cdot \varepsilon \cdot \Phi_{Abb.} \cdot t/(4.71 \cdot 10^5 \, J) \qquad \text{Gl. (8), [7, 22]}.$$

Mißt man die Konzentration nach einer bestimmten Strahlungszeit, dann läßt sich also entweder die Bestrahlungsstärke bei Kenntnis der Quantenausbeute berechnen (Aktinometrie) oder die Quantenausbeute bei bekannter Bestrahlungsstärke ermitteln. In der Praxis wird man mehrere Konzentrationen messen und auf einer logarithmischen Skala gegen eine lineare Zeitskala auftragen. Durch diese Meßpunkte wird eine Ausgleichsgerade gelegt und die Zeit für einen Abbau von einer Dekade ($c/c_0 = 0,1$ entsprechend 90%-Abbau) abgelesen. Aus Gl. (8) folgt dann für die Quantenausbeute:

$$\Phi_{Abb.} = \frac{4.71 \cdot 10^5 \, J/mol}{\varepsilon \cdot E \cdot t_{90\%}} \qquad \text{Gl. (9)}.$$

mit ε: dekadischer Extinktionskoeffizient [m²/mol]
E: Bestrahlungsstärke [W/m²]
$t_{90\%}$: Bestrahlungszeit für 90%-Abbau [s]

3 Material und Methoden

3.1 Reaktionsgefäß, Strahlungsquelle

Zur Bestrahlung wurden Quarzküvetten mit einer Dicke von 0,5 cm (id) verwendet, die mindestens 20 ml Flüssigkeit aufnehmen können (Bild 2). Sie erlauben, bei endlicher Absorption in einem größtmöglichen Volumen eine hohe Bestrahlungsstärke zu erzeugen. Die Transmission ist bei Substanzkonzentrationen, die ohne Anreicherung bestimmt werden können, größer als 85%.

Gl. (9) gilt nur für eine konstante Bestrahlungsstärke. Bei der Durchführung der Versuche ist daher zu beachten, daß die Intensität von Quecksilberdampflampen vom Quecksilberdampfdruck und damit von der Temperatur abhängig ist [23]. Die Bestimmung der Bestrahlungsstärke und alle anderen Experimente sind daher erst nach Erreichen eines thermischen Gleichgewichtes der Lichtquelle durchzuführen („Einbrennen", nach ca. 30 min). Es wird eine Vorrichtung zum Ausblenden des Lichtes nach einer bestimmten Bestrahlungszeit (Shutter) benötigt. Durch die symmetrische Anordnung (Bild 2), bei der die Mittelpunkte von Lampe und Küvette auf einer Achse liegen, erzeugt man die gleichmäßigste Ausleuchtung (Homogenität des Strahlungsfeldes) bei kleinen Abständen [24]. Die Kühlung der Lampe erfolgt durch Konvektion. Die in dieser Arbeit hauptsächlich verwendete Bestrahlungsanordnung ist in Bild 2 dargestellt; die 8 W-Hg-Niederdruckstrahler (Typ: G8T5, Fa. Sylvania oder Philips) erzeugen in der Küvette eine quasi monochromatische Strahlung mit der Wellenlänge 254 nm und einer Bestrahlungsstärke von 7 bis 9 W/m². Die Strahlungsleistung der Lampen ist zusätzlich noch abhängig von der Betriebsdauer; die mittlere nutzbare Lebensdauer für den verwendeten Strahler liegt bei 5000 h [23].

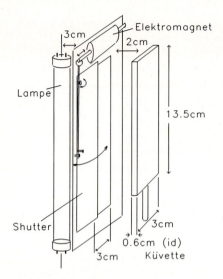

Bild 2. UV-Bestrahlungsapparatur für Lösungen.

3.2 Aktinometrie

Die Bestrahlungsstärke wurde in dem Reaktionsgefäß mit Hilfe einer chemischen Aktinometrie nach *Hatchard* und *Parker* (Kaliumferrioxalat) [25] gemessen. Die Meßwerte konnten zusätzlich durch die Uridinaktinometrie, die für Messungen im Zusammenhang mit Untersuchungen der UV-Desinfektion von *v. Sonntag* entwickelt wurde [2, 22], verifiziert werden. Nähere Details hierzu wurden bereits ausführlich dargelegt [2]; an dieser Stelle soll nur erwähnt werden, daß mit dem bei 254 nm totalabsorbierenden Ferrioxalat-Aktinometer die Bestrahlungsstärke an der Eintrittsfläche der Strahlung bestimmt wird. Das Uridinaktinometer hingegen läßt den größten Anteil des Lichtes durch, wodurch bei der Messung der Bestrahlungsstärke größere Inhomogenitäten des Strahlungsfeldes im Reaktionsgefäß, soweit sie sich auf den hier untersuchten Photoabbau der Herbizide auswirken, erfaßt werden [26].

3.3 Bestrahlungsexperimente

Die Küvette wurde mit 20 ml einer wäßrigen Lösung (aqua bidest.) des zu untersuchenden Herbizids gefüllt. Bei einer Ausgangskonzentration von 2 mg/l (ca. 10 µmol/l) konnten die Proben mit einer (HPLC-)Spritze entnommen werden und direkt der HPLC-Messung zugeführt werden. Vor der Probeentnahme wurde der Küvetteninhalt mit einem Glasstab gerührt. Nach der Entnahme von 20 bis 40 µl konnte die Küvette einer weiteren Bestrahlung ausgesetzt werden. Auf diese Weise ließ sich der Abbau über mindestens eine Dekade verfolgen. Die wäßrigen Herbizidlösungen wurden durch Mischen von 40 µl einer methanolischen Herbizid-Stammlösung (1 g/l) mit 20 ml aqua bidest. direkt in der Küvette angesetzt. Diese Lösungen enthielten also ca. 0,2 Vol. % Methanol. Zum Vergleich wurden auch wäßrige Lösungen von Herbiziden untersucht, die kein Methanol enthielten, um die photoreduzierende Wirkung desselben (H-Donator) zu berücksichtigen. Bei 0,2 Vol. % Methanol konnte noch keine Beeinflussung der photolytischen Reaktion bezüglich der Abbaugeschwindigkeit und der Abbauprodukte nachgewiesen werden. Die

Stammlösungen wurden aus Herbizid-Standardsubstanzen (Fa. Ehrenstorfer, Augsburg) und Methanol in p. a. Qualität (Fa. Baker) hergestellt. Die methanolfreien Lösungen wurden durch Verdünnen von gesättigten wäßrigen Herbizid-Lösungen hergestellt und deren Konzentration mit HPLC bestimmt (1 mg/l $\leq$ c $<$20 mg/l).

Der UV-Abbau von Atrazin in Anwesenheit von Wasserstoffperoxid wurde bei mehreren Konzentrationen desselben (10 bis 1000-facher molarer Überschuß) durchgeführt. Die Dosierung der 30 Gew.%-Lösung von H_2O_2 (Perhydrol) erfolgte vor der Bestrahlung mit Hilfe einer variablen Eppendorf-Pipette (9,6 bis 960 µl).

3.3.1 Aufbereitung der bestrahlten Lösungen

Für die Messungen mit GC-MS wurde der Küvetteninhalt nach der Bestrahlung am Rotationsverdampfer bei ca. 70 °C Badtemperatur und Vakuum (15 mbar) zur Trockene eingedampft und dann mit 0,5 oder 1 ml Methanol bei programmed temperature vaporizer – Probenaufgabe (PTV) oder 0,5 oder 1 ml Ethylacetat bei on column – Probenaufgabe (OC) aufgenommen. Zusätzlich sind auch Flüssig/Flüssig-Extraktionen durchgeführt worden, um Abbauprodukte, die möglicherweise bei der direkten Injektion der wäßrigen Lösungen in die HPLC nicht erfaßt werden, nachzuweisen. Dazu wurden die bestrahlten Lösungen (20 ml) mit 10 ml eines Gemisches aus Pentan und Diethylether (1/1, v/v) versetzt und in einem 100 ml-Schütteltrichter geschüttelt. Alternativ dazu wurden Extraktionen mit einem 100 ml-Rotationsperforator [27] mit dem gleichen Lösemittel durchgeführt.

Derivatisierung

Der Nachweis der Triazin-Abbauprodukte mit GC-MS erforderte eine Derivatisierung. Die angereicherten Proben (in Ethylacetat für OC-GC-MS, in Methanol für PTV-GC-MS) wurden zu diesem Zweck mit 1 ml einer etherischen Diazomethanlösung (c $\approx$ 0,1 mol/l, [28]) versetzt und nach ca. 1 h Reaktionszeit am Rotationsverdampfer wieder auf 0,5 ml eingeengt (20 °C, ca. 20 mbar).

3.3.2 Massenspektrometrische Identifizierung

Die Chlortriazine lassen sich anhand ihrer typischen Fragmentierungsmuster, insbesondere des Intensitätsverhältnisses von 3:1 bei den Chlor-Isotopenpeaks ($\Delta m = 2$) identifizieren. Beim Atraton (und den anderen Triatonen [29]) findet man einen ausgeprägten Molekülpeak.

GC-MS-Parameter

Gaschromatogr.: Carlo Erba, Mega 5160
Injektion: PTV, (Carlo Erba Multinjektor), Insert gefüllt mit silanisierter Glaswolle, Split ca. 1:10, 2 µl, Abblaszeit: 60 s, Splitlos: 60 s
Anfangstemp.: 70 °C, Endtemp.: 250 °C (Progr. 5)
Säule: DB17cb, l = 30 m, id = 0.25 mm, df = 0.25 µm.
Vorsäule: 4 m, id = 0.32 mm, Phenyl-Sil, desaktiviert (retention gap)
Trägergas: He, 2 ml/min (1.2 bar)

Massenspektr.: Finnigan MAT, Ion trap detector 700, EI 70 eV, full scan modus, direkte Kopplung durch transferline, 200 °C
Temp.-progr.: 70 °C (2 min), → 25 °C/min → 180 °C, → 5 °C/min → 240 °C, → 40 °C/min → 280 °C (5 min)

3.3.3 Hochleistungs-Flüssigkeitschromatographie [10, 29 bis 33]

Chlortriazine (und Atraton):

Pumpe:	Knauer, Typ 64
Injektion:	Rheodyne, 20 µl-Probenschleife
Entgasung:	Vakuum-Entgasung (Fa. Erma)
Eluent:	Wasser-Acetonitril, isokratisch: 50/50 (v/v) für Chlortriazine und Atraton, 80/20 (v/v) für Desalkylchlortriazine
Flußrate:	0,8 ml/min
Säule:	Hypersil ODS 5 µm, 20 cm, id = 4 mm für Chlortriazine, Inertsil C_8 5 µm, id = 4 mm Atraton
Detektor:	UV, Waters, Lambda Max 481 oder ERC, Typ 7215
Wellenlänge:	230 nm
Integrator:	Hewlett Packard, 3390 A

Hydroxytriazine:

Steuerung:	Autochrom-Gradientenformer (ERC)
Gradient:	Wasser/Acetonitril (v/v): 95/5 → 10 min → 85/15 → 10 min → 70/30 → 10 min → 40/60 → 0,5 min → 10/90 → 9 min → 10/90 → 0,5 min → 95/5 → 10 min → 95/5
Flußrate:	0,8 ml/min, 0,8 bis 1,5 ml/min bei Acetonitril/Wasser: 10/90 (v/v)
Säule:	Intersil 5 µm, 20 cm (10 cm), id = 4 mm
Wellenlänge:	230 nm (210 nm)

Hydroxydesalkyltriazine (und Desethyldesisopropylatrazin):

Eluent	Wasser-Acetonitril, isokratisch: 95/5 (v/v)
Flußrate:	0,8 ml/min
Säule:	Inertsil 5 µm, 20 cm (10 cm), id = 4 mm
Detektor:	UV, ERC, Typ 7215
Wellenlängen:	195 nm (Desalkylhydroxytriazine), 230 nm (Desethyldesisopropylatrazin), 210 nm (alle zusammen mit geringerer Empfindlichkeit).

Desethyldesisopropylhydroxyatrazin (und Cyanursäure):

Eluent:	Wasser-Phosphorsäure, isokratisch: 99/1 (v/v)
Flußrate:	0,8 ml/min (1,0 ml/min)
Säule:	Hypersil ODS 5 µm, 25 cm (20 cm), id = 4 mm
Wellenlänge:	195 nm (abhängig von der optischen Reinheit der mobilen Phase evtl. eine längere Wellenlänge ≤ 210 nm wählen)

4 Ergebnisse und Diskussion

4.1 UV-Abbau von Triazinen in Wasser

In der vorliegenden Arbeit wurde der Photoabbau der Chlortriazine 1–4 (siehe Bild 1) und der wichtigsten im Boden und im Grundwasser vorkommenden Metaboliten (Desalkyltriazine, 5–7), sowie von Atraton (8), untersucht. Die Verbindungen zeigen eine merkliche Absorption bei 254 nm, der Wellenlänge des von der Hg-Niederdrucklampe vorwiegend emittierten Lichtes (Tab. 1). Alle Photoprodukte waren in Form von methanolischen Standardlösungen käuflich erhältlich, so daß mit Hilfe der HPLC quantifiziert und mit GC-MS Vergleichs(massen)spektren erzeugt werden konnten. Die Photoprodukte wurden ebenfalls bezüglich ihrer Abbaubarkeit durch UV untersucht.

Kinetik, Quantenausbeuten

Bei kleinen Konzentrationen, bzw. geringen Absorptionen gehorcht der Photoabbau der Triazine einer Kinetik erster Ordnung (vgl. Kap. 2 und Bild 3). Der Abbau der Substanzen wurde mit HPLC über ca. eine Dekade verfolgt. Die dafür benötigten Fluenzen ($F_{90\%}$) sind in Tabelle 1 in [KJ/m^2] angegeben. Die Quantenausbeuten für den Abbau ($\Phi_{Abb.}$) wurden gemäß Gl. (9) berechnet. Bild 3 zeigt die Konzentrationsabnahme der chlorhaltigen Triazine mit der Fluenz, wobei die unterschiedliche Abbaugeschwindigkeit der verschieden (alkyl-) substituierten Triazine deutlich wird. Die Ausgangskonzentration (c_0) der bestrahlten Verbindungen betrug 2 mg/l, mit Ausnahme des Desethyldesisopropylatrazins, das mit einer c_0 von 2,5 mg/l bestrahlt wurde. Das Abbauexperiment mit Atraton erfolgte aufgrund der für diese Verbindung geringeren Nachweisempfindlichkeit bei einer Ausgangskonzentration von 10 mg/l, wobei aufgrund des geringen Absorptionskoeffizienten bei 254 nm (siehe Tab. 1) die Forderung nach sehr geringer Absorption dennoch erfüllt wurde.

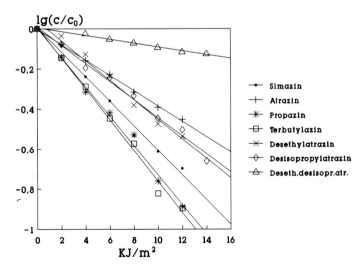

Bild 3. UV-induzierter Abbau der Chlortriazine in Wasser.

Die in Tabellen 1 und 3 aufgelisteten Werte für die Fluenz bei einem Abbau um 90% ($F_{90\%}$) entsprechen den Schnittpunkten der verlängerten Ausgleichsgeraden in Bild 3 mit der Abszisse. Würde man eine Abhängigkeit der Quantenausbeuten vom N-Alkyl-C-Gehalt der Triazine formulieren (dafür sprechen die fast gleichen Abbauraten beim Propazin und Terbutylazin sowie der langsame Abbau des Desethyldesisopropylatrazins), dann müßte der UV-Abbau von Simazin und von Desisopropylatrazin als Ausnahme genannt werden.

4.2 Photoprodukte

Die Hauptabbauprodukte der 2-Chlortriazine bei der 254 nm-Bestrahlung in Wasser sind die entsprechenden 2-Hydroxytriazine, was durch HPLC- und GC-MS-Messungen bestätigt wurde [7]. Die Quantifizierung der Photoprodukte (Hydroxytriazine) bei verschiedenen Bestrahlungszeiten, z. B. in Bild 4, erfolgte mit HPLC (Kap. 3.3.3, [26]). Die Stoffbilanz beim Propazin und beim Terbutylazin liegt deutlich unter 100%, nicht jedoch beim Desethylatrazin und beim Desethyldesisopropylatrazin. Bei der Bestrahlung der höher alkylierten Chlortrazine mußten daher Nebenprodukte mit Konzentrationen von bis zu ca. 40% des Eduktes vermutet werden.

Tabelle 1. Spektrale[1] und photochemische Daten der Triazine.

Nr.	Herbizid/ Abbauprodukt	$\varepsilon_{254\,nm}$ [$l \cdot mol^{-1} \cdot cm^{-1}$]	$F_{90\%}$ [KJ/m^2]	$\Phi_{Abb.}$ [mol/Einstein]
1	Simazin[4]	3 330	17	0,083
2	Atrazin[2]	3 860	24	0,051
3	Propazin[4]	3 370	14	0,100
4	Terbutylazin[3]	3 830	13	0,095
5	Desethylatrazin	3 440	23	0,059
6	Desisopropylatrazin	3 600	22	0,059
7	Desethyldesisopropylatrazin	2 200	116[7]	0,018[7]
8	Atraton	530	≈ 900[7]	≈ 0,01[7]
9	2-Hydroxyatrazin	940	[5]	
10	2-Hydroxysimazin	1 340	[5]	
11	2-Hydroxypropazin	2 160	[5]	
12	2-Hydroxyterbutylazin	2 720	[5]	
13	2-Hydroxydesethylatrazin	610	[6]	
14	2-Hydroxydesisopropylatrazin	560	[6]	
15	2-Hydroxydesethyldesisopropylatrazin	460	[6]	
16	Cyanursäure	370	[6]	

[1] Molare Extinktionskoeffizienten gemessen mit Perkin-Elmer Spektrophotometer, Typ: „Lambda 2 UV/VIS", bei 10 mg/l in Methanol, 1 cm-Küvette.
[2] Dto., gemessen bis 2,5, 5 und 10 mg/l in Methanol
[3] Dto., gemessen bei 5 und 10 mg/l in Methanol
[4] Dto., gemessen bei 4,91 mg/l in Methanol-Phosphatpuffer (0,2 mmol/l, pH 7), 1/1 (v/v)
[5] > 300 KJ/m^2 für 10% Abbau
[6] > 500 KJ/m^2 für 10% Abbau
[7] extrapolierte Werte

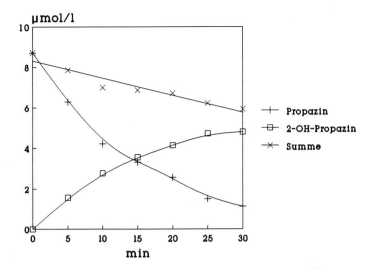

Bild 4. UV-Abbau von Triazinen am Beispiel Propazin: Bildung von 2-Hydroxypropazin und (molare) Summe von Edukt und Produkt ($E = 7$ W/m^2).

Bei den vorliegenden chromatographischen Bedingungen werden alle Desalkyltriazine und 2-Hydroxydesalkyltriazine detektiert; sie haben ausnahmslos kürzere Retentionszeiten als die Hauptabbauprodukte. Derartige Abbauprodukte waren nicht nachweisbar. 2-Hydroxydesethyldesisopropylatrazin und Cyanursäure konnten ebensowenig nachgewiesen werden, wie unpolare Produkte mit längerer Retentionszeit. Daher kann davon ausgegangen werden, daß die nicht identifizierten Neben(photo)produkte beim UV-Abbau der Triazine sehr polar sind, keine chromophore Gruppe für Wellenlängen ≥ 200 nm und keinen Triazinring (Cyanursäure) mehr enthalten. Beim UV-Abbau des nicht chlorhaltigen Herbizids Atraton mit Fluenzen bis 420 KJ/m^2 konnten unter den genannten Bedingungen mit Hilfe von RP-Säulenmaterial (Inertsil C$_8$ 5 µm) ebenfalls keine Photoprodukte nachgewiesen werden.

Aus Gl. (8) folgt für die Kinetik der Photoproduktbildung (A → B) wenn keine Nebenprodukte gebildet werden, d. h. $\Phi_A = \Phi_B (= \Phi_{Abb.})$:

$$c_{B,(t)} = c_{A,(0)} \cdot (1 - e^{-k \cdot t}) \qquad \text{Gl. (10)}$$

mit $\quad k = E \cdot \varepsilon \cdot \Phi_{Abb.}/(4{,}71 \cdot 10^5 \text{ J})$, vgl. Gl. (8).

$c_{B,(t)}$: Produktkonzentration zur Zeit t
$c_{A,(0)}$: Eduktkonzentration zur Zeit t = 0

Konkurrieren beim Abbau des Eduktes mehrere direkte photochemische Prozesse, dann kann die Konzentration eines stabilen Photoproduktes durch

$$\begin{aligned} c_{B,(t)} &= (c_{B(max)}/c_{A,(0)}) \cdot c_{A,(0)} \cdot (1 - e^{-k \cdot t}) \\ &= c_{B(max)} \cdot (1 - e^{-k \cdot t}) \end{aligned} \qquad \text{Gl. (11)}$$

mit $\quad c_{B(max)}$: maximale Produktkonzentration bei $t \to \infty$

ausgedrückt werden, wobei $c_{B(max)}/c_{A,(0)}$ die relative Ausbeute für ein Photoprodukt ist. In Tabelle 2 sind die relativen Ausbeuten der Hydroxytriazine beim UV-Abbau der Chlortriazine in Wasser aufgelistet. Sie wurden aus den $c_{A,(t)}$-Werten (Abbaukurven) und $c_{B,(t)}$-Werten (Bildung des Photoproduktes) berechnet:

$$Y = \frac{c_{t(Photoprodukt)}}{\Delta c_{t(Herbizid)}} \cdot 100 \qquad \text{Gl. (12)}$$

mit Y: molare Ausbeute in %
 c_t: Konzentration zur Zeit t (hier: bei 10 KJ/m²) in [mol/l]
 Δc_t: Konzentrationsabnahme zur gleichen Zeit t in [mol/l]

Tabelle 2. Ausbeuten bei der photochemischen Bildung der Hydroxytriazine aus den korrespondierenden Chlortriazinen (in mol %).

1	2-Hydroxysimazin	98,5
2	2-Hydroxyatrazin	72,5
3	2-Hydroxypropazin	63,3
4	2-Hydroxyterbutylazin	56,7
5	2-Hydroxydesethylatrazin	≈ 100
6	2-Hydroxydesisopropylatrazin	96,2
15	2-Hydroxydesethyldesisopropylatrazin	95,2

Die photochemische Stabilität der Hydroxytriazine (z. B. 2-Hydroxyatrazin) im Vergleich zu dem entsprechenden Methylether (z. B. Atraton, vgl. Tab. 1), bei dem nur eine geringe, aber durchaus systematische Konzentrationsveränderung durch UV-Bestrahlung nachzuweisen ist, kann mit der Keto-Enol-Tautomerie der Hydroxytriazine [34] erklärt werden:

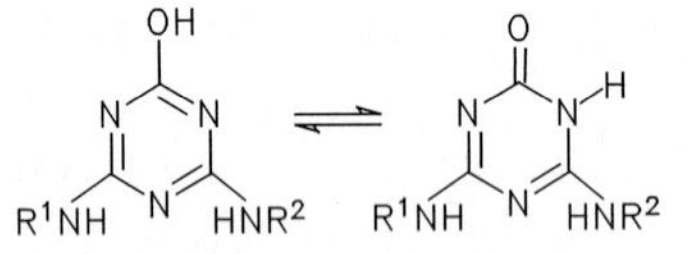

Bild 5. Keto-Enol-Tautomerie der Hydroxytriazine.

Die Enol-Form, welche einen (quasi) aromatischen Ring enthält, ist beim Atraton durch die Methylgruppe fixiert. Tatsächlich sind die spektroskopischen Daten im UV-Bereich von Hydroxyatrazin und Atraton unterschiedlich (siehe Tab. 1), wobei eine Abbaureaktion offensichtlich nur aus dem aromatischen Zustand heraus erfolgt.

4.3 UV-Abbau in Gegenwart von Wasserstoffperoxid

Wasserstoffperoxid wird durch 254 nm-Strahlung photolysiert, wobei Hydroxylradikale (•OH) entstehen, die mit organischen Inhaltsstoffen reagieren [35]. Dieser UV-induzierte indirekte Photoabbau wurde anhand der Beispiele Atrazin und 2-Hydroxyatrazin untersucht. Es wurde erwartet, daß der Abbau von Atrazin in Wasser durch UV-Strahlung durch H_2O_2-Zusatz beschleunigt wird. Bei einer Ausgangskonzentration von ca. 14 µmol/l Atrazin und Wasserstoffperoxid in 100fachem (molarem) Überschuß werden 90% des Herbizides bereits durch 4 KJ/m^2 abgebaut, also 6mal schneller, als in reinem Wasser. Die Abbaugeschwindigkeit dieser (vorwiegend indirekte photochemischen Reaktion wird durch Scavenger verringert. Während die Photolyse der Triazine durch geringe Konzentrationen an Methanol (0,2 Vol.%) kaum beeinflußt wird, müssen hier auch die Stammlösungen in reinem Wasser angesetzt werden. Das bei der Photolyse von Atrazin in Wasser erzeugte 2-Hydroxyatrazin ist relativ photostabil (vgl. Tab. 1). Der Abbau dieser Substanz durch UV-Strahlung in Anwesenheit von Wasserstoffperoxid wird daher ausschließlich durch OH-Radikale verursacht. Der Abbau von 2-OH-Atrazin wurde bei verschiedenen H_2O_2-Konzentrationen untersucht (Tab. 3). Dabei zeigte sich, daß die Abbaugeschwindigkeit bei einer höheren H_2O_2-Konzentration wieder abnimmt. Vermutlich wird die Lebensdauer der Hydroxyradikale in diesem Fall durch eine stärkere Rekombination verringert, so daß sie nicht mehr mit Substratmolekülen in Kontakt kommen können. Zusätzlich wird die höhere Absorption durch das Wasserstoffperoxid die Strahlenflußdichte in der Lösung absenken. Bei einer bestimmten Konzentration von Wasserstoffperoxid sollte der Abbau des organischen Substrates also am schnellsten sein (vgl. [3 bis 6, 20]). Bei einer c_0 von ca. 10 bis 40 µmol/l OH-Hydroxyatrazin erwies sich eine H_2O_2-Konzentration von 0,5 bis 1 mmol/l als optimal.

Wird die Quantenausbeute gemäß Gl. (9) berechnet, beschreibt sie nur den direkten photochemischen Weg (Photolyse), da die Zahl der absorbierten Quanten vom Extinktionskoeffizienten des Substrates bestimmt wird. Bei der indirekten Photoreaktion über Hydroxylradikale wird zunächst H_2O_2 photolysiert. Die Quantenausbeute dieser (vorgelagerten) Reaktion, welche vom Extinktionskoeffizienten des Wasserstoffperoxids abhängt, muß dann in die Rechnung eingehen. Auf eine Berechnung der Quantenausbeute der •OH-Bildung wurde verzichtet, auch weil sie offensichtlich von der Ausgangskonzentration des Wasserstoffperoxids abhängt (Tab. 3).

Tabelle 3. Abbau von 2-OH-Atrazin durch UV-Strahlung und H_2O_2.

$c_0(H_2O_2)$ [mmol/l]	c_0(OH-Atr.) [µmol/l]	$F_{90\%}$ [KJ/m^2]
0,5	10	6,7
1	40	6,7
2	10	7,8
30	11	≈ 190

In Anwesenheit von 1 mmol/l Wasserstoffperoxid wird Atrazin schneller abgebaut, als sein Photoprodukt 2-Hydroxyatrazin (siehe oben). Beim Abbau von Triazinen durch UV-Strahlung in Kombination mit H_2O_2 ist dabei auch, wenn auch in wesentlich geringerem Maße, damit zu rechnen, daß Hydroxytriazine entstehen. Bei einer Bestrahlungsstärke von 7 W/m^2 konnten beim Abbau von 3 mg/l Atrazin (14 µmol/l) maximal 0,29 mg/l (1,48 µmol/l) 2-Hydroxyatrazin mit HPLC nachgewiesen werden [$c_0(H_2O_2)$ = 1 mmol/l]. Das entspricht gemäß Gl. (12) einer relativen Ausbeute von 11 %.

5 Schlußfolgerungen

Bei den hier beschriebenen Experimenten müssen die Bedingungen für den UV-Abbau der Herbizide (c_0, d) so gestaltet werden, daß die Zahl der tatsächlich absorbierten Quanten mit einer guten Näherung berechnet werden kann. Dies ist eine Voraussetzung für die Ermittlung der Quantenausbeuten für den Abbau aus den experimentell gewonnenen Daten (Abbauraten, Bild 3). Bei Ausgangskonzentrationen (c_0) um 10 µmol/l ist es einerseits möglich, die Photoprodukte mit HPLC und GC-MS weitgehend zu identifizieren und zu quantifizieren und andererseits die gefundenen Ergebnisse auf die Verhältnisse, wie sie bei der UV-Desinfektion von Trinkwasser vorliegen, zu übertragen:

Berücksichtigt man die dort angewendeten Fluenzen (<1000 J/m^2) und die im Grundwasser normalerweise gefundenen Herbizid-Konzentrationen (im ng/l-Bereich) zusammen mit den in dieser Arbeit gefundenen Ergebnissen, gelangt man zu der Ansicht, daß eine derartige Anwendung von UV-Strahlung keine nachteilige Wirkung bezüglich der untersuchten Substanzen zeigt [2].

Der UV-Abbau der untersuchten Herbizide in Wasser führt in jedem Fall zu einer Halogenabspaltung. Bei der Bestrahlung von Lösungen mit $c_0 \leq 50$ µmol/l wird die Polarität bzw. Löslichkeit der Photoprodukte in H_2O gegenüber den Edukten größer sein, wodurch sie (zumindest potentiell) den chemischen und mikrobiologischen Abbauprozessen, die in wäßriger Lösung stattfinden, besser zugänglich werden.

Die technischen Verfahren zur Reinigung von pestizidbelastetem Trink- und Abwasser, die mit UV-Strahlen (und H_2O_2) arbeiten, zielen darauf ab, die Inhaltsstoffe zu mineralisieren. Die in dieser Arbeit verwendeten Nachweismethoden für die Abbauprodukte wären dazu geeignet, derartige Verfahren bezüglich dieser Zielsetzung zu überprüfen. Insbesondere die HPLC erwies sich als geeignet, die Lücke zwischen der Nachweisbarkeit der Edukte und der möglichen Konzentrationsmessung der anorganischen Oxidationsprodukte zu schließen.

Danksagung

Diese Arbeit ist ein Teil des vom Bundesministerium für Forschung und Technologie geförderten Projektes 02-WT 8720 (Initiator: Prof. G. O. Schenck, Projektleiter: Prof. H. Bernhardt).

Literatur

[1] Capriel, P., Haisch, A.: Persistenz von Atrazin und seiner Metaboliten im Boden nach einmaliger Herbizidanwendung. Z. Pflanzenernähr. Bodenk. *146*, 474–480 (1983).
[2] Bernhardt, H. u. a.: Untersuchungen zur Sicherheit des technischen Einsatzes von UV-Strahlen zur Trinkwasserdesinfektion. Abschlußbericht für das gesamte Vorhaben BMFT-Projekt 02-WT 9078. Arbeitsgemeinschaft Trinkwassertalsperren e. V., Siegburg 1994.
[3] De Silva, M. u. a.: Kombination von Ultraviolettstrahlung und Wasserstoffperoxidzusatz zur Beseitigung problematischer organischer Substanzen aus Abwasser. Schlußbericht BMFT-Projekt 02-WA 8915, 1991.
[4] Köppke, K. E., von Hagel, G.: Überlegungen zur oxidativen Abwasserbehandlung mit Wasserstoffperoxid, gwf Wasser · Abwasser *132* Nr. 6, 313–317 (1991).
[5] Schulte, P., Volkmer, M., Kuhn, F.: Aktiviertes Wasserstoffperoxid zur Beseitigung von Schadstoffen im Wasser (H_2O_2/UV). WLB Wasser, Luft und Boden *9*, 55–58 (1991).
[6] Pettinger, K.-H., Wimmer, B., Wabner, D.: Atrazinentfernung aus Trinkwasser durch UV-aktiviertes Wasserstoffperoxid. gwf Wasser · Abwasser *132* Nr. 10, 553–558 (1991).
[7] Nick, K. u. a.: Degradation of some triazine herbicides by UV-radiation such as used in the UV-disinfection of drinking water. J. Water S. R. T.-Aqua *41*/2, 82–87 (1992).
[8] Pape, B. E., Zabik, M. J.: Photochemistry of bioactive compounds. Solution-phase photochemistry of symmetrical triazines. J. Agr. Food Chem. *20* No. 2, 316–320 (1972).
[9] Durand, G. u. a.: Utilisation of liquid chromatography in aquatic photodegradation studies of pesticides: A Comparison Between Distilled Water and Seawater. Chromatographia *29* No. 3/4, 120–124 (1990).
[10] Marcheterre, L. u. a.: Environmental photochemistry of herbicides. Rev. Environ. Contam. Tox. *103*, 61–120 (1988).
[11] Burkhard, M., Guth, J. A.: Photodegradation of atrazine, atratone and ametryne in aqueous solution with acetone as photosensitizer. Pestic. Sci. *7*, 65–71 (1976).
[12] Khan, S. U., Schnitzer, M.: UV-irradiation of atrazine in aqueous fulvic acid solution. J. Environ. Sci. Health *13* (3), 299–310 (1978).
[13] Reijto, M. u. a.: Identification of sensitized photooxidation products of s-triazine herbicides in water. J. Agric. Food Chem. *37*, 138–142 (1983).
[14] Low, G. K.-C., Mc Evoy, S. R., Matthews, R. W.: Formation of nitrate and ammonium ions in titanium dioxide mediated photocatalytic degradation of organic compounds containing nitrogen atoms. Envir. Sci. Techn. *25*/3, 460–467 (1991).
[15] Lotz, F., Kempny, J., Graells de Kempny, R. S.: Lichtinduzierter Abbau adsorbierter Chemikalien. Eine einfache Vorrichtung für vergleichende Untersuchungen. Chemosphere *12*/6, 873–878 (1983).
[16] Kempny, J., Kotzias, D., Korte, F.: Reaktion von Atrazin in adsorbierter Phase bei UV-Bestrahlung. Chemosphere *10*/5, 487–490 (1981).
[17] Pape, B. E., Zabik, M.: Photochemistry of bioactive compounds. Photochemistry of selected 2-chloro- and 2-methylthio-4,6-dialkylamino-s-triazine herbicides. J. Agr. Food Chem. *18*/2, 202–207 (1970).
[18] Mattusch, J., Baran, H., Schwedt, G.: HPLC of triazines after on-line photoderivatisation. Fresenius J. Anal. Chem. *340*, 782–784 (1991).
[19] Peterson, D., Watson, D., Winterlin, W.: The destruction of ground water threatening pesticides using high intensity UV light. J. Environ. Sci. Health *B23*/6, 587–603 (1988).
[20] Hessler, D. P., Gorenflo, V., Frimmel, F. H.: UV-Degradation of atrazine and metazachlor in the absence and presence of H_2O_2, bicarbonate and humic acids. J. Water SRT,-Aqua *42*/1, 8–12 (1993).
[21] von Bünau, G., Wolff, T.: Photochemie. Grundlagen, Methoden, Anwendungen. Verlag Chemie, Weinheim 1987.

[22] von Sonntag, C., Schuchmann, H.-P.: UV-disinfection of drinking water and by-product formation – some basic considerations. J. Water SRT-Aqua *41/2*, 67–74 (1992).
[23] Anonym: Philips Licht – Spezial Leuchtstofflampen – Hinweise für Gerätehersteller. Philips Produktinformation 1992.
[24] Anonym: Philips Lighting – Disinfection by UV-Radiation. Philips Produktinformation Nr. 322263400671, 8/1992.
[25] Calvert, J. G., Pitts, Jr., J. N.: Photochemistry. John Wiley & Sons Inc. New York–London–Sydney 1966.
[26] Nick, K.: Untersuchungen zum Photoabbau von Herbiziden mittels Niederdruck UV-Licht. Dissertation, Univ. Bonn 1993.
[27] Brodesser, J., Schöler, H. F.: An improved extraction method for the quantitative analysis of pesticides in water. Zbl. Hyg., Orig. B 185, 183–185 (1987).
[28] Peldzsus, S.: Entwicklung von Analysenmethoden zum Nachweis von polaren Pestiziden sowie von MX in gering belasteten Wässern. Dissertation, Univ. Bonn 1993.
[29] Färber, H., Nick, K., Schöler, H. F.: Determination of hydroxy-s-triazines in water using HPLC or GC-MS. Fresenius J. Anal. Chem. *350*, 145–149 (1994).
[30] Thier, H. P., Frehse, H.: Rückstandsanalytik von Pflanzenschutzmitteln. Thieme-Verlag, Stuttgart 1986.
[31] Reupert, R., Plöger, E.: Bestimmung von stickstoffhaltigen Pestiziden durch Hochleistungs-Flüssigkeits-Chromatographie mit Diodenarray-Detektion. Fresenius Z. Anal. Chem. *331*, 503–509 (1988).
[32] Gernikeites, T., Lochtmann, J.: Bestimmung von Pflanzenbehandlungs- und Schädlingsbekämpfungsmittel (PBSM) mittels Hochdruckflüssigkeitschromatographie. Gewässerschutz/Wasser/Abwasser *106*, 248–269 (1989).
[33] Schlett, C.: Multi-residue-analysis of pesticides by HPLC after solid phase extraction. Fresenius Z. Anal. Chem. *339*, 344–347 (1991).
[34] Khan, S. U., Greenhalgh, R., Cochrane, W. P.: Chemical derivatisation of hydroxyatrazine for gaschromatographic analysis. J. Agric. Food Chem. *23/3*, 430–434 (1975).
[35] Jacob, N., Balakrishnan, I., Reddy, M. P.: Characterisation of hydroxyl radical in some photochemical reactions. Journ. Phys. Chem. *81*, 17 (1977).

Das Verhalten von Atrazin und Simazin im Trinkwasseraufbereitungsprozeß mittels Ozon und Ozon/UV

The Fate of Atrazine and Simazine in the Drinking Water Treatment Process Using Ozone and Ozone/UV

Roland Jacob Willem Meesters, Friedhelm Forge und *Horst Friedrich Schröder**

Schlagwörter

Triazine, Ozon, Chemische Abbauprodukte, Flüssigkeitschromatographie, Fließinjektionsanalyse, Massenspektrometrie, Infrarotspektroskopie

Summary

Solutions of atrazine and simazine in water were treated with ozone (O_3) and O_3 combined with UV radiation, as used in drinking water treatment. Chemical degradation products arising from these processes were detected using flow injection analysis (FIA) and/or high performance liquid chromatography (HPLC) coupled by thermospray (TSP) with mass spectrometric detection (MS). Some of the compounds resulting from this treatment can be characterized without any chromatographic separation by mixture analysis using tandem mass spectrometry (MS/MS). Other triazine derivatives can be characterized because of their retention behaviour during HPLC-separation. The unequivocal identification of acetamidoatrazine is possible neither by FIA- and HPLC/MS nor by gas chromatography using MS-detection (GC/MS). This compound can, however, be identified without problems by fourier transform infrared spectroscopy after GC-separation (GC-FTIR).

Treatment of atrazine with O_3 or O_3/UV increases luminescent bacteria toxicity (photobacterium phosphoreum) by a factor of 2 and 7 respectively. A standard solution of the detected triazine derivatives, does not, however, show increased toxicity to this type of bacteria.

Zusammenfassung

Wäßrige Lösungen von Atrazin und Simazin werden in Anlehnung an den Trinkwasseraufbereitungsprozeß einer Behandlung mit Ozon (O_3) oder einer O_3/UV-Behandlung unterworfen. Die dabei entstehenden chemischen Abbauprodukte werden mittels Fließinjektionsanalyse (FIA) und/oder nach hochauflösender Flüssigkeitschromatographie (HPLC) in Kombination mit massenspektroskopischer Detektion (MS) nach Thermospray-Ionisierung (TSP) nachgewiesen. Die Identifikation eines Teils der entstehenden Triazinderivate gelingt bereits ohne chromatographische Trennung durch Mischungsanalyse mit Hilfe der Tandemmassenspektrometrie (MS/MS). Andere Triazine können aufgrund ihres Retentionsverhaltens bei der HPLC-Trennung identifiziert werden. Die eindeutige Charakterisierung von Acetamidoatrazin ist weder durch FIA- und HPLC/MS noch durch Gaschromatographie/Massenspektrometrie (GC/MS) möglich, gelingt aber problemlos durch Fourier-Transform Infrarot Spektroskopie nach vorangegangener GC-Trennung (GC-FTIR).

Die O_3- und O_3/UV-Behandlung des atrazinhaltigen Wassers steigert die Bakterientoxizität dieses Wassers im Leuchtbakterien-Test um den Faktor 2 bzw. 7. Eine Lösung der nachgewiesenen Triazinderivate, zusammengestellt aus Standardsubstanzen, zeigt dagegen diese vermehrte Bakterientoxizität nicht.

---

* Ing. R.-W. Meesters, Dipl.-Chem. F. Forge und Dr. H. Fr. Schröder, Institut für Siedlungswasserwirtschaft der RWTH Aachen, Templergraben 55, D-52056 Aachen.

1 Einleitung

Atrazin und Simazin, Pestizide aus der Gruppe der Triazinderivate, waren bis zu ihrem Anwendungsverbot in Deutschland sehr häufig in der Landwirtschaft eingesetzte Unkrautvernichtungsmittel. Die gute Wasserlöslichkeit von Atrazin und Simazin, bedingt durch die polare Struktur des Triazinrings, und ihre Beständigkeit bei der Bodenpassage führten dazu, daß beide Triazinderivate, wenig beeinflußt durch Adsorption am Bodenmaterial, bis in die Grundwasserleiter vordrangen. Heute werden beide Triazine sowie ihre Metaboliten im Grundwasser nachgewiesen [1]. Diese Stoffe sind, um den Auflagen der Trinkwasserverordnung [2] zu genügen, dann z. T. nur unter erheblichen Kosten in der Trinkwasseraufbereitung aus den Rohwässern zu entfernen.

Aus eigenen Untersuchungen ist bekannt, daß bei der Bestimmung von Pestiziden und deren Metaboliten in Trinkwässern, die zuvor mit Chlor (Cl_2) desinfiziert worden waren, Minderbefunde des als internen Standard zugegebenen im Vergleich mit ungechlorten Wässern auftreten können. Die verminderten Wiederfindungsraten sind evtl. auf Umsetzungen des Pestizids mit dem zugegebenen Cl_2 zurückzuführen. Da bei der Aufbereitung von Trinkwasser neben Cl_2 als Desinfektionsmittel noch weitere starke Oxidationsmittel zur Aufbereitung wie z. B. Ozon (O_3) oder Chlordioxid (ClO_2) eingesetzt werden, könnten auch diese mit dem Atrazin reagieren. Daher kann nicht ausgeschlossen werden, daß es auch beim Atrazin und seinen Metaboliten aufgrund von chemischen Umsetzungen mit diesen starken, zum Teil unspezifischen Oxidationsmitteln zu Fehlbefunden kommt. Die Oxidation führt zu polaren Stoffen mit einer noch weiter verminderten Adsorbierbarkeit in den Aktivkohlefiltern. Die Bestimmung dieser z. T. unbekannten polaren Inhaltsstoffe ist problematisch, da mit zunehmender Polarität des Moleküls die zur Trennung von Atrazin und seinen mono-Desalkylderivaten gebräuchliche Gaschromatographie versagt. Die Durchführung einer Derivatisierung würde eine Diskriminierung so nicht umsetzbarer Metaboliten bzw. chemischer Umsetzungsprodukte bedeuten. Würde man zur Trennung die hochauflösende Flüssigkeitschromatographie (HPLC) in Kombination mit UV-Detektion benutzen, wäre die Trennung und Bestimmung möglich, das Vorhandensein entsprechender Standards vorausgesetzt. Die Spezifität wäre aber nur dann gegeben, wenn nach der HPLC-Trennung eine massenspektroskopische (MS) Detektion mit einem geeigneten Interface durchgeführt würde. Hier soll gezeigt werden, daß die Bestimmung und Charakterisierung des Atrazins, seiner Metabolite und der chemischen Umsetzungsprodukte schnell und spezifisch unter Einsatz der klassischen Mischungsanalyse mittels Tandemmassenspektrometer (MS/MS) [3] und Thermospray-Ionisierung (TSP) möglich ist. Für einige Anwendungen versagt jedoch diese Methode und als komplementäre Analysenmethode mußte die Kopplung eines Fourier Transform Infrarotspektrometers mit einem Gaschromatographen (GC-FTIR) eingesetzt werden.

2 Experimenteller Teil

Die für diese Untersuchungen eingesetzten Triazine Atrazin bzw. Simazin waren Standardsubstanzen (Pestanal®; Riedel-de Haën) und wurden zur Behandlung mit O_3 bzw. O_3/UV in Reinstwasser (Milli-Q-System; Waters) gelöst (ß = 20 µg/l). Die Lösungen wurden geteilt, wobei die unbehandelten Lösungen als Standard für den Ausgangszustand diente.

Diese Standardlösungen wurden bei allen Anreicherungs- und Elutionsschritten genauso gehandhabt wie die O_3- bzw. O_3/UV-behandelten Proben.

Die O_3-Behandlung sowohl ohne als auch mit UV-Bestrahlung erfolgte in einem gekühlten Reaktionsgefäß mit 2 l Inhalt. O_3 wurde mit Hilfe eines Laborozonisators (Sander) aus Sauerstoff (O_2) für „medizinische" Anwendungen (Reinheitsgrad: DAB 10; Linde) erzeugt und als O_2/O_3-Gemisch über eine Tauchfritte (Porengröße: G 2) feinblasig unter Rühren mit einem Rührstab in das Reaktionsgefäß eingeleitet. Die Lösung besaß vor der Einleitung einen pH-Wert von 7,1 und fiel während der Behandlung auf pH 5,95. Die Begasungszeit betrug bei allen Versuchen 10 min. Nach der Begasungsphase und einem Zeitraum von 5 min ohne Gaseintrag zur Vollendung der Reaktion wurde das nicht umgesetzte O_3 mittels Reinststickstoff (N_2) (Reinheitsgrad: 5,0; Linde) aus der Lösung ausgetrieben. Es wurde eine Konzentration von ß = 10 mg/l angestrebt.

Bei der O_3/UV-Behandlung wurde ein Hg-Niederdruck-Strahler (Heraeus) mit einer Leistung von 150 W eingesetzt. Der Strahler tauchte senkrecht in den Begasungsreaktor ein und wurde bei Betrieb mit Wasser gekühlt. Die UV-Bestrahlung wurde sowohl während des O_3-Eintrags als auch nach dem Ende des Gaseintrags, also insgesamt 15 min lang durchgeführt.

Die Lösungen der entstandenen Reaktionsprodukte ebenso wie die darin enthaltenen, nicht umgesetzten Ausgangsverbindungen Atrazin bzw. Simazin wurden mittels C18-Festphasenextraktion (Baker; SPE) aus dem wässrigen Reaktionsmedium angereichert und nach Trocknung der SPE-Kartuschen im N_2-Strom mittels Methanol (Promochem; Reinheitsgrad: „Nanograde") eluiert. Zur Bestimmung der nicht C18-adsorbierbaren Reaktionsprodukte wurde das C18-Filtrat gesammelt und die darin enthaltenen Stoffe nach Gefriertrocknung in Methanol aufgenommen. Die so erhaltenen Lösungen konnten direkt zur Injektion in das FIA-System bzw. in das GC-FTIR System verwendet werden. Die für die spektroskopischen Untersuchungen eingesetzten Standardsubstanzen waren käufliche Produkte (Promochem) mit Ausnahme des Desethyl-, Desisopropyl- und Hydroxyatrazins, die uns kostenlos von der Fa. CIBA-GEIGY zur Verfügung gestellt worden waren. Acetamidoatrazin wurde entsprechend der Literatur [4] dargestellt.

Die MS-Untersuchungsbedingungen und die Gerätschaften für die LC/MS-, FIA/MS- und FIA/MS/MS-Untersuchungen zur Erfassung der Ausgangsverbindungen und der Reaktionsprodukte wurden detailliert in der Literatur beschrieben [5, 6]. Hiervon abweichende Bedingungen werden in den Legenden zu den Bildern aufgeführt. Die Aufnahme und Auswertung der parallel zur MS-Detektion registrierten UV-Spuren während der flüssigkeitschromatographischen Trennungen erfolgte mit Hilfe eines Photodioden Array Detektors (Waters 996) in Verbindung mit einem Millenium 2010 Datensystem (Millipore).

Für die GC/MS-Analysen wurde eine DB 5 MS (J&W) fused silica Kapillarsäule (Länge (l) 30 m, innerer Durchmesser (i. d.) 0,32 mm, Filmdicke 0,25 µm) verwendet. Trägergas war Helium mit einer linearen Fließgeschwindigkeit von 15 cm/s. Das Aufgabevolumen betrug 1 µl bei einem split von 1:20. Das Temperaturprogramm startete bei 60 °C (3 min) und lief mit 10 °C/min bis 240 °C, bei einer Gesamtdauer von 30 min.

Die flüssigkeitschromatographischen Trennungen wurden auf einer Spherisorb 5 ODS (CS Chromatographieservice) (l = 250 mm, i. d. = 4,6 mm) in 45 min im linearen Gradientenbetrieb mit 10 % Komponente A nach 90 % Komponente A durchgeführt.

Die Komponente A bestand aus Acetonitril (ChromAR, Promochem), während die Komponente B aus Methanol/Wasser im Verhältnis 20/80 (v/v) zusammengesetzt war. Die Aufgabemenge betrug 50 µl.

Das Methanol hatte den Reinheitsgrad ChromAR (Promochem), das Wasser entstammte dem Milli-Q-System.

Die GC-FTIR-Gerätekombination bestand aus einem GC-System, welches direkt mit dem FTIR-System (Perkin Elmer 8420/1740) gekoppelt war. Parallel dazu wurde zur Erkennung IR-inaktiver Stoffe ein Flammenionisationsdetektor (FID) betrieben. Als Trennsäule wurde eine SE 54 fused silica wide bore Säule (l = 30 m, i.d. = 0,53 mm, Filmdicke 0,8 µm) (Quadrex) verwendet. Trägergas war Helium mit einer linearen Fließgeschwindigkeit von 20 cm/s. Das Aufgabevolumen der methanolischen C18-Eluate betrug 10 µl, wobei ein split-Verhältnis von 9:1 zugunsten des IR-Detektors eingestellt war.

Die Bestimmung der Hemmwirkung des Atrazins sowie seiner Reaktionsprodukte auf die Lichtemission von Leuchtbakterien (Vibrio fischeri) wurde entsprechend den Deutschen Einheitsverfahren DEV L 34 [7] durchgeführt. Die hierzu eingesetzten unbehandelten und behandelten Atrazinlösungen besaßen eine Ausgangskonzentration von β = 20 mg/l und waren auf einen pH-Wert von 7 ± 0,2 eingestellt.

3 Ergebnisse

3.1 O_3-Behandlung des Atrazins

Wie in Bild 1 anhand der im Fließinjektionsbetrieb mit MS-Detektion erzeugten Massenspuren erkennbar, nimmt bei der O_3-Behandlung wäßriger, atrazinhaltiger Lösungen die Konzentration an Atrazin ab. Der Gesamtgehalt an Atrazin und den entstehenden chemischen Abbauprodukten verändert sich aber nicht erkennbar, wenn man die Flächen unter den Massenspuren vor der Behandlung mit denen nach der O_3-Behandlung vergleicht (Bild 1). Diese Abschätzungen beruhen auf der durch Begleituntersuchungen begründeten Annahme einer ähnlichen Ionisierungseffizienz des Atrazins und seiner Reaktionsprodukte im TSP-Ionisierungsprozeß. Die Abnahme der Konzentration an Atrazin in der Lösung unter gleichzeitiger Entstehung chemischer Abbauprodukte wie z. B. Desethyl- und Desisopropylatrazin läßt sich dabei sowohl mittels FIA/MS als auch im LC/MS-Betrieb nach Trennung über eine analytische Säule [8, 9], beide Male durch Aufnahme der Massenspuren, sehr leicht verfolgen. Die so durch Oxidation mittels O_3 neu entstandenen Verbindungen werden in der Umwelt auch als biochemische (Metaboliten) [1] bzw. als UV-Abbauprodukte des Atrazins [10] gefunden.

Wie im folgenden gezeigt werden soll, gestattet die hier benutzte Detektionstechnik, Fließinjektionsanalyse (FIA) gekoppelt über TSP mit MS-Detektion, eine schnelle Beurteilung von Veränderungen im Reaktionsgemisch auch ohne eine vorausgegangene chromatographische Trennung. So wird in Bild 2 das FIA-Massenspektrum des unbehandelten Atrazins gezeigt. In Bild 3 erkennt man im Massenspektrum des Extrakts der O_3-behandelten wäßrigen Atrazinlösung, die nun neben Atrazin (m/z 216/218) weitere chemische Abbauprodukte enthält, den Erfolg der O_3-Behandlung. Anhand dieser Spektren sind qualitative Aussagen sofort möglich. Eine exakte Quantifizierung kann über die Ermittlung der Fläche unter den Massenspuren der Molekülionen erfolgen [9], während eine

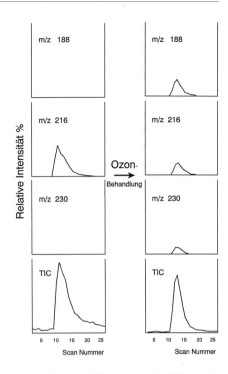

Bild 1. Ausgewählte FIA/MS-Ionenströme (Massenspuren, normiert auf Massenspur m/z 216 vor der Behandlung) ausgesuchter Ionen zur quantitativen Abschätzung der durch Ozonbehandlung aus Atrazin entstehenden chemischen Abbauprodukte (m/z 188: ^{35}Cl-Desethylatrazin; m/z 216: ^{35}Cl-Atrazin; m/z 230: ^{35}Cl-Acetamidoatrazin; TIC: Totalionenströme (normiert auf Ionenstrom der unbehandelten Probe) der Extrakte einer unbehandelten bzw. einer O$_3$-behandelten wäßrigen Atrazinlösung).

halbquantitative Abschätzung bereits visuell anhand der Massenspuren (siehe Bild 1) möglich ist.

Bei dieser über TSP-gekoppelten Detektionsmethode entstehen, wie in der Literatur beschrieben [5], aufgrund des sanften TSP-Ionisierungsprozeß fast ausschließlich Molekülionen der eingesetzten bzw. entstandenen Triazinderivate. Diese Ionisierungsmethode gestattet es, selbst die sehr polaren Verbindungen wie z. B. das Hydroxyatrazin oder sogar das 2-Chlor-4,6-diamino-1,3,5-triazin, die underivatisiert mittels GC nicht mehr handhabbar sind, im LC- oder FIA-Betrieb massenspektroskopisch nachzuweisen.

Wird diese Ionisierungsmethode eingesetzt, so kann man im FIA-Massenspektrum, wie in Bild 2 gezeigt, die beiden Molekülionen des Atrazins mit m/z 216 und 218 erkennen, weil durch das natürliche Isotopenverhältnis von ^{35}Cl/^{37}Cl im Atrazin und die sanfte Ionisierung auch zwei isotope Molekülionen im Intensitätsverhältnis von 3:1 entstehen. Bild 3 dagegen enthält neben den Molekülionen des Atrazins einige weitere, durch O$_3$-Behandlung entstandene Produkte. Aufgrund des Verhältnisses von 3:1 der Chlorisotopen zueinander können diese Gruppen von Ionen mit m/z 174 und 176 bzw. 188 und 190 bzw. 230 und 232 sofort als chlorhaltige Verbindungen identifiziert werden.

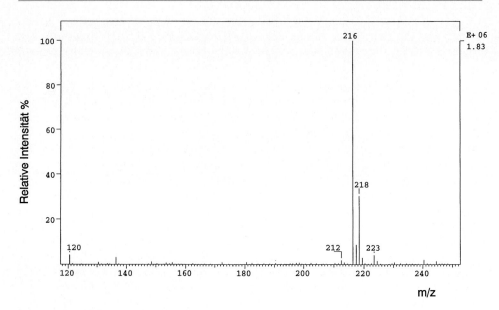

Bild 2. FIA/MS-Übersichtsspektrum [5] des C18-Festphasenextraktes einer wäßrigen Atrazin-Lösung in positiver TSP-Ionisierung. Angereicherte Wassermenge: 1 l; Elutionsmittel: Methanol.

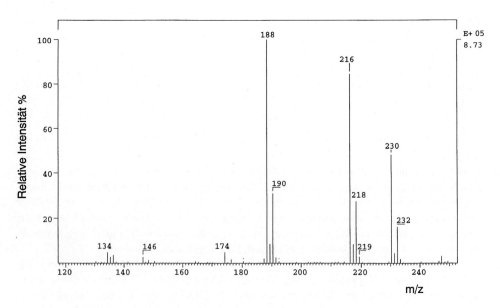

Bild 3. FIA/MS-Übersichtsspektrum [5] des C18-Festphasenextraktes einer mit O_3-behandelten wäßrigen Atrazin-Lösung in positiver TSP-Ionisierung. Angereicherte Wassermenge: 1 l; Elutionsmittel: Methanol.

Da man wegen der sanften Ionisierung im TSP-Prozeß fast keine Fragmente, die der Strukturaufklärung dienen könnten, erhält, werden unter Nutzung der klassischen Mischungsanalyse [3] die Verbindungen charakterisiert. Hierzu werden mittels MS/MS ohne vorherige chromatographische Trennung die im TSP-Prozeß entstehenden Molekülionen (Elternionen) durch stoßinduzierte Dissoziation (CID; collisionally induced dissociation) [5, 11] in Fragmente (Tochterionen) zerlegt. Anhand der dabei sich bildenden charakteristischen Ionen können die Reaktionsprodukte der O_3-Behandlung im Vergleich mit Tochterionenspektren von Standardsubstanzen oder nach Interpretation der Fragmentspektren identifiziert werden. Die Elternionen mit m/z 174/176 und 188/190 können durch Vergleich der Tochterionenspektren (CID) (s. Bilder 4a und 4b) eindeutig dem Desisopropylatrazin bzw. dem Desethylatrazin zugeordnet werden. Während diese beiden Stoffe im CID-Spektrum die Ionen mit m/z 43, 62, 68, 79, 104 und 146 gemeinsam haben, erscheinen im Spektrum des Desisopropylatrazins zusätzlich die Ionen m/z 29 $((C_2H_5)^+)$ und 71 $((C_2H_4\text{-}NH=CNH)^+)$. Die Identifikation der Ionen mit m/z 230/232 aus der behandelten Atrazinlösung gelingt durch Interpretation und Vergleich von CID-Spektren zunächst nicht. Selbst das CID-Spektrum des zunächst durch Oxidation entstandenen und daher synthetisch zu Vergleichszwecken hergestellten [4] Acetamidoatrazins vermag keine Klarheit zu schaffen. Erst nach vorangegangener GC-Trennung mit FTIR-Detektion (s. Gram-Schmidt-Chromatogramm in Bild 5a) und Vergleich der Gasphasen-IR-Spektren der Inhaltsstoffe (Bild 5b) des Extraktes der O_3-behandelten Atrazinlösung gelingt die Identifikation. Denn sowohl die CID-Spektren als auch die durch GC/MS-Analyse erhaltenen Elektronenstoß-Spektren (EI) des Oxidationsproduktes mit m/z 230/232 weisen sowohl beim Vergleich des Tochterionenspektrums als auch dem EI-Bibliotheksspektrum des Propazins der im GC/MS-Datensystem gespeicherten NIST-Bibliothek (National Institute of Standardization) fälschlicherweise auf Propazin hin. Dies ist nicht verwunderlich, da das in Bild 6 gezeigte Tochterionenspektrum des Propazins absolut identisch mit dem des Acetamidoatrazins ist. Acetamidoatrazin, welches dieselbe Molare Masse wie Propazin besitzt, wird dagegen als Identifikationsvorschlag überhaupt nicht erwähnt. Eindeutig jedoch kann das Oxidationsprodukt mit m/z 230/232 wegen der bei $\nu = 1744\ cm^{-1}$ im IR-Spektrum als intensive Absorptionsbande erscheinenden Carbonyl-Valenzschwingung der Amidogruppe als Acetamidoatrazin (Bild 5b) charakterisiert werden.

3.2 O_3-Behandlung des Simazins

Analog zu diesen Reaktionen des Atrazins setzt sich Simazin, welches im FIA/MS-Spektrum die Ionen mit m/z 202/204 bildet, bei der O_3-Behandlung nicht nur zur analogen Acetamido-Verbindung mit m/z 216/218, sondern auch zu dem Desethylsimazin (m/z 174/176) und, wie es scheint, in sehr geringen Mengen auch zum bis-Desethylsimazin (2-Chlor-4,6-diamino-1,3,5-triazin) mit m/z 146/148 um. Diese beiden Verbindungen sind identisch mit dem Desisopropylatrazin bzw. dem Desethyldesisopropylatrazin.

Die Aufnahme von CID-Spektren der Elternionen mit m/z 216/218 aus der O_3-behandelten Simazinlösung war wegen der von uns bei den Triazinderivaten beobachteten Entstehung unspezifischer Fragmente unergiebig und führte wiederum zu dem falschen Ergebnis bei der Identifikation wie zuvor schon beim Atrazin. Entsprechend war das sich aus dem Simazin durch Oxidation bildende Acetamidosimazin im CID-Spektrum wiederum kaum vom Atrazin zu unterscheiden. Beide Substanzen besitzen darüber hinaus dieselbe Molare

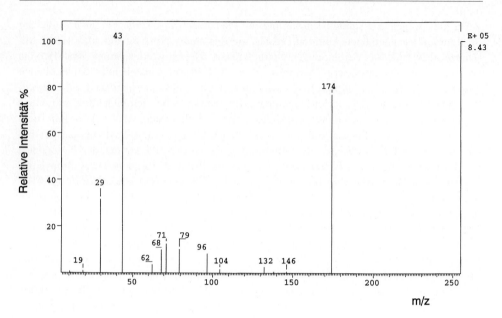

Bild 4a. FIA/MS/MS-Tochterionenspektrum des Molekülions m/z 174 aus dem Wasserextrakt in Bild 3.

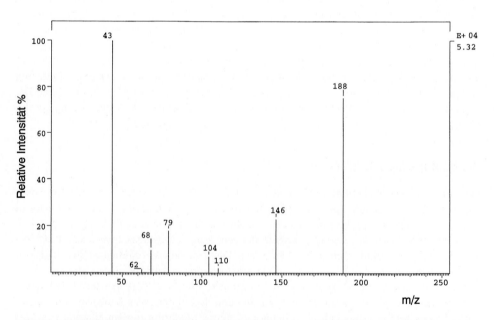

Bild 4b. FIA/MS/MS-Tochterionenspektrum des Molekülions m/z 188 aus dem Wasserextrakt in Bild 3.

Das Verhalten von Atrazin und Simazin im Trinkwasseraufbereitungsprozeß

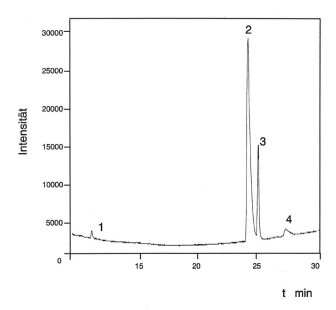

Bild 5a. GC-Trennung des Wasserextraktes aus Bild 3 mit FTIR-Detektion (Gram-Schmidt-Chromatogramm) (Zuordnung der Signale: 1 unbekannt; 2 Desethylatrazin; 3 Atrazin; 4 Acetamidoatrazin).

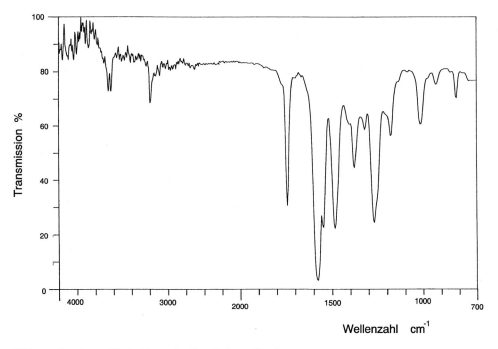

Bild 5b. Gasphasen IR-Spektrum des Signals 4 aus Bild 5a.

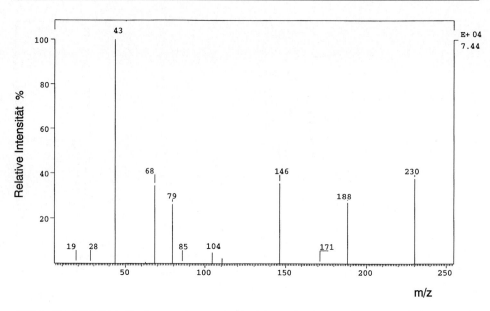

Bild 6. FIA/MS/MS-Tochterionenspektrum des Molekülions m/z 230 (^{35}Cl-Acetamidoatrazin) aus Wasserextrakt in Bild 3.

Masse, so daß bei gleichzeitigem Vorhandensein beider Stoffe eine Charakterisierung mittels FIA/MS/MS nicht möglich ist. Hier ist dann vor der Identifizierung eine chromatographische Trennung unerläßlich. Andernfalls käme es eventuell zur Bildung eines nicht interpretierbaren Tochterionen-Mischspektrums aus den vorhandenen Stoffen, Atrazin und Acetamidosimazin. Anhand der unterschiedlichen Retentionszeiten im LC-Chromatogramm konnte jedoch bestätigt werden, daß es sich bei dem Signal nicht um Atrazin, sondern um Acetamidosimazin handelte.

3.3 O$_3$/UV-Behandlung des Atrazins

Verstärkt man die Oxidationswirkung des Ozons durch gleichzeitige Behandlung der Lösung mit UV-Licht, so erhält man neben dem Desethylatrazin durch Abspaltung des Chloratoms auch das Hydroxyatrazin mit m/z 198. Seine Identität kann, wie die LC-Trennung einer Mischung von Triazin-Standard-Komponenten mit MS-Detektion (siehe Bild 7) zeigt, sehr gut abgesichert werden. Einerseits bekommt man bei der Trennung aufgrund der kurzen Retentionszeit eine gute Abtrennung von den anderen Triazinderivaten, und andererseits ist der Stoff nach Verlust des Chloratoms im Massenspektrum durch das einzelne Signal bei m/z 198 erkennbar.

Überläßt man die so behandelte Lösung bei Raumtemperatur im Dunkeln für 24 h sich selbst, so bildet sich auch Desethyldesisopropylatrazin (2-Chlor-4,6-diamino-1,3,5-triazin), welches aber nicht im Extrakt durch FIA/MS-Analyse, sondern im Lyophilisat der nicht C18 anreicherbaren Stoffe als Hauptkomponente gefunden wurde (Bild 8).

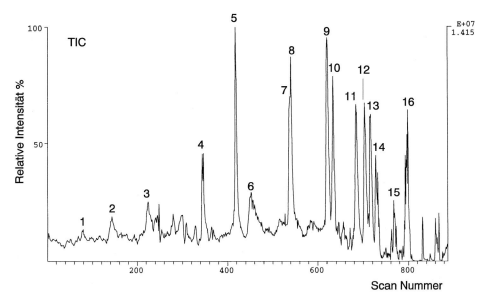

Bild 7. Totalionenstromchromatogramm (TIC) einer HPLC-Trennung mit MS-Detektion und positiver TSP-Ionisierung einer Mischung von Triazin-Standards; Aufgabemenge: 400 ng abs./Komponente (Chromatographische Bedingungen: s. „Experimenteller Teil"). Zuordnung der Signale: 1 Desethyl-desisopropyl-hydroxyatrazin; 2 Desisopropyl-hydroxyatrazin; 3 Desethyl-hydroxyatrazin; 4 Desisopropylatrazin; 5 Desethylatrazin; 6 Hydroxyatrazin; 7 Cyanazin; 8 Simazin; 9 Atrazin; 10 Desmetryn; 11 Terbutylazin; 12 Ametryn; 13 Propazin; 14 Terbumeton; 15 Prometryn; 16 Terbutryn.

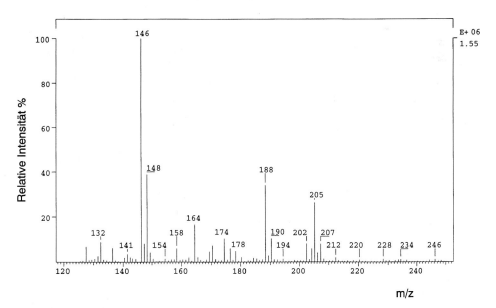

Bild 8. FIA/MS-Übersichtsspektrum [5] der nicht C18-anreicherbaren Stoffe aus einer mit O_3/UV-behandelten wäßrigen Atrazin-Lösung nach Gefriertrocknung und Aufnahme in positiver TSP-Ionisierung. Gefriergetrocknete Wassermenge: 1 l; Lösungsmittel: Methanol.

Die orientierend durchgeführten Untersuchungen auf Bakterientoxizität des mit Atrazin versetzten und mit O_3, O_3/UV und UV behandelten Wassers sind in Tabelle 1 aufgetragen. Die Analyseergebnisse zeigten eine merklich vermehrte Bakterientoxizität der behandelten Lösungen relativ zur unbehandelten Atrazinlösung.

Tabelle 1. Hemmwirkung wäßriger Lösungen von Atrazin und unterschiedlich behandeltem Atrazin in Reinstwasser auf Lichtemission von Photobacterium phosphoreum (Anzahl der Bestimmungen ≥ 3 je Konzentration) gegen Natriumchlorid ($\beta = 20$ g/l) als Kontrolle.

Behandlung	Kontrolle (Blindwert)	ohne Behandlung	Ozon-Behandlung	Ozon/UV-Behandlung	UV-Behandlung
Hemmung %	0	12,4	34,5	87,6	8,7

4 Schlußfolgerungen

Im Trinkwasseraufbereitungsprozeß mit Hilfe von O_3 oder O_3/UV kann es beim Vorhandensein von Triazinderivaten, wie hier beispielhaft am Atrazin und Simazin gezeigt, zu einer Fülle von Reaktionsprodukten kommen. So findet man u. a. die unter Abspaltung der N-Alkylgruppen sich bildenden chemischen Abbauprodukte, die auch von *Heil* u. a. [12] nachgewiesen werden konnten. Dieselben Stoffe werden auch als Metabolite der Triazinderivate in der Umwelt gefunden. Weiterhin sind unter diesen Reaktionsbedingungen Oxidationsreaktionen an den Methylengruppen der N-Ethylgruppen sowohl des Atrazins wie auch des Simazins unter Bildung von Acetamidoverbindungen möglich. Die Charakterisierung dieser Stoffe, die aufgrund ihrer Flüchtigkeit auch underivatisiert mittels GC/MS untersucht werden können, gestaltet sich aber sowohl anhand der CID-Spektren durch FIA/MS/MS als auch der EI-Spektren nach GC/MS-Analyse problematisch. Eindeutig ist aber die Charakterisierung anhand des Schwingungsspektrums mit Hilfe der GC-FTIR Analyse. Hier kann die mit großer Intensität erscheinende Carbonyl-Valenzschwingung ($\upsilon = 1744$ cm^{-1}; Gasphase) sehr gut beobachtet werden.

Wird eine durch UV-Bestrahlung unterstützte O_3-Behandlung des atrazinhaltigen Wassers durchgeführt, so entstehen neben den beschriebenen mono-Desalkylprodukten durch Abspaltung des Chloratoms auch das Hydroxyatrazin bzw. die bis-Desalkyltriazinderivate. Diese beiden Verbindungen sind unter GC-Bedingungen nicht flüchtig und können deshalb underivatisiert nur mittels LC/MS oder FIA/MS nachgewiesen werden. Diese Stoffe eluieren unter den hier beschriebenen chromatographischen Bedingungen im LC/MS-Totalionenstrom- bzw. UV-Chromatogramm vor Simazin und Atrazin (siehe Bild 7).

Dieses Verhalten bei der hier eingesetzten RP-Chromatographie bzw. bei dem Versuch der Anreicherung an RP-Materialien läßt vermuten, daß die durch Oxidation veränderten Stoffe, anders als Atrazin und Simazin [13], von den Aktivkohlefiltern im Trinkwasseraufbereitungsprozeß nur bedingt zurückgehalten werden. Ihre seltene Erwähnung in der Literatur beruht auf ihrer aufwendigen Anreicherung bzw. ihres schwierigen Nachweises wie hier z. B. durch Anreicherung aus dem Lyophilisat des C18-Filtrats und Detektion mittels MS.

Im Leuchtbakterientest zeigen die O_3- bzw. O_3/UV-behandelten Proben eine um die Faktoren 2 bzw. 7 erhöhte Bakterientoxizität. Erstaunlich ist, daß die nachträglich angefertigte Mischung der zuvor durch Behandlung entstandenen und dann identifizierten Stoffe, zusammengestellt aus Standardkomponenten in entsprechender Konzentration, dagegen diese verstärkte Toxizität nicht zeigte. Das deutet darauf hin, daß bei den durchgeführten Behandlungen Stoffe entstanden sein könnten, die entweder mit den eingesetzten Analysenmethoden nicht erfaßt werden können oder aber in so geringer Konzentration vorliegen, daß sie nicht nachweisbar sind. Zieht man die letzte Möglichkeit in Betracht, so würde das bedeuten, daß bei dieser Behandlung außerordentlich toxische Stoffe für die Leuchtbakterien entstehen.

Danksagung

Für die finanzielle Unterstützung durch die Europäische Gemeinschaft im Rahmen des Projektes EV5V-CT 93-0320 danken die Autoren.

Den Herren Lohoff und Scheding sei sehr herzlich gedankt für die Aufnahme der GC/FTIR-Spektren bzw. die Untersuchungen mittels LC/MS, FIA/MS und FIA/MS/MS.

Das für diese Untersuchungen eingesetzte Massenspektrometer war im Rahmen des vom Bundesminister für Forschung und Technologie geförderten Forschungsvorhabens „Chemisches, physikalisch-chemisches und biochemisches Monitoring des Verhaltens von Problemstoffen in der Wasserent- und -versorgung" (02 WT 8733) beschafft worden.

Literatur

[1] Grandet, M., Weil, L. u. Quentin, K.-E.: Gaschromatographische Bestimmung der Triazin-Herbizide und ihrer Metabolite im Wasser. Z. Wasser Abwasser Forsch. *21*, 21–24 (1988).
[2] Verordnung über Trinkwasser und über Wasser für Lebensmittelbetriebe (Trinkwasserverordnung – TrinkwV) vom 5. 12. 1990, BGBl. I Nr. 66, 2612–2629, Anh. 2/I (1990).
[3] Schwarz, H.: Direkte Mischungsanalyse: Tandemmassenspektrometrie. Nachr. Chem. Tech. Lab. *29*, 687–694 (1981).
[4] Pelizetti, E. u. a.: Photocatalytic Degradation of Atrazine and other s-Triazine Herbicides. Environ. Sci. Technol. *24*, 1559–1565 (1990).
[5] Schröder, H. Fr.: Hochdruckflüssigkeitschromatographie gekoppelt mit Tandemmassenspektrometrie – Eine schnelle und zukunftsweisende Analysenmethode in der Wasser- und Abwasseranalytik. Vom Wasser *73*, 111–136 (1989).
[6] Schröder, H. Fr.: Pollutants in drinking water and waste water. J. Chromatogr. *643*, 145–161 (1993).
[7] DIN 38 412 (Gruppe L) Deutsche Einheitsverf. z. Wasser-, Abwasser- u. Schlammunters., DEV (Gruppe L): Bestimmung der Hemmwirkung von Abwasser auf die Lichtemission von Photobacterium phosphoreum (L34).
[8] Schröder, H. Fr.: Surfactants: non-biodegradable, significant pollutants in sewage treatment plant effluents. Separation, identification and quantification by liquid chromatography, flow-injection analysis-mass spectrometry and tandem mass spectrometry. J. Chromatogr. *647*, 219–234 (1993).
[9] Schröder, H. Fr.: Polare, schwer abbaubare, organische Abwasserinhaltsstoffe – Detektion, Identifikation und Quantifizierung. Vom Wasser *81*, 299–314 (1993).

[10] Durand, G. u. Barceló, D.: Determination of chlorotriazines and their photolysis products by liquid chromatography with photodiode-array and thermospray mass spectrometric detection. J. Chromatogr. *502*, 275–286 (1990).
[11] Schröder, H. Fr.: Polar, hydrophilic compounds in drinking water produced from surface water. Determination by liquid chromatography-mass spectrometry. J. Chromatogr. *554*, 251–266 (1991).
[12] Heil, C., Schullerer, S. u. Brauch, H.-J.: Untersuchung zur oxidativen Behandlung PBSM-haltiger Wässer mit Ozon. Vom Wasser 77, 47–55 (1991).
[13] Baldauf, G.: Aufbereitung von PSM-haltigen Rohwässern. DVGW-Schriftenreihe Wasser Nr. 65, S. 109–142 Eschborn 1989.

Einfluß der Vorozonung von Uferfiltrat auf das Wiederverkeimungspotential und die Bildung von Desinfektionsnebenprodukten beim Einsatz von Chlor

Influence of Preozonation of Bank Filtrate on the Bacterial Regrowth Potential and the Formation of Disinfection By-products by Chlorination

Heike Petzoldt*, Wido Schmidt*, Beate Hambsch** und *Peter Werner***

Schlagwörter

Biologisch abbaubare organische Stoffe, Wiederverkeimung, Trihalogenmethane, halogenierte Säuren, Chlorung, biologische Stabilität

Summary

Drinking water distributed to consumers should be thoroughly disinfected and should not contain more than the standard for trihalomethanes of 10 µg/l set by the German Drinking Water Guideline. Using chlorine as disinfectant therefore leads to problems when the water contains for instance around 2 to 3 mg/l dissolved organic carbon (DOC) which is often the case for bank filtrates in Eastern Germany.

The bacterial regrowth potential (BRP) and trihalomethane formation were investigated as a function of chlorine dose and reaction time, comparing bank filtrate after flocculation with filtration (biologically stable) and the same water after additional ozonation (biologically not stable).

It was proved for both waters that chlorine doses below a Cl_2/DOC-ratio of 0,2 to 0,3 mg/mg did not increase the bacterial regrowth potential. As soon as a dose was used which left residual free chlorine after 0,5 h a significant increase of the BRP was measured.

With respect to the formation of disinfection-by-products (trihalomethanes and haloacetic acids) it was found that preozonation has a decreasing effect but only for the short reaction time (0,5 hours). It can be concluded that ozonation retards disinfection-by-product-formation but does not inhibit it completely.

Zusammenfassung

Um den Verbraucher mit einwandfreiem Trinkwasser zu versorgen, muß sowohl eine sichere Desinfektion gewährleistet als auch der Grenzwert für die Summe der Trihalogenmethane (THM) von 10 µg/l eingehalten werden. Dies kann bei höheren Gehalten an gelöstem organischen Kohlenstoff (DOC) um 2 bis 3 mg/l Probleme bereiten.

Das Wiederverkeimungspotential (WVP) und die Bildung von Desinfektionsnebenprodukten wurden in Abhängigkeit von der Chlordosis und der Reaktionszeit vergleichend für Uferfiltrat nach Flockung und mit zusätzlicher Ozonbehandlung untersucht. Für beide Wässer konnte gezeigt werden, daß niedrige Cl_2/DOC-Verhältnisse (0,2–0,3 mg/mg) das WVP nicht erhöhen. Beim Einsatz von Chlordosen, die nach einer Reaktionszeit von 0,5 h einen Restgehalt an freiem Chlor von mindestens 0,1 mg/l gewährleisten, war dagegen eine beträchtliche Erhöhung des WVP zu verzeichnen.

---

* DVGW Technologiezentrum Wasser, Außenstelle Dresden, Scharfenberger Str. 152, D-01139 Dresden.
** DVGW Technologiezentrum Wasser Karlsruhe, Richard-Willstätter-Allee 5, D-76131 Karlsruhe.

Für die Bildung der Desinfektionsnebenprodukte konnte festgestellt werden, daß die herabsetzende Wirkung des Ozons nur bei kurzen Chlorreaktionszeiten (0,5 h) gegeben ist, d. h. bei Einsatz von Ozon wird die Bildung von Desinfektionsnebenprodukten zwar verzögert, jedoch nicht vollständig verhindert.

1 Ziel und Aufgabenstellung

Vorrangiges Ziel der Trinkwasseraufbereitung ist es, den Verbraucher mit einem in jeder Hinsicht einwandfreien Trinkwasser zu versorgen. Dazu gehört eine sichere Desinfektion, die in der Praxis hauptsächlich durch Dosierung chlorhaltiger Desinfektionsmittel erreicht wird.

In ostdeutschen Uferfiltraten ist der Gehalt an gelöstem organischen Kohlenstoff (DOC) mit 2 bis 3 mg/l oft relativ hoch. Dies erfordert eine hohe Chlordosis, um eine sichere Desinfektion zu gewährleisten. Ist dies nicht möglich, kann es als Folge der Chlorung ebenso wie bei der Ozonung aufgrund eines erhöhten Anteils an biologisch abbaubaren organischen Substanzen auch zu einer Erhöhung der Wiederverkeimungsneigung des Wassers kommen [1 bis 3]. Deshalb muß mit Chlordosen gearbeitet werden, die eine Aufrechterhaltung von freiem Chlor im Rohrnetz garantieren, um eine Wiederverkeimung zu verhindern. Nach Trinkwasserverordnung dürfen bis zu 0,3 mg/l Cl_2 nach Abschluß der Aufbereitung enthalten sein. Damit verbunden sind dann häufig Überschreitungen des Haloformgrenzwertes von 10 µg/l nach Abschluß der Aufbereitung und damit erhöhte Haloformkonzentrationen im Netz. Die Wasserwerke sind somit in der schwierigen Lage, einerseits die Wiederverkeimung zu verhindern und andererseits die Bildung von Desinfektionsnebenprodukten minimieren zu müssen.

Zur Begrenzung der Haloformbildung ist in diesen Fällen eine weitergehende Aufbereitung des Wassers erforderlich [4]. Neben der Reduzierung der organischen Belastung durch eine Flockung mit nachfolgender Sedimentation und Filtration oder dem Einsatz von Aktivkohle ist eine Beeinflussung der Haloformbildung durch eine Ozonung möglich [5]. In diesem Zusammenhang ist besonders wichtig, ob und in welchem Umfang durch diese Aufbereitungsmaßnahmen auch die Bildung biologisch abbaubarer Stoffe bei der abschließenden Chlorung herabgesetzt wird. Der durch eine Ozonung im Aufbereitungsprozeß erzielte, erhöhte biologisch abbaubare DOC-Anteil sollte in den der Ozonung nachgeschalteten Filterstufen eliminiert werden. Bei niedrigen Temperaturen, zu kurzen Aufenthaltszeiten des Wassers im Filter und Störungen im Betrieb können biologisch abbaubare Stoffe jedoch ins Reinwasser gelangen.

Um den Einfluß des erhöhten Anteils biologisch abbaubarer Stoffe auf die Wirksamkeit der Chlorung und die Wiederverkeimungsneigung zu ermitteln, wurden Versuche mit einem biologisch stabilen und einem ozonten, biologisch nicht stabilen Wasser durchgeführt.

2 Versuchsdurchführung

2.1 Bestimmung des Wiederverkeimungspotentials (WVP)

Die Bestimmung des Wiederverkeimungspotentials erfolgte nach der Methode von *Werner* [1]. Hier wird nach Sterilfiltration und gezieltem Animpfen des Wassers mit autochthonen

Bakterien die Bakterienvermehrung über zwei bis drei Tage bis zum Erreichen der stationären Phase anhand des Anstieges der Trübung (12° Vorwärtsstreuung) bestimmt. Parallel dazu erfolgt zu Beginn und am Ende eines jeden Wachstumsversuches die Bestimmung der Bakterien-Gesamtzellzahl nach *Hobbie* u. a. mittels Acridinorangefärbung [6].

Der ermittelte Vermehrungsfaktor f (als Quotient aus Trübung am Versuchsende und Trübung am Versuchsbeginn) dient als Maßzahl für die Menge biologisch abbaubarer organischer Substanz und somit für die biologische Stabilität eines Wassers. Zusätzlich wird aus den Bakterienwachstumskurven die Wachstumsrate µ (Steigung der Kurve bei halblogarithmischer Auftragung während der exponentiellen Wachstumsphase) bestimmt.

Die Substratmineralisation während der Versuche wurde als Δ DOC mit einem *Shimadzu-DOC*-Analysengerät bestimmt.

Experimentelle Ergebnisse und Erfahrungen mit der Methode zur Ermittlung des WVP zeigen, daß Wässer mit einem Vermehrungsfaktor f kleiner 5 und Wachstumsraten µ kleiner $0,1\ h^{-1}$ normalerweise ohne Dosierung von Desinfektionsmitteln keine Neigung zur Wiederverkeimung im Verteilungssystem zeigen. Diese Wässer sind als biologisch stabil einzustufen [7].

2.2 Methode zur Bestimmung des THM-Bildungspotentials

Der Grenzwert für die Summe von Chloroform, Dichlorbrommethan, Chlordibrommethan und Bromoform ist in der Trinkwasserverordnung [8] mit 10 µg/l festgelegt. Diese Substanzen werden insbesondere bei der Reaktion der im Wasser enthaltenen organischen Stoffe mit Chlor gebildet.

Die gebildete THM-Konzentration ist abhängig von der Zusammensetzung des DOC, der Konzentration an freiem Chlor und der Reaktionszeit. Die Voraussage der potentiellen THM-Bildung ist anhand von Laborversuchen möglich. Von *Müller* u. a. [4] wurde dazu eine praxisrelevante Methode entwickelt.

Diese THM-Bildungsversuche werden normalerweise mit einer Chlordosis durchgeführt, welche nach 0,5 h Reaktionszeit einen Restchlorgehalt von 0,1 mg/l garantiert (optimierte Chlordosis), sowie mit einer festen Chlordosis von 10 mg/l. Mit diesen Chlorkonzentrationen werden die gebildeten THM nach 0,5 und 48 h Reaktionszeit gemessen.

Die Messung der THM erfolgte mit Head-space und GC-ECD nach DIN 38407, Teil 5 [9].

2.3 Analytik der halogenierten Säuren (HAA)

Die Proben zur Ermittlung des THM-Bildungspotentials wurden zusätzlich auf halogenierte Säuren (HAA) untersucht. Es wurden die Säuren Dichloressigsäure, Trichloressigsäure, Monobromessigsäure, Bromchloressigsäure und Dibromessigsäure erfaßt. Die Bestimmung erfolgte über Flüssig/Flüssig-Extraktion, Derivatisierung und GC-ECD, entsprechend EPA-Methode 552 [10].

3 Ergebnisse und Diskussion

3.1 Untersuchungen zum Wiederverkeimungspotential

Es wurde ein biologisch stabiles Uferfiltrat mit einem ozonten, biologisch nicht stabilen Uferfiltrat verglichen (Massenverhältnis O_3/DOC = 1 mg/mg).

Um den Einfluß der Chlorung im Detail untersuchen zu können, wurden für die Versuche zum Wiederverkeimungspotential die Chlorkonzentrationen im Bereich bis 0,4 mg/l (Massenverhältnis Cl_2/DOC = 0,2 mg/mg) so gewählt, daß nach 0,5 Stunden Reaktionszeit das Chlor vollständig aufgezehrt, also kein Restchlorgehalt mehr vorhanden war. Die optimierte Chlordosis (0,1 mg/l Restchlor nach 0,5 Stunden) lag bei 1,5 mg/l Chlor; ihr Einfluß wurde ebenfalls untersucht. Als maximale Chlordosis wurden 10 mg/l Chlor in Anlehnung an die Untersuchungen zum Haloformbildungspotential gewählt [4]. Für alle eingesetzten Chlordosen erfolgte vor dem Ansatz der Untersuchungen zum WVP eine Zugabe von Natriumthiosulfat.

Tabelle 1. Kenngrößen der beiden Untersuchungswässer.

Parameter	Wasser A Uferfiltrat nach Flockung	Wasser B Uferfiltrat nach Flockung und Ozonung
DOC-Gehalt in mg/l	2	2
Vermehrungsfaktor f der WVP-Messung	5	22
ΔDOC-Gehalt in mg/l	<0,1	0,1
THM-Bildungspotential in µg/l (10 mg/l Chlor; 2 Stunden)	18,4	8,2
pH-Wert	6,4	6,4

Wichtige Kenngrößen der beiden Versuchswässer sind in Tabelle 1 zusammengestellt.

Wasser A kann anhand des ermittelten Vermehrungsfaktors f = 5 als biologisch stabil eingeschätzt werden, das THM-Bildungspotential liegt dagegen mit 18,4 µg/l (10 mg/l Chlor; 2 h Reaktionszeit) sehr hoch, d. h. über dem vorgeschriebenen Trinkwassergrenzwert.

Das ozonte Wasser B zeigt im Vergleich dazu ein geringeres THM-Bildungspotential, tendiert aber zu Verkeimungsproblemen bei Abgabe ins Verteilungssystem, wenn kein Restchlorgehalt vorhanden ist. Das geht eindeutig aus dem ermittelten Vermehrungsfaktor f > 20 hervor.

Die Ergebnisse der Untersuchungen zur Beeinflussung des Wiederverkeimungspotentials durch Chlor sind in Bild 1 dargestellt.

Der Einfluß des Chlors auf die organische Struktur des gelösten organischen Kohlenstoffs (DOC) ist am Wiederverkeimungspotential deutlich erkennbar.

Das nicht ozonte, biologisch stabile Wasser zeigt bei geringen Chlordosen im Bereich bis 0,4 mg/l ein konstantes, relativ niedriges Wiederverkeimungspotential.

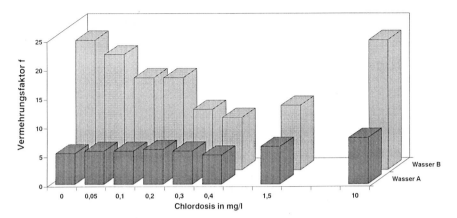

Bild 1. Einfluß der Chlordosis auf das Wiederverkeimungspotential mit und ohne Vorozonung (Wasser A: ohne Vorozonung; Wasser B: mit Vorozonung).

Bei Einsatz der für eine Desinfektion erforderlichen Chlordosis (1,5 mg/l Chlor) zeigt sich ein erster Anstieg der Bakterienvermehrung um 10–15 % auf einen Vermehrungsfaktor f = 7. Damit ist das Wasser nicht mehr biologisch stabil.

Extrem hohe Chlordosen (10 mg/l Chlor) bewirken eine Steigerung des Wiederverkeimungspotentials um 40 % auf einen Vermehrungsfaktor f = 10.

Dieser Effekt konnte auch von *Hambsch* u. a. [11] mit Fulvinsäure-Modellwässern mehrfach nachgewiesen werden. Parallel zu den Untersuchungen mit Uferfiltrat ließ sich feststellen, daß bei Zugabe der niedrigen Chlordosis im molaren Massenverhältnis von 0,1 (Massenverhältnis Cl_2/DOC = 0,3 mg/mg) das Bakterienwachstum kaum oder gar nicht erhöht wird. Bei der hohen Chlorzugabe (Massenverhältnis Cl_2/DOC = 1 mg/mg) der Probe kam es in Übereinstimmung mit den Uferfiltratversuchen zu einer deutlichen Steigerung der Bakterienvermehrung und damit des Wiederverkeimungspotentials.

Es ist zu vermuten, daß der Effekt einer erhöhten Wiederverkeimung erst bei Einsatz von Chlordosen hervorgerufen wird, die einen Restgehalt an freiem Chlor nach 0,5 h Reaktionszeit garantieren.

Bei Behandlung des Wassers mit Ozon (O_3/DOC = 1 mg/mg) und anschließender Chlorung liegen die Vermehrungsfaktoren generell über den Werten des nichtozonten Wassers (Wasser A) bei gleichem DOC-Gehalt (f > 10 – biologisch nicht stabil).

Niedrige Chlordosen bis 0,4 mg/l Chlor führen bei dem biologisch nicht stabilen Wasser zu einer deutlichen Verminderung, eine Chlorung über der optimierten Dosis (1,5 mg/l) hingegen zu einer Erhöhung des Wiederverkeimungspotentials; das Ausgangsniveau wird bei einer Dosis von 10 mg/l wieder erreicht.

Die Ausbildung eines Minimums für die biologische Verwertbarkeit in Abhängigkeit von der Chlordosis kann mit Hilfe von zwei gegenläufigen Tendenzen erklärt werden. Die zunehmende Bildung halogenierter Substanzen mit steigenden Chlordosen führt zunächst zu einer deutlichen Verringerung des Vermehrungsfaktors, d. h. der Einbau von Chlor in die organische Matrix (AOX) vermindert die biologische Verwertbarkeit. Mit weiter zunehmenden Chlordosen wird aber der Einfluß der oxidativen Wirkung des Chlors (insbesondere der unterchlorigen Säure) deutlicher. Es kommt zu einer verstärkten Bildung azider, biologisch leichter verwertbarer Strukturen, welche wiederum der Grund für ein erhöhtes WVP sein können.

Sichtbar wird dieser Anstieg bei der hohen Chlordosis von 10 mg/l auch im nichtozonten Wasser A. Die durchschnittlich deutlich höheren Vermehrungsfaktoren des Wassers B sind mit strukturellen Veränderungen infolge der Ozonung erklärbar, denn ungeachtet der sehr komplexen Mechanismen bei der Oxidation der organischen Matrix mit Ozon ist die Bildung biologisch leicht abbaubarer „DOC-Bruchstücke" insbesondere der Aldehyd- und Ketoverbindungen erwiesen [12].

3.2 Bildung von Desinfektionsnebenprodukten

Neben den Untersuchungen zum Wiederverkeimungspotential sollte gezeigt werden, wie sich die oxidative Uferfiltrat-Behandlung durch Ozonung auf die Bildung von Desinfektionsnebenprodukten auswirkt.

Untersucht wurde der Einfluß der Chlordosis sowie der Chloreinwirkzeit (= Reaktionszeit).

In Bild 2 ist die Abhängigkeit der Haloformbildung bei einer Chlordosis von 10 mg/l Chlor von der Reaktionszeit dargestellt. Daraus geht deutlich die Zunahme der Bildung von Desinfektionsnebenprodukten mit der Reaktionszeit bei der verwendeten Chlordosis hervor.

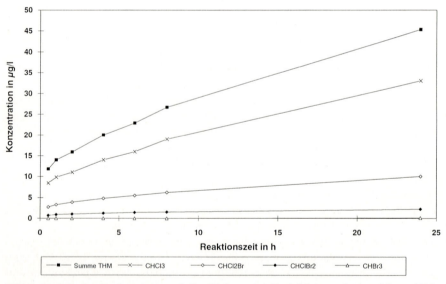

Bild 2. Einfluß der Reaktionszeit auf die Bildung von Desinfektionsnebenprodukten (Chlordosis: 10 mg/l).

Hauptbestandteil der gebildeten Trihalogenmethane (THM) ist Chloroform.

Die Konzentration der bromierten THM ist geringer als die des Chloroforms und der chlorierten Trihalogenmethane insgesamt. Es zeigt sich auch hier eine Zunahme der Konzentration mit ansteigender Chlordosis. Auffallend ist, daß der Konzentrationsanstieg der bromierten Verbindungen im Gegensatz zu dem des Chloroforms sehr flach verläuft.

Dies ist darauf zurückzuführen, daß der Bromidgehalt des Wassers mit 50 µg/l mehrere Größenordnungen unter der Chloridkonzentration des Wassers (50 mg/l) liegt.

Die Bilder 3 und 4 zeigen den Einfluß der Vorozonung des Uferfiltrates auf die Bildung der THM bei einer nachfolgenden Chlorung in Abhängigkeit von der Chlordosis und Reaktionszeit, wobei in Bild 3 der Einfluß von 0,5 h und in Bild 4 von 24 h Reaktionszeit dargestellt ist.

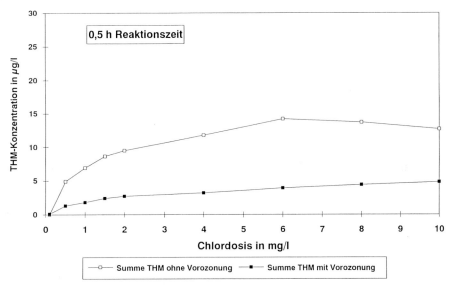

Bild 3. Einfluß der Chlordosis auf die THM-Bildung mit und ohne Vorozonung bei einer Reaktionszeit von 0,5 h.

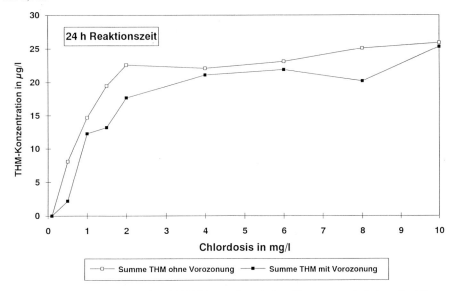

Bild 4. Einfluß der Chlordosis auf die THM-Bildung mit und ohne Vorozonung bei einer Reaktionszeit von 24 h.

Die Ergebnisse zeigen: Durch eine Vorozonung wird die THM-Bildung bei kurzer Chlorreaktionszeit deutlich herabgesetzt (Bild 3). Dagegen ist nach 24 h Reaktionszeit die Differenz zur THM-Bildung ohne Vorozonung (Wasser A) deutlich zurückgegangen (Bild 4). Nach 24 h Reaktionszeit wird für Wasser B fast dasselbe THM-Bildungspotential erreicht wie für Wasser A.

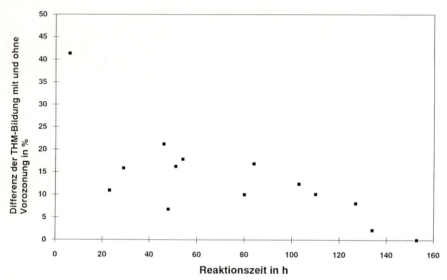

Bild 5. Veränderung des THM-Bildungspotentials durch Vorozonung in Abhängigkeit von der Reaktionszeit (Chlordosis: 10 mg/l).

Untermauert wird dieses Ergebnis mit den in Bild 5 aus mehreren Versuchen zusammengestellten Ergebnissen zum Einfluß der Reaktionszeit (eingesetzte Chlordosis: 10 mg/l) auf die THM-Bildung. Hier ist die prozentuale Differenz der gemessenen THM mit und ohne Vorozonung in Abhängigkeit von der Reaktionszeit dargestellt. Es wird deutlich sichtbar, daß die Differenz mit steigender Reaktionszeit abnimmt. Das bedeutet, daß die Bildung der Desinfektionsnebenprodukte nach Vorozonung verzögert wird.

In den Bildern 6 und 7 ist die Bildung des Bromoforms in Abhängigkeit von der Reaktionszeit dargestellt. Es zeigt sich, daß die Bromoformbildung in dem vorozonten Wasser (Wasser B) nach 0,5 h noch nicht eingesetzt hat (Bild 6), nach 24 h jedoch die Werte doppelt so hoch liegen wie für Wasser A (Bild 7). Die Bromoformbildung durchläuft mit und ohne Vorozonung bei einer Chlordosis von 2 mg/l ein Maximum mit 0,2 bzw. 0,4 µg/l.

Neben den THM werden auch halogenierte Essigsäuren als Reaktionsprodukte aus organischem Kohlenstoff und Chlor gebildet. Wegen ihrer hohen Relevanz wurden auch diese analysiert. Die Ergebnisse der Untersuchungen für 10 mg/l Chlordosis sind in nachstehender Tabelle 2 zusammengefaßt.

Die Bildung der HAA zeigt dieselbe Dosis- und Zeitabhängigkeit wie sie für die THM (vgl. Bild 3 und 4) festgestellt wurde. Aus diesem Grund wird auf eine Abbildung des Kurvenverlaufes an dieser Stelle verzichtet.

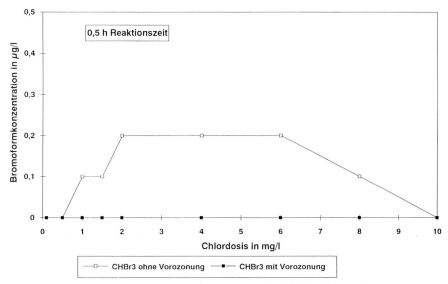

Bild 6. Bildung von Bromoform mit und ohne Vorozonung nach 0,5 h Reaktionszeit.

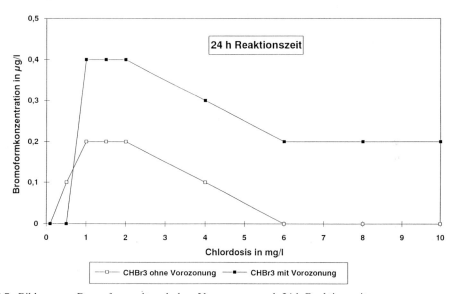

Bild 7. Bildung von Bromoform mit und ohne Vorozonung nach 24 h Reaktionszeit.

Mit längerer Reaktionszeit wird die Differenz der Konzentrationen der gebildeten HAA zwischen Wasser A und Wasser B geringer. Nach 24 h zeigen beide Wässer annähernd dieselben HAA-Konzentrationen.

Parallel zur Bildung bromierter THM wird die Bildung bromierter Essigsäuren durch eine Vorozonung gefördert, sie durchläuft ebenfalls ein Maximum bei 2 mg/l Chlor.

Die absoluten HAA-Konzentrationen betragen zwischen 30 und 50% der ermittelten THM-Konzentrationen.

Tabelle 2. Bildung halogenierter Essigsäuren (HAA) im Vergleich zur THM-Bildung mit und ohne Vorozonung.

10 mg/l Cl_2	Wasser A ohne Vorozonung	Wasser B mit Vorozonung
Σ THM 0,5 h in µg/l	12,7	4,8
Σ THM 24 h in µg/l	25,9	25,3
Σ HAA 0,5 h in µg/l	3,8	1,8
Σ HAA 24 h in µg/l	12,3	9,5

4 Schlußfolgerungen

Ziel der Untersuchungen war es, für eingangs beschriebene Problemwässer, d. h. Uferfiltrate mit relativ hohen DOC-Gehalten von 2–3 mg/l, eine optimale Aufbereitungstechnologie zu finden. Zum einen muß hierbei eine Minimierung der Haloformbildung erzielt werden, um die Einhaltung des geforderten Trinkwassergrenzwertes zu gewährleisten, und zum anderen soll ein biologisch stabiles Wasser an den Endverbraucher abgegeben werden. Nach dem Einsatz einer Ozonung muß daher eine wirksame biologische Aufbereitungsstufe zur Reduzierung der gebildeten, leicht abbaubaren organischen Verbindungen eingeschaltet werden.

Mit den vorgestellten Versuchsergebnissen werden Vor- und Nachteile der Ozonung, wie sie in Wasserwerken in den alten Bundesländern relativ häufig eingesetzt wird, bei Einsatz für Uferfiltrate in den neuen Bundesländern bezüglich Wiederverkeimungspotential (biologische Stabilität) und Bildung von Desinfektionsnebenprodukten bei Einsatz von Chlor aufgezeigt und diskutiert.

Durch die hier vorgestellten Versuchsergebnisse konnte gezeigt werden, daß niedrige Cl_2/DOC-Verhältnisse (< 0,3 mg/mg) das WVP nicht signifikant erhöhen. Für biologisch stabiles Wasser (Wasser A) blieb das WVP konstant. Für biologisch nicht stabiles Wasser (Wasser B) mit einem hohen Gehalt an biologisch abbaubaren Stoffen konnte eine Verringerung des WVP, also eine höhere biologische Stabilität, gegenüber dem Ausgangswasser ohne Chlorzugabe erzielt werden.

Beim Einsatz höherer Chlordosen, welche einen Restchlorgehalt für eine sichere Desinfektion gewährleisten, kommt es bei den untersuchten Wässern in jedem Fall zu einem Anstieg des Wiederverkeimungspotentials und damit zu einem erhöhten hygienischen Risiko.

Möglicherweise wird das WVP von Wässern mit einem hohen Gehalt an biologisch abbaubaren Stoffen bei Einsatz geringer Chlordosen durch die Anlagerung der Cl-Atome an die organischen Moleküle verringert. Bei hohen Chlordosen rückt dagegen die oxidative Wirkung in den Vordergrund, und das WVP wird erhöht. Sobald eine bestimmte Chlordosis „überschritten" ist, kommt es zur Aufspaltung der Strukturen. Dies sollte jedoch anhand von Strukturanalysen mit isolierten DOC-Fraktionen noch näher untersucht werden.

Die THM-Bildung wurde durch eine Vorozonung des Wassers für die kurze Reaktionszeit von 0,5 h reduziert, aber für die lange Reaktionszeit von 24 h wurde eine ebenso erhöhte THM-Bildung wie für das Ausgangswasser festgestellt. Je länger die Reaktionszeit, um so geringer ist der positive Effekt einer Vorozonung bezüglich der Bildung von Desinfektionsnebenprodukten für die untersuchten Wässer.

Es kann somit die Schlußfolgerung getroffen werden, daß eine Vorozonung die Bildung von Desinfektionsnebenprodukten zwar verzögert, aber letztendlich nicht vermindert.

Für die Aufbereitung im Wasserwerk kommt es darauf an, nach einer Ozonung sowohl die DOC-Gehalte herabzusetzen und damit die Bildung von Desinfektionsnebenprodukten zu minimieren, als auch das Wiederverkeimungspotential des Wassers zu verringern, um dem Verbraucher ein in jeder Hinsicht einwandfreies Trinkwasser zur Verfügung stellen zu können.

Literatur

[1] Werner, P.: Eine Methode zur Bestimmung der Wiederverkeimungsneigung von Trinkwasser. Vom Wasser 65, 257–270 (1985).
[2] Van der Kooij, D.: Assimilable organic carbon (AOC) in drinking water. In: Drinking Water Microbiology, Progress and Recent Developments (ed. G. A. Mc Feters). Springer Verlag: New York, 1990.
[3] Volk, C., Renner, P., Roche, H., Paillard, H. u. Joret, J. C.: Effects of ozone on the production of biodegradable dissolved organic carbon (BDOC) during water treatment. Ozone Science & Engineering 15, 389–404 (1993).
[4] Müller, U., Wricke, B., Baldauf, G. u. Sontheimer, H.: THM-Bildung bei der Trinkwasseraufbereitung. Vom Wasser 80, 193–209 (1993).
[5] Müller, U. u. Sontheimer, H.: Die Elbe als Trinkwasserreservoir – Situation, Prognose und Aufbereitungstechnologien. DVGW-Schriftenreihe „Wasser" (in Druck).
[6] Hobbie, J. E., Daley, R. J. u. Jasper, S.: Use of Nuclepore filters for counting bacteria by fluorescence microscopy. Appl. Environ. Microbiol. 33, 1225–1228 (1977).
[7] Rittmann, B. E. u. Snoeyink, V. L.: Achieving biologically stable drinking water. J. Amer. Water Works Assoc. 76, 106–114 (1984).
[8] Anonymus: Verordnung über Trinkwasser und über Wasser für Lebensmittelbetriebe (Trinkwasserverordnung–TrinkwV). Bundesgesetzblatt, Teil I (1990).
[9] Anonymus: DIN 38407, Teil 5. Bestimmung von leichtflüchtigen Halogenkohlenwasserstoffen LHKW durch gaschromatographische Dampfraumanalyse (DEV, F5) (1991).
[10] Hodgeson, J. W.: Determination of Haloacetic Acids in Drinking Water by Liquid-Liquid-Extraction, Derivatization and Gas Chromatography with Electron Capture Detection. US Environmental Protection Agency, Cincinnati, Ohio, 45268 (1990).
[11] Hambsch, B., Schmiedel, U., Werner, P. u. Frimmel, F. H.: Investigations on the biodegradability of chlorinated fulvic acids. Acta hydroch. hydrobiol. 21 (3), 167–173 (1993).
[12] Weinberg, H. S., Glaze, W. H., Krasner, S. W. u. Sclimenti, M. J.: Formation and Removal of Aldehydes in Plants That Use Ozone. J. Am. Water Works Assoc. 85 (5), 72 (1993).

Gefährdung des Grundwassers durch saure Niederschläge – Untersuchungen im Einzugsgebiet eines Trinkwasser-Flachstollens des Wiesbadener Hochtaunus

Teil III: Ganglinienanalysen

Endangering of the Groundwater by Acid Rain – Investigations in the Catchment Area of a Drinking-Water Gallery of the Wiesbadener Hochtaunus

Part III: Evaluation of Time Series

Ingrid Bauer, Karl-Heinz Bauer** und Manfred Krieter****

Schlagwörter

Grundwasserversauerung, Ganglinienanalyse, Wassermischungsprozesse, Taunus

Summary

Intensive sampling of an investigation area with weekly sampling intervals and close sampling points, as done in the investigation area ‚Kalter Born‘, allows detailed study of the dynamics of the hydrological processes. The evaluation of time series of streamflow discharges and the contents of chemical elements yields information about water mixing processes, which could be shown for the ‚Theißbach‘ at sampling point T_2 and for the groundwater gallery ‚Kalter Born‘. Simple mixture computations with sulfate as indicator parameter show the proportion of a less acidified baseflow and the mixing of acid waters from the upper groundwater sections close to the infiltration level. It becomes evident that selection of the sampling points and timing are of great importance for interpretation of the measuring results. Neutralizing processes can also be distinguished, different buffering mechanisms can be identified and the effects of redox processes can be shown by evaluation of the time series.

Zusammenfassung

Die intensive Beprobung eines Untersuchungsgebietes mit einem dichten Meßstellennetz und wöchentlichen Probenahmeintervallen führte im Untersuchungsgebiet „Kalter Born" zu detaillierten Erkenntnissen über die Dynamik der hydrologischen Prozesse. Die Ganglinienauswertung chemischer Elementgehalte und Abflußmengen gibt Auskunft über Wassermischungsprozesse, wie sie für den Theißbach an der Meßstelle T_2 und für den Flachstollen nachgewiesen wurden. Einfache Mischungsrechnungen über das Leitelement Sulfat zeigen dabei die prozentualen Anteile einer wenig versauerten Grundschüttung und einer Zumischung oberflächennaher saurer Wässer aus höheren Aquiferteilen an. Insbesondere wird hierbei auch die grundlegende Bedeutung der Meßstellenauswahl und des Probenahmezeitpunktes für die versauerungschemische Beurteilung der Meßergebnisse deutlich. Ferner lassen sich über die Ganglinienauswertung Neutralisationsprozesse differenzieren, verschiedene Puffermechanismen identifizieren und die Wirkung von Redoxprozessen nachvollziehen.

---

[*] Dr. I. Bauer, Theodor-Storm-Weg 39, 55127 Mainz.
[**] Dr. K.-H. Bauer, Riedwerke, Taunusstraße 100, D-64521 Groß-Gerau.
[***] Prof. Dr. M. Krieter, Institut für Geographie der Westfälischen Wilhelms-Universität, Abteilung Landschaftsökologie, Robert-Koch-Str. 26, D-48149 Münster.

1 Einleitung

In den Teilen I und II dieser Reihe wurden am Beispiel des Untersuchungsgebietes „Kalter Born", dem Einzugsgebiet des gleichnamigen Trinkwasser-Flachstollens im Wiesbadener Hochtaunus, die Auswirkungen der langjährigen Säureeinträge auf die Wässer der ungesättigten und gesättigten Zone dargestellt [1, 2]. Dies geschah zunächst unter einer starken Reduzierung der ermittelten Datenreihen auf Mittelwerte über den gesamten eineinhalbjährigen Meßzeitraum. Eine Ganglinienauswertung der Schüttungsmengen und Elementkonzentrationen ermöglicht bei der intensiven Beprobung des Untersuchungsgebietes mit wöchentlicher Probenahme und engem Meßstellennetz (vgl. Teil I) noch weitere Erkenntnisse über das Einzugsgebiet selbst und die Dynamik der im Ökosystem ablaufenden Vorgänge.

2 Identifizierung und Quantifizierung von Mischungsprozessen zwischen Wässern verschiedenen Versauerungsgrades

Beispiel 1: Theißbach

Die Probenahmestelle T_2 im Theißbach liegt hinter dem Zusammenfluß mehrerer Quellarme am Südhang des oberen Theißbach-Quellgebietes, die zugleich das oberirdische Einzugsgebiet des Flachstollens „Kalter Born" entwässern (Bild 1). Die Untersuchung der Wässer aus dieser Probenahmestelle gibt damit ein Bild vom Gesamtzustand des Oberflächen- und Grundwasserabflusses im Untersuchungsgebiet wieder.

Das Wasser dieser Pobenahmestelle fiel im Gegensatz zu den übrigen Bachmeßstellen und Quellen des oberirdischen Flachstollen-Einzugsgebietes durch starke Schwankungen im Jahresgang der chemischen Parameter auf.

Am Beispiel des pH-Wertes ist dies in Bild 2 dargestellt. Die meisten der untersuchten Wässer schwanken in stockwerksspezifischen, gut gegeneinander abgrenzbaren pH-Niveaus (Bild 2a). Die drei Wasserstockwerke des Einzugsgebietes (vgl. [1]) werden dabei durch die Quelle Q_{44} und mit Einschränkung (vgl. Beispiel 2) durch den Flachstollen (F) (unteres Stockwerk, mäßig versauert), durch die quellnahe Probenahmestelle T_1 im oberen Theißbach (mittleres Stockwerk, stärker versauert bzw. im Übergang zum sauren Zustand) und durch die oberen Quellaustritte (z. B. Q_{42}) und den Kalten Bach (K_1) (oberstes Stockwerk, stark sauer) repräsentiert. An der Probenahmestelle T_2 dagegen (Bild 2b), ca. 500 m unterhalb T_1, pendelt die pH-Ganglinie des Wassers in dem weiten Bereich zwischen den stark sauren oberen Quellwässern (Q_{42}) und dem mäßig versauerten Wasser der Flachstollenebene (Q_{44}). In Phasen extremer Niedrigwasserführung (vgl. Bild 2b, Theißbachpegel) werden die pH-Werte des Flachstollenstockwerks sogar um ca. eine halbe pH-Einheit überschritten. Die Einbrüche in den sauren Bereich fallen mit Zeiten hoher Wasserführung zusammen, wobei sich die Extrempunkte besonderen Niederschlagsereignissen (z. B. in der 24. bis 26. Woche '87, 42. und 43. Woche '87, 4. und 5. Woche '88), im Winterhalbjahr oftmals auch Schneeschmelzphasen (1. Woche '87, 7. Woche '87, 11. und 12. Woche '88) zuordnen lassen.

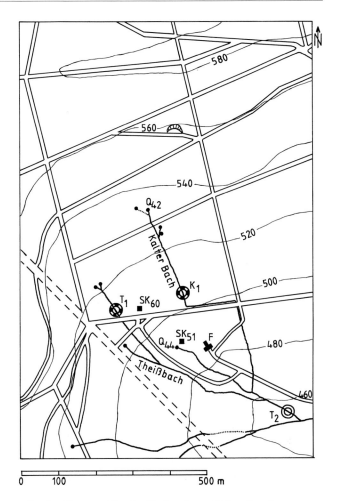

Bild 1. Ausgewählte Probenahmestellen im Einzugsgebiet des Flachstollens „Kalter Born".

↖	Quelle
■	Saugkerze
♥	Flachstollen „Kalter Born"
◎	Bachwasser-Probenahmestelle
⊗	Bachwasser-Probenahmestelle mit Pegel
K_1,...	Bezeichnung der Probenahmestelle

Ein ähnliches Pendeln der Ganglinie zeigen die Sulfat-Konzentrationen (Bild 3) im Wasser dieser Theißbach-Probenahmestelle, bei denen der untere Theißbach (T_2) jedoch das Sulfat-Niveau der Flachstollenebene kaum unterschreitet. Die Mangan- und Aluminium-Gehalte des T_2-Wassers weisen in Hochwasserzeiten ebenfalls deutliche, gegenüber der Stollen- und der T_1-Ebene stark überhöhte Peaks auf (ohne Abbildung, vgl. [3]).

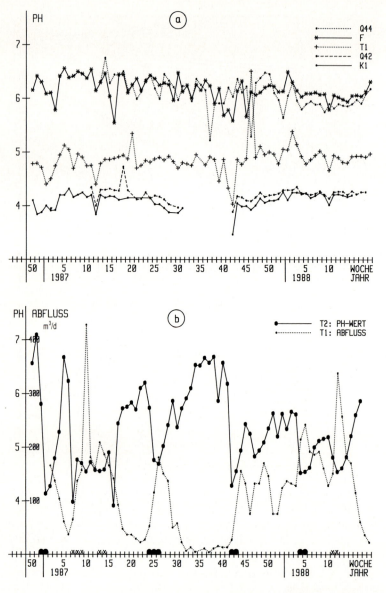

Bild 2. Ganglinien der pH-Werte im Wasser ausgewählter Quellen und Bäche und des Flachstollens „Kalter Born" (a) sowie des unteren Theißbaches (T_2) in Verbindung mit den Abflußmengen am Theißbachpegel, mit Tauperioden (x) und besonderen Niederschlagsereignissen (●●: mehr als 90 mm Niederschlag in 2 aufeinanderfolgenden Wochen) (b).

Ganz offensichtlich ist dieses Verhalten des Chemismus im unteren Theißbach nach einer Fließstrecke von max. 700 m (gemessen an der am weitesten entfernten Zubringerquelle) auf Wassermischungen zurückzuführen, bei denen einer wenig versauerten Grundschüttung wechselnde Anteile der nur periodisch fließenden, stärker versauerten Zubrin-

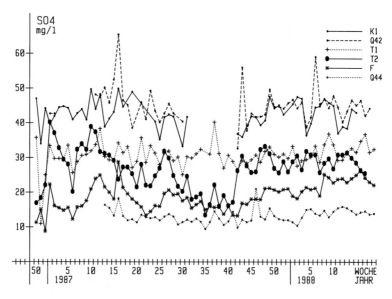

Bild 3. Ganglinien der Sulfat-Konzentrationen im Wasser ausgewählter Quellen und Bäche sowie des Flachstollens „Kalter Born".

ger (höhere Sulfatgehalte, niedrigere pH-Werte) aus den höheren Hangbereichen zugemischt werden. Geländebeobachtungen zu den Wasserführungen der verschiedenen Quellarme bestätigen dies, und die stark sauren, oberflächennahen Hangwässer (interflow) haben dabei verstärkende Wirkung.

An dem Beispiel dieses Baches bzw. des gesamten Flachstollen-Einzugsgebietes zeigt sich damit die grundlegende Bedeutung der Meßstellenauswahl für die versauerungschemische Beurteilung der Meßergebnisse. In dem ca. 0,5 km² großen, kammnahen Untersuchungsgebiet am ‚Kalten Born', in dem der tiefstgelegene Meßpunkt nur ca. 150 Höhenmeter unterhalb der Kammlinie liegt, treten je nach Probenahmestelle Wässer des gesamten Versauerungsspektrums vom leicht versauerten bis zum stark sauren Zustand auf. Dabei findet man sowohl ‚reine Wassertypen' mit einer geringen Schwankungsbreite des Versauerungsgrades im Jahresgang (z. B. Q_{42}, Q_{44}, T_1, K_1) als auch Mischwassertypen mit einer großen versauerungschemischen Bandbreite (T_2). Diese verschiedenen Wassertypen treten in enger räumlicher Nachbarschaft zueinander auf.

Reinwassertypen werden dabei vorwiegend an den Quellaustritten selbst gefunden, kommen aber auch an quellnahen Bachmeßstellen (T_1, K_1) vor, sofern keine weiteren Zuflüsse vorgeschaltet sind und keine Störungen durch große Oberflächenabflußkomponenten in Hochwasserphasen auftreten. Diese Reinwassertypen zeichnen sich u. a. dadurch aus, daß die oft zitierten pH-Einbrüche in Schneeschmelzphasen wesentlich kleiner ausfallen, als es z. B. auch der Mischwassertyp T_2 am Kalten Born zeigt (vgl. Bild 2, z. B. 1. Woche '87, 7. Woche '87). Statt dessen werden in diesen Wässern die tiefsten pH-Absenkungen fast durchweg nach bzw. am Ende der sommerlichen Trockenphase erreicht, in der Wiederauffüllungsphase des Systems, in der ausgetrocknete Wasserwege neu durchströmt und festgelegte Säuremengen wieder mobilisiert werden (Bild 2, 37. bis 42. Woche '87). Entsprechend der Auffüllung des Wasserkörpers von unten nach oben werden diese pH-Einbrüche je nach der Lage im Hangprofil zu verschiedenen Zeitpunkten sichtbar (Q_{44}: 37. bis 41. Woche '87, T_1: 39. bis 42. Woche '87, Q_{42} und K_1: 42. Woche '87).

In den Mischwassertypen des Untersuchungsgebietes (T_2) werden die höchsten pH-Werte und niedrigsten Sulfatgehalte in Niedrigwasserphasen erreicht, in denen sie größtenteils aus den unteren Aquiferteilen mit den am stärksten gepufferten Wässern gespeist werden (Bilder 2b und 3, z. B. 32. und folgende Wochen '87). Niedrige pH-Werte und hohe Sulfatgehalte treten dagegen zu Zeiten hoher Wassersättigung mit größeren Zuflußanteilen aus den oberen Quellen auf.

Beispiel 2: Flachstollen ‚Kalter Born'

Der Flachstollen nimmt hinsichtlich der Sulfat-Konzentrationen gegenüber den übrigen Quellen eine Sonderstellung ein. Die Ganglinie seiner Sulfat-Konzentrationen verläuft sehr stark schüttungsparallel, d. h. in Zeiten hoher Abflüsse treten hohe Sulfat-Gehalte auf (vgl. Bild 4a).

Für dieses Verhalten gibt es zwei mögliche Erklärungen: zum einen könnte bei erhöhtem hydrostatischen Druck und dadurch schnelleren Fließgeschwindigkeiten des Boden-, Sicker- und Kluftwassers die Sulfat-Auswaschung im gesamten Boden-, Sicker- und Grundwasserbereich verstärkt und das Rückhaltevermögen verringert werden. Die erhöhten Sulfat-Konzentrationen bei Hochwasser würden also durch veränderte Austauschvorgänge hervorgerufen. Zum anderen besteht die Möglichkeit, daß – analog zu den Vorgängen in Oberflächengewässern (z. B. T_2) – bei hohen Abflußmengen zu einer Basisschüttung mit niedrigen Sulfatgehalten (vergleichbar zu Quelle Q_{44}, Bild 3) stark versauertes, sulfatreiches Wasser aus den höheren Wasserstockwerken (vgl. [1]) zugemischt wird.

Für diese Mischungstheorie sprechen folgende Argumente: Zum einen müßten von einem veränderten Austauschverhalten des Boden- und Schuttkörpers in ähnlicher Weise auch der obere Theißbach sowie die Quelle Q_{44} beeinflußt werden, bei denen das schüttungsparallele chemische Verhalten jedoch weitaus schwächer ausgeprägt ist.

Zum anderen konnten auch in Hochwasserzeiten mit Sulfatgehalten des Flachstollenwassers von 20 bis 25 mg/l aus einer 9 m tiefen Saugkerze (Nr. 67, vgl. [2]) Wässer mit unverändert niedrigen Sulfat-Gehalten von knapp 10 mg/l gewonnen werden. Auch bei anderen sulfatreicheren tiefen Saugkerzen sind im Wasserchemismus keine direkten Zusammenhänge zur Sulfat-Ganglinie des Stollenwassers erkennbar. Im Fall veränderter Austauschvorgänge müßten jedoch auch diese Wässer betroffen sein.

Des weiteren traten in Hochwasserzeiten im Stollenwasser erhöhte Cobalt-Konzentrationen auf (bis 1,6 µg/l), während zu Niedrigwasserzeiten die Cobalt-Konzentrationen im Wasser des Flachstollens unterhalb von 0,1 µg/l lagen (vgl. [4]). Hohe Cobalt-Konzentrationen sind ihrerseits charakteristisch für Bodenwasser und oberstes Grundwasser [4], also für die stark versauerten, sauren Wässer des Einzugsgebietes. So konnten im Beobachtungszeitraum zwischen 30 und 90 µg/l Cobalt im Wasser des Kalten Baches (K_1) gemessen werden, während im Wasser des Theißbaches auch in Zeiten starker Schüttung die gemessenen Cobalt-Konzentrationen unter 0,8 µg/l lagen. Die erhöhten Cobalt-Konzentrationen im Wasser des Flachstollens, die bei hohen Stollenschüttungen auftraten und mit Schüttungsspitzen des Kalten Baches zusammenfielen, weisen deutlich darauf hin, daß stark versauertes, saures Wasser des obersten Stockwerkes dem Wasser der Flachstollenebene direkt zugemischt wird.

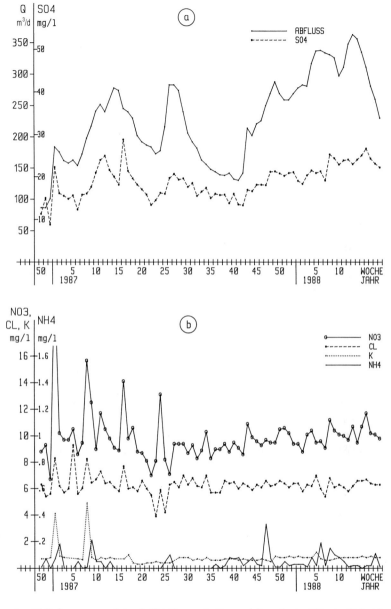

Bild 4. Ganglinien der Abflußmengen und der Sulfat-Konzentrationen (a) sowie der Nitrat-, Chlorid-, Kalium und Ammonium-Konzentrationen (b) im Wasser des Flachstollens „Kalter Born".

Benutzt man Sulfat aufgrund seines schüttungsparallelen Verhaltens, seiner unterschiedlichen Konzentrationen in den einzelnen Wasserstockwerken und seiner chemischen Stabilität als Leitelement für eine Mischungsrechnung mit dem Gleichungssystem

$$a \cdot x + b \cdot y = c \qquad (1)$$
$$x + y = 1 \qquad (2)$$

wobei a, b, c: Sulfat-Konz. in Q_{44}, Q_{42} und F
x, y: Abflußanteile von Q_{44} u. Q_{42},

so erhält man im Stollenwasser je nach Wasserführung einen Anteil von bis zu 40 % eines sauren, oberflächennahen Grundwasserzuflusses (Bild 5). Als Vertreter dieses sauren Zuflusses können die Wässer sämtlicher oberer Quellen (z. B. Q_{42}) und das Wasser des Kalten Baches (K_1) gelten, die sich chemisch nahezu gleich verhalten.

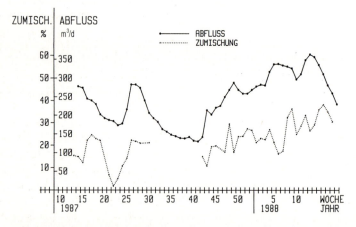

Bild 5. Abflußmengen des Flachstollens „Kalter Born" sowie Zumischungsanteile sauren, oberflächennahen Wassers zum Grundwasser der Flachstollenebene (berechnet aus (1) und (2)).

Als Repräsentant der Grundschüttung wurde die Quelle Q_{44} aufgrund ihrer geringen Sulfat-Schwankungen und ihrer räumlichen Nähe (ca. 80 m Entfernung) zum Flachstollen gewählt.

Bild 5 zeigt die Ganglinie der berechneten Zumischungsanteile des oberflächennahen, sauren Wassers in Zusammenhang mit der Stollenschüttung und belegt die Abhängigkeit dieses Wasseranteils von der Abflußmenge im Flachstollen. In den Sommerwochen (31. bis 41. Woche '87) ist durch das Versiegen der oberen Quellen und des Kalten Baches eine Berechnungslücke entstanden, in der man von Zumischungsanteilen < 15 % ausgehen kann.

Betrachtet man im weiteren Nitrat, Chlorid, Kalium und Ammonium im Wasser des Flachstollens (Bild 4b), so zeigen sich im Winterhalbjahr '86/'87 gemeinsame, gleichzeitig auftretende Peaks dieser Parameter. Diese Konzentrationsspitzen sind jeweils an Zeiten eines Schüttungsanstiegs oder eines verzögerten Schüttungsrückgangs im Stollen, in jedem Fall also an neue Wasserzufuhr in den Aquifer gebunden. Lediglich der Ammoniumpeak tritt eine Woche verzögert zu den Spitzen der übrigen Ionen auf, insbesondere also auch zu Nitrat, was mit den unterschiedlichen Austausch- und Bindungsmechanismen beider Stoffe zusammenhängen dürfte. Häufig zeigen sich die Peaks der genannten Ionen schon unmittelbar zu Beginn eines Schüttungsanstiegs bzw. einer Rückgangsverzögerung (24. Woche '87, 16. Woche '87). Dabei kann Nitrat nur dann in das Wasser des Flachstollens gelangen, wenn die Abstandsgeschwindigkeit des Wassers und die Verlagerungsgeschwindigkeit des Nitrats ausreichen, um eine Konzentrationsverringerung vor dem Erreichen des Stollens zu verhindern. Die Spitzen der Kalium- und Ammonium-Konzentrationen deuten ebenfalls auf einen schnellen Wassertransport von der Oberfläche zum Flachstollen hin, da sonst eine Adsorption an den Austauschern von Boden- und Schuttdecke diese leicht festzulegenden Ionen aus dem Wasser eliminiert hätte.

Insgesamt sind also mehrere Wasserwege zum Stollen als wahrscheinlich anzusehen (Bild 6): In den breiten Schüttungsmaxima kommen zu den Grundwässern in Flachstollenebene (Weg (1) in Bild 6) Anteile aus oberflächennahem Grundwasser (Weg (2)) hinzu, wie es u. a. in der Quelle Q_{42} und im Kalten Bach (K_1) zu finden ist. Über diesen Weg sind jedoch die Nitrat-, Kalium- und Ammoniumpeaks nur dann zu erklären, wenn die Wasserpassage durch das System sehr schnell erfolgt, z. B. über leere Makroporensysteme. Es wären jedoch durchaus auch direkte Verbindungen von der Oberfläche zum Stollenanfang (Weg (3)) über Makroporensysteme, Röhren etc. vorstellbar. Sie würden z. B. die extremen Kalium-Überhöhungen der beiden Peaks im Wasser des Flachstollens (1. Woche '87, 8. Woche '87, Bild 4) erklären, die auch weit über das Kalium-Niveau im Wasser des Kalten Baches und der oberen Quellen hinausgehen (ohne Abbildung, vgl. [3]) und eher für einen schnellen Transport aus der überlagernden Humusschicht zum Stollen sprechen. Bei normalen Filtergeschwindigkeiten des Porensickerwassers durch die vorherrschende Schluff-Fraktion der Schuttdecke sind solche Kaliumkonzentrationen kaum denkbar.

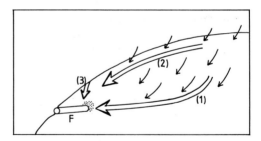

Bild 6. Wasserwege zum Flachstollen „Kalter Born" (schematisch).

Das Fehlen derartiger Kalium- und auch Nitratspitzen im zweiten Winter resultiert vermutlich aus der extremen Wassersättigung des Systems in diesem Winterhalbjahr '87/'88 mit hohen Grundwasserständen und wassergefüllten Porensystemen. So war ein schnelles Vordringen von Wasser über Makroporen aus dem Oberboden zum Stollen wegen der Wasserfüllung nicht möglich, was aber bei beiden Elementen Voraussetzung für die Bildung deutlicher Spitzen ist. Auch hierin liegt indirekt eine Bestätigung für die vermuteten Makroporen- und Röhrensysteme zum Stollen (Weg (3)).

3 Neutralisationsreaktionen in den Wässern flacher und tiefer Saugkerzen an ausgewählten Beispielen

Eine weitere Möglichkeit der Ganglinienauswertung besteht darin, den Säureneutralisationsprozeß im Boden- und Schuttkörper oder in den entsprechenden Sickerwässern dieser Bereiche in mehrere Teilphasen aufzugliedern, in denen verschiedene Puffersysteme durchlaufen werden. Als Beispiel wird die Saugkerze Nr. 60 in 2 m Tiefe herangezogen (Bild 7).

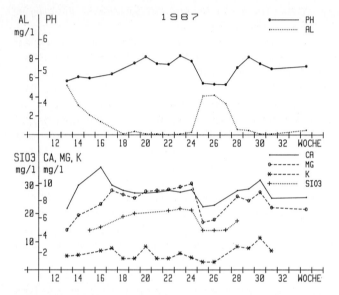

Bild 7. Ganglinien der pH-Werte und der Aluminium-Konzentrationen (oben) sowie der Calcium-, Magnesium-, Kalium- und Silikat-Konzentrationen (unten) im Wasser einer in 2 m Tiefe eingebauten Saugkerze (SK_{60}).

Mit ansteigender Temperatur im Frühjahr erfolgt durch die Schneeschmelze (13. bis 14. Woche '87) zunächst eine starke Belastung der Hangschuttdecke mit vordringendem sauren Bodenwasser. Die Neutralisation dieses sauren Sickerwassers ist anfänglich (13. bis 17. Woche '87, Bild 7)) mit der Freisetzung von Calcium- und Magnesium-Ionen verbunden. Diese zeitlich begrenzte Pufferung erfolgt vermutlich durch den Austauscherpuffer der Schuttdecke. Nach den Bodenversuchen (vgl. [5]) ist auch eine Pufferung durch Calcium- und Magnesium-Carbonate vorstellbar.

Fortgesetzte Protonenbelastungen aktivieren als nächstes den Silikatpuffer. Als Reaktion erkennt man eine Erhöhung der Magnesium- und Silikatgehalte bis zur 24. Woche. Die wirksame Abpufferung läßt den pH-Wert in diesem Zeitraum leicht ansteigen. Da jedoch der Vorrat an leicht reaktiblen Silikaten begrenzt ist, kommt es in der 25. und 26. Woche bei weiterer Säurebelastung durch hohe Niederschläge doch zu einem Abfall des pH-Wertes. Ein weiteres Absinken des pH-Wertes wird jedoch durch Freisetzung von Aluminium verhindert. Im weiteren Verlauf dieser Prozeßkette verschiedener Pufferungsebenen (28. bis 32. Woche '87) ist wiederum ein Anstieg der Magnesium- und Silikatgehalte zu verzeichnen. Der gleichzeitige pH-Anstieg deutet ebenfalls auf eine Pufferung durch Silikate hin. Möglich wäre daher, daß durch den Säureschub eine Verwitterungsintensivierung in der 25. bis 27. Woche mit der Freisetzung neuer pufferfähiger Silikate aus dem Mineralverband stattgefunden hat.

Eine andere Pufferreaktion zeigt sich am Beispiel der Bodenwässer in 80 cm Tiefe am Unterhang-/Fichtenstandort (SK Nr. 51, Bild 8). Dort läßt sich im Ganglinienbild der verschiedenen Elementkonzentrationen die säureneutralisierende Wirkung von Reduktionsprozessen erkennen. So besteht in diesen Saugkerzenwässern im dargestellten Beobachtungszeitraum eine Tendenz zum pH-Anstieg. Sowohl die häufig staunassen Böden dieses Standortes als auch der Schwefelwasserstoffgeruch der gewonnenen Wässer bei mehreren Probenahmen in der fraglichen Zeit geben Hinweise auf stark reduzierende Bedingungen, und die Ganglinien von Nitrat und Sulfat bestätigen mit zurückgehenden Gehalten diese Annahme (Bild 8). Bei den Eisen-Gehalten dieser Wässer (ohne Bild) haben Vergleichsmessungen von Flammen-Atomabsorptionsspektrometrie und Photometrie gezeigt, daß es sich hierbei ausschließlich um zweiwertige Eisenionen handelt.

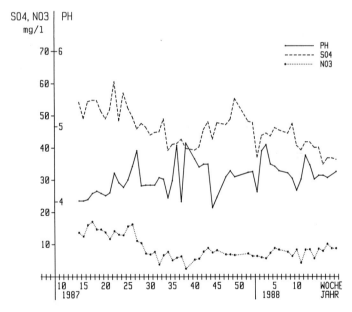

Bild 8. Ganglinien der pH-Werte sowie der Sulfat- und Nitrat-Konzentrationen im Wasser einer flach eingebauten Saugkerze (SK$_{51}$, 80 cm Tiefe).

Danksagung

Die Arbeit wurde in der Forschungsaußenstelle des Geographischen Institutes der Johannes Gutenberg-Universität Mainz in Waldalgesheim, Leitung Prof. Dr. Krieter, in Zusammenarbeit mit dem ESWE-Institut Wiesbaden, Leitung Prof. Dr. Haberer, angefertigt und in dankenswerter Weise durch Mittel des Umweltbundesamtes (Forschungsvorhaben Wasser 10204349) gefördert.

Literatur

[1] Bauer, I., Bauer, K.-H. u. Krieter, M.: Gefährdung des Grundwassers durch saure Niederschläge – Untersuchungen im Einzugsgebiet eines Trinkwasser-Flachstollens des Wiesbadener Hochtaunus. Teil 1: Gebietsbeschreibung und Wasserstockwerkmodell. – Vom Wasser, *82*, 365–377 (1994).

[2] Bauer, I., Bauer, K.-H., Marx, P. u. Krieter, M.: Gefährdung des Grundwassers durch saure Niederschläge – Untersuchungen im Einzugsgebiet eines Trinkwasser-Flachstollens des Wiesbadener Hochtaunus. Teil 2: Boden-, Sicker- und Hangwässer. – Vom Wasser, *83*, 127–137 (1994).

[3] Bauer, I.: Ökochemische Untersuchungen zur Versauerung der Hydrosphäre im Einzugsgebiet einer ausgewählten Trinkwassergewinnungsanlage des Wiesbadener Hochtaunus. – Diss., Univ. Mainz 1989.

[4] Krieter, M., Bauer, K.-H., Bauer, I., Marx, P. u. Schreier, A.: Bilanzierung und Prognostizierung der immissionsbedingten Versauerung des Wasservorkommens in Waldökosystemen. – Forschungvorhaben Wasser 10204349, Umweltbundesamt, Berlin 1988.

[5] Marx, P.: Ökochemische Untersuchungen zur Erfassung der Belastung und Belastbarkeit des Boden- und Schuttdeckenkörpers durch saure Depositionen im Einzugsgebiet einer ausgewählten Trinkwassergewinnungsanlage des Wiesbadener Hochtaunus. – Diss., Univ. Mainz 1989.

Entfernbarkeit von Antimon(V) aus Rauchgaswaschwässern

Removal of Antimony(V) from Flue Gas Scrubbing Solutions

Reiner Enders und *Martin Jekel**

Schlagwörter

Antimon(V), Schwermetalle, Mitfällung, Hydroxidfällung, Salzeinfluß, Rauchgaswaschwasser, Müllverbrennungsanlage

Summary

Antimony(V) occurs in concentrations up to 4,1 mg/l in untreated flue gas scrubbing solutions from municipal waste incineration plants. Its removal in a typical wastewater treatment is insufficient. In order to understand the problem, the coprecipitation of antimony(V) with other heavy metals was investigated. Lead shows remarkable results in coprecipitation of antimony(V). Zinc – as the main component of heavy metals in the investigated flue gas scrubbing solutions – leads to an effective coprecipitation of antimony(V) only at pH-values near 8. Other metals can be neglected because of their low content or poor precipitation in flue gas scrubbing solutions. High concentrations of chloride, sulfate and low contents of hydrogencarbonate and carbonate have a negative influence on the coprecipitation of antimony(V) with most of the heavy metals investigated. Antimony(V) can be removed successfully only in exceptional cases. For satisfactory removal of antimony(V), the addition of large amounts of ferric salts is neccessary. It should be checked whether the increase in sludge volume justifies the elimination of antimony.

Zusammenfassung

Antimon(V) ist in den unbehandelten Rauchgaswaschwässern von Müllverbrennungsanlagen in Konzentrationen bis 4,1 mg/l enthalten; es läßt sich nach bisherigen Kenntnissen aus diesen stark chlorid- und sulfathaltigen Wässern nur schwer entfernen. In diesem Zusammenhang ist das Mitfällungsverhalten von Antimon bei der Hydroxidfällung der in den Rauchgaswaschwässern enthaltenen Schwermetalle interessant. Von den Hauptkomponenten der für Rauchgaswaschwässer typischen Schwermetallmatrix zeigt insbesondere Blei ein bemerkenswertes Mitfällungsverhalten für Antimon(V). Die Zinkfällung führt nur im Bereich um pH 8 zu einer zufriedenstellenden Antimon(V)-Entfernung. Die übrigen Schwermetalle sind wegen ihrer verhältnismäßig geringen Ausgangskonzentration oder ihres ungünstigen Fällungsverhaltens für die Mitfällung nicht relevant. Hohe Gehalte an Chlorid und Sulfat sowie bereits geringe Konzentrationen von Hydrogencarbonat oder Carbonat wirken sich bei den meisten Schwermetallen ungünstig auf die Antimon(V)-Elimination aus. Beim Zink und Blei ist vor allem das Chlorid und Carbonat von negativem Einfluß. Eine befriedigende Antimon(V)-Mitfällung wird nur in Ausnahmen unter günstigen Bedingungen eintreten, so daß nach bisheriger Kenntnis nur durch eine Eisen(III)-Flockung bei niedrigen pH-Werten und hohen Eisen(III)-Zugaben die Antimonabscheidung merklich verbessert werden kann. Es sollte jedoch in jedem Fall überprüft werden, ob ein vermehrter Schlammanfall die Antimonelimination rechtfertigt.

---

* Dipl.-Ing. R. Enders, Prof. Dr. Ing. M. Jekel, Technische Universität Berlin, Fachgebiet Wasserreinhaltung, Straße des 17. Juni 135, D-10623 Berlin.

1 Einleitung und Problemstellung

Rauchgaswaschwässer aus Müllverbrennungsanlagen enthalten eine Reihe von Schwermetallen in z. T. erheblichen Konzentrationen und sind vor allem durch hohe Chlorid- und Sulfatgehalte gekennzeichnet. Bei Untersuchungen im Fachgebiet Wasserreinhaltung der TU Berlin wurde neben den häufig untersuchten Schwermetallen auch Antimon in Konzentrationen bis zu 4,1 mg/l in den Rohwässern [1] und bis zu 2,3 mg/l in den gereinigten Abwässern gefunden [2, 3]. Im Mittel lag die Antimonkonzentration im Ablauf von 6 Anlagen bei 0,79 mg/l und damit deutlich über der für die glaserzeugende Industrie geltende Mindestanforderung von 0,3 mg/l (Anhang 41 der Rahmen-AbwasserVwV [4]). Für Rauchgaswaschwässer selbst gibt es keine Reglementierung der Antimongehalte, da dieses Problem in der Vergangenheit offensichtlich nicht erkannt oder berücksichtigt wurde.

Bei einem Vergleich der Konzentrationen vor und nach der Abwasserbehandlung (Hydroxidfällung mit $Ca(OH)_2$, Na_2S-Fällung und Flockung mit $FeCl_3$ und Flockungshilfsmittel) in einer der untersuchten Anlagen ergab sich eine nur 60%ige Elimination des Antimons durch das gewählte Verfahren [2].

Die Rauchgaswäsche hinter Müllverbrennungsanlagen ist i. d. R. zweistufig ausgelegt. In der ersten Stufe fallen stark salzsäure- und schwermetallhaltige Wässer mit pH-Werten zwischen 0 und 1 an, während die zweite Stufe zur Entfernung von SO_2 bei mittleren pH-Werten betrieben wird. Vor allem die hohen Säuregehalte aus der ersten Stufe erfordern eine Neutralisation mit Kalkmilch oder Natronlauge, wobei letztere insbesondere mit dem Ziel einer Kochsalzgewinnung Verwendung findet. Die Schwermetallabtrennung erfolgt im allgemeinen durch simultane Hydroxid- und Sulfid- oder Organosulfidfällung. Die Sulfid- oder Organosulfidfällung ist vor allem zur Abtrennung des durch eine Hydroxidfällung nicht entfernbaren Quecksilbers und für die weitergehende Entfernung der übrigen Schwermetalle erforderlich. Der Fällungsstufe ist i. d. R. eine Flockung mit Dosierung von Eisen(III)-Salzen nachgeschaltet. Dadurch soll die Abtrennbarkeit der Fällprodukte in der nachfolgenden Sedimentation verbessert sowie überschüssiges Sulfid entfernt werden.

Antimon ist toxikologisch bedenklich und in der Form des Antimon(III)-Oxids sogar kanzerogen [5]. Über die Verwendung von Antimon und den damit verbundenen Eintrag in die Müllverbrennung wurde bereits berichtet [2]. Eine Reglementierung der Antimongehalte im Wasser oder Abwasser findet sich lediglich in der Trinkwasserverordnung mit einem Grenzwert von 10 µg/l [6] sowie im oben bereits erwähnten Anhang 41 der Rahmen-Abwasserverwaltungsvorschrift [4].

Antimon kann in der drei- und fünfwertigen Form in wäßriger Lösung vorliegen, wobei das Antimon(V) die unter normalen oder oxidierenden Redoxbedingungen stabile Form ist. Nach den bisherigen Untersuchungen ist Antimon ausschließlich in der fünfwertigen Form in den Rauchgaswaschwässern enthalten. Nach *Baes* und *Mesmer* [7] dominiert beim Antimon(V) oberhalb pH 3 das einfach negativ geladene Antimonation ($Sb(OH)_6^-$), während Antimon(III) im relevanten pH-Bereich von 3 bis 11 weitestgehend ungeladen vorliegt.

Eine Durchsicht der Literatur zur Antimonentfernung aus wäßrigen Lösungen zeigt wesentliche Lücken im bisherigen Kenntnisstand [8]. In vielen Arbeiten wird Antimon nur am Rande mituntersucht; eine Differenzierung zwischen den Oxidationsstufen findet häufig nicht statt. Aus diesem Grunde werden im Fachgebiet Wasserreinhaltung der TU

Berlin verschiedene Möglichkeiten zur Entfernung dieses Metalls untersucht. Bisher wurde geklärt, inwieweit sich Antimon in der drei- und fünfwertigen Form durch Sulfidfällung und durch den Einsatz von Eisen(III)-Salzen eliminieren läßt [8, 9].

In der vorliegenden Arbeit wird dargelegt, inwieweit Antimon(V) aus den Rauchgaswaschwässern von Abfallverbrennungsanlagen unter Berücksichtigung der üblichen Verfahrensweise entfernt werden kann. Dabei steht insbesondere das Mitfällungsverhalten bei der Hydroxidfällung der Schwermetalle im Vordergrund. Es handelt sich dabei um einen komplexen Vorgang, der im Rahmen dieser Untersuchungen nur in Ansätzen interpretiert werden kann. In Abhängigkeit der jeweiligen Fällungsbedingungen kann sich der gebildete Feststoff hinsichtlich Menge, Zusammensetzung, spezifischer Oberfläche und Oberflächenladung stark unterscheiden [10, 11 u. a.]. Dabei sind die in den Rauchgaswaschwässern vorliegenden Salze und der pH-Wert von maßgeblichem Einfluß. Für die Antimon(V)-Bindung an den Fällprodukten ist neben der Oberflächenladung vor allem die chemische Affinität entscheidend. In Arbeiten, in denen die Adsorption von Antimon(V) an Hämatit [12] und amorphen Eisenoxidhydrat [8] untersucht wurde, konnte eine zumindest teilweise spezifische Bindung des Antimon(V) abgeleitet werden. Die bei der Schwermetallfällung vorhandenen Salze können zum einen die Zusammensetzung des Fällprodukts [10, 11, 13] beeinflussen und zum anderen in Konkurrenz zur Antimonadsorption treten. Besonders gute komplexbildende Eigenschaften zwischen einem Schwermetallkation und dem betrachteten Konkurrenzanion lassen eine negative Beeinflussung der Antimon(V)-Adsorption erwarten.

Die Vorgänge der Antimonentfernung durch die Hydroxidfällung der Schwermetalle können im wesentlichen durch eine Adsorption an die gebildeten Fällprodukte interpretiert werden. Jedoch kommt auch die Fällung einer schwerlöslichen Verbindung des Antimonats, ein Einschluß in die gebildeten Fällprodukte oder eine Bildung von Mischkristallen in Betracht; daher wird im folgenden der allgemeinere Begriff der „Mitfällung" verwendet.

2 Experimenteller Teil

Alle Versuche wurden nach dem im Entwurf des DVGW-Arbeitsblattes W 218 wiedergegebenen Jar-Test durchgeführt [14]. Allerdings wurde zur Minimierung der anfallenden Schwermetallhydroxidschlämme anstatt mit 1,8 l nur mit 1 l Probevolumen gearbeitet.

Die synthetischen Versuchslösungen wurden mit voll entsalztem (v. e.) Wasser angesetzt, das aus Berliner Leitungswasser durch Umkehrosmose und Ionenaustausch hergestellt wurde (Leitfähigkeit 1–2 µS/cm). Schwermetalle, Salze und Antimon wurden aus Stammlösungen geeigneter Konzentration zusammen mit der erforderlichen Menge v. e. Wasser in das Versuchsgefäß gegeben. In einigen Versuchen wurden zwei für Rauchgaswaschwässer typische Schwermetallgemische eingesetzt, deren Zusammensetzung in Tabelle 1 wiedergegeben ist. Die Chemikalien waren alle von der Firma Merck und wiesen die Qualitätsstufe „zur Analyse" auf. Die Antimon(V)-Stammlösungen mit Konzentrationen von meist 0,1 g/l wurden aus Kaliumhexahydroxoantimonat ($K[Sb(OH)_6]$) hergestellt. Die Schwermetallstammlösungen enthielten eine definierte Menge Salpetersäure, so daß der Ausgangs-pH-Wert der Versuchslösung etwa bei zwei lag. Bei Versuchen mit $NaHCO_3$ wurde vor dessen Zugabe der pH-Wert auf 6 angehoben, um zu starkes Ausgasen von gelöstem CO_2 zu verhindern.

Tabelle 1. Schwermetallausgangskonzentrationen in zwei für die Antimon(V)-Mitfällung eingesetzten Schwermetallgemischen.

	Schwermetallmatrix 1	Schwermetallmatrix 2
Zn	1,552	1,835
Pb	0,118	0,145
Cu in	0,041	0,063
Hg mmol/l	0,163	0,020
Cd	0,013	0,013
Fe	0,100	–
Co	–	0,022

Die stark sauren Rauchgaswaschwässer der Müllverbrennungsanlage B (siehe Tab. 2) wurden durch Zugabe von 35 g/l Natriumhydroxid in fester Form bis auf pH 1,5 vorneutralisiert, da ansonsten die Volumenänderung durch Zugabe der NaOH-Lösung zur pH-Einstellung zu groß gewesen wäre.

Tabelle 2. Wasserinhaltsstoffe der Rauchgaswaschwässer aus zwei verschiedenen Müllverbrennungsanlagen sowie eines synthetischen Versuchswassers (Angaben in mg/l).

Parameter	Anlage A	Anlage B	Modellversuchswasser
Cl	59 300	45 000	45 000
SO_4	700*	24 714	25 000
Sb(V)	0,128	0,79	1
Ca	31*	290	300
Cd	0,42	1,43	1,5
Cu	0,167	2,61	2,6
Fe		5,58	5,6
Hg	7,95	32,61	32,6
Mn		0,39	0,4
Ni		0,44	0,45
Pb	5,35	24,39	24,4
Zn	241	101,5	101,5

* Angaben des Anlagenbetreibers für das Abwasser nach Abwasseraufbereitung

In der Versuchslösung wurde zunächst unter Schnellrühren (250 U/min) der Ziel-pH-Wert durch Zugabe von Natronlauge geeigneter Konzentration eingestellt. Zwei Minuten danach wurde die Lösung bei geringerer Drehzahl (25 U/min) weitergerührt, der pH-Wert wurde ständig kontrolliert und ggfs. nachgestellt (Toleranz: ±0,1 pH-Einheit). Nach der 30minütigen Langsamrührphase erfolgte die Probenahme einige Zentimeter unter der Oberfläche. Etwa 20 ml der Lösung wurden in eine Kunststoffspritze aufgenommen und anschließend über Filter der Porenweite 0,2 µm filtriert und mit konz. Salpetersäure angesäuert.

Entfernbarkeit von Antimon(V) aus Rauchgaswaschwässern

In Kinetikversuchen hatte sich gezeigt, daß nach 30 min nur bedingt stabile Bedingungen hinsichtlich der Antimonrestkonzentration vorliegen. Während in einigen Versuchen die Restkonzentration über Stunden gleich blieb, war in anderen Versuchen teilweise noch eine langsame Änderung zu beobachten, so daß bei der gewählten Versuchsdauer das Gleichgewicht nicht völlig eingestellt werden konnte.

In den Filtraten wurden mit der Atomabsorptionsspektrometrie die Schwermetallrestkonzentration unter Verwendung der Flammentechnik und die Antimongehalte mit Hilfe der Hydridtechnik bestimmt. (Näheres zur Antimonbestimmung findet sich in [8]).

3 Ergebnisse und Diskussion

Die Zusammensetzung von Rauchgaswaschwässern kann in Abhängigkeit des Hausmüllinputs, der Verbrennungsführung und der Art der Rauchgasreinigung stark variieren. Dies wird an den Ergebnissen der Rauchgaswaschwasseranalysen von zwei unterschiedlichen Müllverbrennungsanlagen deutlich (Tab. 2).

Das Abwasser der Anlage A zeichnet sich durch sehr hohe Chlorid- und Zinkkonzentrationen aus, während die übrigen Schwermetalle in relativ niedrigen Konzentrationen vorliegen. In der Anlage B ist die Chloridkonzentration zwar geringer, jedoch gelangt hier wesentlich mehr Sulfat in das Waschwasser. Auffällig sind weiterhin die verhältnismäßig hohen Blei- und Quecksilberkonzentrationen.

In Bild 1 ist die Antimonentfernung aus beiden Rauchgaswaschwässern nach Erhöhung der Antimon(V)-Ausgangskonzentration um jeweils 1 mg/l durch die Mitfällung bei der

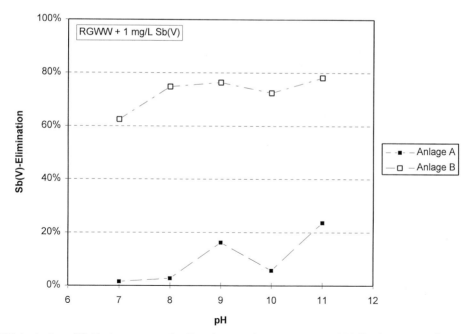

Bild 1. Antimon(V)-Entfernung aus den Rauchgaswaschwässern von zwei Müllverbrennungsanlagen durch Hydroxidfällung der Schwermetalle.

Schwermetallhydroxidfällung mit Natronlauge wiedergegeben. Im Waschwasser der Anlage A wird lediglich bei pH 11 eine maximale Entfernung von knapp 25% erreicht, während im Waschwasser der Anlage B bereits bei pH 7 etwa 60% des Antimons und bei pH 11 nahezu 80% entfernt werden. Diese deutlichen Unterschiede könnten auf die abweichende Schwermetallzusammensetzung und den unterschiedlichen Einfluß der jeweiligen Salzmatrix zurückgeführt werden.

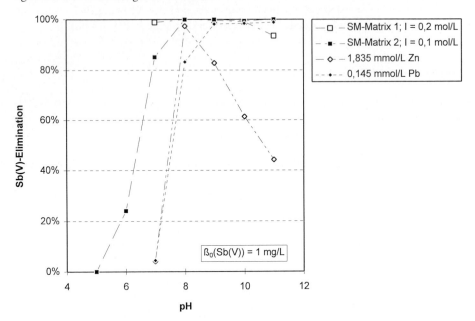

Bild 2. Antimon(V)-Entfernung bei der Hydroxidfällung der Einzelmetalle Zink und Blei sowie typischer Schwermetallgemische im Rauchgaswaschwasser.

Um zunächst die Salzeffekte auszuschalten, wurden Versuche mit zwei für Rauchgaswaschwässer typischen Schwermetallgemischen durchgeführt. Die in Bild 2 wiedergegebene Schwermetallmatrix 1 entspricht dabei in ihrer Zusammensetzung dem Rauchgaswaschwasser aus Anlage B, während die Schwermetallmatrix 2 dem Rauchgaswaschwasser einer weiteren, häufig untersuchten Anlage [1] nachempfunden wurde. Antimon(V) wird im pH-Bereich 8 bis 10 bei der Hydroxidfällung beider Schwermetallgemische nahezu vollständig entfernt. Auch bei pH 7 und 11 lag die Antimon(V)-Elimination noch zwischen 80 und 100%. Selbst bei pH 6, bei dem nur sehr geringe Mengen der Schwermetalle Blei und Kupfer ausfallen, konnte noch eine Antimon(V)-Elimination beobachtet werden.

Um die Frage zu klären, welches der Schwermetalle für die Antimon(V)-Elimination im wesentlichen verantwortlich ist, wurden entsprechende Versuche mit den Hauptkomponenten Zink und Blei durchgeführt. Die Ausgangskonzentrationen stimmten in diesen Einzelmetallversuchen mit denen in der Schwermetallmatrix 2 überein.

Man erkennt für Zink eine maximale Antimon(V)-Entfernung für pH 8, obwohl hier gerade erst 73% des zugegebenen Zinks gefällt vorliegen. Bei höheren pH-Werten nimmt die Antimon(V)-Entfernung wieder ab, obwohl größere Zinkmengen (bis 99,7% bei pH 10) ausfallen. Dieser Rückgang ist vermutlich auf die abnehmend positive oder zunehmend negative Oberflächenladung des Zinkhydroxids zurückzuführen. *Parks* gibt für ZnO einen pH_{ZPC} zwischen 8,7 und 10,3 an [15]. Setzt man voraus, daß für amorph ausfallendes Zinkhydroxid ein ähnlicher pH-Bereich für die neutrale Oberflächenladung gilt, so sollte Zinkhydroxid bei pH-Werten oberhalb des genannten Bereichs negativ geladen vorliegen. Dies würde dann aufgrund der elektrostatischen Abstoßungskräfte die Adsorption des ebenfalls negativen Antimonations erschweren.

Die Versuche mit Blei sind in bezug auf die Antimon(V)-Entfernung recht bemerkenswert. Trotz der im Vergleich zum Zink verhältnismäßig geringen Ausgangskonzentration und der nicht vollständigen Bleihydroxidfällung (bei pH 10 maximal 73%) werden ab pH 9 Antimon(V)-Eliminationen nahe 100% erreicht. Selbst bei pH 8, wo gerade 58% des vorgelegten Bleis gefällt vorliegt, werden noch über 80% des Antimons mit abgeschieden. Berechnet man die Beladung des Fällproduktes mit Antimon, so ergeben sich bei der Bleifällung Werte um 80 µmol Antimon je mmol Blei, während beim Zink im Maximum gerade 6 µmol Antimon je mmol Zink (pH 8) erreicht wurden.

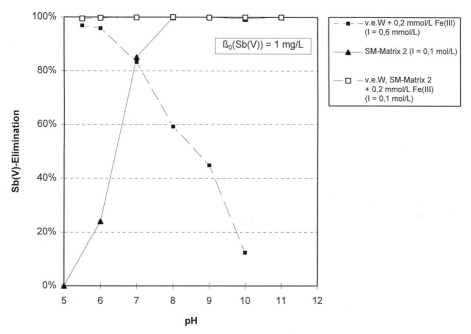

Bild 3. Antimon(V)-Entfernung bei der alleinigen Eisen(III)-Fällung, bei der Fällung der Schwermetallmatrix 2 und der Kombination von Eisen(III) und Schwermetallmatrix 2.

Interessant für eine Antimonabscheidung aus Rauchgaswaschwässern ist weiterhin die Schwermetallfällung in Kombination mit einer Eisen(III)-Flockung und -Fällung. In Bild 3 sind die Antimon(V)-Eliminationsraten bei der Fällung der Schwermetallmatrix 2, bei der alleinigen Eisen(III)-Fällung sowie bei einer Kombination von Schwermetall- und Eisen(III)-Fällung einander gegenübergestellt. Bei dem alleinigen Einsatz von Eisen(III) ist eine hohe Abscheidung nur bei pH-Werten unter 7 zu erreichen, also gerade dann, wenn die Mitfällung an der Schwermetallmatrix unwirksam wird. Bei der Kombination von Schwermetallen und Eisen(III) wird quasi über den gesamten erfaßten pH-Bereich eine nahezu vollständige Antimon(V)-Elimination erreicht. Im Übergangsbereich zwischen Antimonentfernung durch Eisen(III)-Fällung und durch Schwermetallfällung, also im pH-Bereich 6 bis 9, findet offensichtlich eine Überlagerung oder Summation beider Effekte statt. Dabei ist festzuhalten, daß die Eisen(III)-Flockung eine verstärkte Fällung der Schwermetalle – insbesondere Blei und in geringen Mengen auch Kupfer – im unteren pH-Bereich (5,5 bis 8) initiiert, was natürlich die Menge gefällter Schwermetalle gegenüber der alleinigen Fällung der Schwermetallmatrix erhöht. Weiterhin kann die Mitfällung und Adsorption von Schwermetallkationen am Eisenoxidhydrat zu einer positiven Auflagung der Oberfläche und zu einer Verschiebung des pH_{ZPC} zu höheren Werten führen [11, 16], was wiederum die Adsorption des negativen Antimonats am gefällten Eisen begünstigen kann.

Um nun die Wirksamkeit verschiedener Schwermetalle hinsichtlich der Entfernbarkeit von Antimon(V) vergleichen zu können, wurden Mitfällungsversuche mit jeweils konstanten Ausgangskonzentrationen für die Schwermetalle Blei, Zink, Kupfer und Cadmium in Abhängigkeit vom pH-Wert durchgeführt. In Bild 4a wird noch einmal deutlich, daß Blei mit Abstand die höchste Elimination von Antimon(V) bewirkt, obwohl es, wie Bild 4b zeigt, in verhältnismäßig geringen Mengen ausfällt.

Beim Zink zeigt die Antimonentfernung wiederum den in Bild 2 bereits dargestellten Verlauf. Aufgrund der geringeren Zinkausgangskonzentration und der somit geringeren Fällproduktmenge liegt die Eliminationsrate jedoch etwas niedriger. Betrachtet man die gefällte Zinkmenge in Bild 4b, so wird deutlich, daß am Punkt der maximalen Antimonelimination Zink erst zu etwa 60 % gefällt vorliegt, während bei einer größeren Menge gefällten Zinks im oberen pH-Bereich die Antimonentfernung wieder abnimmt.

Kupfer wird über den gesamten untersuchten pH-Bereich fast vollständig gefällt, so daß hinsichtlich der Feststoffmenge von annähernd konstanten Bedingungen für die unterschiedlichen pH-Werte ausgegangen werden kann (Bild 4b). Die Antimon(V)-Entfernung weist hingegen eine ausgeprägte pH-Abhängigkeit auf (Bild 4a). Bei pH 7 werden nur knapp 30 % des Antimons entfernt, während im pH-Bereich 8 bis 9 Eliminationen von 70 bis 80 % festgestellt werden können. Oberhalb pH 9 nimmt die Antimonelimination mit zunehmendem pH-Wert wieder deutlich ab. Diese Abnahme bei höheren pH-Werten ähnelt sehr den Verläufen bei der Mitfällung von Eisen(III) oder Zink und ist mit großer Wahrscheinlichkeit ebenfalls auf die zunehmend negative Auflagung des Fällprodukts zurückzuführen. Der pH_{ZPC} wird von *Parks* für $Cu(OH)_2$ mit 9 bis 9,8 (für CuO mit 9,1 bis 9,9) angegeben [15], so daß oberhalb dieses pH-Intervalls mit einer negativen Oberflächenladung zu rechnen ist.

Eine Cadmium-Hydroxidfällung setzt erst ab pH 9 ein; bei pH 10 und 11 wird Cadmium zu über 90 % gefällt. Die Antimon(V)-Mitfällung ist dabei mit knapp über 60 % vergleichsweise niedrig; sie nimmt in etwa proportional zur gebildeten Feststoffmenge zu.

Die hohen Salzgehalte in den Rauchgaswaschwässern können einer Antimon(V)-Entfernung durch Mitfällung entgegenstehen. Bereits in einer vorangegangenen Arbeit [8] konnte gezeigt werden, daß insbesondere Sulfat und Hydrogencarbonat, aber auch die Ionenstärke die Antimon(V)-Mitfällung bei der Flockung mit Eisen(III)-Salzen erheblich einschränken kann. Hingegen konnte die Antimon(V)-Elimination in Gegenwart von Calcium und Magnesium im oberen pH-Bereich sogar gesteigert werden. Wie oben bereits erwähnt, ist eine Konkurrenz insbesondere durch das Komplexbildungsvermögen von Chlorid und Sulfat mit verschiedenen Schwermetallen zu erwarten. Weiterhin kann auch in

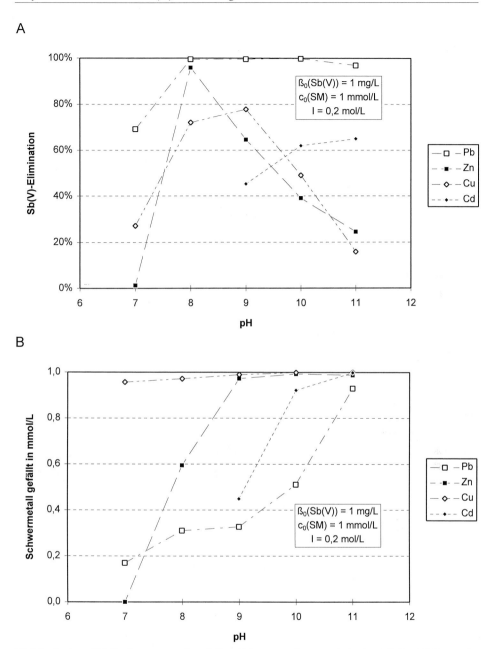

Bild 4. Antimon(V)-Entfernung und gefällte Schwermetallmenge bei der Hydroxidfällung der Schwermetalle Zn, Pb, Cu und Cd.

den Rauchgaswaschwässern Hydrogencarbonat oder Carbonat enthalten sein oder durch die eingesetzten Fällmittel eingetragen werden, so daß die Carbonatfällung oder die Bildung hydroxid- und carbonathaltiger Mischprodukte von Interesse ist. Da im Rahmen dieser Arbeit auf die einzelnen Vorgänge bei den untersuchten Metallen nicht detailliert eingegangen werden kann, sei hier auf die entsprechende Fachliteratur verwiesen [7, 10, 11, 13, 17, 18, 19].

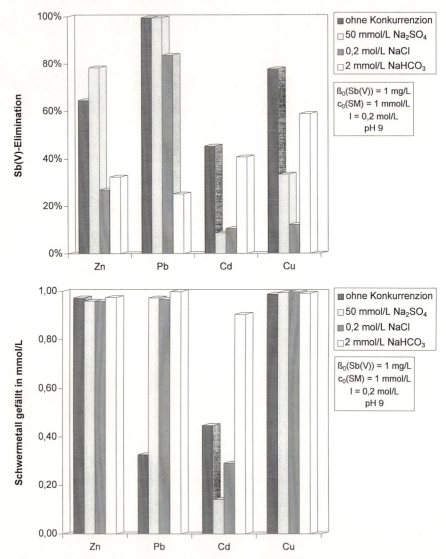

Bild 5. Antimon(V)-Entfernung und gefällte Schwermetallmenge bei der Hydroxidfällung der Schwermetalle Zn, Pb, Cu und Cd mit und ohne Konkurrenzsalzzugabe (pH 9).

In Bild 5 sind vergleichende Untersuchungen mit und ohne Einfluß konkurrierender Wasserinhaltsstoffe für pH 9 und eine Ionenstärke von 0,2 mol/l (eingestellt durch ergänzende $NaNO_3$-Zugabe) wiedergegeben. Im Teil A des Bildes ist die erreichte Antimon(V)-Elimination und im Teil B sind die Mengen gefällten Schwermetalls zu den einzelnen Versuchen aufgetragen.

Zink wurde in allen Versuchen zu etwa gleichen Mengen gefällt. Die Antimon(V)-Entfernung wird jedoch durch die zugegebenen Salze erheblich beeinflußt. Während in Gegenwart von 50 mmol/l Sulfat die Antimon(V)-Elimination sogar noch verbessert wird, ist in Anwesenheit von 0,2 mol/l Chlorid und 2 mmol/l $NaHCO_3$ die Antimon(V)-Elimination auf etwa die Hälfte reduziert. In Gegenwart von Hydrogencarbonat und Carbonat wird vermutlich ein Mischprodukt aus Zinkhydroxid und -carbonat gebildet, das Antimon wesentlich schlechter bindet.

Blei wird durch die Zugabe der Konkurrenzsalze wesentlich besser gefällt als durch alleinige Hydroxidfällung. Die Löslichkeitsprodukte des Bleisulfats und des Bleicarbonats werden deutlich überschritten, so daß offensichtlich die jeweiligen Salze – evtl. im Gemisch mit den Hydroxiden – ausfallen. Insbesondere das Hydrogencarbonat führt zu einer fast vollständigen Bleifällung. Bei Sulfatzugabe wird die Antimon(V)-Mitfällung nicht beeinträchtigt, wobei eventuell vorhandene Einflüsse bei dem gewählten Antimon/Blei-Verhältnis möglicherweise nicht zum Tragen kommen. Chlorid bewirkt eine Verminderung der Antimon(V)-Entfernung um etwa 15%, obwohl gegenüber der Hydroxidfällung ohne Konkurrenzsalzzugabe wesentlich mehr Blei in gefällter Form vorliegt. Am stärksten wird jedoch die Antimonentfernung durch die Carbonatfällung des Bleis beeinträchtigt. Dabei werden nur noch ca. 25% des Antimon(V) eliminiert.

Cadmium wird bei Chlorid- und Sulfatzugabe in geringeren Mengen gefällt als bei der Hydroxidfällung ohne Konkurrenzsalzzugabe. Leicht überproportional ist dabei auch die Antimon(V)-Entfernung vermindert, so daß dieses sowohl auf die geringere Fällproduktmenge als auch auf eine mögliche Konkurrenz durch die Anionen zurückgeführt werden kann. Bei der Zugabe von 2 mmol/l $NaHCO_3$ wird etwas mehr als das Doppelte des Cadmiums gefällt, während die Antimon(V)-Elimination etwa gleichbleibt. Dies deutet ebenfalls darauf hin, daß Antimon(V) am Cadmiumcarbonat tendenziell schlechter gebunden wird als am Hydroxid.

Kupfer wird in allen Versuchen nahezu vollständig gefällt. Die Antimon(V)-Elimination wird allerdings durch die Sulfatzugabe auf etwa die Hälfte und durch Chloridzugabe auf etwa ein Sechstel gedrückt. Hydrogencarbonat hat im Vergleich zu den anderen Metallen einen nur schwachen negativen Einfluß.

Zusammenfassend bleibt festzuhalten, daß von den untersuchten Metallen vor allem die Bleifällung in den Rauchgaswaschwässern zu einer Antimonentfernung beiträgt. Von der Hauptkomponente Zink ist nur im pH-Bereich um 8 ein wesentlicher Beitrag zu erwarten. Hohe Gehalte an Chlorid, Sulfat sowie bereits geringere Konzentrationen an Hydrogencarbonat bzw. Carbonat wirken sich in den meisten Fällen negativ auf die Antimon(V)-Elimination aus. Beim Zink und Blei ist vor allem das Chlorid und das Carbonat wirksam.

Abschließend sind in Bild 6 vergleichende Ergebnisse für das Rauchgaswaschwasser der Anlage B wiedergegeben. Dabei wurden Versuche mit einem synthetischen Wasser durchgeführt, das in seiner Zusammensetzung dem Rauchgaswaschwasser weitestgehend nachempfunden wurde (siehe Tab. 2). Der pH-abhängige Verlauf der Antimon(V)-Elimination ist im Modellwasser allerdings völlig anders als im Rauchgaswasschwasser. Während Antimon im Rauchgaswaschwasser ab pH 8 quasi gleichmäßig zu 75 bis 80% entfernt wird, ist im Modellwasssser bis pH 10 eine beinahe lineare Zunahme bis etwa 90% zu beobachten. Bei pH 11 fällt die Antimonelimination wieder auf etwa 50% zurück. Eine schlüssige Erklärung für dieses abweichende Verhalten kann nicht gegeben werden. In den Versuchen war jedoch schon optisch ein sehr unterschiedliches Verhalten zu beobachten. Im

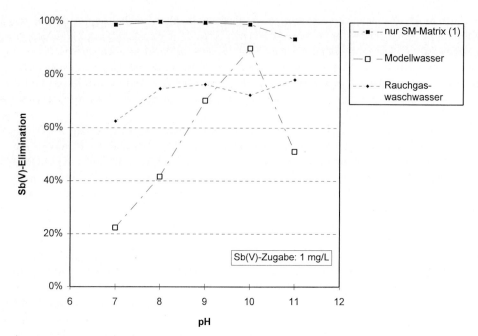

Bild 6. Vergleich der Antimon(V)-Entfernung bei der Schwermetallhydroxidfällung in realem Rauchgaswaschwasser, synthetischem Rauchgaswaschwasser und der Schwermetallmatrix 1.

Rauchgaswaschwasser konnte bereits ab pH 2,2 ein grau-weißer Niederschlag beobachtet werden, wohingegen die Fällung im Modellwasser erst bei pH 7 einsetzte. Darüber hinaus wiesen die Fällprodukte unterschiedliche Färbungen auf. Offensichtlich entsprach die Zusammensetzung des Modellwassers nicht vollständig der des Rauchgaswaschwassers, was sich auf die Fällung der Schwermetalle sowie die Mitfällung von Antimon(V) auswirkte. Deutlich wird jedoch in beiden Wässern eine klare Minderung der Antimon(V)-Entfernung gegenüber der reinen Fällung der Schwermetalle ohne den Einfluß der typischen Salze von Rauchgaswaschwässern.

4 Schlußfolgerungen

Die Entfernung von Antimon aus Rauchgaswaschwässern gestaltet sich insgesamt als recht schwierig. Antimon kann, wie die obigen Ausführungen gezeigt haben, durch die Mitfällung an anderen Schwermetallen zwar recht effektiv entfernt werden, doch ist die Effektivität stark von der Rauchgaswaschwasserzusammensetzung abhängig. Hierbei sind hohe Bleiausgangskonzentrationen und möglichst geringe Chlorid-, Sulfat- und Hydrogencarbonat-Konzentrationen wünschenswert. Insofern ist die Tendenz zu immer geringeren Waschwassermengen bei zunehmender Aufkonzentrierung der Waschlösungen in Hinblick auf die Antimonentfernung, aber auch bezüglich der Abtrennung anderer Schwermetalle, nicht förderlich. Anorganische Kohlensäurespezies sind im Rauchgaswaschwasser selbst nur in geringen Mengen enthalten, doch können solche durch die Neutralisationsmittel eingetragen werden. Eine gezielte Carbonatfällung ist mit dem Ziel der Antimon(V)-

Entfernung nicht vereinbar. Dies betrifft nicht nur die Mitfällung bei der Schwermetallfällung, sondern auch die Flockung mit Eisen(III)-Salzen, bei der das Hydrogencarbonat ebenfalls einen starken Konkurrenten für das Antimon(V) darstellt [8].

Ist durch die Schwermetallmitfällung nur eine unzulängliche Antimonabtrennung zu erreichen, so kommt nach derzeitigem Erkenntnisstand nur eine Mitfällung durch Eisen-(III)-Flockung in Frage. Hierbei werden jedoch wegen der konkurrierenden Salze sehr große Mengen Eisen (bis 3 mmol/l) benötigt [20], wobei der damit verbundene vermehrte Schlammanfall möglicherweise eine Antimonentfernung nicht mehr rechtfertigt. Weiterhin sollte die Eisen(III)-Flockung bei möglichst niedrigen pH-Werten (pH 5 bis 6) erfolgen, was eine zusätzliche Aufbereitungsstufe mit Feststoffabtrennung vor der eigentlichen Schwermetallabscheidung erforderlich machen würde.

Literatur

[1] Jekel, M. u. a.: Entfernung von Schwermetallen aus Rauchgaswaschwässern von Abfallverbrennungsanlagen. BMFT-Forschungsvorhaben: Ganzheitliche Untersuchung des Reststoffproblems bei Abfallverbrennungsanlagen: Naßverfahren ohne Wassereinleitung, Teil B, Förderkennzeichen: 1450548 3, TU Berlin, 1993.

[2] Enders, R., Vater, C. u. Jekel, M.: Antimon im Abwasser von Abfallverbrennungsanlagen, Müll und Abfall *22*, 784–787 (1990).

[3] Enders, R., Vater, C. u. Jekel, M.: NaCl aus Abfallverbrennungsanlagen, Müll und Abfall *23*, 482–490 (1991).

[4] 41. Anhang zur Rahmen-Abwasserverwaltungsvorschrift: Herstellung und Verarbeitung von Glas und künstlichen Mineralfasern. Gem. Ministerialbl. Bundesminister des Inneren (GMBI) Nr. 37 (1989).

[5] Merian, E.: Metalle in der Umwelt – Verteilung, Analytik und biologische Relevanz. S. 309, Verlag Chemie, Deerfield Beach, Florida, Basel 1984.

[6] Verordnung über Trinkwasser und über Wasser für Lebensmittelbetriebe (Trinkwasserverordnung – TrinkwV). Bundesgesetzblatt, Teil 1, 2612–2629 (1990).

[7] Baes, C. F. u. Mesmer, R. E.: The hydrolysis of cations. R. E. Krieger Publishing Company, Malabar 1986.

[8] Enders, R. u. Jekel, M.: Entfernung von Antimon(V) und Antimon(III) aus wäßrigen Lösungen – Teil I: Mitfällung und Adsorption bei der Flockung mit Eisen(III)-Salzen. Gas-Wasserfach, Wasser-Abwasser *135*, 632–641 (1994).

[9] Enders, R. und Jekel, M.: Entfernung von Antimon(V) und Antimon(III) aus wäßrigen Lösungen – Teil II: Sulfidfällung und anschließende Flockung mit Eisen(III)-Salzen. Gas-Wasserfach, Wasser-Abwasser *135*, 690–695 (1994).

[10] Hartinger, L.: Handbuch der Abwasser- und Recyclingtechnik für die metallverarbeitende Industrie. 2. Aufl., Hanser Verlag, München Wien 1991.

[11] Stumm, W. u. Morgan, J. J.: Aquatic Chemistry. John Wiley and Sons, New York 1981.

[12] Ambe, S.: Adsorption kinetics of antimony(V) ions onto α-Fe_2O_3 surfaces from an aqueous solution. Langmuir *3*, 489–493 (1987).

[13] Patterson, J. W., Allen, H. E. u. Scala, J. J.: Carbonate precipitation for heavy metals pollutants. J. Water Pollut. Control Fed. *49*, 2397–2410 (1977).

[14] DVGW-Regelwerk: Flockungstestverfahren bei der Wasseraufbereitung. Technische Regeln, Arbeitsblatt W 218 (Entwurf), Eschborn 1994.

[15] Parks, G. A.: The isoelectric points of solid oxids, solid hydroxids and aqueous hydroxo complex systems. Chem. Rev. *65*, 177–198 (1965).
[16] Hohl, H., Sigg, L. u. Stumm, W.: Characterization of surface chemical properties of oxides in natural waters – The role of specific adsorption in determining the surface charge. 1–31. In: Kavanaugh, M. C. and Leckie, J. O. (ed.): Particulates in Water. Advances in Chemistry, Series 189, American Chemical Society, Washington, D. C. 1980.
[17] Ritz, J.: Mechanismen und Wirksamkeit der Fällung von Schwermetallen aus Rauchgaswaschwässern von Müllverbrennungsanlagen. Dissertation, Fachbereich Umwelttechnik, Technische Universität Berlin, 1993.
[18] Ritz, J. u. Jekel, M.: Modellrechnungen zur Hydroxidfällung von Schwermetallen aus komplexer Abwassermatrix. Vom Wasser *82*, 1–18 (1994).
[19] Grohmann, A., Horstmann, B. u. Sollfrank, U.: Ein einfaches Konzept zur vollständigen Eliminierung von Schwermetallen am Beispiel Cd, Cr, Cu und Zn. Vom Wasser *58*, 269–289 (1982).
[20] Enders, R., Ritz, J. u. Jekel, M.: Rauchgaswaschwasser-Behandlung mit Fällungsverfahren. S. 650–665. In: Thomé-Kozmiensky, K. J.: Thermische Abfallbehandlung, EF-Verlag für Energie- und Umwelttechnik, Berlin 1994.

AOX-Ringversuch Schweizer Chemiefirmen und Gewässerschutzämter

AOX Inter-laboratory Testing Carried out by Swiss Chemical Companies and Water Protection Authorities

Peter Keim, Marc Güggi und *Urban Gruntz**

Schlagwörter

AOX-Ringversuch, AOX-Verfahren DIN/ISO-Norm 9562; Schweizer Chemiefirmen; Gewässerschutzämter; Oberflächenwasser; Ablauf industrielle Kläranlage

Summary

In spring 1993, the Swiss Chemical Companies CIBA Basel, CIBA Schweizerhalle, CIBA Grenzach, LONZA Visp, SANDOZ Products (Switzerland) Muttenz and SANDOZ Technology Basel, together with the water protection authorities of the cantons of Basel-City, of Basel-Country, and of Aargau carried out an inter-laboratory AOX testing. The aim was method standardisation, determination of precision and accuracy, internal evaluation of each laboratory and exchange of experience by including the water protection authorities.

The basis for the measurements was the DIN/ISO Method 9562 "Determination of Adsorbable Organic Halogens (AOX)". Depending on the water matrices (surface water, industrial waste water) variation coefficients between 5 and 16% were found. The comparability achieved was satisfactory and comparable with results from other, earlier inter-laboratory AOX testings.

Zusammenfassung

Im Frühjahr 1993 führten die Schweizer Chemiefirmen CIBA Basel, CIBA Schweizerhalle, CIBA Grenzach, LONZA Visp, SANDOZ Produkte (Schweiz) Muttenz und SANDOZ Technologie Basel sowie die Gewässerschutzämter der Kantone Basel-Stadt, Basel-Land und Aargau einen AOX-Ringversuch durch. Ziele waren die Standardisierung der Versuchsdurchführung, Bestimmung der Vergleichbarkeit (Streuung), Prüfung der eigenen Arbeitsweise und Erfahrungsaustausch durch den Einbezug der Vollzugsbehörden. Als Basis diente die AOX-Bestimmungsverfahren DIN/ISO 9562. Abhängig von den untersuchten Abwassermatrices (Oberflächenwasser, industrielles Abwasser) wurden Vergleichsvariationskoeffizienten von 5 bis 16% ermittelt. Die erhaltenen Übereinstimmungen waren befriedigend und vergleichbar mit Resultaten anderer AOX-Ringversuche.

---

* Dr. M. Güggi, CIBA, CH-4133 Schweizerhalle, Dr. U. Gruntz, Dr. P. Keim, SANDOZ TECHNOLOGIE AG, CH-4002 Basel.

1 Einleitung

Der Parameter „adsorbierbare organische Halogenverbindungen (AOX)" erfährt in letzter Zeit aus vielerlei Gründen eine immer größere Bedeutung in der Umweltschutzgesetzgebung. In den „Richtlinien für die Untersuchung von Abwasser und Oberflächenwasser" der Schweizer Einheitsvorschriften (SEV) [1] ist eine Standardmethode zur AOX-Bestimmung nicht vorhanden. In der Abwasseranalytik stellt AOX eine der zeitaufwendigsten chemisch-physikalischen Summenparameter-Bestimmungen dar. Speziell für industrielle Abwässer ist dazu eine große analytische Erfahrung notwendig.

Um Abweichungen zwischen einzelnen Chemiefirmen und den vollziehenden Gewässerschutzämtern auszuräumen, befaßte sich eine aus Spezialisten der Abwasseranalytik bestehende Arbeitsgruppe der Basler Chemischen Industrie mit der Aufgabe, ein Verfahren zur Bestimmung von AOX in industriellen Abwässern zu standardisieren.

Als Basis für die AOX-Bestimmung wurde der Normenentwurf DIN/ISO 9562 [3] mit geringfügigen Anpassungen übernommen. Im Gegensatz zum Norm-Entwurf wurden die leichtflüchtigen organischen Halogenverbindungen (POX) weder abgetrennt noch bestimmt, da in den beteiligten Labors der POX-Anteil von routinemäßig untersuchten Abwassermatrices (Oberflächenwasser, Abwasserreinigungsanlage (ARA) Ablauf) vernachlässigbar klein ist.

Die in den letzten Jahren erfolgreichen Anstrengungen zur Elimination von chlorierten Kohlenwasserstoffen (vor allem chlorierte Lösemittel) in Prozessen und durch Abwasserbehandlung an der Quelle rechtfertigen diese Vereinfachung.

Auf dieser Grundlage wurde dieser AOX-Ringversuch zwischen den Chemiefirmen und den Gewässerschutzämtern durchgeführt. Die Erhöhung der Vergleichbarkeit der Resultate, die Standardisierung der Versuchsführung, eine Kontrolle der eigenen Arbeitsweise und ein Erfahrungsaustausch waren die Ziele.

2 Durchführung

Vier unterschiedliche Proben – Oberflächenwasser und industrielle Abwässer, Ablauf ARA dotiert und nicht dotiert – wurden untersucht. Eine wäßrige Lösung mit 2 mg/l Chlorphenol diente als Standardlösung. Als Beispiel für ein Oberflächenwasser wurde eine Probe des Rheins (Basel; Kraftwerk August) mit 20 µg/l Chlorphenol dotiert, da die im Rhein vorhandene AOX-Konzentration niedrig ist (etwa 10 µg/l bei Kaiseraugst) [2]. Industrielles Abwasser wurde durch ein Wochenmischmuster eines Ablaufes einer industriellen Kläranlage (ARA) sowohl dotiert (mit 2 mg/l Chlorphenol), als auch undotiert simuliert.

Die Wasserproben wurden mit Salzsäure auf pH 1.5 bis 2 eingestellt und in Glasflaschen blasenfrei bis zum Stopfen gefüllt. Nach Transport der gekühlten Wasserproben in die einzelnen Labors wurde die entsprechende AOX-Analytik einheitlich am folgenden Tag durchgeführt. Das zur AOX-Analytik benötigte Probenvolumen wurde aus der durch gutes Schütteln homogenisierten Wasserprobe entnommen.

3 Ergebnisse

In 10 von 12 teilnehmenden Labors wurde zur Probenvorbereitung das Schüttelverfahren als Adsorptionsschritt verwendet, 2 Labors verwendeten dazu das Säulenverfahren.

Die im Ringversuch erzielten Ergebnisse werden nachfolgend entsprechend der verwendeten Matrix kurz diskutiert.

3.1 Standard-Probe

Die von den einzelnen Labors bestimmten AOX-Konzentrationen der Standard-Probe sind in Bild 1 dargestellt.

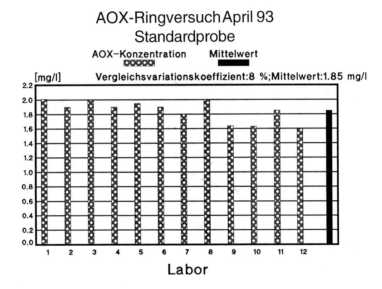

Bild 1. Von den Labors bestimmte AOX-Konzentrationen der Standard-Probe in mg/l.

Ermittelt wurde:

- AOX-Mittelwert: 1.85 mg/l
- Vergleichsvariationskoeffizient: 8%

Der erhaltene Vergleichsvariationskoeffizient liegt im Bereich von Ergebnissen anderer AOX-Ringversuche mit vergleichbarer Matrix [4].

3.2 Rhein-Probe

Die von den einzelnen Labors bestimmten AOX-Konzentrationen der Rhein-Probe sind in Bild 2 dargestellt.

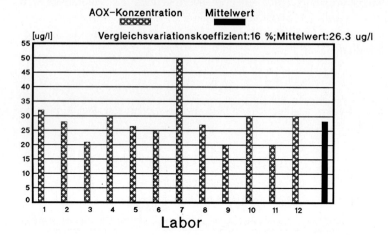

Bild 2. Von den Labors bestimmte AOX-Konzentrationen der Rhein-Probe in µg/l.

Ermittelt wurde:

- AOX-Mittelwert: 26.3 µg/l
- Vergleichsvariationskoeffizient: 16%

Bei der Berechnung des Mittelwertes und des Vergleichsvariationskoeffizienten wurde ein Ausreißer (50 µg/l; Ringversuchteilnehmer Nr. 7; Säulenmethode) nicht mitberücksichtigt.

Der erhaltene Vergleichsvariationskoeffizient liegt im Bereich von Ergebnissen anderer AOX-Ringversuche mit vergleichbarer Matrix [3, 4].

Mit Ausnahme von zwei Laboratorien wird die AOX-Bestimmung in Oberflächenwässern routinemäßig nicht durchgeführt. Daher liegen auf diesem Gebiet wenig analytische Erfahrungen vor.

3.3 Undotierte ARA-Probe

Die von den einzelnen Labors bestimmten AOX-Konzentrationen der undotierten ARA-Probe sind in Bild 3 dargestellt.

Ermittelt wurde:

- AOX-Mittelwert: 3.6 mg/l
- Vergleichsvariationskoeffizient: 6.6%

Der erhaltene Vergleichsvariationskoeffizient ist deutlich niedriger als derjenige anderer AOX-Ringversuche mit vergleichbarer Matrix [3, 4].

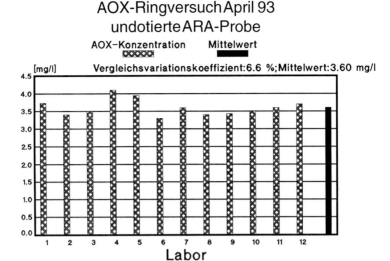

Bild 3. Von den Labors bestimmte AOX-Konzentrationen der undotierten ARA-Probe in mg/l.

Der niedrige Vergleichsvariationskoeffizient spiegelt wahrscheinlich im Gegensatz zu der vorher besprochenen Abwassermatrix die Tatsache wider, daß die Mehrheit der am AOX-Ringversuch beteiligten Labors routinemäßig diese Art von Matrix untersucht und daher eine hohe analytische Erfahrung auf diesem Gebiet vorhanden ist.

3.4 Dotierte ARA-Probe

Die von den einzelnen Labors bestimmten AOX-Konzentrationen der dotierten ARA-Probe sind in Bild 4 dargestellt.

Ermittelt wurde:

- AOX-Mittelwert: 3.62 mg/l
- Vergleichsvariationskoeffizient: 4.5 %

Der erhaltene Vergleichsvariationskoeffizient liegt deutlich niedriger als derjenige anderer AOX-Ringversuche mit vergleichbarer Matrix [4]. Hier gelten die gleichen Anmerkungen, die bereits in 3.3 „Undotierte ARA-Probe" gemacht wurden.

Da die reale ARA-Probe mit 2 mg/l Chlorphenol dotiert wurde, ist bis heute ungeklärt, weshalb bei der AOX-Bestimmung der dotierten und undotierten ARA-Proben von allen Labors zu niedrige, nahezu identische Werte erhalten wurden. Dieser Umstand wird auch durch den niedrigen Vergleichsvariationskoeffizienten dokumentiert.

Möglich ist, daß die Dotierung dieser Abwasserprobe mit der Chlorphenollösung nicht optimal war. Jedes am Ringversuch teilnehmende Labor erhielt 1 Liter Probe. Damit jedes Labor eine Probe mit identischer Zusammensetzung erhielt, wurde in einer 10-l-Glasflasche ein großes Volumen des realen Abwassers vorgelegt und mit der entsprechenden

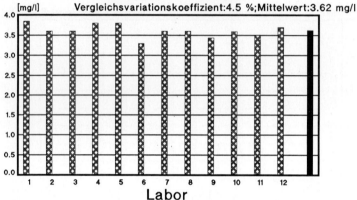

Bild 4. Von den Labors bestimmte AOX-Konzentrationen der dotierten ARA-Probe in mg/l.

Menge Chlorphenol dotiert. Zur Homogenisierung wurde dann die 10-l-Glasflasche gut geschüttelt und gerührt, jeweils ein Liter Abwasser in separate Glasgefäße abgefüllt und an die Labors weitergeleitet. Bei dieser Vorgehensweise muß der fehlende AOX-Anteil unbeabsichtigterweise verloren gegangen sein.

Zu erwähnen ist, daß auch andere Vorgehensweisen bei der hier notwendigen Probenherstellung denkbar und praktikabel sind. Unbestrittene Tatsache bleibt aber, daß eine exakte Probenherstellung in dieser Größenordnung schwierig und problematisch ist.

4 Kommentar

Der AOX-Ringversuch unter Beteiligung von drei Gewässerschutzämtern und Chemiefirmen konnte aufgrund der guten kooperativen Zusammenarbeit der beteiligten Labors erfolgreich abgewickelt werden.

Dabei hat sich das verwendete, modifizierte AOX-Analysenverfahren auf Basis der Norm DIN/ISO 9562 für die AOX-Bestimmung in den untersuchten dotierten und undotierten Proben bewährt. Die Ergebnisse können im Vergleich mit anderen AOX-Ringversuchen als sehr gut bezeichnet werden.

Noch nicht geklärt werden konnte, warum die erhaltenen AOX-Werte der dotierten und undotierten ARA-Probe nahezu identisch sind. Die beteiligten Spezialisten waren einstimmig der Meinung, daß dies nicht die AOX-Analytik an sich, sondern die Herstellung der dotierten Probe in Frage stellt; das verwendete AOX-Verfahren hingegen hat sich bewährt und sollte daher zukünftig in dieser Form weiterhin verwendet werden.

Das in industriellen Abwässern vielfach anzutreffende Problem des Vortäuschens zu hoher AOX-Konzentrationen, hervorgerufen durch in dieser Abwassermatrix oft enthaltene hohe Chloridkonzentrationen, wurde bewußt aus dem durchgeführten AOX-Ringversuch ausgeklammert. Bei dem hier durchgeführten AOX-Ringversuch ging es prinzipiell um die Standardisierung der Versuchsdurchführung des vorgeschlagenen AOX-Verfahrens.

Auf der Grundlage der sowohl von der Industrie, als auch von den Vollzugsbehörden anerkannten AOX-Verfahrens und mit dem entsprechenden Verständnis für die Problematik der AOX-Bestimmung in industriellen Abwässern können analytisch sinnvolle Grenz- oder Eliminationswerte für den Parameter AOX festgelegt werden.

Ferner konnte in einem offenen Dialog mit den beteiligten Gewässerschutzämtern über die Problematik der AOX-Bestimmung, speziell in industriellen Abwässern diskutiert werden, womit zuletzt alle Ziele des durchgeführten AOX-Ringversuches erreicht wurden.

Zum Schluß sei allen am AOX-Ringversuch beteiligten Labors für ihre Teilnahme und die kooperative Zusammenarbeit gedankt.

Literatur

[1] „Richtlinien für die Untersuchung von Abwasser und Oberflächenwasser (Allgemeine Hinweise und Analysenmethoden) 1. Teil: Abwasser", Eidgenössisches Departement des Innern, 1983.

[2] Bericht zum Zustand der aargauischen Fließgewässer; Untersuchung 1990/91 Kanton Aargau, Baudepartment, Abteilung Umweltschutz; Juni 1993.

[3] Deutsche Norm „Bestimmung adsorbierbarer organischer Halogenverbindungen (AOX)"; Entwurf DIN/ISO 9562, Oktober 1991.

[4] AOX-Ringversuch 9/92 der Hessischen Landesanstalt für Umwelt (HLfU), Oktober 1992; Kenndaten der Rohauswertung.

Bestimmung von BTXE und LHKW in Wasser – Ergebnisse eines Ringversuchs zur Analytischen Qualitätssicherung

Determination of BTXE and Volatile Halogenated Hydrocarbons in Water – Results of an Interlaboratory Test for Analytical Quality Control

Michael Koch und *Norbert Klaas**

Schlagwörter

Ringversuch, Analytische Qualitätssicherung, AQS, BTXE, Leichtflüchtige Halogenkohlenwasserstoffe (LHKW), Analytik

Summary

An inter-laboratory proficiency test for analytical laboratories was carried out for the determination of benzene, toluene, o-xylene, m-/p-xylene, ethylbenzene, dichloromethane and *cis*-1,2-dichloroethene in water.
 Preparation and distribution of the test sample are described and the results are shown.
 Mean recoveries were between 88 and 97%, and the variation coefficients were about 15%. Values outside ±40% were eliminated. The results of various analytical methods are compared and the influence of the sample transportation is described.
 Laboratories were assessed on the basis of the results of this test.

Zusammenfassung

Zur Ermittlung der Leistungsfähigkeit von analytischen Laboratorien wurde ein Ringversuch zur Bestimmung von Benzol, Toluol, o-Xylol, m-/p-Xylol, Ethylbenzol, Dichlormethan und *cis*-1,2-Dichlorethen in Wasser durchgeführt.
 Herstellung und Versand der Proben werden beschrieben und die Ergebnisse dargestellt. Die Wiederfindungsraten lagen zwischen 88 und 97%, die Variationskoeffizienten im Bereich um ±15%.
 Werte, die außerhalb etwa ±40% lagen, wurden als Ausreißer eliminiert. Die Ergebnisse der verschiedenen Analysenverfahren werden verglichen und der Einfluß des Probentransports dargestellt.
 Aufgrund der Ergebnisse wurden die einzelnen Laboratorien bewertet.

1 Einleitung

An der Universität Stuttgart werden im Auftrag des Landes Baden-Württemberg Maßnahmen zur Analytischen Qualitätssicherung in chemischen Laboratorien durchgeführt. In diesem Rahmen werden auch Ringversuche veranstaltet, bei denen nicht, wie gewöhnlich, die Evaluierung eines analytischen Bestimmungsverfahrens, sondern die Prüfung der Qualität der chemischen Laboratorien im Vordergrund steht. Daher werden auch verschiedene, nur der Leitstelle bekannte Konzentrationsniveaus verschickt, um Absprachen zwi-

---

* Dipl.-Chem. M. Koch und Dipl.-Chem. N. Klaas, AQS-Leitstelle im Institut für Siedlungswasserbau, Wassergüte- und Abfallwirtschaft der Universität Stuttgart, Abt. Chemie, Bandtäle 2, D-70569 Stuttgart.

schen den Labors zu verhindern. Die Wahl des anzuwendenden Bestimmungsverfahrens liegt beim Laboratorium. Über einen Ringversuch zur Bestimmung von Pestiziden wurde an anderer Stelle bereits berichtet [1]. Im Jahre 1993 wurde unter anderem ein Ringversuch zur Bestimmung von Benzol – Toluol – o-Xylol – m-/p-Xylol – Ethylbenzol sowie von Dichlormethan und cis-1,2-Dichlorethen durchgeführt.

173 Laboratorien hatten sich zu diesem Ringversuch angemeldet, von 163 gingen Ergebnisse ein. Jedes Labor erhielt 4 synthetische Proben, so daß die Zahl der Einzelwerte 4642 betrug.

2 Herstellung und Versand der Proben

Die leichte Flüchtigkeit der zu bestimmenden Parameter bedingt eine besondere Sorgfalt bei der Herstellung und dem Versand der Proben.

Aus den auf ihre Reinheit kontrollierten Substanzen wurden durch Einwiegen in Dimethylformamid (DMF) Stammlösungen hergestellt. Alle Zwischenlösungen und Proben wurden durch Verdünnen aus diesen Stammlösungen hergestellt. Dabei wurde peinlich genau darauf geachtet, daß an keiner Stelle umgefüllt wurde oder wie üblich durch Ansaugen pipettiert wurde. In jedem Fall wurde eine Druckpipette verwendet, wie sie in Bild 1 dargestellt ist. Dazu wurde eine gewöhnliche Vollpipette in einen durchbohrten Gummistopfen gesteckt. Nachdem zusätzlich eine Spritzenkanüle mit aufgesetztem Gummiball durch den Gummistopfen gestoßen worden war, konnte die Pipette durch einfaches Aufsetzen der Gummistopfen auf die Meßkolben mit Druck gefüllt werden. Aufgrund der höheren Genauigkeit und der besseren Dokumentierbarkeit (Waage mit Drucker) wurde zur Berechnung der Verdünnung bei jedem Verdünnungsschritt nicht das Soll-Volumen der Pipette, sondern die individuell bestimmte Einwaage herangezogen. Es wurde derart verdünnt, daß die Konzentration an Lösevermittler (DMF) in den Proben den Wert, der in den Deutschen Einheitsverfahren zur Wasser-, Abwasser- und Schlammuntersuchung (DEV) [2] für Standardlösungen empfohlen wird, nicht überschritten wurde.

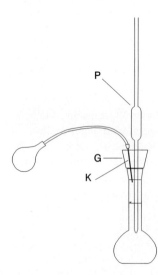

Bild 1. Druckpipette zur Herstellung der Verdünnungen (P = Vollpipette, G = Gummistopfen, K = Kanüle).

Als Probenflaschen wurden, wie in den DEV vorgesehen, braune Glasflaschen mit Schliffstopfen – Nennvolumen 250 ml – verwendet. Diese Flaschen wurden mittels eines langen Glasrohres unter Vermeidung von Turbulenzen vom Boden her bis zum Überlaufen gefüllt und dann luftblasenfrei verschlossen. Erwartungsgemäß ließ es sich nicht vermeiden, daß während der Lagerung der Proben und während des Transports ein geringes Probenvolumen durch den Kapillarspalt verloren ging und eine kleine Luftblase entstand. Dennoch konnten mit dieser Vorgehensweise wesentlich bessere Ergebnisse erzielt werden als mit dichten Schraubkappen mit Teflondichtung, die in einem früheren Ringversuch verwendet wurden.

Die Proben wurden in Polystyrol-Formteilen bruchsicher verpackt. Es wurde den Laboratorien bei diesem Ringversuch freigestellt, die Proben bei der AQS-Leitstelle abzuholen oder – wie gewöhnlich – die Proben durch Eilsendung mit der Post zu erhalten. Die Möglichkeit der Abholung wurde von 46 Laboratorien wahrgenommen.

3 Auswertung

Nach Rücklauf der Ergebnisse – es wurde in der Regel nach DEV F9 bzw. F4/F5 [2] analysiert – erfolgte die Auswertung, die nach einem bereits früher beschriebenen Verfahren gemeinsam für alle Konzentrationen durch Normierung auf ein einheitliches Niveau [1, 3, 4] vorgenommen wurde.

4 Ergebnisse

4.1 Wiederfindung

Nach Ausschluß der Ausreißer kann aus der Auftragung der verbleibenden Daten im Wahrscheinlichkeitsnetz die mittlere Wiederfindungsrate als Quotient aus Median und vorgegebenem Sollwert (ausgedrückt in %) errechnet werden. Die mittlere Wiederfindungsrate lag bei diesem Ringversuch je nach Parameter zwischen 88 und 96,2 %.

Es werden Wiederfindungsraten erhalten, die zwischen den Parametern wenig streuen. Eine auffallend schlechte Wiederfindung wird ebenso wie bei den Ringversuchen zur Normung bei den Parametern Benzol und cis-1,2-Dichlorethen erhalten. Zumindest bei letzterem ist die Ursache sehr wahrscheinlich in der großen Flüchtigkeit der Verbindung zu suchen. Dies führt zu Verlusten bei der Handhabung der Proben. Wiederfindungsraten im Bereich zwischen 92 und 96 % können für die Analytik dieser Verbindungen als zufriedenstellend angesehen werden.

4.2 Ausschlußgrenzen und Variationskoeffizienten

Die Ausschlußgrenzen, die sich nach dem Ausschluß der Ausreißer ergaben, lagen über alle Parameter bei etwa ±40 %, die Variationskoeffizienten bei etwa ±15 %.

In Bild 2 sind Ausschlußgrenzen und Variationskoeffizienten, berechnet für ein beispielhaftes Niveau von 50 µg/l, als Vergleich zwischen den verschiedenen Parametern dargestellt. Größere Spannweiten bei Ausschlußgrenzen und Variationskoeffizienten resultieren aus einer größeren Streubreite des Gesamtdatenkollektivs, d. h. die Bestimmung dieses

Tabelle 1. Wiederfindungsraten der einzelnen Parameter in %; Vergleich zwischen den Ergebnissen der Ringversuche zu den einzelnen Normen (DEV F4/F5/F9 [2]) und dem in dieser Arbeit beschriebenen (RV S/93 AQS-BW).

Parameter	Wiederfindungsraten in %		
	Normungs-RV Headspace	Normungs-RV Extraktion	RV S/93 AQS-BW
Benzol	81,67	77,14	87,97
Toluol	100,95	–	93,76
o-Xylol	82,81	98,44	96,18
m-/p-Xylol	87,1	96,13	95,85
Ethylbenzol	91,69	97,74	94,69
Dichlormethan	85,1	153	92,9
cis-1,2-Dichlorethen	64,7	–	88,22

Tabelle 2. Vergleich der Variationskoeffizienten aus den Ringversuchen zur Erstellung der Normen und diesem Ringversuch.

Parameter	Vergleichsvariationskoeffizient in %		
	Normungs-RV Headspace	Normungs-RV Extraktion	RV S/93 AQS-BW
Benzol	27,4	43,3	+14,2 / −12,3
Toluol	20,5	–	+12,5 / −11,0
o-Xylol	19,6	38,2	+11,5 / −10,3
m-/p-Xylol	42,0	23,6	+14,3 / −12,4
Ethylbenzol	10,9	15,0	+11,8 / −10,5
Dichlormethan	39,7	46,2	+14,7 / −12,7
cis-1,2-Dichlorethen	28,8	–	+11,1 / −9,9

Parameters ist allgemein mit größerer Streuung behaftet als die anderer. Ein Vergleich der gefundenen Variationskoeffizienten mit denen aus den Ringversuchen, die anläßlich der Erstellung der Normen [2] für die Matrix Trinkwasser durchgeführt wurden, zeigt eine deutlich geringere Streuung der Meßwerte. Durch die Annahme einer logarithmischen Normalverteilung der Werte – diese ist vor allem nahe der Bestimmungsgrenze mit Sicherheit zutreffender als eine Normalverteilung – unterscheiden sich der obere und untere Variationskoeffizient voneinander. Die Konzentrationsabhängigkeit der Variations-

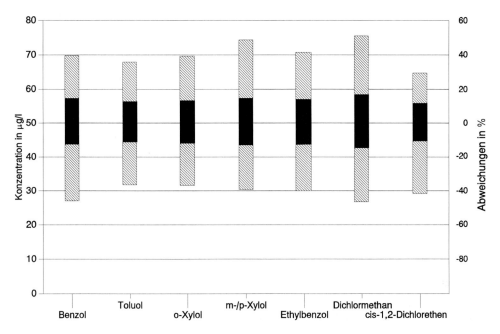

Bild 2. Ausschlußgrenzen (graue Balken) und Standardabweichung (schwarze Balken) auf dem Niveau 50 µg/l.

koeffizienten und Ausschlußgrenzen ist vergleichsweise gering. In Bild 3 ist dies am Beispiel des Benzols dargestellt. Auch hier zeigt sich die Asymmetrie durch die Annahme der logarithmischen Normalverteilung.

4.3 Verfahrensspezifische Auswertung

Zusammen mit den Analysenergebnissen der Laboratorien wurden auch die verwendeten Verfahren erfaßt. Dabei wurde differenziert:

bei den BTXE:
- Headspace-Analytik mit Flammenionisations-(FID)-Detektion
- Headspace-Analytik mit massenspektrometrischer (MS) Detektion
- Extraktionsverfahren mit Flammenionisations-(FID)-Detektion
- Extraktionsverfahren mit massenspektrometrischer (MS) Detektion

bei den LHKW:
- Headspace-Analytik mit Elektroneneinfangdetektor
- Extraktionsverfahren mit Elektroneneinfangdetektor

In Bild 4 und Bild 5 sind die Ergebnisse aller Laboratorien nach den entsprechenden Verfahren beispielhaft für die Parameter Benzol und *cis*-1,2-Dichlorethen aufgeschlüsselt. Die beiden vorderen Balkenreihen zeigen die Ergebnisse für die Extraktionsverfahren, die

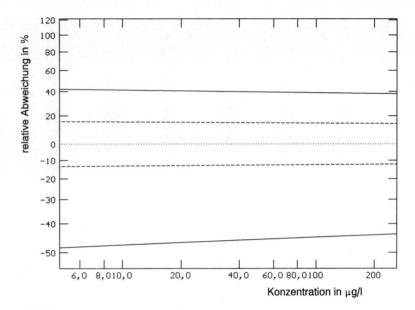

Bild 3. Konzentrationsabhängigkeit des Variationskoeffizienten (unterbrochene Kurve) und der Ausschlußgrenze (ausgezogene Kurve) am Beispiel des Benzols.

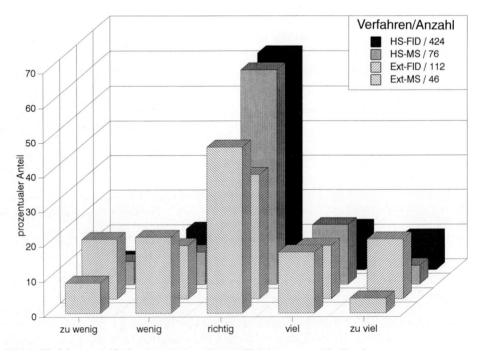

Bild 4. Verfahrensspezifische Auswertung – Benzol (Erläuterungen siehe Text).

Bestimmung von BTXE und LHKW in Wasser – Ergebnisse eines Ringversuchs 353

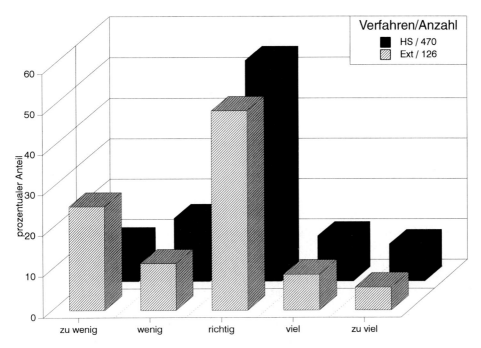

Bild 5. Verfahrensspezifische Auswertung – *cis*-1,2-Dichlorethan (Erläuterungen siehe Text).

beiden hinteren die Headspace-Analytik. Die mit „genau" betitelten Balken enthalten den prozentualen Anteil der Werte, die im Bereich ±1 s (Standardabweichung) um den Median des ausreißerfreien Datensatzes lagen. „Zu tief" bzw. „zu hoch" bedeutet, daß dieser Anteil an Werten als Ausreißer nach unten bzw. nach oben ausgeschlossen werden mußte. Die verbleibenden Balken „tief" bzw. „hoch" enthalten den Anteil an Werten, die außerhalb der einfachen Standardabweichung, aber innerhalb der Ausschlußgrenzen lagen. In der Legende ist bei den Verfahren noch angegeben, welche Anzahl von Einzelwerten in die Betrachtung eingegangen ist.

Am Beispiel des Benzols (Bild 4) ist ersichtlich, daß der Anteil „genauer" Werte mit dem Headspace-Verfahren etwas höher liegt, aber weder das Extraktionsverfahren noch die Headspace-Analytik deutliche Tendenzen zu Über- oder Unterbefunden zeigen. Dieses Muster zeigen alle BTXE, wobei die „Überlegenheit" der Headspace-Analytik meist weniger deutlich ausgeprägt ist.

Im Gegensatz dazu zeigen die LHKW (in Bild 5 beispielhaft *cis*-1,2-Dichlorethen) einen deutlich erhöhten Anteil an Ausreißern nach unten bei dem Extraktionsverfahren. Dies zeigt, daß dieses Verfahren anfällig ist für Minderbefunde. Bei der Probenhandhabung, die bei der Extraktion wesentlich mehr Arbeitsschritte erfordert, besteht offensichtlich eine erhöhte Gefahr von Verlusten durch die große Flüchtigkeit dieser Stoffe.

4.4 Einfluß des Probentransports

46 Laboratorien haben die Proben in der AQS-Leitstelle abgeholt. Daraus wurden 1369 der 4642 Einzelwerte ermittelt. Die Ausreißerquote lag bei diesen Werten mit 16,4% geringfügig unter der Gesamtquote von 19,5%. Der Anteil der Werte innerhalb ±1 s war mit 56,6% etwas höher als der Gesamtanteil mit 54,8%.

Diese Abweichungen sind gering und zeigen damit keinen signifikanten Qualitätsunterschied zwischen Probenversand und Abholung.

5 Bewertung der Laboratorien

Von den 4642 Einzelwerten waren 3737 (80,5%) akzeptabel. Bild 6 zeigt den Anteil akzeptabler Werte (sie werden in der Auswertung mit einem * markiert) für jedes beteiligte Laboratorium. Bei 52 Laboratorien (entspr. 31,9%) sind alle Werte akzeptabel. Die punktierte Linie zeigt den Gesamtanteil aus allen Einzelwerten, die gestrichelte Linie dessen Quadrat. Dieser Wert ist als Grenze für die Bestätigung einer erfolgreichen Teilnahme festgesetzt. Den Laboratorien war es freigestellt, alle Parameter oder nur einen Teil zu bestimmen, und es war möglich, denselben Parameter mit unterschiedlichen Verfahren zu analysieren. Daher gibt es Laboratorien, die mehr oder weniger als 28 Einzelwerte abgegeben haben. Dies ist in Bild 6 durch unterschiedliche Symbole gekennzeichnet.

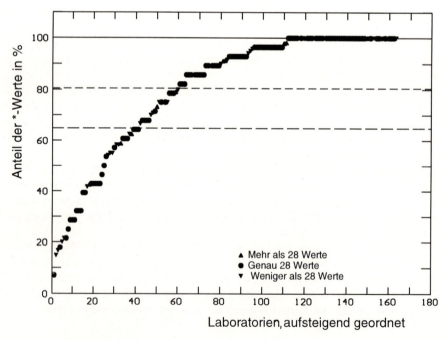

Bild 6. Verteilung des prozentualen Anteils der akzeptablen Analysenwerte über die beteiligten Laboratorien (aufsteigend geordnet).

Vom Wasser, *84*, 347–355 (1995)

6 Erkenntnisse über die Analytik

Dieser Ringversuch hat gezeigt, daß mit der etablierten Analytik gute Ergebnisse erzielt werden können. Erwartungsgemäß zeigten sich allgemein Minderbefunde, die durch die Probenhandhabung (insbesondere beim Extraktionsverfahren), die Lagerung und den Transport hervorgerufen werden; alle relevanten Fehlerquellen führen bei diesen Parametern zu Minderbefunden. Wiederfindungsraten um 95% sind für leichtflüchtige Verbindungen aber als durchaus akzeptabel zu bewerten.

Ein Ausreißerquote von 19,5% erscheint auf den ersten Blick hoch. Es ist dabei jedoch zu bedenken, daß sich an diesem Ringversuch auch ungeübte Laboratorien beteiligt haben, die ihren Leistungsstand auf diesem Sektor erproben wollten.

Literatur

[1] Koch, M. u. a.: Ergebnisse eines Pestizid-Ringversuchs zur Qualitätssicherung in analytischen Laboratorien. Vom Wasser *83*, 289–304 (1994).
[2] Deutsche Einheitsverfahren zur Wasser-, Abwasser- und Schlammuntersuchung. Loseblattsammlung, VCH Verlagsgesellschaft Weinheim.
[3] Wagner, R.: Ringversuche im Rahmen der Analytischen Qualitätssicherung. tm – Technisches Messen *59*, 167–172 (1992).
[4] Wagner, R. J.: Wie genau sind Analysenergebnisse von Wasser-/Abwasserproben? Erkenntnisse aus Ringversuchen. Gewässerschutz, Wasser, Abwasser [Aachen] *143*, 95–110 (1994).

Bestimmung von Geruchsstoffen in Wasser nach Anreicherung mit Festphasenextraktion und CLSA im Ultraspurenbereich

Determination of Ultra Traces of Odours in Water after Solid Phase Extraction and CLSA

Regina Wilkesmann*, Claus Schlett** und *Hans-Peter Thier**

Schlagwörter

Geruchsstoffe, Geruchsschwellenkonzentration, Spurenanalytik, Festphasenextraktion, CLSA, Massenspektrometrie

Summary

Very low concentrations of odorous compounds are often sufficient to produce an off-flavor in water. The identification and quantification of such odours require methods of high sensitivity. For determination of traces of these compounds they must be extracted in a high degree from the water, and impurities have to be eliminated. After optimization of solid phase extraction (SPE) and closed-loop-stripping-analysis (CLSA), ultra traces of selected odours with different structures (algal degradation-products, terpenoids, chlorinated aromatics) can be analysed in concentrations well below their odour threshold concentrations. With both methods, algal microbial degradation-products such as 6-Methyl-5-hepten-2-on, Geranylacetone, β-Ionone and Geosmin were analysed in surface water in the range of 0,003–0,04 µg/l. 1,8-Cineole, α-Terpineol and (L-)-Menthol were identified by GC/MS-screening.

Zusammenfassung

Geruchsstoffe in Wasser können bereits in sehr geringen Konzentrationen zu einer Geruchsbeeinträchtigung führen. In bisherigen Arbeiten sind vereinzelt Geruchsstoffe qualitativ oder halbquantitativ in Oberflächenwasser analysiert worden. Zur Identifizierung und quantitativen Bestimmung von Geruchsstoffen wurden die hier beschriebenen Anreicherungsverfahren in der Weise optimiert, daß die Geruchsstoffe im analytischen Spurenbereich aus dem Wasser extrahiert und dabei weitgehend von störenden Begleitstoffen abgetrennt wurden. Durch Optimierung der Festphasenextraktion (SPE) an modifizierten Kieselgelen und der Closed-Loop-Stripping-Analysis (CLSA) konnten ausgewählte Geruchsstoffe unterschiedlicher Struktur (algenbürtige Stoffe, Terpenoide, chlorierte Aromaten) im Ultraspurenbereich unterhalb ihrer Geruchsschwellenkonzentration bestimmt werden. Im Oberflächenwasser wurden damit insbesondere Stoffwechsel- und Zersetzungsprodukte von Algen und Mikroorganismen wie 6-Methyl-5-hepten-2-on, Geranylaceton, β-Ionon und Geosmin im Bereich von 0,003 bis 0,04 µg/l nachgewiesen. Durch ein GC/MS-Screening wurden weitere Substanzen wie 1,8-Cineol, α-Terpineol und (L-)-Menthol identifiziert.

---

* R. Wilkesmann, Prof. Dr. H.-P. Thier, Institut für Lebensmittelchemie der Universität Münster, Piusallee 7, D-48147 Münster.
** Dr. C. Schlett, Gelsenwasser AG, Willy-Brandt-Allee 26, D-45891 Gelsenkirchen.

1 Einleitung

Ein auftretender Geruch in Wasserproben wird häufig durch organische Komponenten verursacht, deren Geruchsnote oft mit faulig, erdig, muffig, fischig oder chemisch-medizinisch beschrieben wird. Bei den organischen Komponenten kann es sich um Stoffwechselprodukte von Algen und Mikroorganismen oder Zersetzungsprodukten von Huminstoffen, aber auch Verunreinigungen aus der Industrie und häuslichen Abläufen handeln.

In bisherigen Arbeiten sind vereinzelt Geruchsstoffe in Oberflächenwasser während einer Algenblüte nachgewiesen worden. Am häufigsten traten dabei die bekannten algenbürtigen Komponenten Geosmin und 2-Methylisoborneol auf [1 bis 3]. Zur Anreicherung der Geruchsstoffe aus Wasser wurden bisher die Flüssig-flüssig-Extraktion [4] oder verschiedene Verfahren auf Grundlage der Closed-Loop-Stripping-Analysis (CLSA) [2, 3, 5] verwendet. Die Festphasenextraktion (SPE) an RP-C18-Material, die z. B. aus der Analytik von Pflanzenbehandlungsmitteln hinreichend bekannt ist, schien ebenfalls geeignet zu sein.

In Abhängigkeit von der Stoffklasse und der Geruchsschwellenkonzentration können geruchsaktive Stoffe bereits in Konzentrationen von wenigen ng/l Wasser geruchlich belasten. Im Gegensatz zur herkömmlichen Analytik vermag der empfindliche Geruchssinn des Menschen die Geruchsstoffe in diesem Spurenbereich noch wahrzunehmen. Die nachfolgenden Anreicherungsverfahren wurden deshalb mit dem Ziel optimiert, die Stoffe möglichst quantitativ mit einem hohen Anreicherungsfaktor zu extrahieren, um sie im Ultraspurenbereich nachweisen zu können. Zur Bestimmung unterhalb ihrer spezifischen Geruchsschwellenkonzentrationen wurden sie nach einer Kapillargaschromatographie massenspektrometrisch identifiziert. Die Untersuchungen erstreckten sich dabei auf bereits bekannte Komponenten und auf solche, die erst in einem GC/MS-Screening bestimmt wurden.

2 Auswahl von Referenzsubstanzen

Die Auswahl der Referenzsubstanzen umfaßte Komponenten, die in geruchlich belasteten Wässern bereits nachgewiesen wurden, sowie solche, die besonders niedrige Geruchsschwellenkonzentrationen besitzen (Tab. 1). Dazu zählen Geosmin, 2-Methylisoborneol, β-Ionon, Geranylaceton, 6-Methyl-5-hepten-2-on und 1-Octanol, die aus Stoffwechsel- und Zersetzungsreaktionen von Algen und Mikroorganismen stammen [1, 2, 3, 5, 6]. Chloranisole können durch mikrobielle Methylierung aus Phenolen gebildet werden [3] und besitzen sehr geringe Geruchsschwellenkonzentrationen (GSK); z. B. 2,4,6-Trichloranisol: 0,003 µg/l [7], 2,3,6-Trichloranisol: 0,0003 µg/l [8].

Zur Beurteilung von auftretenden Geruchseindrücken wurden die Geruchsnoten und Geruchsschwellenkonzentrationen der Referenzsubstanzen ermittelt. Da die Bestimmung der Geruchsschwellenkonzentration stark von der Empfindlichkeit der prüfenden Person zur Zeit der Prüfung abhängt, wurde sie in mehreren Versuchen an verschiedenen Tagen durchgeführt. Dazu wurde jeweils zu 1 l geruchsfreiem Wasser gerade soviel der Lösung der Referenzsubstanz gegeben, bis der für die Referenzsubstanz typische Geruch auftrat.

Tabelle 1. Verwendete Referenzsubstanzen, ihre Geruchsnoten und Geruchsschwellenkonzentrationen (GSK), in µg/l.

Nr.	Referenzsubstanz	Geruchsnote	GSK[d]
1	1,2-Dichlorbenzol	süßlich, bittermandelartig[d]	13
2	1,3-Dichlorbenzol	süßlich, aromatisch[d]	12
3	1,4-Dichlorbenzol	aromatisch[d]	4
4	1,2,3-Trichlorbenzol	naphthalinartig[d]	12
5	1,2,4-Trichlorbenzol	naphthalinartig[d]	11
6	1,3,5-Trichlorbenzol	säuerlich[d]	16
7	Anisol	schokoladig[b], butterig[b], käsig[b]	14
8	2-Methylanisol	naphthalinartig[d]	9
9	4-Methylanisol	campherartig[b]	5
10	2-Chloranisol	anisartig[d]	19
11	3-Chloranisol	süßlich[d]	16
12	4-Chloranisol	anisartig[e]	7
13	2,3-Dichloranisol	naphthalinartig[d]	18
14	2,6-Dichloranisol	naphthalin-, zitronenartig[d]	7
15	3,5-Dichloranisol	campher-, naphthalinartig[d]	34
16	2,3,4-Trichloranisol	tierisch, moderig[d]	22
17	2,4,6-Trichloranisol	moderig, schimmelartig[c], korkartig[a]	3
18	Decahydro-2-naphthol	süßlich-naphthalinartig[d]	16
19	α-Methylbenzylbutyrat	erdig, fruchtig[b]	64
20	3-Methyl-2-cyclohexen-1-on	kirschig[b]	10
21	Isophoron	süßlich[b]	10
22	β-Ionon	angenehm, blumig, holzig[b]	1
23	Geosmin	erdig[c]	0,006
24	2-Methylisoborneol	moderig, schimmelartig[c]	0,04
25	Campher	campher-, pfefferartig[e]	20
26	Geranylaceton	campherartig[b,d], medizinisch, holzig[b]	13
27	6-Methyl-5-hepten-2-on	campherartig[a]	13
28	Cyclodecanon	pfefferminzartig[e]	16
29	Cyclododecanon	pfefferminzähnlich[e]	16
30	Cyclododecanol	minzartig[b]	16
31	1-Octanol	süßlich, nach Rosen, apfelartig[b]	9
32	3-Ethyl-2-methylpyrazin	zitronenartig[d]	7
33	Indol	zitronenartig[d]	9
34	3-Methylindol	fäkalartig[d]	0,02
35	1-Borneol	campherartig[e]	40
36	Fenchon	süßlich, minzartig[d]	50
37	Piperiton	zitronenartig, holzig[b]	40
38	Pulegon	erdig, haselnußartig[b]	8
39	Dihydrocarveol	fäkalartig[b], tierisch[a]	60
40	Geraniol	fäkalartig[b]	2

[a][8], [b][9], [c][3], [d]eigene Beurteilung, [e][10]

3 Experimentelles

3.1 Festphasenanreicherung (SPE)

Das Arbeiten im Ultraspurenbereich erfordert in besonderem Maße Extrakte, die möglichst frei von methodisch bedingten Verunreinigungen sind, da diese bei der Gaschromatographie zu Störungen führen und die Interpretation von Befunden erschweren können. Die Anreicherungssäulen wurden deshalb mit Aceton gereinigt. Um eine reproduzierbare und möglichst quantitative Anreicherung zu erzielen, darf die Säule bei der anschließenden Konditionierung nicht trockenlaufen; beim Durchsaugen der Wasserprobe durch die Säule sind außerdem Ausgaseffekte und Kanalbildungen zu vermeiden. Die Optimierung der SPE nach Versuchen mit verschiedenen Wasservolumina (1, 2 und 5 l), unterschiedlichen Mengen an Festphasenmaterial (1 und 2 g) und Zusätzen von Natriumchlorid oder Methanol machte für die meisten Substanzen eine quantitative Extraktion mit einem maximalen Anreicherungsfaktor von 10 000 möglich.

Arbeitsbedingungen:

Sorbens:	2 g RP-C18-Material (Fa. Amchro)
Reinigung:	2 Bettvolumina Aceton, 15 min trocknen (Stickstoff)
Konditionierung:	3 Bettvolumina Methanol
	1 Bettvolumen entionisiertes Wasser
Wasservolumen:	5 l
Fluß:	20 ml/min
Trocknung:	15 min (Stickstoff, etwa 90 ml/s)
Elution:	5 × 1 ml Aceton
Endvolumen:	0,5 ml
Anreicherungsfaktor:	10 000

3.2 Closed-Loop-Stripping-Analysis (CLSA)

Grob stellte erstmals die CLSA (Bild 1) als Anreicherungsverfahren für flüchtige Komponenten vor [11]. Dabei werden Substanzen in einem geschlossenen System aus einer erwärmten Wasserprobe mit Luft ausgetrieben, die kontinuierlich durch ein kleines Kohlefilter geleitet wird. Die daran adsorbierten Anteile werden anschließend mit wenig Schwefelkohlenstoff extrahiert und ohne weiteres Einengen untersucht. Ausgehend von 1 l Wasser und einem Eluatvolumen von 0,04 bis 0,1 ml Schwefelkohlenstoff lassen sich Anreicherungsfaktoren von 10 000 bis 25 000 erreichen.

3.2.1 Vermeiden von Blindwertproblemen

Bei der Spurenanalytik können Blindwerte eine Auswertung der Chromatogramme erheblich erschweren; auf die Abwesenheit von Störfaktoren wurde deshalb besonders geachtet. Um störende Verunreinigungen aus der Aktivkohle und ein Verstopfen der Kohle weitgehend auszuschließen, wurden die Kohlefilter vor der Analyse mit Dichlormethan und n-Pentan gewaschen und nach 15 bis 20 Anwendungen zusätzlich mit Salpetersäure (1 mol/l), entionisiertem Wasser und Aceton gewaschen [12]. Um Verschleppungen von Stoffen zu vermeiden, wurden die Metallrohre des CLSA-Systems regelmäßig mit Salzsäure (0,1 mol/l)

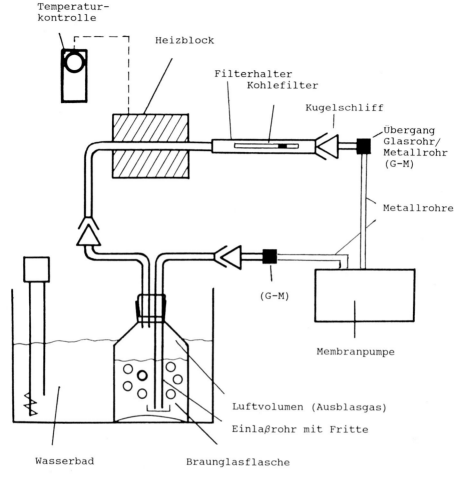

Bild 1. CLSA-System.

und entionisiertem Wasser gespült [13]. Das Einlaßrohr mit Fritte und der Filterhalter wurden wöchentlich 24 h mit RBS-Lösung und entionisiertem Wasser behandelt.

3.2.2 Optimierung

Die Ausbeuten bei der CLSA sind von Faktoren wie der Temperatur des Wasserbads und der Ausblasluft, der Ausblaszeit und der Aktivkohlemenge im Kohlefilter abhängig. Wie die Versuche zeigten, sollte die Temperatur des Wasserbads nicht über 60 °C liegen, um eine Kondensation von Wasserdampf in den Glas- und Metallrohren während des Ausblasens zu vermeiden. Wasserkondensationen auf der Aktivkohle lassen sich verhindern, wenn die Temperatur der Luft um mindestens 10 °C höher ist als die Temperatur des Wasserbads. Nach Untersuchung der beeinflussenden Faktoren ergab sich nachfolgende optimierte Arbeitsweise:

Sorbens:	1,5 mg Aktivkohle
Konditionierung:	je 3 × 0,3 ml Dichlormethan und Pentan
Wasservolumen:	1 l
Wasserbad:	60 °C
Heizblock:	80 °C
Luftdurchfluß:	2,5 l/min
Ausblaszeit:	60 min
Elution:	4 ×25 µl Schwefelkohlenstoff unter Eiskühlung
Anreicherungsfaktor:	10 000

3.3 Gaschromatographie und Detektion

Die Substanzen wurden gaschromatographisch an einer RT_x-1701-Kapillarsäule getrennt, die besonders bei polareren Komponenten eine gute Trennleistung zeigt (Bild 2). Anschließend wurden die Substanzen massenspektrometrisch identifiziert und über jeweils zwei, für die Substanz spezifische Massen quantifiziert (Tab. 2).

Bei Verwendung von Schwefelkohlenstoff als Elutionsmittel zeigten die Peaks ein starkes Tailing. Es trat nicht mehr auf, wenn die Einspritztemperatur und der Beginn des GC-Temperaturprogrammes auf 50 °C gesenkt wurden.

Bedingungen der Gaschromatographie/Massenspektrometrie:

GC/MS-System:	Gaschromatograph Modell Varian 3400 mit automatischem Probengeber A 200 S; Ion Trap Detektor, Modell ITS 40 (Fa. Semrau, Finnigan MAT)
Trennsäule:	RT_x1701-Kapillarsäule 30 m × 0,25 mm × 0,1 µm (Fa. Restek)
Trägergas:	Helium 6.0; 1,2 ml/min
Injektion:	2 µl splitlos, Kaltaufgabesystem Modell PTV (Fa. Quma, Wuppertal) Temperaturprogramm: 60 °C (0,05 min) mit 20 °C/s auf 250 °C (6 min)
Temperaturprogramm:	*CLSA*: 50 °C, 1 min isotherm, mit 5 °C/min auf 150 °C, mit 20 °C/min auf 280 °C, 4,5 min isotherm
	SPE: 60 °C, 1 min isotherm, mit 5 °C/min auf 150 °C, mit 20 °C/min auf 280 °C, 4,5 min isotherm
Ionisierung:	EI (70 eV)
Massenbereich:	60–240 m/e
Sekunden/Scan:	7

4 Ergebnisse

4.1 SPE und CLSA

Mit beiden Verfahren läßt sich ein Anreicherungsfaktor von 10000 erreichen. Das SPE-Verfahren ist einfach und schnell; die CLSA hingegen benötigt mehrere Arbeitsschritte. Insgesamt werden die meisten Referenzsubstanzen bei der SPE nahezu quantitativ angereichert (Tab. 2); hierzu zählen vor allem Stoffwechsel- und Zersetzungsprodukte von Algen und Mikroorganismen, die in Wasser eher zu erwarten sind als chlorierte Aromaten.

Tabelle 2. Wiederfindungsraten (WFR) und Variationskoeffizienten (VR) in % bei Zusatz von je 0,02 µg/l zu 5 l Leitungswasser (SPE) bzw. je 0,05 µg/l zu 1 l Leitungswasser (CLSA); Bestimmungsgrenzen (×) in µg/l.

Nr.	Referenzsubstanz	substanz-spezifische Massen	SPE WFR (%) (n=3)	VR (%)	× (µg/l)	CLSA WFR (%) (n=3)	VR (%)	× (µg/l)
1	1,2-Dichlorbenzol	111/146	45	3	0,010	72	3	0,008
2	1,3-Dichlorbenzol	111/146	35	7	0,015	69	4	0,008
3	1,4-Dichlorbenzol	111/146	33	6	0,015	67	3	0,008
4	1,2,3-Trichlorbenzol	180/182	82	4	0,002	88	1	0,005
5	1,2,4-Trichlorbenzol	180/182	82	4	0,002	81	4	0,005
6	1,3,5-Trichlorbenzol	180/182	74	5	0,003	84	4	0,005
7	Anisol	78/108	16	4	0,050	64	0	0,040
8	2-Methylanisol	107/122	51	5	0,005	69	3	0,008
9	4-Methylanisol	121/122	58	3	0,005	71	3	0,008
10	2-Chloranisol	99/142	47	4	0,005	73	3	0,005
11	3-Chloranisol	112/142	67	3	0,005	82	4	0,005
12	4-Chloranisol	99/142	68	2	0,005	83	3	0,005
13	2,3-Dichloranisol	133/176	88	3	0,002	79	2	0,005
14	2,6-Dichloranisol	133/176	83	3	0,002	87	2	0,005
15	3,5-Dichloranisol	146/176	100	9	0,002	88	3	0,010
16	2,3,4-Trichloranisol	195/210	83	7	0,002	72	3	0,003
17	2,4,6-Trichloranisol	195/210	77	6	0,002	90	2	0,003
18	Decahydro-2-naphthol	94/136	97	3	0,003	<10	b	b
19	α-Methylbenzylbutyrat	105/122	93	10	0,002	84	3	0,005
20	3-Methyl-2-cyclohexen-1-on	82/110	23	7	0,020	<10	b	b
21	Isophoron	82/139	95	11	0,003	10	0	0,100
22	β-Ionon	177	94	5	0,002	74	4	0,003
23	Geosmin	112/126	73	2	0,003	86	3	0,005
24	2-Methylisoborneol	95/108	78	2	0,003	71	10	0,005
25	Campher	95/108	91	3	0,002	50	4	0,010
26	Geranylaceton	69/107	97	5	0,005	88	11	0,008
27	6-Methyl-5-hepten-2-on	93/108	101	9	0,010	46	28	0,050
28	Cyclodecanon	98/111	100	3	0,003	36	10	0,015
29	Cyclododecanon	98/111	93	5	0,003	66	11	0,015
30	Cyclododecanol	81/95	102	8	0,004	26	4	0,030
31	1-Octanol	69/83	98	5	0,010	72	7	0,020
32	3-Ethyl-2-methylpyrazin	121/122	111	5	0,005	<10	b	b
33	Indol	90/117	11	10	0,010	<10	b	b
34	3-Methylindol	130/131	32	3	0,003	<10	b	b
35	1-Borneol	95	92	4	0,002	29	12	0,005
36	Fenchon	69/81	87	4	0,005	63	2	0,015
37	Piperiton	82/110	90	4	0,003	26	2	0,020
38	Pulegon	81/109	a			30	13	0,035
39	Dihydrocarveol	67/95	95	4	0,005	62	2	0,015
40	Geraniol	69/93	a			27	6	0,050

[a] Überlagerung durch einen Peak aus RP-C18-Material
[b] nicht berechnet

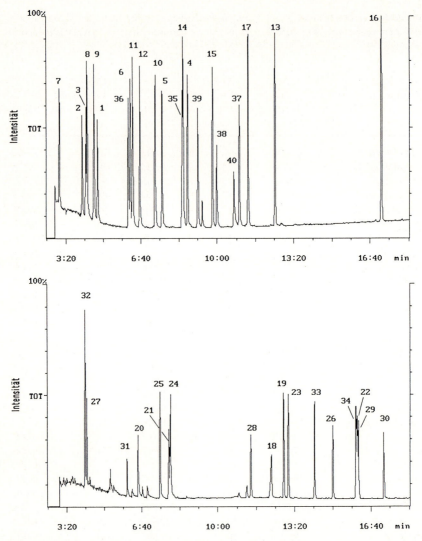

Bild 2. Totalionenchromatogramme von Referenzsubstanzen (je 1 ng in Aceton). Zuordnung der Peaks siehe Tabelle 2. GC/MS-Bedingungen siehe 3.3.

Die CLSA eignet sich besonders für flüchtige Komponenten; weniger flüchtige und polare Substanzen werden mit diesem Verfahren nur unzureichend wiedergefunden. Die Wiederfindungsraten aus Zusatzversuchen mit 0,02 µg/l (SPE) bzw. 0,05 µg/l (CLSA) streuen mit Variationskoeffizienten von meistens <10% nur gering um den Mittelwert aus den Dreifachbestimmungen; die meisten Referenzsubstanzen werden mit beiden Verfahren reproduzierbar angereichert. Die Bestimmungsgrenzen beider Verfahren liegen in den meisten Fällen in der gleichen Größenordnung; dies trifft nicht zu für Stoffe, deren Ausbeuten bei der CLSA sehr gering sind. Zur Anreicherung einer möglichst großen Anzahl von Geruchsstoffen aus Wasser mit hoher Ausbeute ist die SPE besser geeignet.

4.2 Untersuchung von Realproben

Bei der Untersuchung verschiedener Oberflächen- und Grundwässer der Gelsenwasser AG mit SPE und CLSA wurden im Oberflächenwasser Stoffwechsel- und Zersetzungsprodukte von Algen und Mikroorganismen und einige in der Pflanzenwelt weit verbreitete Terpenoide im Ultraspurenbereich von 0,003 bis 0,04 µg/l bestimmt (Tab. 3). Die Konzentrationen lagen unterhalb der jeweiligen Geruchsschwellenkonzentrationen.

Tabelle 3. Positivbefunde von Geruchsstoffen in µg/l in der Ruhr bei Echthausen und der Talsperre Haltern, angereichert mit SPE.

Wasserprobe	µg/l
Ruhr Echthausen	
Isophoron	0,043
Geraniol	0,028
Campher	0,018
1-Borneol	0,016
3-Methylindol	0,012
Geranylaceton	0,007
β-Ionon	0,005
Indol	0.003
6-Methyl-5-hepten-2-on	<0,020
1-Octanol	<0,010
Geosmin	0,003
Fenchon	<0,005
Talsperre Haltern (Nordbecken vor Düker)	
Campher	0,034
1-Octanol	0,027
Isophoron	0,013
1-Borneol	0,008

Zur weiteren Prüfung auf Geruchsstoffe wurden die Extrakte mittels GC/MS-Screening untersucht. Dabei wurden Massenspektren von Peaks, die nicht den Substanzen aus Tabelle 2 zuzuordnen waren, mit Referenzspektren gerätespezifischer Spektrenbibliotheken verglichen. Zur weitergehenden Identifizierung und Absicherung der Ergebnisse wurden die vorgeschlagenen Referenzsubstanzen anschließend gaschromatographisch/massenspektrometrisch untersucht. In der Ruhr bei Echthausen wurden auf diese Weise weitere Abbauprodukte von Algen und Mikroorganismen identifiziert (Tab. 4).

5 Ausblick

Bisher wurden überwiegend Stoffwechsel- und Zersetzungsprodukte von Algen und Mikroorganismen in Oberflächenwasser nachgewiesen. Reaktionsprodukte, die bei der Behandlung mit Chlor entstehen, können Wasser ebenfalls geruchlich belasten. Bei Untersuchungen an Phenolen mit Chlor wurden die geruchsintensiven Chlorphenole nachgewiesen, in Anwesenheit von Bromid wurden bevorzugt Brom- und Brom-Chlor-Phenolderivate gebildet. Diese Phenole konnten ebenfalls bei der Untersuchung bromidhaltiger Oberflächen- und Brunnenwässer im unteren Spurenbereich identifiziert werden. Diese Ergebnisse werden später berichtet und sind wie die Ergebnisse dieses Textes Bestandteil von Arbeiten im Rahmen einer Dissertation an der Mathematisch-Naturwissenschaftlichen Fakultät der Westfälischen-Wilhelms-Universität Münster.

Tabelle 4. Stoffe des GC/MS-Screening in der Ruhr bei Echthausen, angereichert mit SPE; Signal-Rauschen-Verhältnis (s/n).

	s/n
Coffein	35
Camphersulfonsäure	27
Adipinsäuredipropylester	26
L(−)-Menthol	24
α-Terpineol	21
1,8-Cineol	14
Benzophenon	8
Isobornylacetat	7
α-Ionon	6
Methyl-γ-Ionon	3
Verbenon	2

Literatur

[1] Van Craenenbroeck, W. u. a.: Odorous substances in the Antwerp (Belgium) water supply. Water Supply *10*, 1–10 (1992).
[2] Chorus, I. u. a.: Off-flavors in surface waters – how efficient is bank filtration for their abatement in drinking water? Wat. Sci. Tech. *25*, 251–258 (1992).
[3] Sävenhed, R. u. a.: Identification of odorous organic compounds in Swedish surface waters. Water Supply *9* (3–4, IWSA Int. Water Supply Conf. Exhib., 18th) SS4/4–SS4/8 (1991).
[4] Slater, G. P. u. Blok, V. C.: Isolation and identification of odourous compounds from a lake subject to cyanobacterial blooms. Wat. Sci. Tech. *15*, 229–240 (1983).
[5] Jüttner, F.: Detection of lipid degradation products in the water of a reservoir during a bloom of Synura uvella. Applied and Environmental Microbiology *41*, 100–106 (1981).
[6] DFG, Schadstoffe im Wasser, Band III, Algenbürtige Schadstoffe. Harald Boldt Verlag, Boppard 1982.
[7] Ohloff, G., Riechstoffe und Geruchssinn. Springer-Verlag, Berlin Heidelberg 1990.
[8] Neumüller, O.-A., Römpps Chemie-Lexikon, 8. Auflage. Franckh'sche Verlagshandlung, Stuttgart 1979.
[9] Aldrich, Flavors and Fragances, 1994.
[10] D'Ans Lax, Taschenbuch für Chemiker und Physiker, Band II, Organische Verbindungen, 4. Auflage. Springer-Verlag Berlin Heidelberg 1983.

[11] Grob, K.: Organic substances in potable water and in its precursor, Part I. J. Chromatogr. *84*, 255–273 (1973).
[12] Grob, K. u. Zürcher, F.: Stripping of trace organic substances from water – equipment and procedure. J. Chromatogr. *117*, 285–294 (1976).
[13] Grob, K., Grob, K., Jr. u. Grob, G.: Organic substances in potable water and in its precursor, Part III. J. Chromatogr. *106*, 299–315 (1975).

Untersuchungen zur Wasserwerks- und Trinkwassergängigkeit von aromatischen Sulfonsäuren

Investigations on the Adsorption and Degradation of Aromatic Sulfonic Acids

Bärbel Bastian, Klaus Haberer und *Thomas P. Knepper**

Schlagwörter

Sulfonsäuren, Trinkwassergängigkeit, Wasserwerksgängigkeit, Industrieabwasser, Adsorption, Aktivkohle, Siran, Labortestfilter

Summary

In samples of two parallel operating test filters in the industry, containing bacteria immobilised on activated carbon, naphthalene-1,5-disulfonic acid was detected in wastewater. As these test filters should simulate the degradation of organic compunds during an underground passage, naphthalene-1,5-disulfonic acid can be classified as a relevant compound for waterworks. Therefore the elimination of naphthalene-1,5-disulfonic acid and five other representative aromatic sulfonic acids from spiked river water was investigated utilising labscale test filters containing Siran® (porous, sintered glass) and activated carbon as support materials for bacteria. The higher adsorption capacity of activated carbon in comparison to Siran in the test filters had no influence on the elimination rates of 2-aminobenzene sulfonic acid and benzene-1,3-disulfonic acid. However the different adsorption capacities of activated carbon and Siran had large effects on the measured substrate concentration in the two lab-scale test filters. Investigation of the samples from the test filter with Siran as carrier material confirmed that naphthalene-1,5-disulfonic acid is not biodegradable.

Zusammenfassung

In Proben von zwei parallel betriebenen Industrietestfiltern, in denen Abwasserinhaltsstoffe von an Aktivkohle immobilisierten Mikroorganismen aerob abgebaut werden, wurde auch Naphthalin-1,5-disulfonsäure nachgewiesen, erstaunlicherweise auch noch, nachdem dieser Stoff produktionsbedingt im Zulauf nicht mehr auftrat. Die Konzentrationsverläufe der Naphthalin-1,5-disulfonsäure in den Industrietestfilterproben über zwei Jahre zeigten, daß diese als wasserwerksgängige Verbindung eingestuft werden kann. Daraufhin wurde die Eliminierbarkeit dieser und fünf weiterer ausgewählter Sulfonsäuren aus dotiertem Oberflächenwasser in zwei Labortestfiltern untersucht. Diese waren mit Siranglasfüllkörpern und gekörnter Aktivkohle gefüllt. Die hohe Adsorptionskapazität von Aktivkohle gegenüber Siran als Trägermaterial für Bakterien in den Labortestfiltern hatte keinen Einfluß auf die Eliminationsraten von o-Anilinsulfonsäure und Benzol-1,3-disulfonsäure, wohl aber auf die in den beiden Labortestfiltern gemessenen Konzentrationen. In den Proben aus dem Sirantestfilter bestätigte sich, daß Naphthalin-1,5-disulfonsäure nicht abbaubar ist.

---

* Dipl.-Ing. B. Bastian, Prof. Dr. rer. nat. K. Haberer, Dr. rer. nat. T. P. Knepper, ESWE-Institut für Wasserforschung und Wassertechnologie, Söhnleinstraße 158, D-65201 Wiesbaden.

1 Einleitung

Schwefelhaltige Verbindungen spielen in industriell belasteten Oberflächengewässern eine große Rolle. Dies wurde unter anderem in einem großangelegten Untersuchungsprogramm an Abwässern von mehreren großen Chemiebetrieben unter der wissenschaftlichen Leitung von *Sontheimer* erkannt. An Ablaufproben von Testfiltern, die die Vorgänge bei der Trinkwassergewinnung aus Oberflächenwasser simulieren sollen, wurde auch der Gehalt an adsorbierbarem organischem Schwefel (AOS) nach einer von *Schnitzler* und *Sontheimer* entwickelten Methode untersucht [1].

Es zeigte sich, daß die organischen Schwefelverbindungen meist eine deutlich höhere Massenkonzentration aufwiesen als die organischen Halogenverbindungen [2]. Es lag nahe, dies den in den Chemiebetrieben in großen Mengen produzierten Sulfonsäuren zuzuschreiben.

Tatsächlich konnten *Schullerer* u. a. durch die Bestimmung des Gehalts an ionenpaarextrahierbarem Schwefel (IOS) Sulfonsäuren als den Hauptanteil am DOS-Gehalt nachweisen [3]. Diese ionischen Verbindungen sind stark hydrophil und sollten deshalb schwer entfernbar sein. Vor allem die mehrfach sulfonierten Aromaten [4, 5] sind außerdem biologisch schwer abbaubar. Der aerobe Abbau, wie er in Klärwerken, bei der sogenannten Selbstreinigung der Gewässer und bei der Bodenpassage im Rahmen der Uferfiltration erfolgt, kann in Testfiltern [6] simuliert werden. Diese enthalten adsorptiv gesättigte Aktivkohle, die mit Mikroorganismen besiedelt ist.

Im Ablauf dieser von *Sontheimer* vorgeschlagenen Testfilter können die nicht abbaubaren wasserwerksgängigen Verbindungen charakterisiert werden. Die trinkwassergängigen Substanzen können dann nach einer anschließenden Aktivkohlefiltration oder mit Hilfe der Adsorptionsanalyse bestimmt werden.

2 Untersuchungen an Industrietestfiltern

Die Methode der Ionenpaarextraktion und ionenpaarchromatographischen Bestimmung von aromatischen Sulfonsäuren mit Dioden-Array-Detektion, die *Schullerer* [7] bevorzugt zur Analyse von Oberflächenwasser entwickelte, wurde für die Bestimmung in industriellen Abwässern modifiziert [8]. Die IP-Extraktion und HPLC-Bestimmung erfolgt nach einem Vorreinigungsschritt der auf pH 3 angesäuerten Probe an unpolarem Festphasenextraktionsmaterial.

Mit dieser Methode wurde der Zulauf und die Abläufe von zwei Industrietestfiltern eines chemischen Großbetriebes analysiert. Diese Testfilter wurden mit Industrieabwässern einer Kläranlage im Kreislauf betrieben. Die Analyse ließ neben anderen Verbindungen vor allem relativ hohe Naphthalin-1,5-disulfonsäurekonzentrationen erkennen. Erstaunlicherweise wurde dieser Stoff auch immer noch in relativ hohen Konzentrationen im Ablauf gefunden, nachdem die Produktion der Naphthalin-1,5-disulfonsäure überraschend eingestellt wurde. Die allmähliche Konzentrationsabnahme im Zulauf des Testfilters erklärt sich durch Vermischung der Abwässer in der Kläranlage. Bei dem „Ausbluten des Filters" handelte es sich um eine allmähliche Desorption der Sulfonsäure von der besiedelten Aktivkohle, wie der Vergleich der Konzentrationen dieses Stoffes im Zu- und Ablauf eines Testfilters erkennen läßt (Bild 1).

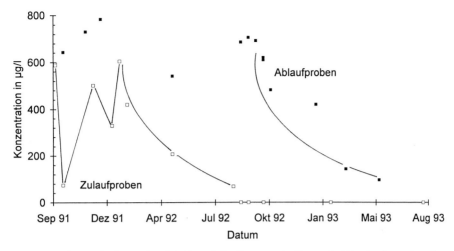

Bild 1. Konzentrationsverläufe von Naphthalin-1,5-disulfonsäure in Zu- und Ablaufproben eines Industrietestfilters.

Die in den Testfiltern verwendete Aktivkohle wirkt also nicht nur als Träger für die Bakterien, die beim biochemischen Abbau wirksam werden, sondern auch als Adsorbens. Obwohl das Adsorptionsvermögen der Aktivkohle nach längerer Laufzeit abgesättigt sein sollte, spielen Adsorptions- und Desorptionsvorgänge an ihr und eventuell am Biofilm offensichtlich immer noch eine merkliche Rolle.

3 Adsorption an Aktivkohle

3.1 Adsorptionsisothermen

Um die Adsorbierbarkeit von ausgewählten aromatischen Sulfonsäuren an Aktivkohle beurteilen zu können, wurden Adsorptionsisothermen [9] bestimmt. Hierzu wurden Schüttelversuche mit jeweils 200 ml dotiertem entionisiertem Wasser (10 mg/l Sulfonsäuregemisch) mit unterschiedlichen Volumina einer 1 g/l Aktivkohlesuspension[1] durchgeführt. Nach drei Stunden wurde membranfiltriert und die Restkonzentration bestimmt. Die Adsorptionsisothermen wurden aus Lösungen bestimmt, die entweder mit nur einer Sulfonsäure oder mit einem Sulfonsäuregemisch dotiert waren. Die so erhaltenen Adsorptionsisothermen sind in Bild 2 dargestellt. Die Isothermen der untersuchten substituierten Monosulfonsäuren zeigten eine gute Adsorbierbarkeit, wie sie für aromatische Verbindungen üblich ist. Die untersuchten Disulfonsäuren wurden dagegen nur in geringerem Maß adsorbiert. Die am besten adsorbierbare 2-Chlor-5-nitrobenzolsulfonsäure zeigt im Gemisch etwa den gleichen Isothermenverlauf wie in der Einzeldotierung.

Die Unterschiede in der Adsorbierbarkeit zwischen Mono- und Disulfonsäuren werden auch an den aus nichtlinearer Regression berechneten Freundlich-Konstanten erkennbar

---

[1] Chemviron F300

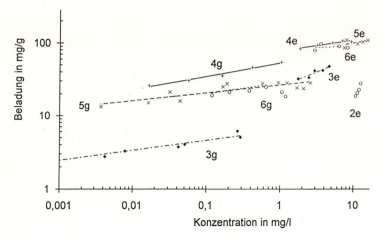

Bild 2. Doppellogarithmische Auftragung der Adsorptionsisothermen von Benzol-1,3-disulfonsäure (2), Naphthalin-1,5-sulfonsäure (3), 2-Chlor-5-nitrobenzolsulfonsäure (4), 2-Amino-5-chlorbenzolsulfonsäure (5) und 5-Amino-2-chlortoluol-4-sulfonsäure (6) aus einzelner Dotierung (e) und von den Säuren drei bis sechs aus einem Gemisch (g).

Tabelle 1. Ausgangskonzentration C_o, Freundlich-Konstante k_F und Freundlich-Exponent n der Adsorptionsisothermen von aromatischen Sulfonsäuren aus einzelner Dotierung und aus einem Gemisch bestimmt.

Sulfonsäure	einzelne Dotierung			aus einem Gemisch		
	C_o in mg/l	k_F in mg/l	n	C_o in mg/l	k_F in mg/l	n
Naphthalin-1,5-disulfonsäure	5,1	25,0	0,41	0,42	6,3	0,14
2-Chlor-5-nitrobenzol-sulfonsäure	10,3	77,8	0,14	1,57	52,5	0,18
2-Amino-5-chlorbenzol-sulfonsäure	16,6	68,3	0,16	2,52	29,7	0,14
5-Amino-2-chlortoluol-4-sulfonsäure	11,0	83,6	0,03	1,26	26,3	0,16

(Tab. 1). Die Freundlich-Konstante von Naphthalin-1,5-disulfonsäure ist niedriger als die der Monosulfonsäuren. Weiterhin wird deutlich, daß die Naphthalin-1,5-disulfonsäure aus dem Gemisch von der Aktivkohle verdrängt wurde und die Freundlich-Konstante aus Dotierungen mit dem Einzelstoff einen höheren Wert aufwies.

Aromatische Disulfonsäuren sind also schlechter adsorbierbar als die untersuchten Monosulfonsäuren, die mit Amino-, Chlor- und Nitrogruppen substituiert und weniger hydrophil sind.

3.2 Adsorptionskinetik

Auf das Verhalten im Testfilter kann auch die Kinetik des Adsorptionsvorganges einen Einfluß haben, wenn die Kontaktzeit mit der Aktivkohle kürzer ist als die Zeit bis zum Erreichen des Gleichgewichtes. Um die Kinetik der Adsorptionsvorgänge zu untersuchen, wurden die Konzentrationsverläufe bei Rührversuchen (10 mg/l Aktivkohle in dem dotierten entionisierten Wasser) im Bereich von 5 bis 180 Minuten untersucht.

Wie Bild 3 zeigt, bleiben die meisten Konzentrationen im Bereich von 5 bis 180 Minuten konstant, und nur die 2-Chlor-5-nitrobenzolsulfonsäure wies bis 180 Minuten noch eine geringe Konzentrationsabnahme auf.

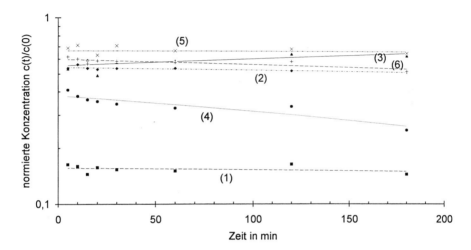

Bild 3. Konzentrationsverläufe von o-Anilinsulfonsäure (1), Benzol-1,3-disulfonsäure (2), Naphthalin-1,5-disulfonsäure (3), 2-Chlor-5-nitrobenzolsulfonsäure (4), 2-Amino-5-chlorbenzolsulfonsäure (5) und 5-Amino-2-chlortoluol-4-sulfonsäure (6) bei der Einstellung des Adsorptionsgleichgewichtes aus einem Gemisch über die Zeit von 5 bis 180 Minuten.

4 Labortestfilteruntersuchungen an dotiertem Oberflächenwasser

Zur Klärung der Frage, ob die Adsorption am Trägermaterial auch auf die Gesamtelimination einen Einfluß ausübt, wurden Labortestfilteruntersuchungen vorgenommen.

Die Adsorptionseffekte sollten unter Verwendung von Siran als Trägermaterial minimiert werden. Siran ist ein poröses Sinterglas, das in unbesiedeltem Zustand für Phenol eine geringere, nach einer (allerdings anaeroben) Besiedelung jedoch die gleiche Adsorptionskapazität gegenüber Aktivkohle aufweist [10].

Zur Betrachtung der Vorgänge wurde der Eliminationsverlauf von sechs zudotierten Sulfonsäuren mit einer Gesamtkonzentration von etwa 10 mg/l in zwei parallel betriebenen Labortestfiltern mit Siran[2] und Aktivkohle[3] als Trägermaterial untersucht. Um die Elimi-

---

[2] Schott: 041/02/120A
[3] Chemviron: F300

nationsleistung der beiden Testfilter direkt vergleichen zu können, wurden in Anlehnung an die Untersuchungen von *Gschwind* [11] für die Filter gleiche Bettvolumina gewählt.

Den Aufbau der beiden baugleichen Labortestfilter zeigt Bild 4. In den Testfiltern mit Bettvolumina von jeweils 330 ml wurden je 5 Liter dotiertes Flußwasser im Aufstrom im Kreislauf gepumpt. Von in mehrstündigem Abstand aus den Vorratsgefäßen entnommenen Proben wurden neben dem leichter zu bestimmenden Summenparameter spektraler Absorptionskoeffizient (SAK) auch die Konzentrationen der Sulfonsäuren und daneben – am Anfang und Ende der Versuchsreihe – auch des gelösten organischen Kohlenstoffs (DOC) ermittelt. Der Sauerstoffgehalt in diesen Proben lag immer bei 8 mg/l, der pH-Wert zwischen 7,5 und 8,0. Nach Laufzeiten von 8 bis 14 Tagen wurden die Versuchsläufe abgebrochen und jeweils mit frischem dotiertem Oberflächenwasser wieder gestartet.

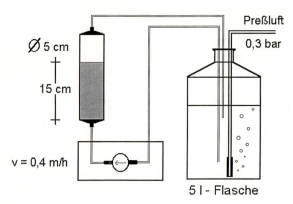

Bild 4. Aufbau der Labortestfilter.

Die zeitlichen Verläufe der SAK(300)-Werte im Kreislaufwasser des Siranglas- und Aktivkohletestfilters zeigt Bild 5 am Beispiel zweier paralleler Filterläufe. Aus dem Bild werden die großen Unterschiede in der Eliminationsleistung zwischen dem Siran- und dem Aktivkohletestfilter deutlich. Die Elimination erreichte in dem Sirantestfilter im Lauf der Zeit nur etwa 30%. Im Aktivkohletestfilter dagegen ist eine sehr rasche Abnahme auf nicht mehr meßbare Werte festgestellt worden. Die Untersuchungen der DOC-Gehalte erbrachten ähnliche Ergebnisse (am Start: 5,6 mg/l C; am Ende: Siran 3,5 mg/l C, A-Kohle 0,12 mg/l C). Die wesentlich bessere Elimination im Aktivkohletestfilter gegenüber dem Siranglastestfilter ist in erster Linie auf Adsorption an der praktisch unbeladenen Aktivkohle und weniger auf erhöhten biologischen Abbau zurückzuführen.

Besseren Aufschluß ergibt die direkte Bestimmung der sechs einzelnen Sulfonsäuren. Die zeitlichen Konzentrationsverläufe dieser Säuren in den Proben der Testfilterläufe des Siranglastestfilters sind in Bild 6 gezeigt. Die Konzentrationen von vier dieser Sulfonsäuren, nämlich der drei chlorsubstituierten Benzolsulfonsäuren und der Naphthalin-1,5-disulfonsäure, veränderten sich nicht oder höchstens sehr geringfügig. Diese wurden also nicht eliminiert und demnach auch nicht biologisch abgebaut. Dagegen nahmen die Konzentrationen der o-Anilinsulfonsäure und der Benzol-1,3-disulfonsäure zum Teil deutlich ab, besonders bei den späteren Versuchsläufen (2 bis 6).

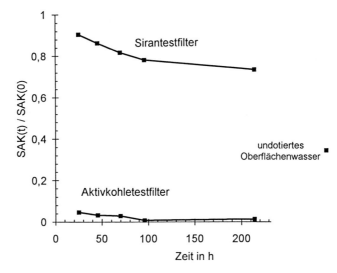

Bild 5. Gegenüberstellung der zeitlichen Verläufe der SAK(300)-Werte für ein in Oberflächenwasser zudotiertes Sulfonsäuregemisch während eines Kreislaufversuches des Siran- und Aktivkohletestfilters.

In den Versuchsreihen mit dem Aktivkohletestfilter konnte ein zeitlicher Konzentrationsverlauf der Sulfonsäuren nicht verfolgt werden, weil die Sulfonsäuren zunächst vollständig an der Aktivkohle adsorbiert wurden und damit die Restkonzentrationen im Kreislaufwasser unter den Nachweisgrenzen lagen. Um die Adsorptionsfähigkeit der Aktivkohle herabzusetzen, wurde vor dem Start des sechsten Kreislaufversuches die Aktivkohle mit 5 l eines 100fach höher dotierten Oberflächenwassers beladen. Unmittelbar vor dem Start des sechsten Kreislaufbetriebes wurden in dem Ablauf des Aktivkohlefilters die Restkonzentrationen gemessen. Diese Restkonzentrationen und die Sulfonsäurekonzentrationen in dem dotierten Oberflächengewässer sind in der Tabelle 2 aufgeführt. Drei der Sulfonsäuren wurden danach in deutlich meßbaren Konzentrationen gefunden, was für diese Sulfonsäuren auf eine nahezu adsorptiv gesättigte Aktivkohle schließen läßt.

Tabelle 2. Sulfonsäurerestkonzentrationen c_R im Aktivkohletestfilterablauf vor dem sechsten Versuchslauf und dotierte Sulfonsäurekonzentrationen c_D im Kreislaufwasser, mit dem der sechste Versuchslauf gestartet wurde.

Sulfonsäure	c_R in mg/l	c_D in mg/l
o-Anilinsulfonsäure (1)	5,40	2,36
Benzol-1,3-disulfonsäure (2)	12,30	1,38
Naphthalin-1,5-disulfonsäure (3)	0,53	0,41
2-Chlor-5-nitrobenzolsulfonsäure (4)	0,08	1,57
2-Amino-5-chlorbenzolsulfonsäure (5)	0,18	1,97
5-Amino-2-chlortoluol-4-sulfonsäure (6)	0,04	1,06

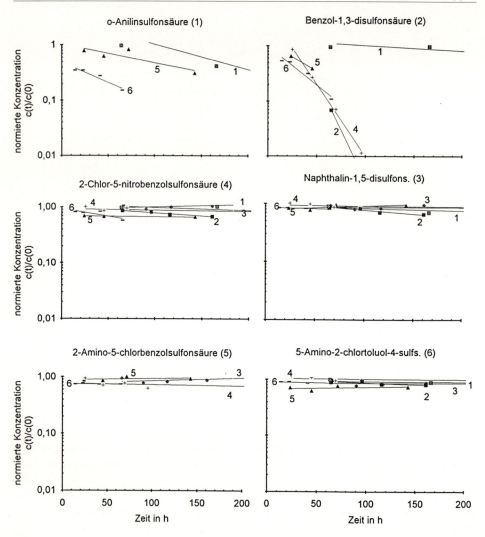

Bild 6. Zeitliche Konzentrationsverläufe der sechs zudotierten Sulfonsäuren in Kreislaufwasserproben von Versuchsreihen des Sirantestfilters.

Die Konzentrationsänderungen wurden in dem anschließend gestarteten Betriebslauf gemessen. Der Elimination kann man ein Gesetz 1. Ordnung zugrundelegen, ebenso wie den Berechnungen der Abbauraten des gelösten organischen Kohlenstoffes in Testfilteruntersuchungen [12].

$$c(t) = c_{(0)} \cdot e^{-\lambda t},$$

wobei

$c(t)$ = Konzentration der Sulfonsäure im Kreislaufwasser zur Zeit t
$c_{(0)}$ = Dotierungskonzentration des Oberflächenwassers am Startpunkt des Kreislaufbetriebes

λ   = Geschwindigkeitskonstante
t   = Dauer des Kreislaufbetriebes zum Probenahmezeitpunkt.

Tatsächlich ergibt die halblogarithmische Auftragung der auf die Startkonzentration normierten Konzentrationen einen linearen Zusammenhang, wie in Bild 7 für Benzol-1,3-disulfonsäure und Naphthalin-1,5-disulfonsäure gezeigt wird.

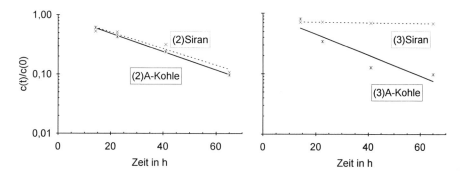

Bild 7. Verlauf der Konzentration an Benzol-1,3-disulfonsäure (2) und Napthalin-1,5-disulfonsäure (3) in den sechsten Versuchsreihen des Siran- und Aktivkohletestfilters; resultierende Geschwindigkeitskonstanten λ mit den Regressionskoeffizienten r: $\lambda_{(2)Siran}$ = 0,032 mit r = 0,95; $\lambda_{(2)A\text{-}Kohle}$ = 0,031 mit r = 0,94 und $\lambda_{(3)Siran}$ = 0,001 mit r = 0,90; $\lambda_{(3)A\text{-}Kohle}$ = 0,038 mit r = 0,82.

Die Eliminationsraten von Benzol-1,3-disulfonsäure und o-Anilinsulfonsäure hatten während des parallel gestarteten Kreislaufbetriebes des Sirantestfilters und des beladenen Aktivkohletestfilters annähernd gleiche Werte. Für o-Anilinsulfonsäure betrugen die Geschwindigkeitskonstanten λ = 0,017 bzw. λ = 0,018 und für Benzol-1,3-disulfonsäure λ = 0,032 bzw. λ = 0,031. Die Naphthalin-1,5-disulfonsäure wurde im Sirantestfilter kaum eliminiert (λ = 0,001); im Aktivkohletestfilter lag dagegen die Geschwindigkeitskonstante mit λ = 0,038 in der gleichen Größenordnung wie die der Benzol-1,3-disulfonsäure. Die Restkonzentration an Naphthalin-1,5-disulfonsäure, die vor dem Start des Kreislaufbetriebes im Ablauf des Aktivkohletestfilters gemessen wurde, lag nur geringfügig (Faktor 1,4) über der Dotierungskonzentration des Kreislaufwassers. Das Aktivkohlebett war demnach am Ende des Beladungsschrittes noch nicht so weit mit Naphthalin-1,5-disulfonsäure beladen, daß eine Sättigung erreicht war. Bei Testfilteruntersuchungen an Testfilteranlagen mit Aktivkohlebett ist deshalb der Einfluß der Adsorption auch für schlecht adsorbierbare Verbindungen, wie Naphthalin-1,5-disulfonsäure, nicht zu vernachlässigen.

Die Eliminationen von Benzol-1,3-disulfonsäure in dem Siran- und Aktivkohletestfilter bestätigen, daß es sich, wie in der Literatur [5] beschrieben, hierbei um eine biologisch bedingt abbaubare Verbindung handelt.

5 Schlußbetrachtung

Die Elimination in einem Testfilter setzt sich aus der Adsorption am Trägermaterial, der Sorption an dem Biofilm, der Aufnahme in die Mikroorganismen und dem biologischen Abbau zusammen. In welchem Ausmaß die einzelnen Mechanismen zur Elimination beitragen und ob die Wechselwirkungen mit der biologischen Besiedelung reversibel sind, ist durch unsere Untersuchungen nicht zu klären. Auch Wasserinhaltsstoffe, die in einem Testfilter eliminiert wurden, müssen als wasserwerksgängig eingestuft werden, wenn sie zu einem späteren Zeitpunkt wieder verdrängt oder anderweitig abgegeben werden können. Es konnte gezeigt werden, daß Trägermaterialien einen starken Einfluß auf das Verhalten von Einzelstoffen haben können. Deshalb sollten Testfilteruntersuchungen verstärkt mit Einzelstoffanalysen charakterisiert und mit solchen Trägermaterialien vorgenommen werden, bei denen eine Adsorption möglichst auszuschließen ist.

Literatur

[1] Schnitzler, M. u. Sontheimer, H.: Eine Methode zur Bestimmung des gelösten organisch gebundenen Schwefels in Wässern (DOS). Vom Wasser *59*, 159–167 (1982).

[2] Mann, T.: Bisherige Ergebnisse von Testfilteruntersuchungen an Chemieabwässern. Wasserwerks- und trinkwasserrelevante Stoffe. DVGW-Schriftenr. Wasser *60*, 101–116 (1988).

[3] Schullerer, S. u. a.: Ein neuer Parameter zur summarischen Bestimmung organischer Schwefelverbindungen nach Ionenpaar-Extraktion: IOS (Ionenpaar-extrahierbare organische Schwefelverbindungen). Vom Wasser *78*, 229–243 (1992).

[4] da Canalis, C., Krull, R. u. Hempel, D. C.: Bakterieller Abbau komplexer Naphthalinsulfonsäuregemische im Airlift-Schlaufenreaktor. Gas-Wasserfach, Wasser-Abwasser *133*, 226–230 (1992).

[5] Wellens, H.: Zur Bestimmung und Bewertung der biologischen Abbaubarkeit. Vom Wasser *63*, 191–198 (1984).

[6] Gimbel, R. u. Mälzer, H.-J.: Testfilter zur Beurteilung der Trinkwasserrelevanz organischer Inhaltsstoffe von Fließgewässern. Vom Wasser *69*, 139–153 (1987).

[7] Schullerer, S., Brauch, H.-J. u. Frimmel, F. H.: Bestimmung organischer Sulfonsäuren in Wasser durch Ionenpaar-Chromatographie. Vom Wasser *75*, 83–97 (1990).

[8] Bastian, B. u. a.: Determination of aromatic sulfonic acids in industrial wastewater by ion-pair chromatography. Fresenius J. Anal. Chem. *348*, 674–679 (1994).

[9] Dtsch. Verein des Gas-Wasserfachs: Beurteilung von Aktivkohlen für die Wasseraufbereitung. DVGW Regelwerk, Wasserversorgung Wasseraufbereitung Arbeitsblatt *W 240*, 15–16. Frankfurt 1987.

[10] Mol, N., Kut, O. M. u. Dunn, I. J.: Trägereffekte in anaeroben Biofilm-Fließbettreaktoren Teil II: Reaktorleistungen bei toxischen Belastungen. Gas-Wasserfach, Wasser-Abwasser *134*, 450–457 (1993).

[11] Gschwind, N.: Biologische Nachreinigung eines Kläranlagenablaufs mit verschiedenen Trägermaterialien. Gas-Wasserfach, Wasser-Abwasser *133*, 331–335 (1992).

[12] Mälzer, H.-J., Gerlach, M. u. Gimbel, R.: Entwicklung von Testfiltern zur Simulation von Stoßbelastungen bei der Uferfiltration. Vom Wasser *78*, 343–353 (1992).

Die Verwendung der Durchflußzytometrie zur ataxonomischen Charakterisierung von Phytoplankton

Flow Cytometry Applied to Ataxonomic Assessment of Phytoplankton

Harald Schäfer*, Martina Siedler*, Wolfgang Beisker**, Kurt Müller***
und *Christian E. W. Steinberg*****

Wir widmen diesen Aufsatz dem wissenschaftlich-technischen Geschäftsführer der GSF, Herrn Prof. Dr. *Joachim Klein*, anläßlich seines 60. Geburtstages am 20. 08. 1995.

Schlagwörter

Durchflußzytometrie, Algen, Autofluoreszenz, Biomasse, Biomassespektren, Phytoplankton, Fluoresceinisothocyanat, Proteinfärbung, Ataxonomische Struktur-Erhebung

Summary

Flow cytometry, a methodology well established in medicine and biotechnology, can also make an important contribution to (applied) limnological investigations on phytoplankton. Some examples for the ataxonomic phytoplankton structure evaluation are presented. These include phytoplankton of a eutrophicate and an acidified drinking water reservoir as well as slowly flowing rivers. Phytoplankters may be differentiated as carotinoid-rich, such as Chrysophyceae, Bacillariophyceae, and Dinophyceae or carotinoid-poor ones, such as Euglenophyceae and Chlorophyceae.

As a useful biomass parameter of plankton algae we tested protein fluorescein isothiocyanate staining and discuss the advantages of this approach as compared with results obtained by Coulter-Counter or by biomass calculations from microscopic analyses.

Estimating the biological quality of pelagic water is still laborous and time consuming because of the microscopical examination of planktic communities usually practised. As a possible improvement we present a structural-ataxonomic approach for assessing the integrity of phytoplankton community, which is based on annual means of biomass spectra. The relief, which can be provided by flow cytometry, is outlined.

Zusammenfassung

Die Verwendung der in Medizin und Biotechnologie bereits weit verbreiteten Methode der Durchflußzytometrie zur Bearbeitung (angewandt)-limnologischer Fragestellungen wird anhand von Beispielen vorgestellt.

Mit dieser Methode kann beispielsweise die ataxonomische Phytoplanktonstruktur durch Photosynthesepigmentgruppen analysiert werden. Hierbei können carotinoidreiche Grup-

---

* Dipl.-Biol. Harald Schäfer, Dipl.-Biol. M. Siedler, GSF-Forschungszentrum für Umwelt und Gesundheit GmbH, Institut für Ökologische Chemie, Neuherberg, Postfach 1129, D-85758 Oberschleißheim.
** Dr. W. Beisker, GSF-Forschungszentrum für Umwelt und Gesundheit GmbH, Arbeitsgruppe Durchflußzytometrie, Neuherberg, Postfach 1129, D-85758 Oberschleißheim.
*** Dr. K. Müller, GSF-Forschungszentrum für Umwelt und Gesundheit GmbH, Institut für Hydrologie, Neuherberg, Postfach 1129, D-85758 Oberschleißheim.
**** PD Dr. C. E. W. Steinberg, Institut für Gewässerökologie und Binnenfischerei, Müggelseedamm 310, D-12587 Berlin.

pen wie Chrysophyceen, Diatomeen und Dinophyceen aufgrund ihrer Fluoreszenzeigenschaften von carotinoidarmen wie Euglenophyceen und Chlorophyceen unterschieden werden. Dies wird an Beispielen einer eutrophierten und einer versauerten Talsperre sowie an einem langsam fließenden Fluß gezeigt.

Zur Erfassung der Planktonbiomasse über Durchflußzytometrie wird über die Erfahrungen mit einer spezifischen Proteinfärbung (Fluoresceinisothiocyanat) berichtet.

Für die Untersuchungen über die Auswirkungen anthropogener Einflüsse auf pelagische Organismengesellschaften wurden bislang meist zeitaufwendige, auf taxonomischer Erfassung der einzelnen Spezies beruhende mikroskopische Methoden angewendet. Neuere Ansätze versuchen stattdessen verstärkt, Strukturen und Energieflüsse (Biomasseverteilung) als relevante Kriterien für die Integrität der Planktonbiozönose heranzuziehen. Die Erleichterung, die die Durchflußzytometrie hierbei bieten kann, wird an Beispielen skizziert.

1 Einleitung

Algen und insbesondere das Phytoplankton werden häufig als Bioindikatoren für eine Vielzahl von Gewässer-Zuständen eingesetzt. Dies gilt für trophische (z. B.: [1 bis 5]) wie auch für versauerte Zustände (z. B.: [6 bis 8]). Bioindikationen setzen immer voraus, daß die fraglichen Organismen bis zu solchen Taxa „herunter"-bestimmt werden können, für die es eindeutige bioindikatorische Zuweisungen gibt, deren ökologische Nische hinsichtlich der zu indizierenden Zustände genau bekannt sind. Hierbei wird unter Umständen in Kauf genommen, daß man die fragliche bioindikatorische Aussage mit einem quantitativ untergeordnetem Anteil der studierten Biozönose durchführt.

Was ist aber, wenn der überwiegende Teil der Algen taxonomisch kaum bearbeitet und zudem mit herkömmlichen Lichtmikroskopen schwer erfaßbar ist? Dieser Fall ist häufiger als vermutet. So ist seit gut einer Dekade bekannt, daß das sogenannte Picophytoplankton (Zelldurchmesser um 2 µm und kleiner) bei der Primärproduktion einen Großteil der Leistung übernimmt. Dieser Anteil steigt offensichtlich, je oligotropher ein Gewässer ist. So übernimmt in oligotrophen Meeresteilen diese Fraktion des Phytoplanktons bis zu 90% der Primärproduktion [9 mit Hinweisen auf die Originalliteratur]. Ein weiteres Beispiel: Insbesondere im Winter traten in einem Flußstau nur mikro- und picoplanktische Cyanobakterien auf, darunter auch die offensichtlich sehr phänoplastische, unter „normalen" Umständen deutliche Kolonien bildende *Microcystis aeruginosa* [9].

Im folgenden wird eine neue Methode vorgestellt, mit der Phytoplanktongesellschaften auf ataxonomische Weise, also quasi anonym, charakterisiert werden können. Es ist dies die Durchflußzytometrie. Die Durchflußzytometrie erweist sich mit ihrer Möglichkeit, optische Parameter wie Lichtstreuung und emittierte Fluoreszenz von in einer Flüssigkeit suspendierten Partikeln individuell und mit hoher Geschwindigkeit zu messen als Methode der Wahl bei vielen industriellen, medizinischen und auch limnologischen Fragestellungen.

Besonders bei Untersuchung von planktischen Organismen im µm-Bereich (Bakterien, auto- und heterotrophe Nanoflagellaten, Algen, kleine Zooplankter) bietet dieses Verfahren im Vergleich zu den herkömmlichen Untersuchungsmethoden wie der mikroskopischen Auszählung von Wasserproben oder dem Einsatz von Coulter-Countern viele Vorteile. Die Verwendung von Coulter-Countern verbietet sich beispielsweise bei Gewässern mit hohem Schwebstoff- und Detritusgehalt, da keine Unterscheidung von lebendem und totem Material möglich ist. Neben der Lichtstreuung (*Scatter*) zur allgemeinen Detektion von Partikeln lassen sich mit der Durchflußzytometrie Photosynthesepigment-Autofluoreszenz bei Algen und diverse Fluoreszenzfarbstoffe, die gezielt bestimmte Zellinhaltsstoffe anfärben oder funktionelle Zustände in Zellen anzeigen, zur Erfassung und Charakterisierung von Organismen verwenden. Mit Hilfe der Durchflußzytometrie ist sowohl ein hoher Probendurchsatz möglich als auch eine bessere Unterscheidung von Algenzellen und Detritus, zudem kann in einem zweiten Schritt auch die Verwendung von statistischen Verfahren (Clusteranalyse) zur Erleichterung und Automatisierung der Auswertung in Betracht gezogen werden.

In diesem Aufsatz wird die Anwendungsmöglichkeit der Durchflußzytometrie bei der strukturell-ataxonomischen Beschreibung von Phytoplanktongesellschaften über Biomassenverteilungsspektren und die der Pigmentgruppenzusammensetzung aufgezeigt. Denn gerade das Phytoplankton weist, wie eingangs dargestellt, viele Vorteile als Zustandsindikator eines limnischen aquatischen Systems auf. Sowohl von der Biomassenverteilung als auch von der Pigmentgruppenzusammensetzung wird erwartet, daß sie wichtige Informationen über die Integrität einer Phytoplanktongesellschaft und damit letztlich auch über den Zustand eines gesamten aquatischen Systems liefern können, das in irgendeiner Weise durch Stressoren geprägt ist. Damit würde sich auch der Zugang zu ökologisch relevanteren Toxizitätsendpunkten wie Veränderungen, z. B. der Artendiversität, der räumlichen und zeitlichen Verteilung von Arten sowie der Energieflüsse in einem aquatischen System ergeben, wie sie von *Steinberg* et al. [10] beschrieben werden.

2 Beschreibung eines Durchflußzytometers

Der schematische Aufbau eines Durchflußzytometers wird in Bild 1 präsentiert. Das verwendete Gerät ist ein FACStar^{Plus}-Durchflußzytometer der Firma *Becton-Dickinson*, das mit 2 Argon-Ionenlasern mit je 2 Fluoreszenzkanälen und Vorwärts- und Seitwärtslichtstreuung ausgestattet ist. In der Funktionsskizze ist zur Vereinfachung nur 1 Laser und 1 Fluoreszenzkanal neben den beiden Lichtstreuungsfunktionen eingezeichnet.

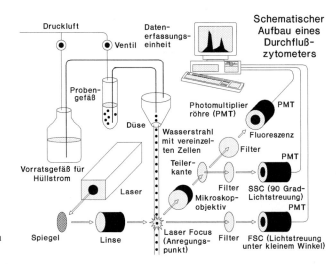

Bild 1. Schematischer Aufbau eines Durchflußzytometers.

Die in einem wäßrigen Medium suspendierten Zellen werden mit Hilfe einer Düse hydrodynamisch fokussiert und passieren einzeln hintereinander im Anregungspunkt den Laserstrahl, von dessen Lichtenergie entweder zelleigene Pigmente wie die Photosynthesepigmente, der Zelle anhaftende (z. B. fluoreszenzmarkierte Antikörper) oder in die Zelle eingebrachte Farbstoffe (z. B. Protein- oder DNA-Farbstoffe) zur Aussendung von Fluoreszenzlicht angeregt werden. Als zusätzliche optische Parameter werden noch die Lichtstreuung unter einem kleinen Winkel und unter 90° erfaßt [Vorwärts-(FSC) und Seitwärts(SSC)-Lichtstreuung], wobei die Vorwärtslichtstreuung Anhaltspunkte für die Größe der Partikel liefert und die 90°-Lichtstreuung vor allem von deren Oberflächenstruktur beeinflußt wird. Das von den Zellen emittierte Licht wird über ein optisches System mit verschiedenen halbdurchlässigen Spiegeln (Teilerkanten) und optischen Filtern, die es ermöglichen, den jeweils interessierenden Wellenlängenbereich aus dem Fluoreszenzlichtspektrum abzutrennen, auf Photomultiplier geleitet und von diesen in elektrische Impulse umgewandelt.

Da das vorhandene Gerät die Möglichkeit bietet, von jedem untersuchten Partikel maximal 4 Fluoreszenzeigenschaften und 2 Lichtstreuungsfunktionen aufzunehmen, kann eine Zelle also mit 6 optischen Parametern beschrieben werden. Dies ermöglicht sowohl ihre Identifikation als auch ihre Abgrenzung von Detrituspartikeln. Bedingt durch den Durchmesser der Düse von 70 µm können Partikel bis nur ca. 40 µm gemessen werden, die maximale Meßrate liegt bei etwa 1000 Partikeln/s. Die zur Verfügung stehenden Wellenlängen reichen von 360–528 nm.

Die verwendete Auswertesoftware (*Data Analysis System* (DAS), entwickelt von *Beisker* [11]), erlaubt es, die verschiedenen optischen Parameter nicht nur gegeneinander aufzutragen, sondern auch mathematisch miteinander zu verrechnen sowie über Gating-Funktionen (Markieren bestimmter interessierender Populationen) die optischen Eigenschaften von Partikeln in verschiedenen Parameterkombinationen zu vergleichen.

3 Anwendungsbeispiele

Aus einer Reihe von unterschiedlichen Anwendungen werden zwei folgende vorgestellt:

- Biomasse-Erfassung
- Identifizierung von taxonomischen Großgruppen über Pigment-Eigenfluoreszenz.

3.1 Biomasse-Erfassung

Prinzipiell läßt sich die Biomasse über eine Reihe von Parametern wie Pigmentgehalt, Zellvolumen oder Proteingehalt feststellen. Der über die Autofluoreszenz erfaßbare Chlorophyllgehalt ist aber abhängig vom physiologischen Zustand der Zelle und von den Umweltbedingungen und deshalb zu variabel, um zur Quantifizierung der Biomasse verwendet werden zu können. Das Signal der Vorwärts-Lichtstreuung (FSC) als Maß für das Partikelvolumen ist bei Partikeln von >2 µm Durchmeser nicht mehr größenproportional. Als sinnvollster Biomassendeskriptor bietet sich deshalb der Proteingehalt an, da er meßtechnisch relativ einfach über fluoreszierende Proteinfarbstoffe erfaßt werden kann. Als besonders geeigneter Proteinfarbstoff hat sich Fluoresceinisothiocyanat (FITC) erwiesen, das kovalent an Proteine bindet und mit seinen optischen Eigenschaften (**Excitation** um 488, Emission um 520 nm) nicht mit der Chlorophyll-Autofluoreszenz interferiert (Chlorophyll a: Ex 458–488 nm, Em >665 nm). Das Färbeverfahren wurde in Anlehnung an *Crissman* et al. [12] durchgeführt, nachdem die Pigmente durch Extraktion mit Ethanol entfernt worden waren.

Bild 2 stellt das Ergebnis der Methodenausarbeitung zum Erstellen von Biomassenverteilungsspektren die Korrelation zwischen Proteinfarbstofffluoreszenz mit mikroskopisch ermitteltem Zellvolumen bei 12 Laboralgenkulturen aus verschiedenen systematischen Gruppen dar. Die Pigmente der Algenzellen wurden vor der Färbung mit FITC mit Ethanol extrahiert. Dies ergibt eine nach bisherigem Wissensstand bessere Proteinfärbung. Die FITC-Fluoreszenz ist in nominalen Einheiten auf der y-Achse gegen das mikroskopisch ermittelte Zellvolumen in µm^3 auf der x-Achse aufgetragen.

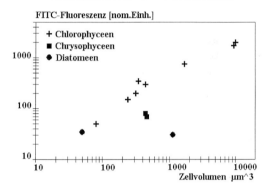

Bild 2. Zellvolumen (über geometrische Körper berechnet) und Protein-(FITC)-Fluoreszenz bei ausgewählten Kulturalgen.

Die Abweichungen der FITC-Fluoreszenz bei den Chrysophyceenarten und einer Diatomee sind möglicherweise durch die bereits mikroskopisch sichtbaren großen Vakuolen bedingt, die ein größeres mikroskopisches Zellvolumen vorgeben. Somit erweist sich diese Art der Biomasseermittlung gegenüber der Methode über Rechenvolumina als vorteilhaft.

3.2 Identifizierung von taxonomischen Großgruppen über Pigment-Eigenfluoreszenz

Die Trennung der Pigmentgruppen (Chlorophyll, Carotinoide und Phycoerythrin) erfolgt durch Anregung der Zellen unmittelbar hintereinander mit beiden Lasern bei 458 und 528 nm und Auswertung des von den Zellen emittierten Fluoreszenzlichtes um 575 nm (Phycoerythrin) und >665 nm (Chlorophyll a). Bei entsprechender Einstellung der Laserleistungen und der Photomultiplierverstärkungen wird für die Algengruppen mit geringem Carotinoidgehalt ein Chlorophyllfluoreszenzverhältnis (CFR) von $\leq 1,0$ erhalten, für carotinoidreiche Gruppen (Diatomeen, Chrysophyceen, Dinoflagellaten) eines von $\geq 1,5$. Phycoerythrinhaltige Cyanophyceen und Cryptophyceen lassen sich über ihre Phycoerythrinfluoreszenz identifizieren.

Bild 3 zeigt am Beispiel von Laboralgenreinkulturen aus verschiedenen Pigmentgruppen die sich aus dem Carotinoidgehalt ergebenden Unterschiede der Chlorophyllfluoreszenz

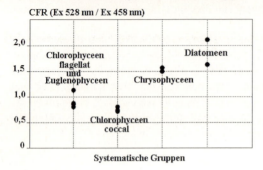

Bild 3. Chlorophyll-Fluoreszenz-Verhältnis (CFR) bei verschiedenen systematischen Planktonalgen-Gruppen in einer Wasserprobe (April 1994) aus der Talsperre Saidenbach (Erzgebirge).

(>665 nm) bei Anregung bei 458 und 528 nm. Auf der y-Achse ist das Chlorophyllfluoreszenzverhältnis (CFR) von flagellaten Euglenophyceen und Chlorophyceen, coccalen Chlorophyceen, Chrysophyceen und Diatomeen aufgetragen.

Die carotinoidärmeren Chlorophyceen lassen sich an ihrem niedrigen Chlorophyllfluoreszenzverhältnis (CFR) von um 1 eindeutig von den carotinoidreichen Diatomeen und Chrysophyceen unterscheiden, bei denen das CFR $\geq 1,5$ ist.

Die geschilderten Untersuchungen sind selbstverständlich nicht nur auf Laborkulten beschränkt, sondern lassen sich auch an natürlichen, nicht aufkonzentrierten, mit Glutaraldehyd fixierten Wasserproben durchführen. Dies sei an Beispielen der Talsperren Saidenbach und Neunzehnhain II (beide im Erzgebirge) und der Wörnitz, einem Fließgewässer, demonstriert.

Die Talsperre Saidenbach wird als Trinkwasserspeicher genutzt und ist durch Einleitung von kommunalen und von landwirtschaftlichen Abwässern belastet. In den Bildern 4 bis 6 werden die beiden Chlorophyllfluoreszenzen, die Phycoerythrinfluoreszenz sowie das CFR in den zweckmäßigen Kombinationen gegeneinandergestellt. Zuerst sind im folgenden Bild die beiden Chlorophyllfluoreszenzen bei Anregung mit 458 nm (x-Achse) und 528 nm

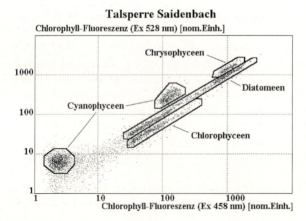

Bild 4. Chlorophyll-Fluoreszenz bei Excitation 458 nm zu Chlorophyll-Fluoreszenz bei Excitation 528 nm zur Auftrennung von bestimmten taxonomischen Algengruppen in einer Wasserprobe (April 1994) aus der Talsperre Saidenbach (Erzgebirge).

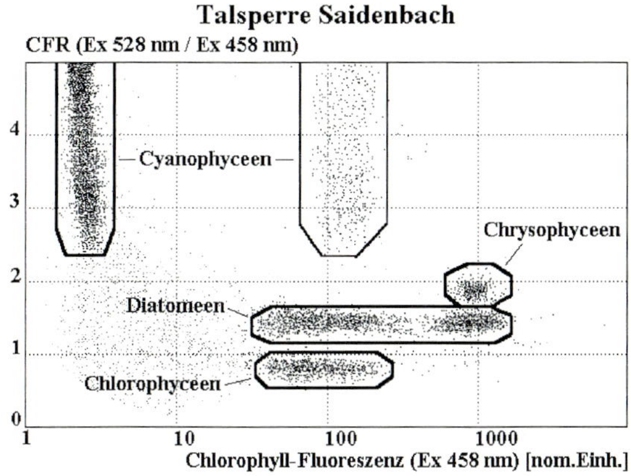

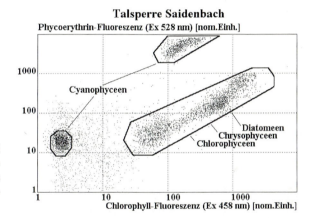

Bild 5. Chlorophyll-Fluoreszenz bei Excitation 458 nm zu Chlorophyll-Fluoreszenz-Verhältnis (CFR) in einer Wasserprobe (April 1994) aus der Talsperre Saidenbach (Erzgebirge).

Bild 6. Chlorophyll-Fluoreszenz bei Excitation 458 nm zu Phycoerythrin-Fluoreszenz in einer Wasserprobe (April 1994) aus der Talsperre Saidenbach (Erzgebirge).

(y-Achse) in nominalen Einheiten gegeneinander aufgetragen, eine Darstellung, wie sie auch bereits während der laufenden Messung am Durchflußzytometer erhalten wird.

Schon bei der Auftragung der Chlorophyllfluoreszenzen lassen sich verschiedene Algenpopulationen deutlich erkennen. Eine noch klarere Auftrennung läßt sich durch Auftragen des Chlorophyllfluoreszenzverhältnisses (CFR) (auf der y-Achse) gegen die Chlorophyllfluoreszenz (x-Achse) erreichen, wie im folgenden Bild 5 dargestellt:

Die Cyanophyceen weisen kein definiertes CFR (siehe auch [13]) auf, so daß sich die kleinen Arten hier in der schwachen Detritusfahne finden, die sich auf der linken Seite hochzieht, während die größeren Arten (auch kurze Stücke fädiger Spezies) deutlich abgegrenzt sind.

Phycoerythrinhaltige Arten können identifiziert werden, indem die Phycoerythrinfluoreszenz (y-Achse) gegen die Chlorophyllfluoreszenz (x-Achse) aufgetragen wird (Bild 6):

Während sich die Identifikationen der Cyanophyceen erleichtert, verschlechtert sich die Auftrennung der Populationen, die kein Phycoerythrin enthalten.

Das folgende Bild 7 zeigt dieselbe Auftragungsweise wie in Bild 6 für eine Wasserprobe aus der Talsperre Neunzehnhain II, ebenfalls bei Lengefeld im Erzgebirge. Diese auch als Trinkwasserreservoir genutzte oligotrophe Talsperre ist von der Versauerung betroffen.

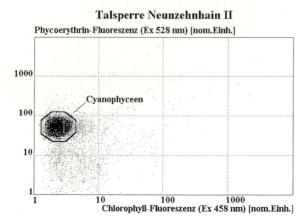

Bild 7. Chlorophyll-Fluoreszenz bei Excitation 458 nm zu Phycoerythrin-Fluoreszenz in einer Wasserprobe (April 1994) aus der Talsperre Neunzehnhain II (Erzgebirge).

Es zeigt sich eine absolute Dominanz kleiner picoplanktischer Cyanophyceen bei praktisch völliger Abwesenheit von höheren Algengruppen.

Neben der Analyse von Wasserproben aus stehenden Gewässern können auch langsam strömende Wasserkörper hinsichtlich ihrer Phytoplanktonzusammensetzung untersucht werden. Als Beispiel hierzu wird die Wörnitz angeführt (Bild 8), in die einerseits durch mehrere Teiche und Stauseen im Oberlauf Phytoplankton eingetragen wird, die andererseits aber auch durch geringe Strömungsgeschwindigkeit und Altwässer im Mittel- und Unterlauf eine reiche Phytoplanktonflora aufweist. Es ist hier wiederum das Chlorophyllfluoreszenzverhältnis (CFR) (auf der y-Achse) gegen eine Chlorophyllfluoreszenz (x-Achse) aufgetragen.

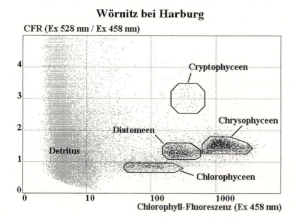

Bild 8. Chlorophyll-Fluoreszenz bei Excitation 458 nm zu Chlorophyll-Fluoreszenz-Verhältnis (CFR) in einer Wasserprobe aus der Wörnitz, einem langsamfließenden Gewässer bei Harburg.

Wegen des hohen Detritusanteils ist die Identifikation von sehr kleinen Algenzellen schwieriger als bei Proben aus stehenden Gewässern (vgl. die entsprechende Darstellung bei der Talsperre Saidenbach, Bilder 4 bis 6), jedoch können die hier dominierenden Chrysophyceen und Diatomeen neben den in geringerer Abundanz vorhandenen Chlorophyceen eindeutig erfaßt werden.

4 Diskussion und Schlußfolgerungen

Die vorgestellten Beispiele verdeutlichen die Leistungsfähigkeit der Durchflußzytometrie bei der ataxonomischen Strukturerhebung von Phytoplanktongemeinschaften:

- Die verschiedenen Photosynthesepigmente der photoautotrophen planktischen Organismen ermöglichen eine Einteilung in verschiedene Pigmentgruppen: Gruppen mit Phycoerythrin (Cyanophyceen, Cryptophyceen), Gruppen mit hohem Carotinoidanteil (Chrysophyceen, Diatomeen und Dinophyceen) und Gruppen mit vorwiegend Chlorophyllen (Euglenophyceen und Chlorophyceen) (vgl. [13]).
- Das Auftreten von bestimmten Algen-Großgruppen kann Hinweise geben auf den saisonalen Zustand eines Gewässers oder dessen anthropogene Beeinflussung wie Eutrophierung und Versauerung.
- In der Anwendung des ataxonomischen Ansatzes besteht zudem eine Möglichkeit, die Integrität der planktischen Biozönose zu erfassen. Der ataxonomische Ansatz hat neben den praktischen unter anderem auch noch folgenden Vorteil: Wenn durch einen natürlichen oder anthropogen verursachten Streß eine bestimmte Art in der Biozönose oder im Ökosystem ausfällt, kann die Funktion unter Umständen durch eine andere aus einer völlig anderen taxonomischen Gruppe übernommen werden. Bei der taxonomischen Struktur-Erhebung der fraglichen Biozönose kann dies dem Erheber möglicherweise verborgen bleiben, weil er gerade kein Spezialist auf dem Gebiet dieser Organismengruppe ist. Bei dem ataxonomischen Ansatz fallen sowohl der Fortfall als auch das Auftreten bestimmter Strukturelemente in den Biozönosen auf. Dies sei abschließend skizziert.

Verschiedentlich wurde empirisch und theoretisch nachgewiesen, daß Organismen einer bestimmten Körpergröße nur eine bestimmte Häufigkeit aufweisen können (vgl. hierzu [9], mit Verweisen auf die Originalliteratur). Das Produkt aus Häufigkeit einer Körpergrößenklasse und der Biomasse des einzelnen Körpers ist über viele 10er-Potenzen konstant: Im Meer ist genauso viel bakterielle Biomasse vorhanden wie in Walen in dem repräsentativen Ausschnitt.

In Bild 9 sind für das Plankton des Überlingersees (eines Teils des Bodensee-Obersees) und einer Bucht des Lake Superior die Häufigkeiten (Abundanzen) der Körpergrößen in Abhängigkeit von dem jeweiligen Körpergewicht – und zwar in der logarithmischen Form – dargestellt. Für das Plankton des Bodensees fallen im Unterschied zu dem des Lake Superior zwei Umstände auf:

1. die Streuung um die Ausgleichsgeraden sind relativ gering und
2. alle Größenklassen sind repräsentiert und somit keine „Löcher" vorhanden.

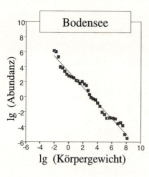 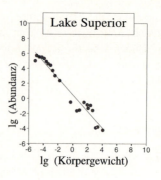

Bild 9. Biomassenspektrum und Häufigkeit von Organismen im Plankton des Überlingersees (Bodensee-Obersee) und einer (chemisch?) gestörten Bucht des Lake Superior (nach [14 und 15]).

Die Autoren interpretieren diesen Befund dahingehend, daß das Plankton des Bodensees geringere (chemische?) Störungen erfährt als das des Lake Superior. Für die Ableitung der Integrität oder *vice versa* die Bewertung der Störung der planktischen Biozönose in gestreßten Ökosystemen bieten sich sowohl das Ausmaß des Fehlens verschiedener Größenklassen und die Streuung um die Ausgleichsgeraden als auch die Zeit an, die benötigt wird, bis sich nach Fortfall des (chemischen) Stressors wieder ein ausgeglichenes Spektrum, wie derzeit im Bodensee-Obersee vorhanden, einstellt.

Für die routinemäßige Feststellung des Integritätszustandes von planktischen Systemen beinhalten beide Ansätze sowohl der der Bodensee- als auch der der Lake Superior-Arbeitsgruppe noch einige Schwierigkeiten: Das Größenspektrum des Lake Superior-Planktons wurde mit dem Coulter-Counter gemessen. Die Zählungen werden zwar automatisch vollzogen, das Meßprinzip des Apparates kann nur Partikel zählen und nicht zwischen lebenden (Bakterien und Algen beispielsweise) und toten Partikeln (Detritus) unterscheiden. Das Bodensee-Plankton wurde dagegen sehr arbeitsintensiv mikroskopiert. Die Biomassen der einzelnen Größenklassen wurden über Rechenvolumina ermittelt. Welche Fehler dieser Ansatz enthalten kann, wurde bereits in Bild 2 vorgestellt.

Der weitgehend automatisierte Weg, vergleichbare Biomassenspektren zu erfassen, besteht darin, Momentaufnahmen über Phytoplanktonstrukturen (Bilder 3 bis 8) über einen Jahreszyklus aufzunehmen und mit der Ermittlung eines (verläßlichen) Biomasse-Parameters (z. B. über die FITC-Fluoreszenz, Bild 2) zu koppeln. Um den Ansatz der Integritätsbestimmung von Planktongesellschaften über Biomassenspektren großflächig und routinemäßig in die wasserwirtschaftliche Praxis übernehmen zu können und damit Informationen über den Gütezustand von stehenden Gewässern zu erhalten, ist die bisherige mikroskopische Zählung und Vermessung der Organismen wegen ihres hohen Zeit- und Personalaufwands völlig unpraktikabel, vor allem, da jedes Gewässer mehrmals in einer Vegetationsperiode beprobt werden muß. Die Durchflußzytometrie auch in der angewandten Limnologie wird ein sehr zukunftsträchtiges Anwendungsgebiet sein.

Literatur

[1] Christie, C. E. u. Smol, J. P.: Diatom assemlbages as indicators of lake trophic status in southeastern Ontario lakes. J. Phycol. *29*, 575–586 (1993).
[2] Chang, T. P. u. Steinberg, C.: Seasonal changes in the diatom flora in a small reservoir with special references to *Skeletonema potamos*. Diatom Res. *3*, 191–201 (1988).
[3] Steinberg, C. u. Schiefele, S.: Biological indication of trophy and pollution of running water. Z. Wasser-Abwasser-Forsch. *21*, 227–234 (1988).
[4] Steinberg, C. u. Hartmann, H.: Planktonic bloom-forming cyanobacteria and the eutrophication of lakes and rivers. Freshwat. Biol. *20*, 279–287 (1988).
[5] Whitton, B. A., Rott, E. u. Friedrich, G. (Hrsg.): Use of Algae for Monitoring Rivers. Prod. Internat. Symp. Landesamt f. Wasser u. Abfall Nordrhein-Westfalen, 26–28 May 1991, S. 1–193, Düsseldorf 1991.
[6] Battarbee, R. W. u. Charles, D. F.: Lake acidification and the role of paleolimnology. In: Acidification of Freshwater Ecosystems: Implications for the Future. S. 51–65. Eds.: C. E. W. Steinberg u. R. W. Wright, John Wiley & Sons, Chichester 1994.
[7] Steinberg, C., Arzet, K. Krause-Dellin, D. Sanides, S. u. Frenzel, B.: Long core study on natural and anthropogenic acidification of Huzenbacher See (Black Forest, F. R. Germany). Glob. Biogeochem. Cycl. *1*, 89–85 (1987).
[8] Steinberg, C., Hartmann, H., Arzet, K. u. Krause-Dellin, D.: Paleoindication of acidification of Kleiner Arbersee (Federal Republic of Germany, Bavarian Forest) by chydorids, scaled chrysophytes, and diatoms. J. Paleolimnol. *1*, 149–157 (1988).
[9] Steinberg, C. E. W. u. Geller, W.: Biodiversity and interaction within pelagic nutrient cycling and productivity. In: Biodiversity and Ecosystem Function. S. 43–64 Eds.: E.-D. Schulze & H. A. Mooney, Ecological Studies *99*, Springer-Verlag, Heidelberg 1993.
[10] Steinberg, C. E. W., Geyer, H. J. u. Kettrup, A. F.: Evaluation of xenobiotic effects by ecological techniques. Chemosphere *28*, 357–374 (1994).
[11] Beisker, W.: A new combined integral-light and slit-scan data analysis system (DAS) for flow cytometry. Comp. Meth. and Progr. in Biomed. *42*, 15–26 (1994).
[12] Crissman, H. A., Darzynkiewicz, Z., Tobey, R. A. u. Steinkamp, J. A.: Correlated measurements of DNA, RNA, and protein in individual cells by flow cytometry. Science *228*, 1321–1324 (1985).
[13] Yentsch, C. S. u. Phinney, D. A.: Spectral Fluorescence: An ataxonomic Tool for studying in the structure of phytoplankton populations. J. Plankton Res. *7*, 616–622 (1985).
[14] Gaedke, U.: The size distribution of plankton biomass in a large lake and its seasonal variability. Limnol. Oceanogr. *37*, 1202–1220 (1992).
[15] Sprules, W. G. u. Munawar, M.: Plankton size spectra in relation to ecosystem productivity, size, and perturbation. Can. J. Fish. Aquat. Sci. *43*, 1789–1794 (1986).

Leistungen und Grenzen von Simulationsrechnungen zur Beschreibung und Quantifizierung des PBSM-Transports durch die ungesättigte Zone zur Grundwasseroberfläche

Efficiency and Limits of Computer Simulations to Describe and Quantify the Pesticide Transport through the Unsaturated Zone to the Groundwater Surface

Ulrich Borchers, Bodo Peters, Horst Overath* und *Detlev Schumacher***

Schlagwörter

Sickerwasserzone, Grundwasser, Boden, Pflanzenbehandlungs- und Schädlingsbekämpfungsmittel (PBSM), Modelle, Computer, Landwirtschaft

Summary

In connection with a research project, the time course of pesticide concentrations in groundwater had been observed for several years in the catchment area of the water treatment plant Mönchengladbach-Gatzweiler.

It was only possible to trace localized pesticide contaminations of groundwater back to their origin, whereas correlation of diffuse pesticide contaminations with agricultural activities at the surface area was very difficult. This was the reason why we tried to simulate the transport of pesticides from soil surface to groundwater with computer models. The aim was to discover a temporal and quantitative relationship between pesticide input at the soil surface and the appearance of pesticides in groundwater.

The models used were PELMO and VARLEACH. Most of the input parameters were determined experimentally by examination of soil and sediment samples. Investigations of the efficiency of the computer models used led to the following results:

- On the basis of application time, quantity applied and worst-case conditions it was possible to predict the time period the pesticide would require to reach the groundwater and to estimate pesticide concentration at the groundwater surface.
- By using computer models the behaviour of different pesticides in soil could be well compared if identical application sites were considered.
- The simulations showed that the behaviour of pesticides in soil depended mainly on biodegradation and sorption.

Zusammenfassung

Durch eine flächendeckende, gezielte Beprobung des Grundwassers an der Grundwasseroberfläche sollte im Einzugsgebiet des Wasserwerks Mönchengladbach-Gatzweiler überprüft werden, ob ein Zusammenhang zwischen dem Einsatz von PBSM und ihrem Auftreten im neu gebildeten Grundwasser herzustellen ist.

Durch diese Untersuchungen waren aber nur einige linienförmige und punktuelle Kontaminationen des Grundwassers eindeutig einem Eintragsort zuzuordnen. Die zumeist diffus auftretenden PBSM-Einträge konnten hingegen nicht sicher mit der Landbearbeitung

---

* Dr. U. Borchers, Dipl.-Chem. B. Peters und Dr. H. Overath, Rheinisch-Westfälisches Institut für Wasserchemie und Wassertechnologie, Institut an der Gerhard-Mercator-Universität Duisburg, Moritzstr. 26, D-45476 Mülheim an der Ruhr.

** Dipl.-Geol. D. Schumacher, Stadtwerke Mönchengladbach GmbH, Voltastr. 2, D-41065 Mönchengladbach.

korreliert werden. Um dies jedoch zu erreichen, wurden die PBSM-Verlagerungsmodelle PELMO und VARLEACH eingesetzt. Alle für die Modelle benötigten Daten wurden gebietsspezifisch und vorwiegend experimentell ermittelt. Die wichtigsten Ergebnisse können wie folgt zusammengefaßt werden:

- Insgesamt konnte mit Hilfe der Simulationen ermittelt werden, daß Atrazin im Gebiet Gatzweiler ungefähr 5,5 Jahre nach der Applikation ins Grundwasser eingetragen wird.
- Die anderen in die Modellrechnungen einbezogenen Wirkstoffe zeigten ein ähnliches Verlagerungsverhalten. Es wurde hauptsächlich durch den jeweiligen k_d-Wert und den biologischen Abbau des Wirkstoffs geprägt.
- Für Metribuzin und Metamitron wurden deutliche Unterschiede hinsichtlich ihrer gebietsspezifischen Grundwassergefährdung festgestellt. Bei Metribuzin ist sie relativ hoch, bei Metamitron dagegen sehr gering.
- Für eine optimale Simulation sind vor allem genaue Daten über die Sorption (k_d-Werte), den Abbau der Wirkstoffe, das Klima und den Sickerwassertransport notwendig.
- Die Simulationsmodelle sind gut geeignet, das Verhalten von PBSM in der Sickerwasserzone unter „worst-case"-Bedingungen abzuschätzen. Hierdurch ist eine gute Einschätzung der Gefahr des Eintrags eines Wirkstoffs in das Grundwasser möglich.

1 Einleitung

Im Rahmen eines vom Ministerium für Umwelt, Raumordnung und Landwirtschaft (MURL) NRW geförderten Projekts wurden Untersuchungen durchgeführt, um für einen am Niederrhein typischen, sandigen Lößlehmstandort einen Zusammenhang zwischen der Landnutzung und dem PBSM-Gehalt im Grundwasser herzustellen [1]. Als Untersuchungsgebiet wurde dazu das Einzugsgebiet des Wasserwerks Mönchengladbach-Gatzweiler ausgewählt.

Um einen unmittelbaren Zusammenhang zwischen der Landnutzung und der Grundwasserbelastung mit PBSM herstellen zu können, wurde in diesem Projekt erstmals gezielt und systematisch das Grundwasser an der Grundwasseroberfläche beprobt, um das jeweils aus Sickerwasser neu gebildete Grundwasser zu erfassen. Auf diese Weise konnte dem Ort der Grundwasserentnahme der – idealerweise senkrecht darüber liegende – Ort des PBSM-Eintrags an der Geländeoberfläche zugeordnet werden.

Die Untersuchungen ergaben, daß es anhand der verfügbaren Datenlage, des ungewöhnlich trockenen Klimas im Untersuchungszeitraum und der komplexen Vorgänge im Untergrund äußerst schwierig ist, eine Korrelation zwischen dem PBSM-Einsatz an der Geländeoberfläche und dem Auftreten der PBSM an der Grundwasseroberfläche herzustellen.

Um dennoch das Ziel zu erreichen, wurden Modelle zur Simulation der Verlagerung von PBSM durch die Sickerwasserzone eingesetzt. Dabei wurden sowohl die von der Landwirtschaft bekannten Daten über die Applikation verschiedener Wirkstoffe als auch die im Untersuchungsgebiet beobachteten Wirkstoffkonzentrationen im neugebildeten Grundwasser berücksichtigt. Um auch präzise Daten über die Beschaffenheit des Bodens und Sediments in der Sickerwasserzone zu erhalten, wurde ein für das gesamte Wassereinzugsgebiet repräsentativer Schlag ausgewählt und darauf Bohrungen bis zur Grundwasseroberfläche abgeteuft, um von den horizontiert entnommenen Boden- und Sedimentproben die wichtigsten Kenndaten experimentell zu ermitteln. Mit diesen Kenndaten wurden dann unter Anwendung verschiedener Programme (PELMO, VARLEACH) Berechnungen zum PBSM-Transport in der Sickerwasserzone durchgeführt.

Bei den hier vorgestellten Untersuchungen handelt es sich um einen bisher in der Literatur nicht beschriebenen Versuch, die Verlagerung von PBSM in der ungesättigten Zone über eine Strecke von 5 m zu berechnen.

2 Charakterisierung des Untersuchungsgebiets

2.1 Geographie, Landwirtschaft, Probenahmestellen

Das als Untersuchungsgebiet ausgewählte Wassereinzugsgebiet des Wasserwerks Mönchengladbach-Gatzweiler liegt am südwestlichen Rand der Stadt Mönchengladbach (Bild 1) und weist Boden- und Untergrundverhältnisse auf, die für den Linken Niederrhein als typisch anzusehen sind.

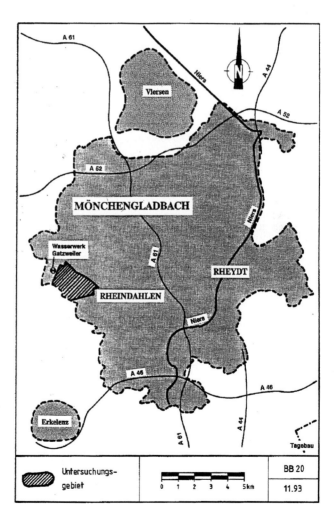

Bild 1. Lage des Untersuchungsgebiets Mönchengladbach-Gatzweiler.

Das Wassereinzugsgebiet hat eine Fläche von etwa 3,5 km² und wird überwiegend landwirtschaftlich genutzt, wobei die Flächen zumeist in zahlreiche kleinere und mittlere Parzellen unterteilt sind. Die Flächennutzung im Einzugsgebiet des Wasserwerks Gatzweiler gliedert sich wie folgt:

- Ackerland 74%
- Grünland 8%
- Garten 8%
- Sonstiges 10%

Aufgrund der guten klimatischen Bedingungen und der Bodenbeschaffenheit findet allgemein eine intensive landwirtschaftliche Nutzung gemäß der sogenannten „Rheinischen Fruchtfolge" (Weizen, Zuckerrüben, Gerste) statt. Aber auch der Anbau von Gemüse, Kartoffeln und Mais ist vereinzelt üblich, während Viehhaltung im Untersuchungsgebiet eine untergeordnete Rolle spielt.

Die Böden lassen sich als feinsandreiche Lößlehme (Bodentyp: Parabraunerde) charakterisieren und werden mit durchschnittlich 40 bis 60 Bodenpunkten bewertet.

Für die Modellrechnungen wurde im Untersuchungsgebiet ein Schlag ausgewählt, an dessen Rand sich die gut untersuchte Meßstelle HB 6 befindet. Dieser Standort wurde für die Simulationsrechnungen ausgewählt, da hier alle Anforderungen bezüglich der Repräsentativität hinsichtlich der Landbewirtschaftung und des Auftretens von PBSM im Grundwasser gegeben waren. Auf dem Schlag wurden 3 Trockenkernbohrungen mit Schutzverrohrung bis zur Grundwasseroberfläche (5 m unter Geländeoberfläche) abgeteuft, um die Boden- und Sedimentproben gut horizontiert entnehmen und davon die wichtigsten Kenndaten experimentell ermitteln zu können.

In Bild 2 ist die Lage der Meßstelle HB 6 und die Anordnung der drei Entnahmepunkte für die Bodenprofile (Bezeichnung: HB 6/1, HB 6/2, HB 6/3) in Form eines gleichseitigen Dreiecks dargestellt.

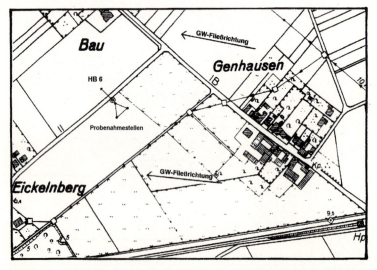

Bild 2. Lage und Anordnung der Probenahmestellen (HB 6/1, HB 6/2, HB 6/3) zur Entnahme der horizontierten Boden- und Sedimentproben (Abstände zwischen den Bohrpunkten: 20 m).

2.2 PBSM-Befunde

Im Einzugsgebiet des Wasserwerks Mönchengladbach-Gatzweiler wurden im Rahmen des Projekts über mehrere Jahre flächendeckend (46 Probenahmestellen) die PBSM-Gehalte des Grundwassers an der Grundwasseroberfläche bestimmt. Dabei wurden im ganzen Gebiet Atrazin, Atrazin-Derivate und Simazin gefunden. Diverse andere Wirkstoffe traten mitunter zeitweise, lokal begrenzt und z. T. in hohen Konzentrationen auf. Ein zusammenfassender Überblick über das gefundene Wirkstoffspektrum und die Gehalte ist in der Tabelle 1 dargestellt.

Tabelle 1. PBSM-Gehalte im Grundwasser von der Grundwasseroberfläche (Stoffspektrum und Gehalte).

Wirkstoff	Proben-anzahl (N)	Proben mit Gehalten $>0,1\,\mu g/l^{1)}$	Wirkstoffgehalte [µg/l]
Atrazin	228	135	0,01– 84,1
Bromacil	37	36	0,15– 15,5
Desethylatrazin	167	66	0,02– 5,93
Desethylterbutylazin	9	1	0,02– 0,11
Desisopropylatrazin	49	18	0,02– 7,02
Diuron	77	54	0,03– 1,58
Isoproturon	49	47	0,05– 12,7
Metribuzin	43	27	0,02–119
Propazin	30	19	0,04– 1,14
Simazin	164	103	0,01– 5,09
Terbutylazin	11	4	0,02– 0,86

[1] Grenzwert für PBSM gemäß Trinkwasserverordnung vom 5. Dez. 1990.

Neben zumeist diffusen wurden auch einige, z. T. erhebliche punkt- bzw. linienförmige Kontaminationen des Grundwassers festgestellt. Eine eindeutige Korrelation mit der Flächennutzung war jedoch nur bei den punkt- und linienförmigen Einträgen zu erkennen. Beispielsweise konnten die in der Tabelle 1 aufgeführten, sehr hohen Atrazin- (max. 84,1 µg/l) bzw. Metribuzingehalte (max. 119 µg/l) auf eine punktuelle Kontaminationsquelle zurückgeführt werden. An der Stelle wurde widerrechtlich Spritzbrühe entsorgt. Weiterhin konnten die Bromacil-Befunde eindeutig auf den Einsatz dieses Wirkstoffs auf Gleiskörpern der Eisenbahn zurückgeführt werden, da er hauptsächlich im Grundwasser-Abstrombereich einer Bahnlinie nachgewiesen werden konnte.

Das spezielle PBSM-Spektrum im Bereich der für die Simulationsrechnungen ausgewählten Meßstelle HB 6 ist im Bild 3 dargestellt.

Man erkennt, daß im Grundwasser aus der Meßstelle HB 6 insbesondere die Wirkstoffe Atrazin, Isoproturon und Metribuzin nachgewiesen worden sind. Die Gehalte der einzelnen Wirkstoffe lagen in den meisten Fällen über dem Grenzwert der Trinkwasserverordnung von 0,1 µg/l für Einzelstoffe. Auch der Summengrenzwert für alle nachgewiesenen

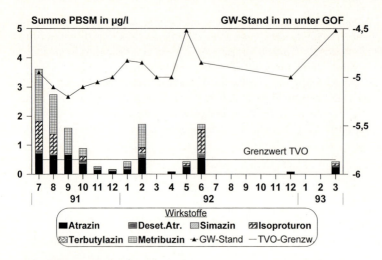

Bild 3. PBSM-Gehalte im Grundwasser von der Grundwasseroberfläche der Meßstelle HB 6 (Juli 1991 bis März 1993).

Wirkstoffe von 0,5 µg/l (im Bild 3 dargestellt) wurde fast immer überschritten. Die PBSM-Gehalte korrelierten mit dem Grundwasserstand: Bei einem ansteigenden Grundwasserspiegel (Grundwasserneubildung) stiegen die PBSM-Gehalte ebenfalls an.

3 Auswahl der Simulationsmodelle

Bevor mit der Erstellung des Datensatzes begonnen werden konnte, mußten die geeigneten Simulationsmodelle ausgewählt und dafür die z. T. modellspezifischen Eingabeparameter festgelegt werden. Dadurch sollte gewährleistet werden, daß möglichst alle benötigten Daten experimentell und damit gebietsspezifisch bestimmt werden und somit der Anteil an Daten aus der Literatur minimiert wird.

Für die Modellrechnungen wurden die Programme PELMO und VARLEACH ausgewählt. PELMO [2] ist eine vom Fraunhofer-Institut für Umweltchemie und Ökotoxikologie (IUCT) weiterentwickelte Version von PRZM [3] und VARLEACH [4] wurde von WALKER in England entwickelt. Beide Programme werden derzeit auch von den Einrichtungen verwendet, die maßgeblich an der Zulassung von PBSM beteiligt sind. Insbesondere ist hier die Biologische Bundesanstalt für Land- und Forstwirtschaft (BBA) zu nennen.

Von den beiden Simulationsprogrammen werden alle wesentlichen Prozesse und Faktoren, die den Transport und Abbau der Wirkstoffe im Untergrund beeinflussen, berücksichtigt. Im einzelnen sind dies:

- Klimadaten (Evapotranspiration, Niederschlag, Temperatur)
- Sickerwassertransport
- Sorption der Wirkstoffe an der Bodenmatrix (k_d-Werte)
- Biologischer Abbau der Wirkstoffe
- Wirkstoffdaten
- Applikationsdaten
- Bodendaten

Als Ergebnis der komplexen Kalkulationen erhält man Aussagen über den Zeitraum, den ein im Sickerwasser gelöster Wirkstoff von der Applikation bis zum Erreichen der Grundwasseroberfläche benötigt. Ferner wird die Konzentration und die Zeitspanne errechnet, mit der ein Wirkstoff nach und nach ins Grundwasser eingetragen wird.

4 Ermittlung des Kenndatensatzes für die Modelle

Die Klimadaten über das Gebiet Mönchengladbach-Gatzweiler stammen von der Hydrologischen Station Mönchengladbach-Rheindahlen. Diese Wetterstation ist nur wenige Kilometer vom Untersuchungsgebiet entfernt und liefert Tageswerte seit Anfang 1982.

Neben den Klimadaten wurden von den Boden- und Sedimentproben der Gehalt an organisch gebundenem Kohlenstoff (C_{org}), die Korngrößenverteilung, die Biomasse, der pH-Wert, die Lagerungsdichte und die Feldkapazität ermittelt.

Als zu untersuchende Wirkstoffe wurden Atrazin, Isoproturon und Metribuzin ausgewählt, weil diese herbiziden Stoffe im Grundwasser häufig nachgewiesen und bei unterschiedlichen Ackerfrüchten eingesetzt wurden (siehe Bild 3). Metamitron wurde mit einbezogen, weil es im Grundwasser nicht nachweisbar war, obwohl es im Untersuchungsgebiet angewendet worden ist. Für diese 4 Wirkstoffe wurden in Batch-Versuchen die k_d-Werte [5] für alle 8 entnommenen Horizonte (0 bis 5 m Teufe) der Bohrprofile ermittelt.

Zur besseren Einordnung der folgenden Simulationsergebnisse sollen zuerst die wichtigsten Bodenkenndaten für den jeweils obersten Horizont dargestellt werden (Tab. 2 und 3).

Tabelle 2. Charakterisierung der untersuchten Boden- und Sedimentproben (Horizont: 0–0,30 m unter GOF).

Bohrprofil	HB 6/1	HB 6/2	HB 6/3
C_{org} [%]	1,15	0,96	1,22
Sandanteil [%]	37,5	36,0	46,5
Schluffanteil [%]	37,0	36,5	39,0
Tonanteil [%]	2,0	1,5	3,0

Tabelle 3. k_d- und k_{oc}-Werte der untersuchten Boden- und Sedimentproben (Horizont: 0–0,30 m unter GOF).

Bohrprofil	HB 6/1		HB 6/2		HB 6/3	
	k_d	k_{oc}	k_d	k_{oc}	k_d	k_{oc}
Atrazin	1,00	87	0,89	93	0,76	62
Isoproturon	0,88	77	0,97	101	1,01	83
Metribuzin	0,35	30	0,22	23	0,39	32
Metamitron	0,89	77	1,13	118	0,80	66

Die untersuchten Böden, die als Parabraunerden zu charakterisieren sind, zeichnen sich hier durch auffällig geringe Tonanteile und niedrige Gehalte an organischen Stoffen (C_{org}) aus. Dafür weisen die Böden wie auch die tieferen Sedimente hohe Kies- und Sandanteile auf. Bedingt durch diese Faktoren ergibt sich eine gute Wasserdurchlässigkeit und eine geringe Sorptionskraft gegenüber PBSM.

Die analytisch ermittelten k_d-Werte, die die Sorption der Wirkstoffe am Boden bzw. Sediment beschreiben, bestätigten dies. Bei Atrazin, Isoproturon und Metamitron schwanken die k_d-Werte im obersten Horizont etwa zwischen 1,1 und 0,8 (siehe Tab. 3); Metribuzin weist mit etwa 0,3 noch niedrigere Werte auf. Die Tiefenverläufe der k_d-Werte sind im Bild 4 für die 4 untersuchten Wirkstoffe am Beispiel des Bohrprofils HB 6/2 und im Bild 5 am Beispiel von Isoproturon für die drei Bohrprofile dargestellt.

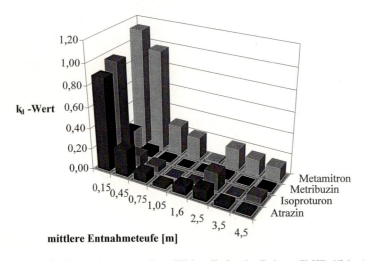

Bild 4. k_d-Werte der untersuchten Wirkstoffe für das Bohrprofil HB 6/2 in Abhängigkeit zur Teufe.

Man erkennt im Bild 4, daß Metamitron insgesamt die höchsten k_d-Werte aufweist. Zudem zeigen Literaturdaten [6 bis 8], daß dieser Stoff kleine Halbwertszeiten hat, also vergleichsweise gut biologisch abgebaut wird. Angesichts dieser Kombination – hoher k_d-Wert und relativ schneller Bioabbau – ist gut verständlich, daß Metamitron im Gebiet Gatzweiler im Grundwasser nicht nachgewiesen werden konnte.

Ein genau gegenteiliges Bild zeigte sich bei Metribuzin. Neben den auffällig kleinen k_d-Werten liegen die in der Literatur beschriebenen Halbwertszeiten [6 bis 8] höher als bei Metamitron. Das bedeutet, dieser Stoff wird schneller verlagert und schlechter abgebaut. Die biologisch aktive obere Bodenzone wird somit viel schneller durchlaufen, so daß weniger Zeit für den Abbau des Stoffes bleibt. So ist zu erklären, daß zum Teil hohe Metribuzin-Gehalte im Grundwasser gefunden wurden.

Im Bild 5 sind die k_d-Werte von Isoproturon dargestellt. Es zeigte sich, daß die Bodenbeschaffenheit selbst innerhalb einer relativ sehr kleinen Fläche stark variierte. Man erkennt an dem flachen k_d-Wert-Verlauf beim Profil HB 6/1, daß sich hier ein größerer Gehalt an adsorptiv wirksamen Komponenten im Boden befindet als bei HB 6/3.

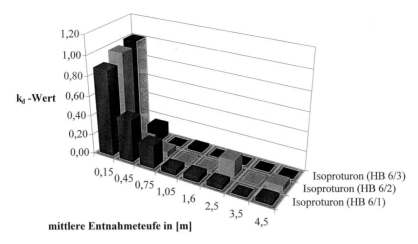

Bild 5. Vergleich des k_d-Wert-Verlaufs bei den Bohrprofilen HB 6/1 bis HB 6/3 am Beispiel von Isoproturon.

Als adsorptiv wirksame Komponenten erwiesen sich bei unseren Untersuchungen erwartungsgemäß die organischen Stoffe sowie die Schluffe und Tone des Bodens. Es wurden eindeutige Korrelationen zwischen dem k_d-Wert und dem Gehalt an organisch gebundenem Kohlenstoff (C_{org}) einerseits und dem Schluffgehalt andererseits erhalten.

Man kann demnach erwarten, daß bei sonst gleichen Bedingungen ein Stoff beim Punkt HB 6/3 mit größerer Wahrscheinlichkeit und schneller zur Grundwasseroberfläche gelangt als bei HB 6/1 (siehe auch Bild 6).

5 Simulationen mit PELMO

Bild 6 zeigt ein typisches Konzentrations-Zeit-Diagramm einer PELMO-Simulation. Die Konzentrationsangaben in diesem und den folgenden Diagrammen beziehen sich auf die Wirkstoffgehalte im gerade neu gebildeten Grundwasser. Bei der Interpretation der Grafiken ist folgendes zu beachten: Die Konzentration ist Null, wenn sich kein Wirkstoff im Sickerwasser befindet, aber auch, wenn kein Sickerwasser verlagert wird und sich deshalb kein Grundwasser bildet.

Für die Simulationen wurde stets der Zeitraum von Anfang 1983 bis Ende 1992 zugrunde gelegt. In dem im Bild 6 gezeigten Simulations-Fall wurde einmal im Mai 1985 eine Menge von 1 kg/ha Atrazin appliziert. Man erkennt, daß beim Profil HB 6/3 bereits nach weniger als 2 Jahren Atrazin ins Grundwasser eingetragen wird und zwar mit recht hohen Konzentrationen von bis zu 38 µg/l. Der Hauptteil des Eintrags vollzieht sich dann über einen Zeitraum von etwa zwei Jahren. Damit bestätigt sich die bereits anhand der k_d-Werte geäußerte Vermutung, daß an diesem Punkt eine „Schwachstelle" in der Grundwasserleiter-Deckschicht vorliegt.

Im Vergleich dazu kommt beim Profil HB 6/1 erst im Jahre 1992, also nach ungefähr 6,5 Jahren, eine kleine Menge an Atrazin ins Grundwasser (Bild 6). Der Grund für den

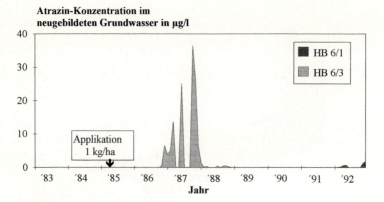

Bild 6. Verlgeich von PELMO-Simulationen für verschiedene Bohrprofile (Atrazin, Profile HB 6/1 und HB 6/3, 0–5 m Teufe).

gravierenden Unterschied in den Simulationsergebnissen liegt in den höheren Gehalten an adsorbierenden organischen Stoffen und Schluffen im oberen Bereich des Bodenprofils HB 6/1. Dadurch verlagert sich Atrazin viel langsamer als bei HB 6/3 und die Gehalte nehmen infolge des länger einwirkenden Bioabbaus stärker ab. Dieser Effekt wird noch dadurch verstärkt, daß in den Jahren '89, '90 und '91 drei sehr trockene Sommer herrschten, in denen kaum eine Sickerwasserbewegung stattfand.

Insgesamt konnte mit Hilfe der PELMO-Simulationen festgestellt werden, daß Atrazin im Gebiet Gatzweiler im Mittel erst ungefähr 5,5 Jahre nach der Applikation ins Grundwasser eingetragen wird.

Die anderen untersuchten Wirkstoffe (Metamitron, Metribuzin und Isoproturon) zeigten ein ähnliches Verlagerungsverhalten. Es wurde hauptsächlich durch den jeweiligen k_d-Wert und den biologischen Abbau des jeweiligen Wirkstoffs geprägt. Insbesondere für Metribuzin und Metamitron wurden deutliche Unterschiede hinsichtlich ihrer gebietsspezifischen Grundwassergefährdung festgestellt. Bei Metribuzin ist sie als relativ hoch einzuschätzen, bei Metamitron dagegen als sehr gering.

6 Sensitivitätsanalyse der Modelle am Beispiel von PELMO

Bei der Beurteilung der Verläßlichkeit der Aussagen, die mit PELMO gewonnen werden können, sind zunächst die Schwankungsbreiten zu berücksichtigen, die trotz sorgfältiger Analytik bei den experimentell bestimmten Daten auftreten können. Dies soll am Beispiel der k_d-Werte verdeutlicht werden: Für die Simulation einer Atrazin-Verlagerung bis in 1,2 m Teufe wurde einmal nicht der arithmetische Mittelwert, sondern für jeden Horizont der maximale k_d-Wert (Fall 1: k_{dmax}) verwendet. In einer zweiten Rechnung wurde dann der jeweils niedrigste k_d-Wert (Fall 2: k_{dmin}) eingesetzt.

Bild 7 zeigt, daß sich die Verwendung der jeweils für einen Horizont ermittelten extremen k_d-Werte sowohl auf die Dauer der Verlagerung als auch auf die Konzentration des Wirkstoffs im Sickerwasser auswirkt.

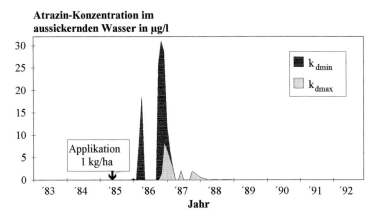

Bild 7. Auswirkung der Verwendung von k_{dmin} und k_{dmax} auf das Simulationsergebnis mit PELMO (Atrazin, Profil HB 6/3; 0–1,20 m Teufe).

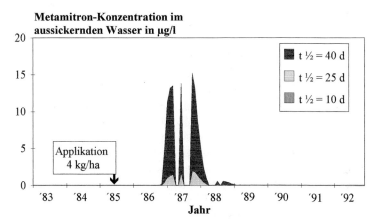

Bild 8. PELMO-Simulationen in Abhängigkeit vom Bioabbau des Wirkstoffs (Halbwertszeit: $t_{1/2}$) (Metamitron, Profil HB 6/1, 0–1,20 m Teufe).

Weiterhin soll am Beispiel des nicht im Grundwasser nachgewiesenen Wirkstoffs Metamitron darauf eingegangen werden, wie sich der Parameter Bioabbau auf das Simulationsergebnis auswirkt.

Die Geschwindigkeit des Bioabbaus kann gut mit der Halbwertszeit ($t_{1/2}$) beschrieben werden. Nach einer Auswertung der Literatur [z. B. 6 bis 8] wurden für Metamitron Simulationen mit PELMO durchgeführt und dabei die niedrigste Halbwertszeit von 10 Tagen, eine mittlere von 25 Tagen und die höchste publizierte Halbwertszeit von 40 Tagen verwendet. Die Ergebnisse dieser Simulationen sind in Bild 8 dargestellt.

Im Mai 1985 wurde Metamitron in einer praxisüblichen Menge von 4 kg/ha appliziert und die Verlagerung bis in eine Teufe von 1,2 m simuliert. Man erkennt, daß Metamitron nur bei den beiden höheren Halbwertszeiten in dieser Teufe ankommt und daß der erste

Hauptpeak jeweils Anfang 1987 auftritt. Bei der geringsten Halbwertszeit von 10 Tagen wird der Wirkstoff so schnell abgebaut, daß er überhaupt nicht bis in 1,2 m Teufe verlagert wird. Weitere Simulationen haben ergeben, daß man bei dieser Halbwertszeit etwa 50 kg/ha aufbringen müßte, damit das Programm im Sickerwasser in 1,2 m Teufe eine Konzentration von >0 berechnet.

Die Ergebnisse, die eine gute Bioabbaubarkeit von Metamitron anzeigen, decken sich sehr gut mit der Tatsache, daß Metamitron im Untersuchungsgebiet nicht im Grundwasser auftrat. Dieser Wirkstoff ist damit im Gebiet Gatzweiler im Hinblick auf eine Grundwassergefährdung als unkritisch einzuschätzen.

Für die weiteren Simulationen wurde über eine gezielte Auswertung der Literatur im Hinblick auf die Bodentypen, an denen der Bioabbau ermittelt wurde, die für die Gatzweiler-Böden zutreffende Spanne der Halbwertszeiten deutlich verkleinert.

7 Vergleich von Ergebnissen aus PELMO- und VARLEACH-Simulationen

In diesem Kapitel sollen beispielhaft einige Ergebnisse gezeigt werden, die ein Vergleich der beiden Simulationsmodelle PELMO und VARLEACH unter Zugrundelegung des jeweils gleichen Datensatzes ergeben hat.

VARLEACH ist im Vergleich zu PELMO einfacher aufgebaut und kann nur eine geringere Zahl von Einflußgrößen berücksichtigen. Daraus kann jedoch nicht geschlossen werden, daß die Ergebnisse von Simulationen mit VARLEACH schlechter sind. Allgemein gilt nämlich, daß auch mit einfach aufgebauten Modellen gute Simulationsergebnisse erhalten werden können, wenn darin die wesentlichen Prozesse, insbesondere die Sorption und der Bioabbau, gut erfaßt werden [7].

Ein wesentlicher Nachteil für den Modellvergleich war, daß mit VARLEACH nur PBSM-Verlagerungen bis zu einer maximalen Teufe von 2 m simuliert werden können, während im Untersuchungsgebiet der Grundwasserflurabstand etwa 5 m betrug.

Für den im Bild 9 gezeigten Fall einer Atrazin-Applikation von 1 kg/ha im Mai 1985 und Verlagerung bis in eine Teufe von 1,2 m wurde gefunden, daß zwar beide Modelle das erste Auftreten des Stoffes nach etwa 1,5 Jahren anzeigen, aber VARLEACH deutlich geringere Wirkstoffgehalte im Sickerwasser berechnet.

Deutliche Unterschiede ergeben sich dann im weiteren Kurvenverlauf dadurch, daß VARLEACH offenbar auch dann Wirkstoffe verlagert, wenn kein Sickerwassertransport stattfindet. Da über die Klimadaten jedoch eindeutig abgesichert ist, daß in bestimmten Zeiträumen keine Sickerwasserbewegung stattfand, muß gefolgert werden, daß in VARLEACH der Programmteil zur Berechnung der Sickerwasserverlagerung fehlerhaft arbeitet.

Aufgrund dieser Erkenntnis wurden die beiden Programme auch hinsichtlich der Wirkstoffgehalte an der Festphase verglichen. Dazu wurde für die Simulation wiederum eine Applikation von 1 kg/ha Atrazin gewählt. Im Bild 10 sind die Ergebnisse für den Bodenhorizont von 0 bis 0,30 m Teufe dargestellt.

Es zeigt sich, daß die Peak-Formen praktisch identisch sind. Mit zunehmender Teufe nimmt diese Übereinstimmung jedoch schnell ab, wobei PELMO jeweils größere PBSM-Rückstandsgehalte an der Festphase berechnet.

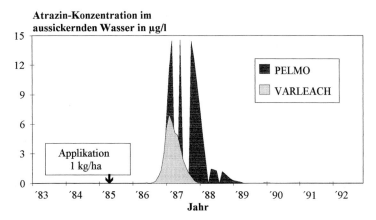

Bild 9. Vergleich von PELMO- und VARLEACH-Simulationen für die Wasserphase (Atrazin, Profil HB 6/3, 0–1,20 m Teufe).

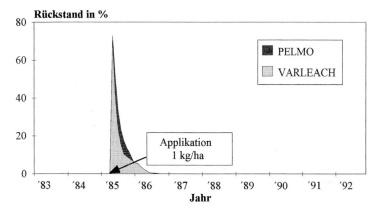

Bild 10. Vergleich von PELMO- und VARLEACH-Simulationen für die Festphase (Atrazin, Profil HB 6/3, 0–0,30 m Teufe).

Zusammenfassend läßt sich feststellen, daß auch das Programm VARLEACH Ergebnisse liefert, die mit den gemessenen PBSM-Konzentrationen bei HB 6 in Einklang sind. Der direkte Vergleich von real ermittelten und durch Simulationen berechneten Wirkstoffgehalten ist hier aufgrund der genannten Einschränkungen jedoch nicht möglich gewesen.

8 Leistungen und Grenzen der Modelle

Zum Abschluß soll zusammenfassend beschrieben werden, welche Leistungen die PBSM-Verlagerungsmodelle PELMO und VARLEACH bei der Berechnung eines PBSM-Transports vom Boden ins Grundwasser bieten können und wo derzeit die Grenzen der Anwendung, insbesondere im Hinblick auf die Wasserwirtschaft liegen.

Die prinzipiellen Schwächen der Modelle sind vorwiegend durch die unvollständige bzw. fehlerhafte mathematische Beschreibung der Sorptionsprozesse [9] bzw. des Bioabbaus der Wirkstoffe begründet. Dennoch scheinen diese Einschränkungen nach unseren Erfahrungen die Realitätsnähe der Simulationen deutlich weniger zu beeinflussen als die Spezifität und Güte der Eingabedaten.

Für eine optimale Simulation sind vor allem genaue Daten über die Sorption (k_d-Werte), den Abbau der Wirkstoffe, das Klima und den Sickerwassertransport notwendig. Die Realitätsnähe steigt proportional mit der Anzahl spezifischer, d. h. für den Einsatzort experimentell bestimmter Daten und der Qualität der angewendeten Analysenmethoden.

Eine räumliche und zeitliche Variabilität der Eingabedaten können die Modelle nur in einem beschränkten Umfang berücksichtigen [10]. Allerdings kann prinzipiell durch eine genügend große Anzahl von Simulationen die Grundwassergefährdung durch PBSM-Einträge auch für ein größeres Gebiet abgeschätzt werden. Dabei spielen jedoch die zu erwartenden Kosten eine limitierende Rolle.

Weiterhin bestehen Probleme bei der Aufnahme der meteorologischen Daten, da diese z. T. nicht – wie es optimal wäre – an der Geländeoberfläche ermittelt werden. Der Einfluß dieses Fehlers auf die Simulationsergebnisse ist aber nur von untergeordneter Bedeutung.

Insgesamt ist davon auszugehen, daß mit zunehmender Länge des zu simulierenden Zeitraums bzw. mit steigender Verlagerungstiefe die Berechnungen immer unsicherer werden [7].

Die beiden für eine Simulationsrechnung mit Abstand wichtigsten Parameter sind die Sorption (k_d-Werte) und der Bioabbau der Wirkstoffe. Die Reproduzierbarkeit der k_d-Wert-Bestimmung war insbesondere unterhalb von 1,2 m Teufe aufgrund analytischer Grenzen unbefriedigend. In diesem Bereich kann im Extremfall eine ermittelte Wirkstoffadsorption von etwa 1% vollständig auf die Schwankungsbreite der Bestimmungsmethode zurückzuführen sein. Für diesen Teufenbereich könnte es deshalb ggf. sinnvoller sein, auf die aufwendige Analytik für den k_d-Wert zu verzichten und die Adsorption grundsätzlich auf einen Wert um 1% festzusetzen und daraus die k_d-Werte zu berechnen. Dies ist vermutlich dann möglich, wenn die Korngrößenanalyse und die C_{org}-Bestimmung in den entsprechenden Horizonten keine nennenswerten Anteile an adsorptiv wirksamen Komponenten anzeigen.

Da es sich bei den – im Rahmen des Projekts nicht bestimmten – Halbwertszeiten der PBSM im Boden um einen besonders sensitiven Parameter bei Simulationen handelt, sind die in dieser Arbeit ermittelten PBSM-Konzentrationen im neu gebildeten Grundwasser mit Unsicherheiten behaftet, da Literaturdaten verwendet werden mußten. Bei Atrazin, Isoproturon und Metribuzin lagen die im Untersuchungsgebiet gemessenen PBSM-Konzentrationen meist deutlich unter den mit PELMO berechneten Werten. Hier hätte eine experimentelle Bestimmung von Daten über den Bioabbau die Genauigkeit der Rechnungen sicher noch erhöhen können. Allerdings wird der Bioabbau mit in Abbauversuchen (Batch-Versuche) ermittelten Daten häufig zu hoch bewertet, da z. B. durch Trocknung und Wiederbefeuchtung der Böden eine starke Angleichung der mikrobiellen Aktivität eintreten kann [11]. Für weitere Untersuchungen wäre es sicherlich günstiger, Halbwertszeiten im Feld zu bestimmen [12].

Da es bislang nicht möglich ist, einen „preferential flow", also die schnelle Wirkstoffverlagerung über begünstigte Wegstrecken (z. B. Mikro-, Makroporen, Wurm- und Wurzelkanäle) mit den herkömmlichen Simulationsprogrammen quantitativ zu erfassen, zeigen die Modelle theoretisch einen zu geringen und zu langsamen Wirkstoffaustrag an. Der „preferential flow" ist je nach Bodenart unterschiedlich stark ausgeprägt und tritt zumindest im Oberboden mit großer Wahrscheinlichkeit auf, allerdings werden hierdurch je nach Bodentyp nur etwa 1% des Wirkstoffs sehr schnell verlagert [13]. Trotzdem kann mit den Modellen der früheste Applikationszeitpunkt eines an der Grundwasseroberfläche ankommenden Wirkstoffs zuverlässig errechnet werden, was im Hinblick auf die Überprüfung von Anwendungsverboten durchaus interessant ist.

Trotz der genannten Einschränkungen sind die Ergebnisse der Simulationsrechnungen für die meisten Anwendungen als sehr gut zu bezeichnen. So sind für die Landwirtschaft in diesem Zusammenhang z. B. die Rückstandsgehalte an PBSM im Boden von besonderer Bedeutung, um einen ökonomischen Einsatz der Mittel gewährleisten zu können und um Nachfolgekulturen vor Schäden durch Rückstände unverträglicher Wirkstoffe zu schützen. Neben der Applikationsmenge erlauben die Programme auch Vorhersagen über den günstigsten Applikationszeitpunkt.

Bei entsprechend genauen Ausgangsdaten sind relativ gute Aussagen über die Verlagerungsgeschwindigkeit der PBSM in der ungesättigten Zone möglich [14]. Auch die eigenen Untersuchungen weisen darauf hin, daß die Verlagerungsgeschwindigkeit und damit der Zeitpunkt des Eintrags der PBSM ins Grundwasser mit einer Abweichung von maximal 1 Jahr rückwirkend simulierbar ist. Diese Aussage stützt sich darauf, daß PELMO und VARLEACH mit identischen Eingabeparametern annähernd identische Verlagerungszeiträume berechneten und nach einer Optimierung der Eingabedaten die Simulationsergebnisse untereinander Abweichungen von nur noch etwa 9 Monaten zeigten.

Simulationen, die Stoffverlagerungen durch die Sickerwasserzone vorausschauend berechnen sollen, sind naturgemäß mit zusätzlichen Unsicherheiten behaftet. Die Sickerwasserbildung wird in den Modellen aus den Wetterdaten errechnet. Eine Voraussage des Wetters über mehrere Jahre ist aber nicht möglich. Somit müssen dann hinsichtlich des Niederschlags die Mittelwerte der letzten Jahre oder langjährige Mittelwerte eingesetzt werden.

Dennoch sind Simulationsmodelle für die Wasserwirtschaft gut geeignet, das Verhalten von PBSM in der Sickerwasserzone unter „worst-case"-Bedingungen abzuschätzen. Diese „worst-case"-Simulationen erlauben eine gute Einschätzung der Gefahr eines Wirkstoffeintrags in das Grundwasser, wenn für das jeweilige Untersuchungsgebiet spezifische Standardszenarien verwendet werden. Es besteht auch die Möglichkeit, ein ganzes Wassereinzugsgebiet auf die Gefährdung des Grundwassers durch PBSM-Einträge hin zu untersuchen, indem anhand von Bodenschätzungskarten typische Bereiche ermittelt, untersucht und nur hierfür Simulationen durchgeführt werden. Insbesondere sind die Modelle gut geeignet, das Verhalten verschiedener Wirkstoffe am gleichen Standort zu beurteilen. Diese Kenntnisse können bei der gebietsspezifischen Auswahl von nicht grundwassergefährdenden Wirkstoffen sehr wichtig sein.

Danksagung

Die Autoren danken dem Ministerium für Umwelt, Raumordnung und Landwirtschaft (MURL) des Landes Nordrhein-Westfalen für die großzügige finanzielle Unterstützung des Projekts.

Literatur

[1] Overath, H. u. a.: Flächenhafte Langzeituntersuchung des Eintrags von PBSM an der Grundwasseroberfläche mit der Grundwasserneubildung – Abschlußbericht –, Schriftenreihe des Landesumweltamts NRW, Düsseldorf (in Vorbereitung) 1995.

[2] Klein, M.: PELMO 1.5, Benutzerhandbuch, Fraunhofer-Institut für Umweltchemie und Ökotoxikologie. Schmallenberg 1993.

[3] Carsel, R. F. u. a.: User's manual of pesticide root zone model (PRZM), Release I.-EPA-600/3-84-109, U. S. Environmental Protection Agency (EPA). Athens GA 1984.

[4] Walker, A.: Evaluation of a simulation model for prediction of herbicide movement and persistence in soil, Weed Research *27*, 143–152 (1987).

[5] EEC Directive 67/548 Annex V: Adsorption-Desorption in Soils – Draft for a proposal to update the OECD Guideline No. 106, Oct. 1992.

[6] Perkow, W.: Wirksubstanzen der Pflanzenschutz- und Schädlingsbekämpfungsmittel, 2. Auflage. Verlag Paul Parey, Hamburg 1992.

[7] Dibbern, H. u. Pestemer, W.: Anwendbarkeit von Simulationsmodellen zum Einwaschungsverhalten von Pflanzenschutzmitteln im Boden, Nachrichtenblatt des Deutschen Pflanzenschutzdienstes *44*, 134–143 (1992).

[8] Domsch, K. H.: Pestizide im Boden, VCH Verlagsgesellschaft, Weinheim 1992.

[9] Gottesbüren, B. u. a.: Anwendung eines Simulationsmodells (VARLEACH) zur Berechnung der Herbizidverlagerung im Boden unter Freilandbedingungen. Teil II: Einbindung in das Herbizid-Beratungssystem HERBASYS und Aspekte des praktischen Einsatzes. Zeitschrift für Pflanzenkrankheiten und Pflanzenschutz *42*, 327–336 (1992).

[10] Matthies, M., Behrendt, H. u. Trapp, S.: Modeling and model validation for exposure assessment of the terrestrial environment. In: Frehse, H.: Pesticide Chemistry, S. 433–444. VCH Verlagsgesellschaft, Weinheim 1990.

[11] Bunte, D. u. Pestemer, W.: Horizontale und vertikale Variabilität bodenkundlicher Kenndaten und deren Einfluß auf das Verhalten von Pflanzenschutzmitteln auf landwirtschaftlich genutzten Flächen, Nachrichtenblatt des Deutschen Pflanzenschutzdienstes *43*, 238–244 (1991).

[12] Schinkel, K., Nolting, H.-G. u. Lundehn, J.-R.: Richtlinien für die amtliche Prüfung von Pflanzenschutzmitteln, Teil IV, 4–1, Verbleib von Pflanzenschutzmitteln im Boden – Abbau, Umwandlung und Metabolismus –, Biologische Bundesanstalt für Land- und Forstwirtschaft. Braunschweig 1986.

[13] Klein, W., Klein, M. u. Kördel, W.: persönliche Mitteilung, Fraunhofer-Institut für Umweltchemie und Ökotoxikologie. Schmallenberg 1993.

[14] Jones, R. L., Black, G. W. u. Estes, T. L.: Comparison of computer model predictions with unsaturated zone field data for aldicarb and aldoxicarb. Environmental Toxicology and Chemistry *5*, 1027–1037 (1986).

Der Embryotest mit dem Zebrabärbling – eine neue Möglichkeit zur Prüfung und Bewertung der Toxizität von Abwasserproben

An Embryo Test Using the Zebrafish – a new Possibility of Testing and Evaluating the Toxicity of Industrial Waste Waters

Telse Friccius*, Christoph Schulte*, Uwe Ensenbach*, Peter Seel** und Roland Nagel***

Schlagwörter

Brachydanio rerio, Embryotoxizität, Abwasseruntersuchung, DIN 38 412, toxikologische Endpunkte, G-Werte, Wirkungsmuster, subletale Effekte.

Summary

The suitability of the test system "fish-embryo" was studied in order to determine the non-acute toxic effect of industrial waste water on the embryonic development of the zebrafish (*Brachydanio rerio*) by dilution analysis. 29 samples of industrial effluents from 11 different sewage plants were tested. Parallel ot the tests with fish-embryos several bioassays described in the German DIN-Norm 38 412 (group L) were undertaken: the fish acute toxicity test L 31, the Daphnia acute toxicity test L 30, the green algae toxicity test L 33 and a bacterial bioluminescence test L 34. The results, described as the corresponding "G-factors" (dilution at which no effects were no longer observed) were compared.

The results of tests with fish-embryos are comparable to results from fish acute toxicity tests. Toxicological endpoints of the ontogenesis, summarized as $G_E I$-factors can be equated with the lethality of adult fish. For this group of effects the embryo toxicity test is as sensitive as the fish test or more so. In addition, the sensitivity and significance of the test system fish-embryo can considerably be increased when the toxicological endpoints of the secound group ($G_E II$-factors) are taken into account. These parameters can give hints for various patterns of activities in the embryo. The results of the present investigation show that the embryo test may be an alternative to fish acute toxicity tests in routine waste water control.

Zusammenfassung

Die Eignung des Testsystems Fischembryo zur Bestimmung der nicht akut giftigen Wirkung von Abwasserproben über Verdünnungsstufen auf die Embryonalentwicklung von Fischen (Zebrabärbling, *Brachydanio rerio*) wurde geprüft. Dazu wurden 29 Abwasserproben aus Kläranlagenabläufen von 11 verschiedenen Industriebetrieben vergleichend untersucht. Parallel wurden die in DIN 38 412 beschriebenen Biotests: Fischtest L 31, Daphnientest L 30, Grünalgentest L 33 und Leuchtbakterientest L 34 durchgeführt.

Die Ergebnisse, beschrieben durch den G-Wert der Verdünnungsstufe ohne nachweisbaren Effekt für die jeweilige Art, wurden miteinander verglichen. Embryotest und Fischtest zeigen vergleichbare Werte. Die in $G_E I$-Werten zusammengefaßten Endpunkte der

---

* Dipl.-Biol. T. Friccius, Dipl.-Biol. C. Schulte, Dr. U. Ensenbach, Johannes-Gutenberg-Universität, Institut für Zoologie, AG Ökotoxikologie, Saarstr. 21, D-55099 Mainz.
** Dipl.-Biol. Dipl.-Chem. P. Seel, Hessische Landesanstalt für Umwelt, Rheingaustr. 168, D-65203 Wiesbaden.
*** Prof. Dr. R. Nagel, Technische Universität Dresden, Institut für Hydrobiologie, D-01062 Dresden.

Embryonalentwicklung können der Letalität adulter Fische gleichgesetzt werden. Der Embryotest ist für diese Gruppe von Effekten entweder genauso sensitiv wie oder empfindlicher als der Fischtest. Bezieht man die in Gruppe II zusammengefaßten Endpunkte, die als Hinweise auf bestimmte Wirkmechanismen gesehen werden können, in den Vergleich mit ein, so erhöhen sich Sensitivität und Aussagekraft des Systems erheblich.

Aufgrund der durchgeführten Untersuchung könnte der Embryotest mit dem Zebrabärbling eine sinnvolle Alternative zum akuten Fischtest in der routinemäßigen Abwasserprüfung sein.

1 Einleitung

Nach DIN 38 412 (Gruppe L) sind zur Ermittlung der Toxizität von Abwässern verschiedene Testverfahren mit Wasserorganismen genormt und werden bei Abwasserkontrollen angewandt. Die jeweiligen Ergebnisse dieser Tests werden durch die Angabe eines ganzzahligen Verdünnungsfaktors G beschrieben. Darunter ist die Verdünnungsstufe einer Probe zu verstehen, die keine giftige Wirkung auf die Testorganismen mehr zeigt. Zu solchen Untersuchungen gehört die Bestimmung der nicht akut giftigen Wirkung von Abwässern gegenüber Fischen über Verdünnungsstufen (Fischtest, L31, [1]). Es wird die letale Wirkung eines Abwassers auf die Testfische über 48 Stunden untersucht (Fischgiftigkeit). Nach DIN wird der Test mit der Goldorfe (*Leuciscus idus melanotus*) durchgeführt. Das Ergebnis eines Fischtests mit Abwasser ist der G_F-Wert, der neben anderen chemischen Parametern (CSB, AOX, Phosphor-, Stickstoffanalyse) beispielsweise eine Grundlage zur Festlegung der Abwasserabgabe [2] darstellt.

Der Verbrauch an Fischen für diese Untersuchungen ist hoch. Besonders im Interesse des Tierschutzes ist die Suche nach Alternativmethoden mit vergleichbarer Aussagekraft hinsichtlich der Giftigkeit des Abwassers auch ein gesellschaftliches Anliegen.

In Anlehnung an die Vorschriften des Chemikaliengesetzes (§ 7 ChemG) sind Auswirkungen von Chemikalien mit bekannten Wirkmechanismen für adulte Fische (FATS, fish acute toxic syndromes, [3, 4]) auf die Embryonalentwicklung des Zebrabärblings, *Brachydanio rerio*, geprüft worden [5]. Die Ergebnisse wurden den Daten zur akuten Toxizität der Substanzen für adulte Fische gegenübergestellt. Anhand der bisherigen Resultate läßt sich die Eignung des Embryotests zur Bewertung der Wirkung von Chemikalien auf Fische erkennen. Aus diesen Untersuchungen liegen Hinweise auf konkrete Angriffspunkte von Chemikalien vor. Die Erfassung verschiedener toxikologischer Endpunkte kann auf bestimmte Wasserinhaltsstoffe hinweisen. Dies bedeutet, daß das System Möglichkeiten zur Bewertung von Abwasserproben eröffnen könnte, die durch die zur Zeit vorgeschriebenen Biotests in diesem Maße nicht geleistet werden können.

In der vorliegenden Studie sollte die Eignung des Fischembryos zur Prüfung der Toxizität von Abwasserproben untersucht werden. Parallel dazu wurden verschiedene Testverfahren nach DIN 38 412 durchgeführt. Anhand der jeweils ermittelten G-Werte sollten die Ergebnisse aus den verschiedenen Verfahren verglichen werden und die Eignung des vorgestellten Fischembryonentests geprüft werden.

2 Material und Methoden

Die Probennahme und die Durchführung der genormten Abwassertests mit Fischen, Daphnien, Algen und Leuchtbakterien oblagen der Hessischen Landesanstalt für Umwelt (HLfU). Der Embryotest wurde an der Universität Mainz durchgeführt.

2.1 Herkunft und Entnahme der Abwasserproben

Es wurden Abwasserproben von Kläranlagen verschiedener Betriebe, hauptsächlich der chemischen Industrie, untersucht. Hierzu wurden von 11 verschiedenen Einleitern im Rhein-Main-Gebiet Proben genommen. Sieben ausgewählte chemische Betriebe wurden mehrmals beprobt um eventuelle standortspezifische Wirkungsmuster zu ermitteln. Die Proben wurden im November 1992 und zwischen August 1993 und März 1994 entnommen.

2.2 Abwassertests nach DIN-Normen

- Bestimmung der nicht akut giftigen Wirkung von Abwasser gegenüber Fischen über Verdünnungsstufen (Fischtest L 31, [1]).
- Bestimmung der nicht akut giftigen Wirkung von Abwasser gegenüber Daphnien über Verdünnungsstufen (Daphnientest L 30, [6]).
- Bestimmung der nicht giftigen Wirkung von Abwasser gegenüber Grünalgen über Verdünnungsstufen (*Scenedesmus*-Chlorophyll-Fluoreszenztest L 33, [7]).
- Bestimmung der Hemmwirkung von Abwasser auf die Lichtemission von *Photobacterium Phosphoreum* über Verdünnungsstufen (Leuchtbakterientest L 34/L 341, [8]).

2.3 Der Embryotest mit dem Zebrabärbling

2.3.1 Versuchsobjekte

Als Versuchsobjekte dienten befruchtete Eier des Zebrabärblings, *Brachydanio rerio*. Die Haltung der Elterntiere und Gewinnung der Eier wurde in Anlehnung an die in *Nagel* [9] und *Schulte* u. *Nagel* [5] beschriebenen Methoden durchgeführt. Die Embryonalentwicklung des Zebrabärblings ist ausführlich untersucht und beschrieben [10, 11, 12, 13, 14, 15].

2.3.2 Behandlung der Abwasserproben

Die Aufbewahrung der Abwasserproben bis zum Versuchsbeginn erfolgte in verschlossenen Glaskolben bei 4 °C im Kühlschrank. Vor Versuchsbeginn wurden die Proben langsam auf Raumtemperatur erwärmt. Eine Verdünnungsreihe wurde analog DIN 38 412 angelegt. Als Verdünnungswasser diente für die Versuche Nr. 1–10 aktivkohlegefiltertes, chlorfreies Trinkwasser. Für die weiteren Untersuchungen wurde, angelehnt an die DIN-Vorschrift, synthetisches Verdünnungswasser eingesetzt.

2.3.3 Versuchsdurchführung

Die Durchführung der Versuche entspricht weitgehend der von *Schulte* u. *Nagel* [5] entwickelten Methode. Die frisch abgelaichten Eier wurden in Wasser gespült und in Bechergläser mit den Verdünnungen verteilt, ca. 40 Eier in jedes Glas. Mit diesem Schritt begann die Exposition in der Abwasserprobe.

Unmittelbar darauf wurden die Eier mit Hilfe eines Binokulars[1] in befruchtete und unbefruchtete Eier differenziert. Das Kriterium für die Befruchtung sind erreichte Zwei-, Vier- und Achtzellstadien der Keimscheibe.

Auf den verwendeten Multiwellplatten aus Polystyrol[2] befinden sich 24 zylindrische Wells mit einem Volumen von je 3 ml. In jedes Well wurden 2 ml einer Probe oder Kontrollwasser pipettiert. Jeweils ein befruchtetes Ei wurde in ein Well eingesetzt, so daß eine unabhängige Einzelexposition gewährleistet war. In den Untersuchungen Nr. 1, 2, 3, 6, 9, 11, 16, 21, 22 und 25 wurden jeweils 10 befruchtete Eier über 8 Verdünnungsstufen einzeln exponiert, in den übrigen Proben jeweils 20 Keime über 6 Verdünnungsstufen. Auf jeder Platte wurden 4 interne Kontrollen in Verdünnungswasser mitgeführt. Die Expositionsgefäße wurden mit einer Folie aus Polystyrol[2] verschlossen.

2.3.4 Toxikologische Endpunkte

Charakteristische Stadien der normalen Embryonalentwicklung sind in zeitlicher Abfolge: Blastulbildung, Gastrulation, Anlage von Somiten, Spontanbewegungen, Ablösung des Schwanzendes vom Dotter, Augenanlage, Herzschlag, Blutkreislauf und Pigmentierung.

In Tabelle 1 sind die ausgewählten toxikologischen Endpunkte in verschiedenen Entwicklungsstadien aufgeführt. Die Endpunkte wurden nach 4, 8, 12, 24, 36 und 48 Stunden Expositionsdauer untersucht. Es wurde zu jedem Beobachtungszeitpunkt protokolliert, ob das „Sollstadium" von jedem Embryo erreicht wurde oder ein Keim koaguliert war. Nach 48 Stunden Versuchsdauer wurde die Herzschlagfrequenz bestimmt. Zusätzlich sind Fehlbildungen, insbesondere Oedeme oder sonstige Abweichungen von der normalen Entwicklung, z. B. Frühschlupf, registriert worden. Nach Versuchsende wurden die Embryonen abgetötet.

2.3.5 Versuchsauswertung

Ein nicht erreichtes „Sollstadium" wurde als Effekt gewertet. Effekte, die bei weniger als 10% der Individuen einer Verdünnung bzw. der Kontrollen auftraten, wurden auf testinterne Schwankungen zurückgeführt und für die Gesamtbewertung der Probe nicht als signifikante Abweichungen angesehen. Wurden bei mehr als 10% der Kontrollindividuen Unregelmäßigkeiten festgestellt, so wurde der Versuch als nicht valide angesehen und beendet. Die Herzschlagfrequenzen der exponierten Embryonen wurden mit Hilfe des U-Tests [16] mit denen der Kontrollindividuen verglichen.

---

[1] Olympus SZ 40, Olympus Hamburg
[2] Nunc, Wiesbaden

Tabelle 1. Als toxikologische Endpunkte ausgewählte Parameter der Embryonalentwicklung von *Brachydanio rerio* in verschiedenen Entwicklungsstadien.

Betrachtete Endpunkte	Expositionszeit nach Stunden					
	4	8	12	24	36	48
koagulierter Keim	+	+	+	+	+	+
Blastula (Befruchtungskontrolle)	+					
Gastrulation		+				
Ende der Gastrulation			+			
Spontanbewegungen				+		
Anlage von Somiten				+	+	+
Ablösung des Schwanzendes vom Dotter				+	+	+
Anlage der Augen				+	+	+
Herzschlag					+	+
Blutkreislauf					+	+
Herzschlagfrequenz						+
Pigmentierung						+

2.3.6 Einteilung der Effekte in zwei Bewertungsgruppen

Die untersuchten Endpunkte wurden in zwei Gruppen eingeteilt. Zur ersten Gruppe von Effekten, denen die gleiche Bedeutung wie Letalität für adulte Fische zugewiesen wird, gehören: Koagulation des Keimes, keine Gastrulation, Einstellung der Gastrulationsbewegung, keine Anlage von Somiten, keine Ablösung des Schwanzendes vom Dotter sowie kein Herzschlag nach 48stündiger Entwicklungsdauer. Um zusätzlich zu der Letalität Hinweise auf bestimmte Wirkmechanismen zu erhalten, wurden noch weitere Parameter untersucht und der zeitliche Verlauf der Entwicklung dargestellt. Diese Parameter wurden in Gruppe II zusammengestellt (s. Tabelle 2). Aufgrund dieser Einteilung wurde ein G_EI- bzw. G_EII-Wert festgelegt.

Tabelle 2. Zusammenstellung der untersuchten toxikologischen Endpunkte nach ihrer Bewertung. In Gruppe I wurden die Endpunkte, die der Letalität gleichzustellen sind, aufgeführt; in Gruppe II sind weitere Endpunkte zusammengefaßt, die Hinweise auf spezifische Wirkungen geben.

Gruppe I (Letalität)	Ztpkt.	Gruppe II	Ztpkt.
koagulierter Keim	4–48 h	Blastoporus nicht geschlossen	12 h
keine Gastrulation	8 h	keine Schwanzablösung	24 h
keine Somiten angelegt	24 h	keine Spontanbewegungen	24 h
keine Schwanzablösung	48 h	keine Augenanlage	24 h
keine Spontanbewegungen	48 h	kein Blutkreislauf	36 h/48 h
kein Herzschlag	48 h	keine Pigmentierung	48 h
		Oedeme	48 h
		Herzschlag reduziert	48 h
		Frühschlupf	48 h

3 Ergebnisse

3.1 Effekte der Wasserproben auf die Embryonalentwicklung von *Brachydanio rerio*

Die beobachteten Effekte sind ausführlich in *Friccius* [17] dargestellt. Hier soll nur ein Überblick über die wichtigsten Ergebnisse gegeben werden.

Bei 15 Abwasserproben waren erste Abweichungen von einer normalen Entwicklung bereits nach 4 Stunden zu erkennen. Einzelne Zellen traten dann als blasige Abschnürungen aus dem Verband der Blastula aus (Bild 1), und die betroffenen Keime koagulierten innerhalb der ersten 24 Stunden. Weiterhin wurde in einigen Fällen eine Verzögerung oder die Einstellung der Gastrulationsbewegung beobachtet, die meist zur Koagulation der Keime führte. Eine anomale Form der Gastrulation, sogenannte „hantelförmige Dotterabschnürungen" (Bild 2) wurde bei zwei Proben beobachtet. Die betroffenen Keime zeigten im weiteren Verlauf der Entwicklung entweder schwere Fehlbildungen [18, 19] oder koagulierten. Desweiteren traten Entwicklungsverzögerungen auf, die oftmals bereits durch eine verlangsamte Gastrulation eingeleitet wurden.

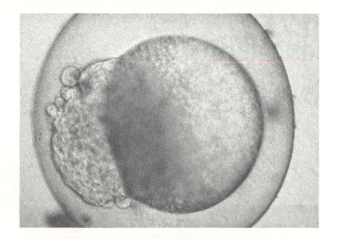

Bild 1. Abschnürungen einzelner Zellen aus der Blastula.

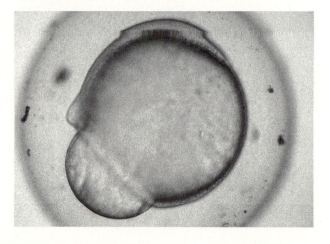

Bild 2. Hantelförmiger Keim nach 12 Stunden Exposition.

Häufig wurden Beeinträchtigungen des Blutkreislaufsystems beobachtet. Bei belasteten Embryonen war oft nach 36 Stunden, teilweise selbst nach 48 Stunden, noch kein Blutkreislauf festzustellen. Der Herzschlag war bei Embryonen in einigen Proben nach 48 Stunden entweder reduziert oder gar nicht vorhanden. Wirkungen auf das Herz- und Kreislaufsystem traten häufig zusammen mit allgemeinen Entwicklungsverzögerungen auf.

Bei einigen Abwasserproben waren auffällige Oedeme, besonders im Pericardbereich der Embryonen, zu beobachten. In den meisten Fällen, in denen diese Effekte auftraten, waren auch Herz- und Kreislaufparameter betroffen.

In zwei Proben konnte über mehrere Verdünnungsstufen verfrühtes Schlüpfen der Embryonen beobachtet werden. Gleichzeitig war ein starker Bewuchs mit Pilzhyphen festzustellen.

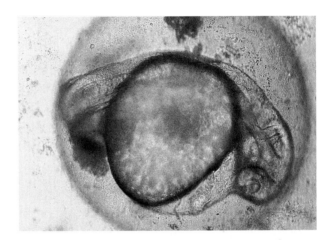

Bild 3. Embryo mit Oedembildung nach 48 Stunden Exposition.

3.2 G-Werte

Die im Embryotest ermittelten G_EI- und G_EII-Werte sind in Tabelle 3 zusammengestellt. Parallel zu den Untersuchungen mit Fischembryonen wurden verschiedene Biotests nach DIN 38 412 durchgeführt. Die Ergebnisse aus diesen Untersuchungen können also direkt mit denen aus den Studien mit Fischembryonen verglichen werden. Die Resultate sind in Form der entsprechenden G-Werte ebenfalls in Tabelle 3 dargestellt.

4 Diskussion

4.1 Bewertung der Effekte

Die in Gruppe I und Gruppe II zusammengestellten Endpunkte sind unterschiedlich zu bewerten [5]. Die in Gruppe I eingeordneten Effekte sind letalen Schädigungen gleichzusetzen. So entwickeln sich nach bisherigen Erfahrungen Keime oder Embryonen, die diese Effekte zeigen, nicht bis zum Schlupf.

Tabelle 3. Vergleich der Ergebnisse aus den Untersuchungen der Wirkungen von Abwasserproben auf Fischembryonen mit den Ergebnissen aus anderen Testsystemen nach DIN 38 412. Angabe in Verdünnungsfaktoren G, in denen keine giftige Wirkung mehr festzustellen war.

Probe Nr.	Einleiter	Embryo I G_E-I	Embryo II G_E-II	Fisch G_F	Daphnie G_D	Alge G_A	Leucht-bakterien G_L
1	A	1	2	1	1	2	2
2	B	1	1 (10)*	1	1	2	2
3	C	2	3	1	n. b.	2	n. b.
4	C	2	2	1	1	1	3
5	C	2	2	1	1	1	3
6	D	6	8	2	2	3	8
7	D	3	3 (10)*	2	2	3	12
8	D	3	3	2	2	2	4
9	E	1	1	1	1	8	3
10	E	2	>8	1	1	1	12
11	F	2	2	2	1	2	16
12	F	4	8	1	1	1	12
13	F	2	2	2	1	3	24
14	F	2	2	1	1	3	12
15	F	2	n. b.	1	2	4	12
16	G	2	3	2	1	2	24
17	G	2	3	2	2	1	64
18	G	3	3	2	2	1	24
19	G	2	2	1	1	2	32
20	G	3	n. b.	1	3	3	24
21	H	1	1	1	1	2	2
22	J	2	2	1	1	n. b.	8
23	J	2	4	1	1	1	3
24	J	2	2	1	1	1	3
25	K	1	2	1	1	2	2
26	L	1	1	1	2	2	2
27	L	1	1	1	2	1	2
28	L	1	1	1	1	2	2
29	L	1	1	1	1	1	2

*: Frühschlupf, n. b.: nicht bestimmt aufgrund technischer Probleme.

Die Bedeutung der in Gruppe II zusammengefaßten Effekte für die weitere Enwicklung des Individuums (Tot, Schlupf, Fitneß [20]) kann noch nicht abschließend bewertet werden.

Durch manche der in Gruppe II zusammengestellten Effekte werden deutliche Entwicklungsdefizite beschrieben, die teilweise im weiteren Verlauf der Ontogenese wieder ausgeglichen werden können. Allerdings werden durch diese Endpunkte klar abgrenzbare Wirkmechanismen beschrieben. So wird durch den Parameter „keine Spontanbewegung nach 24 Stunden" eine Hemmung der Motilität beschrieben. „Kein Blutkreislauf" und "reduzierter Herzschlag" sind Hinweise auf eine Beeinträchtigung des Herz- und Kreislaufsystems.

4.2 Wirkungsspektren

Betrachtet man die Ergebnisse aus den Abwasseruntersuchungen, so lassen sich Ähnlichkeiten zwischen der Wirkung verschiedener Abwasserproben auf die Embryonalentwicklung feststellen: Beeinträchtigungen der Blastulabildung (blasenförmige Zellabschnürungen) und typische Effekte in der Gastrulationsphase (Einstellen der Zellbewegung, Dotterpfropf, Hantelkeime) waren häufig und führten meist zur Koagulation der Keime.

Ein weiteres Wirkungsmuster sind allgemeine Entwicklungsrückstände, die sich in mehreren Parametern manifestierten (keine Schwanzablösung, keine Spontanbewegungen nach 24h). Ein nicht voll ausgebildetes Herz- und Kreislaufsystem ohne sonstige Effekte konnte nur in einem Fall nachgewiesen werden (Probe Nr. 6).

Ähnliche Auswirkungen verschiedener Abwasserproben weisen auf eine ähnliche Zusammensetzung der Proben hin. Sie können auch durch Wasserinhaltsstoffe mit gleichen Wirkmechanismen hervorgerufen werden. Bei stark mit organischem Material (Pilze, Mikroorganismen) belasteten Proben kam es beispielsweise zu Frühschlupf.

Weiterer Untersuchungsbedarf besteht hinsichtlich einer Korrelation von analytisch nachgewiesenen Wasserinhaltsstoffen oder pH-Wertänderungen mit den spezifischen Effekten im Embryotest. Die in den Proben nachgewiesenen Salzkonzentrationen bewirken jedenfalls als Einzelsubstanzen keine Effekte; dies konnte in parallel durchgeführten Embryotests mit verschiedenen Salzlösungen gezeigt werden. Was den pH-Wert betrifft, so sind durch die pH-Korrektur, die in der DIN-Norm gefordert ist, nicht nur chemische Veränderungen, z. B. eine Verschiebung des Löslichkeitsproduktes, sondern auch eine veränderte Bioverfügbarkeit denkbar.

4.3 Vergleich der Ergebnisse mit anderen Biotests

4.3.1 Fischtest

Die Ergebnisse aus den Untersuchungen zur Toxizität der Abwasserproben auf Fischembryonen wurden mit den Ergebnissen aus verschiedenen Toxizitätstests nach DIN 38 412 verglichen. Da das vorstellte System als Ersatzmethode zum akuten Fischtest [1] diskutiert wird, sollte der Vergleich der Ergebnisse dieser beiden Testsysteme im Vordergrund stehen. Dazu wurden nur die in Gruppe I zusammengefaßten letalen Effekte des Embryotests herangezogen. Für 17 der untersuchten Proben ergaben sich im Embryotest höhere $G_E I$-Werte als G_F-Werte im Fischtest. Für 4 weitere Proben waren die G-Werte identisch, und in den restlichen 8 Abwasserproben ließ sich mit beiden Testverfahren keine toxische Wirkung nachweisen. Die Embryonen reagierten auf keine der untersuchten Proben unempfindlicher als adulte Fische.

4.3.2 Daphnientest

Lediglich 9 der sowohl im Daphnien- als auch in Fisch- und Embryotest untersuchten 28 Abwasserproben zeigten im Daphnientest [6] eine toxische Wirkung. Für zwei dieser

Proben ließ sich weder mit dem Embryo- noch mit dem Fischtest eine giftige Reaktion nachweisen.

Identische G-Werte wurden in 9 Fällen ermittelt, davon zeigten 6 Proben keine giftige Wirkung ($G_E = G_F = G_D = 1$). In 17 Fällen reagierten exponierte Fischembryonen empfindlicher als Daphnien.

4.3.3 Algen- und Leuchtbakterientest

Ergänzend soll, trotz physiologischer Unterschiede, auf den Vergleich der Ergebnisse aus dem Embryotest mit den anderen biologischen Testverfahren, Grünalgen- (*Scenedesmus*-Chlorophyll-Fluoreszenztest [7]) und Leuchtbakterientest (*Photobacterium phosphoreum* [8]), eingegangen werden. Die Ergebnisse des Leuchtbakterientests weichen zum Teil erheblich von G_E-, aber auch von G_F- und G_D-Werten ab. Auch *Zimmermann* [21] hat eine wesentlich höhere Sensitivität von Leuchtbakterien gegenüber industriellen Abwässern im Vergleich zu anderen biologischen Testverfahren festgestellt.

Auch zwischen Algen- und Embryotest konnte hier kein Zusammenhang bei den Reaktionen auf Abwasserproben nachgewiesen werden. Zum Teil reagieren Algen wesentlich unempfindlicher als die tierischen Organismen, in anderen Tests weisen hohe Werte auf eine ähnlich hohe Sensitivität wie im Leuchtbakterientest hin.

4.4 Vergleich industrieller Abwassereinleiter

4.4.1 G-Werte

Ein Vergleich der Ergebnisse verschiedener industrieller Abwassereinleiter bietet sich bei den Fällen einer mehrmaligen Beprobung an. Eine vergleichende Betrachtung zeigt vergleichbare Wirkungsbereiche. Für die meisten Einleiter konnten konstante G_EI-Werte im Embryotest ermittelt werden (Tabelle 3). So zeigten alle 4 Proben von Standort L keine Effekte. Für die Proben der Einleiter C und J wurde jeweils ein G_EI-Wert von 2 im Embryotest ermittelt. Größere Abweichungen (3 G-Faktoren) sind nur in einem Fall (Probe Nr. 6) aufgetreten. Bei Einleiter C ist der Embryotest, abgesehen vom Leuchtbakterientest, das empfindlichste Testsystem. Im Algen- und Daphnientest sind keine Effekte aufgetreten.

4.4.2 Wirkungsmuster

Aufgrund der relativ wenigen Untersuchungen ist die Zuordnung bestimmter Wirkungsschemata zu einzelnen Einleitern nur schwer möglich. Tendenziell sind es für die Einleiter C und F „frühe Effekte", die den G_EI-Wert bestimmen. Proben von Einleiter D zeigen Effekte in der Gastrulationsphase, und in jedem Fall ist die Herzschlagfrequenz reduziert. Um weitere Hinweise auf standortspezifische Wirkungsmuster zu prüfen, müßte die Datenmenge für den Embryotest durch wiederholte Probennahme vergrößert werden.

4.5 Eignung des Testsystems als Ersatzmethode zum akuten Fischtest

Aufgrund der hier vorgestellten Daten scheint ein Einsatz des Embryotests in der Abwasserprüfung durchaus möglich und sinnvoll. Die Untersuchungen an Embryonen stellen eine gute Grundlage zur Abschätzung der Toxizität von Abwasserproben dar.

Zum Vergleich mit anderen Testsystemen wurden nur die Effekte der Embryonalentwicklung herangezogen, die als letale Schädigungen bewertet werden. Für alle Proben wurden mindestens gleich hohe G-Werte für Fisch- und Embryotest bestimmt.

Zusätzlich zur Ermittlung der letalen Konzentrationen liefert dieses Testsystem Informationen, die über die bloße Feststellung von „tot" oder „lebendig", wie sie im Fischtest vorgenommen wird, hinausgehen. Beispielsweise können durch die Untersuchung der Parameter der Gruppe II verschiedene Wirkmechanismen erfaßt werden. Es existieren Hinweise auf spezifische Wirkungen von Chemikalien auf Embryonen [5]. Auch im Rahmen dieser Arbeit konnten Analogien bezüglich der Wirkungen verschiedener Proben festgestellt werden. Ähnliche Eigenschaften von Proben oder gleiche Inhaltsstoffe mit bekannten Wirkmechanismen werden bei verschiedenen Proben ein ähnliches Wirkungsmuster hervorrufen. Weiterführende Untersuchungen mit ausgewählten Substanzen werden zur Zeit durchgeführt. Der Embryotest liefert also zusätzlich zur Ermittlung von letalen Konzentrationen Hinweise auf subletale Wirkungen und ist damit hinsichtlich der Aussagekraft einem akuten Fischtest überlegen.

Weiterhin erhöht sich durch die Erfassung weiterer Effekte die Sensitivität des Systems. Beispielsweise ist bei Probe Nr. 10 der ermittelte $G_E II$-Wert um 6 Einheiten höher als der $G_E I$-Wert, bei Probe Nr. 12 sind es 4 Verdünnungsstufen. Die auffällig erhöhten $G_E II$-Werte sind auf Schäden am Herz- und Kreislaufsystem bzw. auf Oedembildung zurückzuführen. Es konnten subletale Wirkungen von Abwässern im Embryotest erfaßt werden, die mit keinem anderen Biotest nachgewiesen werden konnten.

Für die Routinekontrolle industrieller Abwässer ist die Erfassung aller subletalen Effekte wahrscheinlich nicht zwingend. Eine grobe Einschätzung der Giftigkeit einer Probe könnte sicher auf der Basis der $G_E I$-Werte erfolgen, der Versuchsaufwand könnte somit reduziert werden. Da bis auf eine Ausnahme in allen Fällen ein $G_E I$-Wert nach 24 Stunden sicher zu ermitteln ist, wäre ein Versuchsabbruch zu diesem Zeitpunkt zu vertreten. Wird eine weiterführende Prüfung gefordert, die Informationen über subletale Effekte oder bestimmte Wirkmechanismen liefern soll, ist die Erfassung aller Parameter beider Gruppen über einen Versuchszeitraum von 48 Stunden notwendig.

Als weitere Alternativen zu akuten Toxizitätstests mit Fischen werden Untersuchungen mit Zellen diskutiert [22]. *Lange u. a.* [23] konnten allerdings für verschiedene Substanzen zeigen, daß der Embryotest mit dem Zebrabärbling aussagekräftiger ist als Vitalitätstests mit RTG-2-Fischzellen.

Hervorzuheben ist, daß es sich nach geltendem Recht bei Untersuchungen mit Embryonen weder um anzeige- noch genehmigungspflichtige Tierversuche handelt. Das hier vorgestellte Testsystem könnte auch aus diesem Grund eine sinnvolle Alternative zum diskussionswürdigen Fischtest darstellen.

Literatur

[1] DIN 38 412, Teil 31, Dtsch. Einheitsverfahren zur Wasser-, Abwasser- und Schlammunters., DEV. Bestimmung der nicht akut giftigen Wirkung von Abwasser gegenüber Fischen über Verdünnungsstufen (L 31) (1989).

[2] Gesetz über Abgaben für das Einleiten von Abwasser in Gewässer (Abwasserabgabengesetz) – AbwAG, BGBl I, S. 2432 geänd. 6. November 1990.

[3] Mc Kim, J. M. u. a.: Use of respiratory-cardiovascular responses of rainbow trout (*Salmo*

gairdneri) in identifiying acute toxicity syndromes in fish: Part 1. Pentachlorophenol, 2,4-dinitrophenol, tricaine methanesulfonate, and 1-octanol. Environ. Toxicol. Chem. *6*, 295–312 (1986).

[4] Mc Kim, J. M. u. a.: Use of respiratory-cardiovascular responses of rainbow trout (*Salmo gairdneri*) in identifiyng acute toxicity syndromes in fish: Part 2. Malathion, carbaryl, acrolein and benzaldehyde. Environ. Toxicol. Chem. *6*, 313–328 (1987).

[5] Schulte, C. und Nagel, R.: Testing acute toxicity in the embryo of zebrafish, *Brachydanio rerio*, as an alternative to the acute fish test: preliminary results. ATLA *22*, 12–19 (1994).

[6] 38 412, Teil 30, Dtsch. Einheitsverfahren zur Wasser-, Abwasser- und Schlammunters., DEV. Bestimmung der nicht akut giftigen Wirkung von Abwasser gegenüber Daphnien über Verdünnungsstufen (L30) (1989).

[7] 38 412 Teil 33, Dtsch. Einheitsverfahren zur Wasser-, Abwasser- und Schlammunters., DEV. Bestimmung der nicht giftigen Wirkung von Abwasser gegenüber Grünalgen (*Scenedesmus*-Chlorophyll-Fluoreszenztest) über Verdünnungsstufen (L33) (1991).

[8] DIN 38 412, Teil 34, Dtsch. Einheitsverfahren zur Wasser-, Abwasser- und Schlammunters., DEV. Bestimmung der Hemmwirkung von Abwasser auf die Lichtemission von *Vibrio fischeri* (*Photobacterium phosphoreum*) – Leuchtbakterien-Abwassertest mit konservierten Bakterien (L34) (1991).

[9] Nagel, R.: Untersuchung zur Eiproduktion beim Zebrabärbling (*Brachydanio rerio*, Ham.-Buch.). J. Applied Ichthyol. *2*, 173–181 (1986).

[10] Rosen-Runge, E. C.: On the early development – bipolar differentiation and cleavage – of the zebrafish, *Brachydanio rerio*. Biol. Bull. *75*, 119–133 (1938).

[11] Hisaoka, K. K. und Battle, H. I.: The normal developmental stages of the zebrafish *Brachydanio rerio*. J. Morphol. *102*, 311–327 (1958).

[12] Hisaoka, K. K. und Firlit, C. F.: Further studies on the Embryonic development of the zebrafish, *Brachyanio rerio*. J. Morphol. *107*, 205–255 (1960).

[13] Thomas, R. J.: Yolk distribution and utilization during early development of a teleost embryo (*B. rerio*). J. Embryology and Exp. Morph. *19*, 203–215 (1968).

[14] Kimmel, C. B.: Genetics and early development of the zebrafish. Trends in Genetics *5*, 283 (1989).

[15] Warga, R. M. und Kimmel, C. B.: Cell movements during epiboly and gastrulation in zebrafish. Development. *108*, 569–580 (1990).

[16] Mann, H. B. und Whitney, D. R.: On a test whether one of two random variables is stochastically larger than the other. Ann. Math. Stat. *18*, 50–60 (1947).

[17] Friccius, T.: Wirkungen industrieller Abwasserproben auf die Embryonalentwicklung des Zebrabärblings (*Brachydanio rerio*). Diplomarbeit im Fachbereich Biologie, Universität Mainz 1994.

[18] Baumann, B. und von Sander, K.: Bipartic axiation follows incomplete epiboly in zebrafish embryos treated with chemical teratogens. J. Exp. Zool. *230*, 363–376 (1984).

[19] Sander von, K.: Auslösung von embryonalen Fehlbildungen beim Zebrabärbling. Biologie in unserer Zeit *3*, 87–94 (1983).

[20] Schäfers, C. und Nagel, R.: Fish toxicity and population dynamics-effects of 3,4-Dichloroaniline and the problem of extrapolation. EIFAC/XVII 92, Symposium 1992.

[21] Zimmermann, U.: Vergleichende Untersuchung ausgewählter Abwasserproben von industriellen Einleitern mit Biologischen Testverfahren. Diplomarbeit an der Hessischen Landesanstalt für Umwelt. Schriftenreihe: Umweltplanung, Arbeits- und Umweltschutz, *137*, Wiesbaden 1992.

[22] Ahne, A.: Untersuchungen über die Verwendung von Fischzellkulturen für Toxizitätsbestimmungen zur Einschränkung und Ersatz des Fischtests. Zbl. Bakt. Hyg. Orig. B *180*, 480–504 (1985).

[23] Lange, M. u. a.: Comparising of testing acute toxicity in embryo of Zebrafish, *Brachydanio rerio* and RTG-2 Cytotoxicity as possible alternatives to the acute fish test. Chemsphere (1994) (in Druck).

Einfluß des Schwefelgehaltes von Sedimenten auf die Mobilisierung von Schwermetallen durch bakterielle Laugung

Influence of the Sulphur Content in Sediments on the Mobilization of Heavy Metals by Bacterial Leaching

Heinz Seidel, Jelka Ondruschka**, Peter Kuschk* und Ulrich Stottmeister**

Schlagwörter

Sedimente, Schwefelgehalt, mikrobielle Sulfatreduktion, mikrobielle Laugung, Schwermetalle, Mobilisierung

Summary

Laboratory studies investigated the influence of sulphur content in sediments on the mobilization of 6 heavy metals with bacterial leaching. The goal of the investigation was to test whether biological processes of the sulphur cycle may be useful for the cleaning of contaminated sediments.

As a first step, sediments from the Weisse Elster river were stored under anoxic conditions in the presence of dissolved sulphate for 23 weeks. The sulphur content of sediments was raised up to 2.4-fold by activation of sulphate-reducing bacteria (SRB). The quantity of sulphate that can be reduced with the SRB is limited by the amount of acetate available to the bacteria as their carbon source. In the second step, the pretreated sediments were subjected to bioleaching. After 7 days the solubilities of heavy metals in sediments with 1.1 (2.7) % sulphur were measured as follows: Cd 40 (95) %, Zn 60 (95) %, Ni 36 (63) %, Cu 1 (43) %; Cr and Pb were almost insoluble. The sediment suspensions were then inoculated with cultures of thiobacilli. After inoculation the solubility of copper increased to 57 (70) %; chromium was sufficiently leached only at a high percentage of sulphur. The results demonstrate that high sulphur contents in sediments promote the mobilization of most heavy metals. The microbial activity is the dominant factor for the mobilization.

Zusammenfassung

Im vorliegenden Beitrag wurde der Einfluß des natürlichen Schwefelgehalts der Sedimente auf die Mobilisierbarkeit von 6 Schwermetallen bei der mikrobiellen Laugung untersucht. Gleichzeitig wurde geprüft, inwieweit mit Hilfe von biologischen Prozessen des Schwefelkreislaufes eine Reinigung von kontaminierten Sedimenten möglich ist.

In einem ersten Schritt wurden Sedimente der Weißen Elster unter anoxischen Bedingungen in Gegenwart von gelöstem Sulfat 23 Wochen gelagert. Durch Aktivierung der sulfatreduzierenden Bakterien (SRB) konnte der Schwefelgehalt der Sedimente auf das bis zu 2,4fache aufgestockt werden. Die Menge an reduziertem Sulfat wurde durch die Verfügbarkeit von Acetat als verwertbares C-Substrat für die Bakterien begrenzt. In einem zweiten Schritt wurden die vorbehandelten Sedimente einer bakteriellen Laugung unterzogen. Nach 7 Tagen betrugen die Löslichkeiten in Sedimenten mit 1,1 (2,7) % Schwefel: Cadmium 40 (95) %, Zink 60 (95) %, Nickel 36 (63) %, Kupfer 1 (43) %; Chrom und Blei

---

* Dr. H. Seidel, Dr. P. Kuschk, Prof. Dr. U. Stottmeister, Umweltforschungszentrum Leipzig-Halle, Sektion Sanierungsforschung, Permoserstraße 15, D-04318 Leipzig.
** Dr. J. Ondruschka, Universität Leipzig, Fakultät für Biowissenschaften, Pharmazie und Psychologie, Abteilung Biotechnologie, Talstraße 33, D-04103 Leipzig.

waren nahezu unlöslich. Nach Animpfen der Sedimente mit einer Thiobacillus-Kultur stieg die Löslichkeit von Kupfer auf 57 (70) %, Chrom wurde nur bei hohen Schwefelgehalten gut mobilisiert. Die Ergebnisse zeigen, daß hohe Schwefelgehalte in Sedimenten zu einer verstärkten Mobilisierung der meisten Schwermetalle führen. Der bestimmende Faktor auf die Mobilisierung ist die mikrobielle Aktivität.

1 Einleitung

Zwischen der Mobilität der Schwermetalle und dem Kreislauf des Schwefels in aquatischen Systemen besteht ein Zusammenhang. Unter anoxischen Bedingungen werden gelöste Sulfate durch bakterielle Aktivitäten dissimilatorisch zu Schwefelwasserstoff reduziert bzw. assimilatorisch als organischer Schwefel in der Biomasse festgelegt. Unter aeroben Bedingungen werden die reduzierten Schwefelverbindungen durch die mikrobielle Aktivität von Bakterien der Gattung Thiobacillus sowie abiotisch zu Schwefelsäure bzw. Sulfat oxidiert [1]. Schwermetalle werden unter anoxischen Bedingungen als Sulfide in den Sedimenten immobilisiert, unter aeroben Bedingungen werden sie wieder solubilisiert [2].

Die Freisetzung von Schwermetallen bei Änderung der Redoxverhältnisse und des pH-Wertes stellt ein Gefahrenpotential für die Umwelt dar. Andererseits haben diese natürlichen Prozesse zu Versuchen angeregt, kontaminierte Sedimente durch chemische oder bakterielle Laugung zu reinigen [3].

Ein Verfahren zur Extraktion der Schwermetalle aus Schlämmen mit Salzsäure haben *Müller* und *Riethmayer* [4] entwickelt. Die Säurelaugung hat den Nachteil, daß einerseits große Mengen an Eisen- und Calciumsalzen anfallen, andererseits Schwermetallsulfide teilweise schwer laugbar sind. Durch bakterielle Laugung unter Laborbedingungen konnten die Schwermetalle aus kontaminiertem Hafenschlamm [5], Flußschlamm [6], Klärschlamm [7] sowie Industrieschlämmen [8] weitgehend gelöst werden. Der bakterielle Laugungsprozeß wurde durch hohe Zusätze von Schwefel oder Eisensulfat unterstützt. *Calmano* und *Ahlf* [5] konnten zeigen, daß der Anteil an gelösten Schwermetallen weniger von einer hohen Säurekonzentration, sondern vorrangig vom Angebot einer für die Mikroorganismen verwertbaren Energiequelle abhängt. Weitere Einflußfaktoren auf die Löslichkeit sind die Bindungsformen der Schwermetalle [10], die Pufferkapazität des Sedimentes [11] sowie die organische Substanz [6]. Zur Nutzung des Schwefelkreislaufes für die Abtrennung der Schwermetalle aus Sedimenten ist bisher wenig bekannt. Nach *Grotenhuis* und *Rulkens* [9] ist durch biologische Prozesse erzeugter Schwefel für Thiobacilli besser verfügbar als Schwefelpulver und wird schneller zu Schwefelsäure oxidiert.

In dieser Arbeit wurden zwei Prozesse des Schwefelkreislaufes gekoppelt: Im ersten Schritt sollte der Schwefelgehalt von ruhenden Sedimenten durch mikrobielle Reduktion von gelöstem Sulfat unter anoxischen Bedingungen variabel aufgestockt werden. Im zweiten Schritt war zu untersuchen, welchen Einfluß der Schwefelgehalt der Sedimente auf die Mobilisierung der Schwermetalle bei der bakteriellen Laugung hat. Ziel war es, Möglichkeiten für eine Reinigung von schwermetallbelasteten Sedimenten durch die Kombination von biologischen Prozessen des Schwefelkreislaufes zu prüfen.

2 Die mikrobielle Sulfatreduktion

Sulfatreduzierende Bakterien (SRB, Desulfurikanten) kommen in Gewässersedimenten natürlich vor. Sie sind in der Lage, in den Sedimenten anfallende Gärungsprodukte wie Lactat, Acetat oder Ethanol sowie Wasserstoff in Gegenwart von Sulfat unter obligat anaeroben Bedingungen zu veratmen. Sulfat wird dabei zum Sulfid reduziert und kann als Schwefelwasserstoff freigesetzt werden. Gelöste Schwermetalle werden als schwerlösliche Sulfide ausgefällt. Die Gesamtreaktion kann wie folgt dargestellt werden:

$$\text{Me-Sulfat} + \text{C-Substrat} \xrightarrow{\text{SRB}} \text{Me-Sulfid} + CO_2 + H_2O + \text{Biomasse}$$

Die Gruppe der SRB umfaßt eine Vielzahl von Typen, die sich hinsichtlich ihrer Morphologie, der Fähigkeit zur Verwertung verschiedener Substrate sowie weiterer physiologischer und biochemischer Eigenschaften erheblich voneinander unterscheiden [12]. Die SRB sind an ein Milieu mit Salzkonzentrationen bis ca. 30 g/l gut angepaßt. Das Wachstumsoptimum liegt zwischen 25 und 40 °C und einem pH-Wert von 6,5 bis 8 [13]. Ein von den Shell-Forschungslaboratorien entwickeltes Verfahren zur simultanen Entfernung von Sulfat und Schwermetallen aus belasteten Grundwässern durch mikrobielle Sulfatreduktion befindet sich in der technischen Erprobung [14].

3 Die bakterielle Laugung

Eine fundamentale Rolle bei der bakteriellen Laugung spielen Bakterien der Gattung Thiobacillus. *Thiobacillus thiooxidans* und *Thiobacillus ferrooxidans* als Hauptvertreter kommen überall vor, wo sulfidische Materialien und ein saures Milieu anzutreffen sind. Die Thiobacilli sind obligat chemolithoautotroph, d. h. sie nutzen als Energiequelle sulfidische Materialien, Schwefel, Thiosulfate oder Eisen(II), sie benötigen Sauerstoff und verwenden das CO_2 der Luft als einzige C-Quelle.

Die bakterielle Laugung beruht auf einer Wechselwirkung von biochemischen und anorganisch-chemischen Reaktionen [3]:

(1) *T. ferrooxidans* + *T. thiooxidans*
$$MeS + 2\, O_2 \longrightarrow MeSO_4$$

(2) *T. ferrooxidans* + *T. thiooxidans*
$$FeS_2 + 3\tfrac{1}{2}\, O_2 + H_2O \longrightarrow FeSO_4 + H_2SO_4$$

(3) *Thiobacillus ferrooxidans*
$$2\, FeSO_4 + \tfrac{1}{2}\, O_2 + H_2SO_4 \longrightarrow Fe_2(SO_4)_3 + H_2O$$

(4) *Thiobacillus thiooxidans*
$$S + 1\tfrac{1}{2}\, O_2 + H_2O \longrightarrow H_2SO_4$$

(5) *abiotisch*
$$MeS + Fe_2(SO_4)_3 \longrightarrow MeSO_4 + 2\, FeSO_4 + S$$

Generell lassen sich zwei Reaktionsmechanismen unterscheiden: Bei der direkten Laugung durch *Thiobacillus ferrooxidans* und *T. thiooxidans* werden schwerlösliche Metallsulfide über enzymatische Oxidationsprozesse in wasserlösliche Sulfate überführt (Gl. 1 und 2).

Bei der indirekten Laugung kommt den Bakterien lediglich eine katalytische Funktion zu, das mikrobiell produzierte Fe^{3+} (Gl. 3) dient als Oxidationsmittel für die Metallsulfide (Gl. 5), und das dabei reduzierte Eisen wird durch die Bakterien wieder oxidiert. Der Redoxkreislauf läuft auch abiotisch ab, jedoch ist die Oxidationsgeschwindigkeit von Fe^{2+} zu Fe^{3+} bei pH 2 bis 3 unter Mitwirkung von Bakterien etwa 10^5- bis 10^6mal größer [15]. Der entstehende elementare Schwefel wird hauptsächlich von *Thiobacillus thiooxidans* zu Schwefelsäure oxidiert (Gl. 4). Durch die Säureproduktion kann der pH-Wert auf <2 absinken. Dabei werden einerseits Metalle in Lösung gebracht, andererseits günstige Wachstumsbedingungen für die Thiobacilli geschaffen.

4 Material und Methoden

4.1 Probenmaterial

Die Sedimente stammten aus der Weißen Elster (Kleindalzig bei Leipzig). Die Proben wurden aus den Schlammabsetzbecken entnommen und in verschlossenen Flaschen bis zur Verarbeitung kühl gelagert. Für die Versuche wurde die Siebfraktion <2 mm eingesetzt.

4.2 Durchführung der Versuche mit SRB

Die im Sediment vorhandenen sulfatreduzierenden Bakterien wurden wie folgt aktiviert: In 500 ml-Blutkonservenflaschen wurden 80 g Feucht-Sediment (Trockenrückstand 37%), je nach Versuchsserie Natriumsulfat, C-Substrat und Nährstoffe (Ansätze siehe Tab. 1) gegeben, danach wurde mit luftfreiem Wasser auf 500 ml aufgefüllt. Pro Versuch wurden 3 Parallelproben angesetzt. Die mit Gummikappen luftdicht verschlossenen Flaschen wurden in einem klimatisierten Raum bei 30 °C im Dunkeln gelagert. Der Schlamm wurde einmal pro Woche aufgeschüttelt.

Tabelle 1. Aufstockung des Schwefelgehaltes der Sedimente durch mikrobielle Sulfatreduktion.

Serie	Sulfat	Acetat Zugabe, mmol/l	N	P	S im Sediment, % zu Beginn	nach 23 W.	Faktor
A	–	(Kontrolle)		–	1,12	1,11	1,0
B	200	–	–	–	1,19	1,69	1,4
C	200	100	–	–	1,20	2,66	2,2
D	200	100	10	5	1,14	2,73	2,4

Die Versuchsdauer betrug 23 Wochen. In Abständen von 1 bis 2 Wochen erfolgte die Entnahme von Wasserproben mittels einer Spritze, die Proben wurden vor der Analyse zentrifugiert. Nach Versuchsende wurde der Schlamm abzentrifugiert, einmal mit 100 ml luftfreiem Wasser gewaschen, erneut zentrifugiert und bis zur weiteren Verwendung unter Stickstoff aufbewahrt.

4.3 Durchführung der Leaching-Versuche

Die Versuche erfolgten als Suspensionsleaching in 500 ml-Schüttelkolben. Die Kolben enthielten 20 g Feucht-Sediment (Trockenrückstand 32 bis 37 %) aus den SRB-Versuchen pro 100 ml Suspension. Zur Herstellung unterschiedlicher Laugungsbedingungen wurden die in den Sedimenten enthaltenen Thiobacilli durch Ansäuern mit Schwefelsäure auf pH 3 aktiviert, alternativ wurden die Proben bei pH 3 mit einer Thiobacillus-Laborkultur angeimpft. Die Laborkultur stammte aus Versuchen zur Uranerz-Laugung [16], die Kultivierung erfolgte im 9K-Nährmedium nach *Silverman* [17]. Die Kolben wurden mit Parafilm verschlossen und in einem klimatisierten Raum bei 30 °C geschüttelt. Pro Versuch wurden 3 Parallelproben angesetzt. Während des Leaching-Prozesses wurden pH-Wert und Leitfähigkeit gemessen. Das Wachstum der Thiobacilli in der Kulturlösung wurde durch direkte Zählung der Keime im Mikroskop verfolgt.

Die Versuchsdauer betrug 28 Tage. In Abständen von 7 Tagen wurden Flüssigproben zur Analyse entnommen. Nach Versuchsende wurde der Schlamm abzentrifugiert und einmal mit 100 ml Wasser gewaschen.

4.4 Analyse der Proben

Sulfat in den Flüssigproben wurde mittels Ionenchromatographie (DX 100, Dionex) bestimmt.

Gelöste Sulfide und Schwefelwasserstoff wurden in einer Ausblasapparatur bei pH 4 freigesetzt und als Zinksulfid gefällt. Durch Zufügen einer sauren Lösung von Dimethyl-p-phenylendiamin und Eisen(III)-Ionen bildet sich Methylenblau, dessen Extinktion bei 665 nm gemessen wurde (DIN 38405 Teil 27).

Die Bestimmung des Gesamtschwefels und der Schwermetallgehalte in den Sedimenten erfolgte mittels der wellenlängendispersiven Röntgenfluoreszenzanalyse (Spektrometer SRS 3000, Siemens).

Die Metallgehalte in den Leachaten wurden mittels Atomemissionsspektrometrie mit induktiv gekoppeltem Plasma (Spectroflamc) nach DIN 38406 Teil 22 bestimmt.

5 Ergebnisse

5.1 Mikrobielle Sulfatreduktion

Zur Untersuchung des Einflusses von wachstumsbegrenzenden Faktoren auf die mikrobielle Sulfatreduktion wurden 4 Versuchsserien mit unterschiedlichen Gehalten an Natriumsulfat, Natriumacetat, NH_4Cl und KH_2PO_4 angesetzt. Die molaren Verhältnisse von zugesetzter C-Quelle, N- und P-Salz waren 100 : 10 : 5 mmol/l, die Sulfatkonzentration betrug 200 mmol/l (Tab. 1). Das für die Versuche eingesetzte Sediment enthielt im Durchschnitt, bezogen auf Trockenprodukt, 22% organische Substanz, 10,4% C, 0,98% N, 0,98% P und 1,16% S.

Die Änderung der Sulfatkonzentration im Flüssigmedium bei anoxischer Lagerung der Sedimente über 23 Wochen ist in Bild 1 dargestellt. Die mikrobielle Sulfatreduktion beginnt nach einer Adaptationsphase von etwa 2 Wochen. Die bakterielle Aktivität ist ohne Zusatz von C-Substrat gering, die Sulfatkonzentration nahm um etwa 15%

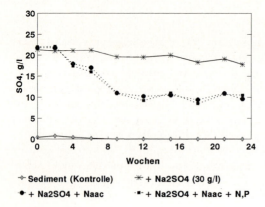

Bild 1. Abnahme der Sulfatkonzentration im Flüssigmedium bei anoxischer Lagerung von Sediment.

(30 mmol) ab (Serie B). Die TOC-Gehalte in der Wasserphase lagen bei dieser Serie zu Beginn bei 85 mg/l, am Versuchsende bei 55 mg/l. Bei Zugabe von Acetat wurden etwa 50% (100 mmol) Sulfat reduziert (Serie C). Nährstoffe waren im Sediment offensichtlich in ausreichender Menge vorhanden, die Zugabe von Stickstoff und Phosphor brachte keinen zusätzlichen Effekt (Serie D). Nach etwa 8 Wochen nahm bei allen Serien die Sulfatkonzentration kaum noch ab.

Gelöste Sulfide waren bei den Versuchen ohne Acetatzusatz in Mengen <1 mg/l nachweisbar, bei den Versuchen mit Acetatzusatz wurden bei Versuchsende 0,56 g/l (Serie C) bzw. 0,57 g/l (Serie D) bestimmt. Die pH-Werte lagen zu Versuchsbeginn im Neutralbereich, bei Versuchsende betrugen sie 7,3 (Kontrolle), 8,4 (Serie B), 9,0 (Serie C) bzw. 8,8 (Serie D).

Die Schwefelgehalte der Sedimente zu Beginn und Ende der SRB-Versuche sind in Tabelle 1 angegeben. Die Ergebnisse zeigen den Zusammenhang mit der mikrobiellen Aktivität der Desulfurikanten. Die Aufstockung des Schwefelgehaltes der Sedimente erreichte bei Anwesenheit von Acetat beachtliche Faktoren von 2,2 bis 2,4 (Serien C und D).

Die Metallgehalte der Sedimente vor und nach der mikrobiellen Sulfatreduktion sind in Tabelle 2 aufgelistet. Nach 6 Monaten anoxischer Lagerung ohne Zusatz von Sulfat (Serie A) nahmen die Metallgehalte in den Sedimenten um etwa 20% zu, offenbar eine Folge der Verringerung der Sedimentmasse durch die Vergärung von organischer Substanz. Dieser Effekt wird bei Aufstockung des Schwefelgehaltes durch die Sulfatreduktion teilweise kompensiert: die Erhöhung der Metallgehalte in den Sedimenten verringerte sich auf 9% bei Sulfatzusatz (Serie B) sowie auf 2 bzw. 3% bei Zugabe von Acetat bzw. Nährstoffen (Serie C, D).

5.2 Leaching-Versuche

Um gleiche Startbedingungen für die mikrobielle Laugung zu schaffen, wurden alle Sediment-Suspensionen durch Titration mit Schwefelsäure auf einen Anfangs-pH-Wert von 3 eingestellt. Bei den nicht angeimpften Proben führte die Pufferkapazität der Sedimente bei Schwefelgehalten <2% kurze Zeit nach Versuchsbeginn zu einem pH-Anstieg auf etwa 4,5, der erhöhte pH-Wert blieb über die weitere Versuchsdauer konstant. Schwefelgehalte

Tabelle 2. Metallgehalte der Sedimente vor/nach mikrobieller Sulfatreduktion.

Serie		Pb	Cd	Cr	Cu	Ni	Zn	As	Mn	Fe	Ca
						mg/kg TS				%	
	vor SR	228	24	516	316	192	3092	45	953	5,02	1,74
A	nach SR	278	27	559	327	223	3800	50	965	5,63	1,60
B	nach SR	254	24	509	299	211	3468	45	908	5,27	1,66
C	nach SR	236	25	483	278	192	3224	29	947	5,08	1,58
D	nach SR	243	23	486	285	194	3283	31	928	5,13	1,58

Serie A: nur Sedimentsuspension (60 g/l TP)
Serie B: Zugabe von 200 mmol/l Na_2SO_4
Serie C: Zugabe von 200 mmol/l Na_2SO_4 + 100 mmol/l Natriumacetat
Serie D: wie Serie C + 10 mmol/l NH_4Cl + 5 mmol/l KH_2PO_4
SR =   mikrobielle Sulfatreduktion

>2% lieferten nach einem vorübergehenden Anstieg des pH-Wertes auf etwa 3,7 ausreichende Säureäquivalente nach, der pH-Wert sank auf den Endwert 3,2. Bei den mit einer Thiobacillus-Laborkultur angeimpften Proben änderte sich der Anfangs-pH-Wert 3 bei den Sedimenten bis 1,7% Schwefel nur wenig, bei den Sedimenten mit Schwefelgehalten >2% wurde ein End-pH-Wert von 2,5 erreicht.

Thiobacilli waren in allen Leachaten nachweisbar. Die Zellzahl der autochthonen Thiobacilli nahm mit steigendem Schwefelgehalt zu. In den nicht angeimpften Ansätzen mit Sedimenten bis 1,7% Schwefelgehalt war die Zellzahl während der gesamten Versuchsdauer mit 10^2 Z/ml niedrig, bei den Sedimenten mit 2,7% S betrug das Maximum nach 7 Tagen etwa 10^5 Z/ml. Eine Abhängigkeit der Zellzahl vom Schwefelgehalt der Sedimente wurde auch bei den angeimpften Ansätzen beobachtet. Bei den Sedimenten mit 2,7% wurde nach 7 Tagen ein Maximum von 10^7 Z/ml erreicht.

Um den Einfluß des Schwefelgehaltes der Sedimente auf die Mobilisierung der Metalle zu ermitteln, wurden wöchentlich die Metallgehalte im Leachat bestimmt. Die Metallgehalte im Leachat, korrigiert durch die Blindwerte der Kulturlösung, wurden mit den Anfangs-Metallgehalten in den Sedimenten ins Verhältnis gesetzt. Das Verhältnis wird als Metallausbeute („Löslichkeit") definiert. Die kumulative Entwicklung der Metallausbeuten für Cd, Cr, Cu, Ni, Zn und die Summe dieser Metalle ist in Bild 2 dargestellt.

Im Einfluß des Schwefelgehaltes der Sedimente auf das Laugungsverhalten der Schwermetalle bestehen große Unterschiede. Besonders hoch ist der Einfluß des Schwefelgehaltes auf die Mobilisierung von Cadmium. Ohne Animpfen waren nach 28 Tagen Laugung bei 1,1% Schwefel 52% Cadmium, bei 2,7% Schwefel 96% Cadmium gelöst. Nach Animpfen wurde bereits bei 1,1% Schwefel das Cadmium fast vollständig gelöst.

Zink zeigt ein ähnlich gutes Löslichkeitsverhalten: ohne Animpfen betrugen die Metallausbeuten nach 28 Tagen 66% (1,1% S), 77% (1,7% S) bzw. 95% (2,7% S), nach Animpfen wurden generell Metallausbeuten >90% bestimmt.

Nickel ist generell gut löslich. Durch die Aufstockung des Schwefelgehaltes auf 2,7% erhöhte sich die Metallausbeute ohne Animpfen von 38% auf 70%.

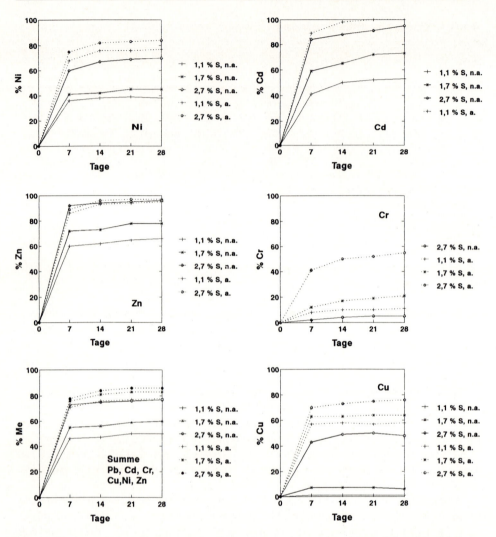

Bild 2. Mikrobielle Laugung anoxisch behandelter Sedimente. Metallausbeuten (%) = Me-Gehalt im Leachat (mg)/Me-Gehalt im Sediment zu Beginn (mg) × 100
Anfangs-pH 3, n. a. = nicht angeimpft, a. = angeimpft.

Die Löslichkeit von Kupfer wird durch den Schwefelgehalt der Sedimente ebenfalls stark beeinflußt. Ohne Animpfen betrug sie bei niedrigen Schwefelgehalten <10%, bei 2,7% Schwefelgehalt 48%. Nach Animpfen wurden wesentlich höhere differenzierte Löslichkeiten beobachtet, die Metallausbeuten erreichten 77%.

Chrom war ohne Animpfen auch bei hohen Schwefelgehalten wenig löslich. Nach Animpfen begann die Mobilisierung, die Löslichkeit des Chroms war stark vom Schwefelgehalt abhängig: 10% (1,1% S), 20% (1,7% S) bzw. 55% (2,7% S).

Für Blei betrug die Löslichkeit maximal 10% (1,7% S, angeimpft, 7 Tage), bei hohen Schwefelgehalten und langen Laugungszeiten nahm die Löslichkeit wieder ab.

Der Einfluß des Schwefelgehaltes auf die Löslichkeit für die Summe der 6 Schwermetalle ist deutlich sichtbar: ohne Animpfung betrugen die Metallausbeuten 50% (1,1% S), 60% (1,7% S) bzw. 75% (2,7% S), nach Animpfung erreichten die Metallausbeuten 90%.

Die Metallgehalte in den Sedimenten vor und nach 28 Tagen Laugung sind in Tabelle 3 angegeben. Die Ergebnisse bestätigen im wesentlichen die Aussagen aus den Leachaten.

Tabelle 3. Metallgehalte anoxisch behandelter Sedimente vor/nach 28 Tagen Laugung.

Serie		Pb	Cd	Cr	Cu	Ni	Zn	Me-Summe	Restgehalt %
				mg/kg TS					
Sediment mit 1,1% S (aus Serie A):									
	vor L.	278	27	559	327	223	3800	5214	
n.a.	nach L.	273	13	561	311	122	1199	2479	48
a.	nach L.	256	2	496	128	75	447	1404	27
Sediment mit 1,7% S (aus Serie B):									
	vor L.	254	24	509	299	211	3468	4765	
n.a.	nach L.	280	9	566	289	113	864	2121	45
a.	nach L.	263	2	456	110	73	425	1329	28
Sediment mit 2,7% S (aus Serien C, D):									
	vor L.	240	24	485	282	193	3254	4478	
n.a.	nach L.	274	3	539	160	75	482	1532	34
a.	nach L.	257	<1	320	87	57	374	1096	24

Anfangs-pH 3, n.a. = nicht angeimpft, a. = angeimpft

6 Diskussion

6.1 Einfluß der mikrobiellen Sulfatreduktion auf den Schwefelgehalt der Sedimente

Die im Sediment vorhandenen sulfatreduzierenden Bakterien reduzieren unter anoxischen Bedingungen die natürlich im Wasser gelösten Sulfate, ohne Zusatz einer externen C-Quelle in kurzer Zeit vollständig im Kontrollversuch, waren es etwa 0,5 g/l. Eine Auswirkung auf den Schwefelgehalt der Sedimente war unter den Laborversuchsbedingungen nicht feststellbar.

Bei hohen Sulfatkonzentrationen wird die Aktivität der Sulfatreduzierer durch das Angebot an verwertbaren organischen Substraten limitiert. Ohne Zusatz einer externen C-Quelle wurden von 25 g/l Sulfat etwa 3 g/l reduziert (Bild 1), der Schwefelgehalt der Sedimente wurde um den Faktor 1,4 aufgestockt (Tab. 1). Die im Sediment vorhandene organische Substanz ist nur zu einem geringen Anteil als C-Substrat für die SRB sofort nutzbar. Sie wird unter anaeroben Bedingungen nur langsam durch Gärungsprozesse zu verwertbaren Substraten abgebaut. Darauf weisen die niedrigen TOC-Werte während des Versuches (Serie B) hin: 80 mg/l nach 6 Wochen, 55 mg/l nach 23 Wochen.

Ein Teil der unter anaeroben Bedingungen biologisch weitgehend inerten organischen Verbindungen, z. B. Kohlenwasserstoffe, wird in Gegenwart von Sauerstoff mikrobiell oxidiert. Die Transformationsprodukte, z. B. organische Säuren, können in die Wasserphase ausgeschieden werden [18]. In welchem Umfang unter aeroben Bedingungen gebildete Stoffwechselprodukte bzw. daraus anerob gebildete Gärungsprodukte zur Sulfatreduktion beitragen, ist noch weitgehend ungeklärt [13].

Das anoxisch gebildete Sulfid wird überwiegend im Sediment fixiert. Eine Aufstockung des Schwefelgehaltes der Sedimente mit Sulfat konnte anhand eines Kontrollversuchs ausgeschlossen werden. Eine wichtige Rolle bei der Sulfidbindung spielen die Eisen-/Manganoxide und -hydroxide, deren Anteil im Sediment mit 7 bis 8% deutlich über dem Schwefelgehalt liegt. Unter anoxischen Bedingungen laufen im Sediment die biogenen Reduktionsvorgänge mit einer definierten Folge ab, die über die Eisen- und Manganreduktion zur Reduktion von Sulfat führt. Die durch Sulfatreduktion freiwerdenden Sulfidionen fällen die reduzierbaren Eisenanteile aus, Schwermetalle werden als Sulfide festgelegt [19].

Barnes et al. [14] haben bei Reaktorversuchen zum Budelco-Verfahren mit 3 g/l Sulfat unter angenäherten steady-state-Bedingungen nachgewiesen, daß pro Mol reduziertes Sulfat ein Mol Ethanol als C-Quelle konsumiert wird. Dieses Verhältnis war unabhängig von den Prozeßbedingungen. Unsere batch-Untersuchungen von ruhenden Sedimenten bestätigen dieses Ergebnis.

Von den 200 mmol (25 g/l) Sulfat in der Wasserphase wurde nach Zugabe von 100 mmol Acetat die Hälfte innerhalb von 8 Wochen reduziert. Danach war die Sulfatreduktion durch die Verfügbarkeit verwertbarer organischer Substrate begrenzt, die Kurve der Sulfatkonzentration verläuft parallel zur Sulfatreduktion ohne Zusatz von C-Substrat (Bild 1). Die TOC-Gehalte in der Flüssigphase sanken bei den Versuchen mit Acetatzusatz von etwa 1300 mg/l zu Beginn, 270 mg/l nach 6 Wochen auf 170 mg/l zu Versuchsende. Die Substrat-Limitation zeigt an, daß die Sulfatreduktion direkt mit dem Wachstum der Bakterien gekoppelt ist. Der hohe Bedarf an verwertbaren C-Substraten ist ein wesentlicher Zeit- und Kostenfaktor bei der technischen Anwendung von Prozessen mit SRB.

6.2 Einfluß des Schwefelgehaltes der Sedimente auf die Mobilisierung der Schwermetalle

Ob und in welchem Ausmaß das System Sediment/Wasser unter aeroben Bedingungen versauert und damit Schwermetalle in Lösung gehen, wird von der Kapazität säurebildender Oxidationsreaktionen sowie der Pufferreaktionen bestimmt [11]. H^+-Ionen werden insbesondere durch Oxidation von Eisen(II)- und reduzierten Schwefelverbindungen freigesetzt. H^+-Ionen werden konsumiert durch Reaktionen mit Carbonaten (Kalk), Oxiden (Fe, Mn) sowie mit organischen Substanzen. Entscheidend ist das Verhältnis der säureliefernden oxidierbaren Substanzen zum Gehalt an Puffersubstanzen im Sediment [20].

Aus dem Verlauf der Titrationskurven von Sedimentsuspensionen mit 1 N Salpetersäure zeigte sich, daß die Pufferkapazität der Sedimente der Weißen Elster im Raum Leipzig relativ gering ist, sie entspricht dem niedrigen Carbonatgehalt der Sedimente [21]. Die

Gehalte an anorganischem Kohlenstoff lagen im Bereich 0,017–0,054%. Die Schwefeläquivalente für die Bildung von H^+-Ionen, vollständige Oxidation des Schwefels zu Sulfat angenommen, liegen je nach Schwefelgehalt bei 720–1760 mval/kg. Hohe Schwefelgehalte in den Sedimenten führen durch ihr Säurebildungspotential zum schnelleren Absinken des pH-Wertes und zu niedrigeren End-pH-Werten ohne vorübergehenden pH-Wert-Anstieg. Zusätzlich erhöht sich die mikrobielle Aktivität. Beide Faktoren sind verantwortlich für die verbesserte Löslichkeit der Schwermetalle. Durch die mikrobielle Aufstockung des Schwefelgehaltes der Sedimente von 1,1% auf 2,7% erhöhten sich die Metallausbeuten der Schwermetalle nach 7 Tagen Leaching ohne Animpfung um etwa 50% (Bild 2).

Durch Animpfung der Sediment-Suspensionen mit Thiobacillus-Kulturen werden die Laugungszeiten wesentlich verkürzt und es werden höhere Metallausbeuten erreicht. Bei hohen Schwefelgehalten stellte sich der End-pH-Wert 2,5 ohne vorübergehenden pH-Wert-Anstieg sehr schnell ein. Zink, Cadmium und Nickel wurden nach wenigen Tagen weitgehend gelöst. Kupfer ist nach Animpfung gut löslich, ohne Animpfen hingegen nur bei hohen Schwefelgehalten. Dieses Ergebnis steht im Einklang mit der Beobachtung anderer Autoren [5, 7], daß Kupfersulfide erst nach mikrobieller Oxidation gut gelöst werden, hingegen bei reiner Säurebehandlung nur wenig löslich sind. Chrom wurde nur nach Animpfung in Verbindung mit hohen Schwefelgehalten, d. h. bei hoher mikrobieller Aktivität, mobilisiert. Bei Untersuchungen zur mikrobiellen Chromlaugung aus Abfällen der Lederindustrie wurde festgestellt, daß aus Cr^{3+} durch Oxidation gebildetes CrO_4^{2-} auf die Thiobacilli toxisch wirkt [22].

7 Schlußfolgerungen

Die vorgestellten Ergebnisse zeigen, daß der natürliche Schwefelgehalt der Sedimente ein wesentlicher Einflußfaktor für die Mobilisierung der Schwermetalle unter aeroben Bedingungen ist. Grad und Geschwindigkeit der Mobilisierung wird für eine Reihe von Schwermetallen vorrangig durch mikrobielle Aktivitäten bestimmt. Schwefelgehalte >2% führen zu einer starken Erhöhung der mikrobiellen Aktivität.

Eine Nutzung von Prozessen des Schwefelkreislaufes – mikrobielle Sulfatreduktion und Bioleaching – zur Reinigung von kontaminierten Sedimenten ist erfolgversprechend. Voraussetzung ist die Beschleunigung dieser natürlichen Prozesse, Möglichkeiten hierfür konnten gezeigt werden. Die erforderlichen technischen Maßnahmen bedürfen der Anpassung an die Besonderheiten des Sedimentes.

Literatur

[1] Schlegel, H. G.: Allgemeine Mikrobiologie, 7. Aufl. Thieme Verlag, Stuttgart 1992.
[2] Silverman, M. P. u. Ehrlich, H. L.: Microbial formation and degradation of minerals. Advances Appl. Microbiol. *6*, 153–206 (1964).
[3] Calmano, W.: Schwermetalle in kontaminierten Feststoffen. S. 185–199. Verlag TÜV Rheinland, Köln 1991.
[4] Müller, G. u. Riethmayer, S.: Chemische Entgiftung: das alternative Konzept zur problemlosen Entsorgung Schwermetall-belasteter Baggerschlämme. Chemiker Ztg. *106*, 289–292 (1982).

[5] Calmano, W. u. Ahlf, W.: Bakterielle Laugung von Schwermetallen aus Baggerschlamm – Optimierung des Verfahrens im Labormaßstab. Wasser u. Boden *1*, 30–32 (1988).
[6] Ondruschka, J., Seidel, H. u. Stottmeister, U.: Mobilization of heavy metals in contaminated river sediments. In: Contaminated Soil '93 (F. Arendt et al., Eds.), S. 1425–1427. Kluwer Academic Publishers 1993.
[7] Schönborn, W. u. Hartmann, H.: Entfernung von Schwermetallen aus Klärschlämmen durch bakterielle Laugung. GWF-Wasser/Abwasser *120*, 329–335 (1979).
[8] Doddema, H. u. Van der Steen, H.: Microbial leaching of heavy metals from contaminated soils and industrial solid wastes. Beiträge 9. Dechema Fachgespräch Umweltschutz, S. 469–470. Dechema-Verlag, Frankfurt/M. 1991.
[9] Grotenhuis, J. T. C., Rulkens, W. H., Lettinga, G., Tichy, R., Janssen, A. u. van Houten, R.: Applications of the sulphur cycle for bioremediation of soils polluted with heavy metals. 4th. Int. KfK/TNO Conf. on Contaminated Soil, Poster presentation, Berlin May 1993.
[10] Förstner, U., Kersten, M. u. Calmano, W.: Austausch von Schwermetallen an der Grenzfläche Wasser/Sediment in Gewässern und Baggergutdeponien. Acta hydrochim. hydrobiol. *15*, 221–242 (1987).
[11] Calmano, W., Hong, J. u. Förstner, U.: Einfluß von pH-Wert und Redoxpotential auf die Bindung und Mobilisierung von Schwermetallen in kontaminierten Sedimenten. Vom Wasser *78*, 245–257 (1992).
[12] Postgate, J. R.: The Sulphate-Reducing Bacteria. Cambridge University Press, London 1984.
[13] Cord-Ruwisch, R., Kleinitz, W. u. Widdel, F.: Sulfatreduzierende Bakterien in einem Erdölfeld – Arten und Wachstumsbedingungen. Erdöl, Erdgas, Kohle *102*, 281–289 (1986).
[14] Barnes, L. F.: Janssen, F. J., Scheeren, P. H. J., Versteegh, J. H. u. Koch, R. O.: Simultaneous microbial removal of sulphate and heavy metals from waste water. Trans. Inst. Min. Metall. (Sect. C: Mineral Process. Extr. Metall.) *101*, C193–C189 (1992).
[15] Lacey, D. T. u. Lawson, F.: Kinetics of the liquid-phase oxidation of acid ferrous sulfate by the bacterium *Thiobacillus ferrooxidans*. Biotechnol. Bioengin. *12*, 29–50 (1970).
[16] Glombitza, F., Iske, U., Bullmann, M. u. Ondruschka, J.: Biotechnology based opportunities for environmental protection in the uranium mining industry. Acta Biotechnol. *12*, 79–85 (1992).
[17] Silverman, M. P. u. Lundgren, D. G.: Studies on the chemoautotrophic iron bacterium *Ferrobacillus ferrooxidans*. I. An improved medium and a harvesting procedure for securing high cell yields. J. Bacteriol. *77*, 642–647 (1959).
[18] Kästner, M., Mahro, B. u. Wienberg, R.: Biologischer Schadstoffabbau in kontaminierten Böden. Hamburger Berichte, Bd. 5 (R. Stegmann, Hrsg.), Economica Verlag, Bonn 1993.
[19] Allin, J. T.: Heavy metals in the environment: sources and sinks. Bull. Can. Soc. Environ. Biol. *35*, 10–17 (1978).
[20] Förstner, U.: Bewertung sedimentbezogener Maßnahmen in Ästuar- und Küstengewässern der Bundesrepublik Deutschland. Wasser u. Boden *8*, 508–512 (1990).
[21] Stottmeister, U. u. Weißbrodt, E.: Gefährdungen der Gewässer im Raum Leipzig durch Abwasserlasten der braunkohlenberarbeitenden Industrie. Forschungsbericht zum Projekt ÖKOR, Förderkennzeichen 0339419F, Umweltforschungszentrum Leipzig 1993.
[22] Glombitza, F. u. Ondruschka, J.: Leaching of chromium from a disposal of the leather industry. In: Contaminated Soil '93 (F. Arendt et al., Eds.), S. 1547–1548. Kluwer Academic Publishers 1993.

Februar 1995

Richtlinien für die Autoren der Schriftenreihe VOM WASSER

Notice to Authors of VOM WASSER

1 Allgemeines

Zur Veröffentlichung in der Schriftenreihe VOM WASSER werden nur wissenschaftliche Originalbeiträge in deutscher oder englischer Sprache angenommen, die andernorts noch nicht veröffentlicht wurden. Die Manuskripte sind mit einer *Kopie* an den Obmann des Redaktionskollegiums zu senden, der die Manuskripteingänge bestätigt. Die Anschrift des Obmannes lautet:

> Prof. Dr. Klaus Haberer
> Nußbaumstraße 4
> D-65187 Wiesbaden
> Telefon 06 11/80 56 06

! Änderung ab 1. Mai 1994

Die *Manuskripte* sollen in einer für die Publikation geeigneten straffen Form abgefaßt sein. Zu ausführliche Einführungen oder historische Überblicke sind zu vermeiden. Auf bekannte Tatsachen ist nur kurz, z. B. durch Literaturzitate, hinzuweisen. Experimentelle Details sollen in besonderen Abschnitten „Experimentelles" oder „Arbeitsvorschrift" zusammengefaßt werden. Der Text ist durch Zwischenüberschriften sinnvoll zu gliedern. Empfohlen wird die Anwendung der DIN 1421, „Gliederung und Benummerung in Texten".

Tabellen und *Bilder* dienen der übersichtlichen Darstellung und sollen zur Texterklärung beitragen. Eine Mehrfachwiedergabe gleicher Sachverhalte durch Tabellen *und* Bilder muß unterbleiben.

Die Autorenrichtlinien sind unbedingt zu beachten. Sie werden ab sofort in jedem Band publiziert.

2 Terminierung

Redaktionskollegium und Verlag streben an, die beiden jährlich erscheinenden Bände im April bzw. November auszuliefern. Der Umfang der Bände ist begrenzt. Der Zeitpunkt des Eintreffens eines Manuskriptes beim Obmann und das Ausmaß der erforderlichen Bearbeitung ist maßgebend dafür, in welchem Band die Arbeit erscheinen wird. *Letzter Abgabetermin für die bearbeiteten Manuskripte beim Obmann des Redaktionskollegiums ist für den November-Band der 1. Juli, für den April-Band der 1. November.*

3 Äußere Form und Umfang des Manuskripts

Alle Manuskripte sollen auf Blättern im A4-Format einseitig mit doppeltem Zeilenabstand und je 60 Anschlägen pro Zeile geschrieben werden; linker Rand zum Heften 2 cm breit, rechter Rand zur redaktionellen Bearbeitung 6 cm breit. Die Manuskriptseiten sind fortlaufend zu numerieren.

Der *Umfang* des Manuskripts darf *30 Schreibmaschinenseiten* nicht überschreiten.

4 Titel des Beitrages

Der deutsche und – darunter der englische – Titel des Beitrages ist möglichst prägnant und kurz zu halten; bei Manuskripten in englischer Sprache ist die Reihenfolge umzukehren. Der englische Titel hat große Anfangsbuchstaben.

5 Name und Anschrift des Autors

Der Überschrift folgen: Ausgeschriebene Vor- und Zunamen der Autoren, ohne Titel. Ein hochgestelltes * hinter den Autorennamen verweist auf die unten auf der ersten Seite angeführten vollständigen Anschriften aller Autoren (Titel, abgekürzter Vorname und Name). Unter den Namen der Autoren kann ggf. eine Widmung folgen.

6 Schlagwörter

Etwa 5 bis 8 Schlagwörter sollen dem rasch Lesenden eine Einschätzung der Arbeit ermöglichen. Sie sollen aussagekräftig sein. (Nicht: Wasseranalyse, Gewässer, Trinkwasseraufbereitung u. ä.)

7 Zusammenfassung

Die dem Text vorangestellten „Summary" und „Zusammenfassung" (bei englischsprachlichen Arbeiten in umgekehrter Reihenfolge) berichten im Sinne einer Kurzinformation über Aufgabenstellung, Lösungsweg, wichtigste Ergebnisse, Nutzanwendung u. ä. Der Umfang beider, die grundsätzlich die gleiche Information vermitteln, darf zusammen 60 Schreibmaschinenzeilen, siehe Punkt 3, auf keinen Fall überschreiten.

8 Text

Bei der Abfassung des Manuskripts ist zu beachten:

8.1 Es gilt die allgemeine Rechtschreibung einschließlich Abkürzungen nach Duden; mit Bindestrichen sparsam umgehen.

8.2 Nicht allgemein bekannte *Abkürzungen* sind beim ersten Auftreten zu *erläutern*, z. B. RO (Reverse Osmosis). Mit Abkürzungen sparsam umgehen.

8.3 Für technisches und chemisches Vokabular – außer Element- und Verbindungsnamen – siehe Jansen/Mackensen: „Rechtschreibung der technischen und chemischen Fremdwörter" (VDI-Verlag).

8.4 Für die Schreibweise chemischer Elemente sowie die *Nomenklatur* und Schreibweise von Verbindungen sind maßgebend DIN 32 640 sowie „Internationale Regeln für die chemische Nomenklatur und Terminologie" (VCH Verlagsgesellschaft).

8.5 Bei der Angabe *physikalischer Größen* und *Einheiten* sind die gesetzlichen Vorschriften und die damit in Beziehung stehenden Normen und Publikationen zu beachten, insbesondere:

- DIN 1301, Teile 1 bis 3, „Einheiten"
- DIN 1304, Teil 1, „Allgemeine Formelzeichen"
- DIN 1310, „Zusammensetzung von Mischphasen"
- DIN 1313, „Physikalische Größen und Gleichungen"
- DIN 32625, „Stoffmenge und davon abgeleitete Größen"
- DIN 38402, Teil 1, „Angabe von Analysenergebnissen"
- Parameterliste für die Angabe von Ergebnissen bei der Wasser-, Abwasser- und Schlammuntersuchung, Vom Wasser 63 (1984)
- Hochmüller, K.: „Zur Angabe von Analysenergebnissen", Vom Wasser 63 (1984)

8.6 *Formeln und Gleichungen* sind deutlich zu schreiben und ggf. von Hand ins Manuskript einzusetzen. Strukturformeln auf gesondertem Blatt ausführen. Alle verwendeten Formelzeichen und ggf. deren Einheiten unbedingt erläutern! Besonders wichtige oder mehrfach erwähnte Gleichungen sind am rechten Rand durch arabische Zahlen in runden Klammern fortlaufend zu numerieren und ggf. auf sie im weiteren Text mit Gl. (X) hinzuweisen.

Ziffer 1 und Buchstabe ℓ müssen ebenso wie Buchstabe O und Ziffer 0 leicht zu unterscheiden sein. Bei Indizes sind Groß- oder Kleinbuchstaben deutlich kenntlich zu machen. Bei Verwendung einzelner Zeichen aus Spezialschriften ist dies durch Hinweise am Rand zu verdeutlichen, z. B. ((alpha)).

8.7 Eine *Berechnungsmethode* ist so vollständig darzustellen, daß man sie nachrechnen kann.

8.8 Hinweise für den Setzer sollen mit normalem Schreibgerät (ausgenommen Bleistift), keinesfalls aber farbig gegeben werden. Die Anmerkungen sind in doppelte Klammern zu setzen, z. B. ((alpha)).

8.9 Hervorhebungen, z. B. einzelner Wörter, sind durch untergezogene Wellenlinien für den *Kursivsatz* zu kennzeichnen (bitte sparsam verwenden).
Autorennamen und Namen von Organismen werden im Text kursiv geschrieben.

9 Bilder (nicht: Abbildungen!)

Vgl. hierzu Merkblatt, *Anhang 1*: Formale Anforderungen an Bilder.
Ihre Zahl ist auf das notwendige Maß zu beschränken. Alle Bilder sind *einfarbig* darzustellen und fortlaufend zu numerieren. Auf jedes Bild ist im Text hinzuweisen. Die Bilder nicht in den Text einkleben, sondern mit Autorennamen und Bildnummer versehen dem Manuskript separat beilegen.

Durch *Farbpfeile* mit der Nummer ist am Rand des Manuskriptes auf den Bildhinweis aufmerksam zu machen. Zu jedem Bild gehört eine Bildunterschrift. Unterschriften ggf. mit Legenden sind auf einem *separaten* Blatt zusammenzustellen.

In *Diagrammen* die Achsen mit Größen und Einheiten *parallel* zur Abszisse und möglichst auch zur Ordinate kennzeichnen. Wichtig: Die *Einheit* steht *nicht in Klammern*. Richtig ist z. B.: DOC, mg/l oder DOC in mg/l.

10 Tabellen

Tabellen sind fortlaufend zu numerieren. Im Text ist auf jede Tabelle mit ihrer Nummer hinzuweisen. Kleinere Tabellen können direkt in den Text eingearbeitet, größere sollen auf einem gesonderten Blatt aufgeführt werden. Zu jeder Tabelle gehört eine *Überschrift*. Für alle in der Tabelle enthaltenen Größen deren Einheit – üblicherweise im Kopf der Tabelle – anführen; Symbole ggf. erläutern.

11 Schlußbetrachtung

Falls es für erforderlich gehalten wird, die Ergebnisse der Arbeit abschließend zu diskutieren oder auch mit einem Ausblick zu verbinden, kann dies in einer Schlußbetrachtung geschehen. Sie soll sich jedoch von der *Zusammenfassung* deutlich unterscheiden.

12 Literatur

Hinweise sind durch auf Zeile gestellte Zahlen in eckigen Klammern ([.]) oder auch in Schrägstrichen (/./), in aufsteigender Reihenfolge in den laufenden Text einzufügen. Bei mehreren Hinweisen zu einer Textstelle z. B. die Schreibweise /1, 2, 3/ verwenden.
Das Verzeichnis der Literatur ist am Ende des Beitrages unter der Überschrift Literatur anzufügen. Die Titel der Zeitschriften sind nach „International Serials Catalogue" oder „Chemical Abstracts Service Cource Index" abzukürzen, Auswahl siehe *Anhang 2*. Bitte auf *Eindeutigkeit* achten, z. B. Angabe der Heftnummer, wenn Seitennumerierung mit jedem Heft neu beginnt.

Beispiel für Zeitschriftenzitat:

[1] Halme, E.: Kanzerogene Wirkung von zinkhaltigem Trinkwasser. Städtehygiene *20*, 174–175 (1969). (Kursivsatz für die Band-Nr.!)

Beispiel für Buchzitat:

[3] Fieser, L. F. u. Fieser, M.: Organische Chemie, 2. Aufl., S. 357. Verlag Chemie, Weinheim 1968. (Erscheinungsjahr ohne Klammer!)

Bei zwei Autoren „u." zwischen die Namen setzen, bei mehreren mit Komma trennen und vor dem letzten Namen „u." setzen. Bei mehr als drei Autoren nur den Ersten nennen und „u.a." anfügen; „u." und „u.a." auch bei fremdsprachigen Zitaten benutzen, jedoch den Titel der Arbeit nicht übersetzen.
In fremdsprachigen Literaturzitaten werden sowohl die Buchtitel als auch die Titel von fremdsprachigen Zeitschriftenbeiträgen klein geschrieben.

13 Fußnoten

Erläuterungen zum Text (z.B. Hinweise auf Herstellerfirma) sind als Fußnoten, z.B. [1)] fortlaufend zu numerieren und jeweils auf der Manuskriptseite anzubringen, zu der die Erläuterung gehört.

14 Korrekturen

Korrekturen in Manuskript, Fahne und Umbruch sind nach Duden bzw. nach DIN 16511 als Randkorrekturen mit Korrekturzeichen vorzunehmen. In der Fahne, ganz besonders aber im Umbruch, sollten sich Korrekturen *nur noch auf Druckfehler* beschränken.

Fahne und Umbruch sollen innerhalb von *höchstens* zwei Wochen nach Erhalt korrigiert an den Bearbeiter weitergeleitet werden.

15 Freiexemplare und Sonderdrucke

Je Beitrag versendet der Verlag ein Freiexemplar und 30 Sonderdrucke der Arbeit an den federführenden Autor. Zusätzliche Sonderdrucke können beim Verlag zu dessen Konditionen bestellt werden. Den Fahnen liegen Bestellformular und Preisliste bei.

16 Manuskript-Begleitblatt

Dem Manuskript ist in **doppelter Ausführung separat** ein *A4-Begleitblatt* nach folgendem Muster beizufügen. Es begleitet den Beitrag in jeder Bearbeitungsphase.

Manuskript-Begleitblatt

- Titel des Aufsatzes
- Autor(en)
- Korrespondenzadresse einschließlich Telefon- und ggf. Fax-Nr. und Bankverbindung
- Adresse eines Vertreters für den Fall der Nichterreichbarkeit des Korrespondenzautors
- Jahr und Nr. der Vortrags oder Posters auf der Jahrestagung der FW
- Seitenanzahl des Manuskriptes
- Anzahl der Bilder
- Anzahl der Tabellen
- Rücksendungen von Bildoriginalen erwünscht?

- Postalische Bewegungen:
  (Hier soll mindestens das untere Drittel des Blattes als Raumreserve freigehalten werden)

17 Überprüfung des Manuskripts

Es wird dringend empfohlen, das Manuskript vor der Abgabe nochmals zu überprüfen, um Verzögerungen in der Bearbeitung zu vermeiden.

Bei Manuskripten (1 1/2- bis 2zeilig, 60 Anschläge je Zeile, rechter Korrekturrand 6 cm) ist unbedingt folgende Reihenfolge zu beachten:

- Deutscher Titel*
- Englischer Titel mit großen Anfangsbuchstaben*
- Vor- und Zuname der Autoren ausgeschrieben mit Verweis auf die Fußnote
- Als Fußnote Anschriften der Autoren mit akademischen Titeln, Initialen der Vornamen, Zuname, Anschrift, Stadt mit PLZ und Länderkennzeichen (bei deutschen Orten D vorgesetzt)
- Schlagwörter (etwa 5 bis maximal 8)
- Summary in englisch (maximal 30 Zeilen)*
- Zusammenfassung (maximal 30 Zeilen)*
- Text gut gegliedert mit Dezimalklassifikation (nach der letzten Ziffer kommt *kein* Punkt); Überschriften und Zwischenüberschriften keinesfalls versal (in Großbuchstaben) schreiben oder unterstreichen; Literaturhinweise im Text und beim Verzeichnis sind in eckige Klammern [.] oder Schrägstriche /./ einzufassen.
- Literaturverzeichnis
  Die Überschrift „Literatur" erhält keine Vorziffer.
  Zitierhinweise beachten: Name der Autoren mit nachgestellten Initialen, Titel der Arbeit (bei englischen Zitaten in Zeitschriften kleine, Buchzitate große Buchstaben am Wortanfang). Zeitschriften abgekürztes (Abkürzungen s. Anhang), Jahrgang kursiv oder unterstrichen, Seitenzahlen, (ohne S.) Erscheinungsjahr.
  Bei Büchern Seitenzahlen mit S., Erscheinungsort und Jahr (ohne Klammern).
- Tabellen mit Überschriften, möglichst auf getrennten Blättern.
- Verzeichnis der Bilder, die im Text erwähnt sein müssen (am Manuskriptrand ist anzumerken, wo etwa die Bilder eingefügt werden sollen).
- Bilder (*nicht* Abbildungen) mit ausreichend großer Achsenbeschriftung. Einheiten *nicht* in eckige Klammern, sondern durch Komma oder das Wort „in" von der Achsenbezeichnung abtrennen (also z.B. „Konzentration c, mmol/l" oder „Konzentration c in mmol/l. Jedes Bild mit den Autorennamen und der Bildnummer am Rande versehen, da die Bilder zum Klischieren vom Manuskript getrennt werden.
- Das Manuskript *und* das Manuskriptbegleitblatt jeweils in *doppelter* Ausfertigung.

* Bei Aufsätzen in englischer Sprache gilt eine andere Reihenfolge: Englischer Titel – deutscher Titel – Autorennamen mit Sterne als Verweis auf Fußnote – Keywords (in englisch), – deutsche „Zusammenfassung", – englische „Summary" – Text usw.

Anhang 1: Formale Anforderungen an Bilder

Um ein sowohl in technischer als auch in formaler Hinsicht einwandfreies Reproduktionsergebnis zu erhalten, sind folgende Prämissen zu beachten:

Die *Größe der Beschriftung* ist so zu wählen, daß die Buchstabenhöhe von Versalien nach dem Verkleinern die zum Druck und nach DIN erforderliche Größe von 1,5 bis 2 mm hat. Beispiel: Bei einem Maßstab von 50% müssen die Versalien der kleinsten verwendeten Schrift mindestens 3, die der größten mindestens 4 mm groß sein. Strichzeichnungen sind als Zeichnungsoriginale oder als Laser-, nicht als Nadeldrucke oder als Kopien zu liefern; dies würde die Qualität der gedruckten Bilder erheblich mindern. Die Striche müssen tiefschwarz sein. Bitte achten Sie bei Vorlagen mit großem Reproduktionsmaßstab darauf, daß nach der Verkleinerung eine einwandfreie Trennung der einzelnen Elemente gewährleistet ist.

Zur Reduzierung der hohen Fixkosten sollen die Bilder so geliefert werden, daß sie als Tableau aufgenommen, also mit einheitlichem Maßstab reproduziert werden können.

Fotos (z. B. von Apparaturen) bitte als Hochglanzabzüge liefern, möglichst einfarbig.

Fotos sind auf der Rückseite, alle anderen Bilder auf der Vorderseite am Rand mit Bleistift zu beschriften mit Bildnummer, Name des Autors, Kurztitel.

Der Verlag (Herr Maier, telefonisch zu erreichen unter der Nr. 0 62 01/6 06-2 64) berät Sie gerne.

Anhang 2: Abkürzungen der im Wasserfach gängigen Zeitschriften und Serien

Appendix: Abbreviations of Journals according to "International Serials Catalogue"

Abwassertechnik	Abwassertechnik
Acta Hydrobiologica	Acta Hydrobiol.
Agua	Agua
Allgemeine Fischerei-Zeitung	Allg. Fisch. Ztg.
American Journal of Public Health	Am. J. Public Health
Analyst (London)	Analyst (London)
Analytical Chemistry	Anal. Chem.
Angewandte Chemie	Angew. Chem.
Aqua	Aqua
Archiv für Hydrobiologie	Arch. Hydrobiol.
Atomwirtschaft, Atomtechnik	Atomwirtsch. Atomtechn.
Berichte der Dortmunder Stadtwerke AG	Ber. Dortmund Stadtwerke AG
Berichte der Abwassertechnischen Vereinigung	Ber. Abwassertech. Ver.
Binnengewässer	Binnengewässer
Biotechnology and Bioengineering	Biotechnol. Bioeng.
Bundesgesundheitsblatt	Bundesgesundheitsblatt
Chemical Abstracts	Chem. Abstr.
Chemical Engineering New York	Chem. Eng. (N.Y.)

Chemie-Ingenieur-Technik	Chem.-Ing.-Tech.
Chemie für Labor und Betrieb	Chem. Labor. Betr.
Chemie-Technik (Heidelberg)	Chem.-Tech. (Heidelberg)
Deutsche Fischerei Zeitung	Dtsch. Fisch. Ztg.
Deutsche Gewässer-Kundliche Mitteilungen	Dtsch. Gewässer-Kd. Mitt.
DIN Mitteilungen	DIN Mitt.
Environmental Research	Environ. Res.
Environmental Science and Technology	Environ. Sci. Technol.
Fette, Seifen, Anstrichmittel	Fette, Seifen, Anstrichm.
Fischereiforschung	Fischereiforschung
Fischwirt	Fischwirt
Fresenius' Zeitschrift für Analytische Chemie	Fresenius Z. Anal. Chem.
Fortschritte der Wasserchemie und ihrer Grenzgebiete	Fortschr. Wasserchem. ihrer Grenzgeb.
Forum Umwelthygiene	Forum Umw. Hyg.
Gas- und Wasserfach, Wasser-Abwasser	Gas-Wasserfach, Wasser-Abwasser
Gas, Wasser, Abwasser	Gas, Wasser, Abwasser
Gesundheits-Ingenieur	Gesund.-Ing.
Gesundheitstechnik	Gesundheitstechnik
Hydrobiologia	Hydrobiologia
Industrial Wastes (Chicago)	Ind. Wastes (Chicago)
Industrial Water Engineering	Ind. Water Eng.
Industrieabwässer	Industrieabwässer
Informationsblatt, Föderation Europäischer Gewässerschutz	Informationsbl., Foed. Eur. Gewässerschutz
International Water Supply Association Congress	Int. Water Supply Assoc. Congr.
Journal of Chromatographie Science	J. Chromatogr. Sci.
Journal of Chromatographie	J. Chromatogr.
Journal of the American Water Works Association	J. Am. Water Works Assoc.
Journal of the Water Pollution Control Federation	J. Water Pollut. Control Fed.
Korrespondenz Abwasser	Korr. Abw.
Mitteilungen der Vereinigung der Großkesselbetreiber	Mitt. Ver. Großkesselbetr.
Münchener Beiträge zur Abwasser-, Fischerei- und Flußbiologie	Muenchener Beitr. Abwasser-, Fisch-, Flußbiol.
Oesterreichische Abwasser-Rundschau	Oesterr. Abwasser-Rundsch.
Oesterreichische Wasserwirtschaft	Oesterr. Wasserwirtsch.
Schweizerische Zeitschrift für Hydrologie	Schweiz. Z. Hydrol.
Tenside	Tenside
Vom Wasser	Vom Wasser
Wasser, Luft und Betrieb	Wasser, Luft, Betr.
Wasser und Boden	Wasser, Boden
Wasserwirtschaft	Wasserwirtschaft
Wasserwirtschaft-Wassertechnik	Wasserwirtsch.-Wassertechn.
Water	Water
Water, Air and Soil Pollution	Water, Air, Soil Pollut.
Water and Wasters Engineering	Water Wastes Eng.
Water and Waste Treatment	Water Waste Treat.
Water and Water Engineering	Water Water Eng.

Anhang 2: Abkürzungen der im Wasserfach gängigen Zeitschriften und Serien 439

Water, Bodem, Lucht	Water, Bodem, Lucht
Water Pollution Abstracts	Water Pollut. Abstr.
Water Pollution Control	Water Pollut. Control
Water Pollution Control Research Series	Water Pollut. Control Res. Ser.
Water Pollution Research	Water Pollut. Res.
Water Research	Water Res.
Water & Sewage Works	Water Sew. Works
Water Treatment and Examination	Water Treat. Exam.
Werkstoffe und Korrosion	Werkst. Korros.
WHO Pesticide Residues Series	WHO Pestic. Residues Ser.
Wiener Mitteilungen: Wasser – Abwasser – Gewässer	Wien. Mitt.
Zeitschrift für Anorganische und Allgemeine Chemie	Z. Anorg. Allg. Chem.
Zeitschrift für die Gesamte Hygiene und ihre Grenzgebiete	Z. Gesamte Hyg. ihre Grenzgeb.
Zeitschrift für Wasser und Abwasser Forschung	Z. Wasser Abwasser Forsch.

Falls hier nicht aufgeführte Zeitschriften-Kurzbezeichnungen bei Literaturangaben benötigt werden, kann man versuchen, diese sinngemäß zu bilden, wobei folgende Abkürzungen anzuwenden sind:

Abstracts	Abstr.	Journal	J.
Acta	Acta	Marine	Mar.
Advances	Adv.	Mitteilungen	Mitt.
American	Am.	Proceedings	Proc.
Angewandte	Ang.	Progress	Prog.
Annalen	Ann.	Research	Res.
Archiv	Arch.	Report	Rep.
Association	Assoc.	Review	Rev.
Beitraege	Beitr.	Revue	Rev.
Bulletin	Bull.	Schriftenreihe	Schriftenr.
Deutsche	Dtsch.	Science	Sci.
Environment	Environ.	Technical	Tech.
Fortschritte	Fortschr.	United States	U. S.
Institut	Inst.	Universität	Univ.
International	Int.	Zeitschrift	Z.
Jahrbuch	Jahrb.		

Register

Abbau-Kinetik 47
Abbauprodukte
~ Triazinoxidation 291
Abwasser, industrielles
– Entfernung von Farbstoffen 264 ff
– Entfernung von Schwermetallen 267, 268
Abwasseranalytik 61
Acenaphthen 107, 112
Adsorberpolymere
– Adsorption von leichtflüchtigen Chlorkohlenwasserstoffen 35
Adsorbierbare, organische Halogenverbindungen (AOX)
– Bestimmung 339
– Ringversuch 339
Adsorption
~ an Aktivkohle 237 ff
– PBSM an Böden 391
Adsorptionsanalyse 242 f
Adsorptionsgleichgewicht 197
Aktivkohle
~ Korngröße 197 ff
– Adsorption 197 ff
– Durchbruch 202
Alkylierungsmittel für acide Verbindungen 155
Amidoximcopolymere 119
Analyse
~ GC/MS 234
Analytische Qualitätssicherung
– Ringversuche 347
Anthracen 107, 112
Antimon(V)-Entfernung
– Eisen(III)-Fällung 325
– Hydroxidfällung 325
Ataxonomische Phytoplanktonstruktur 379
Atrazin
– Abbau 47
– Oxidation von 287 ff

bakterielle Laugung von Schwermetallen 420
Benzo(k)fluoranthen 107, 112
Bergbauwässer 117 ff
Bioaktivität von Bromoxynil
– Bestimmung 89
Biologischer Abbau
~ Kinetik 108 ff
– PBSM in Böden 391
Biomasse-Erfassung 379

Biotests DIN 38412 Teil L   408
Bromoxynil
- Anaerober Abbau   89
- Bioaktivität   89
- Mikrobieller Abbau   89
- pK-Wert   89
- Stabilität   89
BTXE-Ringversuch   347
Bursol-Homologe-Analytik   347

Chelationenaustauscher   163
Chlorkohlenwasserstoffe
- leichtflüchtige   35
- Adsorption   35
Chlorkohlenwasserstoffemission
Chlorphenole
- Verhalten im Untergrund   69
Chlorphenoxyalkancarbonsäuren
- GC/MS-Bestimmung   155
Chlorung
- Bildung von Desinfektionsnebenprodukten   302
- Einfluß der Vorozonung   302
Closed-Loop-Stripping Analysen   357
Computersimulation
~ PBSM-Transport   391
Cucurbituril
- Komplexbildner für org. Farbstoffe   264
- Struktur   264

Desinfektionsnebenprodukte
- Bildung   306
Dibenzofurane   131
1,2-Dichlorethan-Ringversuchsergebnisse   347
DIN-EN-Entwurf 1622
- Geruch und Geschmack von Trinkwässern   D3
Dioxin-Bilanzierung im Klärschlamm   131
Dodecan   107, 109
DTPA-Analyse   61
Durchbruch
~ Ionenaustauscherfilter   168 f
Durchbruchskuren   246 f
~ Modellierung   169 ff
Durchflußcytometrie zur ataxonomischen Charakterisierung von Phytoplankton   379

EDTA-Analyse   61
Elution von Schwermetallen
   mittels Komplexbildnern   257

Embryotest mit dem Zebrabärbling 407
Emulgator 106 f
Enzymatische Aktivitätstests 143
Esterasen 147
Extraktion 231
Extraktseparation 233

Fällung 121 ff
Farbstoffe, organische
– Entfernung aus Abwasser durch Komplexierung 264 ff
Festphasenextraktion
– Geruchsstoffe 357
Fluoresceinisothiocyanat 380
Freundlichisotherme 237

Ganzzahliger Verdünnungsfaktor G 408
Geruchsnoten in Wasser 357
Geruchsschwellenkonzentrationen 357
Geruchsstoffe in Wasser 357
ß-Glucosidasen-Aktivitäten 146
Grundwasservermischung 313
Grundwasserversauerung 313

Haloformbildung 301
Halogenierte Säuren
– Analytik 303
Herbizide 271 ff
HPLC-Abwasseranalytik 61
Huminsäuren
– Redoxkapazität 229
Hydroxansäure 119 f

IAS-Theorie
∼ zur Adsorption 237

Mobilisierung von Schwermetallen 419

Isothermen
∼ Aktivkohle 199 f
– nach Freundlich 199 ff

Jod
– als Oxidationsmitel für Huminsäuren 233

Kaliumferricyanide
– Oxidationsmittel für Huminsäuren 232
Klärschlamm 227 ff

Kohlenwasserstoffe
~ polyaromatische   229 ff
– Extraktion von Ackerböden   218 f
Kommunale Kläranlagen
– Vergleichsuntersuchungen   131
Komplexierung von Schwermetallen
– zwecks Elution   257

Leichtflüchtige Chlorkohlenwasserstoffe
– Adsorption   35
Leuchtbakterientest
~ bei Triazinoxidation   290
LHKW-Ringversuch   347

Massenspektrometrie
~ Metabolitanalytik   289
Mineralöle
– Identitätsnachweis bei Schadensfällen   207 ff
– IR-Spektren   210, 211
– Fluoreszenzspektren   212, 213

Naphthalin-1,5-disulfonsäure   370
Nickel
~ Entfernung   163 ff
NTA-Analyse   61

Oberschlesien   227 ff
Öl/Wasser-Emulsion   107
Ozon/UV-Kombination   289
Ozonung
~ von Triazinen   288

PAK   227 ff
Peptidasen   146
Pflanzenbehandlungs- und Schädlingsbekämpfungsmittel (PBSM)   391
Phenol
– Verhalten im Untergrund   69
Phosphoranalytik
– Klärwerksanalytik   80
– on-line-Messung   81
Phosphorelimination
– bei Abwasserbehandlung   80
Phosphorsäuren
– im kommunalen Abwasser   82
Phosphorverbindungen
– im kommunalen Abwasser   80, 81
– Phosphorsäuren   82
– Differenzierung   83
– im Belebtschlamm   84

Photochemische Einwirkung
- auf Mineralöle 211 ff
- auf Teeröle 213 ff
Pigment-Eigenfluoreszenz 379
Polyampholyte 120
Polyaromatische Kohlenwasserstoffe 106
Polychlorierte Dibenzo-p-dioxine
- Analytik 131
Prüfung und Bewertung der Toxizität von Abwasserproben 407

Quantenausbeuten 273 f, 47
Quecksilber
~ Niederdruckstrahler 276 ff

Rauchgaswaschwässer von Müllverbrennungsanlagen
- Antimon(V)entfernung 325
- Schwermetallentferung 332
Recycling
~ von Fällmittel 127 f
- von Schwermetallen in Feststoffen 251 ff
Redoxreaktionen
- mit Huminsäure und Kaliumferricyanide 229
- Abhängigkeit vom pH-Wert 233
Regenwasseranalytik 181

Saurer Regen 313
Schwefelgehalt von Sedimenten 419
Schwermetalle
- Entfernung aus Abwasser durch Komplexierung 267, 268
- Entfernung aus Feststoffen 251
- Entfernung in der Trinkwasseraufbereitung 163
Sekundäre Luftschadstoffe 181
Selektivität
~ chelatbildende Ionenaustauscher 165
Sickerwasserzone 391
Simazin
~ Oxidation von 287 ff
Speziation von Spurenelementen 1
Spurenelemente
- Bestimmung 1
- Speziation 1
Stoffgemische
~ Aktivkohleadsorption 241
Sulfatreduzierende Bakterien 421
Sulfoniumsalze
- Synthese 156
Sulfonsäuren 369
- biologischer Abbau 377
- Aktivkohleisothermen 372

Teeröl
– IR-Spektren 214, 215, 216, 217, 218
Testfilter
~ nach Sontheimer 374
Thiobacillus-Kulturen 420
Tracer-Modell
~ Aktivkohleadsorption 239
Transport
~ PBSM in ungesättigter Zone 391
Transportmodelle
~ für PBSM 391
Triazine 287 ff
– Abbau 47
– Metabolite des UV-Abbaus 280
– Photoabbau 271 ff
Triazinherbizid-Abbau 287
Trichloressigsäure
– Analytik 181
– Decarboxylierung 181
– Regenwasserkonzentration 181
Trihalogenmethan (THM)
– Bildungspotential 301
– Bestimmung 303
Trinkwasseraufbereitung
~ mit Chelataustauscher 176 f
Trinkwasserbehandlung 47
Trinkwassergängigkeit 369
Trinkwasserstollen im Taunus 313

Uferfiltration 69
Untergrundpassage
– Phenol und Chlorphenole 69
Uranabtrennung 121 ff
Uranin-Einsatz 148
UV-Abbau 47
UV-Bestrahlung 271
UV/Ozon-Oxidationsverfahren 47

Vorozonung von Uferfiltrat 301

Waldschadenverursachung 181
Wasserstoffperoxid
~ UV-Bestrahlung 277 f
Wasserwerksgängigkeit 369
Wiederverkeimungspotential 301
– Bestimmung 302

Vorabdruck neuer „Deutscher Einheitsverfahren zur Wasser-, Abwasser- und Schlammuntersuchung"

Prepublication of New Standard Methods for the Examination of Water, Waste Water and Sludge

DEUTSCHE NORM *Entwurf* Februar 1995

Geruch und Geschmack von Trinkwässern

Wasseranalytik
Quantitatives Verfahren
Verfahren zur Bestimmung der Geruchs- und Geschmacksschwellenwerte
(TON und TFN)
Deutsche Fassung prEN 1622 : 1984

DIN
EN 1622

Einsprüche bis 31. Mrz 1995

ICS 13.060.20

Water analysis – Odour and flavour in waters – Quantitative method;
Method for the determination of threshold odour and flavour numbers;
German version prEN 1622 : 1994

Qualité de l'eau – Odeur et flaveur dans les eaux – Méthode quantitative;
Méthode pour la détermination du seuil d'odeur et du seuil de flaveur (TON et TFN); Version allemande prEN 1622 : 1994

Anwendungswarnvermerk

Dieser Norm-Entwurf wird der Öffentlichkeit zur Prüfung und Stellungnahme vorgelegt.

Weil die beabsichtigte Norm von der vorliegenden Fassung abweichen kann, ist die Anwendung dieses Entwurfes besonders zu vereinbaren.

Stellungnahmen werden erbeten an den Normenausschuß Wasserwesen (NAW) im DIN Deutsches Institut für Normung e. V., Burggrafenstraße 6, 10787 Berlin; Postanschrift 10772 Berlin.

Nationales Vorwort

Der hiermit der Öffentlichkeit zur Stellungnahme vorgelegte Europäische Norm-Entwurf ist die Deutsche Fassung des vom Technischen Komitee TC 230 "Wasseranalytik" (Sekretariat DIN) des Europäischen Komitees für Normung (CEN) ausgearbeiteten Entwurfes prEN 1622, der nach einem positiven Abstimmungsergebnis innerhalb der CEN-Mitglieder als Europäische Norm EN 1622 in deutsch, englisch und französisch herausgegeben wird.

Die nationalen Normenorganisationen sind verpflichtet, diese EN dann vollständig und unverändert in ihr nationales Normenwerk zu übernehmen.

Die vorbereitenden Arbeiten wurden von der Arbeitsgruppe "Physikalische und chemische Verfahren" (WG 1) des CEN/TC 230 durchgeführt, deren Federführung beim DIN lag. Für Deutschland war der Arbeitsausschuß NAW I W1 "Deutsche Einheitsverfahren zur Wasser-, Abwasser- und Schlammuntersuchung" an der Bearbeitung beteiligt.

Die als DIN-Normen veröffentlichten Einheitsverfahren sind beim Beuth Verlag einzeln oder zusammengefaßt erhältlich. Außerdem werden die genormten Einheitsverfahren in der Loseblatt-Sammlung "Deutsche Einheitsverfahren zur Wasser-, Abwasser- und Schlammuntersuchung" der VCH Verlagsgesellschaft Weinheim, publiziert. Die für das Wasserhaushaltsgesetz (WHG) relevanten Einheitsverfahren sind zusammen mit dem WHG und allen bisher erschienenen Abwasserverwaltungsvorschriften als DIN-Taschenbuch (DIN-TAB 230) herausgegeben worden.

Fortsetzung Seite 2
und 18 Seiten prEN

Normenausschuß Wasserwesen (NAW) im DIN Deutsches Institut für Normung e.V.

Seite 2
E DIN EN 1622 : 1995-02

Normen oder Norm-Entwürfe mit dem Gruppentitel "Deutsche Einheitsverfahren zur Wasser-, Abwasser- und Schlammuntersuchung" sind in folgende Gebiete (Haupttitel) aufgeteilt:

Allgemeine Angaben (Gruppe A)	(DIN 38 402)
Physikalische und physikalisch-chemische Kenngrößen (Gruppe C)	(DIN 38 404)
Anionen (Gruppe D)	(DIN 38 405)
Kationen (Gruppe E)	(DIN 38 406)
Gemeinsam erfaßbare Stoffgruppen (Gruppe F)	(DIN 38 407)
Gasförmige Bestandteile (Gruppe G)	(DIN 38 408)
Summarische Wirkungs- und Stoffkenngrößen (Gruppe H)	(DIN 38 409)
Biologisch-ökologische Gewässeruntersuchung (Gruppe M)	(DIN 38 410)
Mikrobiologische Verfahren (Gruppe K)	(DIN 38 411)
Testverfahren mit Wasserorganismen (Gruppe L)	(DIN 38 412)
Einzelkomponenten (Gruppe P)	(DIN 38 413)
Schlamm und Sedimente (Gruppe S)	(DIN 38 414)
Suborganismische Testverfahren (Gruppe T)	(DIN 38 415).

Über die bisher erschienenen Teile dieser Normen gibt die Geschäftsstelle des Normenausschusses Wasserwesen (NAW) im DIN Deutsches Institut für Normung e. V., Telefon (030) 26 01 - 24 23, oder der Beuth Verlag GmbH, Burggrafenstraße 6, 10787 Berlin; Postanschrift 10772 Berlin, Auskunft.

EUROPÄISCHE NORM
EUROPEAN STANDARD
NORME EUROPÉENNE

ENTWURF
prEN 1622

September 1994

DK
Deskriptoren:

Deutsche Fassung
Wasseranalytik
Geruch und Geschmack von Trinkwässern
Quantitatives Verfahren
Verfahren zur Bestimmung der Geruchs- und Geschmacksschwellenwerte (TON und TFN)

Water analysis – Odour and flavour in waters – Quantitative method – Method for the determination of threshold odour and flavour numbers (TON and TFN)

Analyse de l'eau – Odeur et flaveur dans les eaux – Méthode quantitative – Méthode pour la détermination du seuil d'odeur et du seuil de flaveur (TON et TFN)

Dieser Europäische Norm-Entwurf wird den CEN-Mitgliedern zur CEN-Umfrage vorgelegt.

Er wurde vom CEN/TC 230 erstellt.

Wenn aus diesem Norm-Entwurf eine Europäische Norm wird, sind die CEN-Mitglieder gehalten, die CEN/CENELEC-Geschäftsordnung zu erfüllen, in der die Bedingungen festgelegt sind, unter denen dieser Europäischen Norm ohne jede Änderung der Status einer nationalen Norm zu geben ist.

Dieser Europäische Norm-Entwurf wurde von CEN in drei offiziellen Fassungen (Deutsch, Englisch, Französisch) erstellt. Eine Fassung in einer anderen Sprache, die von einem CEN-Mitglied in eigener Verantwortung durch Übersetzung in seine Landessprache gemacht und dem Zentralsekretariat mitgeteilt worden ist, hat den gleichen Status wie die offiziellen Fassungen.

CEN-Mitglieder sind die nationalen Normungsinstitute von Belgien, Dänemark, Deutschland, Finnland, Frankreich, Griechenland, Irland, Island, Italien, Luxemburg, Niederlande, Norwegen, Österreich, Portugal, Schweden, Schweiz, Spanien und dem Vereinigten Königreich.

CEN
Europäisches Komitee für Normung
European Committee for Standardization
Comité Européen de Normalisation

Zentralsekretariat: rue de Stassart 36, B-1050-Brüssel

Seite 2
prEN 1622 : 1994

Inhalt

Einleitung

1 Zweck

2 Normative Verweisungen

3 Begriffe

4 Grundlagen des Verfahrens

5 Warnhinweis

6 Testumgebung

7 Geräte und Chemikalien

8 Probenahme und Probenvorbereitung

9 Test"panel"

10 Durchführung

11 Bestimmung von Geruchs- und Geschmacksschwellenwerten

12 Angabe der Ergebnisse

13 Untersuchungsbericht

Anhang A (informativ): Chlorung

Anhang B (informativ): Verfahren zur Herstellung geruchs- und geschmacksfreien Vergleichswassers

Anhang C (informativ): Auswahl des "panels" und Einsatz von Deskriptoren

Anhang D (informativ): Vergleichsversuche zwischen verschiedenen Labors

Seite 3
prEN 1622 : 1994

Vorwort

Dieser Europäische Norm-Entwurf wurde vom Technischen Komitee CEN/TC 230 "Wasseranalytik" erarbeitet, dessen Sekretariat vom DIN betreut wird.

Anhang A ist informativ und beschreibt ein Vefahren zur Entchlorung von Wasser

Anhang B ist informativ und beschreibt ein Verfahren zur Herstellung geruchs- und/oder geschmacksfreien Referenzwassers, sofern dies erforderlich ist.

Anhang C ist informativ und beschreibt die Auswahl der Testpersonen

Anhang D ist informativ und beschreibt die Versuche zum Vergleich der Test"panels" in verschiedenen Labors um sicherzustellen, daß ähnliche Ergebnisse erzielt werden.

Entsprechend der CEN/CENELEC Geschäftsordnung sind folgende Länder gehalten diese Europäische Norm zu übernehmen:

Seite 4
prEN 1622 : 1994

Einleitung

Diese Europäische Norm beschreibt ein Verfahren zur Bestimmung von Geruchs- und Geschmacksschwellenwerten (TON und TFN). Im nachfolgenden Text werden die Kürzel TON und TFN benutzt. Diese Norm ist vor allem dafür vorgesehen, einen quantitativen Wert für den Geruch und Geschmack einer Probe bei 25 °C zu ermitteln.

> ANMERKUNG: Das Verfahren kann auch zur Bestimmung der TON-/TFN-Werte bei anderen Temperaturen verwendet werden. Eine Korrelation zwischen den Ergebnissen der Bestimmungen bei verschiedenen Temperaturen besteht jedoch nicht.

1 Zweck

Diese Europäische Norm beschreibt ein Verfahren zur Bestimmung von TON und TFN von Trinkwässern. Die Warnhinweise in Abschnitt 5 sind dabei zu berücksichtigen.

2 Normative Verweisungen

Die folgenden Normen enthalten Festlegungen, die, durch die Verweisung in diesem Text, auch für diese Internationale Norm gelten. Zum Zeitpunkt der Veröffentlichung war die angegebene Ausgabe gültig. Alle Normen Alle Normen unterliegen der Überarabeitung. Vertragspartner, deren Vereinbarungen auf dieser Internationalen Norm basieren, sind gehalten, nach Möglichkeit die Ausgabe der nachfolgend aufgeführten Norm anzuwenden. IEC- und ISO-Mitglieder verfügen über Verzeichnisse der gegenwärtig gültigen Internationalen Normen.

ISO 3591:1977   Sensorische Analyse - Geräte - Glas zur Weinverkostung

ISO 5492:1992   Sensorische Analyse - Begriffe

ISO 8589:1989   Sensorische Analyse - Allgemeine Hinweise für die Ausstattung von Versuchsräumen

EC Directive 80/778   Direktive des Rates vom 15.07.1980 bezüglich der Qualität von Trinkwasser

3 Begriffe

Im Zusammenhang mit dieser Norm gelten folgende Definitionen:

3.1 Geruch: Organoleptische Eigenschaft, die durch das Geruchsorgan wahrgenommen wird, indem bestimmte flüchtige Substanzen durch die Nase eingeatmet werden (ISO 5492).

3.2 Geschmack: Gesamtwahrnehmung der während des Schmeckens auftretenden Sinneseindrücke aus dem Mund-, Rachen- und Nasenraum. Die Geschmackswahrnehmung kann durch verschiedene Nebeneffekte; insbesondere durch die Temperatur, aber auch durch andere zeitgleich auftretende Sinneseindrücke beeinflußt werden.

3.3 Geruchsschwellenwert: Verdünnungsverhältnis

$$TON = \frac{A+B}{A}$$

Der TON ist der Wert, oberhalb dessen die verdünnte Probe keinen wahrnehmbaren Geruch mehr besitzt. A ist das Volumen der Probe, B ist das Volumen des Vergleichswassers.

3.4 Geschmacksschwellenwert: Verdünnungsverhältnis

$$TFN = \frac{A+B}{A}$$

Der TFN ist der Wert, oberhalb dessen die verdünnte Probe keinen wahrnehmbaren Geschmack mehr besitzt. A ist das Volumen der Probe, B ist das Volumen des Vergleichswassers.

3.5 Vergleichswasser: Geruchs- und geschmacksfreies Wasser. Hinweis auf Vergleichswässer siehe Anhang B.

3.6 Geruchs- und Geschmacks-"Panel": Personengruppe, die geübt ist, Geruch und Geschmack zu ermitteln. Zur Auswahl des "panels" siehe Anhang C.

4 Grundlagen des Verfahrens

Der Geruch und Geschmack einer Wasserprobe wird von einem "panel" ermittelt, indem die Probe und/oder Verdünnungen der Probe mit einem Vergleichswasser beurteilt werden.

Anhang A gibt Hinweise zur Entchlorung von gechlortem Wasser vor der Untersuchung.

5 Warnhinweis

Es ist sicherzustellen, daß die Proben bei der Bestimmung für den Untersuchenden kein Risiko darstellen. Wenn Verdacht besteht, daß schädliche Mikroorganismen oder toxische Substanzen in gefährlichen Konzentrationen enthalten sind, werden die Proben nicht ohne zusätzliche Vorsichtsmaßnahmen untersucht.

Unabhängig von der Art der Probe werden die "panel"-Mitglieder darauf hingewiesen, bei der Bestimmung der TFN die Probe nicht zu schlucken.

6 Testumgebung

Der Raum, in dem die Bestimmung von TON und TFN vorgenommen wird, ist frei von störenden Einflüssen wie Zugluft oder Lärm und die allgemeine Umgebung ist so gestaltet, daß der einzelne Untersuchende seine Arbeit unbeobachtet und von den übrigen Untersuchenden unbeeinflußt durchführen kann.

Lufterfrischer oder -deodorants werden in dem Raum ebenso vermieden wie die Nachbarschaft von Tätigkeiten, durch die störende Gerüche entstehen können. Die Raumtemperatur beträgt $(23 \pm 2)\,°C$. Dieser Raum sollte nur zur TON-/TFN-Bestimmung benutzt werden. Hinweise für die Ausstattung geeigneter Räume siehe ISO 8589.

7 Geräte und Chemikalien

7.1 Glasgeräte

Die Glasgeräte werden ausschließlich für die TON-/TFN-Bestimmung verwendet. Sie werden getrennt von anderen Laborgeräten gereinigt und bei Nichtgebrauch unter sauberen Bedingungen gelagert, so daß durch sie keine zufällige Kontamination eintritt.

Probenahmeflaschen, Prüfgläser und volumetrische Glasgeräte werden vor der Untersuchung gereinigt, so daß durch sie die Bestimmung nicht nennenswert beeinflußt wird.

Geschmacksprüfgläser können aus Glas sein; Volumen 250 ml oder 500 ml. Die Stopfen sind aus Glas oder PTFE (PTFE = Polytetrafluorethylen); die Gläser werden vollständig gefüllt.

7.2 Wasserbad oder Inkubator geeignet, eine Temperatur von $(25 \pm 1)\,°C$ konstant aufrechtzuerhalten.

7.3 Testwasser

Geruchs- und geschmacksfreies Wasser, das zum Ausspülen, Verdünnen und zum Vergleich verwendet wird, bevorzugt Wasser der jeweiligen Gegend das hinsichtlich seines Mineralgehalts dem Testwasser möglichst entsprechen soll. Siehe auch Anhang B.

7.4 Reinigungsflüssigkeiten

Die folgenden Reinigungsflüssigkeiten für Glasgeräte sind geeignet:

7.4.1 Nicht parfümierte, biologisch abbaubare Labordetergentien

7.4.2 Salzsäure, $c(HCl)$ etwa 2 mol/l

7.4.3 Wasserstoffperoxid $w(H2O2) = 3\,\%$

Seite 6
prEN 1622 : 1994

8 Probenahme und Probenvorbereitung

Die Proben (ohne überstehenden Gasraum) in sauberen, gut verschlossenen Probenflaschen (7.1) entnehmen, und während des Tranports kühl und unter Lichtausschluß halten. Wenn nötig, die Probe im Kühlschrank bei (4 ± 2) °C lagern. Die Aufbewahrungszeit so kurz wie möglich halten, jedoch nicht länger als 72 h. Sie wird mit dem Ergebnis angegeben.

9 Test "panel"

Ein Test"panel" besteht aus mindestens 3 Personen. Wenn ein neues "Panel" eingerichtet wird, sind die dazu gehörenden Personen üblicherweise noch nicht erfahren und werden an Proben, die Geruch und Geschmack besitzen, eingeübt, um die Präzision der Beurteilung zu verbessern. Es wird davon ausgegangen, daß die Mitglieder des "Panels" nach dieser Einübphase und mit zunehmender Erfahrung in der Beurteilung sowohl selektiver, als auch genauer werden als die durchschnittliche Bevölkerung.

Die Mitglieder des "Panels" sollten geübt sein und bekannte Empfindungsfähigkeit gegenüber bestimmten Substanzen (den sogenannten Deskriptoren) besitzen, die Geruchs- und Geschmacksempfindungen wie erdig, moschusartig, aromatisch, nach Weichmachern oder ähnliches riechend, erlauben.

Neue Mitglieder eines "Panels" sollen an der Arbeit interessiert sein, sie sollen weder allergisch noch überempfindlich sein. Es ist wünschenswert, daß das Niveau der Wahrnehmungsfähigkeit für Geruch und Geschmack zwischen den Mitgliedern des "Panels" nicht allzuweit auseinanderliegt. Die von den einzelnen Mitgliedern des "Panels" ermittelten Ergebnisse werden überwacht, indem sie sowohl während der üblichen Tätigkeiten, sowie bei Kontrollversuchen zwischen den Labors für jedes Mitglied individuell aufgezeichnet werden.

Siehe auch Anhang C und Anhang D.

10 Durchführung

10.1 Grundlagen

Ziel des Verfahrens ist die quantitative Ermittlung des Geruchs und Geschmacks einer Probe durch ein "Panel", indem die Probe und Verdünnungen der Probe einem Vergleichswasser gegenübergestellt werden. Ein Koordinator organisiert die Arbeit des "Panels".

Es werden zwei Verfahren beschrieben:

10.1.1 Ein Kurzzeitverfahren, das eingesetzt werden kann, wenn die Probe geruchs- und geschmacksfrei ist oder wenn die Probe mit einem festgelegten Schwellenwert verglichen wird.

10.1.2 Ein vollständiges Verfahren, das angewendet wird, wenn der tatsächliche Schwellenwert der Probe ermittelt werden soll.

Beide Verfahren können eingesetzt werden, um Geruch und Geschmack von Migrationswässern von Materialien, die mit Trinkwasser in Kontakt kommen, zu bestimmen.

10.2 Testart

Es werden zwei Arten von Tests für jedes Verfahren angewandt.

10.2.1 Triangel-Test

Drei Proben, von denen zwei identisch sind, werden dem Untersuchenden gleichzeitig gegeben. Es wird die Probe ermittelt, die sich unterscheidet.

10.2.1.1 Ermittlung durch freie Wahl. Wenn der Untersuchende keinen Unterschied mehr zwischen den Proben feststellt, gilt die letzte Verdünnung, bei der ein Unterschied festgestellt wurde, als individueller Schwellenwert (TON und TFN) des Untersuchenden für diese Probe.

10.2.1.2 Ermittlung durch erzwungene Wahl. Der Untersuchende bezeichnet eine Probe als unterschiedlich. Seine individuellen Ergebnisse gehen in eine statistische Auswertung ein, bei der der Schwellenwert (TON und TFN) der Probe ermittelt wird.

10.2.2 Paar-Test

Zwei Proben werden dem Untersuchenden gleichzeitig gegeben. Eine davon ist die Probe oder eine Verdünnung, die andere ist das Vergleichswasser.

10.2.2.1 Ermittlung durch freie Wahl. Wenn der Untersuchende keinen Unterschied mehr zwischen der Probe oder einer Verdünnung und dem Vergleichswasser feststellt, gilt die letzte Verdünnung, bei der ein Unterschied festgestellt wurde, als der individuelle Schwellenwert (TON und TFN) des Untersuchenden für diese Probe.

10.2.2.2 Ermittlung durch erzwungene Wahl. Der Untersuchende wählt eine Probe aus, die den höheren Schwellenwert hat. Diese individuellen Ergebnisse gehen in eine statistische Auswertung ein, bei der der Schwellenwert (TON und TFN) der Probe ermittelt wird.

10.3 Versuchsablauf

10.3.1 Vorbereitung der Proben und Verdünnungen

Eine Verdünnungsreihe der Probe mit Vergleichswasser mit den Verdünnungsfaktoren x^n herstellen. In den meisten Fälle genügt die Verdünnungsreihe 2^n. Alle Verdünnungen und das Vergleichswasser mithilfe eines Wasserbades oder eines anderen Geräts auf $(23 \pm 2)\,°C$ einstellen.

10.3.2 Bewertung der Proben

Jedes Mitglied des "panels" bewertet die Proben unabhängig und ohne Kenntnis der Ergebnisse, die von den anderen Mitgliedern ermittelt wurden.

Der Koordinator stellt die Proben und das Vergleichswasser aus dem Thermostatisierungsgerät dem jeweiligen Untersuchenden vor.

Hierfür zur Bestimmung der TON 100 ml jeder Probe und des Vergleichswassers in saubere, gekennzeichnete 250-ml-Flaschen mit einer inneren Durchmesser von mindestens 45 mm überführen, die Flaschen verschließen und, sofern notwendig, wiederum auf $(23 \pm 2)\,°C$ einstellen.

Der Koordinator stellt die gekennzeichneten Flaschen, die in Gruppen von zwei oder drei zusammengefaßt sind, dem Untersuchenden in der Reihenfolge steigender Konzentrationen vor. Der Untersuchende ist nicht darüber informiert, in welcher(n) Flasche(n) sich das Vergleichswasser befindet. Der Koordinator weist den Untersuchenden an, jede Flasche gründlich zu schütteln, den Stopfen zu entfernen, zu riechen und seine Feststellungen zu notieren.

Zur Bestimmung der TFN werden 50 ml jeder Probe und des Vergleichswassers in saubere, gekennzeichnete Geschmacksprüfgläser überführt.

Der Koordinator stellt die gekennzeichneten Gläser, die in Gruppen von zwei oder drei zusammengefaßt sind, dem Untersuchenden in der Reihenfolge steigender Konzentrationen vor. Der Untersuchende ist nicht darüber informiert, in welchem(n) Glas (Gläsern) sich das Vergleichswasser befindet. Der Koordinator läßt den Untersuchenden eine diesem genehme Wassermenge in den Mund nehmen, sie dort einiges zu behalten und anschließend, ohne zu schlucken, wieder ausspucken. Danach werden die Feststellungen notiert.

Es ist darauf zu achten, daß die Dauer der gesamten Untersuchung den Untersuchenden nicht ermüdet und dadurch eine geringere Empfindlichkeit verursacht. Es kann hilfreich sein, zwischen den einzelnen Beprobungen ein Stück Wasserkeks zu essen, um die Geschmacksempfindung wieder aufzufrischen.

10.4 Testverfahren

10.4.1 Kurzverfahren

Das Kurzverfahren wird angewendet, wenn die Übereinstimmung von TON und TFN mit einem festgelegten Wert ermittelt werden soll.

Eine Probe, deren Schwellenwert mit dem zu ermittelnden Schwellenwert zu vergleichen ist, mit dem Vergleichswasser beurteilen.

Wie in 10.3.2. beschrieben verfahren. Wenn kein Unterschied zwischen Probe und Vergleichswasser festgestellt wird, werden TON bzw. TFN als kleiner als der festgelegte Wert angegeben.
Das "panel" besteht aus mindestens 3 Personen. Sofern nur 3 Personen teilnehmen, müssen alle zu demselben Ergebnis gelangen. Bei 4 oder mehr Personen muß die Übereinstimmung der Einzelergebnisse höher als 70% sein. Wenn dies nicht erreicht wird, den Versuch wiederholen.

Seite 8
prEN 1622 : 1994

Ist das Ergebnis geringer als der zu prüfende Schwellenwert, so ist das Ergebnis vollständig.
Wird ein Ergebnis über dem zu prüfenden Schwellenwert erreicht, kann es notwendig sein, den vollständigen Test durchzuführen.

Das Kurzverfahren kann beispielsweise eingesetzt werden, um Übereinstimmung mit dem Grenzwert der EC-Richtlinie 80/778 zu belegen.

10.4.2 Vollständiges Verfahren

Beim vollständigen Verfahren wird der tatsächliche Wert für TON bzw. TFN bestimmt.

> ANMERKUNG: Die Präzision dieses Verfahrens wird durch die Größe des "panels", die Streubreite der Einzelergebnisse, die Anzahl der gewählten Verdünnungen und die statistische Auswertung der Einzelergebnisse bestimmt.

Der Koordinator stellt die in etwa zu erwartenden TON/TFN vorab fest und bereitet danach mindestens 5 Verdünnungen um den zu erwartenden Wert vor, wie es für die Vorlage an die Mitglieder des "panels" in 10.3.1 beschrieben ist. Dann wie in 10.3.2 beschrieben vorgehen.

11 Bestimmung von TON und TFN

11.1 Ermittlung durch freie Wahl

Der Koordinator vervollständigt die folgende Tabelle für jede Probe:

Untersuchender	Schwellenwert	entsprechend Mittelwert
1		
2		
3		
:		
:		
n		

Das geometrische Mittel $= n\sqrt{P_1 \times P_2 \times P_3 \ldots P_n}$

wobei P(n) das Ergebnis des n-ten Untersuchenden ist.

% der Untersuchenden entsprechend Mittelwert = ...%

Das Ergebnis ist ausreichend genau, wenn über 70 % der Einzelergebnisse der Untersuchenden am Mittelwert liegen.

11.2 Bestimmung durch erzwungene Wahl

Bei diesem Test werden mindestens 8 "panel"-Mitglieder benötigt. Bei jeder Verdünnung werden die Ergebnisse des gesamten "panels" berücksichtigt. Die Ergebnisse werden für jede Verdünnung korrigiert, um die willkürlichen Einzelergebnisse zu berücksichtigen.

Dafür folgende Gleichung für jede Verdünnung anwenden:

$$S = \frac{x-y}{100-y} \times 100$$

Hierin bedeuten:

S Prozentsatz der korrigierten Antworten
x Prozentsatz der für eine bestimmte Verdünnung korrekten Antworten
y Prozentsatz der zufällig korrekten Antworten

In einer Grafik S gegen die Verdünnungen auftragen. Der tatsächliche TON/TFN ist die Verdünnung, bei der S = 50 % (beim Paartest) bzw. 33 % (beim Triangel-Test) beträgt.

> ANMERKUNG: Eine Antwort ist korrekt, wenn der zu Untersuchende die Probe entsprechend identifiziert hat. Die Gefäße, die die Probe bzw. das Vergleichswasser enthalten, sind nur dem Koordinator bekannt.

12 Angabe der Ergebnisse

12.1 Kurzverfahren

Das Ergebnis wird als kleiner, größer oder gleich dem festgelegten Wert angegeben.

12.2 Vollständiges Verfahren

Das Ergebnis wird als nächstgrößere, ganze Zahl angegeben.

13 Analysenbericht

In dem Analysenbericht wird auf diese Europäische Norm verwiesen und der Bericht enthält folgende Angaben:

   a) alle Informationen zur vollständigen Identifizierung der Probe;

   b) das Datum der Analyse;

   c) alle Testbedingungen, insbesondere, ob das Kurzverfahren oder das vollständige Verfahren durchgeführt wurde, ob freie oder erzwungene Wahl stattfand und ob der Triangel- oder der Paartest ausgegewählt wurde;

   d) Das Analysenergebnis.

Seite 10
prEN 1622 : 1994

Anhang A

(informativ)

Gechlortes Wasser

Wenn gechlortes Wasser entchlort werden muß, kann wie folgt verfahren werden:
$(3,5 \pm 0,1)$ g $Na_2S_2O_3 \cdot 5\ H_2O$ in 1 l destilliertem Wasser auflösen; die Lösung im Kühlschrank aufbewahren.

Die Lösung wöchentlich neu ansetzen.

Den Chlorgehalt der Probe bestimmen und 2 ml Thiosulfatlösung je l Probe und je mg/l Chlor in der Probe zufügen.

Seite 11
prEN 1622 : 1994

Anhang B

(informativ)

Verfahren zur Herstellung eines geruchs- und geschmacksfreien Vergleichswassers

Dieser Anhang beschreibt ein Verfahren, um ein geruchs- und/oder geschmacksfreies Wasser herzustellen, sofern dies notwendig ist.

B.1 Geräte und Chemikalien

B.1.1 Glasrohr, Durchmesser 80 mm, Länge 500 mm, mit frischer Aktivkohle gefüllt

B.1.2 Aktivkohle, techn., Korngröße 1,5 bis 2,5 mm

B.2 Durchführung

B.2.1 Das Glasrohr mit der frischen Aktivkohle füllen, Aufbau vor Lichteinfluß schützen.

B.2.2 Wasser (7.3) mit einem kontinuierlichen Durchfluß von 25 bis 30 l/h durch die gefüllte Säule geben. Die ersten drei Bettvolumina des behandelten Wassers verwerfen.

B.2.3 Das behandelte Wasser in sauberen Gefäßen (7.1) aufbewahren.

ANMERKUNG 1: Das geruchs- und geschmacksfreie Wasser täglich frisch herstellen.

ANMERKUNG 2: Darauf achten, daß die Aktivkohle nicht austrocknet.

ANMERKUNG 3: Sofern erforderlich, geeignete Schritte unternehmen, um sicherzustellen, daß das Vergleichswasser aus der Aktivkohle-Säule von einwandfreier mikrobiologischer Qualität ist.

Seite 12
prEN 1622 : 1994

Anhang C

(informativ)

Auswahl des "Panels"

Das nachfolgend beschriebene Auswahlverfahren ist so angelegt, daß danach eine Liste mit Personen verfügbar ist, die als Mitglieder eines Geruchs- und Geschmacks-"panels" in Frage kommen. Das Verfahren läuft in drei Abschnitten ab.

    a) Selbsteinschätzung

    b) Auswahltest

    c) Tägliche Prüfung

Nach diesen Schritten kann eine Liste von "panel"-Mitgliedern für die Tests erstellt werden.

C.1 Selbsteinschätzung

Eine Liste der in Betracht kommenden Kandidaten zusammenstellen und diese in ein Formblatt eintragen (z.B. Formblatt 1). Die Kandidaten befragen, ob sie etwaige Allergien haben oder keinen oder einen nur schwach ausgeprägten Geruchs- und Geschmackssinn besitzen. Die nicht einsetzbaren Kandidaten zukünftig nicht mehr auf der Liste als mögliche "panel"-Mitglieder führen.

C.2 Auswahltest

Eine Verdünnungsreihe von einer Probe herstellen, von der bekannt ist angenommen wird, daß diese Geruch und/oder Geschmack besitzt. Das zur Bewertung anwesende Mitglied des "panels" ermittelt nach Abschnitt 11 die TON/TFN, zusätzlich wird die Untersuchung von mindestens 2 anderen Personen, die bereits Mitglieder in dem "panel" sind, durchgeführt.

Das Ergebnis der Untersuchenden ist in das Formblatt 2 A einzutragen.

Den TON/TFN der Probe berechnen (siehe Abschnitt 11, gerundet auf eine Stelle hinter dem Komma), indem der geometrische Mittelwert aus den TON/TFN-Werten, den die einzelnen Prüfer erzielt haben, ermittelt wird (Beispiel siehe Formblatt 2 B). Danach die Differenz zwischen dem Gesamtmittelwert und dem vom Kandidaten ermittelten TON/TFN betrachten (ohne Berücksichtigung des Vorzeichens bei der Abweichung).

Den vollständigen Auswahltest wiederholen. Dabei mindestens 9 weitere Proben einsetzen, wiederum vorzugsweise Proben mit Geruch/Geschmack, die die wesentlichen Arten der Deskriptoren abdecken. Die Ergebnisse in Formblatt 2 A eintragen.

Folgende Berechnungen in Formblatt 2 A durchführen:

    a) Die Abweichungen (ohne Berücksichtigung des Vorzeichens) der vom Kandidaten ermittelten TON/TFN von dem Gesamtmittelwert TON/TFN für alle (10) Proben ermitteln. Daraus ergibt sich D_m.

    b) D_m durch die Gesamtzahl der analysierten Proben (üblicherweise 10) und daraus D_s (die mittlere Abweichung je Probe) ermitteln.

    c) Den gesamten geometrischen Mittelwert für die mittleren TON/TFN, die im Auswahltest ermittelt wurden, berechnen und daraus $(TON/TFN)_a$ ermitteln.

    d) Die mittlere Abweichung jeder Probe (D_s) in einen Prozentsatz vom gesamten geometrischen Mittelwert umwandeln und hieraus D_p erhalten. Für D_p und D_s müssen Werte festgelegt werden, die nicht überschritten werden dürfen, indem die mittlere Abweichung des Kandidaten entweder x TON/TFN oder y % des Gesamtmittelwerts nicht überschreiten darf, je nachdem, welcher Wert höher ist. Mögliche Werte für x und y sind 0,7 TON/TFN bzw. 20 %. Jeder Kandidat, bei dem die festgelegten Werte überschritten sind, ist nicht geeignet.

Das Ergebnis des Auswahltests in Formblatt 1 eintragen. Erfolgreiche Kandidaten sollten mindestens im Abstand von 2 Jahren erneut dem Auswahltest unterzogen werden.

    ANMERKUNG 1: Für die Auswahltests vorzugsweise Proben mit Geruch/Geschmack einsetzen, da bei geruchsgeschmacksfreien Proben das Risiko bei Kandidaten mit schwach ausgeprägter Wahrnehmungsfähigkeit besteht, daß man nicht-repräsentative, korrekte Ergebnisse erhält. Es kann in der Praxis allerdings schwierig sein, geeignete Proben zu finden.

Seite 13
prEN 1622 : 1994

ANMERKUNG 2: Es ist möglich, auf dem o.g. Auswahltest ein System zur retrospektiven Beurteilung des Verhaltens von "panel"-Mitgliedern bei Routineproben aufzubauen.

C.4 Tägliche Prüfung

Alle Kandidaten, die sich als "panel" Mitglieder eignen, und die den Auswahltest hinter sich haben, geben bei der täglichen Prüfung an, ob sie eine Erkältung haben.

Das Formblatt für die tägliche Routine (Formblatt 3) wird an jedem Tag, an dem Untersuchungen durchgeführt werden, für jedes "panel"-Mitglied, das an den Untersuchungen beteiligt sein soll, ausgefüllt. Die Person kann nur dann eingesetzt werden, wenn alle drei Fragen mit nein beantwortet werden.

Seite 14
prEN 1622 : 1994

Formular für Langzeitbeobachtung

Formular 1

Name	Selbsteinschätzung	Datum	Bewertung	Datum

1 In der Rubrik "Eigenbeurteilung" "ja" angeben, wenn der Kandidat nicht unter Allergien leidet, keine Über- oder zu geringe Empfindlichkeit bei der Geruchs- oder Geschmackswahrnehmung besitzt (d.h., der Kandidat ist geeignet).

2 Ist ein Kandidat nicht geeignet, dies in der Spalte mit der Eigenbeurteilung mit "nein" beantworten. Den Kandidaten nicht weiter berücksichtigen.

3 In der Spalte "Bewertet" ein "ja" eintragen, wenn der Kandidat das Testverfahren bestanden hat.

Seite 15
prEN 1622 : 1994

Testbericht für Einzelkandidaten

Formular 2 A

Name des Kandidaten:

Proben-Nr. (n)	TON/TFN (Kandidat)	TON/TFN (andere Mitglieder des "panels")	Mittelwert TON/TFN der Probe	Abweichung des Kandidaten vom Mittelwert
1				
2				
3				
4				
5				
6				
7				
8				
9				
10				
n =			TON/TFN$_a$ =	D$_m$ =

n   Gesamtanzahl an Proben
D$_m$ Summe der Abweichungen beim Kandidaten vom jeweiligen Mittelwert
D$_s$ Mittelwert der Abweichung je Probenanzahl = D$_m$/n
(TON/TFN)$_a$ Geometrisches Mittel der Mitte TON/TFN der Proben
= $TON/TFN = 10 \sqrt{TN1 \times TN2 \times ... TN10}$

D$_p$ Mittlere Abweichung, ausgedrückt als Prozentsatz des Gesamt geometrischen Mittelwertes
= $\frac{D_s}{TN_a} \times 100$

Seite 16
prEN 1622 : 1994

Testbericht für Einzelkandidaten (Beispiel)

Formular 2 B

Name des Kandidaten A

Proben-Nr. (n)	TON/TFN (Kandidat)	TON/TFN (andere Mitglieder des "panels")	Mittelwert TON/TFN der Probe	Differenz beim Kandidaten vom Mittelwert
1	1.4	2.4, 2.4	2.0	0.6
2	2.4	1.4, 3.5	2.3	0.1
3	3.5	3.5, 4.9	3.9	0.4
4	2.4	2.4, 1.4	2.0	0.4
5	6.9	8.9, 8.9	8.2	1.3
6	2.4	3.5, 4.9	3.4	1.0
7	3.5	3.5, 1.4	2.6	0.9
8	8.9	6.9, 6.9	7.5	1.4
9	1.4	2.4, 2.4	2.0	0.6
10	3.5	4.9, 6.9	4.9	1.4
n = 10			TON/TFN_a = 3.4	D_m = 8.1

n   Gesamtanzahl an Proben = 10
D_m Summe der Abweichungen beim Kandidaten vom jeweiligen Mittelwert = 8.1
D_a Mittelwert der Abweichung je Probenanzahl = 0.81
$(TON/TFN)_a$ Geometrisches Mittel der Mitte TON/TFN der Proben = 3.4
D_p Mittlere Abweichung, ausgedrückt als Prozentsatz des Gesamt geometrischen Mittelwertes = 23.8 %

Liste für die regelmäßige Prüfung der Teilnehmer des "panels"

Formular 3

Folgende Fragen beantworten die vorgesehenen Teilnehmer :

1 Sind Sie erkältet oder gibt es einen anderen Grund, dessentwegen Sie nicht in der Lage sind, Geruchs- und Geschmacksuntersuchungen durchzuführen?

2 Benutzen Sie Parfüm, riechende Kosmetika (einschließlich parfümierter Seife), die Sie bei dem Test stören könnten?

Seite 17
prEN 1622 : 1994

3 Haben Sie in der vorangegangenen Stunde gegessen, getrunken (z. B. Alkohol) oder geraucht ?

Teilnehmer, die eine oder mehr als eine Frage mit "ja" beantworten, sind als "panel"-Mitglieder nicht geeignet.

Datum:	Tragen Sie hier Ja oder Nein ein			Anmerkungen
Name:	Frage 1	Frage 2	Frage 3	

Seite 18
prEN 1622 : 1994

Anhang D

(informativ)

Vergleichsversuche zwischen verschiedenen Labors

Vergleichsversuche zwischen verschiedenen Labors sind notwendig, um sicherzustellen, daß die "panels" in verschiedenen Labors zu ähnlichen Ergebnissen kommen.

Bei diesen Vergleichsversuchen vorzugsweise Testproben mit Geruch und Geschmack ähnlich der in der Praxis zu untersuchenden Proben einsetzen. Dies gilt insbesondere bei der Untersuchung von beispielsweise gummiartigem oder weichmacherartigem Geruch und Geschmack, wofür definierte Deskriptoren nicht eingesetzt werden können.
Alternativ können als Deskriptoren genau definierte, chemische Substanzen bekannter Konzentrationen eingesetzt werden, die charakteristischen Geruch und Geschmack aufweisen.

Beispiele für diese Deskriptoren und die charakteristischen Wahrnehmungen, die ihnen zugeschrieben werden, sind:

Kochsalz: salzig
Zucker: süß
Chininsulfat: bitter
Zitronensäure: sauer
Methyl-iso-borneol: muffig, modrig
Geosmin: erdig
2-6-Dichlorphenol: apothekenartig

Aus Gründen der Ernährungsweise oder aus kulturellen Gründen können jedoch signifikante Unterschiede in der Wahrnehmungsfähigkeit bei bestimmtem Geruch oder Geschmack in Laboratorien verschiedener Länder wahrgenommen werden.

Anzeigen- und Bezugsquellen-Teil

VOM WASSER
84. Band 1995

NEW!

J.B. Snape / I.J. Dunn / J. Ingham / J.E. Přenosil

Dynamics of Environmental Bioprocesses
Modelling and Simulation

1995. Ca 500 pages with ca 270 figures and ca 30 tables. Hardcover.
Ca DM 240.00.
ISBN 3-527-28705-1

Dynamic environmental processes are complex; the easiest and most effective way to understanding them lies through the disciplines of dynamic modelling and computer simulation. The prerequisite modelling fundamentals are presented in the first chapter in a manner comprehensible to students as well as to practising scientists and engineers.

The second chapter describes the many environmental processes that lend themselves to modelling, for example pollution and wastewater treatment. The third part of the book provides 65 simulation examples both on the page and on an accompanying diskette in the simulation language ISIM - the first time that this has been done with a teaching book in this field -ready-to-run on any DOS personal computer. Crucially, the simulation runs can be interrupted to allow rapid interactive parameter changes and easy plotting of results; this enables the reader to get a feel for the model and system behavior.

J. Ingham et al.
Chemical Engineering Dynamics
Modelling with PC Simulation

1994. XX, 707 pages with 430 figures.
Hardcover. DM 276.00.
ISBN 3-527-28577-6

In this book, the reader is taught the modelling of dynamic chemical engineering processes by the combination of simplified fundamental theory and direct hands-on computer simulation.

The computer diskette supplied provides 85 examples of process equipment models, e.g. reactors and extraction columns, written in ISIM, a powerful simulation language compatible with any DOS PC.

I.J. Dunn et al.
Biological Reaction Engineering
Principles, Applications and Modelling with PC Simulation

1992. XVIII, 440 pages with 236 figures and 12 tables.
Hardcover. DM 240.00.
ISBN 3-527-28511-3

This book gives engineers and scientists the information they need to analyze the behavior of complex biological reactors using mathematical equations and a commercial dynamic simulation language.

Part I explains the fundamentals of modelling. Part II provides 45 example problems - complete with models and programs - which are also given on a free, DOS-compatible diskette.

To order please contact your bookseller or:
VCH, P.O. Box 10 11 61, D-69451 Weinheim Telefax (0) 62 01-606-184
VCH, Hardstrasse 10, P.O. Box, CH-4020 Basel
VCH, 8 Wellington Court, Cambridge CB1 1HZ, UK
VCH, 303 N.W. 12th Avenue, Deerfield Beach, FL 33442-1788, USA,
toll-free: 1-800-367-8249, Fax: 1-800-367-8247

Die Untersuchung von Wasser

Das bekannte Buch
„Die chemische Untersuchung von Wasser"
wurde völlig neu konzipiert.

Jetzt enthält es auch die bakteriologischen Untersuchungsmethoden für Trink- und Tafelwässer.

Wie bisher sind die naßchemischen und chemisch-physikalischen Methoden zur Überprüfung von Trink-, Brauch-, Oberflächen- und Abwasser dargestellt.

Damit wird für jedes anstehende Untersuchungsproblem die optimale Bestimmungsmethode vermittelt.

Sichern Sie sich schon jetzt Ihr Exemplar (ca. 470 Seiten) für nur 49,– DM!

Anzufordern bei E. Merck, Lab ZDL Wk, 64271 Darmstadt unter dem Stichwort:
„Die Untersuchung von Wasser".

Merck Reagenzien.
Vorsprung im Labor.

E. Merck · 64271 Darmstadt

MERCK

LESA

MESSTECHNIK
Hegholt 59
22179 Hamburg
Telefon 0 40/6 41 00 41 + 42
Telefax 0 40/6 41 18 36

Pneumatische und elektronische Anzeige- und Steuergeräte für Flüssigkeitsstände nach der Meßglocken- und Einperltechnik

Labor-Ozonisator

für Trockenluft und Sauerstoff
Konzentration : 0,01 bis 100 g O_3/m^3
Ozonmengen : 5 mg bis 10 g O_3/h

Eingebaute Elemente:
Voltmeter; Betriebsstundenzähler; Manometer; Rotameter; HS-Trafo; Elektrodenblock; Stelltrafo.

Industrieanlagen : bis 1000 g O_3/h

Erwin Sander
Elektroapparatebau GmbH
Am Osterberg 22, D-31311 Uetze-Eltze
Tel.: (0 51 73) 8 84, Telex: 926 13
Telefax: (0 51 73) 8 88

GUTACHTEN – BERATUNG – PLANUNG – BAULEITUNG

 DIPL.-ING. **ALWIN EPPLER**
BERATENDE INGENIEURE

Trinkwasser * Abwasser * Wasserbau * Talsperren * Steuerungen
Straßenbau * Baulanderschließung * Bauleitplanung * Leitungsdokumentation

| 72280 DORNSTETTEN | Gartenstraße 9 | Tel. 0 74 43/9 44-0 |
| 01744 DIPPOLDISWALDE | Oberhäslicher Straße 3 | Tel. 0 35 04/64 78-0 |

Trinkwasser-Aufbereitung mit Lösch

Die Selbstverständlichkeit des Wasserhahn-Aufdrehens, damit das Wasser fließt, ist heute nur noch durch die Technik gewährleistet. Durch Technik, die in den Wasserhaushalt der Natur wirkungsvoll eingebaut wird. Der gestiegene Wasserbedarf und die Außeneinflüsse auf die Wasserqualität geben der Trinkwasser-Aufbereitung in der Zukunft mehr Gewicht. Lösch-Filter gehören mit zu unserer zukünftigen Trinkwasser-Versorgung. Individuell auf die örtlichen Gegebenheiten und die Wasserqualität geplant, stehen sie für Sicherheit und Wirtschaftlichkeit. Lösch-Filter – die Gewähr, daß auch in Zukunft alle Brünnlein fließen.

Wasser ist unser Element.

Lösch Filter GmbH
56746 Kempenich/Rhld.
Telefon   0 26 55 / 50 10
Telefax   0 26 55 / 37 13

WASSER-MESSTECHNIK

FLO-MATE
Strömungs- und Durchflußmessung

- Sensor ohne bewegte Teile auch für verschmutzte und veralgte Gewässer
- Datenanzeige sofort während der Messung
- Datenspeicherung auf Knopfdruck
- Anzeigeauflösung: **mm / sec**
- schnelle und einfachste Bedienung
- Anwendungsbereiche: Trinkwasser, Abwasser, Flüsse, Bäche, Kanäle und alle Arten von Gewässern

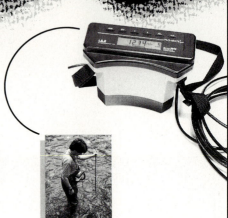

FLO-TOTE II
Durchflußmessung im Kanalnetz

- mobile IDM für Teil- und Vollfüllung
- einfachste Montage ohne bauliche Maßnahmen und ohne Zuflußunterbrechung
- mobil und batteriebetrieben oder stationär mit Netzbetrieb
- Betreuung über PC mit deutscher Menüführung
- beliebige Profilformen
- Meßknopf ohne bewegliche Teile
- mengenproportionale Probennahme
- Mehrkanalregistrierung für: pH, Leitfähigkeit, Temperatur, Niederschlag . . .
- jetzt mit digitaler Temperaturkompensation

Deutschlandvertretung:

GWU-Umwelttechnik
Talstraße 3, D-50374 Erftstadt
Tel.: 0 22 35/ 7 78 77 + 7 33 06
Fax: 0 22 35/ 7 56 32

Europa-Werksvertretung:

FLOWTRONIC AG
B-4840 Welkenraedt
Tel.: + 32 87/ 88 37 37
Fax: + 32 87/ 88 37 40

Haben Sie ein echt ätzendes Abwasserproblem?

„Stete Tropfen" oder hohe Konzentrationen hochaggressiver und abrasiver Stoffe im Abwasser/Prozesswasser bereiten oft Probleme. FLYGT Tauchmotor-Pumpen und FLYGT Tauchmotor-Rührwerke aus PROACID 60® bleiben davon unbeeindruckt. An PROACID 60®, dem neuen Duplex-Edelstahl von FLYGT, verlieren die schärfsten Medien wie Schwefelsäure, stark chloridhaltige Waschsuspensionen, Mischsalzlösungen oder Flugasche alle Aggressionen. Wenn Sie auf Nummer Sicher gehen wollen: 0511/7800-0, Abt. Industrie.

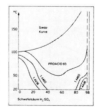

Isokorrosions-Diagramm
für PROACID 60®
im Vergleich zu Edelstählen nach
DIN 1.4436 und DIN 1.4460
(Korrosionsrate: 0,1 mm/a).

ITT FLYGT Pumpen GmbH
Bayernstraße 11 · 30855 Langenhagen
Telefon 0511/7800-0 · Telefax 0511/782893
Telex 924059

ITT   **Flygt**
ITT Fluid Technology Corporation

A 7

Erst der Aufschluß gibt Aufschluß über die Richtigkeit.

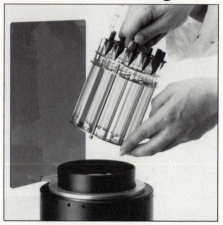

Mit Metrohm kein Problem!

Der UV-Digester 705 eignet sich in der Spurenanalytik hervorragend für den Aufschluß von flüssigen Proben, die mäßig bis stark mit organischen Verbindungen belastet sind.

Da für den Aufschluß mittels UV-Photolyse nur wenige µl Reagenzien benötigt werden, ergeben sich äußerst tiefe Blindwerte. Niedrige Aufschlußtemperaturen zusammen mit einer neuartigen Luft-/Wasserkühlung sowie eine Probenabdeckung mit Kühlfinger verhindern die Kontamination der Proben und vermeiden Verluste - auch bei Quecksilber. Der UV-Digester 705 läßt sich für Bestimmungen nach DIN 38406 Teil 12 und 16 einsetzen, weiterhin für Meerwasser, Abwasser, Getränke und biologische Flüssigkeiten wie Serum und Urin.

Wir senden Ihnen gerne Unterlagen und unsere Applikationsarbeiten. Nehmen Sie Kontakt zu uns auf, wir reagieren sofort.

Pt in Urin: 5 ppt - Aufstockungen

Ω Metrohm
DEUTSCHE METROHM GMBH & CO

Postfach 1160 · 70772 Filderstadt
Telefon: (0711) 7 70 88-0
Telefax: (0711) 7 70 88-55

FIRMENVERZEICHNIS ZUM ANZEIGENTEIL

	A-Seite
Deutsche Metrohm GmbH & Co., 70794 Filderstadt	8
Eppler, Dipl.-Ing. Alwin, Ingenieurbüro, 72280 Dornstetten	4
ITT FLYGT Pumpen GmbH 30855 Langenhagen	7
GWU-Umwelttechnik 50374 Erftstadt	6
LESA MESSTECHNIK, 22179 Hamburg	4
Lösch Filter GmbH, 56746 Kempenich	5
E. Merck 64293 Darmstadt	3
Sander, Erwin, Elektroapparatebau GmbH, 31311 Uetze-Eltze	4
VCH Verlagsgesellschaft mbH, 69451 Weinheim	2

BEZUGSQUELLEN-NACHWEIS

Abgasreinigungsanlagen

Degussa AG
IC-Umwelttechnik
60287 Frankfurt am Main
Telefon: 069/218-3164
Telefax: 069/218-2191

Steuler Industriewerke GmbH
Postf. 1448, 56195 Höhr-Grenzhausen
Tel.: 02624/13-0, Fax 02624/13339

Absetzanlagen

Leiblein, Hardheim·Tel. 06283-22200

Abwasseranalysengeräte

Deutsche Metrohm, 70772 Filderstadt

MACHEREY-NAGEL GmbH & Co. KG
P. 101352, 52313 Düren, T. 02421/969-0

Abwasser - Beratung

SÜD-CHEMIE AG, Abwasser- u. Umwelttechnik
Gutenbergstr. 7-9, 85354 Freising
Tel. 08161/175 0, Fax 175 33

Abwasser - Beratung, Planung

Energieconsulting Heidelberg GmbH
Postfach 103209, 69022 Heidelberg
Tel.: 06221/94-02, Fax: 06221/942427

Mannesmann Anlagenbau AG
Postfach 300741, 40407 Düsseldorf
Tel.: (0211) 659-1, Telex: 8586677
Telefax: (0211) 6592372

Abwasseraufbereitung

Leiblein, Hardheim·Tel. 06283-22200

Abwasseraufbereitungsanlagen

Buss-SMS GmbH Verfahrenstechnik
Postfach 120, D-35501 Butzbach
Tel.: (06033) 85-0, Fax: 85-359
Telex: 4 184 481 sms d

HAGER + ELSÄSSER GmbH
Postfach 80 05 40, 70505 Stuttgart
Tel.: 0711/7866-0, Telex: 7255537

Leiblein, Hardheim·Tel. 06283-22200

Mannesmann Anlagenbau AG
Postfach 300741, 40407 Düsseldorf
Tel.: (0211) 659-1, Telex: 8586677
Telefax: (0211) 6592372

Steuler Industriewerke GmbH
Postf. 1448, 56195 Höhr-Grenzhausen
Tel.: 02624/13-0, Fax 02624/13339

Abwasseraufbereitungsanlagen (thermische)

Leiblein, Hardheim·Tel. 06283-22200

Abwasserbehandlung

Leiblein, Hardheim·Tel. 06283-22200

WEDECO GmbH
Umwelttechnologie Wasser-Boden-Luft
Boschstraße 6, 32051 Herford
Tel.: 05221/930-0 Fax: 05221/3 38 34

Abwasserbehandlungsanlagen

ENVIRO-CHEMIE Abwassertechnik GmbH
64380 Roßdorf, Tel. 06154/6998-0, Fax-11

GSA (G. Schmied Abwassertechnik GmbH)
3-K-Weg 7, 28816 Stuhr
Tel. 04206/9038, Telefax: 04206/9877

SÜD-CHEMIE AG, Abwasser- u. Umwelttechnik
Gutenbergstr. 7-9, 85354 Freising
Tel. 08161/175 0, Fax 175 33

Abwasserbehandlungssysteme

Degussa AG
IC-Umwelttechnik
60287 Frankfurt am Main
Telefon: 069/218-3164
Telefax: 069/218-2191

Abwasserchemikalien

SOLVAY INTEROX GMBH
82047 Pullach
Tel. 089/74422-0, Tx: 523482 pcm

Abwasserfilter

Wolftechnik Filtersysteme GmbH
Postfach 1449
71258 Weil der Stadt
Telefon: 07033/70140
Telefax: 07033/7014-20

Abwasserfiltrationsanlagen

Mannesmann Anlagenbau AG
Postfach 300741, 40407 Düsseldorf
Tel.: (0211) 659-1, Telex: 8586677
Telefax: (0211) 6592372

Abwassermeßgeräte

Drägerwerk Aktiengesellschaft
23542 Lübeck, Postfach 1339
Tel.: 0451/882-0, Fax: 0451/882-2080

LANG APP. GmbH, 83313 Siegsdorf

Abwasserneutralisationsanlagen

Hauke Ges.m.b.H. u. Co. KG
POB 103 A 4810 Gmunden

Leiblein, Hardheim·Tel. 06283-22200

Mannesmann Anlagenbau AG
Postfach 300741, 40407 Düsseldorf
Tel.: (0211) 659-1, Telex: 8586677
Telefax: (0211) 6592372

Abwasser-Niveaumeßgeräte

LESA, D-22179 Hamburg
Hegholt 59, Tel. 040/6410041-42
Telefax 040/6411836

Rembe GmbH
Postfach 1540, D-59918 Brilon
Tel.: 02961/7405-0, Telex: 17 296 134
Fax : 02961/50714, Ttx: 296134=REMBE

Abwasserpumpen

ITT Flygt Pumpen GmbH
Bayernstraße 11
30855 Langenhagen
Telefon 0511/7800-0, Telex 924059
Telefax 0511/782893

NETZSCH MOHNOPUMPEN GMBH
D-84464 Waldkraiburg, Tel. 08638/63-0

Abwasserreinigung - Beratung, Planung

AKDOLIT-Werk GmbH, 42489 Wülfrath
Tel. 02058/17 2603-08, Fax 02058/172609
Telex 8592079 akd d

Abwasserreinigungsanlagen

Didier Säurebau GmbH
Bachstr. 38, 53639 Königswinter
Tel. 02223-720 Fax 02223-22470

Leiblein, Hardheim·Tel. 06283-22200

Mannesmann Anlagenbau AG
Postfach 300741, 40407 Düsseldorf
Tel.: (0211) 659-1, Telex: 8586677
Telefax: (0211) 6592372

SÜD-CHEMIE AG, Abwasser- u. Umwelttechnik
Gutenbergstr. 7-9, 85354 Freising
Tel. 08161/175 0, Fax 175 33

Abwassertechnik

LANG APP. GmbH, 83313 Siegsdorf

Leiblein, Hardheim·Tel. 06283-22200

Abwasser- und Brauchwasseraufbereitung

Leiblein, Hardheim·Tel. 06283-22200

Aktivkohle

AKDOLIT-Werk GmbH, 42489 Wülfrath
Tel. 02058/17 2603-08, Fax 02058/172609
Telex 8592079 akd d

NORIT Deutschland GmbH
Adlerstraße 54
40211 Düsseldorf
Tel.: 0211/906020
Fax : 0211/16 11 15

Algicide

KELLER & BOHACEK GmbH & Co. KG
40435 Düsseldorf, Postfach 330225
Tel. 0211/9653-0, Fax 0211/655202

alkalifreier Dispergator zum Feststoffaustrag KEBO-Ultra

KELLER & BOHACEK GmbH & Co. KG
40435 Düsseldorf, Postfach 330225
Tel. 0211/9653-0, Fax 0211/655202

Altlastensanierung

Degussa AG
IC-Umwelttechnik
60287 Frankfurt am Main
Telefon: 069/218-3164
Telefax: 069/218-2191

Altlastenuntersuchung

E. Heitkamp Rohrbau GmbH
Heinrichstr. 67, 44805 Bochum
Tel.: 0234/87905-00
Fax: 0234/87905-55

Analysenautomaten

Deutsche Metrohm, 70772 Filderstadt

Analysengeräte

ABIMED Analysen - Technik GmbH
40736 Langenfeld T. 02173/89050

Drägerwerk Aktiengesellschaft
23542 Lübeck, Postfach 1339
Tel.: 0451/882-0, Fax: 0451/882-2080

Hartmann & Braun AG
D-60484 Frankfurt am Main
Tel.(069) 799-0, Fax (069) 799-2406

Hauke Ges.m.b.H. u. Co. KG
POB 103 A 4810 Gmunden

Analysengeräte in on-line Technik

GIMAT GmbH Umweltmeßtechnik
Obermühlstr. 70, D-82398 Polling
Tel. 0881/6280, Fax 0881/62815

Anlagenbau

Hans Brochier GmbH & Co.
Marthastr. 16, 90482 Nürnberg
Tel.: 0911/95 43-0
Telefax: 0911/95 43-2 96

LANG APP. GmbH, 83313 Siegsdorf

Leiblein, Hardheim·Tel. 06283-22200

AOX-EOX-Bestimmung

Deutsche Metrohm, 70772 Filderstadt

LHG Laborgeräte Handelsgesellschaft mbH
Schwetzinger Str. 90
76139 Karlsruhe
Tel.: 0721/688717, Fax: 67672
Büro Halle:
06108 Halle/Saale
Tel. 0345/501862, Fax 0345/23441

AOX-, POX-, EOX-Bestimmung

ABIMED Analysen - Technik GmbH
40736 Langenfeld T. 02173/89050

LHG Laborgeräte Handelsgesellschaft mbH
Schwetzinger Str. 90
76139 Karlsruhe
Tel.: 0721/688717, Fax: 67672
Büro Halle:
06108 Halle/Saale
Tel. 0345/501862, Fax 0345/23441

Apparatebau

KIRSCH KUNSTSTOFFTECHNIK GMBH
Gottlieb-Häfele-Str. 16
73061 Ebersbach/Fils
Telefon 07163/3802, Fax 07163/8040

Aquagran-Filterquarz

WESTDEUTSCHE QUARZWERKE
Dr. Müller GmbH, 46282 Dorsten
Ruf 02362/2005-0, Fax 2005-99

Armaturen

KIRSCH KUNSTSTOFFTECHNIK GMBH
Gottlieb-Häfele-Str. 16
73061 Ebersbach/Fils
Telefon 07163/3802, Fax 07163/8040

Aufhärtungsmaterial

AKDOLIT-Werk GmbH, 42489 Wülfrath
Tel. 02058/17 2603-08, Fax 02058/172609
Telex 8592079 akd d

Auskleidung von Rohrleitungen

E. Heitkamp Rohrbau GmbH
Heinrichstr. 67, 44805 Bochum
Tel.: 0234/87905-00
Fax: 0234/87905-55

Automatisierungssysteme

PSI GmbH, Heilbronner Str. 10
10711 Berlin

Automatisierungstechnik

PASSAVANT-WERKE AG
65322 Aarbergen
Telefon 06120/ 2 81
Telex 4 186 596
Telefax 06120/28 26 78

PSI GmbH, Heilbronner Str. 10
10711 Berlin

Badewasseraufbereitung

AKDOLIT-Werk GmbH, 42489 Wülfrath
Tel. 02058/17 2603-08, Fax 02058/172609
Telex 8592079 akd d

Löschfilter, 56746 Kempenich

Badewasseraufbereitungs- und -umwälzanlagen

P. Kyll GmbH, 51436 Berg. Gladbach

Baugrubenpumpen

ITT Flygt Pumpen GmbH
Bayernstraße 11
30855 Langenhagen
Telefon 0511/7800-0, Telex 924059
Telefax 0511/782893

Belüftungsanlagen (Druckluft- sowie Oberflächenbelüftung)

Hydrotechnik Lübeck GmbH
Grootkoppel 33, 23566 Lübeck
Tel.: 0451/6 51 75, Fax: 0451/62 37 44

Beratende Ingenieure

Energieconsulting Heidelberg GmbH
Postfach 103209, 69022 Heidelberg
Tel.: 06221/94-02, Fax: 06221/942427

Dipl.-Ing. Alwin Eppler
Postfach 1129, 72276 Dornstetten

PSI GmbH, Heilbronner Str. 10
10711 Berlin

Bodenuntersuchungen

Drägerwerk Aktiengesellschaft
23542 Lübeck, Postfach 1339
Tel.: 0451/882-0, Fax: 0451/882-2080

Bodenuntersuchungsgeräte

Drägerwerk Aktiengesellschaft
23542 Lübeck, Postfach 1339
Tel.: 0451/882-0, Fax: 0451/882-2080

Bodenventile

RITAG®-Armaturenwerk
Postfach 13 32
27703 Osterholz-Scharmbeck
Tel. 04791/9209-0, Fax 04791/6081

Bohrspülungsadditive

Stockhausen GmbH, Postfach 570
D-47705 Krefeld, Tel.: 02151/338-0
Praestol-Marken, organische synthetische hochmolekulare Flockungsmittel
Stokopol-Marken, polymere, synthetische Spülungsadditive

Brauchwasseraufbereitung

Löschfilter, 56746 Kempenich
SOLVAY INTEROX GMBH
82047 Pullach
Tel. 089/74422-0, Tx: 523482 pcm

Wolftechnik Filtersysteme GmbH
Postfach 1449
71258 Weil der Stadt
Telefon: 07033/70140
Telefax: 07033/7014-20

Brauchwasseraufbereitungs- anlagen

Bamag GmbH
Postfach 460, D-35504 Butzbach
Tel. 06033/839, Fax 06033/83506

P. Kyll GmbH, 51436 Berg. Gladbach

Leiblein, Hardheim·Tel. 06283-22200

Mannesmann Anlagenbau AG
Postfach 300741, 40407 Düsseldorf
Tel.: (0211) 659-1, Telex: 8586677
Telefax: (0211) 6592372

WEDECO GmbH
Umwelttechnologie Wasser-Boden-Luft
Boschstraße 6, 32051 Herford
Tel.: 05221/930-0 Fax: 05221/3 38 34

Brauchwasserbehandlung

BK Ladenburg GmbH
Gesellschaft für chemische Erzeugnisse
D-68520 Ladenburg, Tel. 06203/770

Degussa AG
IC-Umwelttechnik
60287 Frankfurt am Main
Telefon: 069/218-3164
Telefax: 069/218-2191

Brillensteckscheiben

RITAG®-Armaturenwerk
Postfach 13 32
27703 Osterholz-Scharmbeck
Tel. 04791/9209-0, Fax 04791/6081

Brunnenmeßgeräte

Drägerwerk Aktiengesellschaft
23542 Lübeck, Postfach 1339
Tel.: 0451/882-0, Fax: 0451/882-2080

Brunnensanierung

AQUAPLUS, GmbH & Co. KG
96317 Kronach, Fischbach 29
Tel.: 09261/3021 bis 3023
Fax: 09261/95266

BSB-Automaten, kontinuierlich

STIP Siepmann und Teutscher GmbH
Postfach, 64818 Groß-Umstadt
Tel. 06078-786-0, Fax 06078-786-88

BSB_5/CSB-Geräte

WTW GmbH, 82362 Weilheim

Calciumhydroxid

AKDOLIT-Werk GmbH, 42489 Wülfrath
Tel. 02058/17 2603-08, Fax 02058/172609
Telex 8592079 akd d

Chemiepumpen

PHILIPP HILGE GmbH
Pumpenfabrik seit 1862, 55292 Bodenheim
Tel. 06135/75-0, Fax 06135/1737

KIRSCH KUNSTSTOFFTECHNIK GMBH
Gottlieb-Häfele-Str. 16
73061 Ebersbach/Fils
Telefon 07163/3802, Fax 07163/8040

SIHI-HALBERG Vetriebsges. mbH
Lindenstr. 170, 25524 Itzehoe
Tel. 04821/771-01, Fax 04821/771-274

Chemikalien zur Wasserbehandlung

KELLER & BOHACEK GmbH & Co. KG
40435 Düsseldorf, Postfach 330225
Tel. 0211/9653-0, Fax 0211/655202

SOLVAY INTEROX GMBH
82047 Pullach
Tel. 089/74422-0, Tx: 523482 pcm

Chemikalien zur Wasser- und Abwasserbehandlung

AKDOLIT-Werk GmbH, 42489 Wülfrath
Tel. 02058/17 2603-08, Fax 02058/172609
Telex 8592079 akd d

Bayer AG
GB Organische Chemikalien/Marketing
GF Industriezwischenprodukte
Gebäude P 1
D - 51368 Leverkusen
Tel.: 0214/30-66243
Fax : 0214/30-81079

BK Ladenburg GmbH
Gesellschaft für chemische Erzeugnisse
D-68520 Ladenburg, Tel. 06203/770

Chemische Fabrik Budenheim
Rudolf A. Oetker, D-55253 Budenheim
Tel. 06139/890 Fax 06139/89264

Degussa AG
IC-Umwelttechnik
60287 Frankfurt am Main
Telefon: 069/218-3164
Telefax: 069/218-2191

KRONOS INTERNATIONAL, INC.
Geschäftsbereich Wasserchemie
Bahnhofstr. 35, D-40764 Langenfeld
Tel.: (02173) 166-0, Telex 8515405
Telefax: (02173) 17806

Kurt Obermeier GmbH & Co. KG
57305 Bad Berleburg Tel. 02751/524-0

Sidra Wasserchemie GmbH
Zeppelinstr. 27
49479 Ibbenbüren
Tel.: 05459/54-0, Telex: 944113
Telefax: 05459/54-54

SÜD-CHEMIE AG, Abwasser- u. Umwelttechnik
Gutenbergstr. 7-9, 85354 Freising
Tel. 08161/175 0, Fax 175 33

Chemikalien zur Wasserreinigung

MARTINSWERK GmbH
Postfach 1209, 50102 Bergheim
Tel. 02271/902-0, Telex 888712
Telefax 02271/902-555

Chemikalien zur Wasseruntersuchung

TINTOMETER GMBH
Schleefstr. 8a, D-44287 Dortmund
Tel.: 0231/94510-0, Telex: 822 605
Telefax: 0231/94510-30

Chlor

Drägerwerk Aktiengesellschaft
23542 Lübeck, Postfach 1339
Tel.: 0451/882-0, Fax: 0451/882-2080

Kurt Obermeier GmbH & Co. KG
57305 Bad Berleburg Tel. 02751/524-0

Chlorbestimmungsgeräte

Drägerwerk Aktiengesellschaft
23542 Lübeck, Postfach 1339
Tel.: 0451/882-0, Fax: 0451/882-2080

LANG APP. GmbH, 83313 Siegsdorf

TINTOMETER GMBH
Schleefstr. 8a, D-44287 Dortmund
Tel.: 0231/94510-0, Telex: 822 605
Telefax: 0231/94510-30

Chlorgaswarngeräte

Hauke Ges.m.b.H. u. Co. KG
POB 103 A 4810 Gmunden

LANG APP. GmbH, 83313 Siegsdorf

CKW-Entfernung mit H_2O_2/UV

NSW Umwelttechnik, 26944 Nordenham
Pf. 1464, T (04731) 820, Fax 82526

WEDECO GmbH
Umwelttechnologie Wasser-Boden-Luft
Boschstraße 6, 32051 Herford
Tel.: 05221/930-0 Fax: 05221/3 38 34

Crossflow-Filteranlagen

Wolftechnik Filtersysteme GmbH
Postfach 1449
71258 Weil der Stadt
Telefon: 07033/70140
Telefax: 07033/7014-20

CSB-Apparaturen

Deutsche Metrohm, 70772 Filderstadt

CSB-Meßgeräte, kontinuierlich

STIP Siepmann und Teutscher GmbH
Postfach, 64818 Groß-Umstadt
Tel. 06078-786-0, Fax 06078-786-88

CSB-Meßplätze

MACHEREY-NAGEL GmbH & Co. KG
P. 101352, 52313 Düren, T. 02421/969-0

WTW GmbH, 82362 Weilheim

Cyanbestimmungsgeräte

Drägerwerk Aktiengesellschaft
23542 Lübeck, Postfach 1339
Tel.: 0451/882-0, Fax: 0451/882-2080

Cyanidmeßgeräte

Drägerwerk Aktiengesellschaft
23542 Lübeck, Postfach 1339
Tel.: 0451/882-0, Fax: 0451/882-2080

Denitrifikationsanlagen (biologisch)

NSW Umwelttechnik, 26944 Nordenham
Pf. 1464, T (04731) 820, Fax 82526

Deponiesickerwasser-Aufbereitung

Buss-SMS GmbH Verfahrenstechnik
Postfach 120, D-35501 Butzbach
Tel.: (06033) 85-0, Fax: 85-359
Telex: 4 184 481 sms d

Energieconsulting Heidelberg GmbH
Postfach 103209, 69022 Heidelberg
Tel.: 06221/94-02, Fax: 06221/942427

Deponiesickerwasser-Aufbereitungsanlagen

Didier Säurebau GmbH
Bachstr. 38, 53639 Königswinter
Tel. 02223-720 Fax 02223-22470

Leiblein, Hardheim·Tel. 06283-22200

NSW Umwelttechnik, 26944 Nordenham
Pf. 1464, T (04731) 820, Fax 82526

Deponiesickerwasser-behandlung

WEDECO GmbH
Umwelttechnologie Wasser-Boden-Luft
Boschstraße 6, 32051 Herford
Tel.: 05221/930-0 Fax: 05221/3 38 34

Desinfektionsmittel

KELLER & BOHACEK GmbH & Co. KG
40435 Düsseldorf, Postfach 330225
Tel. 0211/9653-0, Fax 0211/655202

Dichtemesser

Arno Amarell, 97889 Kreuzwertheim
Tel. 09342/6376, Tlx. 689121, Fax 39860

Dickstoffpumpen

PHILIPP HILGE GmbH
Pumpenfabrik seit 1862, 55292 Bodenheim
Tel. 06135/75-0, Fax 06135/1737

NETZSCH MOHNOPUMPEN GMBH
D-84464 Waldkraiburg, Tel. 08638/63-0

Dolomitisches Filtermaterial

AKDOLIT-Werk GmbH, 42489 Wülfrath
Tel. 02058/17 2603-08, Fax 02058/172609
Telex 8592079 akd d

Ludwig Böhme KG
Postfach 11 09
37437 Bad Sachsa

Dosieranlagen

Hauke Ges.m.b.H. u. Co. KG
POB 103 A 4810 Gmunden

KIRSCH KUNSTSTOFFTECHNIK GMBH
Gottlieb-Häfele-Str. 16
73061 Ebersbach/Fils
Telefon 07163/3802, Fax 07163/8040

P. Kyll GmbH, 51436 Berg. Gladbach

LANG APP. GmbH, 83313 Siegsdorf

LEWA Herbert Ott GmbH + Co.
Postfach 1563, D-71226 Leonberg
Tel. 07152/14-0, Fax 07152/14303

Dosieranlagen, kontinuierlich

LANG APP. GmbH, 83313 Siegsdorf

Dosiergeräte und Schutzfilter für die Trinkwassernachbehandlung

LANG APP. GmbH, 83313 Siegsdorf

Dosierpumpen

Hauke Ges.m.b.H. u. Co. KG
POB 103 A 4810 Gmunden

KELLER & BOHACEK GmbH & Co. KG
40435 Düsseldorf, Postfach 330225
Tel. 0211/9653-0, Fax 0211/655202

KIRSCH KUNSTSTOFFTECHNIK GMBH
Gottlieb-Häfele-Str. 16
73061 Ebersbach/Fils
Telefon 07163/3802, Fax 07163/8040

LANG APP. GmbH, 83313 Siegsdorf

LEWA Herbert Ott GmbH + Co.
Postfach 1563, D-71226 Leonberg
Tel. 07152/14-0, Fax 07152/14303

NETZSCH MOHNOPUMPEN GMBH
D-84464 Waldkraiburg, Tel. 08638/63-0

Dosierung

LANG APP. GmbH, 83313 Siegsdorf

Drehkolbengebläse

RKR Verdichtertechnik GmbH
Postfach 14 50, 31724 Rinteln
Tel.: 05751/4004-0, Telex: 971701
Telefax: 05751/400430
Niederlassung Schweiz:
CH-8800 Thalwil
Tel.: 01/7209344, Telefax: 01/7207268
Büro Leipzig
Spinnereistr. 32, 04416 Markkleeberg
Tel. und Fax: 0341/3949307
Tel.: 0341/3949308

Spelleken Nachf. Lufttechnik GmbH
Postfach 24 01 55
42231 Wuppertal, Tel. (0202) 694-0
FAX (0202) 694 228, FS 8 591 758

Druckaufnehmer

JUMO M.K. Juchheim GmbH & Co.
Postfach 1209, 36035 Fulda/Germany
Tel.0661/6003-0, Fax 6003-500

Durchflußmengenmeßgeräte

A. KIRCHNER & TOCHTER
Gas- u. Flüssigkeitsmesser
47228 Duisburg, Dieselstr. 17
Tel.: 02065/63141 oder 63191
Fax : 02065/60813

Rembe GmbH
Postfach 1540, D-59918 Brilon
Tel.: 02961/7405-0, Telex: 17 296 134
Fax : 02961/50714, Ttx: 296134=REMBE

Durchflußmesser

A. KIRCHNER & TOCHTER
Gas- u. Flüssigkeitsmesser
47228 Duisburg, Dieselstr. 17
Tel.: 02065/63141 oder 63191
Fax : 02065/60813

KROHNE
Messtechnik GmbH & Co. KG
Postanschrift:
47008 Duisburg

Durchflußmessung

A. KIRCHNER & TOCHTER
Gas- u. Flüssigkeitsmesser
47228 Duisburg, Dieselstr. 17
Tel.: 02065/63141 oder 63191
Fax : 02065/60813

Durchflußmeßgeräte

A. KIRCHNER & TOCHTER
Gas- u. Flüssigkeitsmesser
47228 Duisburg, Dieselstr. 17
Tel.: 02065/63141 oder 63191
Fax : 02065/60813

Durchflußmeßgeräte (Wassermengenmeßgeräte)

A. KIRCHNER & TOCHTER
Gas- u. Flüssigkeitsmesser
47228 Duisburg, Dieselstr. 17
Tel.: 02065/63141 oder 63191
Fax : 02065/60813

Durchflußregler

A. KIRCHNER & TOCHTER
Gas- u. Flüssigkeitsmesser
47228 Duisburg, Dieselstr. 17
Tel.: 02065/63141 oder 63191
Fax : 02065/60813

Durchflußwächter

A. KIRCHNER & TOCHTER
Gas- u. Flüssigkeitsmesser
47228 Duisburg, Dieselstr. 17
Tel.: 02065/63141 oder 63191
Fax : 02065/60813

Düsen

JATO - Düsenbau AG, CH-6015 Reussbühl
Tel. 041 55 04 55, Fax 041 55 63 58

Spraying Systems Deutschland GmbH
Großmoorring 9, 21079 Hamburg
Tel. (040) 766001-0, Fax (040) 766001-33

Düsenrückschlagventile

Mannesmann Demag AG
Hüttentechnik MEER
Postfach 10 06 45
D-41006 Mönchengladbach
Tel. (02161) 3 50-0, Fax (02161) 35 08 52

Eindampfanlagen

Buss-SMS GmbH Verfahrenstechnik
Postfach 120, D-35501 Butzbach
Tel.: (06033) 85-0, Fax: 85-359
Telex: 4 184 481 sms d

Leiblein, Hardheim·Tel. 06283-22200

Elektronische Meß- und Regelgeräte

Amarell-Electronic, 97889 Kreuzwertheim
Tel. 09342/6376, Tlx. 689121, Fax 39860

Elektronische Meß- und Regeltechnik

KIRSCH KUNSTSTOFFTECHNIK GMBH
Gottlieb-Häfele-Str. 16
73061 Ebersbach/Fils
Telefon 07163/3802, Fax 07163/8040

Emulsionstrennanlagen

Leiblein, Hardheim·Tel. 06283-22200

Enteisenungsanlagen

P. Kyll GmbH, 51436 Berg. Gladbach

Löschfilter, 56746 Kempenich

Entfernung organischer Substanzen

NSW Umwelttechnik, 26944 Nordenham
Pf. 1464, T (04731) 820, Fax 82526

Entgasungsanlagen

P. Kyll GmbH, 51436 Berg. Gladbach

Enthärtungsanlagen

Culligan Wassertechnik GmbH, PF 2240
40845 Ratingen, Tel. 02102/46024
Fax 02102/44 39 60

P. Kyll GmbH, 51436 Berg. Gladbach

Mannesmann Anlagenbau AG
Postfach 300741, 40407 Düsseldorf
Tel.: (0211) 659-1, Telex: 8586677
Telefax: (0211) 6592372

Entkarbonisierungsanlagen

P. Kyll GmbH, 51436 Berg. Gladbach

Löschfilter, 56746 Kempenich

Mannesmann Anlagenbau AG
Postfach 300741, 40407 Düsseldorf
Tel.: (0211) 659-1, Telex: 8586677
Telefax: (0211) 6592372

Entmanganungsanlagen

P. Kyll GmbH, 51436 Berg. Gladbach

Löschfilter, 56746 Kempenich

Entsalzungsanlagen

Culligan Wassertechnik GmbH, PF 2240
40845 Ratingen, Tel. 02102/46024
Fax 02102/44 39 60

P. Kyll GmbH, 51436 Berg. Gladbach

Entsäuerungsanlagen

P. Kyll GmbH, 51436 Berg. Gladbach

Löschfilter, 56746 Kempenich

NSW Umwelttechnik, 26944 Nordenham
Pf. 1464, T (04731) 820, Fax 82526

Entsäuerungsmaterial

AKDOLIT-Werk GmbH, 42489 Wülfrath
Tel. 02058/17 2603-08, Fax 02058/172609
Telex 8592079 akd d

Deutsche Terrazzo-Verkaufsstelle Ulm
GmbH & Co., Postfach 40 07, 89030 Ulm
Tel. 07304/81 11 - Fax 07304/81 17
JURAPERLE JW®

Entschäumer

Kurt Obermeier GmbH & Co. KG
57305 Bad Berleburg Tel. 02751/524-0

Fabrikations-, Kreislauf- und Kühlwasseraufbereitung

Bamag GmbH
Postfach 460, D-35504 Butzbach
Tel. 06033/839, Fax 06033/83506

Degussa AG
IC-Umwelttechnik
60287 Frankfurt am Main
Telefon: 069/218-3164
Telefax: 069/218-2191

P. Kyll GmbH, 51436 Berg. Gladbach

Mannesmann Anlagenbau AG
Postfach 300741, 40407 Düsseldorf
Tel.: (0211) 659-1, Telex: 8586677
Telefax: (0211) 6592372

WEDECO GmbH
Umwelttechnologie Wasser-Boden-Luft
Boschstraße 6, 32051 Herford
Tel.: 05221/930-0 Fax: 05221/3 38 34

Fällmitteldosieranlagen

SÜD-CHEMIE AG, Abwasser- u. Umwelttechnik
Gutenbergstr. 7-9, 85354 Freising
Tel. 08161/175 0, Fax 175 33

Fällungsanlagen

Leiblein, Hardheim·Tel. 06283-22200

Mannesmann Anlagenbau AG
Postfach 300741, 40407 Düsseldorf
Tel.: (0211) 659-1, Telex: 8586677
Telefax: (0211) 6592372

SÜD-CHEMIE AG, Abwasser- u. Umwelttechnik
Gutenbergstr. 7-9, 85354 Freising
Tel. 08161/175 0, Fax 175 33

Fällungs- und Flockungsmittel

Allied Colloids GmbH
Tarpenring 23, D-22419 Hamburg
Tel. 040/527208-0, Fax 5270915

KRONOS INTERNATIONAL, INC.
Geschäftsbereich Wasserchemie
Bahnhofstr. 35, D-40764 Langenfeld
Tel.: (02173) 166-0, Telex 8515405
Telefax: (02173) 17806

SÜD-CHEMIE AG, Abwasser- u. Umwelttechnik
Gutenbergstr. 7-9, 85354 Freising
Tel. 08161/175 0, Fax 175 33

Fernleitungen

Mannesmann Anlagenbau AG
Postfach 300741, 40407 Düsseldorf
Tel.: (0211) 659-1, Telex: 8586677
Telefax: (0211) 6592372

Fernsehuntersuchungen

E. Heitkamp Rohrbau GmbH
Heinrichstr. 67, 44805 Bochum
Tel.: 0234/87905-00
Fax: 0234/87905-55

Fettabscheider NG 2-10

KIRSCH KUNSTSTOFFTECHNIK GMBH
Gottlieb-Häfele-Str. 16
73061 Ebersbach/Fils
Telefon 07163/3802, Fax 07163/8040

Feuchtigkeitsmesser

Arno Amarell, 97889 Kreuzwertheim
Tel. 09342/6376, Tlx. 689121, Fax 39860

Filter

Wolftechnik Filtersysteme GmbH
Postfach 1449
71258 Weil der Stadt
Telefon: 07033/70140
Telefax: 07033/7014-20

Filteranlagen

P. Kyll GmbH, 51436 Berg. Gladbach

Mannesmann Anlagenbau AG
Postfach 300741, 40407 Düsseldorf
Tel.: (0211) 659-1, Telex: 8586677
Telefax: (0211) 6592372

Wolftechnik Filtersysteme GmbH
Postfach 1449
71258 Weil der Stadt
Telefon: 07033/70140
Telefax: 07033/7014-20

Filteranlagen für Abwasser

MEMCOR Filtertechnik GmbH
Postfach, 65731 Eschborn
Tel. 06196-96080 Telex 4072733
Telefax 06196-481328

WEDECO GmbH
Umwelttechnologie Wasser-Boden-Luft
Boschstraße 6, 32051 Herford
Tel.: 05221/930-0 Fax: 05221/3 38 34

Filteranlagen für Trink- und Brauchwasser

Culligan Wassertechnik GmbH, PF 2240
40845 Ratingen, Tel. 02102/46024
Fax 02102/44 39 60

Katadyn Deutschland GmbH
Schäufeleinstrasse 20
80687 München
Tel. (089) 570922-0
Fax (089) 570922-69

P. Kyll GmbH, 51436 Berg. Gladbach

Mannesmann Anlagenbau AG
Postfach 300741, 40407 Düsseldorf
Tel.: (0211) 659-1, Telex: 8586677
Telefax: (0211) 6592372

MEMCOR Filtertechnik GmbH
Postfach, 65731 Eschborn
Tel. 06196-96080 Telex 4072733
Telefax 06196-481328

WEDECO GmbH
Umwelttechnologie Wasser-Boden-Luft
Boschstraße 6, 32051 Herford
Tel.: 05221/930-0 Fax: 05221/3 38 34

Filterbehälter

Wolftechnik Filtersysteme GmbH
Postfach 1449
71258 Weil der Stadt
Telefon: 07033/70140
Telefax: 07033/7014-20

Filterdüsen

FILTERTECHNIK KRAUSE
ROBERT KRAUSE GMBH & CO KG
Postfach 13 40
32337 Espelkamp
Telefon 05772-5630
Telex 972330, Telefax 05772-6790
Kunststoff-Filterdüsen und
Filtersterne, Kunststoff-Armaturen
für Schwimmbäder

Filterdüsen für die Wasseraufbereitung

KLEEMEIER, SCHEWE + Co. KSH GMBH
Daimlerstr. 7, 32051 Herford
Telefon 05221-93 46-0
Telex 934 930, Fax 49/5221-32656

Filterkerzen

Wolftechnik Filtersysteme GmbH
Postfach 1449
71258 Weil der Stadt
Telefon: 07033/70140
Telefax: 07033/7014-20

Filterkies

AKDOLIT-Werk GmbH, 42489 Wülfrath
Tel. 02058/17 2603-08, Fax 02058/172609
Telex 8592079 akd d

Ludwig Böhme KG
Postfach 11 09
37437 Bad Sachsa

Deutsche Terrazzo-Verkaufsstelle Ulm
GmbH & Co., Postfach 40 07, 89030 Ulm
Tel. 07304/81 11 - Fax 07304/81 17
JURAPERLE JW®

Gebrüder Dorfner GmbH
Scharhof 1, 92242 Hirschau/Opf.

WESTDEUTSCHE QUARZWERKE
Dr. Müller GmbH, 46282 Dorsten
Ruf 02362/2005-0, Fax 2005-99

Filtermaterialien

AKDOLIT-Werk GmbH, 42489 Wülfrath
Tel. 02058/17 2603-08, Fax 02058/172609
Telex 8592079 akd d

Filtermedien

MACHEREY-NAGEL GmbH & Co. KG
P. 101352, 52313 Düren, T. 02421/969-0

Filterpressen, stationär und fahrbar

Leiblein, Hardheim·Tel. 06283-22200

Filtersand

BUSCH QUARZ GMBH 92253 Schnaittenbach
Tel. 09622/1761 Fax: 4689

Gebrüder Dorfner GmbH
Scharhof 1, 92242 Hirschau/Opf.

WESTDEUTSCHE QUARZWERKE
Dr. Müller GmbH, 46282 Dorsten
Ruf 02362/2005-0, Fax 2005-99

Fittings

KIRSCH KUNSTSTOFFTECHNIK GMBH
Gottlieb-Häfele-Str. 16
73061 Ebersbach/Fils
Telefon 07163/3802, Fax 07163/8040

Flockungsanlagen

Leiblein, Hardheim·Tel. 06283-22200

Mannesmann Anlagenbau AG
Postfach 300741, 40407 Düsseldorf
Tel.: (0211) 659-1, Telex: 8586677
Telefax: (0211) 6592372

Flockungshilfsmittel

Allied Colloids GmbH
Tarpenring 23, D-22419 Hamburg
Tel. 040/527208-0, Fax 5270915

BK Ladenburg GmbH
Gesellschaft für chemische Erzeugnisse
D-68520 Ladenburg, Tel. 06203/770

SÜD-CHEMIE AG, Abwasser- u. Umwelttechnik
Gutenbergstr. 7-9, 85354 Freising
Tel. 08161/175 0, Fax 175 33

Stockhausen GmbH, Postfach 570
D-47705 Krefeld, Tel.: 02151/338-0
Praestol-Marken, organische
synthetische hochmolekulare
Flockungsmittel
Stokopol-Marken, polymere,
synthetische Spülungsadditive

Flockungshilfsmittel: Synthofloc®

SACHTLEBEN CHEMIE GmbH
Wasserchemie
Postfach 170454, 47184 Duisburg
Tel. 02066-222676, Fax 02066-222661

Flockungsmittel

Allied Colloids GmbH
Tarpenring 23, D-22419 Hamburg
Tel. 040/527208-0, Fax 5270915

KELLER & BOHACEK GmbH & Co. KG
40435 Düsseldorf, Postfach 330225
Tel. 0211/9653-0, Fax 0211/655202

Stockhausen GmbH, Postfach 570
D-47705 Krefeld, Tel.: 02151/338-0
Praestol-Marken, organische
synthetische hochmolekulare
Flockungsmittel
Stokopol-Marken, polymere,
synthetische Spülungsadditive

SÜD-CHEMIE AG, Abwasser- u. Umwelttechnik
Gutenbergstr. 7-9, 85354 Freising
Tel. 08161/175 0, Fax 175 33

Flockungsmittel: Sachtoklar®
Sachtofloc®, Sachtopur®

SACHTLEBEN CHEMIE GmbH
Wasserchemie
Postfach 170454, 47184 Duisburg
Tel. 02066-222676, Fax 02066-222661

Flüssigkeitsringpumpen

RKR Verdichtertechnik GmbH
Postfach 14 50, 31724 Rinteln
Tel.: 05751/4004-0, Telex: 971701
Telefax: 05751/400430
Niederlassung Schweiz:
CH-8800 Thalwil
Tel.: 01/7209344, Telefax: 01/7207268
Büro Leipzig
Spinnereistr. 32, 04416 Markkleeberg
Tel. und Fax: 0341/3949307
Tel.: 0341/3949308

SIHI-HALBERG Vetriebsges. mbH
Lindenstr. 170, 25524 Itzehoe
Tel. 04821/771-01, Fax 04821/771-274

Flüssigkeitsstandmesser

A. KIRCHNER & TOCHTER
Gas- u. Flüssigkeitsmesser
47228 Duisburg, Dieselstr. 17
Tel.: 02065/63141 oder 63191
Fax : 02065/60813

Formstücke

KIRSCH KUNSTSTOFFTECHNIK GMBH
Gottlieb-Häfele-Str. 16
73061 Ebersbach/Fils
Telefon 07163/3802, Fax 07163/8040

SCHUCK ARMATUREN GMBH
Daimlerstr. 5-7, 89552 Steinheim a.A.
Tel. 07329/950-0, Fax 950-161

Froschklappen aus PVC

KIRSCH KUNSTSTOFFTECHNIK GMBH
Gottlieb-Häfele-Str. 16
73061 Ebersbach/Fils
Telefon 07163/3802, Fax 07163/8040

Füllkörper

NSW Umwelttechnik, 26944 Nordenham
Pf. 1464, T (04731) 820, Fax 82526

Füllkörper aus Kunststoffen

NSW Umwelttechnik, 26944 Nordenham
Pf. 1464, T (04731) 820, Fax 82526

Füllstandsmeßgeräte

KROHNE
Messtechnik GmbH & Co. KG
Postanschrift:
47008 Duisburg

LESA, D-22179 Hamburg
Hegholt 59, Tel. 040/6410041-42
Telefax 040/6411836

Rembe GmbH
Postfach 1540, D-59918 Brilon
Tel.: 02961/7405-0, Telex: 17 296 134
Fax : 02961/50714, Ttx: 296134=REMBE

Vaihinger Niveautechnik 63110 Rodgau
Tel. 06106-6993-0, Fax 06106-3316

Gasanalysengeräte

Drägerwerk Aktiengesellschaft
23542 Lübeck, Postfach 1339
Tel.: 0451/882-0, Fax: 0451/882-2080

Testoterm GmbH & Co.
Elektronisches Messen
physikalischer und chemischer Werte
Postfach 11 40
79849 Lenzkirch
Tel. (0 76 53) 6 81-0
Fax (0 76 53) 6 81-100

Gasmeßgeräte

Drägerwerk Aktiengesellschaft
23542 Lübeck, Postfach 1339
Tel.: 0451/882-0, Fax: 0451/882-2080

A. KIRCHNER & TOCHTER
Gas- u. Flüssigkeitsmesser
47228 Duisburg, Dieselstr. 17
Tel.: 02065/63141 oder 63191
Fax : 02065/60813

Geräte zur Wasser- und Abwasseranalyse

Drägerwerk Aktiengesellschaft
23542 Lübeck, Postfach 1339
Tel.: 0451/882-0, Fax: 0451/882-2080

Testoterm GmbH & Co.
Elektronisches Messen
physikalischer und chemischer Werte
Postfach 11 40
79849 Lenzkirch
Tel. (0 76 53) 6 81-0
Fax (0 76 53) 6 81-100

TINTOMETER GMBH
Schleefstr. 8a, D-44287 Dortmund
Tel.: 0231/94510-0, Telex: 822 605
Telefax: 0231/94510-30

Getränkewasseraufbereitung

WEDECO GmbH
Umwelttechnologie Wasser-Boden-Luft
Boschstraße 6, 32051 Herford
Tel.: 05221/930-0 Fax: 05221/3 38 34

Getränkewasseraufbereitungsanlagen

P. Kyll GmbH, 51436 Berg. Gladbach

Gewässerkontrollstationen

WTW GmbH, 82362 Weilheim

Glaselektroden

JUMO M.K. Juchheim GmbH & Co.
Postfach 1209, 36035 Fulda/Germany
Tel.0661/6003-0, Fax 6003-500

Industrieabwasserbehandlung

WEDECO GmbH
Umwelttechnologie Wasser-Boden-Luft
Boschstraße 6, 32051 Herford
Tel.: 05221/930-0 Fax: 05221/3 38 34

Inhibitoren für Säuren

KELLER & BOHACEK GmbH & Co. KG
40435 Düsseldorf, Postfach 330225
Tel. 0211/9653-0, Fax 0211/655202

Inspektionskameras

E. Heitkamp Rohrbau GmbH
Heinrichstr. 67, 44805 Bochum
Tel.: 0234/87905-00
Fax: 0234/87905-55

Ionenaustauschanlagen

Bamag GmbH
Postfach 460, D-35504 Butzbach
Tel. 06033/839, Fax 06033/83506

Krebs & Co. AG
Zweigstelle Umwelttechnik
Erlenstr. 27 B, CH-4106 Therwil
Tel. 0041/61/7218151
Fax. 0041/61/7218853

P. Kyll GmbH, 51436 Berg. Gladbach

Mannesmann Anlagenbau AG
Postfach 300741, 40407 Düsseldorf
Tel.: (0211) 659-1, Telex: 8586677
Telefax: (0211) 6592372

Ionenaustauscher

Kurt Obermeier GmbH & Co. KG
57305 Bad Berleburg Tel. 02751/524-0

Ionensensitive Elektroden

WTW GmbH, 82362 Weilheim

SCHUCK ARMATUREN GMBH
Daimlerstr. 5-7, 89552 Steinheim a.A.
Tel. 07329/950-0, Fax 950-161

Kalk

AKDOLIT-Werk GmbH, 42489 Wülfrath
Tel. 02058/17 2603-08, Fax 02058/172609
Telex 8592079 akd d

Kanalinspektion

Reten Electronic GmbH & Co.
Höhenstr. 23, 65520 Bad Camberg
Tel. (06434) 24-0, Telex: 4 821 518
Telefax (06434) 24 80

Kanalradpumpen

ITT Flygt Pumpen GmbH
Bayernstraße 11
30855 Langenhagen
Telefon 0511/7800-0, Telex 924059
Telefax 0511/782893

Kanalreinigung

E. Heitkamp Rohrbau GmbH
Heinrichstr. 67, 44805 Bochum
Tel.: 0234/87905-00
Fax: 0234/87905-55

Kesselspeisewasser-Aufbereitung

Löschfilter, 56746 Kempenich

Kesselspeisewasser-Aufbereitungsanlagen

Bamag GmbH
Postfach 460, D-35504 Butzbach
Tel. 06033/839, Fax 06033/83506

P. Kyll GmbH, 51436 Berg. Gladbach

Mannesmann Anlagenbau AG
Postfach 300741, 40407 Düsseldorf
Tel.: (0211) 659-1, Telex: 8586677
Telefax: (0211) 6592372

Kesselspeisewasser-Aufbereitungsmittel

Kurt Obermeier GmbH & Co. KG
57305 Bad Berleburg Tel. 02751/524-0

Kesselspeisewasser-Konditioniermittel KEBO-X

KELLER & BOHACEK GmbH & Co. KG
40435 Düsseldorf, Postfach 330225
Tel. 0211/9653-0, Fax 0211/655202

Kesselspeisewasserbehandlung

Chemische Fabrik Budenheim
Rudolf A. Oetker, D-55253 Budenheim
Tel. 06139/890 Fax 06139/89264

Kläranlagen

Werner ZAPF KG
GB WASSERTECHNIK
NÜRNBERGER STR. 38
95448 BAYREUTH, Tel. 0921/916-0

Kläranlagen, mechanische und biologische

NSW Umwelttechnik, 26944 Nordenham
Pf. 1464, T (04731) 820, Fax 82526

Klärschlammaufbereitung

E. Heitkamp Rohrbau GmbH
Heinrichstr. 67, 44805 Bochum
Tel.: 0234/87905-00
Fax: 0234/87905-55

Klärschlamm-Entsorgungssysteme

Mannesmann Anlagenbau AG
Postfach 300741, 40407 Düsseldorf
Tel.: (0211) 659-1, Telex: 8586677
Telefax: (0211) 6592372

Klärschlammkonditionierung

Allied Colloids GmbH
Tarpenring 23, D-22419 Hamburg
Tel. 040/527208-0, Fax 5270915

Sidra Wasserchemie GmbH
Zeppelinstr. 27
49479 Ibbenbüren
Tel.: 05459/54-0, Telex: 944113
Telefax: 05459/54-54

Klärschlammtrocknungsanlagen

Buss-SMS GmbH Verfahrenstechnik
Postfach 120, D-35501 Butzbach
Tel.: (06033) 85-0, Fax: 85-359
Telex: 4 184 481 sms d

TAG Division of BMA
Am Alten Bahnhof 5
38122 Braunschweig
Tel. 0531/804-0
Fax 0531/804-236
Telex 17 531 10711

Kohlensäure CO_2-Verfahren, Anlagen, Geräte

TV Kohlensäure
Technik und Vertrieb GmbH + Co.
Postfach 21 14 06, 67014 Ludwigshafen
Tel. (0621) 69001-0
Fax: (0621) 69001-55

Kompressoren

SIHI-HALBERG Vertriebsges. mbH
Lindenstr. 170, 25524 Itzehoe
Tel. 04821/771-01, Fax 04821/771-274
Tel. 04821/771-01, Fax 04821/771-274

Kondensatentölungsfilter

Löschfilter, 56746 Kempenich

Kontroll,- Meß- und Steuergeräte

A. KIRCHNER & TOCHTER
Gas- u. Flüssigkeitsmesser
47228 Duisburg, Dieselstr. 17
Tel.: 02065/63141 oder 63191
Fax : 02065/60813

Korrosionsschutzmittel

BK Ladenburg GmbH
Gesellschaft für chemische Erzeugnisse
D-68520 Ladenburg, Tel. 06203/770

KELLER & BOHACEK GmbH & Co. KG
40435 Düsseldorf, Postfach 330225
Tel. 0211/9653-0, Fax 0211/655202

Kreiselpumpen

PHILIPP HILGE GmbH
Pumpenfabrik seit 1862, 55292 Bodenheim
Tel. 06135/75-0, Fax 06135/1737

KIRSCH KUNSTSTOFFTECHNIK GMBH
Gottlieb-Häfele-Str. 16
73061 Ebersbach/Fils
Telefon 07163/3802, Fax 07163/8040

SIHI-HALBERG Vetriebsges. mbH
Lindenstr. 170, 25524 Itzehoe
Tel. 04821/771-01, Fax 04821/771-274

Kühlwasseraufbereitungsanlagen

P. Kyll GmbH, 51436 Berg. Gladbach

Leiblein, Hardheim·Tel. 06283-22200

Kühlwasserbehandlung

BK Ladenburg GmbH
Gesellschaft für chemische Erzeugnisse
D-68520 Ladenburg, Tel. 06203/770

Chemische Fabrik Budenheim
Rudolf A. Oetker, D-55253 Budenheim
Tel. 06139/890 Fax 06139/89264

SOLVAY INTEROX GMBH
82047 Pullach
Tel. 089/74422-0, Tx: 523482 pcm

Kühlwasser-Konditioniermittel

KELLER & BOHACEK GmbH & Co. KG
40435 Düsseldorf, Postfach 330225
Tel. 0211/9653-0, Fax 0211/655202

Kugelhähne

KIRSCH KUNSTSTOFFTECHNIK GMBH
Gottlieb-Häfele-Str. 16
73061 Ebersbach/Fils
Telefon 07163/3802, Fax 07163/8040

Kunststoffbeschichtungen

Steuler Industriewerke GmbH
Postf. 1448, 56195 Höhr-Grenzhausen
Tel.: 02624/13-0, Fax 02624/13339

Kunststoffpumpen

KIRSCH KUNSTSTOFFTECHNIK GMBH
Gottlieb-Häfele-Str. 16
73061 Ebersbach/Fils
Telefon 07163/3802, Fax 07163/8040

Wolftechnik Filtersysteme GmbH
Postfach 1449
71258 Weil der Stadt
Telefon: 07033/70140
Telefax: 07033/7014-20

Kunststoffrohrleitungsbau

KIRSCH KUNSTSTOFFTECHNIK GMBH
Gottlieb-Häfele-Str. 16
73061 Ebersbach/Fils
Telefon 07163/3802, Fax 07163/8040

Laborapparate und -geräte

BÜCHI Laboratoriums-Technik GmbH
Postfach 148, 73037 Göppingen

H. JÜRGENS & CO. (GMBH & CO.)
Postfach 10 44 49, 28044 Bremen
Tel. 0421/1 75 99-0
Odeonstr. 3, 30159 Hannover
Tel. 0511/1 21 01-0
Hüfferstr. 36, 48149 Münster
Tel. 0251/8 17 31

Laboreinrichtungen

JÜRGENS LABORBAU GMBH
Postfach 45 02 08, 28296 Bremen
Tel. (0421) 4 38 40-0

Laboreinrichtungen und Laborbedarf

H. JÜRGENS & CO. (GMBH & CO.)
Postfach 10 44 49, 28044 Bremen
Tel. 0421/1 75 99-0
Odeonstr. 3, 30159 Hannover
Tel. 0511/1 21 01-0
Hüfferstr. 36, 48149 Münster
Tel. 0251/8 17 31

Lamellenklärer

Leiblein, Hardheim·Tel. 06283-22200

Leckortungs-Korrelations-meßsysteme

Reten Electronic GmbH & Co.
Höhenstr. 23, 65520 Bad Camberg
Tel. (06434) 24-0, Telex: 4 821 518
Telefax (06434) 24 80

Lecksuchgeräte

Drägerwerk Aktiengesellschaft
23542 Lübeck, Postfach 1339
Tel.: 0451/882-0, Fax: 0451/882-2080

Leitfähigkeitsmeßgeräte

JUMO M.K. Juchheim GmbH & Co.
Postfach 1209, 36035 Fulda/Germany
Tel.0661/6003-0, Fax 6003-500

Knick Elektronische Meßgeräte GmbH & Co.
Beuckestr. 22, 14163 Berlin

LANG APP. GmbH, 83313 Siegsdorf

WTW GmbH, 82362 Weilheim

Leitfähigkeitsmeß- und -regelgeräte

Analytical Meßinstrumente GmbH
40789 Monheim, Siemensstr. 17
Tel. 02173/9580
Telefax: 02173/958259

Hauke Ges.m.b.H. u. Co. KG
POB 103 A 4810 Gmunden

LANG APP. GmbH, 83313 Siegsdorf

Leitfähigkeitsmessung

LANG APP. GmbH, 83313 Siegsdorf

Leuchtbakterientest

Dr. Bruno Lange GmbH Berlin
Industriemeßtechnik, PF 190201
40521 Düsseldorf
LUMIStox Meßsystem

Magnetventile

KIRSCH KUNSTSTOFFTECHNIK GMBH
Gottlieb-Häfele-Str. 16
73061 Ebersbach/Fils
Telefon 07163/3802, Fax 07163/8040

Marmorkies

AKDOLIT-Werk GmbH, 42489 Wülfrath
Tel. 02058/17 2603-08, Fax 02058/172609
Telex 8592079 akd d

Ludwig Böhme KG
Postfach 11 09
37437 Bad Sachsa

Massenspektrometer

Finnigan MAT GmbH
Postfach 14 40 62
28088 Bremen
Tel.: (0421) 54 93-0

Meerwasserentsalzungsanlagen

Culligan Wassertechnik GmbH, PF 2240
40845 Ratingen, Tel. 02102/46024
Fax 02102/44 39 60

Membranfilter

MEMCOR Filtertechnik GmbH
Postfach, 65731 Eschborn
Tel. 06196-96080 Telex 4072733
Telefax 06196-481328

Wolftechnik Filtersysteme GmbH
Postfach 1449
71258 Weil der Stadt
Telefon: 07033/70140
Telefax: 07033/7014-20

Membranpumpen

Hauke Ges.m.b.H. u. Co. KG
POB 103 A 4810 Gmunden

LANG APP. GmbH, 83313 Siegsdorf

Membrantechnik

Leiblein, Hardheim·Tel. 06283-22200

Membranventile

KIRSCH KUNSTSTOFFTECHNIK GMBH
Gottlieb-Häfele-Str. 16
73061 Ebersbach/Fils
Telefon 07163/3802, Fax 07163/8040

Mengenmeßgeräte

A. KIRCHNER & TOCHTER
Gas- u. Flüssigkeitsmesser
47228 Duisburg, Dieselstr. 17
Tel.: 02065/63141 oder 63191
Fax : 02065/60813

Meßgeber

LANG APP. GmbH, 83313 Siegsdorf

Meßgeräte

Drägerwerk Aktiengesellschaft
23542 Lübeck, Postfach 1339
Tel.: 0451/882-0, Fax: 0451/882-2080

A. KIRCHNER & TOCHTER
Gas- u. Flüssigkeitsmesser
47228 Duisburg, Dieselstr. 17
Tel.: 02065/63141 oder 63191
Fax : 02065/60813

LANG APP. GmbH, 83313 Siegsdorf

Testoterm GmbH & Co.
Elektronisches Messen
physikalischer und chemischer Werte
Postfach 11 40
79849 Lenzkirch
Tel. (0 76 53) 6 81-0
Fax (0 76 53) 6 81-100

Meßgeräte, automatische

Testoterm GmbH & Co.
Elektronisches Messen
physikalischer und chemischer Werte
Postfach 11 40
79849 Lenzkirch
Tel. (0 76 53) 6 81-0
Fax (0 76 53) 6 81-100

Meßstation

Rembe GmbH
Postfach 1540, D-59918 Brilon
Tel.: 02961/7405-0, Telex: 17 296 134
Fax : 02961/50714, Ttx: 296134=REMBE

Meß- und Regeleinrichtungen

Hauke Ges.m.b.H. u. Co. KG
POB 103 A 4810 Gmunden

Rembe GmbH
Postfach 1540, D-59918 Brilon
Tel.: 02961/7405-0, Telex: 17 296 134
Fax : 02961/50714, Ttx: 296134=REMBE

Meß- und Regelgeräte

LANG APP. GmbH, 83313 Siegsdorf

Meß- und Regeltechnik

JUMO M.K. Juchheim GmbH & Co.
Postfach 1209, 36035 Fulda/Germany
Tel.0661/6003-0, Fax 6003-500

Meß-, Regel- und Prozeßleittechnik

GSA (G. Schmied Abwassertechnik GmbH)
3-K-Weg 7, 28816 Stuhr
Tel. 04206/9038, Telefax: 04206/9877

Hartmann & Braun AG
D-60484 Frankfurt am Main
Tel.(069) 799-0, Fax (069) 799-2406

KIRSCH KUNSTSTOFFTECHNIK GMBH
Gottlieb-Häfele-Str. 16
73061 Ebersbach/Fils
Telefon 07163/3802, Fax 07163/8040

PASSAVANT-WERKE AG
65322 Aarbergen
Telefon 06120/ 2 81
Telex 4 186 596
Telefax 06120/28 26 78

Neutralisationsanlagen

Hauke Ges.m.b.H. u. Co. KG
POB 103 A 4810 Gmunden

P. Kyll GmbH, 51436 Berg. Gladbach

Neutralisationsmaterial

AKDOLIT-Werk GmbH, 42489 Wülfrath
Tel. 02058/17 2603-08, Fax 02058/172609
Telex 8592079 akd d

Deutsche Terrazzo-Verkaufsstelle Ulm
GmbH & Co., Postfach 40 07, 89030 Ulm
Tel. 07304/81 11 - Fax 07304/81 17
JURAPERLE JW®

Nitrateliminierungsanlagen

NSW Umwelttechnik, 26944 Nordenham
Pf. 1464, T (04731) 820, Fax 82526

Niveaumeßgeräte

LANG APP. GmbH, 83313 Siegsdorf

Vaihinger Niveautechnik 63110 Rodgau
Tel. 06106-6993-0, Fax 06106-3316

Niveauregelanlagen

ITT Flygt Pumpen GmbH
Bayernstraße 11
30855 Langenhagen
Telefon 0511/7800-0, Telex 924059
Telefax 0511/782893

LANG APP. GmbH, 83313 Siegsdorf

LESA, D-22179 Hamburg
Hegholt 59, Tel. 040/6410041-42
Telefax 040/6411836

Vaihinger Niveautechnik 63110 Rodgau
Tel. 06106-6993-0, Fax 06106-3316

Niveauschalter

Vaihinger Niveautechnik 63110 Rodgau
Tel. 06106-6993-0, Fax 06106-3316

Niveauschaltgeräte

Analytical Meßinstrumente GmbH
40789 Monheim, Siemensstr. 17
Tel. 02173/9580
Telefax: 02173/958259

Vaihinger Niveautechnik 63110 Rodgau
Tel. 06106-6993-0, Fax 06106-3316

Normpumpen

KIRSCH KUNSTSTOFFTECHNIK GMBH
Gottlieb-Häfele-Str. 16
73061 Ebersbach/Fils
Telefon 07163/3802, Fax 07163/8040

SIHI-HALBERG Vertriebsges. mbH
Lindenstr. 170, 25524 Itzehoe
Tel. 04821/771-01, Fax 04821/771-274

O_2-Meßgeräte

Analytical Meßinstrumente GmbH
40789 Monheim, Siemensstr. 17
Tel. 02173/9580
Telefax: 02173/958259

Drägerwerk Aktiengesellschaft
23542 Lübeck, Postfach 1339
Tel.: 0451/882-0, Fax: 0451/882-2080

Hauke Ges.m.b.H. u. Co. KG
POB 103 A 4810 Gmunden

Öl-in-Wasser-Analysatoren

Drägerwerk Aktiengesellschaft
23542 Lübeck, Postfach 1339
Tel.: 0451/882-0, Fax: 0451/882-2080

GSA (G. Schmied Abwassertechnik GmbH)
3-K-Weg 7, 28816 Stuhr
Tel. 04206/9038, Telefax: 04206/9877

Ölwehrtechnik

Hydrotechnik Lübeck GmbH
Grootkoppel 33, 23566 Lübeck
Tel.: 0451/6 51 75, Fax: 0451/62 37 44

Ozonanlagen

ARGENTOX Apparatebauges. mbH
Humboldtstraße 14, D-21509 Glinde
Tel.: 040/722 10 06, Telex: 211979
Telefax 040/722 54 92

BLATTER OZON BASEL
CH 4007 Basel, Postfach 175
Tel. 0041/61 691 04 55
Fax   691 25 46

WEDECO GmbH
Umwelttechnologie Wasser-Boden-Luft
Boschstraße 6, 32051 Herford
Tel.: 05221/930-0 Fax: 05221/3 38 34

Ozongeneratoren

Anseros, Klaus Nonnenmacher GmbH
Dischinger Weg 11, D-72070 Tübingen
Tel. 07071-73082 Fax 07071/72955

Sander-Elektroapparatebau
Am Osterberg 22, D-31311 Uetze-Eltze
T. 05173/884 Fax 05173/888 FS 92613
Ozonisatoren für Labor und Industrie

Ozon-Prozeßanalysatoren zur kontinuierlichen Messung von Ozon in der Gas- u. Wasserphase

ARGENTOX Apparatebauges. mbH
Humboldtstraße 14, D-21509 Glinde
Tel.: 040/722 10 06, Telex: 211979
Telefax 040/722 54 92

Panzerpumpen

ITT Flygt Pumpen GmbH
Bayernstraße 11
30855 Langenhagen
Telefon 0511/7800-0, Telex 924059
Telefax 0511/782893

pH-Elektroden

Analytical Meßinstrumente GmbH
40789 Monheim, Siemensstr. 17
Tel. 02173/9580
Telefax: 02173/958259

LANG APP. GmbH, 83313 Siegsdorf

pH-Meßgeräte

JUMO M.K. Juchheim GmbH & Co.
Postfach 1209, 36035 Fulda/Germany
Tel.0661/6003-0, Fax 6003-500

Knick Elektronische Meßgeräte GmbH & Co.
Beuckestr. 22, 14163 Berlin

LANG APP. GmbH, 83313 Siegsdorf

pH-Meßgeräte (Redox, Temperatur, Feuchte)

LANG APP. GmbH, 83313 Siegsdorf

pH-Meß- und Regelgeräte

Analytical Meßinstrumente GmbH
40789 Monheim, Siemensstr. 17
Tel. 02173/9580
Telefax: 02173/958259

Hauke Ges.m.b.H. u. Co. KG
POB 103 A 4810 Gmunden

LANG APP. GmbH, 83313 Siegsdorf

pH-Meter

Amarell-Electronic, 97889 Kreuzwertheim
Tel. 09342/6376, Tlx. 689121, Fax 39860

WTW GmbH, 82362 Weilheim

Phosphate

BK Ladenburg GmbH
Gesellschaft für chemische Erzeugnisse
D-68520 Ladenburg, Tel. 06203/770

Chemische Fabrik Budenheim
Rudolf A. Oetker, D-55253 Budenheim
Tel. 06139/890 Fax 06139/89264

Phosphatentfernung

SÜD-CHEMIE AG, Abwasser- u. Umwelttechnik
Gutenbergstr. 7-9, 85354 Freising
Tel. 08161/175 0, Fax 175 33

Phosphatfällmittel

Allied Colloids GmbH
Tarpenring 23, D-22419 Hamburg
Tel. 040/527208-0, Fax 5270915

SÜD-CHEMIE AG, Abwasser- u. Umwelttechnik
Gutenbergstr. 7-9, 85354 Freising
Tel. 08161/175 0, Fax 175 33

Photometer

TINTOMETER GMBH
Schleefstr. 8a, D-44287 Dortmund
Tel.: 0231/94510-0, Telex: 822 605
Telefax: 0231/94510-30

Photometrische Wasseranalyse

MACHEREY-NAGEL GmbH & Co. KG
P. 101352, 52313 Düren, T. 02421/969-0

Polyaluminiumchlorid: Paper-PAC-N®

SACHTLEBEN CHEMIE GmbH
Wasserchemie
Postfach 170454, 47184 Duisburg
Tel. 02066-222676, Fax 02066-222661

Probenentnahmeventile

RITAG®-Armaturenwerk
Postfach 13 32
27703 Osterholz-Scharmbeck
Tel. 04791/9209-0, Fax 04791/6081

Probenehmer

WTW GmbH, 82362 Weilheim

Propellerpumpen

ITT Flygt Pumpen GmbH
Bayernstraße 11
30855 Langenhagen
Telefon 0511/7800-0, Telex 924059
Telefax 0511/782893

Prozeßleitsysteme

PSI GmbH, Heilbronner Str. 10
10711 Berlin

Prozeßleitsysteme und -anlagen

PSI GmbH, Heilbronner Str. 10
10711 Berlin

Pumpanlagen

ITT Flygt Pumpen GmbH
Bayernstraße 11
30855 Langenhagen
Telefon 0511/7800-0, Telex 924059
Telefax 0511/782893

Pumpen

ITT Flygt Pumpen GmbH
Bayernstraße 11
30855 Langenhagen
Telefon 0511/7800-0, Telex 924059
Telefax 0511/782893

SIHI-HALBERG Vetriebsges. mbH
Lindenstr. 170, 25524 Itzehoe
Tel. 04821/771-01, Fax 04821/771-274

Pumpen für aggressive Medien

ITT Flygt Pumpen GmbH
Bayernstraße 11
30855 Langenhagen
Telefon 0511/7800-0, Telex 924059
Telefax 0511/782893

KIRSCH KUNSTSTOFFTECHNIK GMBH
Gottlieb-Häfele-Str. 16
73061 Ebersbach/Fils
Telefon 07163/3802, Fax 07163/8040

MAPROTEC GmbH, D-65502 Idstein
TEL. 06126-4001, FAX 06126-4002

NETZSCH MOHNOPUMPEN GMBH
D-84464 Waldkraiburg, Tel. 08638/63-0

PHILIPP HILGE GmbH
Pumpenfabrik seit 1862, 55292 Bodenheim
Tel. 06135/75-0, Fax 06135/1737

SIHI-HALBERG Vetriebsges. mbH
Lindenstr. 170, 25524 Itzehoe
Tel. 04821/771-01, Fax 04821/771-274

Pumpen, wellendichtungslose

MAPROTEC GmbH, D-65502 Idstein
TEL. 06126-4001, FAX 06126-4002

SIHI-HALBERG Vetriebsges. mbH
Lindenstr. 170, 25524 Itzehoe
Tel. 04821/771-01, Fax 04821/771-274

Pumpensteuerungen

LESA, D-22179 Hamburg
Hegholt 59, Tel. 040/6410041-42
Telefax 040/6411836

Rembe GmbH
Postfach 1540, D-59918 Brilon
Tel.: 02961/7405-0, Telex: 17 296 134
Fax : 02961/50714, Ttx: 296134=REMBE

Pumpwerke

ITT Flygt Pumpen GmbH
Bayernstraße 11
30855 Langenhagen
Telefon 0511/7800-0, Telex 924059
Telefax 0511/782893

Quarzkies

BUSCH QUARZ GMBH 92253 Schnaittenbach
Tel. 09622/1761 Fax: 4689

Gebrüder Dorfner GmbH
Scharhof 1, 92242 Hirschau/Opf.

WESTDEUTSCHE QUARZWERKE
Dr. Müller GmbH, 46282 Dorsten
Ruf 02362/2005-0, Fax 2005-99

Quarzsand/Sonderklassierungen

AKDOLIT-Werk GmbH, 42489 Wülfrath
Tel. 02058/17 2603-08, Fax 02058/172609
Telex 8592079 akd d

BUSCH QUARZ GMBH 92253 Schnaittenbach
Tel. 09622/1761 Fax: 4689

Redox-Elektroden

Analytical Meßinstrumente GmbH
40789 Monheim, Siemensstr. 17
Tel. 02173/9580
Telefax: 02173/958259

JUMO M.K. Juchheim GmbH & Co.
Postfach 1209, 36035 Fulda/Germany
Tel.0661/6003-0, Fax 6003-500

Redoxmeßgeräte

Analytical Meßinstrumente GmbH
40789 Monheim, Siemensstr. 17
Tel. 02173/9580
Telefax: 02173/958259

Hauke Ges.m.b.H. u. Co. KG
POB 103 A 4810 Gmunden

Testoterm GmbH & Co.
Elektronisches Messen
physikalischer und chemischer Werte
Postfach 11 40
79849 Lenzkirch
Tel. (0 76 53) 6 81-0
Fax (0 76 53) 6 81-100

Regel- und Steuereinrichtungen

Analytical Meßinstrumente GmbH
40789 Monheim, Siemensstr. 17
Telefon: 02173/9580
Telefax: 02173/958259

Regeneriersalz für Wasserenthärtungsanlagen

Akzo Nobel Salz GmbH
Eisenbahnstraße 1
21680 Stade
Tel. (04141) 928-0
Fax (04141) 928-190

Registriergeräte

Analytical Meßinstrumente GmbH
40789 Monheim, Siemensstr. 17
Tel. 02173/9580
Telefax: 02173/958259

JUMO M.K. Juchheim GmbH & Co.
Postfach 1209, 36035 Fulda/Germany
Tel.0661/6003-0, Fax 6003-500

Testoterm GmbH & Co.
Elektronisches Messen
physikalischer und chemischer Werte
Postfach 11 40
79849 Lenzkirch
Tel. (0 76 53) 6 81-0
Fax (0 76 53) 6 81-100

Reinigung cyanidischer, galvanischer, fotochemischer, nitrit- und schwefelhaltiger Abwässer

Degussa AG
IC-Umwelttechnik
60287 Frankfurt am Main
Telefon: 069/218-3164
Telefax: 069/218-2191

SOLVAY INTEROX GMBH
82047 Pullach
Tel. 089/74422-0, Tx: 523482 pcm

Reinigung von Kesseln, Chemieanlagen und Rohrleitungen

E. Heitkamp Rohrbau GmbH
Heinrichstr. 67, 44805 Bochum
Tel.: 0234/87905-00
Fax: 0234/87905-55

Reinigung von Rohrleitungen

E. Heitkamp Rohrbau GmbH
Heinrichstr. 67, 44805 Bochum
Tel.: 0234/87905-00
Fax: 0234/87905-55

Reparaturschellen

REWAGA Dichtungsschellen Vetr. GmbH
Horbacher Str. 78, 52072 Aachen
Tel.: 0241-173934, Fax: 0241-174568

Revers-Osmose-Anlagen

P. Kyll GmbH, 51436 Berg. Gladbach

Wolftechnik Filtersysteme GmbH
Postfach 1449
71258 Weil der Stadt
Telefon: 07033/70140
Telefax: 07033/7014-20

Riesler

NSW Umwelttechnik, 26944 Nordenham
Pf. 1464, T (04731) 820, Fax 82526

Rohrbeschichtungen

E. Heitkamp Rohrbau GmbH
Heinrichstr. 67, 44805 Bochum
Tel.: 0234/87905-00
Fax: 0234/87905-55

Rohrbeschichtungen/Rohrabdichtungsmaterial

E. Heitkamp Rohrbau GmbH
Heinrichstr. 67, 44805 Bochum
Tel.: 0234/87905-00
Fax: 0234/87905-55

Rohrdichtungsschellen

REWAGA Dichtungsschellen Vetr. GmbH
Horbacher Str. 78, 52072 Aachen
Tel.: 0241-173934, Fax: 0241-174568

Rohrformstücke

SCHUCK ARMATUREN GMBH
Daimlerstr. 5-7, 89552 Steinheim a.A.
Tel. 07329/950-0, Fax 950-161

Rohrleitungsbau

Hans Brochier GmbH & Co.
Marthastr. 16, 90482 Nürnberg
Tel.: 0911/95 43-0
Telefax: 0911/95 43-2 96

KIRSCH KUNSTSTOFFTECHNIK GMBH
Gottlieb-Häfele-Str. 16
73061 Ebersbach/Fils
Telefon 07163/3802, Fax 07163/8040

Rückschlagventile in Zwischenflanschausführung

RITAG®-Armaturenwerk
Postfach 13 32
27703 Osterholz-Scharmbeck
Tel. 04791/9209-0, Fax 04791/6081

Rückschlagklappen in Zwischenflanschausführung (Einzel-/Doppelklappen)

RITAG®-Armaturenwerk
Postfach 13 32
27703 Osterholz-Scharmbeck
Tel. 04791/9209-0, Fax 04791/6081

Rührwerke

ITT Flygt Pumpen GmbH
Bayernstraße 11
30855 Langenhagen
Telefon 0511/7800-0, Telex 924059
Telefax 0511/782893

Sauerstoffmeßgeräte

Drägerwerk Aktiengesellschaft
23542 Lübeck, Postfach 1339
Tel.: 0451/882-0, Fax: 0451/882-2080

WTW GmbH, 82362 Weilheim

Säurepumpen

NETZSCH MOHNOPUMPEN GMBH
D-84464 Waldkraiburg, Tel. 08638/63-0

Säureschutz

CHEMIESCHUTZ 64625 Bensheim
Werner-v.-Siemens-Str. 7, T. 06251/4086
„ANTIKOR-Steigeisen"

KELLER & BOHACEK GmbH & Co. KG
40435 Düsseldorf, Postfach 330225
Tel. 0211/9653-0, Fax 0211/655202

Steuler Industriewerke GmbH
Postf. 1448, 56195 Höhr-Grenzhausen
Tel.: 02624/13-0, Fax 02624/13339

Schlammentwässerungsanlagen

Leiblein, Hardheim·Tel. 06283-22200

Schlammentwässerungshilfsmittel

Allied Colloids GmbH
Tarpenring 23, D-22419 Hamburg
Tel. 040/527208-0, Fax 5270915

KRONOS INTERNATIONAL, INC.
Geschäftsbereich Wasserchemie
Bahnhofstr. 35, D-40764 Langenfeld
Tel.: (02173) 166-0, Telex 8515405
Telefax: (02173) 17806

Schlammpumpen

ITT Flygt Pumpen GmbH
Bayernstraße 11
30855 Langenhagen
Telefon 0511/7800-0, Telex 924059
Telefax 0511/782893

NETZSCH MOHNOPUMPEN GMBH
D-84464 Waldkraiburg, Tel. 08638/63-0

Schlammspiegelmeßgeräte

KROHNE
Messtechnik GmbH & Co. KG
Postanschrift:
47008 Duisburg

Rembe GmbH
Postfach 1540, D-59918 Brilon
Tel.: 02961/7405-0, Telex: 17 296 134
Fax : 02961/50714, Ttx: 296134=REMBE

Schlammtrocknungsanlagen

Buss-SMS GmbH Verfahrenstechnik
Postfach 120, D-35501 Butzbach
Tel.: (06033) 85-0, Fax: 85-359
Telex: 4 184 481 sms d

Schlammtrocknungs- und -verbrennungsanlagen

PASSAVANT-WERKE AG
65322 Aarbergen
Telefon 06120/ 2 81
Telex 4 186 596
Telefax 06120/28 26 78

Schlauchwehre

Floecksmühle Energietechnik GmbH
Bachstr. 62-64, 52066 Aachen
Tel. 0241/94 689-1, Fax 0241/50 68 89

Schmutzwasserpumpen

ITT Flygt Pumpen GmbH
Bayernstraße 11
30855 Langenhagen
Telefon 0511/7800-0, Telex 924059
Telefax 0511/782893

Schrägklärer

Leiblein, Hardheim·Tel. 06283-22200

Schraubenverdichter

RKR Verdichtertechnik GmbH
Postfach 14 50, 31724 Rinteln
Tel.: 05751/4004-0, Telex: 971701
Telefax: 05751/400430
Niederlassung Schweiz:
CH-8800 Thalwil
Tel.: 01/7209344, Telefax: 01/7207268
Büro Leipzig
Spinnereistr. 32, 04416 Markkleeberg
Tel. und Fax: 0341/3949307
Tel.: 0341/3949308

Schwermetallfällungsmittel

Degussa AG
IC-Umwelttechnik
60287 Frankfurt am Main
Telefon: 069/218-3164
Telefax: 069/218-2191

Schwimmbadwasseraufbereitungsanlagen

P. Kyll GmbH, 51436 Berg. Gladbach

Schwimmbadwasserbehandlung

KIRSCH KUNSTSTOFFTECHNIK GMBH
Gottlieb-Häfele-Str. 16
73061 Ebersbach/Fils
Telefon 07163/3802, Fax 07163/8040

Schwimmende Tauchwände

Hydrotechnik Lübeck GmbH
Grootkoppel 33, 23566 Lübeck
Tel.: 0451/6 51 75, Fax: 0451/62 37 44

Seitenkanalgebläse

RKR Verdichtertechnik GmbH
Postfach 14 50, 31724 Rinteln
Tel.: 05751/4004-0, Telex: 971701
Telefax: 05751/400430
Niederlassung Schweiz:
CH-8800 Thalwil
Tel.: 01/7209344, Telefax: 01/7207268
Büro Leipzig
Spinnereistr. 32, 04416 Markkleeberg
Tel. und Fax: 0341/3949307
Tel.: 0341/3949308

Silikate

VAN BAERLE & CO., 64579 Gernsheim
Mainzer Str. 35, Tel.: 06258/3011

Steckscheiben

RITAG®-Armaturenwerk
Postfach 13 32
27703 Osterholz-Scharmbeck
Tel. 04791/9209-0, Fax 04791/6081

Steigeisen

CHEMIESCHUTZ 64625 Bensheim
Werner-v.-Siemens-Str. 7, T. 06251/4086
„ANTIKOR-Steigeisen"

Steuer- und Regelanlagen für die Abwasserreinigung

Rembe GmbH
Postfach 1540, D-59918 Brilon
Tel.: 02961/7405-0, Telex: 17 296 134
Fax : 02961/50714, Ttx: 296134=REMBE

Steuerung von Regenrückhaltebecken

ITT Flygt Pumpen GmbH
Bayernstraße 11
30855 Langenhagen
Telefon 0511/7800-0, Telex 924059
Telefax 0511/782893

Rembe GmbH
Postfach 1540, D-59918 Brilon
Tel.: 02961/7405-0, Telex: 17 296 134
Fax : 02961/50714, Ttx: 296134=REMBE

Stickstoffanalysatoren

BÜCHI Laboratoriums-Technik GmbH
Postfach 148, 73037 Göppingen

Stickstoffbestimmung

ABIMED Analysen - Technik GmbH
40736 Langenfeld T. 02173/89050

Tauchgenerator-Turbinen

ITT Flygt Pumpen GmbH
Bayernstraße 11
30855 Langenhagen
Telefon 0511/7800-0, Telex 924059
Telefax 0511/782893

Tauchpumpen

ITT Flygt Pumpen GmbH
Bayernstraße 11
30855 Langenhagen
Telefon 0511/7800-0, Telex 924059
Telefax 0511/782893

PHILIPP HILGE GmbH
Pumpenfabrik seit 1862, 55292 Bodenheim
Tel. 06135/75-0, Fax 06135/1737

NETZSCH MOHNOPUMPEN GMBH
D-84464 Waldkraiburg, Tel. 08638/63-0

Teil- und Vollentsalzungsanlagen

P. Kyll GmbH, 51436 Berg. Gladbach

Temperaturmeßgeräte

Arno Amarell, 97889 Kreuzwertheim
Tel. 09342/6376, Tlx. 689121, Fax 39860

Analytical Meßinstrumente GmbH
40789 Monheim, Siemensstr. 17
Tel. 02173/9580
Telefax: 02173/958259

Testoterm GmbH & Co.
Elektronisches Messen
physikalischer und chemischer Werte
Postfach 11 40
79849 Lenzkirch
Tel. (0 76 53) 6 81-0
Fax (0 76 53) 6 81-100

Testpapiere

MACHEREY-NAGEL GmbH & Co. KG
P. 101352, 52313 Düren, T. 02421/969-0

Thermometer

Arno Amarell, 97889 Kreuzwertheim
Tel. 09342/6376, Tlx. 689121, Fax 39860

Toxizitätsmeßgeräte, kontinuierlich

STIP Siepmann und Teutscher GmbH
Postfach, 64818 Groß-Umstadt
Tel. 06078-786-0, Fax 06078-786-88

Trinkwasseraufbereitung

AKDOLIT-Werk GmbH, 42489 Wülfrath
Tel. 02058/17 2603-08, Fax 02058/172609
Telex 8592079 akd d

Degussa AG
IC-Umwelttechnik
60287 Frankfurt am Main
Telefon: 069/218-3164
Telefax: 069/218-2191

Deutsche Terrazzo-Verkaufsstelle Ulm
GmbH & Co., Postfach 40 07, 89030 Ulm
Tel. 07304/81 11 - Fax 07304/81 17
JURAPERLE JW®

Löschfilter, 56746 Kempenich

WEDECO GmbH
Umwelttechnologie Wasser-Boden-Luft
Boschstraße 6, 32051 Herford
Tel.: 05221/930-0 Fax: 05221/3 38 34

Trinkwasseraufbereitungsanlagen

Bamag GmbH
Postfach 460, D-35504 Butzbach
Tel. 06033/839, Fax 06033/83506

Culligan Wassertechnik GmbH, PF 2240
40845 Ratingen, Tel. 02102/46024
Fax 02102/44 39 60

P. Kyll GmbH, 51436 Berg. Gladbach

Mannesmann Anlagenbau AG
Postfach 300741, 40407 Düsseldorf
Tel.: (0211) 659-1, Telex: 8586677
Telefax: (0211) 6592372

MEMCOR Filtertechnik GmbH
Postfach, 65731 Eschborn
Tel. 06196-96080 Telex 4072733
Telefax 06196-481328

PASSAVANT-WERKE AG
65322 Aarbergen
Telefon 06120/ 2 81
Telex 4 186 596
Telefax 06120/28 26 78

Trinkwasserbehandlung

BK Ladenburg GmbH
Gesellschaft für chemische Erzeugnisse
D-68520 Ladenburg, Tel. 06203/770

Chemische Fabrik Budenheim
Rudolf A. Oetker, D-55253 Budenheim
Tel. 06139/890 Fax 06139/89264

Trinkwasserentkeimungsanlagen

P. Kyll GmbH, 51436 Berg. Gladbach

Trinkwasseruntersuchungsgeräte

TINTOMETER GMBH
Schleefstr. 8a, D-44287 Dortmund
Tel.: 0231/94510-0, Telex: 822 605
Telefax: 0231/94510-30

Tropfkörper

NSW Umwelttechnik, 26944 Nordenham
Pf. 1464, T (04731) 820, Fax 82526

T-Stücke

SCHUCK ARMATUREN GMBH
Daimlerstr. 5-7, 89552 Steinheim a.A.
Tel. 07329/950-0, Fax 950-161

Turboverdichter

RKR Verdichtertechnik GmbH
Postfach 14 50, 31724 Rinteln
Tel.: 05751/4004-0, Telex: 971701
Telefax: 05751/400430
Niederlassung Schweiz:
CH-8800 Thalwil
Tel.: 01/7209344, Telefax: 01/7207268
Büro Leipzig
Spinnereistr. 32, 04416 Markkleeberg
Tel. und Fax: 0341/3949307
Tel.: 0341/3949308

Überfüllsicherungen

Vaihinger Niveautechnik 63110 Rodgau
Tel. 06106-6993-0, Fax 06106-3316

Ultrafiltration

Wolftechnik Filtersysteme GmbH
Postfach 1449
71258 Weil der Stadt
Telefon: 07033/70140
Telefax: 07033/7014-20

Ultrafiltrationsanlagen

Leiblein, Hardheim·Tel. 06283-22200

Mannesmann Anlagenbau AG
Postfach 300741, 40407 Düsseldorf
Tel.: (0211) 659-1, Telex: 8586677
Telefax: (0211) 6592372

Umkehrosmose-Anlagen

Culligan Wassertechnik GmbH, PF 2240
40845 Ratingen, Tel. 02102/46024
Fax 02102/44 39 60

P. Kyll GmbH, 51436 Berg. Gladbach

Mannesmann Anlagenbau AG
Postfach 300741, 40407 Düsseldorf
Tel.: (0211) 659-1, Telex: 8586677
Telefax: (0211) 6592372

ROPUR AG
TORAY Umkehrosmose Elemente
Grabenackerstrasse 8
CH-4142 Münchenstein 1/ Schweiz
Tel: +41-61-41587-10 Fax: -20

Wolftechnik Filtersysteme GmbH
Postfach 1449
71258 Weil der Stadt
Telefon: 07033/70140
Telefax: 07033/7014-20

Umwelttechnik

Hans Brochier GmbH & Co.
Marthastr. 16, 90482 Nürnberg
Tel.: 0911/95 43-0
Telefax: 0911/95 43-2 96

Unterwasser-Fernsehuntersuchungen von Brunnen

AQUAPLUS, GmbH & Co. KG
96317 Kronach, Fischbach 29
Tel.: 09261/3021 bis 3023
Fax: 09261/95266

UV-Desinfektion

Katadyn Deutschland GmbH
Schäufeleinstrasse 20
80687 München
Tel. (089) 570922-0
Fax (089) 570922-69

WEDECO GmbH
Umwelttechnologie Wasser-Boden-Luft
Boschstraße 6, 32051 Herford
Tel.: 05221/930-0 Fax: 05221/3 38 34

Vakuumpumpen

SIHI-HALBERG Vetriebsges. mbH
Lindenstr. 170, 25524 Itzehoe
Tel. 04821/771-01, Fax 04821/771-274

Ventilatoren

Spelleken Nachf. Lufttechnik GmbH
Postfach 24 01 55
42231 Wuppertal, Tel. (0202) 694-0
FAX (0202) 694 228, FS 8 591 758

Verdampfungsanlagen

Leiblein, Hardheim·Tel. 06283-22200

Vollentsalzungsanlagen

P. Kyll GmbH, 51436 Berg. Gladbach

Löschfilter, 56746 Kempenich

Wolftechnik Filtersysteme GmbH
Postfach 1449
71258 Weil der Stadt
Telefon: 07033/70140
Telefax: 07033/7014-20

Wasser- und Abwasseranalyse, Geräte und Schnellteste

MACHEREY-NAGEL GmbH & Co. KG
P. 101352, 52313 Düren, T. 02421/969-0

Wasser- und Abwasseranalyse, Geräte zur -

STRUERS GmbH, Albert-Einstein-Straße 5
40699 Erkrath, Tel. 0211/20 03-51 bis -57
Hach Generalvertreter

Wasseraufbereitung

SOLVAY INTEROX GMBH
82047 Pullach
Tel. 089/74422-0, Tx: 523482 pcm

Wasseraufbereitung - Beratung, Planung

Energieconsulting Heidelberg GmbH
Postfach 103209, 69022 Heidelberg
Tel.: 06221/94-02, Fax: 06221/942427

Wasseraufbereitungsanlagen

Berkefeld-Filter Anlagenbau GmbH
Lückenweg 5, 29227 Celle
Tel. 05141/803-0, Fax 05141/803 100
Tlx 9 25 177 berk d

Culligan Wassertechnik GmbH, PF 2240
40845 Ratingen, Tel. 02102/46024
Fax 02102/44 39 60

HAGER + ELSÄSSER GmbH
Postfach 80 05 40, 70505 Stuttgart
Tel.: 0711/7866-0, Telex: 7255537

P. Kyll GmbH, 51436 Berg. Gladbach

WEDECO GmbH
Umwelttechnologie Wasser-Boden-Luft
Boschstraße 6, 32051 Herford
Tel.: 05221/930-0 Fax: 05221/3 38 34

Wasseraufbereitungssysteme und -chemikalien

Degussa AG
IC-Umwelttechnik
60287 Frankfurt am Main
Telefon: 069/218-3164
Telefax: 069/218-2191

Wasserbehandlung

BK Ladenburg GmbH
Gesellschaft für chemische Erzeugnisse
D-68520 Ladenburg, Tel. 06203/770

Chemische Fabrik Budenheim
Rudolf A. Oetker, D-55253 Budenheim
Tel. 06139/890 Fax 06139/89264

Wasserentkeimungsanlagen

BLATTER OZON BASEL
CH 4007 Basel, Postfach 175
Tel. 0041/61 691 04 55
Fax   691 25 46

Wasserglas

VAN BAERLE & CO., 64579 Gernsheim
Mainzer Str. 35, Tel.: 06258/3011

Wasserkraftanlagen

WKV Wasserkraft Volk GmbH
Gefäll 45, 79263 Simonswald
Tel. 07683-844, FAX 805

Wasserkraftwerke

Floecksmühle Energietechnik GmbH
Bachstr. 62-64, 52066 Aachen
Tel. 0241/94 689-1, Fax 0241/50 68 89

Wassermengenmeßgeräte

A. KIRCHNER & TOCHTER
Gas- u. Flüssigkeitsmesser
47228 Duisburg, Dieselstr. 17
Tel.: 02065/63141 oder 63191
Fax : 02065/60813

Wasserrückkühlanlagen, Korrosionsschutzmittel und Härtestabilisatoren für -

KELLER & BOHACEK GmbH & Co. KG
40435 Düsseldorf, Postfach 330225
Tel. 0211/9653-0, Fax 0211/655202

Wasserseiher aus PVC und PE

KIRSCH KUNSTSTOFFTECHNIK GMBH
Gottlieb-Häfele-Str. 16
73061 Ebersbach/Fils
Telefon 07163/3802, Fax 07163/8040

Wasserstandsmeßgeräte

Testoterm GmbH & Co.
Elektronisches Messen
physikalischer und chemischer Werte
Postfach 11 40
79849 Lenzkirch
Tel. (0 76 53) 6 81-0
Fax (0 76 53) 6 81-100

Vaihinger Niveautechnik 63110 Rodgau
Tel. 06106-6993-0, Fax 06106-3316

Wasseruntersuchungen

AWA Institut GmbH
Wilhelmstraße 77, 42489 Wülfrath

Wasseruntersuchungsgeräte

Drägerwerk Aktiengesellschaft
23542 Lübeck, Postfach 1339
Tel.: 0451/882-0, Fax: 0451/882-2080

TINTOMETER GMBH
Schleefstr. 8a, D-44287 Dortmund
Tel.: 0231/94510-0, Telex: 822 605
Telefax: 0231/94510-30

Wasserversorgungsanlagen

Werner ZAPF KG
GB WASSERTECHNIK
NÜRNBERGER STR. 38
95448 BAYREUTH, Tel. 0921/916-0

Weißkalkhydrat

AKDOLIT-Werk GmbH, 42489 Wülfrath
Tel. 02058/17 2603-08, Fax 02058/172609
Telex 8592079 akd d

Zentrifugalpumpen

ITT Flygt Pumpen GmbH
Bayernstraße 11
30855 Langenhagen
Telefon 0511/7800-0, Telex 924059
Telefax 0511/782893

SIHI-HALBERG Vertriebsges. mbH
Lindenstr. 170, 25524 Itzehoe
Tel. 04821/771-01, Fax 04821/771-274

Zerkleinerungspumpen

ITT Flygt Pumpen GmbH
Bayernstraße 11
30855 Langenhagen
Telefon 0511/7800-0, Telex 924059
Telefax 0511/782893

NETZSCH MOHNOPUMPEN GMBH
D-84464 Waldkraiburg, Tel. 08638/63-0

Zerstäubungsdüsen

JATO - Düsenbau AG, CH-6015 Reussbühl
Tel. 041 55 04 55, Fax 041 55 63 58